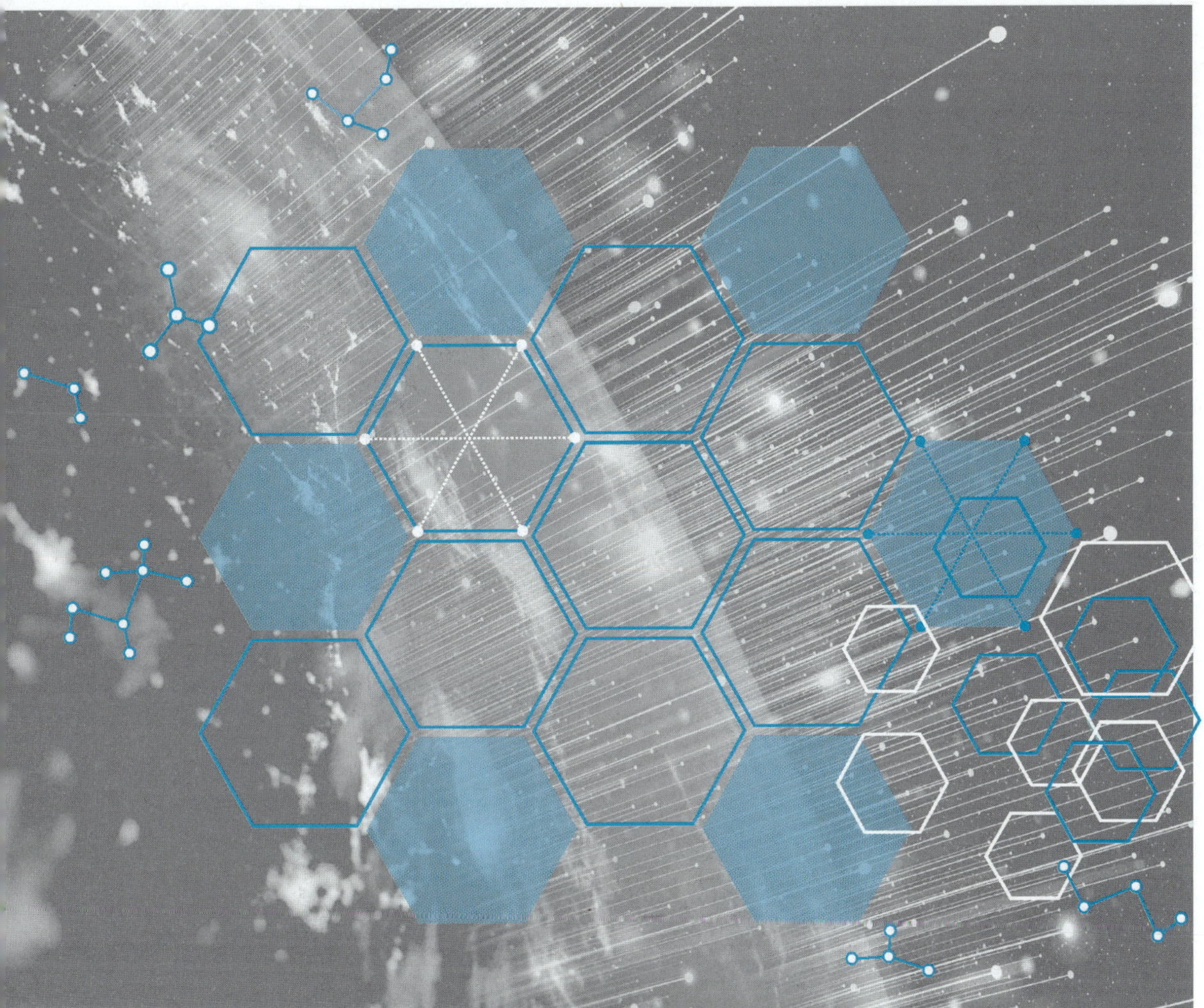

FUNDAMENTALS OF
MOBILE COMMUNICATIONS

개정5판

이동통신공학

박용완 · 홍인기 · 최정희 · 유희정 지음

생능출판

이동통신공학

초판발행 2005년 3월 10일
제5판2쇄 2023년 1월 27일

지은이 박용완 · 홍인기 · 최정희 · 유희정
펴낸이 김승기
펴낸곳 (주)생능출판사 / **주소** 경기도 파주시 광인사길 143
출판사 등록일 2005년 1월 21일 / **신고번호** 제406-2005-000002호
대표전화 (031)955-0761 / **팩스** (031)955-0768
홈페이지 www.booksr.co.kr

책임편집 신성민 / **편집** 이종무, 김민보, 유제훈 / **디자인** 유준범, 표혜린
마케팅 최복락, 김민수, 심수경, 차종필, 백수정, 송성환, 최태웅, 명하나, 김민정
인쇄 · 제본 교보P&B

ISBN 978-89-7050-518-3 93560
정가 34,000원

머리말

“어제의 불가능이 오늘의 가능성이 되며, 전 세기의 공상이 오늘의 현실로 우리의 눈앞에 출현하고 있다.”

무선전신을 실용화하고 장거리 무선통신을 이룬 굴리엘모 마르코니가 전 세기에 꿈꾸던 이동통신 환경에서의 공상이 현실로 실현되고 있다.

2019년 4월 3일 세계 최초로 5G 상용화 이후, 지난 2년간 국내 5G 산업은 세계적인 수준의 5G 인프라를 기반으로 가입자 수와 장비 기업의 실적 증가에 따른 성장세를 이루고 있다. 5G 솔루션 및 실감 콘텐츠 수출이 확대되고 있으며, 디지털 헬스 케어 분야와 자율주행차와 같은 다양한 융합 서비스가 발굴 확산되고 있다.

이동통신 기술은 산업과의 연계성을 통해 4차 산업혁명 시대를 도래하였으며, 4차 산업혁명을 지향하는 산업인 스마트 산업은 5G에서 실현될 것이며, 5G는 4차 산업혁명의 스마드 인프라 기술로 발전할 것이다. 이러한 과정은 지금까지 경험하지 못했던 새로운 길이다.

우리는 또 다른 경험하지 못했던 사회적 변화를 겪고 있다. 그것은 이동통신 기술 기반 원격교육, 재택근무 등 비대면 활동이 일상으로 자리 잡은 뉴 노멀 시대에 진입하면서 4차 산업혁명이 급속하게 진행되고, 우리가 영화에서나 그리던 현실이 빠르게 다가오고 있다.

이처럼 이동통신의 기술은 진화를 거듭하고 있으나, 그 원천 기술은 더 단단히 구축되어야 한다. 이동통신 기술이 성숙 단계에 진입하여 기반 기술로 분류되고 있으나, 원천 기술의 이해 없이 응용 기술, 신기술의 출현은 어렵다.

이 책은 이동통신의 기초 이론과 개념을 쉽게 접근하여 이해할 수 있도록 하였으며, 전공자를 위한 심화 이론을 함께 다루어 모든 독자에게 이동통신의 기초가 되는 교재이기를 바란다.

개정 5판은 5세대 이동통신의 기술적 이해와 산업 적용에 대한 설명이 될 수 있도록 정리하였다.

1장은 통신의 개념과 역사에 대해 설명하기 위해 가장 기본적이고 원시적인 통신 수단에서부터 시작하여 통신을 이루는 기본 단위인 신호와 정보의 표현, 전공에 대해 설명하였으며, 이를 바탕으로 아날로그, 디지털 신호의 개념과 통신 방법을 개괄적으로 서술하였다.

P R E F A C E

2장에서는 이동통신공학에 입문하는 독자에게 가장 유용한 전파의 원리와 전파 기본 원리에 대한 이론, 무선 공간에서 전파를 이용한 통신을 사용하는 무선통신시스템에 대해 설명하였다. 3장에서는 이동통신이 이루어지는 통신 채널 환경의 특성과 전파 환경에 대해서 이해할 수 있도록 깊이 있게 다루었다.

4장은 이동통신 기반 휴대전화의 통화 과정에 대한 시스템적인 내용에 대해 설명하였으며, 5장은 셀룰러 시스템에 대한 전문적인 지식을 다루었다. 북미 지역에서 휴대전화를 Cellular Phone으로 불리는 이유를 이 장을 공부하면 이해가 될 것이다.

6장과 7장은 대한민국이 통신 강국으로서의 자리매김을 할 수 있었던 CDMA에 대한 원리와 시스템 구조, CDMA의 기술 확장인 WCDMA를 비롯한 3세대 이동통신 원천기술인 무선접속기술, 코드의 역할, 채널 구조 등을 담았다.

8장은 4세대 이동통신 핵심 기술인 다중반송파 기술인 OFDM 기술을 바탕으로 주파수 분할 다중 접속을 결합한 OFDMA 기술과 다중 안테나를 이용한 채널 용량을 늘리는 MIMO 기술의 개념을 설명한다.

9장은 4세대 이동통신 기술 표준인 LTE에 대해 주요 기술적 특징을 필두로, 프레임 구조 및 물리 채널의 종류를 설명하고, 간섭 관리 기법으로 기술을 정리하였다. 10장은 스마트폰 시대의 이동통신 기술과 상생 관계를 유지하고 있는 근거리 무선통신에 대해서 설명하였다.

새롭게 소개하는 11장은 이동통신 기술이 개인 휴대 단말기의 영역에서 벗어나 기존 산업 분야의 스마트화, 이동하는 차량, 첨단 도시 등에서 사람과 관련된 목적 이외에 적용 범위가 확대되고 있으며 이러한 관점에서 5G의 서비스 기술을 정의하고 있다. 과거 이동통신 기술 대비 5G 기술을 빠른 데이터 속도, 폭발적인 ICT 디바이스 수용, 저지연 통신 기능을 제공하기 위해 확장된 네트워크 기술과 주파수 자원의 특성에 대해 서술하였다.

이동통신 분야는 어느 순간부터 우리 생활 전반에 기반이 되어, 스마트폰이 플랫폼의 역할을 통해 사회 전반적인 서비스를 제공하고 있다. 이동통신 산업은 과거 30년간 급성장되었고 지금도 그 성장 속도가 매우 빠르다. 저자는 이러한 혁신적인 시대에 개정판을 출간하면서 이동통신 분야의 기초 지식과 새로운 기술을 이해하고 서비스, 솔루션 등의 경쟁력 강화에 도움이 되기를 기대한다. 본 교재를 위해 수고해 준 허수정 박사와 생능출판사 관계자 분들께 깊은 감사의 뜻을 표합니다.

저자 일동

차 례

CONTENTS

CONTENTS

CHAPTER 04

이동통신시스템

CONTENTS

CONTENTS

CHAPTER 05 셀룰러통신의 개념

CHAPTER 06 cdmaOne시스템 개요

CONTENTS

CONTENTS

CHAPTER 08 차세대 이동통신

CHAPTER 09 LTE 시스템

CONTENTS

01

CHAPTER

이동통신의 개요

Fundamentals of Mobile Communications

CHAPTER 01 이동통신의 개요

1.1 통신의 개념과 역사

인류의 사회 활동 중 가장 기본적인 것은 다른 사람과 자신의 정보를 전달/교환하는 것에 있다. 이처럼 자신의 정보를 다른 사람과 전달/교환하는 것을 통신이라고 말한다. 인류 문명이 시작되면서부터 통신의 역사는 시작되었고, 인류는 서로의 정보를 나누기 위하여 여러 가지 방법의 통신 방법을 연구하고 발전시켜 왔다. 사람들은 말(소리)과 몸짓(부호나 모양)을 통해 서로 간의 의사를 전달하며 살아왔으며 이는 통신의 최초 형태로 볼 수 있을 것이다. 그리고 점점 멀리 떨어진 사람에게 의사를 전달하기 위해서는 멀리서도 들을 수 있는 북을 치거나 연기, 불빛 등을 이용한 통신방식을 사용하게 된다. 우리나라의 전통적인 통신방법으로는 봉화가 대표적이라 할 수 있다. 물론 이 방법의 단점은 날씨가 흐리거나, 비나 눈이 오면 사용하기 곤란하다. 또한 단순한 짧은 내용을 보낼 수는 있지만 비밀스럽거나 긴 내용은 보낼 수 없다는 것도 단점이다.

따라서 복잡하거나 비밀스러운 내용은 파발마라는 말을 이용하여 사람이 편지를 가지고 직접 달려가는 방법을 사용하기도 하였다. 특히 적의 침입이나 긴급한 상황을 알리는 데는 깃발, 봉화, 신호연 등의 시각 신호와 북, 나팔, 징, 종과 같은 청각 신호 등의 간접적인 신호체계를 활용하였다.

아프리카와 같은 밀림지대에서는 불이나 연기를 이용한 방법의 통신은 아무래도 지역여건이 허락하지 않았다. 그래서 아프리카에서는 주로 북을 이용해서 여러 가지 의사를 전달하였다. 물론 이때 사용하는 북은 보통 북과는 달리 소리가 잘 울리는 특수한 북이었을 것이다. 특히 통신내용이 노출되면 불리하게 되는 것을 막기 위해 피리를 이용한 비밀스러운 통신방법도 사용되었다고 한다.

피리소리는 다른 소리와 섞이면 사람들은 잘 분간할 수가 없다. 원주민들도 이 피리소리가 다른 소리와 섞여 버리면 잘 알아들을 수가 없기는 마찬가지이다. 그 피리소리의 의미를 알 수 있었던 비밀은 인간의 귀로는 분간할 수 없는 소리라도 개와 같은 동물은 그 피리소리를 잘 들을 수가 있다는 점을 이용한 것이다. 마을에서 멀리 떨어져 있는 보초로부터 전달계통마다 항상 피리와 피리소리에 따른 반응을 집중 훈련받은 개를 두어 적의 침입 등을 알릴 수 있었다. 이는 개가 사람이 들을 수 있는 소리보다 진동수가 훨씬 높은 소리를 잘 들을 수 있다는 사실을 이용한 방법이다. 소리를 전달하는 다른 방법으로 외국에서 소형상점과 병원, 그리고 배 등에서만 제한적으로 사용되던 전성관이란 것이 있다. 이 전성관은 말을 전달해 주는 기구로 전화를 많이 사용하는 우리는 별로 들어본 일이 없었을 것이다. 영화 중에서 선장이 선장실에서 기관실로 나팔 같은 모양의 관에 대고 명령을 내리는 것을 본 적이 있을 것이다. 전성관은 그냥 연통과 같이 속이 텅 빈 것으로 말을 하는 사람이 관의 입구에 대고 말을 하면 다른 쪽에서 소리가 들린다. 이 전성관은 아무런 전기적인 힘을 사용하지 않는 무동력의 음성 전달 수단이다.

또 다른 형태의 통신방식으로는 그림이나 특정형상을 통해 의사를 전달하는 방식이 있었으며, 문자가 나오면서 문서의 형태로 정보의 선날을 좀 더 빠르고

[그림 1-1] 과거의 통신방법과 현재의 통신방법

명확하게 하게 되었다. 문자의 발명은 통신방식에 있어 획기적인 것이었으나, 거리에 따른 제약으로 전달하고자 하는 생각을 나무 조각이나 종이에 문자로 표현하여 이를 전령이나 파발마를 통해 전달하는 방식을 사용하였다. 위의 방식들은 정보를 전달하는 데 걸리는 시간이 많이 걸리거나 부정확한 정보의 전달 등으로 불편함이 많았다.

전신과 전화의 발명으로 인류는 정확하고 신속하며, 편리하게 통신을 할 수 있게 되었다. 예전에는 멀리 떨어져 있는 사람에게 편지를 써서 의사를 표현하는 사람들이 많았지만 최근에는 전자우편(e-mail)이나 무선단말기를 통해 원거리에 있는 사람에게 의사를 전달하는 사람이 더 많아졌다. 더욱이 휴대형단말기의 발전으로 이젠 얼굴을 보면서 통신을 할 수 있는 시대가 되었으며, 가까운 미래에는 유비쿼터스(ubiquitous) 네트워크의 발전으로 언제, 어디서나, 더욱 효율적인 통신을 할 수 있는 시대로 진행 중이다. 유비쿼터스란 라틴어로 '언제 어디서나 있는' 이란 뜻으로 사용자가 컴퓨터나 네트워크를 인식하지 않는 상태에서 장소에 구애를 받지않고 자유롭게 네트워크에 접속할 수 있는 환경을 의미한다.

이와 같이 통신이란 서로 떨어져 있는 사람과 사람 사이에 의사를 전달하는 수단을 일컫는다. 그리고 아주 멀리 떨어져 있는 사람과도 쉽게 의사소통을 할 수 있도록 만들어 주는 것이다. 그래서 통신시스템의 발전은 인간 사회를 더 편리하게 만들어 주고 멀리 있는 사람과 마음대로 의사를 주고받으며, 정보를 나눌 수 있게 해 주는 것이다. 이런 통신 전송 속도는 문명과 기술의 발전에 따라 사람이나 말에 의한 전달, 소리에 의한 전달(340m/sec), 빛에 의한 전달(3×10^8m/sec)로 발전되었다.

최근에는 유 · 무선통신의 발달로 인터넷, 이동통신, 위성통신 등을 이용하여 우리는 언제 어디서나 누구와 다양한 종류의 정보를 서로 주고받을 수가 있게 되었으며, 이미 우리는 이동전화를 통해 상대방의 얼굴이나 필요한 영상을 교환하며 통신을 하고 있다. 매우 빠른 속도로 발전하는 통신 기술을 보며 가까운 미래에 어떠한 새로운 형태의 통신 방식이 인류의 문명을 변화시킬지 많은 기대가 된다.

1.1.1 유선통신의 발전

"*What hath God wrought?*"

•–••–• •–– •••• •–– •••• •–– •••• –– •––– –•• •–– •–•–––•• ––• •••• – ••–•

On May 24, 1844, Samuel F. B. Morse dispatched the first telegraphic message over an experimental line from Washington, D.C. to Baltimore.

1837년 미국의 모스(Morse)가 전류를 단속(on-off)함으로써 신호를 보내는 방법을 발명하고, 이를 이용하여 짧은 접속(dot, ·)과 긴 접속(dash, -)의 조합으로 문자를 표현하는 모스부호를 개발하여 장거리 전신이 가능하게 되었다. 모스부호가 개발된 후 가장 쉽게 구별할 수 있는 부호로 조합된 것이 '··· --- ···' 이며, 이 부호조합은 SOS, 즉 구조요청 신호라는 것이다. 이 모스전신은 편지보다는 훨씬 빨리 정보를 전달할 수 있어 당시로서는 획기적인 통신방식의 발전이었다. 하지만 모스전신에서는 송·수신측에서 문자열을 모스부호로 번역하는 기능이 필요하여 불편한 점이 있었으며, 모스부호를 이용한 초기 전신에서는 장시간 훈련을 받은 사람만이 쉽게 문자열과 모스부호 간의 번역을 할 수 있었다. 이후 송신측에서 문자 키(key)를 누르면 해당 모스부호가 자동으로 전달되고, 수신측에서는 모스부호를 수신한 후 자동으로 기록지에 문자를 인쇄하여 주는 텔렉스(telex)가 발명되어 매우 편리하게 사용되었다.

모스전신이나 텔렉스에서는 송·수신측에서 문자열을 모스부호로 번역하는 기능이 필요하였으며, 양방향 정보전달에 의한 실시간 대화(realtime dialog)가 쉽지 않은 단점이 있었다.

1876년 미국의 벨(Graham Bell)이 발명한 전화에서는 사람의 목소리를 전기신호로 변환하여 직접 먼 곳으로 보내고, 수신측에서는 이 전기신호를 스피커를 통한 소리로 변환시켜 들을 수 있게 함으로써, 실시간 대화형(interactive) 정보 상호교환이 가능하게 하였다. 벨이 전화를 발명한 다음 해인 1877년에는

(a) 모스 전신기

(b) 벨전화기

[그림 1-2] 모스의 초기 전신통신기와 벨의 전화통신기

에디슨(Edison)이 탄소 송화기를 발명하였으며, 3년 후인 1880년에서는 Bell 전화회사가 설립되어 본격적인 전화업무가 개시되었다.

1.1.2 무선통신의 발전

1845년 패러데이(Michael Faraday)는 전자기 유도현상을 이용하여 전류로부터 자계가 발생하고 자계로 인해 전계가 발생한다는 패러데이 법칙을 만들었고, 1871년 영국의 맥스웰(C. Maxwell)은 패러데이의 법칙에 변위전류라는 효과를 추가하여 전계가 시간적으로 변하면 자계를 낳고 그것은 또 전계를 낳고 변화가 차례차례로 전해가서 파동이 발생한다는 이론을 발표하였는데, 이것이 '맥스웰 파동 방정식' 이론이다. 즉, 이 파동이 전파이며 전파의 존재를 최초로 예언하였다. 이러한 맥스웰의 이론은 그 뒤 여러 학자들에 의해 발전하게 되고 그 정당성을 인정받게 되었다.

한편 영국의 음악가인 퓨즈(Fuse)는 전기불꽃의 작용이 전파일 것이라고 판단하고 전기불꽃의 신호를 수신하는 장치를 만들어 실험해 보였지만 전파가 아닌 것 같다는 일부 학자들과의 견해 차이로, 헤르츠(Hertz, Heinrich Rudolf)보다 9년 빨리 전파를 발견할 수 있었음에도 불구하고 전파에 대한 연구를 단념해 버렸다. 그동안 헤르츠는 전파를 포착하는 실험에 착수하여 1888년에 성공하였다.

[그림 1-3]은 헤르츠의 전파를 포착하는 실험을 보여준다. 헤르츠의 기초 실험은 직선 모양으로 배열한 두 줄을 도선 한쪽은 '라이든병' (leyden: 전기 실험

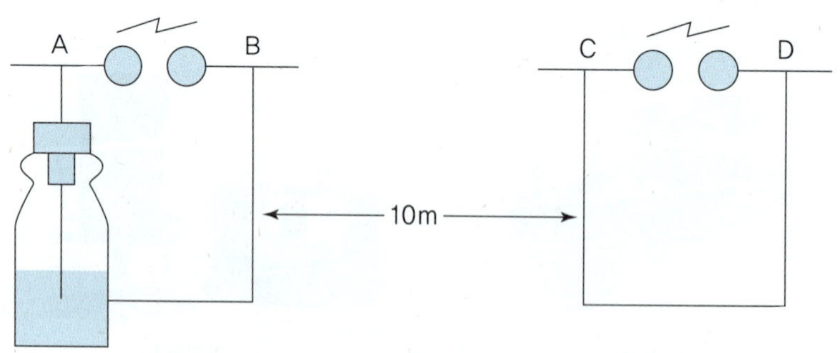

[그림 1-3] 헤르츠의 병실험

을 위해 고안된 콘덴서(전기를 저장하는 전기기구)의 역할을 하는 장치) 안쪽에 다 접속하고 다른 한쪽은 바깥쪽에 접속한 후 끝부분 AB 사이를 접근시켜 방전하게 하는 것으로 전자기파의 발생을 증명할 수 있었다. 도선의 길이는 2~3m 이다. 발생한 전자기파는 발생 장치로부터 10m 이상 떨어진 위치에 있는 직사각형 도선 루프 CD 사이에서 검출됐다. 이후 헤르츠는 가능한 한 강한 전자기파를 발생시켜 그것을 검출하기 위한 전파 송수신 장치를 만듦으로써 전자기파의 속도가 초당 30만km로 빛의 속도와 같다는 맥스웰의 예언을 확인했다. 또한 불이 튀는 상태를 조사하여 전자기파의 성질이 빛과 같은 반사나 굴절이 있다는 것도 확인했다. 그러나 전파의 존재를 처음 발견한 헤르츠 자신도 전파를 이용한 통신이 실용화될 수 있을 것이라고는 생각하지 못하였다. 우리가 자주 듣고 보는 XX 방송 YY MHz(메가헤르츠), AA 방송 BB kHz(킬로헤르츠) 등의 주파수 단위인 Hz는 전파를 처음으로 실험에 의해 확인한 독일의 헤르츠(Heinrich Rudolf Hertz)의 이름을 붙인 것이다.

마르코니는 1896년, 영국의 소르스페리라는 벌판에서 2.5km 떨어진 두 곳에 무선전신을 보내 자신의 실험을 증명해 보였고 6월 영국정부는 최초의 특허를 내주었을 뿐만 아니라 마르코니의 연구를 적극적으로 후원하였다. 다음 해까지 일련의 성공적인 시범실험을 행했는데 어떤 실험에서는 기구와 연을 이용해서 안테나의 높이를 높게 만들었다. 그는 솔즈베리 평원에서 브리스톨 해협

[그림 1-4] 마르코니 실험에 사용한 하아프 안테나

을 통과해서 거의 14.5km까지 신호를 보내는 등 일련의 실험들로 인해 영국과 해외에서 상당한 대중적 관심을 끌었다. 이런 대중적 관심과 무선전신실험을 등에 업고, 대서양을 사이에 둔 유럽과 미국의 무선전신실험을 계획하였다.

1900년 12월, 마르코니가 무선전신의 역사적인 대서양 횡단에 성공한 이후 6년 만에 캐나다 출신의 미국인 파센딘(Paendin)에 의해 무선전화로 발전하였다. 젊었을 때 에디슨의 조수였던 파센딘은 마르코니에 의해 행해진 바와 같이

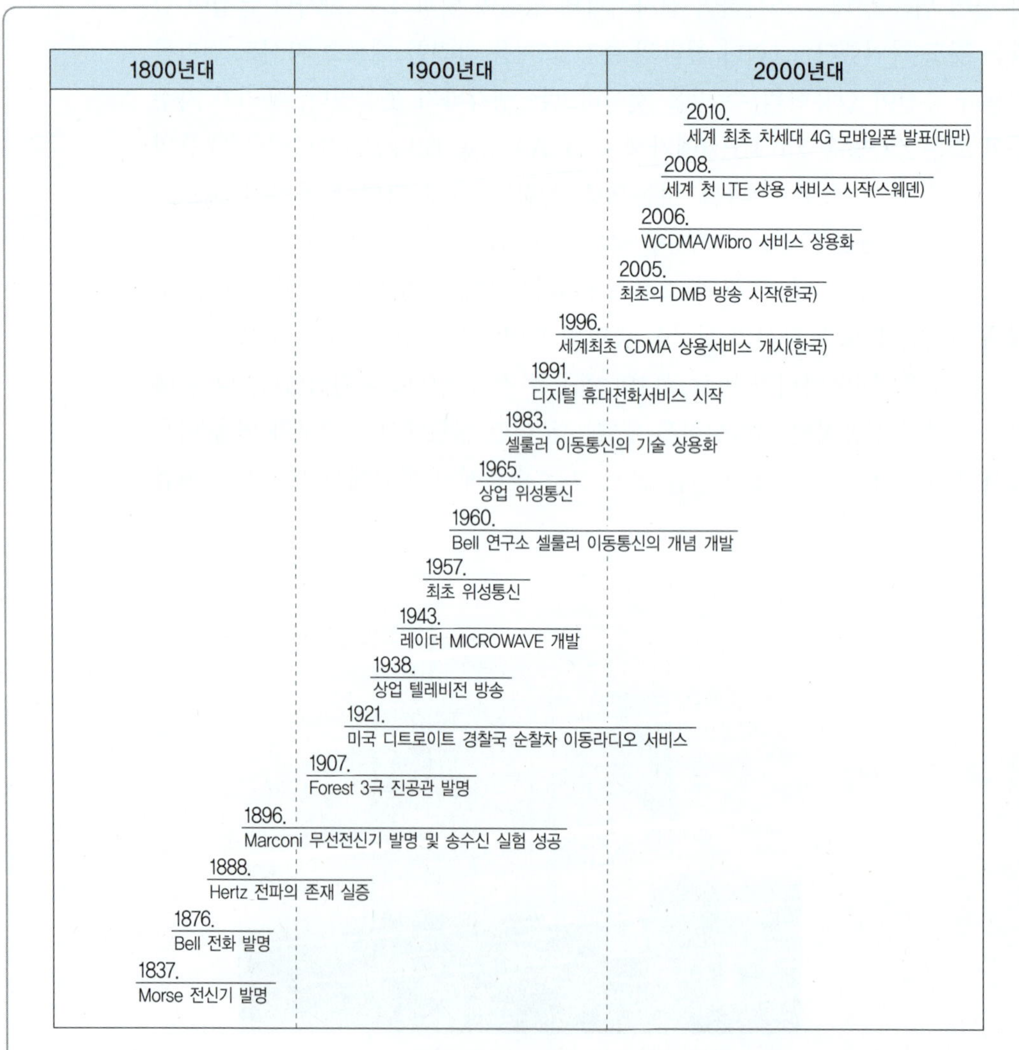

[그림 1-5] 유 · 무선통신의 역사

전기를 고전압에서 단속적으로 불꽃 방전시켜 발생시킨 전파로는 음성을 태워 먼 곳에 전달할 수 없었으므로 진동, 진폭이 일정하여 변조를 받지 않는 지속전파(continuous wave)를 발생할 수 있는 주파수발생기를 완성하였다. 이어서 1907년 미국인 포레스트(L. D. Forest)에 의해 발명된 3극 진공관은 정류, 검파는 물론 증폭이라는 획기적인 기능까지 갖추어 무선통신의 발전에 획기적인 발전을 가져오게 되었다.

[그림 1-5]는 유 · 무선통신의 역사를 간략히 나타낸 것이다.

1.2 신호의 표현

가장 기본적인 통신전송 구성도는 1948년 통신의 대부인 섀넌(C.Shannon)의 논문인 "A Mathematical Theory of Communication"에서 제안되었다. 여기서 보내는 정보와 받는 정보는 어떤 의미를 지니는 내용을 뜻하며, 이러한

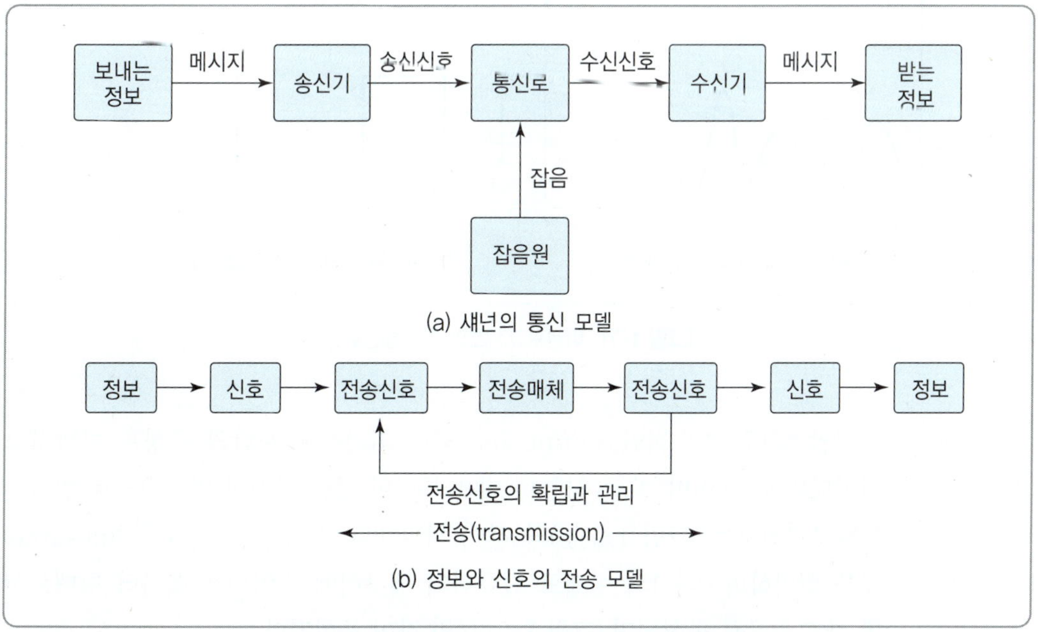

[그림 1-6] 섀넌의 통신 모형과 정보, 신호의 전송

정보는 도구나 수단을 통하여 표현된다. 여기서 도구나 수단의 역할을 하는 것이 송·수신기이다. 또한 통신 채널은 송신기와 수신기를 연결하는 매체를 뜻하며, 일상 대화에서는 공기가, 전화를 이용하는 경우에는 유선 선로가 이에 해당된다. 또한 통신 중에는 이를 방해하는 요소들이 발생하게 되며 이를 잡음이라 한다. 이와 같은 통신 모델로서 정상적인 통신을 위해서는 전달하는 내용의 표현과 통신수단을 통한 전달 방법 사이에는 최소한의 체계적이고 통일된 규칙과 약속이 있어야 함을 나타내고 있다.

[그림 1-6]은 섀넌의 모델을 좀 더 구체적인 형태로 표현한 것으로 정보는 의미를 담은 실체이고, 신호는 정보를 전자기적인 에너지 형태로 표현한 것이며, 전송신호는 직접 전송매체를 통과하는 신호를 의미한다.

즉, 정보란 통신을 하고자 하는 내용으로 데이터, 음성, 그림, 코드 등의 형태를 가지게 되며, 네트워크를 통해 전송되기 전에 전자기적인 신호 형태로 변형되게 된다. 데이터 및 신호는 아날로그(analog) 혹은 디지털(digital) 형태를 가지게 된다.

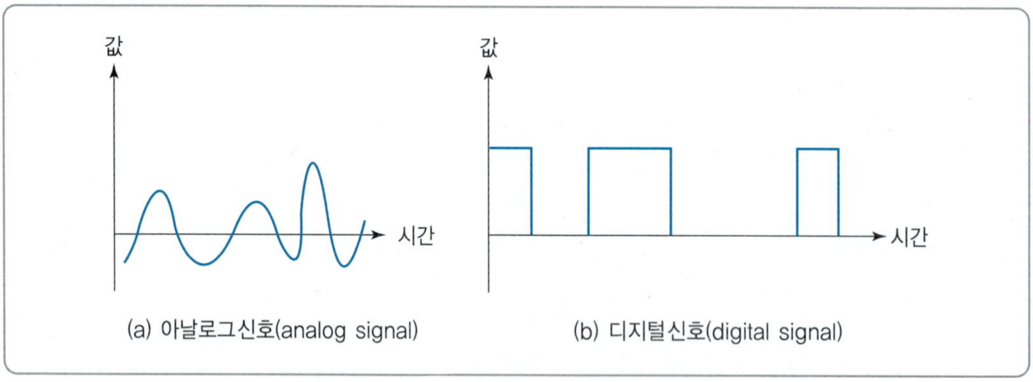

[그림 1-7] 아날로그신호와 디지털신호

아날로그란 연속적인(continuous) 것을 의미하며 사람의 음성은 아날로그 데이터의 한 예이며, 모든 시간에 대해 무한한 값을 가지며 연속적으로 변하는 아날로그신호는 [그림 1-7](a)와 같이 나타낸다. 디지털은 이산적인(discrete) 것을 의미하며 0과 1의 형태로 컴퓨터의 메모리에 기억되는 데이터 형태로서 몇 가지 값으로 구성되며 [그림 1-7](b)와 같이 표현된다.

1.2.1 아날로그신호의 표현

아날로그신호의 발생과 용어 정의의 표현을 먼저 살펴보자.

잔잔한 연못에 돌을 던지면 돌이 떨어진 곳을 중심으로 물결이 동심원을 그리면서 퍼져나간다. 이것을 파동이라고 한다. 우리 주위에는 고무줄을 튕기거나 기타를 튕길 때 볼 수 있는 탄성파나 음파(소리), 전파(빛)와 같이 눈에 보이지 않는 파동이 있다. 이와 같은 파동은 수학적인 표현으로 [그림 1-8]과 같이 사인파를 사용한다. 사인파는 왼쪽의 2차원 평면상의 원점을 중심으로 하는 원의 둘레를 따라 일정한 속도로 움직이는 점을 생각할 때 이 점이 Y축에 투영된 위치를 시간에 따라 그리면 그림의 사인파와 같이 나타난다.

그리고 다음과 같이 수학적으로 표현할 수 있다.

$$a = A\sin(\theta) \qquad (1\text{-}1)$$

여기서 a는 반지름이 A인 원을 따라 움직이는 점이 Y축에 투영되는 값이 되고, θ는 X축과 반경이 형성하는 각의 크기가 된다.

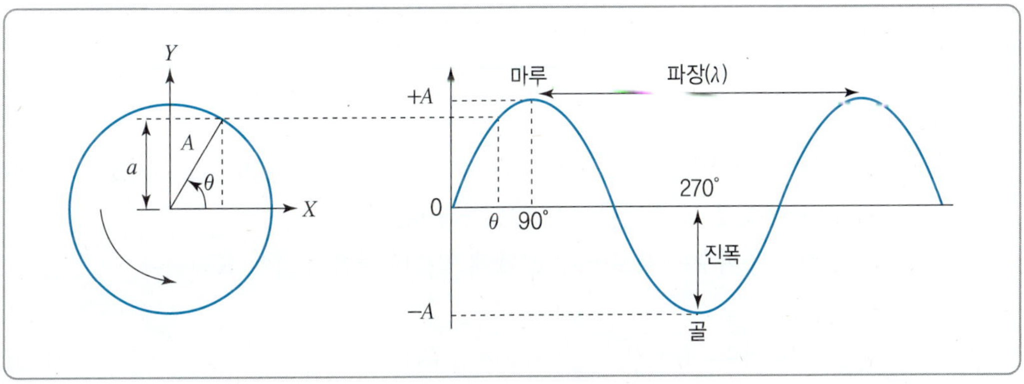

[그림 1-8] 사인파의 특성

이와 같이 생성된 사인파는 다음의 3가지 특성에 의해 표현되는데, 진폭(amplitude), 주기(period) 혹은 주파수(frequency), 위상(phase)이다.

a. 진폭(amplitude)

진폭은 신호의 크기를 나타내며, 파동이 진행하면서 그 위치가 변하게 될 때 변화하는 위치(변위)가 가장 높은 곳을 마루(maximum amplitude), 변화하는 위치가 가장 낮은 곳을 골(minimum amplitude)이라 한다. 전기신호에서 진폭의 단위는 전압(volts), 전류(amperes) 혹은 전력(watts)으로 나타낸다.

b. 주기(period)와 주파수(frequency)

주기란 신호가 한 사이클을 완성하는 데 걸리는 시간을 의미한다. 단위로는 초(second; s)를 사용하며 주로 [표 1-1]에 있는 5개의 단위가 많이 사용된다.

주파수란 1초 동안에 진동한 횟수를 말하며, 1초 동안에 몇 번의 주기가 반복하는가로 결정된다. 주파수의 단위로는 헤르츠(Hertz; Hz)를 사용한다.

[표 1-1] 시간과 주파수의 단위 표기

단위	시간 표기	주파수 표기
10^{0}	second(s)	hertz(Hz)
10^{-3}	millisecond(ms)	kilo-hertz(kHz)
10^{-6}	microsecond(μs)	mega-hertz(MHz)
10^{-9}	nanosecond(ns)	giga-hertz(GHz)
10^{-12}	picosecond(ps)	tera-hertz(THz)

이를테면 [그림 1-9]에서 나타낸 것처럼 1초 동안에 2회 진동 시 2Hz, 200회를 진동할 경우 그 주파수는 200Hz가 된다.

주기와 주파수는 서로 역수 관계에 있으며 다음과 같이 표현된다.

$$주파수= 1/시간, \qquad 주기= 1/주파수 \tag{1-2}$$

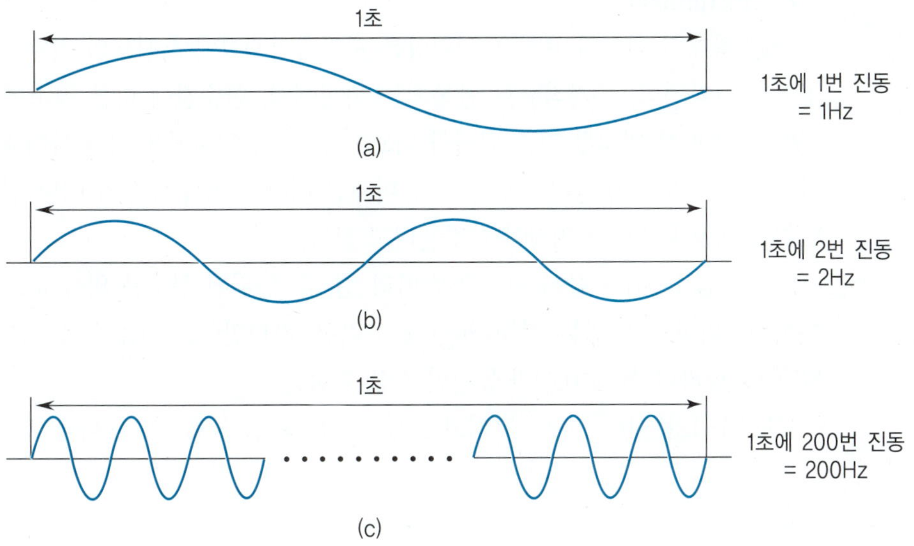

[그림 1-9] 주파수의 표현

[그림 1-10]은 주기와 주파수의 상관관계를 나타낸다.

앞의 설명과 같이 40Hz 신호는 주파수가 80Hz 신호의 1/2이다. 일반적으로 주파수는 주기로 표현하지만, 시간에 대한 신호의 변화율로 측정되기도 한다. 즉, 신호가 매우 짧은 시간에 변하면 고주파(high frequency)신호, 긴 시간에 변하면 저주파(low frequency)신호라 정의한다.

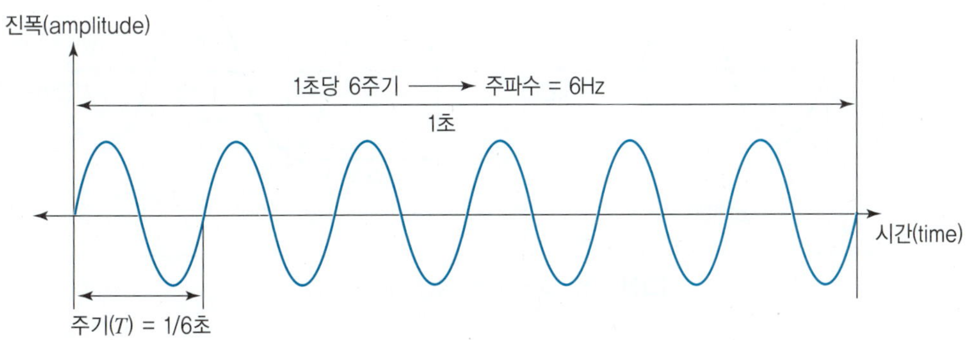

[그림 1-10] 주기와 주파수

c. 위상(phase)

다른 형태의 신호의 표현으로 위상은 시간축이 0점에서 신호의 위치가 어느 곳인지 나타낸다. 주기적으로 반복되는 파형에서, 한순간에 다른 장소에서 동일한 파의 파형 위치를 기준 위치와 비교했을 때 기준 위치에 대한 상대 위치를 나타낸다. 주파수가 같은 2개의 파가 미세한 시간 차이를 일으켜 어떤 점에 도달했을 때 2개의 파는 위상차를 갖는다고 한다.

즉, [그림 1-11]과 같이 시간축에 따라 전, 후 변위된 정도를 위상 값으로 표현한다. 위상의 단위는 각도(degrees) 혹은 라디안(radians)으로 나타내며 360°는 2π라디안(radian)과 동일한 값을 표현한다.

[그림 1-12]는 90°, 180° 그리고 270° 위상변화된 신호형태를 나타낸다.

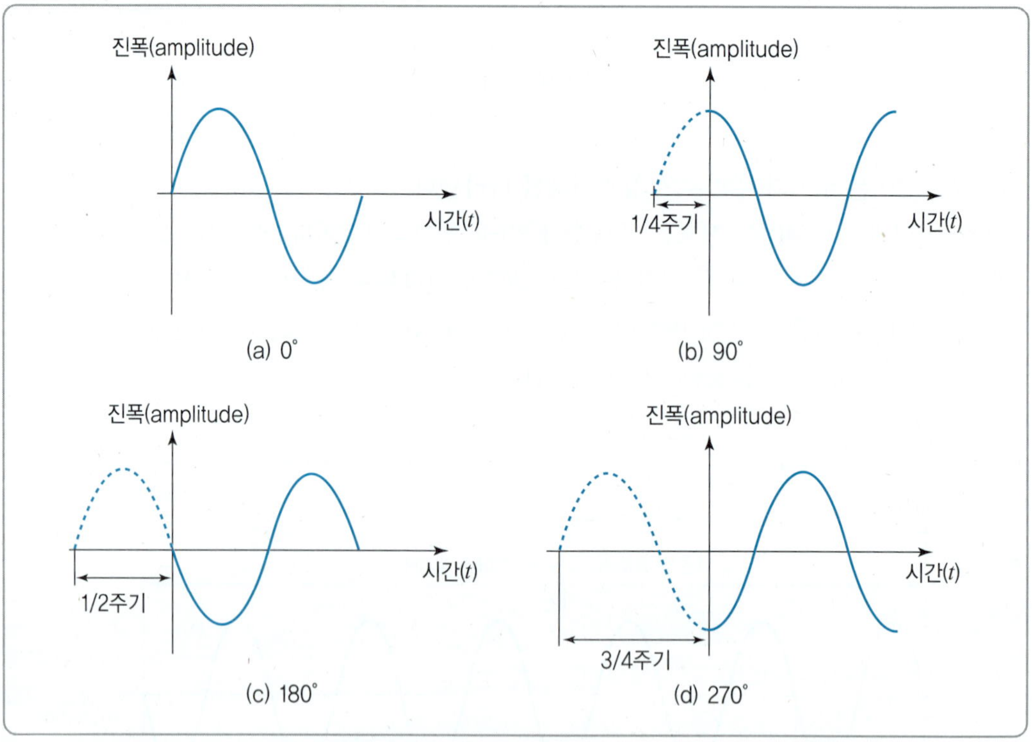

[그림 1-11] 서로 다른 위상 사이의 관계

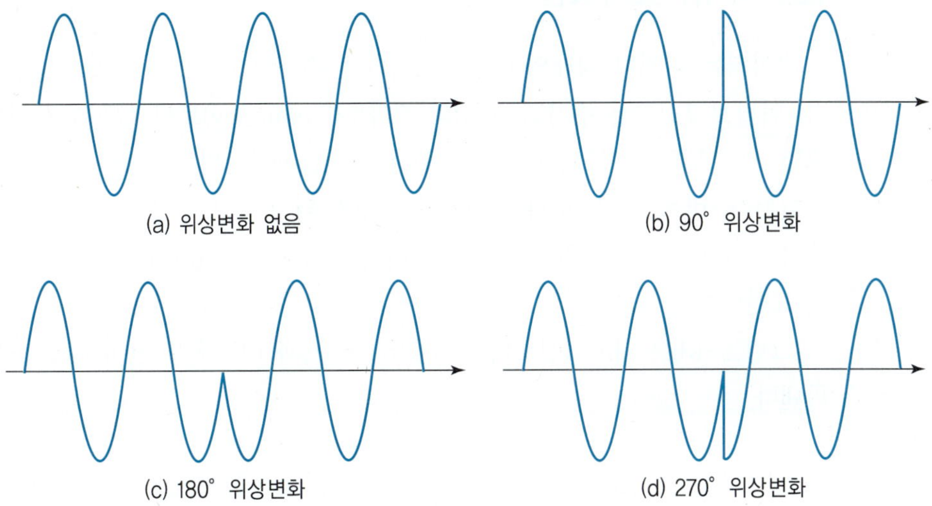

[그림 1-12] 위상변화(phase change)

파장(wavelength)

신호의 특성을 나타내는 파장은 마루에서 마루까지의 거리나, 곱에서 곱까지의 거리를 말한다. 이는 전송매체를 통과하는 신호의 특성을 표현한다. 파장은 전송매체를 통한 신호의 전송속도와 주기 혹은 주파수의 상관관계로 나타낸다. 주파수는 전송매체와 상관성이 없지만 파장은 주파수와 전송매체에 상관성을 가지고 있다. 파장이란 신호가 한 주기 동안 진행하는 거리를 나타낸다. 즉, 파장은 전송속도(propagation speed)와 신호의 주기로 표현할 수 있다.

$$\text{파장} = \text{전송속도} \times \text{주기} \tag{1-3}$$

$$\text{파장} = \text{전송속도} \times 1/\text{주파수} \tag{1-4}$$

파장을 λ로, 전송속도는 c로, 주파수는 f로 다시 표현할 수 있다.

$$\lambda = \frac{c}{f} \tag{1-5}$$

1초 동안에 10번 진동하는 10Hz의 전자기파나 1초 동안에 100번 진동하는 100Hz는 그 전파하는 속도가 같다. 즉, 두 주파수는 1초에 30만km의 동일한 속도를 갖기 때문에 동시에 전자기파를 발사하면 동일한 거리를 날아간다. 1초에 1번 진동하는 주파수는 그 파장이 100번 진동하는 주파수보다 파장이 100배 길다는 것이 다를 뿐이다. 주파수가 높아질수록 파장이 짧아지고, 주파수가 낮아질수록 파장이 길어진다.

1.2.2 디지털신호의 표현

데이터는 디지털 형태의 0과 1로 나타낼 수 있으며, 일반적으로 비주기이다. 아날로그신호는 주기(period)와 주파수(frequency)로써 신호가 표현되었으나, 대부분의 디지털신호는 비트구간(bit interval) 및 비트율(bit rate)로써 표현된다. 비트구간은 하나의 비트를 보내기 위해 필요한 시간이며, 비트율은 초당 보내어지는 비트의 개수를 나타내며, 일반적으로 bps(bits per second)로 표현한다.

[그림 1-13]은 디지털신호의 비트율(bit rate)과 비트구간(bit interval)을 나타낸다.

[그림 1-13] 비트율과 비트구간

예 제 1

전송하는 디지털신호가 2000bps의 비트율을 가진다고 가정하면 이 신호가 가지는 한 심볼의 비트구간은 얼마인가?

풀이 비트구간은 비트율의 역수이므로 비트구간의 값은 1/2000이다.

1.2.2.1 디지털신호의 속성

a. 디지털의 장점

① 원래의 신호를 재생하는 데 매우 용이하다.

[그림 1-14]에서 보는 것과 같이 전파거리(distance) 1에서 발생된 원래의 펄스신호가 채널을 통과하여 전송된다고 가정할 때 거리가 멀어짐에 따라 그 신호가 왜곡되는 것을 알 수 있다. 마지막 지점 거리 5에서 그 신호를 수신하여 원래의 송신된 신호가 어떤 신호인지 알아내기 위하여 복구하는 과정에서 디지털일 경우는 그 복구가 아날로그신호에 비해 매우 간단하다.

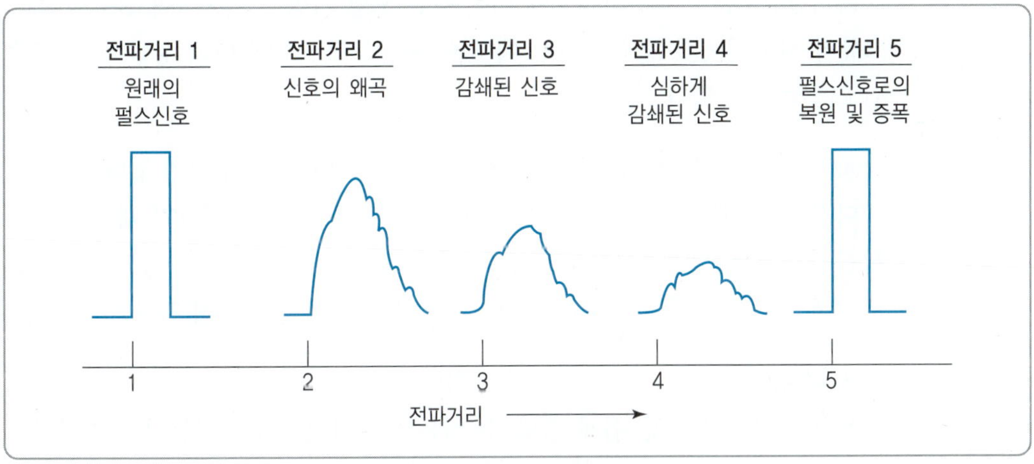

[그림 1-14] 디지털신호의 복원

예를 들어 어떠한 기준 수치를 정해놓고 수신된 신호가 그 기준보다 낮으면 0, 그 기준보다 높으면 1이라고 판단하여 원래의 송신된 신호를 추정하면 위와 같이 깨끗이 원래의 펄스신호를 복구할 수 있다는 것이다. 이에 비하여 아날로그신호는 이와 같은 원래의 송신 파형을 원형 그대로 복구하기는 거의 불가능한 일이다.

② 신호의 왜곡이나 다른 신호로부터 받는 간섭과 재밍(jamming)에 대해 강하다.

송신단을 출발한 신호는 여러 잡음 요소나 지역적 환경 등으로 인하여 신호 감쇠가 발생하고 이것을 신호의 왜곡이라 한다. 공중에 존재하는 다른 많은 전파 요소들은 사용자의 신호에 악영향을 미치는데 이러한 영향이 간섭이다. 디지털신호는 전송 도중 발생하는 신호의 왜곡이나 간섭에 대하여 강한 장점이 있다.

또한 통신에 있어서 타인이 사용자의 신호에 의도적으로 들어오거나 사용자 신호에 방해하는 신호를 넣는 것을 재밍(jamming)이라고 한다. 디지털신호는 대역확산(spread spectrum)을 사용함으로써 아날로그신호에 비해 이러한 재밍에 강한 장점을 지니고 있다.

③ 높은 신호 충실도(fidelity)를 얻을 수 있다.

디지털신호는 아날로그신호에 비해 강한 코딩 기법을 이용하여 일부 신호의 오류인 경우 원신호를 복구하는 데 있어 아날로그신호에 비해 상당히 높은 충실도를 얻을 수 있다.

④ 디지털회로는 신뢰도가 높고 저렴하며 하드웨어로 구현하기 쉽다.

디지털회로에서 나타내는 것은 0 또는 1로 모든 것을 처리하기 때문에 연속적인 값들을 처리하는 아날로그회로보다 사용자가 더 신뢰할 수 있으며 집적회로 설계 기술의 발달로 인해 디지털회로의 H/W 설계는 상당히 간단화되었다.

⑤ 디지털데이터의 처리 및 저장이 쉽다.

우리 생활에서 가장 쉽게 접할 수 있는 디지털데이터는 컴퓨터로 처리하고 있는 파일을 예로 들 수 있다. 컴퓨터에서 처리하는 디지털데이터를 생각해 보면 디지털신호의 처리와 저장의 간단함을 쉽게 알 수 있을 것이다.

위에서 우리는 디지털의 여러 가지 장점들을 알아보았다. 이외에 더 많은 장점들이 있지만 위에서 열거한 몇 가지로 요약하기로 하고 이번에는 디지털이 가지는 단점에 대하여 알아본다.

b. 디지털의 단점

① 디지털신호의 처리에는 부가적인 단계가 더 필요하다.

자연적으로 발생하는 신호나 사람의 음성 등 아날로그신호를 디지털신호로 바꾸기 위해서는 A/D변환(analog to digital conversion)이라는 과정을 거쳐야 하고 또한 매우 짧은 시간마다 아날로그신호의 크기를 측정하여 이진수로 그 크기를 나타내는 과정을 거쳐야 하는데 이를 표본화(sampling)라고 한다. 따라서 디지털신호를 처리하기 위해서는 이러한 A/D(analog/digital)변환이나 표본화(sampling) 등 부가적인 단계가 필요하게 된다.

여기서 A/D 그리고 D/A변환을 수행하는 변환기에 대해서 알아보면, A/D변환기(converter)란 아날로그신호를 디지털신호로 변환하는 장치로 PCM(pluse code modulation) 방식에 의하여 아날로그신호를 표본화, 양자화, 부호화를 하여 2진수의 디지털신호로 변환하는 기능을 수행한다. D/A변환기란 A/D변환기와는 역으로 디지털신호를 아날로그신호로 재생하는 장치로 복호기 및 여파기를 이용하여 아날로그신호를 재생하게 된다.

② 디지털신호는 보다 넓은 대역폭(bandwidth)을 요구하게 된다.

동일한 정보를 가지는 신호에 있어서 아날로그신호가 차지하는 대역폭보다 디지털신호가 차지하는 대역폭이 더 크다.

③ 디지털신호 처리에는 동기화(synchronization)가 필수 요소이다.

동기화는 통신 시스템에 있어 데이터의 시작점을 맞추는 과정이라고 생각하면 된다. 동기화가 이루어지지 않고서는 송신된 데이터를 수신측에서 오류 없이 수신하여도 무슨 의미인지 파악을 할 수 없으므로 아주 중요한 과정이라고 할 수 있다.

이로써 디지털이 가지는 장점과 단점을 아날로그와 비교해서 알아보았다. 통신에 있어서는 어느 하나가 장점을 가지면 그 장점에 대한 단점이 반드시 존재하게 되는데 이를 trade-off라고 하며 이러한 trade-off 사항을 잘 파악하여 가장 적합한 사항을 결정하여야 할 것이다. 시스템 설계자는 디지털과 아날로그의 장단점을 고려하여 신호를 어느 시스템에 사용하여야 할 것인가를 결정해야 할 것이다. 근래에 들어서는 옛날의 아날로그 중심이던 사항들 중 많은 부분이 디지털로 전환되고 있는 추세이다.

1.2.3 시간 영역과 주파수 영역

우리는 앞 절에서 진폭, 주파수, 위상에 의하여 사인파신호를 정의하였다. [그림 1-8]에서 본 사인파는 시간에 대한 진폭을 표현하는 것으로 시간 영역에서의 신호를 나타내고 있다. 위상과 주파수는 시간 영역에서의 측정이 정확하지 않아서 또 다른 형태의 신호 표현은 주파수에 대한 진폭으로 [그림 1-15]에 나타낸다. 이와 같은 형태의 신호 분석은 푸리에(Fourier) 해석에 의해 일반적으로 설명된다.

Jean Baptiste Joseph Fourier(1768~1830)

프랑스 수학자인 Fourier는 푸리에 급수(級數)의 창시자로 널리 알려져 있다. 수학, 과학 및 공학의 다양한 분야에서 많은 문제를 해결하는 데 없어서는 안 될 매우 중요한 기법으로 과학자 Maxwell은 이를 위대한 수학적 시라고 표현하기도 했다.

Fourier는 8세 때 부모를 여의고 베네딕트회 성직자의 후견 아래 육군 학교에 입학, 특히 수학에 관심을 갖고 공부하였다. 고아라는 신분상의 제약으로 장교가 되지 못하고 수도원의 견습 수도사가 되었으며, 1789년 프랑스혁명이 일어나자 혁명정부 아래의 사범학교 교사가 되어 수학을 강의하였다.

1798년 G. 몽주와 함께 나폴레옹 1세의 이집트 원정에 종군, 이집트 고대유물에 관해 연구하였고, 나폴레옹 1세가 카이로에 세운 이집트학술원에서 사무관으로 일하였다. 1801년 프랑스에 돌아와 1802~1814년 이제르주 지사를 지냈다. 1817년 과학아카데미 회원, 1822년 과학아카데미 종신 사무관, 1826년 아카데미 프랑세즈, 아카데미 드메드신 회원으로 선출되었다.

이집트학과 수학에 관한 많은 연구를 하였으며 특히 열전도에 관한 연구로 1811년 상을 받았고, 1822년에는 푸리에 급수, 푸리에 정리로 유명한 《열분석이론》을 완성하였다. 그 뒤 대수방정식 연구에도 몰두하여 여러 업적을 남겼다. 또한 푸리에 급수를 발전시켜 푸리에 적분으로 도출한 것은 학계의 빛나는 업적으로 평가된다.

저서로 《행렬방정식분석(1831)》, 《이집트묘사(1808~1825)》, 《열분석이론(1822)》 등이 있다.

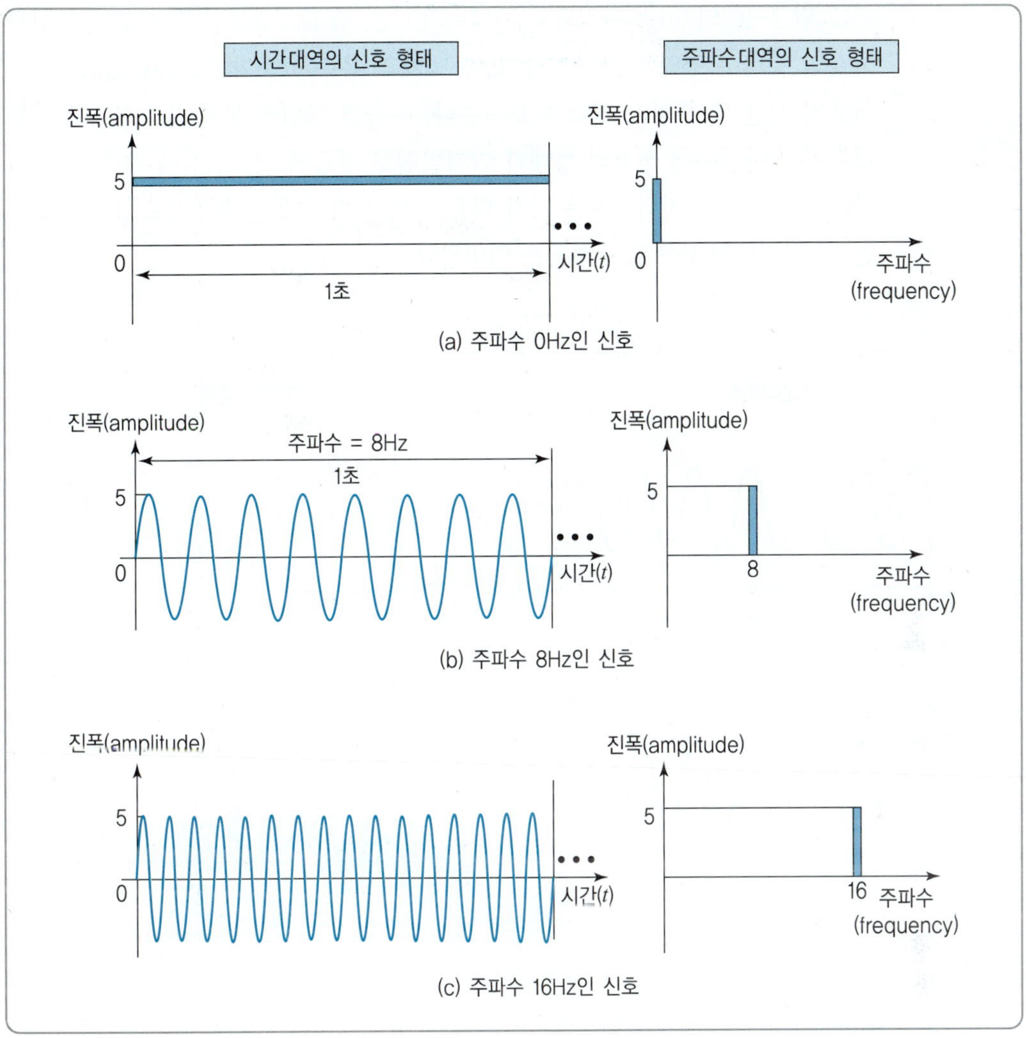

[그림 1-15] 시간대역과 주파수대역의 신호 형태

[그림 1-16]의 (a)는 사인파와 주파수가 0인, 즉 DC 값을 가진 신호의 합성과 이것의 주파수 영역을 나타낸다. (b)는 4개의 홀수 고조파(harmonics)를 가진 신호의 시간 및 주파수 영역을 보여준다. 다음의 그림을 통해 홀수의 고조파의 개수가 많아질수록 신호의 형태가 디지털신호 형태에 가까워짐을 예측할 수 있다. 즉, 완벽한 디지털신호는 각각 다른 진폭을 가진 무한개의 홀수 고조파신호인 f, $3f$, $5f$, $7f$ 등으로 구성됨을 의미한다.

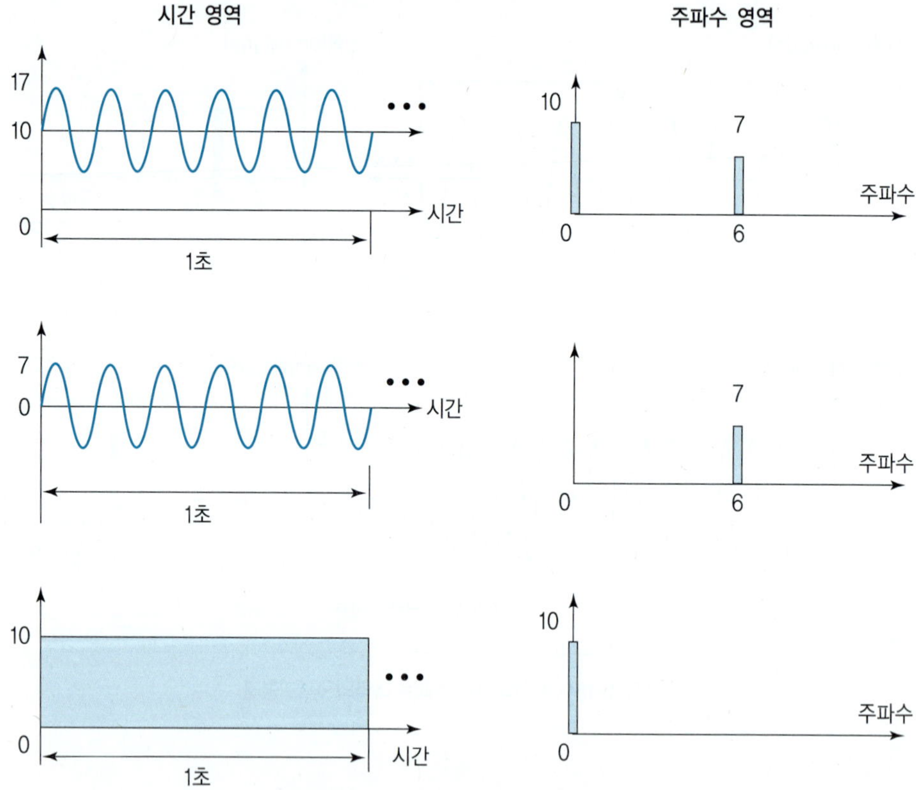

(a) DC 성분을 가진 신호

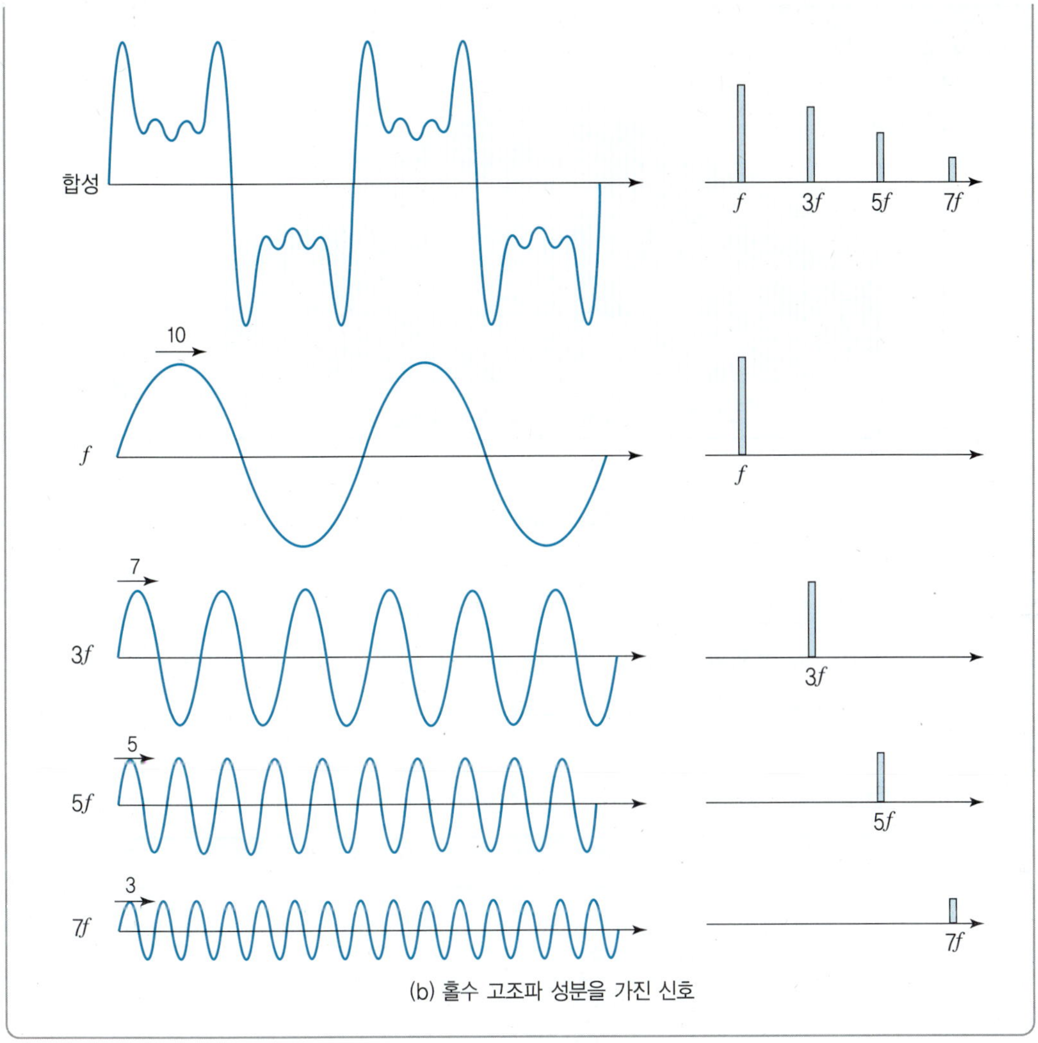

[그림 1-16] 신호의 합성

1.2.4 주파수 스펙트럼(spectrum)과 대역폭(bandwidth)

신호의 주파수 스펙트럼(spectrum)은 주파수 영역(domain)에서 그 신호를 구성하는 모든 주파수 성분이며, 신호의 대역폭(bandwidth)은 주파수 스펙트럼의 폭을 나타낸다. 대역폭은 최고 주파수와 최저 주파수의 차로 표현된다.

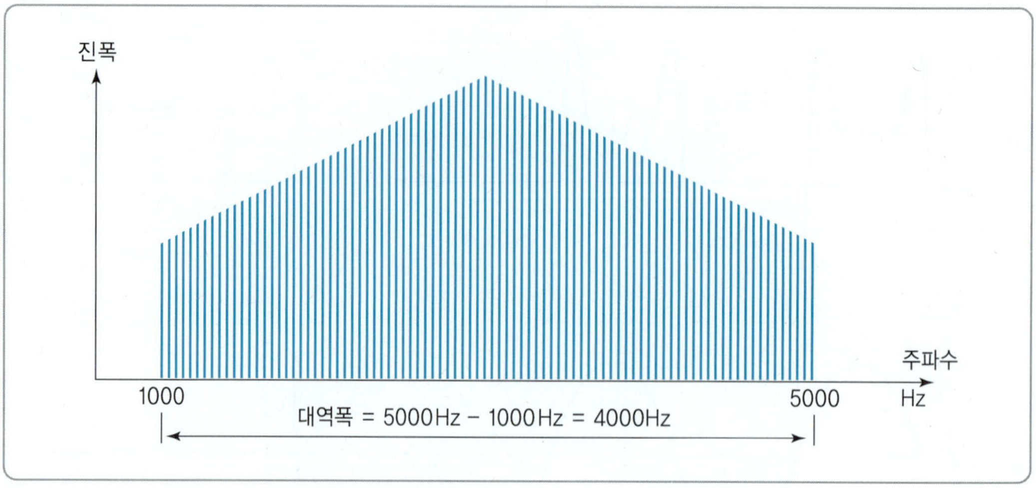

[그림 1-17] 대역폭(bandwidth)과 스펙트럼(spectrum)

전파는 장파, 중파, 마이크로파 등의 구분을 위한 인위적인 경계는 있지만 연속적으로 존재하고 있다. 우리가 하나의 신호를 주파수에 실어 보내려면 어느 정도의 폭을 가진 주파수가 필요하다.

[표 1-2] 일상생활의 통신 시스템의 주파수 영역

통신 시스템		주파수 영역
FM 라디오 방송		88~108(MHz)
AM 라디오 방송		530~1700(kHz)
셀룰러 이동통신	CDMA200	824~894(MHz), 1.8, 2.1, 2.6(GHz)
	WCDMA	1.9, 2.1(GHz)
	LTE(-A)	0.8, 0.9, 1.8, 2.1, 2.6(GHz)
와이브로(Wibro)		2.5(GHz)
Wi-Fi	IEEE 802.11a	5.8(GHz)
	IEEE 802.11b/g	2.4(GHz)
	IEEE 802.11n	2.4, 5.8(GHz)
	IEEE 802.11ac	5.8(GHz)
	IEEE 802.11ad	60(GHz)
	IEEE 802.11ah/af	1(GHz) 이하
블루투스(Bluetooth)		2.4(GHz)

[표 1-2]는 우리의 일상생활에서 사용되는 통신 시스템이 주파수 영역으로 표시된 것이다. AM 라디오의 채널 스위치(동조 바리콘)를 돌려보면 실제로 특정 방송국의 주파수에 이르면 그 방송이 깨끗하게 들린다. 다시 더 돌려보면 다시 소리가 잡음과 섞여 약해지다가 결국에는 잡음만 들리게 된다. 이 실험에서 알 수 있듯이 정해진 주파수(기본 주파수라고 한다) 부근에서 방송이 들리는 주변 부분이 주파수 폭, 즉 주파수대역폭이다. 방송에서 사용하는 △△kHz 등의 주파수는 단지 기본 주파수로서 어느 정도의 주파수대역폭을 가진 주파수이다.

다음 [그림 1-18]에서 하나의 채널이 사용하는 54~60MHz 구역을 주파수대역(frequency band)이라 하고, 그 폭을 대역폭(frequency bandwidth)이라고 한다.

대역	VHF				UHF	S-Band
용도	TV CH2 CH3 CH4 (↔ 6MHz)	TV CH5 CH6	FM 방송	TV (CH 7~13)	TV (CH 14~60)	위성 DAB
주파수	54~72 MHz	76~88 MHz	88~108 MHz	174~216 MHz	174~216 MHz	174~216 MHz

[그림 1-18] 국내 TV 채널 대역 및 주파수대역폭

전파 대신에 소리(음성)를 생각해 보자. 사람의 귀로 들을 수 있는 주파수는 수십Hz로부터 20,000Hz(20kHz) 정도이다(참고로 사람의 목소리는 300Hz로부터 4,000Hz 정도이다). 즉, 주파수대역폭이 20,000Hz 정도는 되어야 대부분의 소리를 들을 수 있다. 클래식 음악의 경우에는 그 소리에 미세한 부분까지 포함되어 있기 때문에 우리 귀에 들리는 주파수대역폭을 좁히면 소리가 딱딱해진다. 이 소리를 전파에 실어 보내려면 변조(소리를 전파로 변환하는 것) 방법에 따라 최소한 주파수대역폭을 20,000Hz를 할당하여야 한다. 주파수 스펙트럼은 이미 그 용도에 따라 아주 세밀하고 정확하게 정해져 있다. 이에 따라 전파의 무단 사용으로 인한 전파방해를 막기 위해 각 나라마다 전파법 등을 정하여 놓고 전파 사용을 규제하고 있으며, 국제적으로도 전파 이용에 관한 협약 등을 통하여 전파 이용의 효율을 도모하고 있다.

ISM(industrial scientific medical) 밴드

ISM 밴드는 전기통신 이외에 산업, 과학, 의료 등의 분야에서 사용하기 위해 할당된 주파수대역을 말한다. ISM 밴드는 근거리통신이나 측정용 주파수대역으로서, 별도의 복잡한 인증 과정이나 허가 과정 없이 사용이 가능하다. 그러나 ISM 밴드는 해외에서만 존재하고 국내에서는 ISM 밴드와 일치하는 주파수 밴드의 제품 중 형식 검정을 받은 제품만이 사용이 가능하다.

ISM 밴드에서는 상호간섭을 용인하는 공동 사용을 전제로 함에 따라 간섭의 최소화를 위해 통신기기의 출력을 최소한으로 줄일 것을 기본으로 하고 있다. 그러나 이러한 노력에도 불구하고 ISM 밴드를 사용하는 다양한 통신기기가 등장함에 따라 이들 간의 간섭 해결이라는 문제가 새롭게 대두되고 있다.

[그림 1-19]는 ISM 주파수 밴드를 나타내고 있다. 앞으로 우리는 주파수 폭을 줄여서 사용할 수 있는 연구를 계속하여야만 통신에 사용될 수 있는 한정된 주파수를 더욱 효율적으로 사용할 수 있을 것이다.

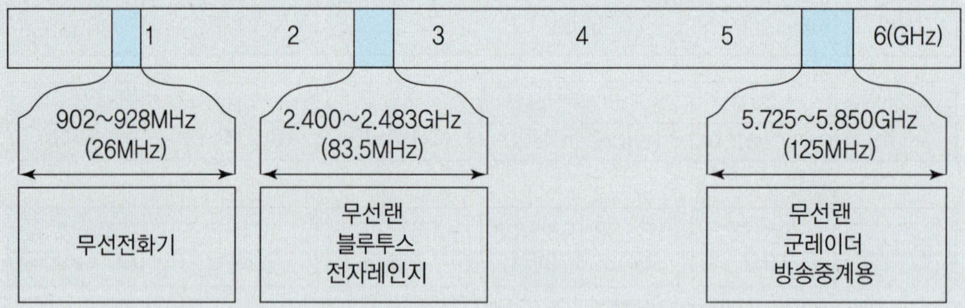

[그림 1-19] ISM(industrial scientific medical) 주파수대역

예제 2

주기신호가 각각 다음의 100, 300, 500, 700, 900Hz의 주파수 성분을 가지는 사인파로 구성되어 있다. 이 신호의 대역폭을 계산하고, 스펙트럼을 그려라. 이때 신호의 최대 진폭은 10V이다.

풀이 가장 높은 주파수를 f_h, 가장 낮은 주파수를 f_l 이라고 하자.

이때 주파수대역폭 B는 $B = f_h - f_l = 900 - 100 = 800$Hz이다.

스펙트럼은 다음 [그림 1-20]과 같이 100, 300, 500, 700, 900Hz에서 진폭 10V인 신호가 나타난다.

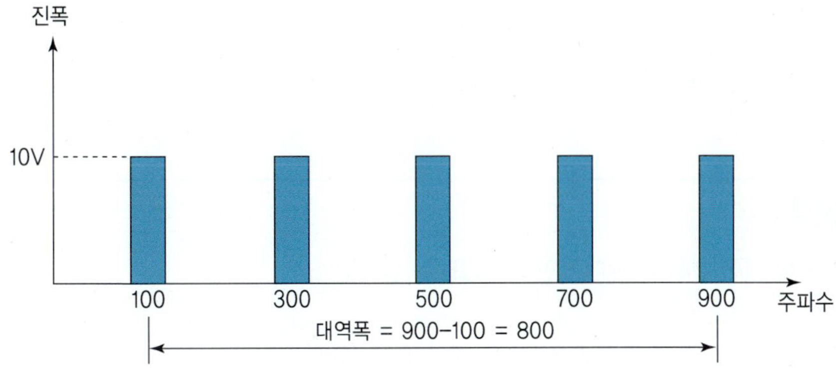

[그림 1-20] 스텍트럼에 따른 진폭

1.2.5 신호의 강도(dB)

통신시스템에서 신호의 크기 표현 및 신호가 다른 값들과 비교 시는 매우 큰 범위의 크기를 가지고 사용되고 있다. 즉, 안테나에서 수신된 신호의 값이 수 마이크로 볼트 신호 값으로 표현되고, 신호 대 간섭의 비가 수백만 대 일(1,000,000:1) 혹은 에러 값이 0.0000001 등으로 나타낸다. 이와 같은 큰 범위의 값을 효과적으로 표현하거나 다른 값과의 효율적인 비교 계산을 위해 전화 발명자인 벨(Bell)의 이름을 딴 벨(bel)을 소리의 크기를 측정하는 것으로 상용로그로 표현하였다. 그러나 그것이 너무 큰 값을 표현하므로 데시(deci), 즉 1/10을 사용한 데시벨(decibel; dB)이 신호가 약해지는 정도로 초기의 신호강도와 전송된 후의 신호강도를 측정하는 단위로 전파의 전파(propagation)를 나타내는 매우 중요한 단위로 사용된다. dB 단위는 절대적인 크기가 아니고 비교되는 두 신호 간의 상대적인 크기를 나타낸다. 즉, dB은 사람이 들을 수 있는 소리인 0dB을 기준으로 한 상대적인 크기를 나타낸 것이다.

어떤 신호(P_1)의 기준 신호(P_0)에 대한 상대적인 크기를 표시하는 데시벨은 다음의 식으로 표현된다. 여기서 선형이 아닌 밑을 10으로 하는 대수 형태를 따르는 이유는, 사람의 청각반응이 소리의 크기 자체에 비례하지 않고, 그의 대수에 비례하는 현상을 반영하기 위함이다. 즉, 원래 소리가 10,000배 크면, 사람의 귀에는 그대로 10,000배 크기로 들리는 것이 아니고 40배 정도만 크게 들린다. 이 경우 신호 P_0에 대한 신호 P_1의 크기를 표기하면, 다음과 같다.

$$dB\,(\text{for power}) = 10\ \log \frac{P_1}{P_0} \tag{1-6}$$

$$dB\,(\text{for volts}) = 20\ \log \frac{V_1}{V_0} \tag{1-7}$$

예 제 3

0.5W 신호에 대한 10W의 상대적인 크기(dB)는 얼마인가?

풀이 두 값을 식 (1-6)에 대입해서 계산하면 다음과 같다.

$$10\ \log \frac{10}{0.5} = 13\text{dB}$$

예 제 4

어떤 회로에 0.1V의 전압을 가지는 신호를 가해서 5V로 증폭된 신호를 얻었다. 이때 몇 dB의 이득을 얻었는가? (단, 입출력 저항은 동일하다.)

풀이 주어진 값을 식 (1-7)에 대입해서 계산하면 다음과 같다.

$$20\ \log \frac{5}{0.1} = 34\text{dB}$$

예 제 5

예제 4의 반대 경우로, 5V의 신호가 0.1V로 감쇠되어 나타났을 때의 dB 값은 얼마인가?

풀이 주어진 값을 식 (1-7)에 대입해서 계산하면 다음과 같다.

$$20\ \log \frac{0.1}{5} = -\ 34\text{dB}$$

dB 값은 신호가 선로에 의한 감쇠 등으로 줄어들 경우에는 음수(negative) 값으로 표현이 된다. 또한 두 신호의 값이 같은 크기를 가지고 있을 때 그 값은

0dB로 표현된다. 만약 전력 값이 두 배가 되면 다음과 같이 나타낼 수 있다.

$$dB = 10\log\left(2 \times \frac{P_0}{P_0}\right) \tag{1-8}$$

3dB은 전력 값이 2배인 것을 나타내며, −3dB은 전력 값이 1/2임을 나타낸다. 전압에 대해서는 2배의 값은 6dB이며 −6dB은 1/2을 나타낸다. 즉, −3dB은 전력의 비가 0.5이며 전압은 전력의 제곱에 비례하므로 $V_1^2/V_0^2 = 0.5$이므로 전압의 비 $V_1/V_0 = \sqrt{0.5} = 0.707$임을 알 수 있다. 같은 방식으로 3dB은 전압이 1.414인 값을 나타낸다. 예를 들어 3V 신호에 대해 전력이 1/2인 경우 전압은 2.121V를 나타내며, 전력이 두 배인 경우 4.242V를 나타낸다.

예 제 6

어떤 통신 선로 전압의 신호레벨을 기존보다 50% 증가시켜 설치하였다. 증가된 전압의 상대적인 크기(dB)는?

풀이 주어진 값을 식 (1-8)에 대입해서 계산하면 다음과 같다.

$$\frac{V_1}{V_2} = \frac{1+0.5}{1.0} = 1.5, \quad 20\log(1.5) = 3.52\text{dB}$$

실제로 엔지니어들은 dB 값으로부터 그 신호의 실제 값을 찾아 활용할 경우가 많이 있다.

전력의 경우는 다음과 같이 표현할 수 있다.

$$P_1 = P_0 \times 10^{\text{dB value}/10} \tag{1-9}$$

$$P_0 = \frac{P_1}{10^{\text{dB value}/10}} \tag{1-10}$$

이에 반해 전압의 경우는 다음과 같이 표현한다.

$$V_1 = V_0 \times 10^{\text{dB value}/20} \tag{1-11}$$

$$V_0 = \frac{V_1}{10^{\text{dB value}/20}} \tag{1-12}$$

예 제 7

신호가 13dB 증폭이 되어 1.2W를 나타냈다. 원래의 신호 값은 얼마인가?

풀이 $P_0 = \frac{1.2}{10^{13/10}} = \frac{1.2}{10^{1.3}} = 0.060\text{W}$

예 제 8

0.2W 신호가 회로를 통과한 후 22dB의 이득을 가졌다면 최종 전력 값은 얼마인가?

풀이 $P_1 = 0.2 \times 10^{22/10} = 31.7\text{W}$

예 제 9

1.6V가 증폭되어 2.5dB의 이득을 가지면 출력 전압은?

풀이 식 (1-11)을 이용하여 출력 전압을 구해보면 다음과 같다.

$V_1 = 1.6 \times 10^{2.5/20} = 2.13\text{V}$

신호의 크기를 어떤 기준 값에 대한 절대적 크기로 표현하는 경우가 통신시스템에서는 매우 많다. 낮은 신호레벨인 경우 dBm 단위로 1mW에 대한 신호의 크기를 나타낸다. 즉, dB above one milliwatt로 표현된다. 즉, 1mW는 0dBm 또는 -30dBW를 나타내며, 1W는 0dBW 또는 30dBm으로 나타낸다. 예를 들어 10dBm은 1mW에 대하여 10dB 큰 신호이고, 30dBm은 1mW에 대해 30dB, 즉 1000배 큰 신호이므로 1W와 같은 크기를 가진다. 이는 RF 엔지니어들이 많이 사용하는 단위이다. 큰 신호인 경우 dBW로 1W에 대한 신호의 크기를 나타내며, 전압에 대해서는 1V에 대한 값으로 dBV가 사용된다.

$$\text{dBm} = 10 \times \log \frac{\text{Power}}{1\text{mW}} \tag{1-13}$$

$$\text{dBW} = 10 \times \log \frac{\text{Power}}{1\text{W}} \tag{1-14}$$

[표 1-3]은 전력 값을 dBm으로 변환한 표이다.

[표 1-3] 전력 값의 dBm 변환표

Power in Watts	Power in dBm
0.1mW	−10dBm
1mW	0dBm
1watt	30dBm
1000watts	60dBm

그 예로 송신기에서 발생되는 전력은 dBm 혹은 dBW로 표현한다. 또한 안테나의 이득을 표현할 경우 dBi 혹은 dBd로 표현하고 선로에서 발생하는 손실이나 안테나 사이의 전파손실은 dB로 표현한다. 다음은 dB와 dBm의 유용한 제안법을 나타내고 있다.

a. dBm끼리의 더하기

dBm끼리의 연산은 우리가 가장 흔하게 실수하는 경우이다. 그 이유는 dB는 log 단위이므로 더하기는 내면적으로 곱하기 결과이기 때문이다. 따라서 dB 단위의 실제 더하기는 mwatt 또는 배수로 환산하여 계산한 후 다시 dB로 환산하여야 한다. 아래의 식을 통하여 이해해 보자.

$$20\text{dBm}(100\text{mwatt}) + 20\text{dBm}(100\text{mwatt}) \Rightarrow 40\text{dBm}(10000\text{mwatt})$$

위의 연산으로는 더하기 연산이 올바르게 수행되지 않았음을 알 수 있다. 따라서 앞의 식을 비로그 단위인 mwatt로 환산하여 다시 계산하면 아래와 같다.

$$100\text{mwatt}(20\text{dBm}) + 100\text{mwatt}(20\text{dBm}) \Rightarrow 200\text{mwatt}$$

이를 다시 로그 단위로 나타내면 23dBm과 같다.

b. dBm과 dB의 더하기

dBm과 dB의 연산은 서로 단위가 다르기 때문에 순수한 더하기 연산의 경우가 존재하지 않고, 내면적으로는 곱하기의 결과라고 할 수 있다.

예를 들어,

$$20\text{dBm}(100\text{mwatt}) + 40\text{dB}(10000\text{배})$$

위의 식에 대한 연산이라면, 40dB를 더하는 것은 10000을 곱하는 것과 같다고 볼 수 있다. 따라서 위의 식을 mwatt로 통일시켜서 계산하면 아래와 같다.

$$100\text{mwatt} \times 10000 = 10^{6}\text{mwatt}$$

이를 다시 dB 단위로 나타내면 그 결과 값은 60dBm으로 나타난다.

c. mwatt와 dB, dBm과 배수의 계산

mwatt와 dB, dBm과 배수는 로그 단위와 비로그 단위의 계산이다. 이와 같은 경우는 그 이유에는 이칙연산만이 존재하는 로그 수와 사칙연산이 존재하는 비로그 수 간에는 어떠한 연산도 이루어질 수 없기 때문에, 로그 단위 또는 비로그 단위로 통일한 후 연산을 수행하여야 한다. 그 예는 다음과 같다.

$$0.01\text{mwatt} + 27\text{dB}$$

27dB는 500배와 같으므로 위의 식을 비로그 단위로 통일하면,

$$0.01\text{mwatt} \times 500 \Rightarrow 5\text{mwatt} \Rightarrow 7\text{dBm}$$

또한 0.01mwatt는 −20dBm과 같으므로 로그 단위로 통일한 경우에는

$$-20\text{dBm} + 27\text{dB} \Rightarrow 7\text{dBm} \Rightarrow 5\text{mwatt}$$

로 나타낼 수 있다.

다음은 dB와 dBm의 유용한 제안법을 나타내고 있다.

$$(A\text{dB}) \pm (B\text{dB}) = (A \pm B)\,\text{dB}$$
$$(A\text{dBm}) \pm (B\text{dB}) = (A \pm B)\,\text{dBm}$$

위의 로그 계산법은 다음과 같은 원리에 의해 설명될 수 있다.

$$A\text{dB} + B\text{dB} = (A + B)\,\text{dB}$$
$$A\text{dB} - B\text{dB} = (A - B)\,\text{dB}$$

$$A\text{dBm} + B\text{dB} = (A\text{dB} - 30) + B\text{dB} = (A + B)\,\text{dB} - 30 = (A + B)\,\text{dBm}$$
$$A\text{dBm} - B\text{dB} = (A\text{dB} - 30) - B\text{dB} = (A - B)\,\text{dB} - 30 = (A - B)\,\text{dBm}$$

예 제 10

신호 A가 40dBm, 신호 B가 2dBW일 때 신호 B에 대한 신호 A의 강도를 나타내라.

풀이 $10\log\frac{A}{B} = 10\log A - 10\log B$

$$\therefore \frac{A}{B} \Rightarrow 40\text{dBm} - 2\text{dBW} = 40\text{dBm} - (2 + 30)\,\text{dBm} = 8\text{dB}$$

예 제 11

200mW를 dBm으로 나타내면?

풀이 $200\text{mW} = 10\log 200\,(\text{dBm}) = 23\text{dBm}$

예 제 12

신호 값 8.2V를 dBV로 나타내라.

풀이 $20\log\frac{8.2\text{V}}{1\text{V}} = 18.28\text{dBV}$

예 제 13

오디오 앰프의 출력이 7dBW이면 그 전력 값은 얼마인가?

풀이 $10^{\frac{7\text{dBW}}{10}} = 5\text{W}\ \ or\ \ 7\text{dBW} = 37\text{dBm} = 10^{\frac{37\text{dBm}}{10}} = 5011\text{mW}$

$(0\text{dBm} = -30\text{dBW},\ 0\text{dBW} = 30\text{dBm})$

dB 스케일은 계산기를 사용하지 않고, 두 신호의 전력 및 전압의 비를 이용해서 빨리 산출할 수 있다.

전력의 경우, 10dB는 10배 곱의 인자이고, 3dB는 2배 곱의 인자이며, −10dB는 1/10의 감소 그리고 −3dB는 1/2의 감소를 나타낸다. 그러므로 13dB(10+3)의 이득이란 ×10과 ×2, 즉 20배 곱의 전력 비를 나타낸다.

예를 들어 36dB=(10+10+10+3+3)dB는 ×10×10×10×2×2이므로 총 4000배의 곱이다. 또 7dB(=10dB−3dB)는 ×10×(1/2)이며 총 5배의 곱을 나타낸다.

전압의 경우에도 전력과 같은 개념이 적용된다. 그러나 그 값은 앞에서 설명한 것처럼, 전력의 dB와는 다른 전압 비를 나타낸다. 20dB의 이득은 ×10이고 6dB는 ×2의 전압 인자이다. 반면 −20dB는 1/10, −6dB는 1/2을 나타낸다. 이를 이용해 46dB를 계산하면 (20+20+6)dB로 ×10×10×2인 200배를 나타내고, 34dB의 경우 (20+20−6)dB는 ×10×10×(1/2)인 50배의 전압 이득을 나타낸다.

위와 같은 특성을 이용하여 dB 값은 쉽고 빠르게 전력을 예측할 수가 있다. dB를 신호강도의 측정 단위로 사용하면 다음과 같은 장점이 생긴다.

첫째, 대수함수의 성질에 의하여, 서로 직렬로 연결된 시스템(cascaded system)에서의 신호강도 계산을 더하기, 빼기 등의 간단한 연산만으로도 쉽게 구할 수 있다. 둘째, 통신체계의 각 단계를 거치면서 겪는 힘의 증감(gain or loss)이 dB 단위로는 (+), (−)로 나타나므로, 시스템의 특성을 용이하게 파악할 수 있다.

[표 1-4]는 우리 주변의 여러 가지 소리들을 dB 스케일로 표현한 것이다.

[표 1-4] 신호강도의 예

<table>
<tr><th>소리의 종류</th><th>dB</th><th>느낌</th></tr>
<tr><td>제트기 이륙(60m)</td><td>120dB</td><td rowspan="2">견디기 어렵다</td></tr>
<tr><td>공사장 소음, 헤비메탈 연주회</td><td>110dB</td></tr>
<tr><td>고함(1.5m)</td><td>100dB</td><td rowspan="2">대단히 시끄럽다</td></tr>
<tr><td>대형 트럭(15m에서), 굴착기(1m)</td><td>90dB</td></tr>
<tr><td>대도시 거리 소음</td><td>80dB</td><td rowspan="2">꽤 시끄럽다</td></tr>
<tr><td>자동차 실내 소음</td><td>70dB</td></tr>
<tr><td>보통 대화(1m)</td><td>60dB</td><td rowspan="2">보통</td></tr>
<tr><td>교실, 사무실</td><td>50dB</td></tr>
<tr><td>조용한 거실</td><td>40dB</td><td>조용하다</td></tr>
<tr><td>밤중의 침실</td><td>30dB</td><td rowspan="2">고요하다</td></tr>
<tr><td>방송국 스튜디오</td><td>20dB</td></tr>
<tr><td>나뭇잎 스치는 소리</td><td>10dB</td><td rowspan="2">겨우 무엇인가 들린다</td></tr>
<tr><td>들을 수 있는 가장 작은 소리</td><td>0dB</td></tr>
</table>

1.3 정보의 표현과 전송

1.3.1 정보와 정보량

정보를 측정하여 그 정보의 측정량을 수학적으로 나타낼 수 있을까? 이러한 정보의 양과 수학적인 면이 정보이론이라는 학문으로 발전하였는데 이에 대한 간단한 내용만을 살펴보도록 하자.

정보이론이란 정보현상의 본질을 확률론의 기초 위에 정식화하여 그 통계량을 열역학의 엔트로피(entropy) 개념을 이용하여 합리적으로 표현한 것을 말하는데 이는 섀넌(C.E. Shannon)의 이론에 근거한 것이다. 이 정보이론에서 말하는 정보란 불확실성(uncertainty)이란 개념으로 접근한다. 즉, 어떠한 사건이 일어날 수 있는 불확실한 확률을 계산하여 정보량과 연결시킨다. 간단하게 말하면 어떠한 사건이 일어날 수 있는 확률의 역수를 정보량이라고 정의하고 그것이 바로 그 사건이 일어났을 때 발생하는 정보량인 것이다.

또한 M개의 사건 중 하나가 발생하는 것을 알 때 얻을 수 있는 정보량은 M의 대수에 비례한다. 즉, 26개의 알파벳 중 한 문자를 수신할 경우 얻을 수 있는 정보량은 $\log_2 26$(bits)가 되는 것이다. 이것을 자기정보량(self information)이라고 하고 확률의 개념을 도입하면 다음과 같이 정의할 수 있다.

각 정보(X_j)가 발생할 확률이 $p(X_j)=p_j$라 할 때 자기정보량 $I(X_j)$는 다음과 같이 계산할 수 있다.

$$I(X_j)=\log_2(1/p_j)=-\log_2 p_j \text{ bits}$$

위의 수식에서 p_j가 작으면 작을수록 자기정보량은 커지게 된다. 다시 말하면 어떠한 사건이 일어날 확률이 적어지면 적어질수록 그 사건이 일어났을 때 얻어지는 정보량은 많아진다는 의미이다.

이 자기정보량을 가지고 실제 통신에서 많이 사용하는 개념인 엔트로피를 공식화하는데, 이 엔트로피는 평균자기정보량(average self-information 또는 source entropy)과 밀접한 관계가 있다.

$$H(X)=E\left[I(X_j)\right]=\sum_{j=1}^{N}p_j\log_2(1/p_j)=-\sum_{j=1}^{N}p_j\log_2 p_j \qquad (1\text{-}15)$$

앞에서 나타낸 $E\left[I(X_j)\right]$는 자기정보량인 $I(X_j)$의 평균을 나타낸다.

그렇다면 정보이론에서 말하는 엔트로피라는 것은 무엇일까? 한마디로 말하면 정보의 평균량이다. 다음에 나타낸 공식을 보면 알겠지만 엔트로피는 평균 자기정보량과 그 결과가 같음을 알 수 있다.

$$H=\sum_{j=1}^{N}p_j\log_2(1/p_j)=-\sum_{j=1}^{N}p_j\log_2 p_j \qquad (1\text{-}16)$$

정보이론에서 의미하는 일반적인 '정보량'은 위에 나타낸 엔트로피를 의미하는 것임을 알아두자. 각 사건의 확률과 정보량 사이의 관계를 좀 더 쉽게 이해하기 위해서 다음과 같은 예를 들어보자. A(딜러)와 B(손님)가 동전을 던져서 나온 면이 앞면인지 뒷면인지를 맞추는 게임을 하고 있다고 하자. 그래서 B가 백 원을 내고 나온 면을 맞추면 백 원을 더해 이백 원을 받게 되고, 틀리면 냈던 백 원을 잃게 되는 게임이다. 여기서, 중간에 C가 나타나서 B에서 동전 면에 대한 정보를 알려주겠으니 값을 지불하고 이 정보를 구입하라는 제안이 들어왔다. 이런 경우에 B는 C에게 얼마를 주고 정보를 구입해야 할까? 그 정보의 가치는 동전의 앞면과 뒷면이 나오는 확률에 따라서 달라질 것이다. 만약 동전의 앞면과 뒷면이 나올 확률이 0.5로 같다면, 그 정보는 백 원의 가치를 갖는다고 할 수 있다. 다시 말해서, B가 백 원을 주고 동전 면에 대한 정보를 구입하여 이를 이용하여 A로부터 백 원을 얻을 수 있기 때문이다. 그렇다면 만약 동전이 구부러진 것이라서 앞면이 나올 확률이 0.9이고, 뒷면이 나올 확률이 0.1이라고 하자. 그리고 이 사실은 모두에게 알려져 있다고 한다. 그렇다면 이 때 역시 C가 B에게 알려주는 정보가 백 원의 가치가 있는 것일까? 만약 B가 C로부터 정보를 얻지 않고, 계속 앞면이 나왔다고 하더라도 구부러진 동전의 특성상 평균 팔십 원의 이득을 볼 수 있다. 그래서 C가 알려주는 동전 면에 대한 정보를 통해서 추가적으로 얻을 수 있는 이득은 이십 원에 불과하다. 그래서 같은 정보일지라도 확률에 따라서 정보의 가치가 달라진다는 것을 알 수 있다. 동전의 앞면과 뒷면이 나오는 것이 불확실한 경우인 전자의 경우가 정보량이 많고, 불확실성이 떨어지는 후자의 경우에는 정보량이 적은 것이다. 그렇다면 이러한 정보량

측정의 예를 통해 엔트로피의 개념을 확실하게 이해하도록 하자.

만약 두 가지 사건 A, B가 일어날 확률이 각각 p, $q\,(p+q=1)$라고 하자. 이때의 정보량인 엔트로피는 다음과 같이 계산된다.

$$H = -(p\log_2 p + q\log_2 q)\,\text{bits} \tag{1-17}$$

그래서 위 수식에서 $p=q=0.5$인 경우에는 정보량이 1bit가 되고, $p=0.9$, $q=0.1$인 경우의 정보량은 0.496bit가 된다. 이는 앞 동전 맞추기 예에서와 같이, 전자의 경우가 후자의 경우에 비하여 정보량이 많다는 사실과 일치한다.

어느 영자신문에서 알파벳의 숫자를 조사하였더니 26자 모두 균일하게(같은 숫자의 알파벳이) 사용되었다고 한다. 즉, 그 영자신문에서는 26자의 알파벳이 똑같은 확률로 발생된다고 한다. 이때의 엔트로피는 어떻게 될까? 다음과 같을 것이다.

$$H = -\sum_{j=1}^{26}\frac{1}{26}\log_2\left(\frac{1}{26}\right) = 4.7\text{bits/character}$$

즉, 26자의 알파벳 중 한 문자가 쓰여졌을 때 얻어지는 정보량은 4.7bits가 된다.

여러 가지 정보량의 예

▶ 비트 전송률이 192kbps인 mp3 파일의 정보량은 얼마인가?
$192\times10^3\times8\text{bit}\times$압축률$(1/10) = 1.536\times10^5 = 0.154$Mbits

▶ 30 frames/s의 전송률을 가지는 동영상(avi)의 정보량은 얼마인가?
$640\times480\times8\text{bit}\times3\times30\times$압축률$(1/150) = 1.47\times10^6 = 1.47$Mbits

▶ 8bit Gray scale 흑백 정지 영상의 정보량은 얼마인가?
$512\times512\times8\text{bit} = 2\times10^6 = 2$Mbits

▶ color 정지 영상의 정보량은 얼마인가?
$512\times512\times8\text{bit}\times3 = 6\times10^6 = 6$Mbits

▶ HD TV의 정보량은 얼마인가?
$1408\times960\times8\times3\times30 = 973{,}209{,}600$bits

▶ 해상도가 200dpi인 A4용지의 정보량은?
8.5inch × 200 + 11inch × 200 = 3,740,000bits

▶ 한글과 한문으로 이루어진 신문(40만 자)의 정보량은 얼마인가?
2byte × 400,000 = 800kbyte

1.3.2 신호의 전송

정보의 형태는 아날로그나 디지털로 구성될 수 있으며, 전송매체에 따라 아날로그나 디지털신호로 전송된다. 즉, 통신을 위해서는 아날로그나 디지털 데

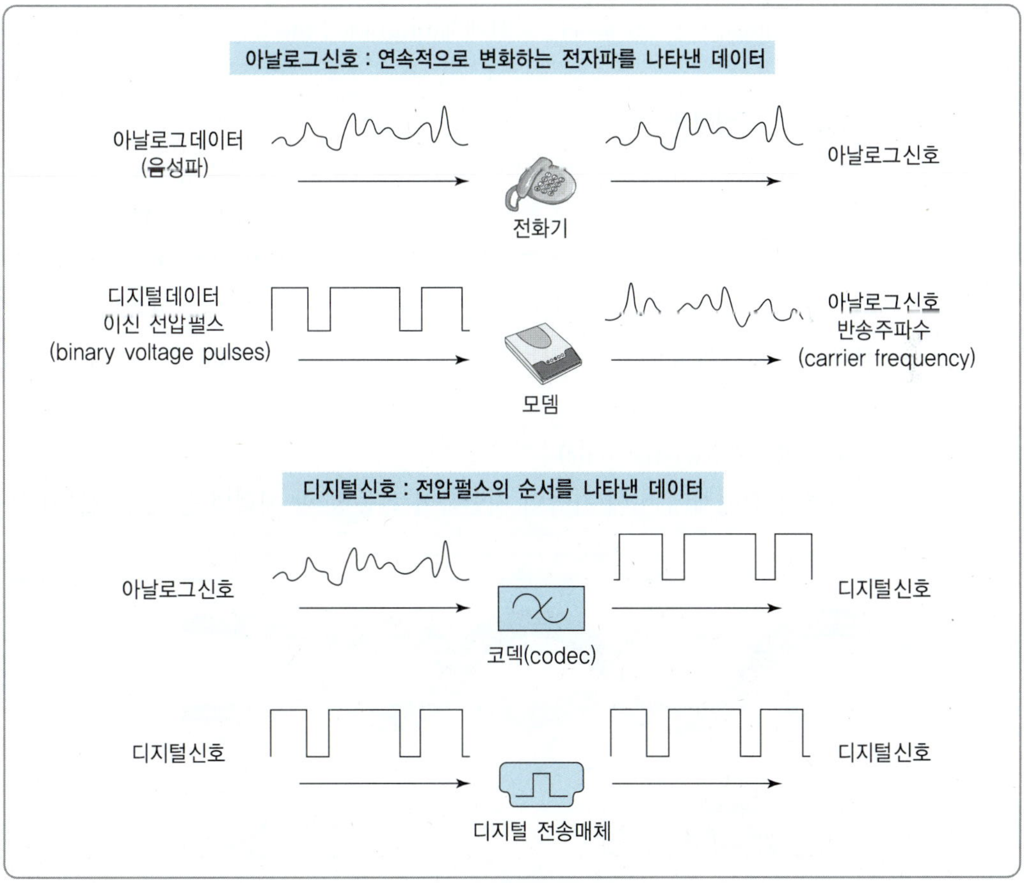

[그림 1-21] 아날로그와 디지털 전송

이터를 아날로그나 디지털 형태의 신호로 변형하여 전송해야 한다.

변형 방식에는 전송 상황에 따라 디지털신호와 디지털신호, 아날로그신호와 디지털신호, 디지털신호와 아날로그신호 그리고 아날로그신호와 아날로그신호의 변환들이 있다.

[그림 1-21]은 정보의 형태가 각각 아날로그와 디지털로 구성되었을 시 이를 아날로그나 디지털 방식으로 전송하는 상관관계를 나타내고 있다.

1.3.3 정보 전송매체

전송신호의 품질 및 관련 특성은 송신단과 수신단을 연결한 전송매체에 따라 변하게 된다. 전송매체는 전송신호가 수신단까지 직접 유도가 되는지, 수신기가 송신측의 유도 없이 전달된 신호를 알아서 수신하는지 유무에 따라서 전자는 유선매체(guided media) 후자는 무선매체(unguided media)로 구분하고 있다.

1.3.3.1 유선매체

이중나선(twisted pair), 동축케이블(coaxial cable) 및 광섬유(fiber optics)와 같이 송신신호가 물리적인 경로를 따라 수신기로 전달되는 것을 유선매체라 한다.

사용되는 매체에 따라 전송률, 대역폭 등 특성이 결정되며, 초기 매체 설치 비용이 많이 드는 단점이 있으나 매우 안정된 신호전송 특성을 가지고 있기 때문에 통신시스템의 기본 송수신 인프라로 많이 구축되고 있다.

a. 이중나선(twisted pair)

다른 유선매체에 비해 가격이 저렴하며 유동성 및 처리의 용이성 때문에 통

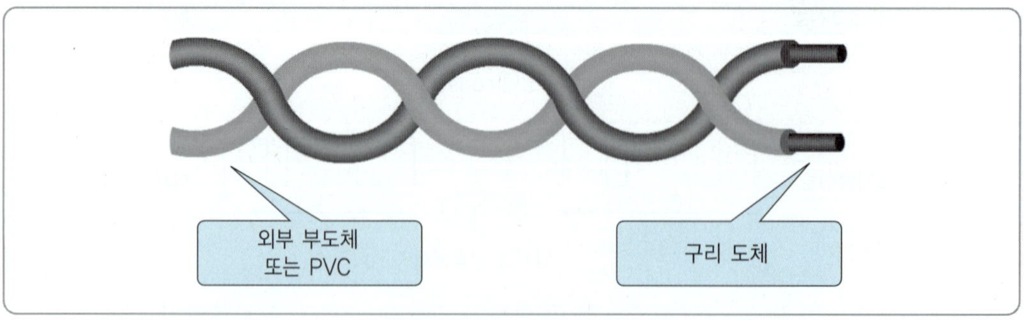

[그림 1-22] 이중나선 구조

신매체로 가장 많이 사용되고 있으며, 음성 및 데이터 전송에 매우 적합한 주파수는 100Hz에서 5MHz 대역에 있다. 이중나선은 [그림 1-22]와 같이 두 개의 도체인 구리가 서로 꼬인 채로 묶여 절연체 내에 있는 구조를 가지고 있다.

과거에는 평행으로 두 선을 사용하였으나, 모터 등과 같은 간섭원에 의해 가까이에 있는 도선이 먼 쪽 도선보다 더 많은 영향을 받게 된다. 그래서 나선을 꼬아서 사용 시 [그림 1-23]과 같이 각 선이 간섭원으로부터 받는 영향이 동일하여 간섭의 영향이 많이 줄어든다.

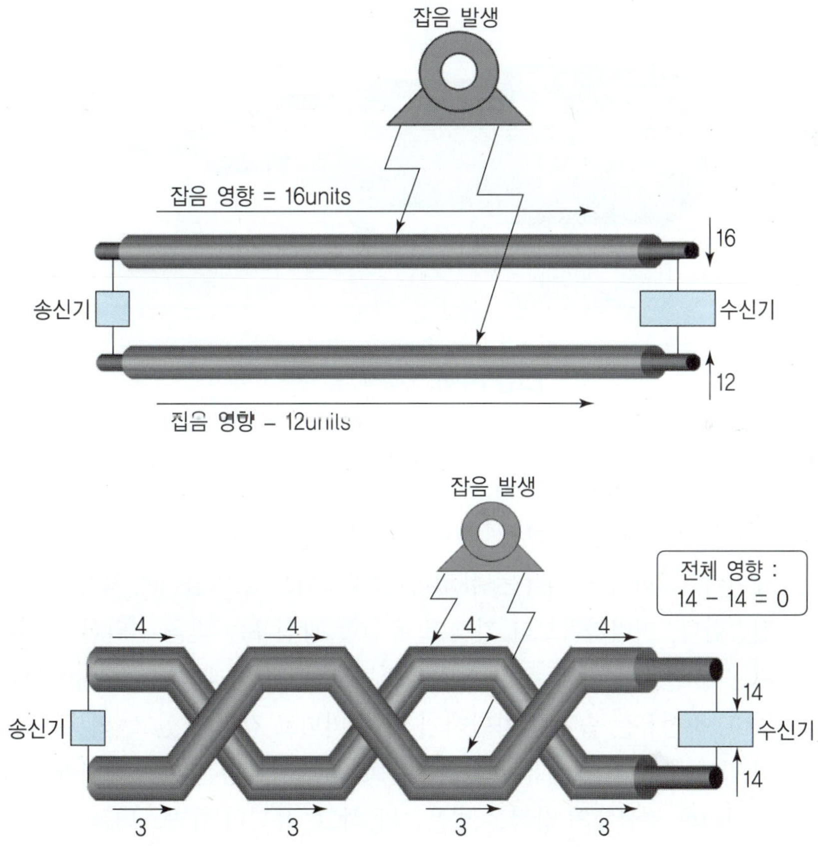

[그림 1-23] 간섭원의 영향

b. 동축케이블(coaxial cable)

동축케이블은 TV 안테나에서 사용되는 유선매체로서 [그림 1-24]와 같이 안쪽과 바깥쪽에 두 개의 전도체로 구성되어 실린더형의 바깥쪽 도선이 절연체를 사이에 두고 중심부에 있는 안쪽 도선을 감싼 형태로 구성되어 있다. 이중나선보다 높은 주파수인 100kHz에서 500MHz까지 동작되도록 되어 있어 수백 개의 TV 채널을 안정되게 공급할 수 있다.

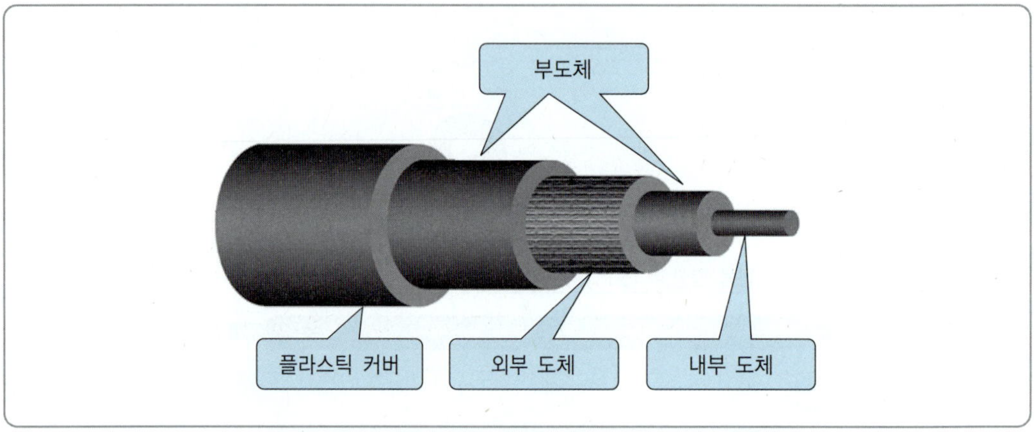

[그림 1-24] 동축케이블 구조

c. 광섬유(fiber optics)

위에서 설명한 이중나선과 동축케이블은 신호를 전류 형태로 전송을 하는 매체이다. 그러나 광섬유는 유리나 플라스틱으로 만들어져 빛의 형태로 신호를 전송한다. 머리카락보다 가늘고 유연한 광섬유는 빛을 전달한 코어와 이를 감싸는 굴절율이 다른 유리나 플라스틱으로 된 클래딩(cladding)으로 구성되어 있다. 광섬유는 습기를 차단하기 위해 버퍼로 감싸져 있고, 외부는 절연체로 다시 감싸게 된다. 광섬유에 실려지는 빛의 스펙트럼은 전체 대역에 걸쳐 있다.

이러한 광섬유의 장점은 빛을 사용하고, 유리나 플라스틱을 사용하기 때문에 간섭에 강하며, 수십 km에서 Gbps급의 광대역 전송이 가능하고, 작고 가벼워 설치가 용이하며 높은 보안성을 가진다. 그러나 단점으로는 가격이 비싸고, 깨지기 쉬우며, 유지 보수가 어려운 부분이 있다.

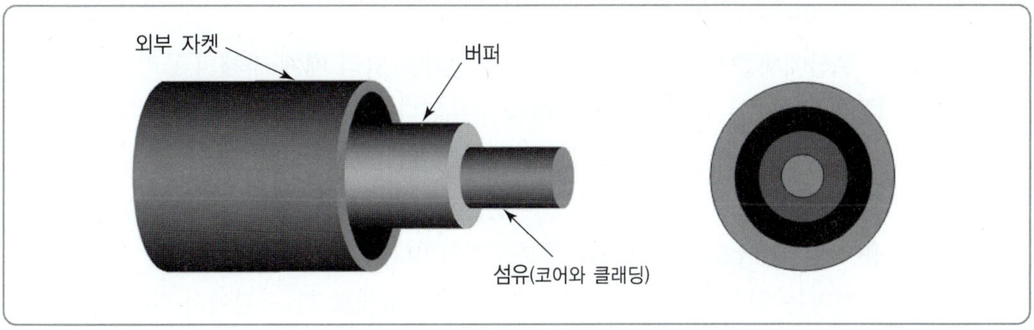

[그림 1-25] 광섬유의 구성

[표 1-5] 케이블별 특성 비교

	이중나선	동축케이블	광케이블
전송거리	100m	80kHz	100km
대역폭	250kHz	350kHz	10GHz
데이터 전송률	10~100Mbps	10Mbps	1Gbps
특징	단거리 - 1Mbps 이상 장거리 - 1Mbps 이하 UTP, STP 증폭기, 리미터 필요 누화, 잡음에 약함	고주파 특성이 양호 광대역 전송에 적합 차폐성이 좋다 간섭이 적다 증폭기, 리미터 필요	넓은 대역폭 낮은 손실률 간섭에 강함 높은 보안성 취급이 용이 고가의 시설비

1.3.3.2 무선매체

무선전송매체로는 공기를 통하여 전달되는 무선전파신호를 사용하는 경우와 물속에서의 음파신호를 사용하는 경우, 그리고 리모컨과 같이 적외선을 이용하는 경우 등이 있다. 이러한 무선매체를 통한 전송에서는 전자파신호가 의도적으로 유도되지 않는다. 대기 중의 공기를 통해 전파되거나 해수면을 따라 사방으로 뻗어나가는 경우가 이에 해당된다. 무선통신에서는 전송매체보다 안테나가 이용하는 주파수대역에 따라 전송 특성이 결정된다.

송신측의 안테나는 전자파 에너지를 매체(대기, 진공, 바닷물 등)에 쏘아 보내며 수신측의 안테나는 이를 둘러싸고 있는 매체로부터 원하는 주파수대의 에너지 변화를 읽고 그것을 뽑아낸다. 이러한 전송 방식에서는 신호의 중심주파수가 높아지면 자연히 가용 주파수대역폭이 커지는 현상이 발생하고, 이에 따라 한 번에 전송될 수있는 양도 증가된다.

무선매체를 이용한 전송 방식은 유선과는 달리 매체 자체의 물리적인 특성보다는 이용되는 주파수대역에 따라 구분된다. 특히, 여기서는 다음 두 주파수대역의 구분을 기본으로 한다. 그 하나는 2GHz에서 40GHz에 이르는 초단파(microwave) 주파수대역이며, 다른 하나는 30MHz에서 1GHz에 이르는 방송용 라디오(broadcast radio) 주파수대역이다.

전자는 위성통신에서와 같이 방향성 빔 형태로 한 지점에서 다른 한 지점으로(점대 점, point to point) 전송하는 데 사용되며, 후자는 사방으로 전파되는 공중 라디오 방송에 사용된다. 초단파는 일부의 UHF와 SHF의 모든 대역에 해당되며, 공중 라디오 전파는 일반 TV 채널을 포함하는 VHF와 일부 UHF 대역에 해당된다. 무선매체에서 이용되는 다양한 종류의 주파수대역과 이름 및 이용되는 서비스 등은 [그림 1-26]에서 나타낸다.

다음은 라디오 전송에 사용되는 신호의 주파수와 그 특성에 대해 알아본다.

a. VLF(very low frequency)

주로 공기나 해수를 통해 지구 표면으로 전달된다. VLF는 전송 시 많은 감쇠는 없으나 열이나 전기와 같은 대기 중의 잡음에 민감하게 변한다. 이 대역은 주로 장거리 라디오 내비게이션이나 해상 통신에 사용된다.

b. LF(low frequency)

VLF와 같이 지구 표면으로 전달되며 자연물에 의한 파의 흡수가 증가되는 낮시간 대에 감쇠가 커진다. 이 대역은 주로 장거리 라디오 내비게이션(navigation)이나 내비게이터(navigator), 로케이터(locators) 등에 사용된다.

c. MF(middle frequency)

이 신호는 대류권(troposphere)에서 전파되며, 전리층(ionosphere)에서는 흡수된다. 전송되는 거리는 대류권에서 반사되는 각도에 의해 결정된다. 그러나 낮에는 전파의 흡수가 많기 때문에 가시선으로 전송을 한다. 이 대역은 주로 AM 라디오, 해양 라디오 및 비상용 주파수로 사용된다.

d. HF(high frequency)

이 신호는 전리층(ionosphere)에서 전파된다. 이 주파수대역은 주로 아마추어 라디오(햄 라디오), 개인용 주파수대(citizens band), 국제적 방송(international broadcasting), 전화, 전신 등에 사용된다.

e. VHF(very high frequency)

이 신호는 가시선전파를 하며, 주로 VHF 텔레비전, FM 라디오 및 비행기에서의 AM 라디오 및 위치 정보 등에 사용된다.

f. UHF(ultra high frequency)

이 신호는 가시선전파를 하며, 주로 UHF 텔레비전, 이동 전화, 마이크로 웨이브 링크 등에 사용된다.

g. SHF(super high frequency)

이 신호는 가시선 혹은 우주 공간의 전파로 사용된다. 주로 위성 마이크로웨이브 및 레이더 통신에 이용된다.

h. EHF(extremely high frequency)

이 신호는 주로 우주전파에 사용되며, 레이더, 위성 및 과학적/실험적 통신을 위해 사용된다. 최근에는 무선통신에 이용할 전파 자원이 부족해지면서, 60GHz와 같은 밀리미터파를 이용한 무선랜시스템(WiGi)이 소개되고 있다.

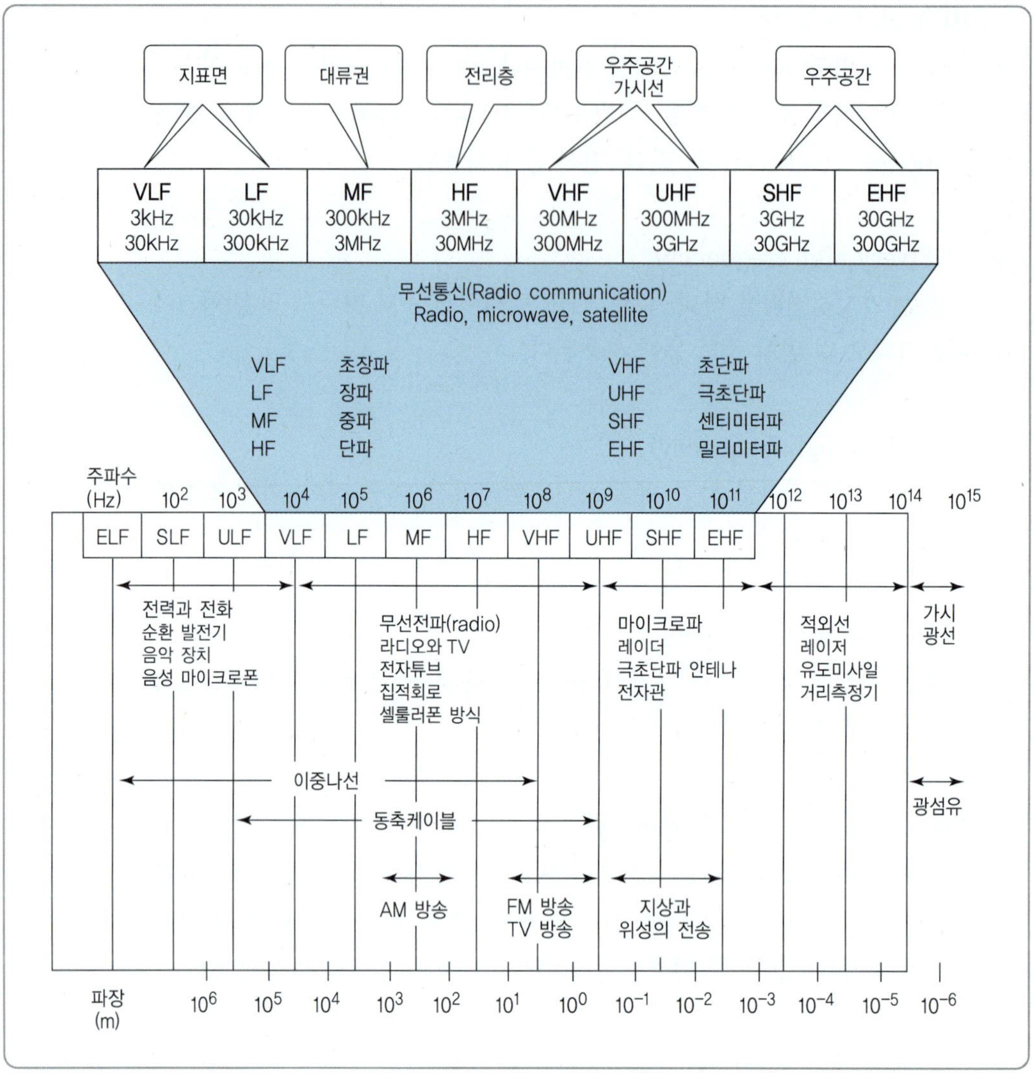

[그림 1-26] 무선대역에서 통신을 위한 전자기적 스펙트럼

1.3.4 전송손상과 신호의 성능

1.3.4.1 전송손상

통신상에서 신호전송 시 열, 전자장 혹은 통신전송매체의 불안정성으로 인해 원래의 신호가 정확하게 전달되지 못하는 경우가 생기게 된다. 이를 전송손상

(transmission impairment)이라 하며 대표적인 손상에는 신호의 감쇠(attenuation), 왜곡(distortion) 그리고 잡음(noise)이 있다.

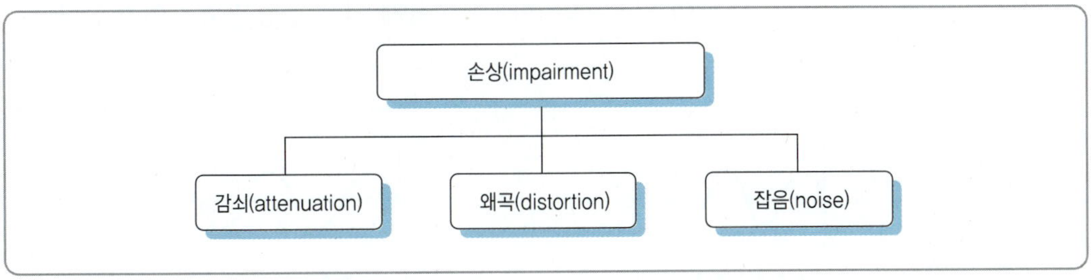

[그림 1-27] 손상 형태(impairment types)

a. 감쇠

[그림 1-28]과 같이 전송신호가 전송매체를 통해 전달되는 동안 일부의 신호가 열로 변하여 에너지를 손실하는 것을 의미한다. 실제적으로 이중나선이나, 광섬유 등의 유선매체를 이용할 때 전송 길이에 따른 신호의 감쇠를 보정하기 위해 증폭기나 리피터(repeater)를 사용하여 감쇠를 보정하고 있다.

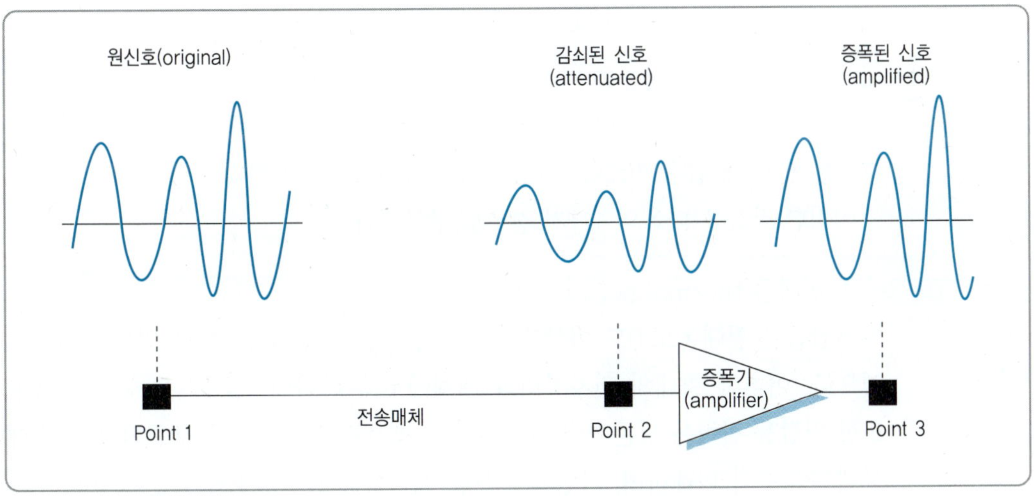

[그림 1-28] 신호의 감쇠

b. 왜곡

[그림 1-29]와 같이 다양한 주파수로 구성된 신호가 전송매체를 통해 전달될 시 그 신호의 각각의 주파수 신호 성분은 다른 전송 속도를 가지게 되어 도착 시간이 각각 다르게 되어 원신호의 형태가 변하게 되는 형상을 왜곡이라 한다.

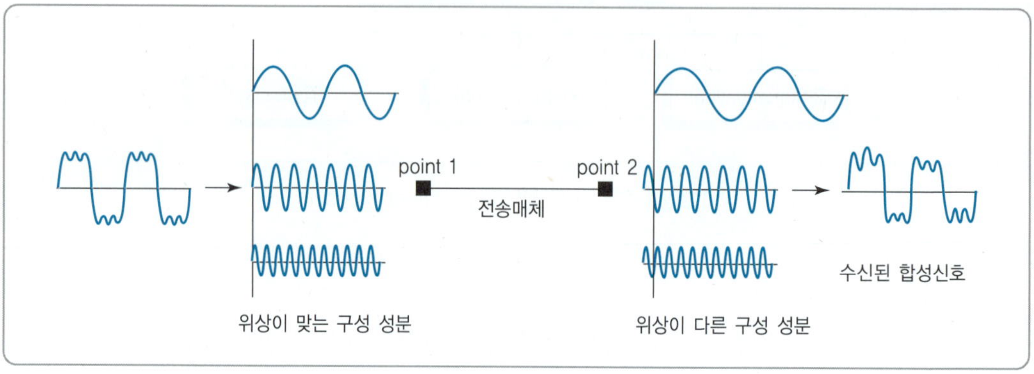

[그림 1-29] 신호의 왜곡

c. 잡음

어떠한 통신시스템인 경우에도, 수신신호는 송신신호와 송 · 수신 사이의 더해지는, 원하지 않는 신호들로 구성된다. 이러한 원하지 않은 신호들을 잡음이라 하며, 이는 통신 성능을 저하시키는 주요한 요인이다.

수신된 신호로부터 원래의 신호를 추출 시 원신호에 대한 잡음의 상대적인 크기를 신호 대 잡음비(SNR; signal to noise ratio)라 한다.

이러한 잡음은 다음의 4가지 경우로 구분된다.

① 열잡음(thermal noise)

열잡음은 절대온도 0도 이상에서 분자들의 불규칙한 움직임에 의해 나타나는 것으로, 어떠한 형태의 전자장비와 매체에도 나타나며, 절대온도에 비례한다. 또한 열잡음 전력은 모든 범위의 주파수 스펙트럼에 균일하게 분포되어 있기 때문에 주파수와 비례하며, 가정에서 사용하는 형광등의 흰빛과 같은 형태의 주파수 스펙트럼을 가지며 원래 신호에 합해지는 잡음임으로 백색잡음(AWGN; additive white gaussian noise)이라고도 한다. 가시광선의 백색광이 모든 주파수의 가시광선을 포함하고 있는 것과 비슷하기 때문에 이런 이름이 붙었으며 어떤 주파수대역 내의 모든 주파수의 출력이 포함되어 있는 잡음이다.

여기에서 전력/Hz인 잡음전력밀도 N_0는 다음과 같이 표현한다.

$$N_0 = kT \tag{1-18}$$

N_0 = 잡음전력밀도(watts/Hz)

k = 볼츠만상수 = 1.3803 × 10^{-23} J/k

T = 캘빈온도(절대온도) = 일반 상온(degrees Celsius) + 273

주어진 주파수대역 B Hz에서의 열잡음전력은 다음과 같다.

$$N = kTB = N_0 B \tag{1-19}$$

이를 dB-watts로 표현하면 다음 식과 같다.

$$\begin{aligned} N &= 10\log k + 10\log T + 10\log B \\ &= -228.6\text{dBW} + 10\log T + 10\log B \end{aligned} \tag{1-20}$$

상온(17℃)에서의 열잡음밀도는 다음과 같이 나타낸다.

$$\begin{aligned} N_0 = kT &= 1.38 \times 10^{-23} \times 290 \\ &= 4.0 \times 10^{-21} (\text{W/Hz}) \\ &= -204\text{dBW/Hz} \\ &= -174\text{dBm/Hz} \end{aligned} \tag{1-21}$$

총 사용 주파수가 1.23 MHz인 CDMA인 경우 총 열잡음전력은 다음과 같다.

$$\begin{aligned} N &= -174\text{dBm/Hz} \times 1.23\text{MHz} \\ &= -174 + 10\log(1.23 \times 10^6) \\ &= -113\text{dBm} \end{aligned} \tag{1-22}$$

예 제 14

수신기의 잡음온도가 294K이고 10MHz의 대역폭이 주어진다면 수신기 출력의 열잡음전력은?

풀이 $N = -228.6\text{dBW} + 10\log(294) + 10\log 10^7 = -228.6 + 24.7 + 70$

$= -133.9\text{dBW}$

예 제 15

(a) 레지스터의 잡음온도가 300K일 때, 잡음전력밀도를 산출하고 잡음스펙트럼을 도시하라.

(b) 어떤 시스템의 잡음온도가 300K이고 100MHz의 주파수대역에서 1MHz의 대역폭을 가용한다면 이때의 잡음스펙트럼을 도시하라.

풀이 $N_0 = k \cdot T = 1.38 \times 10^{-23}\,\text{J/k} \times 300\text{K} = 4.14 \times 10^{-21}\,\text{W/Hz}$

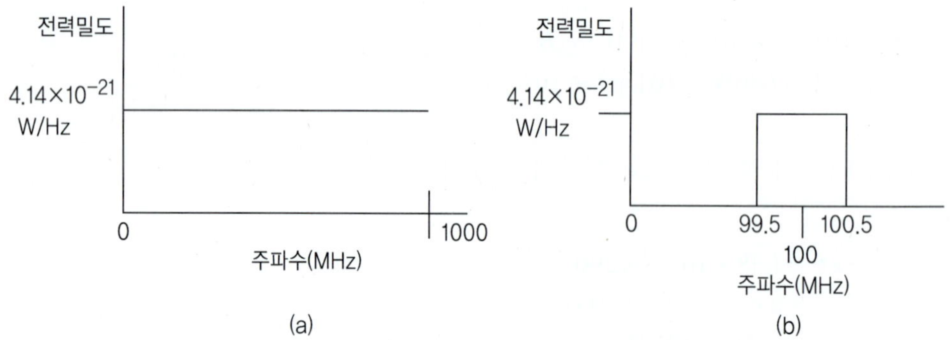

[그림 1-30] 잡음스펙트럼

[그림 1-30](a)에서 보여준 스펙트럼은 일직선이며, 이것은 모든 주파수에서 잡음전력밀도가 동일함을 보여준다. 주파수 범위는 0에서 1GHz이지만 이론적인 스펙트럼은 제한 없이 균일하다. 실제 시스템에서 무한한 주파수 응답은 존재하지 않는다.

[그림 1-30](b)에서의 잡음전력밀도는 [그림 1-30](a)와 동일하다. 그러나 1MHz 부근에서만 존재한다. 따라서 [그림 1-30](b)는 대역이 제한되어 있다. 정확한 스펙트럼 형태는 사용하는 필터에 의존한다. 열잡음은 제거될 수 없는 잡음으로, 이 잡음만을 고려하여 계산한 전송매체 용량이 이론적으로 가능한 최대 용량이다.

② 주파수 간 상호간섭잡음(intermodulation noise)

서로 다른 주파수들을 사용하는 신호들이 동일 전송매체를 공유하게 되면, 사용되는 주파수들의 합, 차, 또는 배수에 해당하는 새로운 주파수 요소를 발생시키는 잡음이다. 즉, 주파수 f_1, f_2를 그 주파수 요소로 가지는 신호로부터 f_1+f_2, f_1-f_2 등의 새로운 주파수가 생기는 경우이다.

예를 들어 3kHz와 9kHz의 주파수를 주파수 요소로 가지는 신호가 전송매체를 지나면서, 12kHz 및 6kHz에 해당하는 새로운 주파수를 생성할 수 있다. 이 경우 이미 이 주파수를 사용하는 다른 신호와 간섭현상을 일으킨다. 이는 주로 송 · 수신기 등 장비가 선형성을 만족하지 않기 때문에 발생된다. 특히 다양한 시스템이 같이 공유하는 ISM 주파수대역을 사용하는 시스템에서는 장비의 비정상적인 동작이나 지나치게 큰 입력신호 등에 대한 유의가 필요하다.

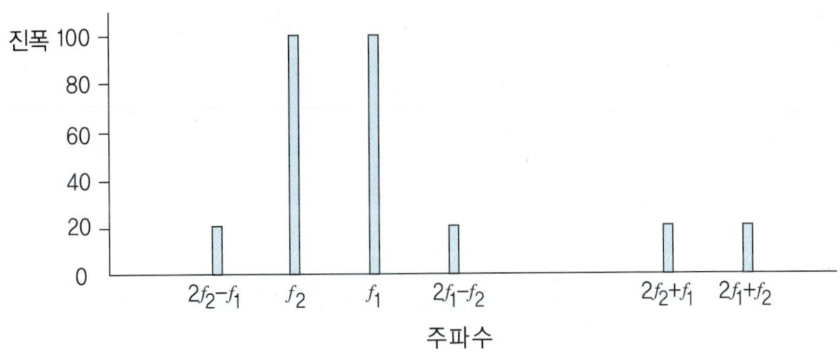

[그림 1-31] 주파수 간 상호간섭잡음

③ 누화(crosstalk)

전화통화 중 다른 사람의 말이 들리는 혼선과 같은 현상으로 열잡음에 비해서는 비교적 크기가 작은 편이다. 차폐가 안 된 동선 가닥이 인접해 있거나, 안테나로 신호 수신 시 반사된 신호가 같이 수신되는 경우 등에 생긴다. 또한 ISM 대역에서는 누화잡음이 많이 발생된다.

④ 돌발적 잡음(impulsive noise)

앞에서 설명한 잡음들은 어느 정도 예측이 가능하고, 그 크기도 대략 짐작할 수 있는데 비해, 예측할 수 없는 전자기적 방해, 즉 번개, 통신장비의 결함 등으로 발생하는 잡음은 제거 및 대처가 매우 힘들게 된다. 이러한 돌발적 잡음은

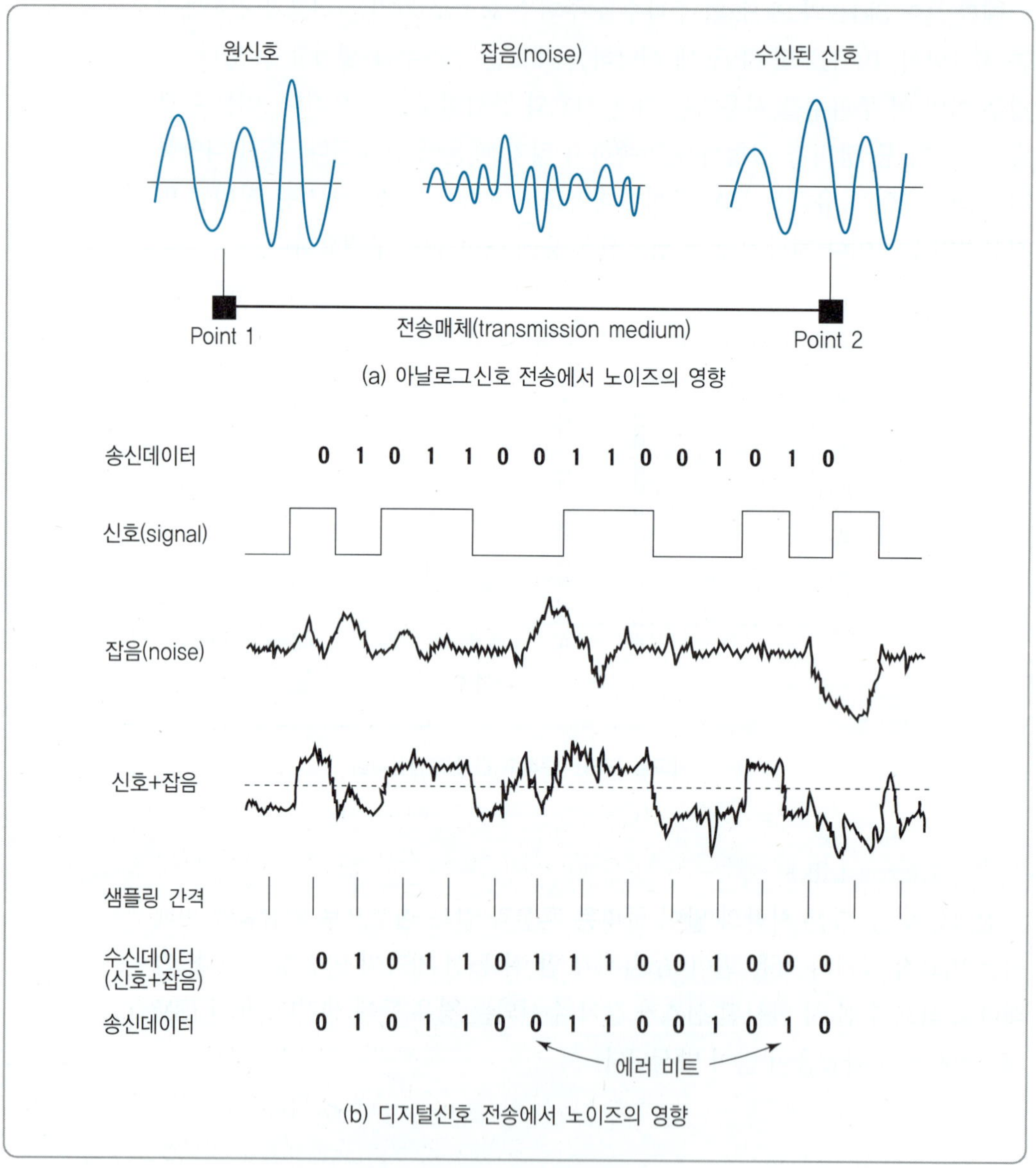

[그림 1-32] 신호전송에서 잡음의 영향

불규칙적인 형태, 펄스와 같은 스파이크 형태로 비교적 큰 진폭을 가지고 있다.

아날로그 정보전송에서는 0.01초의 잡음은 통신에 큰 지장을 주지 않으나, 56kbps를 전송하는 디지털통신에서는 560bps의 정보를 손실하게 되므로 통신에 큰 영향을 미치기도 한다. [그림 1-32]는 가변적인 전송신호가 잡음에 의해 손상되는 현상을 각 아날로그와 디지털신호에 대해 각각 도식한 것이다. [그림 1-32](b)를 보면 2진 디지털회로는 두 가지 상태 중 하나에서 동작해야만 의미가 있기 때문에, 교란이 충분히 큰 경우에만 회로의 상태가 원하지 않는 상태로 바뀌게 된다. 이러한 2진 상태 연산은 신호 재생을 용이하게 하여 잡음과 다른 교란이 전송 중에 누적되지 않게 한다. 그러나 [그림 1-32](a)의 아날로그신호인 경우 2진 상태 신호가 아니고, 무한대의 다양한 신호 형태를 취할 수 있다. 아날로그회로에서는 작은 교란만으로도 재생 파형이 원파형을 파악할 수 없을 정도로 심하게 왜곡될 수 있다. 이러한 이유로 디지털신호는 아날로그신호에 비해 노이즈에 강한 성능을 나타내고 검출 과정에서 오류 비트가 나타나더라도 오류 검출 및 정정 기법을 통해 아날로그신호보다 손쉽게 복원이 가능하다는 장점을 가지고 있다.

1.3.4.2 신호의 성능

전송매체는 데이터가 이동하는 길과 같다. 이런 전송매체의 성능을 측정하기 위해 다음의 3가지 개념인 수율(throughput), 전송속도(propagation speed), 전송시간(propagation time)이 사용된다.

a. 수율(throughput)

수율은 초당 전송매체의 한 점을 지나가는 비트의 수를 나타내며, bps의 단위를 사용한다.

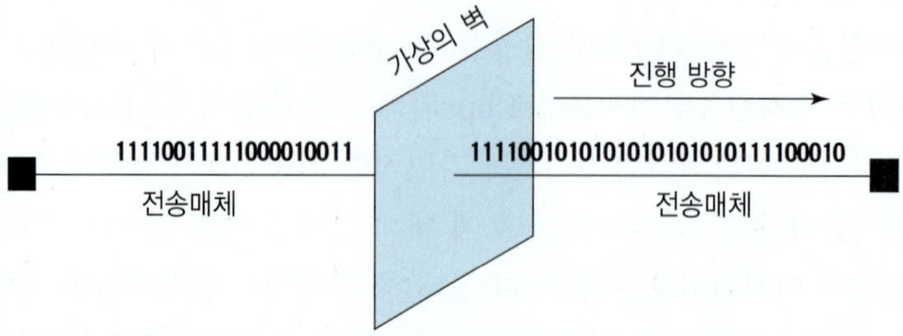

[그림 1-33] 수율(throughput)

b. **전송속도(propagation speed)**

비트가 1초 동안에 전송매체를 통과하는 거리의 척도이다. 이는 주로 사용되는 전송매체나 신호의 주파수에 따라 변하게 된다. 예를 들어, 진공 상태에서 빛의 속도는 3×10^8m/s이며, 이중나선에서도 비슷한 속도를 가진다. 그러나 동축선이나 광섬유에서는 MHz에서 GHz 단위에서 속도는 2×10^8m/s이다.

c. **전송시간(propagation time)**

신호가 전송매체의 한 점에서 다른 점으로 이동 시 걸리는 시간을 뜻하며, 이는 다음과 같이 표현한다.

$$\text{전송시간} = \text{거리}/\text{전송속도} \tag{1-23}$$

위 식을 근거로 이중나선의 1km 전송 시 전송시간은 다음과 같다.

$$\text{전송시간} = 1000\text{m}/(3 \times 10^8\ \text{m/s}) = 3.33 \times 10^{-6} = 3.33\mu\text{s}$$

동축선이나 광섬유의 경우는 전송속도가 달라져 전송시간이 달라진다.

$$\text{전송시간} = 1000\text{m}/(2 \times 10^8\ \text{m/s}) = 5 \times 10^{-6} = 5\mu\text{s}$$

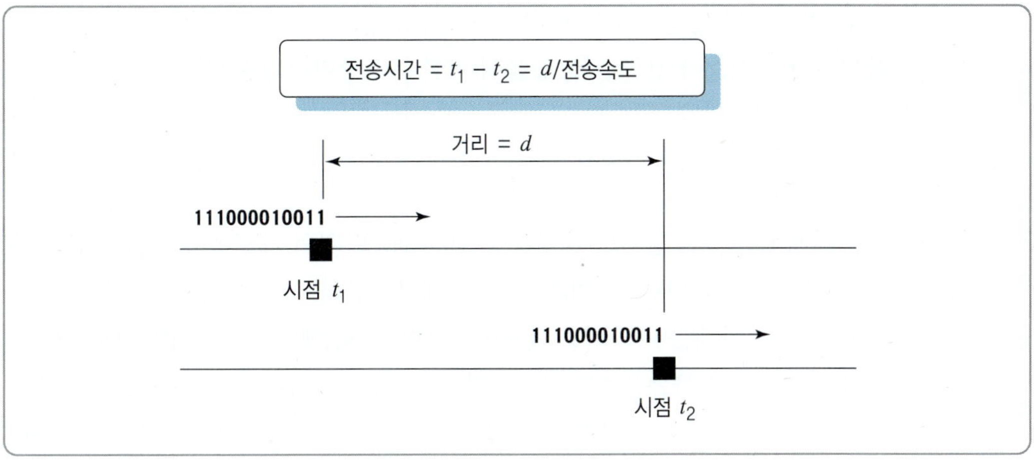

[그림 1-34] 전송시간(propagation time)

1.3.5 통신시스템 채널용량(channel capacity)

통신 시스템에서 주어진 선로나 채널 환경에서 전송되는 최대 전송량을 채널 용량(channel capacity)이라 한다. 잡음이 없는 채널의 환경에서 전송속도는 그 신호의 대역폭과 연관이 있다. 주어진 나이키스트(Nyquist) 이론에 의해 BHz 신호가 이진(binary) 레벨로 전송 시, 전송속도는 $2B$bps가 된다. 신호가 M 레벨로 진송 시 비드와의 상관관계는 $\log_2 M$이므로 나이키스트 채널용량은 다음과 같이 나타낸다.

$$C = 2B \log_2 M (\text{bps}) \tag{1-24}$$

여기서 M은 신호레벨을 나타낸다. 예를 들어 M = 8일 때 대역폭 B = 3100Hz의 전송용량은 C = 18,600bps가 된다. 즉, 전송속도는 대역폭에 따라 일차적으로 변함을 알 수 있으며 대역폭을 두 배 늘리면 전송속도도 두 배가 된다.

그러나 실제 통신의 환경은 많은 잡음의 영향을 받아 원래의 정보신호는 에러를 나타날 수 있다. 만약 전송율의 증가 시 비트들은 그 주기가 짧아지게 되어 더 많은 비트가 영향을 받게 된다. 즉, 주어진 잡음에서, 더 많은 전송율은 더 많은 에러를 야기한다. 또한 더 큰 신호는 잡음에 대한 영향을 줄여 전송 시 에러율을 줄일 수가 있게 된다.

잡음 채널 환경에서 채널용량은 대역폭 및 신호 대 잡음비에 의해 결정됨을

1948년 섀넌의 논문에서 보여졌다. 즉, 식 (1-25)와 같이 주어진 대역폭 내에서 채널용량은 신호가 강할수록, 잡음이 약할수록 증가하게 된다.

$$C = B\log_2(1 + S/N) \tag{1-25}$$

여기서 C는 bps 단위의 채널용량, B는 Hz 단위의 대역폭, S는 신호강도, N은 잡음강도를 나타낸다. 위의 섀넌의 채널용량의 식은 용량, 대역폭 및 신호크기의 상관 관계를 나타내고 있으며, [그림 1-35]에서 파이프 관을 대역폭, 수압을 S/N 그리고 물통을 채널용량이라 하면 굵기가 다른 수도관을 통해 같은 시간에 같은 양의 물을 공급받기 위해서는 가는 관에 수압이 더 강해야만 가능하다. 이를 통신에 적용시키면 섀넌의 채널의 법칙을 이해하는 데 도움이 될 것이다.

즉, 10bps의 용량은 각각 다른 대역폭 1MHz, 10MHz의 관을 통해 송신한다면 각각 채널의 송신전력은 30dB과 10dB로 보내야 한다.

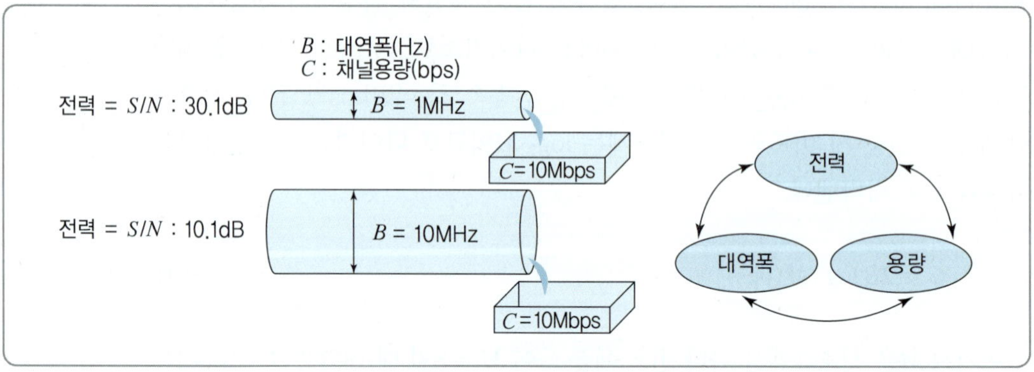

[그림 1-35] 파이프 관과 섀넌의 방식

위의 섀넌의 용량식은 일반 통신 채널 환경에서 에러 없는 통신이 가능함을 보여주고 있다. 즉, 간섭의 신호가 원래 신호의 강도보다 증가되어도 원하는 전송용량을 갖기 위해서는 충분히 넓은 대역폭을 할당하면 가능하게 된다. 이와 같은 원리를 이용하여 재밍(jamming)이나 잡음이 매우 많은 통신 채널에서는 원래의 신호의 주파수를 매우 넓은 대역폭을 가지는 신호로 변형하는 대역확산(spread spectrum) 방식을 이용하여 에러 없는 통신을 하고 있다. 이와 같은 스프레드 스펙트럼은 최근 셀룰러에서 사용되는 CDMA 무선접속기술의 기반 기술이다.

또한 주파수효율(bandwidth efficiency)은 얼마나 효율적으로 할당된 주파수대역을 사용하는지에 대한 지표이다. 그리고 이는 주어진 주파수대역 내에서 Hz 당 처리되는 데이터율(throughput data rate)의 비로 나타낸다. 만약 변조된 RF 신호의 주파수가 BHz이고, 데이터율이 Rbps이면, 주파수효율 η_B는 다음과 같이 나타낸다.

$$\eta_B = R/B \text{ bps/Hz} \tag{1-26}$$

섀넌의 채널용량식을 활용하여, 얻을 수 있는 최대 주파수효율은 다음과 같이 나타낼 수 있다.

$$\eta_{B\max} = C/B = \log_2(1 + S/N) \tag{1-27}$$

예 제 16

나이키스트와 섀넌의 식을 만족하는 식을 생각해보자.
채널 대역은 3MHz에서 4MHz에 존재하고 $\mathrm{SNR_{dB}} = 24\mathrm{dB}$이라고 가정하자.

풀이 $B = 4\mathrm{MHz} - 3\mathrm{MHz} = 1\mathrm{MHz}$

$\mathrm{SNR_{dB}} = 24\mathrm{dB} = 10\log_{10}(\mathrm{SNR})$

$\mathrm{SNR} = 251$

섀넌의 식을 사용하면, 채널용량은 다음과 같다.

$C = 10^6 \times \log_2(1 + 251) \fallingdotseq 10^6 \times 8 = 8\mathrm{Mbps}$

이를 전송하기 위해 필요한 신호레벨이 얼마인지 나이키스트 식을 이용해 구해보자.

$C = 2B\log_2 M$

$8 \times 10^6 = 2 \times (10^6) \times \log_2 M$

$4 = \log_2 M$

$M = 16$

예제 17

20kbps의 비트 전송률로 전화통화를 하려고 한다. 두 가지의 전송 방식 중 1번째 전송 방식은 300Hz에서 3400Hz의 전송대역폭을 가지고 있으며 신호 대 잡음비는 40dB이고 2번째 전송방식은 600Hz에서 2800Hz의 전송대역폭을 가지고 있으며 신호 대 잡음비는 30dB이다. 이 두 가지 전송 방식 중 어느 전송 방식이 더 효율적인 방식인가?

풀이 섀넌의 채널용량 식 (1-27)을 활용하면,

1번째 전송 방식의 채널용량은 다음과 같다.

$$\text{대역폭} = 3,400 - 300 = 3,100\text{Hz}$$

$$\text{SNR} = 40\text{dB} = 10,000$$

$$C = 3,100 \log(10,000 + 1) = 41.2\text{kbps}$$

같은 방식으로 2번째 전송 방식의 채널용량을 구하면 다음과 같다.

$$\text{대역폭} = 2,800 - 600 = 2,200\text{Hz}$$

$$\text{SNR} = 30\text{dB} = 1,000$$

$$C = 2,200 \log(1,000 + 1) = 21.9\text{kbps}$$

위와 같이 두 전송 방식 모두 20kbps를 에러의 발생 없이 전송할 수 있다.

하지만 섀넌의 공식에 따른 채널용량 한계에 따르면 2번째의 방식이 더 효율적인 전송 방식임을 알 수 있다.

1.4 디지털신호의 전송

1.4.1 디지털통신의 기본 블록도

앞에서 설명한 디지털신호를 처리하고 처리된 신호를 이용하여 통신을 하는 디지털통신시스템에 대해서 알아보도록 하자. [그림 1-36]은 대표적인 디지털 통신시스템을 나타낸 블록 다이어그램이다.

[그림 1-36]에서 나타낸 소스 인코드(source encode)와 채널 인코드(channel encode)를 수행하는 부분은 통신시스템에서 인코더(encoder) 또는 코더(coder)라고 불린다. 그리고 소스 디코드(source decode)와 채널 디코드

(channel decode)를 수행하는 부분은 디코더(decoder)라고 불린다. 이 두 부분의 코더(coder)와 디코더(decoder)를 합쳐서 코덱(codec)이라고 한다.

또한 변조(modulate)와 복조(demodulate)를 수행하는 부분을 변조기(modulater), 복조기(demodulater)라고 하는데 이 두 부분을 통합하여 모뎀(modem)이라고 한다.

그리고 [그림 1-36]에서 XMT(transmitter)와 RCV(receiver)로 나타낸 부분과 채널(channel)을 통합하여 RF(radio frequency) 부분이라고 한다.

[그림 1-36]에서 이루어지는 데이터 상태는 원시정보(information source)에서 다양한 형태(digital, analog, textual information)의 신호들이 시스템 내부로 입력되게 되고 첫 번째 과정인 포맷팅(formatting)에서 이들 신호들이 모두 디지털로 바뀌게 된다. 시스템 내부에서 처리되는 데이터는 디지털로 바뀌어진 비트열(bit stream)이 되는 것이다. 이러한 비트열이 변조(modulate)단을 거치면 반송파에 이 비트열들이 실리게 되어 전송하고자 하는 채널에 따

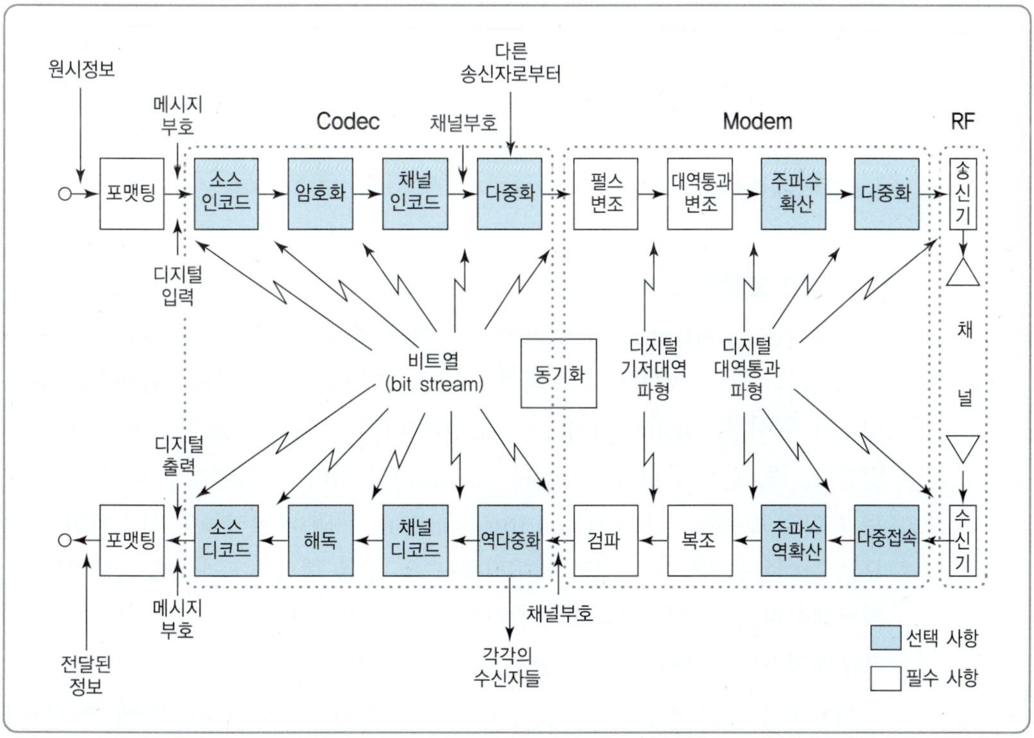

[그림 1-36] 디지털통신의 기본 블록도

라, 아날로그 혹은 디지털 파형으로 바뀌게 된다. 그림에서와 같이 디지털통신을 구성하는 기본 요소인 디지털데이터, 모뎀, RF 그리고 동기부만으로 기본적인 통신이 가능하게 된다. 그러나 좀 더 효율적인 통신을 위해서는 통신의 용도에 따라 블록을 더할 수 있도록 하고 있다.

[그림 1-36]에서 나타난 블록 다이어그램의 구조를 살펴보도록 하자.

채널을 중심으로 아래와 위를 구분해 본다면 [그림 1-36]은 상 · 하 대칭 구조임을 알 수 있다. 데이터 흐름을 따라 살펴보면 채널 위 부분이 송신단, 아래 부분이 수신단(receiver)이 되고 데이터 처리 과정은 송신단에서 처리한 순서를 수신단에서 역으로 처리하는 상 · 하 대칭 구조이다. 그리고 송신단 구성은 많은 주파수를 이용할 수 있는 높은 주파수로 디지털신호들을 변조하는 부분(frequency up conversion stage), 변조된 신호를 멀리 보낼 수 있도록 증폭하여 송신하는 부분(high power amplifier), 신호를 송신하는 안테나(antenna) 등으로 이루어지고, 수신단은 신호를 수신하는 안테나(antenna), 미약한 신호를 수신하여 증폭하는 저잡음증폭기(low noise amplifier; LNA)와 수신된 높은 주파수를 낮은 주파수로 변경하는 부분(down conversion stage) 등으로 이루어진다.

그럼 이번에는 디지털통신에서 신호의 흐름에 따른 각 단계별 신호 처리 과정에 대해 자세히 알아보자.

1.4.2 디지털통신 기술

1.4.2.1 포맷팅(formatting)

포맷팅(formatting)이란 일반적으로 정보 또는 신호를 사용자가 원하는 다른 형식의 신호로 변환시키는 과정을 말하는데, 디지털통신시스템에서의 포맷팅이란 원시정보(source information)를 디지털부호(symbol)로 바꾸는 것을 말한다. 즉, 원시정보(information source)의 여러 가지 형태인 디지털, 아날로그 그리고 문자 정보(textual information) 등의 데이터들이 시스템의 입력으로 들어왔을 때 이들 입력 데이터를 모두 같은 형식인 0과 1로 이루어진 디지털데이터로 바꾸는 것을 포맷팅이라고 하는 것이다. [그림 1-37]에서 나타낸 포맷팅의 예를 보면서 이해해 보자.

사람의 음성인 아날로그신호는 보통 수Hz에서 4,000Hz(4kHz)에 존재하며 다음 [그림 1-37]에서 이러한 음성신호 중 일부분을 임의로 가져와 양자화를 거

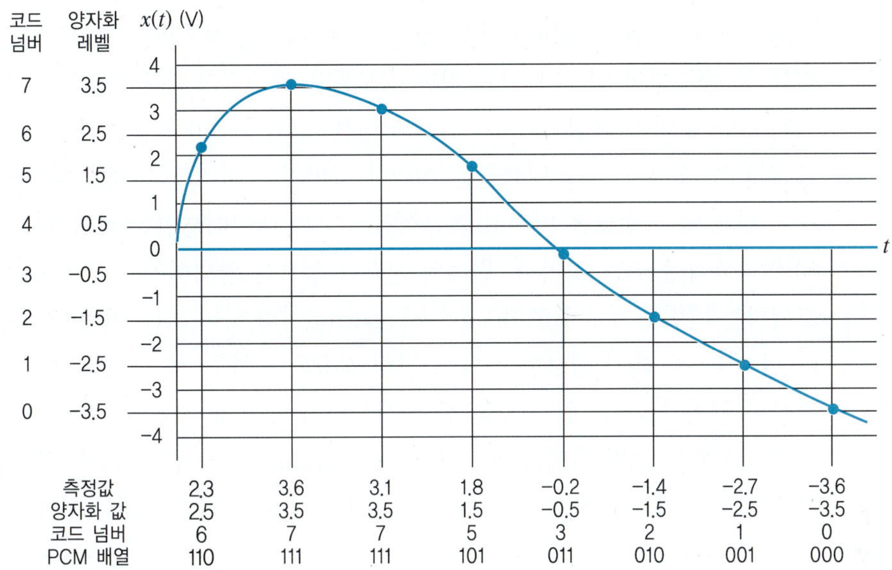

[그림 1-37] 포맷팅(formatting)의 예

쳐 샘플링을 하고 PCM(pulse code modulation) 배열로 나타내고 있다.

이 아날로그신호의 크기에 따라 여러 레벨로 크기가 나누어졌다고 했을 때(이러한 레벨을 양자화 레벨(quantization level)이라고 함) 시간의 흐름에 따라 일정한 시간 간격(sampling 주기)마다 신호 성분의 이산적인 크기를 측정(이를 샘플링(sampling)이라고 함)하면 [그림 1-37]에 나타난 파란색 점들이 아날로그신호상에 나타나게 된다. 이 점들의 값을 측정해야 하는데 양자화 레벨의 수가 한계가 있으므로 정확한 값을 측정하지 못하게 된다. 그래서 이 점들과 가장 가까운 양자화 레벨 값을 측정하게 되고 이와 관련된 코드넘버(code number)를 결정하게 된다. 이 코드넘버를 이진수로 바꾸게 되면 [그림 1-37]에 나타낸 PCM 배열(sequence)이 된다. 이처럼 임의의 아날로그신호가 이진부호로 바뀌는 모든 과정을 통합하여 포맷팅이라고 한다.

이와 같이 통신에서는 음성과 영상을 비롯한 거의 대부분의 정보가 아날로그 형태의 신호이므로 디지털통신을 위해선 이를 디지털 형태의 신호로 변환할 필요가 있다. 이를 PCM 방식이라고 하며, [그림 1-37]과 같이 아날로그신호를 표본화, 양자화, 부호화의 과정을 거쳐 디지털신호로 변화시키게 된다.

1.4.2.2 소스코딩(source coding)

소스코딩(source coding)이란 포맷팅(formating)에 의해서 바뀐 이진 데이터들 중 중복성이 있거나 필요 없는 정보들을 제거함으로써 실제로 전송할 데이터 양을 줄이는 과정이다. 즉, 소스코딩은 [그림 1-38]과 같이 소포를 보내는 데 비용을 줄이기 위해 내용물을 제외한 나머지는 버리고 무게를 줄여서 보내듯이 필요 없는 정보를 버리고 핵심적인 부분의 데이터들만 골라냄으로써 데이터 압축효과를 얻는 것이다. 원래의 신호나 정보를 완벽하게 재생할 수 있도록 코딩하는 기법을 무손실코딩(lossless coding)이라 하며, 이는 병원에서 촬영한 CT나 기타 X-레이 정보는 코딩에 의해 저장되며 복원 시 원래의 정보에 전혀 손상이 없어야 한다. 원 정보는 좀 손상되더라도 실제 사용 시 문제가 없는 경우에 사용하는 코딩 기법을 손실코딩(lossy coding)이라 한다. 소스코딩의 경우로는 CDMA 음성통신의 CELP(code excited linear predictive coding) 방식과 정지 화상 및 동영상에 사용되는 JPEG(joint photographic coding experts group) 및 MPEG(motion picture experts group) 등이 있다.

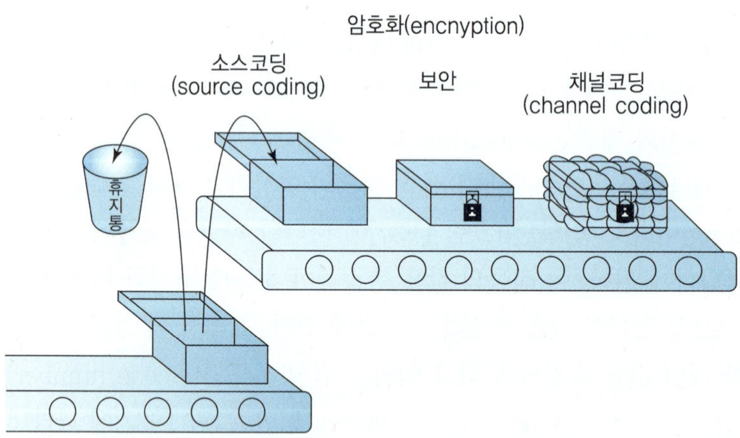

[그림 1-38] 코딩의 3단계

1.4.2.3 암호화(encryption)

암호화(encryption)는 인증되지 않은(권한이 주어지지 않은) 사용자가 전송되는 메시지를 파악하게 되거나 시스템 내부에 침입하여 메시지에 에러 요소를 심는 등의 활동을 하지 못하게 하는 단계를 말한다. 다음에서 설명할 채널코딩(channel coding)이나 인터리빙(interleaving)의 방법은 에러를 정정하는 데에는 효과가 있지만 다른 사람이 도청하는 것을 막는 것은 어렵다. 현재 사용되고 있는 CDMA 방식의 통신시스템에서는 완벽한 암호화 방식을 사용한다.

[그림 1-38]에서와 같이 소포의 내용물을 받는 사람이 아닌 다른 사람이 볼 수 없고 내용물을 만지거나 손상하는 등의 행동을 못하도록 자물쇠로 채워서 봉하는 과정이라고 생각하면 되겠다. 주로 사용하는 암호화의 종류는 아래와 같다.

a. 블록(block) 암호 기법

일정한 길이의 신호를 암호화하기 위해서 신호를 일정한 길이를 갖는 블록으로 나누고 각 블록에 암호를 반복 적용하는 기법이다. 블록 암호 기법 중 DES(data encryption standard) 알고리즘이 가장 널리 쓰이며 파일이나 패킷을 암호화할 때 주로 사용된다.

b. 스트림(stream) 암호 기법

스트림 암호 기법은 암호화하고자 하는 메시지와 동일한 크기의 랜덤비트를 생성하여 메시지에 XOR 연산을 수행하는 기법이다. 이러한 과정을 거치게 되면 랜덤 비트 자체의 생성 방법이 0과 1 중 50%의 확률로 선택이 되었기 때문에 전체의 랜덤 비트를 알고 있는 사람이 아닐 경우 암호를 해석하는 것이 거의 불가능하다. 스트림 암호 기법 중 가장 대표적 알고리즘은 Mask 암호화 알고리즘으로써 블록 알고리즘에 비해 간단하고 동적으로 비밀키를 생성하는 키 스트림 알고리즘으로 보안성이 강화되었다.

1.4.2.4 채널코딩(channel coding)

채널코딩(channel coding)이란, 정보가 전송되면서 여러 가지 채널 환경을 거치는 동안 생길 수 있는 에러나 잡음으로부터 원래의 정보를 보호할 수 있도록 새로운 데이터를 덧붙이는 과정을 말한다. 일반적으로 채널에서 발생하는 에러에는 산발적으로 발생하는 랜덤(random)에러와 터널 혹은 건물, 지하 등에서와 같이 대량으로 발생하는 연집(burst)에러가 있다. 일반적으로 많이 발생하는 랜덤에러인 경우는 채널코딩을 사용하여 에러검출 및 에러정정을 하며,

연집에러에 대해서는 인터리빙(interleaving) 기법을 이용하여 연집에러를 랜덤에러로 변형하여 채널코딩을 통해 에러를 검출/정정하게 된다.

이러한 채널코딩을 함으로써 trade-off의 관계에 있는 것이 바로 대역폭 또는 디코더(decoder)의 복잡도이다. 채널코딩을 함으로써 좋아지는 장점들에 반해 필요한 대역폭(bandwidth)이 넓어지고 또한 수신측의 채널디코드(channel decode) 과정에서 디코더의 복잡한 설계가 불가피하다는 것이다. 따라서 채널코딩을 함에 있어서 에러율이나 SNR 요구량을 줄이면 줄일수록 요구되는 대역폭이나 디코더의 복잡도가 늘어나는 trade-off 관계가 있으므로 가장 적절한 수준을 결정해야 할 것이다. 채널코딩을 쉽게 설명하면 암호화(encryption)에서 포장된 화물이 미국까지 운반되는 도중 충돌이나 기후, 압력 등 갖가지 악조건 속에서 부서지지 않고 무사히 미국에 도착하여 수신자에게 무사히 도착할 수 있도록 겉포장을 하는 과정이라고 생각하면 된다. [그림 1-38]과 같이 그러한 겉포장을 하면 할수록 화물의 무게가 많이 나가고 무게가 많이 나갈수록 지불해야 하는 운송비는 더 커질 것이고, 미국에 있는 수신자가 복잡한 포장을 풀기 위한 노력도 더 필요하게 될 것이므로 이러한 관계를 위에 설명한 에러율, SNR 요구량, 대역폭, 복잡도 등과 결부시켜 생각한다면 쉽게 이해할 수 있을 것이다. [그림 1-39]를 통해 간단한 예를 살펴보자.

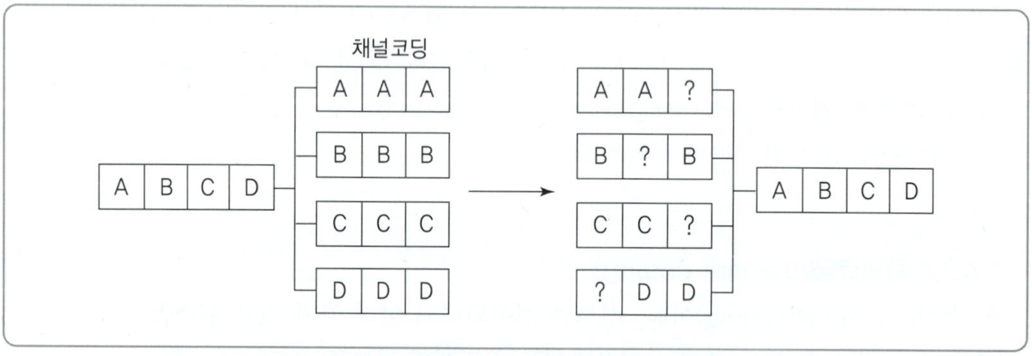

[그림 1-39] 채널코딩(channel coding)의 구조

[그림 1-39]를 보면 전송될 실제 메시지가 A, B, C, D의 4개 문자로 이루어졌다고 할 때 전송하려는 문자의 형태를 [그림 1-39]와 같이 똑같은 3개의 문자로 이루어지게 만드는 채널코딩 과정을 거치도록 한다. 결국 실제 메시지 A, B, C,

D를 A, A, A, B, B, B, C, C, C, D, D, D로 바꾸어 전송한다는 의미이다. 이러한 채널코딩을 거친 메시지가 전송되는 도중 에러가 발생하여 수신측에서 수신하여보니 물음표로 나타낸 부분과 같이 몇 개의 정보가 손실되었을 때 디코더가 그 원래의 문자를 검출해낼 수 있느냐 하는 것을 [그림 1-39]로 나타내었다.

하지만 채널코딩의 과정을 거치지 않고 전송하였을 때를 생각하면 4개의 문자가 오류가 발생하였으므로 실제 데이터 4개는 완전히 복구할 수 없을 것이다. 하지만 채널코딩을 한 데이터를 전송하면 채널코딩을 하지 않은 데이터를 전송했을 때보다 에러 발생 부분을 바르게 검출할 확률이 훨씬 높다는 것을 알 수 있을 것이다.

이동통신시스템과 같이 채널 환경과 같은 다양한 영향으로 일정 시간 정보전달이 되지 않아 오류가 발생하는 연집오류가 예측되는 경우, 연집오류를 랜덤오류로 전환시키는 인터리빙(interleaving) 기법을 사용한다.

인터리빙은 데이터를 전송할 때 송신단에서 채널코딩 과정에서 처리된 데이터의 순서를 서로 바꾸어 재배열하는 방법으로, 이는 연집오류를 줄이고 전송 과정에 에러가 발생했을 경우 데이터를 복구하는 데 용이하게 하기 위해 사용하는 방법으로 시스템의 복잡도가 증가하는 단점이 있다. 즉, 이와 같은 방식은 연집에러는 랜덤오류로 변환하게 하는 방식이며 랜덤오류는 앞에서 설명한 채널코딩 기법에 의해 오류정정을 가능하게 한다. 인터리빙에 의한 데이터 처리 기법은 [그림 1-40]과 같다.

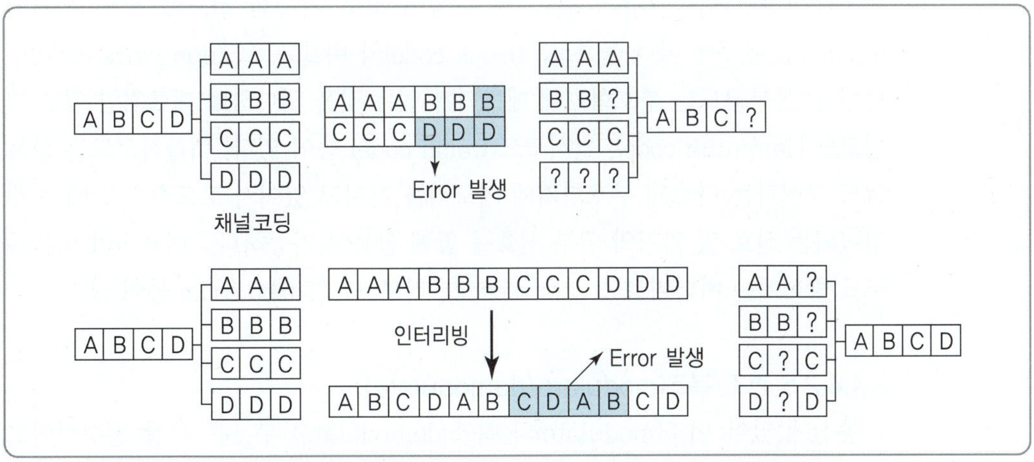

[그림 1-40] 인터리빙(interleaving)에 의한 데이터 처리 기법

채널코딩 과정 전의 실제 메시지가 A, B, C, D라고 했을 때 코드화된 부호(encoded symbols)가 채널코딩을 거친 데이터가 되겠고 이러한 데이터를 재배열하는 과정이 바로 인터리빙이다. [그림 1-40]에서 나타낸 것처럼 인터리빙을 거친 데이터를 전송했을 때 에러가 발생하여 수신측에서 인터리빙을 행했던 재배열 방법을 역으로 행하여 원래의 배열 상태로 복구해 보니 [그림 1-40]과 같이 나타남을 알 수 있다. 앞에서 설명했던 채널코딩을 거친 데이터를 전송했을 때보다 인터리빙을 한 단계 더 거친 후 전송했을 때가 원래의 데이터를 검출하기가 훨씬 더 용이하다는 것을 알 수 있을 것이다.

채널코딩에는 앞에서 설명한 인터리빙 기법 이외에도 다양한 종류가 사용되는데 오류정정 가능 유무에 따라 아래와 같이 크게 오류검출코드와 오류정정코드의 두 분류로 나눌 수 있다.

a. 오류검출코드

오류검출코드는 단지 전송 중에 발생한 오류만을 검출할 수 있는 기능을 하는 코드이다. 그러나 재전송(retransmission)이 가능한 시스템에서는 오류정정 체계를 갖추지 못하였더라도, 단지 오류의 검출만으로 오류제어가 충분하다. 오류검출코드의 종류에는 패리티검사(parity check), 검사합(checksum), 순환중복검사(CRC), 가중치코드 등이 있다.

b. 오류정정코드

오류정정코드는 오류의 검출 및 수정이 모두 가능한 코드로 코드의 기억(memory) 유무에 따라 블록코드(block code)와 비블록코드(non block code)로 나뉜다. 블록코드는 부호화기에 메모리가 없는 것을 의미하며 대표적인 예로 해밍코드(Hamming code), 왈시코드(walsh code) 등이 있다. 비블록코드는 블록코드 방식과는 다르게 부호화기에 메모리를 가지고 있어서 코드화시킬 때 현재 입력되는 신호 및 과거의 일부 신호를 함께 활용이 가능하다. 대표적인 비블록코드 방식에는 비터비코드(vitervi code), 터보코드(Turbo code) 등이 있다.

1.4.2.5 변조/복조(modulate/demodulate)

통신에 있어 변조(modulate)와 복조(demodulate) 부분은 가장 필수적이고 중요한 단계이다. 변조는 디지털 심벌들을 채널의 특성에 적합한 파형들로 변환하는 과정이다. 기저대역 변조의 경우에 이 파형들은 보통 정형화된 펄스의 모양을 갖는다. 그러나 대역통과 변조의 경우에는 정형화된 펄스들이 반송파(carrier wave 또는 간단히 carrier)라 불리는 정현파를 변조한다. 무선전송의 경우 반송파는 원하는 목적지로의 전파를 위한 전자기장으로 변환된다. 무선전송에서 공중을 통한 전자기파의 전송은 안테나를 사용하여 이루어지는데 안테나의 크기는 파장(λ)과 그 응용에 따라 달라진다. 셀룰러폰의 경우에 안테나는 보통 $\lambda/4$의 크기를 갖는데 여기서 파장은 c/f와 같고 c는 광속이며 3×10^8 m/s이다. 만일 3000Hz의 기저대역 신호에 대해서 반송파 변조 없이 공중을 통해 신호를 전송하기 위해서는 약 15마일 크기의 안테나가 필요하다. 그렇지만 기저대역 정보가 아주 높은 주파수의 반송파, 예를 들어 900MHz로 먼저 변조된다면, 이에 상응하는 안테나의 직경은 약 8cm이다. 이러한 이유로 반송파 또는 변조는 무선전송을 포함한 모든 시스템에서 필수적인 과정이다. 이 밖에도 변조는 신호전송에 있어서 다른 중요한 이점을 제공하는데 주파수분할다중화, 스펙트럼확산변조 등의 변조 방식 등이 여기에 해당된다. 반대로 수신측에서는 원신호를 얻기 위하여 송신측과 반대의 과정을 수행하여야 하며, 이를 복조(demodulation)라고 한다. 변조와 복조/검출 과정을 합쳐서 모뎀(modem)이라 부른다. 우리가 컴퓨터에 인터넷을 하기 위해 필요한 모뎀이라는 장치는 위와 같은 의미에서 붙여진 것이다.

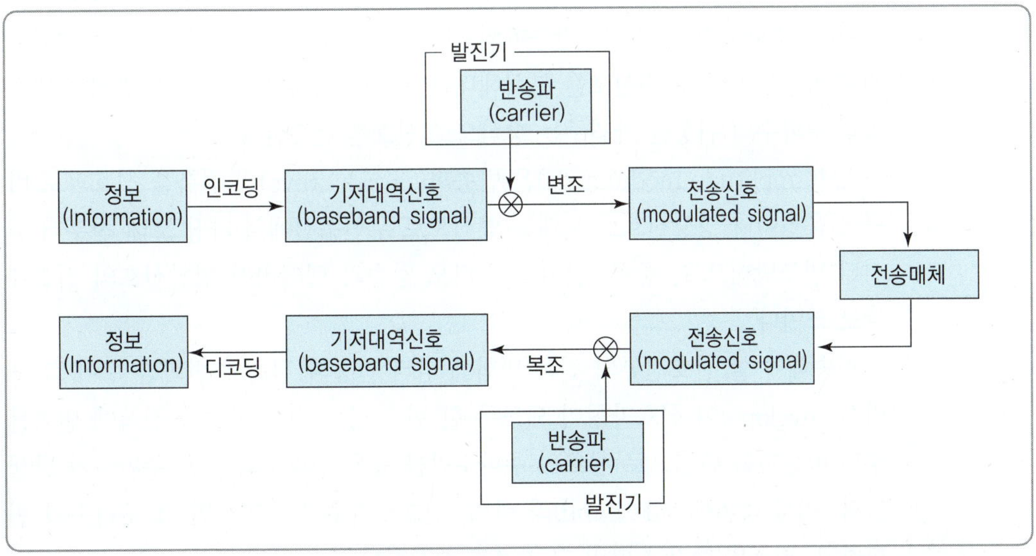

[그림 1-41] 변조, 복조 과정

앞에서 설명한 변조에 대해 좀 더 자세히 설명하면, 정보를 갖고 있는 신호를 보다 멀리, 보다 정확하게 전송하기 위하여 전송로의 특성에 맞게 신호를 변화시키는 방법이다. 통신에서 정보를 가진 신호를 기저대역신호(base-band signal)라 하고, 높은 주파수의 신호를 반송파(carrier)라고 하며, 높은 주파수에 실려 변조된 신호를 변조파(modulated wave)라고 한다. 복조란 변조의 역동작으로 변조된 신호, 즉 변조파에서 원래의 정보 신호를 추출해내는 과정을 말한다. 발진기는 반송파를 생성해내는 전자회로이다. 변조 방식은 신호 형태에 따라 아날로그변조 방식과 디지털변조 방식으로 분류된다.

a. 아날로그변조 방식

연속적인 아날로그 형태의 정보신호를 고주파수대의 신호, 즉 반송파에 싣는 변조 방식으로 아날로그신호의 3가지 요소인 진폭, 주파수, 위상에 따라 3가지 변조 방식이 이용되고 있다. 즉, 정보신호를 이용하여 반송파의 진폭을 변화시키는 진폭변조(amplitude modulation; AM), 반송파의 주파수를 변화시키는 주파수변조(frequency modulation; FM), 그리고 반송파의 위상을 변화시키는 위상변조(phase modulation; PM) 방식이 있다.

[그림 1-42]는 아날로그변조에 의한 정보신호의 변화 형태를 보여주고 있다. 먼저, 진폭변조(AM)는 원신호의 진폭을 반송파에 섞어서 보내는 방식으로 송신신호의 내용이 수신신호에서 진폭의 변화를 분석해서 원신호를 찾아내는 방식이다. 주파수변조(FM)는 반송파의 신호를 원신호의 전기적인 신호로 변화시켜 주파수의 변화로 원신호를 분석해내는 방식이다. 위상변조(PM) 방식은 반송파의 주파수의 위상을 바꿔주는 방식으로 신호를 전송한다.

AM(amplitude modulation)은 반송파(carrier wave)의 진폭을 신호파로 바꾸어 음성이나 영상신호를 보내는 방식으로 무선통신에서 가장 오래 전부터 실시된 변조방식으로, 중파, 단파의 라디오 방송과 텔레비전 영상신호의 전송에 주로 쓰인다.

전송해야 할 신호전류의 진폭 변화에 따라 반송파 진폭에 변화를 주어 그 포락선(envelope)이 신호파형이 되도록 한 변조 방식이다. 반송파 진폭에 변화를 주면 반송파를 중심으로 신호의 주파수만큼 높은 주파수와 낮은 주파수가 발생한다. 이를 측파대(side band)라 하며, 신호주파수가 변화하면 그 주파수가 변화하고, 진폭의 증감에 따라 그 진폭도 증감한다.

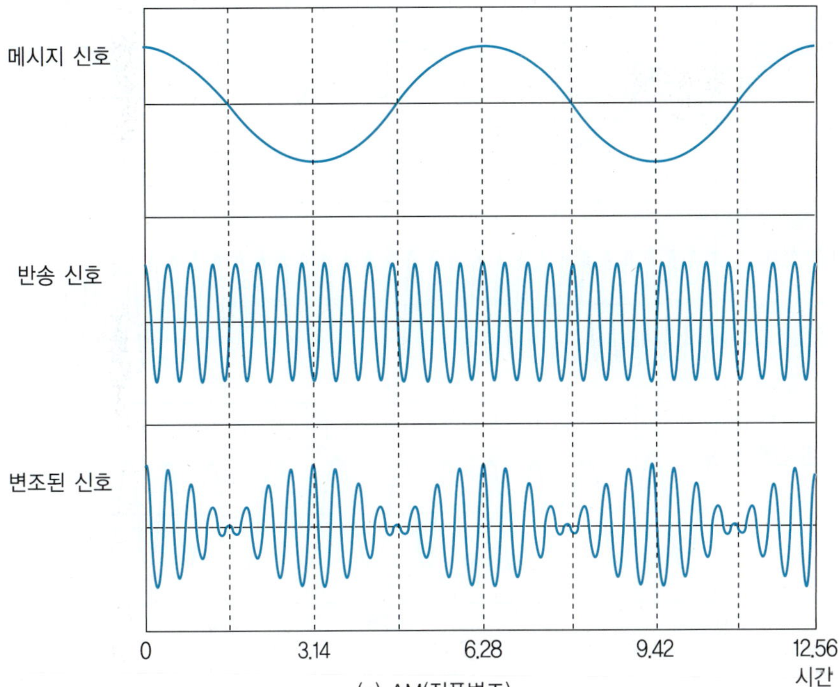

(a) AM(진폭변조)

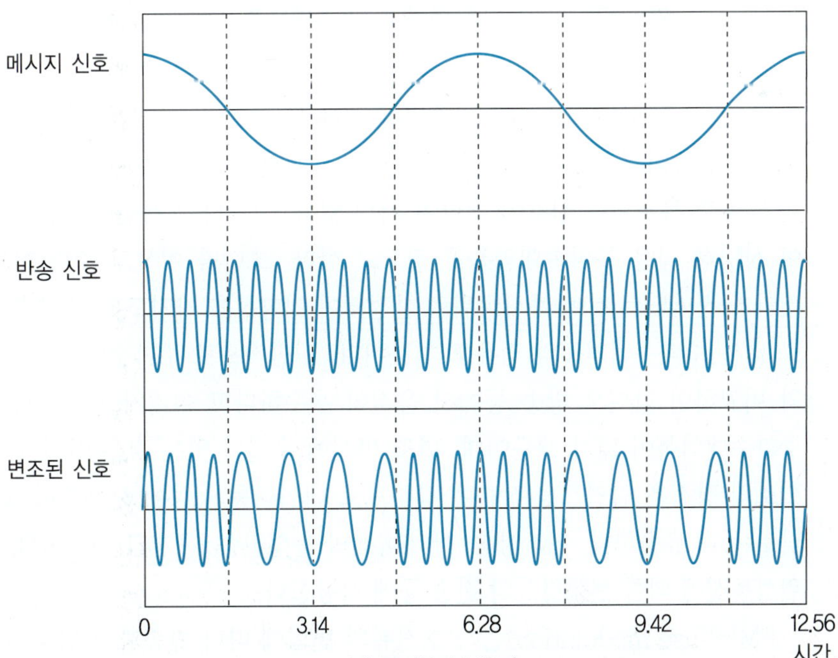

(b) FM(주파수변조)

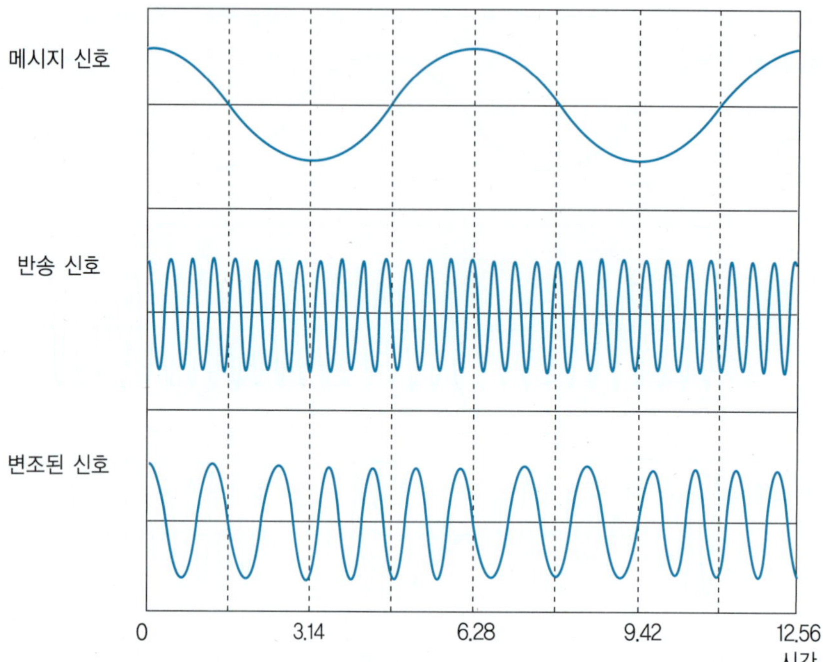

(c) PM(위상변조)

[그림 1-42] 아날로그 변조에 의한 정보 신호의 변화 형태

FM(frequency modulation)은 전송해야 할 신호전류의 강약에 따라 반송파 주파수에 변화를 주는 전파변조 방식이다. 이 전파는 잡음에 의해 진폭에 변화를 받아도 복조되는 신호에 영향이 거의 없다. 그러나 진폭변조(AM)와 비교하여 상당히 넓은 주파수대역폭을 필요로 한다. 초단파 이상의 주파수대에서는 전파가 전파되는 것이 가시범위로 한정되어 지향성을 가지도록 할 수도 있으므로 넓은 주파수대역폭의 점유도 허용된다. 일반적으로 주파수변조는 진폭변조와 비교하여 라디오 방송 등에서 음질이 우수하다고 여겨지고 있는데 이것은 주파수대역폭이 넓기 때문이며, 변조 방식에 우열이 있는 것은 아니다. 주파수변조의 장점은 임펄스성 잡음에 강하므로 데이터통신 등에 사용해서 오차율을 낮추는 데 유용하다. FM 방송, 텔레비전의 음성전송, 근거리 무선전화, 소규모 위성통신에 의한 전화영상의 전송 등에 사용한다.

PM(phase modulation)은 신호전류의 변화에 따라 반송파의 위상에 변화를 주는 변조 방식의 하나로 통신용 반송파에 신호와 대응하는 변화를 주어서 신호를 운반하는 형식으로 바꾸는 것을 변조라고 하는데, 반송파에는 사인파가 사용된다. 이 사인파가 지닌 진폭, 주파수, 위상의 3요소 중에서 특히 위상을 변화시키는 변조가 위상변조이다. 전송하는 데이터에 따라 반송파의 위상을 최대한 180° 변화시키고 있다. 종래에는 주파수변조(FM)의 일종으로 취급되어 그다지 중요시하지 않았으나 최근에는 변조신호가 디지털인 디지털위상변조가 PSK(phase shift keying의 약칭)로서 디지털코드에 의한 데이터통신에 이용하게 되었다. 이 방식은 주파수변조에 비하여 변조기 구조가 간단하고 성능도 안정되어 있다. 그러나 작은 위상변화의 경우에는 수신측에서 정확하게 식별하기 곤란하며 연속적인 아날로그신호의 직접 전송에는 적합하지 않다.

b. 디지털변조 방식

디지털변조는 불연속적인 디지털 형식의 정보신호를 아날로그 형식의 반송파에 싣는 변조 방식이다. 디지털 정보들을 부호화하여 디지털신호가 얻어지면 전송을 위한 디지털변조 작업에 들어가게 된다. 디지털변조는 PCM에서와 같이 아날로그정보의 디지털화에도 사용된다. 이 장에서 다루는 디지털변조는 반송파를 이용한 디지털신호의 전송으로 내용을 국한시킨다.

디지털변조 방식에는 여러 가지가 있으며 그 기본 원리는 아날로그변조에서 설명한 진폭, 주파수, 위상변조와 유사하여, 변조할 신호가 디지털이기 때문에 약간의 차이를 보인다. 디지털변조 방식도 아날로그변조 방식과 마찬가지로 3가지 기본적인 변조 방식이 있다.

단순히 디지털 정보 신호에 맞추어 반송파를 on, off하여 변조파를 얻는 방식을 ASK(amplitude shift keying)라고 하고, 주파수 레벨에서 on, off하는 방식을 FSK(frequency shift keying)라 하며, 위상 레벨에서 on, off하는 방식을 PSK(phase shift keying)라 한다.

다시 말해, ASK는 디지털부호에 대응하여 정현 반송파의 진폭을 변화시켜 변조하는 방식이며, PSK는 디지털부호에 대응하여 반송파의 위상을 변화시켜 변조하는 방식을 말하고, FSK는 부호마다 주파수가 다른 반송파펄스를 대응시키는 방식을 말한다.

① ASK(amplitude shift keying)

ASK는 디지털데이터(0 또는 1)의 값에 따라서 반송파의 크기(amplitude) 성분을 변화시키는 변조 방식으로서 일반적으로는 [그림 1-43](a)에서 보는 바와 같이, 비트 값 1을 나타내는 기간(bit duration) 중에는 반송파를 흐르게 하고, 0을 나타내는 기간 중에는 반송파를 흐르지 않게 하는 방법이다. 이러한 진폭변조 방법을 OOK(on-off keying)라고도 부른다.

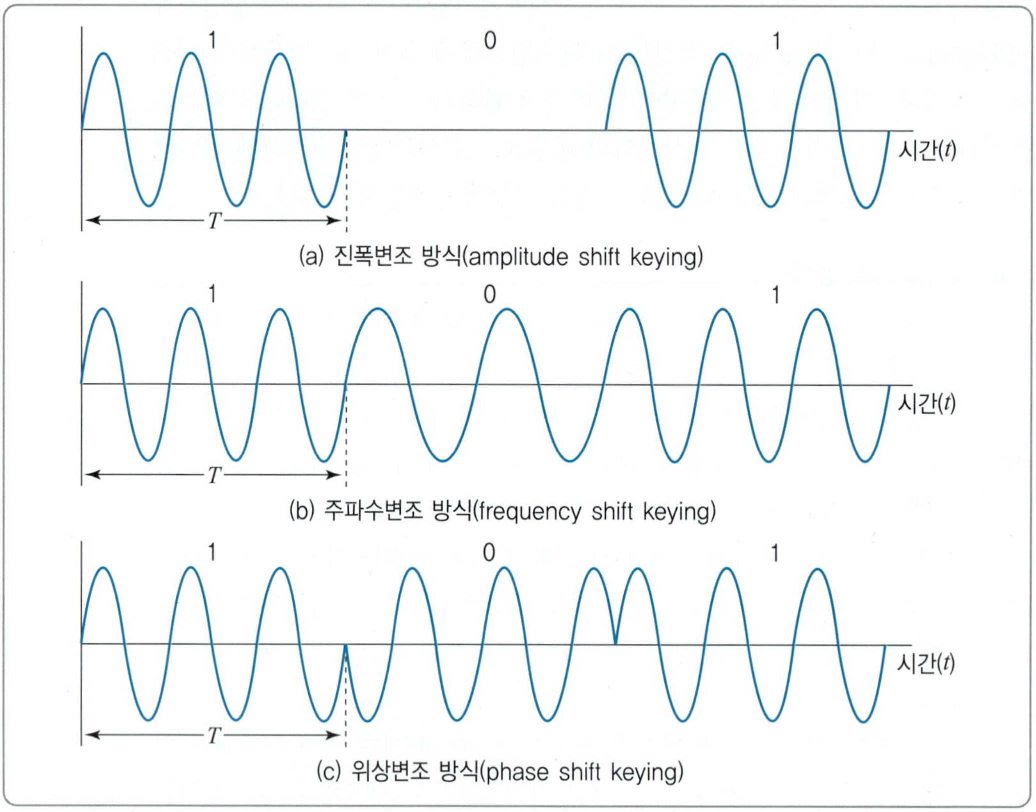

[그림 1-43] 디지털변조에 의한 반송파의 변화 형태

ASK는 간단하지만 신호 대 잡음비가 좋지 않은 상태에서는 수신측에서 아날로그신호(반송파)의 흐름 여부를 분명히 가릴 수 없어서 0과 1을 구별하기가 어렵다는 단점이 있다. ASK는 예전부터 무선전신(wireless telegraphy)시스템에서 널리 이용되어 왔으며, 광섬유를 이용한 디지털전송에서도 사용된다.

② FSK(frequency shift keying)

FSK는 두 개의 비트 값에 각기 다른 주파수의 신호를 대응시킨다. 이 방법은 주로 공중교환전화망(PSTN)을 이용할 때 많이 쓰인다. 한 예로서, 비트 1을 나타내는 기간 중에는 1,180Hz를 0의 기간 중에는 980Hz의 사인파(반송파)를 보낸다.

복조회로에서는 두 개의 필터에 의해서 서로 다른 두 주파수가 나누어지고, 각각의 검파기에 의해서 만들어진 신호를 서로 비교한 후, 에러 처리를 위한 회로를 거치게 된다.

앞에서 ASK는 잡음에 영향을 많이 받는 데 비해, FSK는 아날로그변조의 FM에서와 마찬가지로, 상대적으로 잡음의 영향을 덜 받는다. 또한 FSK는 수신된 신호를 두 개의 주파수로 분리한 다음 양쪽 모두에 대해 0과 1을 식별하는 과정을 거치므로 비교적 정확히 정보를 복원할 수 있으며, 회로의 복잡도도 ASK에 비해 크게 심하지는 않기 때문에 ASK보다 많이 선호된다. 그러나 보내고자 하는 정보 전송률이 높아지면 그만큼 높은 주파수를 반송파로 써야 하는데 이는 너무 낮은 주파수로 변조할 경우, 복조회로가 0과 1을 정확히 식별하지 못하기 때문이다.

③ PSK(phase shift keying)

PSK는 비트 값을 나타내기 위해 반송파의 위상을 변화시킨다. [그림 1-43](c)와 같이 비트 값이 0일 때에는 위상을 0으로 놓고, 1일 때는 180°로 바꾼다. 수신측에서는 원래의 반송파의 위상과 비교하여 같으면 0으로, 다르면 1로 인식한다.

180°의 위상 차이를 식별하는 것은 주파수 변화의 식별에 비해 용이하므로, PSK가 FSK보다 선호된다. 그러나 PSK에서는 수신측이 위상의 변화를 추적하기 위해 위상의 동기화 회로를 필요로 하는데, 이 회로의 비용이 적지 않다. 이런 부담을 피하는 방법으로 DPSK(Differential PSK)라는 방법을 사용한다. 이는 바로 전의 신호위상을 기준으로, 1을 나타내는 비트에서는 그 위상을 180°만큼 변화시키고, 0을 나타내는 비트에서는 그 위상을 그대로 유지시킨다. 수신측에서는 이전의 위상과 비교하면 되므로, 송신측과 위상을 동기화할 필요성이 없어지는 것이다. 결국 두 방법의 주된 차이는 위상변화를 절대적인 기준으로 파악하느냐, 아니면 바로 앞의 비트를 대상으로 상대적으로 파악하느냐 하는 것이다.

④ QAM(quadrature amplitude modulation)

디지털변조에서는 기본적인 변조 방식을 두 가지 이상 조합하는 것이 가능하며, 진폭과 위상을 동시에 변화시키는 경우를 QAM(quadrature amplitude modulation)이라고 한다. 더불어 PSK의 경우 위상을 180° 변화시키는 것

(360° 변화란 원상태를 의미)을 기본으로 하나 위상을 90°로 변화시켜 2배의 정보를 싣는 QPSK(quadrature PSK)와 위상을 45° 변화시키고 진폭도 2가지로 나누어 PSK에 비해 8배의 정보를 싣는 QASK가 있다.

PSK에서는 π(=180°)만큼씩의 위상변화를 통해, 두 종류의 심볼로 디지털정보를 전송한다. 위상변화를 좀 더 작게(예컨대, $\pi/2$씩) 한다면 네 종류의 심볼이 생기고, 따라서 하나의 심볼로서 네 개의 값을 식별할 수 있다. 이 방법이 바로 QPSK(quadrature phase shift keying)이며, 앞의 예에서는 하나의 심볼에 두 비트가 대응되므로 정보 전송률은 심볼 또는 신호화율(symbol or signaling rate)의 두 배가 된다. 정보전송률을 더 높이려면 위상변화를 더 작게 하면서 반송파의 진폭도 바꾸면 되는데, 이 방법이 QAPSK 또는 줄여서 QASK(quadrature amplitude shift keying)이다. 또한 이 방법은 흔히 QAM(quadrature amplitude modulation)이라고도 한다. QAM은 [그림 1-44](b)에서 보는 바와 같이 위상변화의 단위를 $\pi/6$씩으로 하여 1주기를 전부 12개로 나누고, 이에 더하여 이들 중에서 0000, 0001, 1000, 1111에 해당하는 네 개의 각에는 변조된 신호의 진폭을 두 값으로 달리 가질 수 있게 하여, 총 16개의 정보를 표현한다. 하나의 심볼로서 16개 값 중 하나를 나타낼 수 있으므로, 하나의 심볼이 네 개의 비트에 대응되는 셈이다. 따라서 이 경우 정보전송률은 심볼 또는 신호화율의 네 배가 된다.

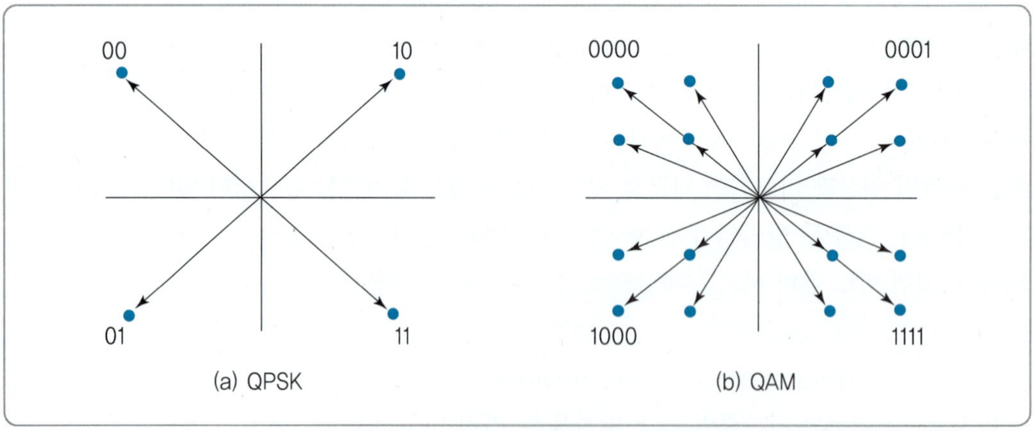

[그림 1-44] QPSK와 QAM

1.4.2.6 다중화/역다중화(multiplexing/demultiplexing)

다중화란 하나의 회선에 보다 많은 신호를 전송하기 위한 방법이다. 일반 전화기의 정보 전송속도는 64kbps이다. 보통 가입자 접속 선로에서 사용하는 광케이블의 경우 155Mbps급의 전송 능력을 제공하며, 약 2,340개의 64kbps PCM 전화채널을 수용할 수 있다. 따라서 만약 하나의 전화회선을 광케이블로 전송하는 경우에는 광케이블의 전체 전송 능력 중 극히 일부만을 사용하게 되어 효율성이 매우 나빠지기 때문에 이를 해결하기 위해서는 많은 전화회선을 모아서 하나의 광케이블로 전송시키는 통신망 구조와 다중화 기능을 사용하여야 한다.

이와 같이 디지털데이터 전송에서 사용자 단말기로부터의 디지털데이터 전송용량과 전송선로가 제공할 수 있는 디지털데이터 전송용량에 큰 차이가 있는 경우 다중화 혹은 역다중화 기능이 사용된다.

[그림 1-45](a)에서 보는 것과 같이 24개의 64kbps PCM 전화회선을 다중화

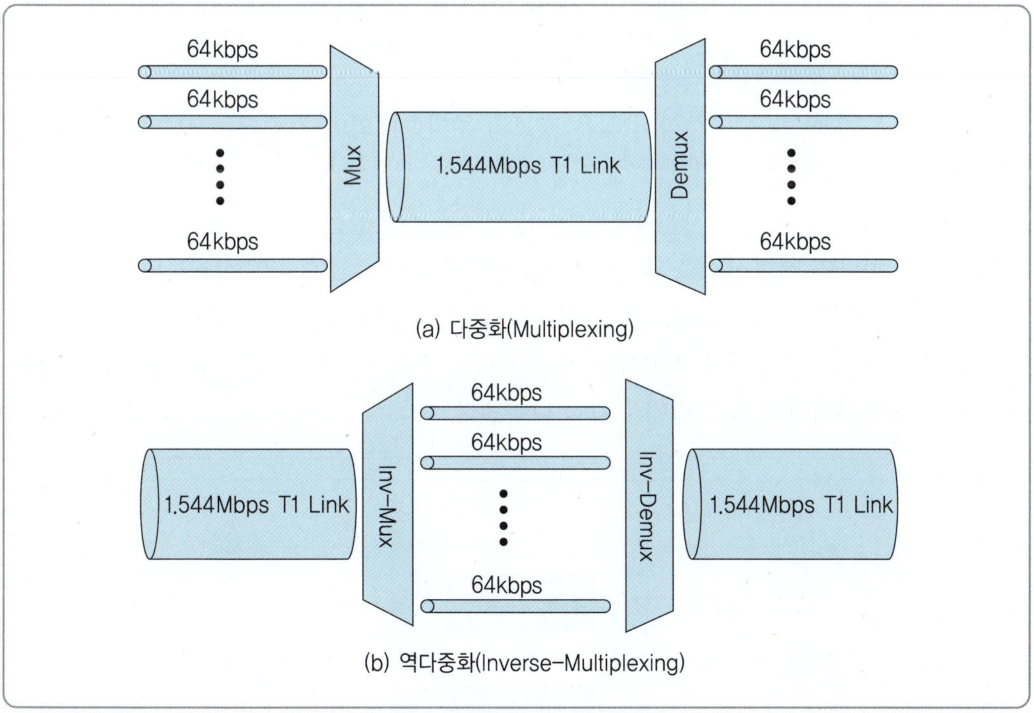

[그림 1-45] 다중화와 역다중화

시키면 전체 속도가 1,536kbps가 되고 이는 1.544Mbps의 T1 전송선로 하나를 사용하여 수용할 수 있다. 이와 같이 송신측에서는 다수의 저속전송채널을 통합하여 하나의 고속전송선로에 수용하는 기능을 다중화 장치로 구현하고, 수신측에서는 반대 기능을 역다중화로 구현하여 저속채널로 분리한다. 또한 어떤 A 지역에서의 1.544Mbps급의 T1 영상회의시스템을 B 지역에 있는 영상시스템과 연결해야 하는 경우 A와 B 지점을 연결하는 T1 선로가 없고 64kbps 전화선로만 존재한다면 [그림 1-45](b)와 같이 1.544Mbps 데이터를 적절히 분할하여 24개의 전화선로로 병렬전송한다.

전기통신에서 다중화 방식은 변조된 신호를 주파수별로 재배치하여 전송하는 주파수분할다중화(frequency division multiplexing; FDM) 방식, 단위 시간 내에서 변조된 신호를 시간적으로 분리 배정하여 전송하는 시분할다중화(time division multiplexing; TDM) 방식, 그리고 파장분할다중화(wave division multiplexing; WDM) 이용되고 있다. 특히 아날로그통신의 경우 신호를 시간적으로 분리하는 것이 어려워 주파수분할다중화 방식을 이용하고 있다.

a. 주파수분할다중화(FDM)

주파수분할다중화 방식은 링크의 주파수대역이 전송되는 신호들을 합한 전체 대역폭보다 큰 경우에 적용된다. 각 송신부에서 생성된 신호들은 다른 캐리어 주파수들로 각각 변조된다. 이 변조된 신호들은 링크를 통해 전송될 수 있는 하나의 복합신호로 만들어진다. 이때 캐리어 주파수들은 신호들의 상호간섭이 일어나지 않도록 충분히 분리되어 있어야 한다. [그림 1-46]은 각 신호를 각기 다른 주파수대로 전송하는 개념을 나타낸다. FDM의 시간 영역과 주파수 영역에서의 동작을 그림에서 각각 나타낸다.

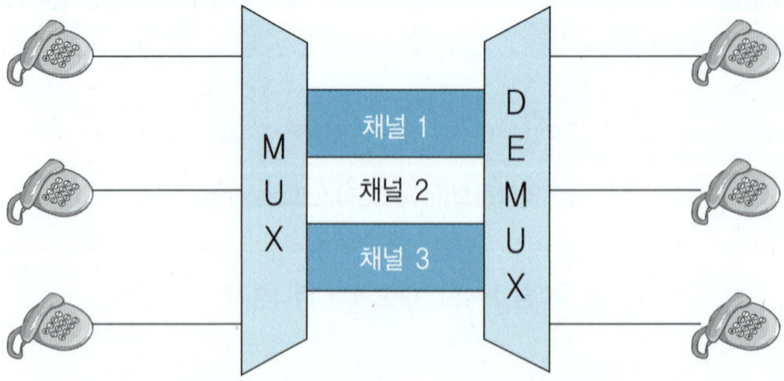

(a) FDM(frequency division multiplexing)

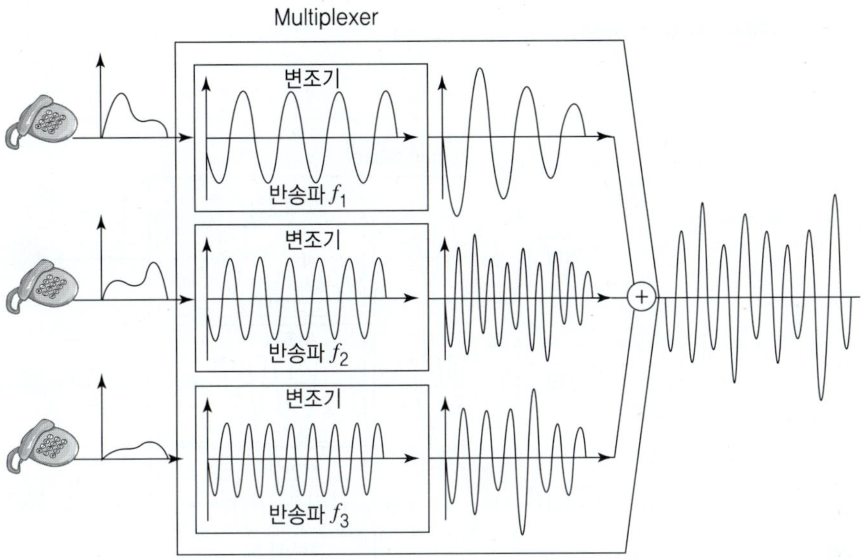

(b) FDM 다중화 작업(multiplexing process), 시간 영역(time domain)

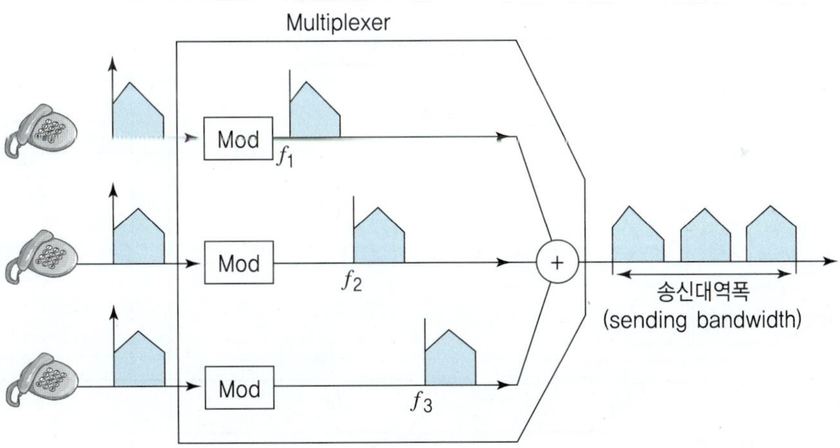

(c) FDM 다중화 작업(multiplexing process), 주파수 영역(frequency domain)

[그림 1-46] 주파수분할다중화(FDM)

각각 다른 주파수에 실려서 다중화된 신호를 [그림 1-47]과 같이 역다중화 과정을 거쳐 찾아낼 수 있다.

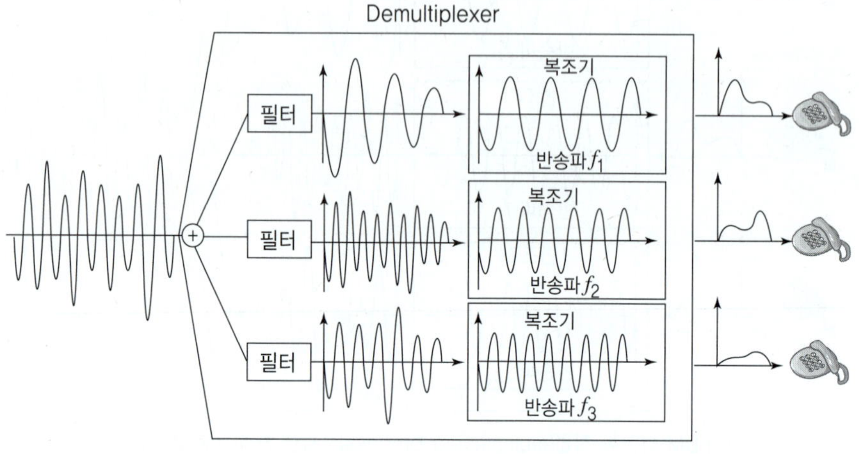

(a) FDM 역다중화(demultiplexing process), 시간 영역(time domain)

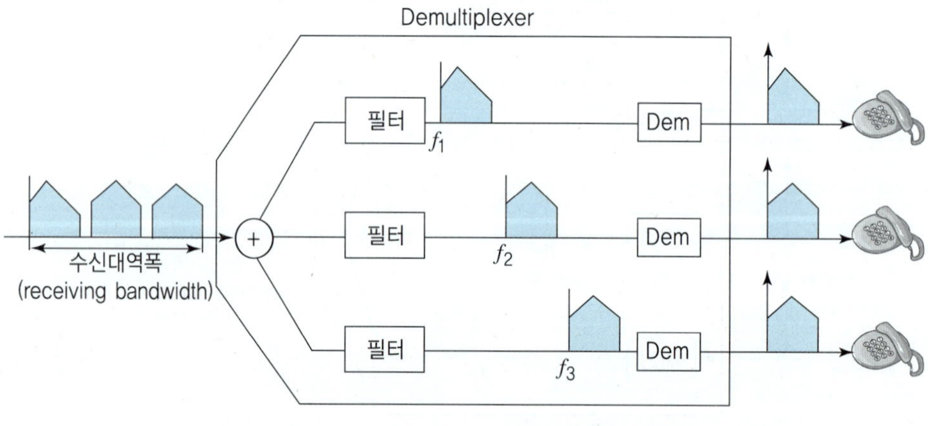

(b) FDM 역다중화(demultiplexing), 주파수 영역(frequency domain)

[그림 1-47] 주파수분할역다중화(FDM)

b. 시분할다중화(TDM)

시분할다중화 방식은 [그림 1-48]과 같이 각 가입자로부터 송신된 신호를 미리 정의된 일정한 시간 주기로 분할하여 분할된 신호(이를 타임슬롯(time slot)

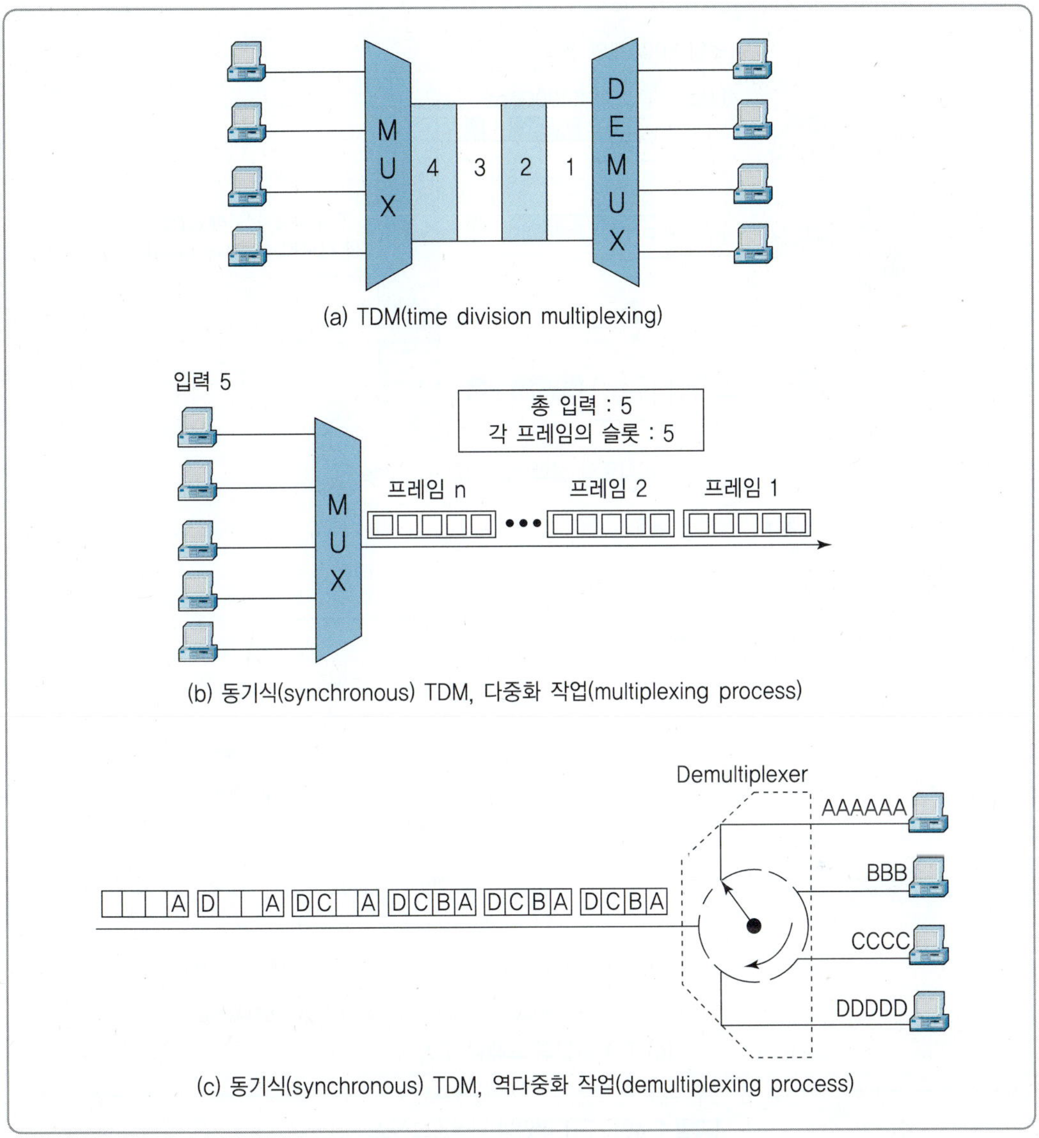

[그림 1-48] 시분할다중화(TDM)

이라 함)를 하나의 회선으로 순차적으로 전송하는 방식이다. 즉 전체 전송시간을 일정한 시간 간격의 프레임으로 분할하고, 각 프레임을 다시 몇 개의 시간슬롯으로 분할한 후, 각 시간슬롯을 특정 전송채널에 할당하게 된다.

1.544Mbps급의 T1 전송링크는 [그림 1-49]와 같이 24개의 64kbps 음성채널을 보낼 수 있다. 한 프레임은 125μsec이며 이는 초당 8000개의 프레임을 구

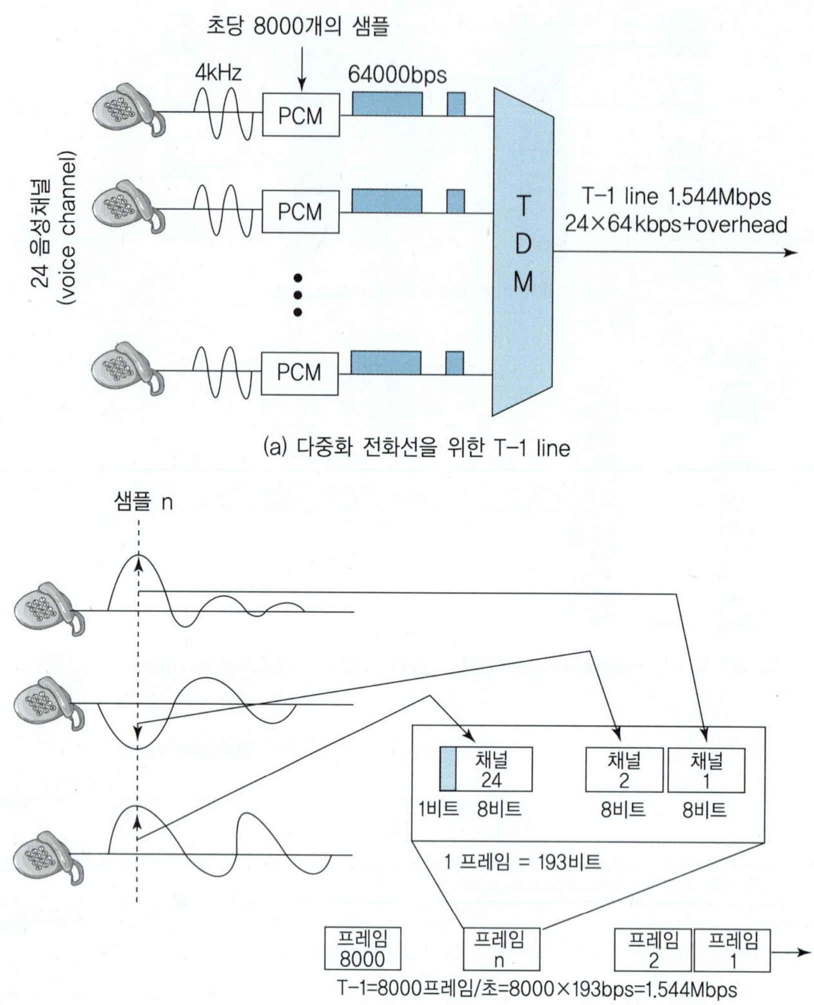

(a) 다중화 전화선을 위한 T-1 line

(b) T-1 라인의 프레임 구조

[그림 1-49] T-1 라인의 아날로그신호 전송

성하고 있으며(1/8000 샘플링) 1 프레임마다 24개의 슬롯(slot)과 하나의 동기화 비트로 구성된다(24×8 + 1 = 193). 매 125μsec마다 193비트가 전송되기 때문에 193×8000 = 1,544,000bps가 된다.

특히 FDM과 TDM의 가장 큰 차이점은 TDM은 하나의 신호에 대하여 넓은 주파수대역폭을 할당할 수 있다는 이점이 있는 반면 FDM은 주파수대역폭을 나누어 각 신호에 할당함으로써 한 신호에 대한 주파수대역폭은 적으나 보다 많은 신호를 수용할 수 있다는 이점이 있다.

c. 파장분할다중화(WDM)

주파수분할 다중화 방식과 동일한 개념으로 동작을 한다. [그림 1-50]과 같이 여러 다른 소스에서 오는 협대역 빛을 광대역 빛으로 합하는 것으로 이러한 과정은 프리즘을 이용하여 이루어진다. 여기에서는 매우 높은 주파수대역에서 사용되며(10^{14}~10^{15}Hz), 총 30,000GHz의 광파장대역폭을 사용할 수 있는 것으로 예상된다. 2003년 현재 우리나라에서는 약 24개의 광파장을 이용하여 50Gbps급의 광전송시스템을 상용화했고 미국의 경우는 약 200개의 광파장을 이용하여 500Gbps급의 광전송시스템을 개발하고 있다.

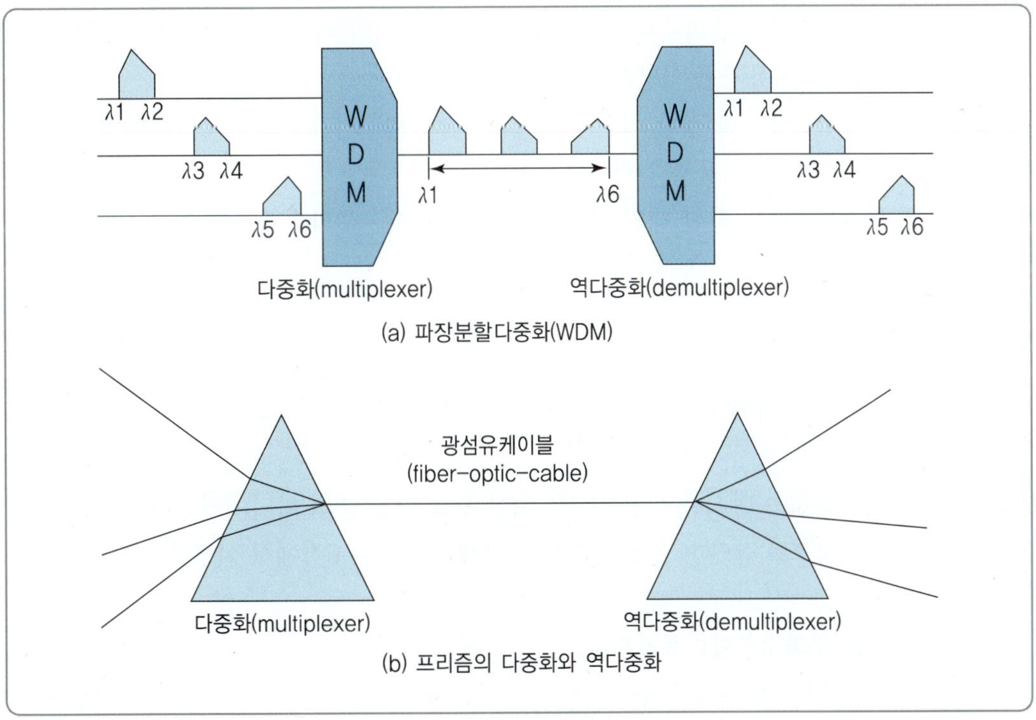

[그림 1-50] 파장분할다중화(WDM)

1.4.3 다중접속 방식

한정된 전파 자원을 효율적으로 이용하기 위하여 이동전화시스템에서는 2가지의 기술을 사용하고 있다. 앞에서 설명한 바 있는 주파수를 재사용(frequency reuse)하여 기지국의 수를 확장하는 셀룰라 기술과 주파수를 동시에 여러 가입자가 사용하도록 하는 다중접속 방식(multiple access method)이 있다. 다중접속 방식은 한정된 주파수 자원을 주어진 시간에 사용자들에게 할당하여 기지국과 단말기 간의 무선구간을 연결하는 기술을 말한다. 다중접속 방식의 종류에는 주파수분할다중접속(FDMA; frequency division multiple access), 시분할다중접속(TDMA; time division multiple access), 부호분할다중접속(CDMA; code division multiple access), 그리고 공간분할다중접속(SDMA; space division multiple access) 등이 있다.

- FDMA: 주파수대역을 서로 다른 여러 개의 채널로 나누어 각 채널에 각각의 사용자를 할당하는 방식
- TDMA: 적절한 대역의 채널을 여러 개의 시간구간으로 나누어 각 구간에 각각의 사용자를 할당하는 방식
- CDMA: 확산 대역 방식을 이용하여 넓은 주파수대역에 여러 사용자가 서로 다른 부호를 사용함으로써 같은 주파수, 같은 시간을 사용하여 접속되는 방식
- SDMA: 다중 안테나를 이용하여 여러 무선신호의 송수신 공간적 방향을 달리하여 같은 주파수, 같은 시간을 사용하여 접속되는 방식

다중접속 방식은 이동통신을 위한 주요 기술 중의 하나이기 때문에 여기서는 개념적으로 간단히 설명하고 보다 자세한 원리는 6장에서 설명하도록 한다.

a. 주파수분할다중접속(FDMA) 방식

FDMA 방식은 주어진 주파수를 각 사용자가 서로 다른 신호 간의 간섭을 방지할 수 있을 정도의 주파수대역으로 나누어 동일한 주파수대역의 주파수신호는 통과시키고 그 외 주파수신호는 제거하는 필터(송신측에서 날아오는 전파는 다른 여러 사용자의 전파가 섞여 오므로 다른 사용자의 것은 걸러내는 역할)를

사용하는 방식이다. 이와 같은 방식으로 분할된 주파수대역을 채널(회선)이라고 한다.

[그림 1-51]에서 보듯이 각 주파수대역이 두 사용자 사이에서 통화를 할 수 있는 길(통화로)이 된다. 이동단말기에서 통화를 시도하면 사용하고 있지 않은 채널을 할당받아 통화를 할 수 있다. 아날로그 셀룰러시스템은 이 방식을 사용하고 있다. 예를 들어 두 사람이 노래를 할 경우 한 사람은 소프라노로, 또 다른 사람은 알토로 부르게 하여 청중의 입장에서 소프라노를 듣고자 할 때는 소프라노만을 들을 수 있고, 알토를 듣고 싶을 때에는 알토를 들을 수 있는 필터를 귀에 설치한 것과 같다. 즉, 2개의 독립된 채널(소프라노와 알토)에 독립된 신호(소프라노음과 알토음)를 혼합하여 전파를 보내면 수신측에서는 각 독립된 신호로 구별하는 기술이다.

FDMA 방식은 각 사용자마다 사전에 특별한 채널이 고정되어 있는 것이 아니라 통화를 시도할 경우에만 임의의 비어 있는 채널을 할당하여 통화를 연결시켜 준다. [그림 1-51]에서는 세 개의 채널을 각각의 사용자에게 할당한다. 만약 이 세 개의 채널이 모두 사용되고 있다면, 새로운 사용자는 아무리 통화 시도를 하더라도 여유 채널이 없으므로 통화를 할 수 없다. 그러나 어느 채널에서

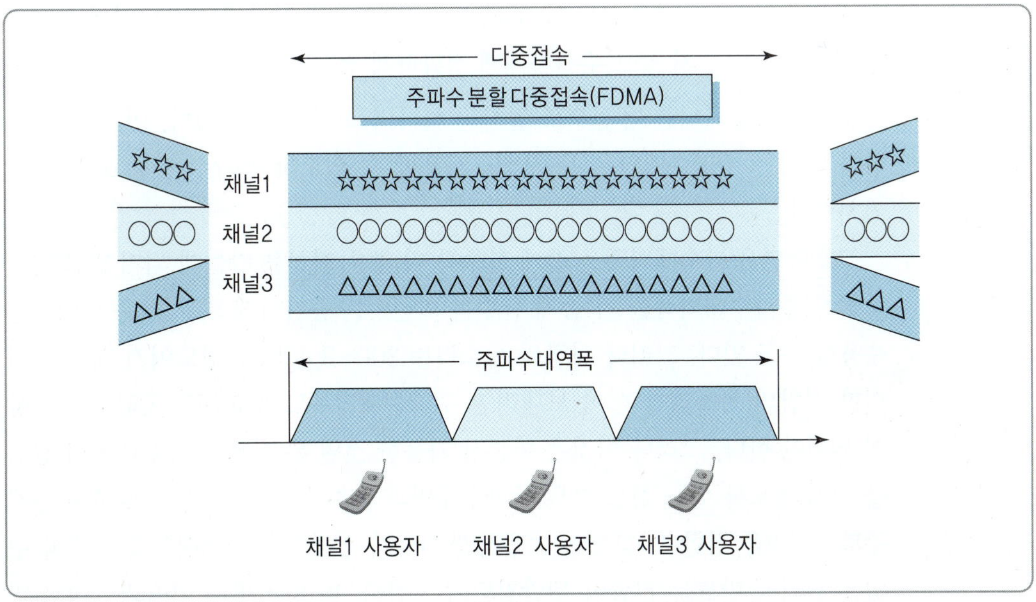

[그림 1-51] 주파수분할다중접속(FDMA) 방식

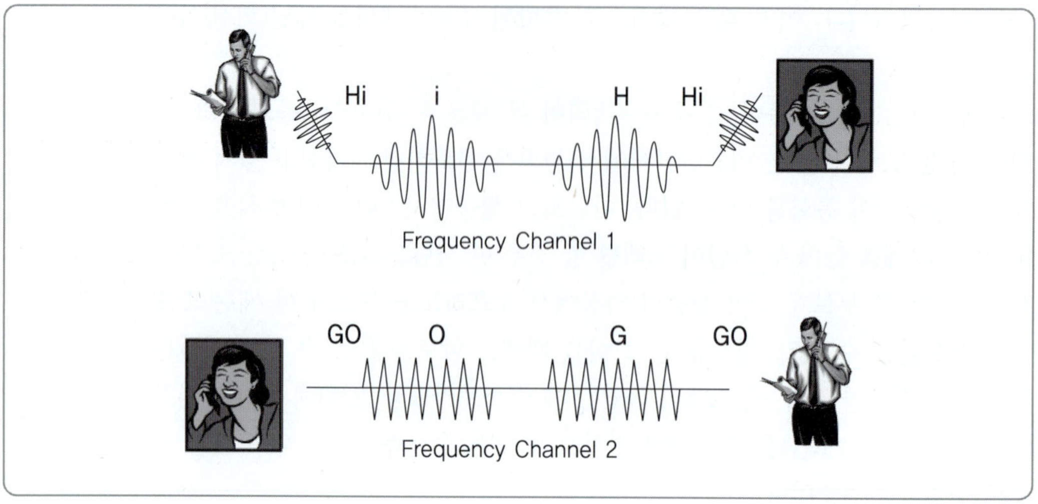

[그림 1-52] 주파수분할다중접속 방식의 예

든지 사용자들이 통화를 마치게 될 때 다시 통화를 시도하면 새로운 사용자에게 그 통화채널이 할당되어 통화를 할 수 있도록 만들어 줄 것이다.

[그림 1-52]는 FDMA 방식의 예이다. 각각의 송신자가 동시에 말하는 'Hi'와 'GO' 신호는 자신이 할당받은 서로 다른 주파수 채널을 통해 원하는 수신자에게 전송한다. 이 경우 'Hi' 와 'GO' 의 신호는 같은 시간에 전송되면서 서로의 신호에 간섭을 주지 않고 수신자에게 정확하게 전송된다.

주파수대역 하나는 유선으로 말하면 하나의 회선 역할을 한다. 이 방식은 사용하지 않는 주파수대역은 누구라도 사용할 수 있도록 주파수 사용 효율을 증가시킨다.

그렇다면 주파수대역폭을 좁게 할수록 더 많은 회선을 만들게 되지 않을까?

물론 주파수대역폭을 더 좁게 할수록 회선수는 증가하게 되고 많은 가입자를 수용할 수도 있다. 그러나 사람의 목소리는 300~3,400Hz 정도이기 때문에 이러한 사람의 목소리를 실어 보내려면 주파수대역폭도 3,400Hz(3.4kHz) 이상이 되어야 한다. 그러나 이것은 이론상 가능한 것일 뿐 다른 주파수대역의 간섭을 받지 않도록 어느 정도 다른 주파수대역과 간격을 두어야 한다. 물론 이렇게 주파수대역을 정할 수 있으면 좋겠지만 이렇게 정해진 주파수대역을 분별할 수 있는 필터를 만드는 기술이 뒷받침되어야 한다. 따라서 필터 기술과 주파수변조에 따른 주파수대역폭 증가를 감안하여 미국의 아날로그 셀룰러시스템은 주파수대역폭을 30kHz로 나누어 사용하고 있고, 일본은 25kHz, 유럽은 20kHz로 사용하고 있다. 주파수대역폭을 좁게 하기 위해서는 무엇보다도 기술적인 능력이 중요하다.

유럽식이 미국식보다 주파수대역폭이 좁다고 해서 기술이 뛰어난 것이라고 할 수만은 없다. 비슷한 기술 수준이라고 볼 때 주파수대역폭이 작아지면 인접한 다른 주파수대역(채널)의 간섭이 증가하여 통화 품질이 저하된다. 대역폭이 좁으면 필터조건은 복잡하고 이것으로 인하여 기술개발비의 추가 및 부품의 고가화 등 이동전화 장비의 가격은 비싸지게 되므로 경제성의 문제도 해결되어야 한다. 결국 주파수 분할 방식인 아날로그 셀룰러 방식의 용량 증가 한계를 극복하기 위하여 디지털 방식인 시분할 방식과 부호분할 방식으로의 전환이 필요하게 되었다.

b. 시분할다중접속(TDMA) 방식

TDMA 방식은 동일한 주파수대역을 여러 사용자가 거의 동시에 공동 사용하는 것으로 하나의 주파수대역을 주기적인 일정한 시간 간격으로 분할하여 각 사용자가 순서대로 자신에게 할당된 시간 간격에 자신의 신호를 전송하는 방식이다. 각 수신측에서는 자기의 시간 간격에 있는 정보만을 선택하여 신호를 검출한다. 이 시간 간격을 타임슬롯(time slot)이라 하며, 이 시간 간격에 있는 정보를 추출하기 위하여 타임게이트(time gate)를 사용한다. 타임게이트는 자기 차례 시간에 해당되는 신호만을 통과시킨다. 각 사용자의 신호는 일정한 시간 간격으로 나누어 동일한 주파수에 포함시켜 수신측으로 보내며, 수신자에게도 순서대로 접속한다. 실제로 시간 간격은 매우 짧아서 통화 중 끊기는 것을 누구도 눈치채지 못한다.

이 방식을 간단히 말하면 [그림 1-53]과 같이 두 사람이 이야기를 할 경우 한 사람씩 차례로 순서를 정하여 말하게 하는 방법이라 할 수 있다.

A가 말하고 나서 B가 말하고, 다시 A가 말하고 B가 말하고 하는 식이다. 이러한 방식에 대하여 혹시 오해가 생길지도 모른다. 말하는 사람이 순서대로 말하고, 듣는 사람이 순서대로 자기에게 오는 말을 듣는다면 자기 차례가 오기까지는 기다려야 되는 것이 아닌가 하는 생각을 하게 될 것이고, 말이 끊겨 통화가 원활하게 되지 않을 수밖에 없을 것이라 생각할 수도 있다. 그러나 실제로 통상 말하듯이 한다면 말하는 사람의 말을 기계적으로 우리가 느낄 수 없는 극

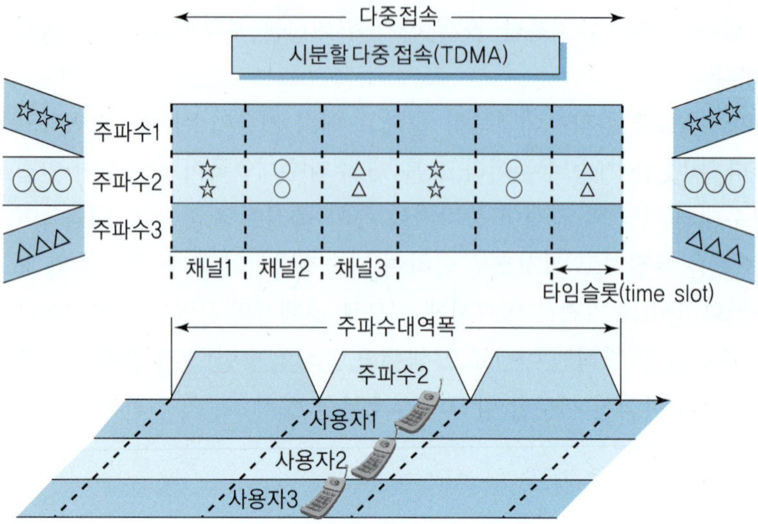

[그림 1-53] 시분할다중접속(TDMA) 방식

히 짧은 시간 간격(time slot)에 차례로 보내게 되어, 듣는 사람의 입장에서도 전혀 느끼지 못할 시간 간격으로 말을 듣게 되어 통화가 가능하다.

TDMA에 있어서 채널은 타임슬롯(time slot)이다. 미국 기준의 경우 FDMA에서 사용하는 1채널인 30kHz를 6개의 타임슬롯(time slot)으로 나누며, 한 통화당 2개의 타임슬롯(time slot)이 필요하다. 타임슬롯(time slot)을 많이 만들

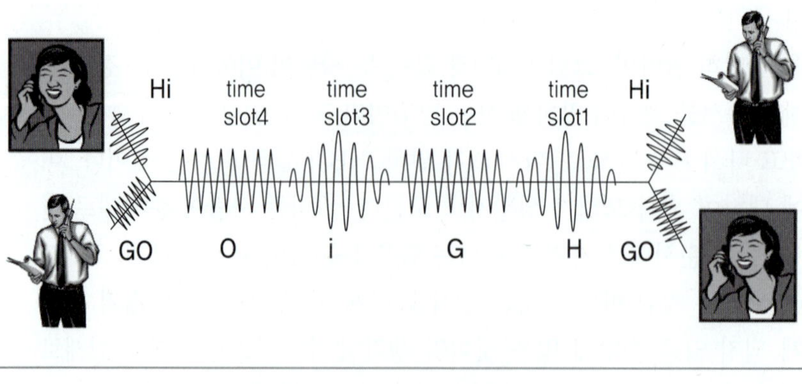

[그림 1-54] 시분할다중접속 방식의 예

어서 통화할 수 있는 용량을 늘리는 것도 고려할 수 있겠으나 기술적으로 현재의 타임슬롯(time slot)이 적절하다.

[그림 1-54]는 TDMA 방식의 예로 각 사용자가 보내고자 하는 신호를 각 time slot에 할당하여 수신측에 전달한다.

c. 부호분할다중접속(CDMA) 방식

CDMA 방식은 두 사람을 소프라노로 노래를 부르게 하되 같은 장소, 같은 시간, 같은 음성(주파수)으로 하는 것이다. 청중은 혼동 없이 각 사람의 노래를 골라서 들을 수 있도록 하는 것이 이 방식이다. 또는 소프라노로 삼중창, 사중창, 합창을 하거나, 각 파트별로 중창이든 합창을 하더라도 파트별로 어떻게 부르고 있는지 구별해서 들을 수 있는 방식이다. 또 각자 다른 외국어로 노래를 부른다고 가정할 때 청중은 관심 있는 언어로 된 노래만 듣는 것이 가능하다.

마찬가지로 당신이 많은 사람이 모인 파티석상에서 여러 사람과 동시에 이야기를 나누는 경우를 생각해 보자. 이때 여러 사람이 한꺼번에 말하는 것을 동시에 이해할 수는 없지만 한 번에 한 사람의 말을 이해할 수는 있다. 이것은 우리의 뇌가 각 사람의 목소리의 성격을 분류하여 다른 사람의 목소리와 구별할 수 있기 때문이다. 사람이 더 많아지고 장소도 넓어지고 외국인까지 초대되었다 해도 우리의 뇌는 목소리를 구별하여 낸다.

TDMA 방식은 사용자가 동시에 말한 것을 기계적으로 시간을 구분하여 완전한 동시 사용이라 할 수 없지만 CDMA 방식은 여러 사용자가 동일한 주파수를 동시에 사용한다. 앞의 예에 비유하자면 각각의 코드는 외국어와 같다. 동일한 언어를 사용하는 말만을 이해하듯이 동일한 코드를 사용하는 통화만을 선별적으로 골라내어 듣는 방식이다. 송신자 A, B, C의 통화에 대하여 특별한 확산코드를 더하여 주파수대역폭을 넓혀 송신한다. 단지 부여된 코드에 따라 수신측에서도 부여된 것과 동일한 코드에 의해 자기에게 오는 통화를 구별해 낸다. 따라서 CDMA 방식에서의 채널은 코드로 구분된다.

[그림 1-55]에서 보는 바와 같이 데이터는 서로 다른 코드가 더해져 넓은 주파수 대역폭으로 확산된다. 수신측에서는 송신측에서 사용하였던 동일한 코드를 이용하여 자신에게 보내 온 데이터를 구별해 낸다. 이를 통해 사용자를 인식하고 분별할 수 있다.

CDMA 기술은 최근에 새로 나온 통신기술이라고 생각할 사람이 많겠지만

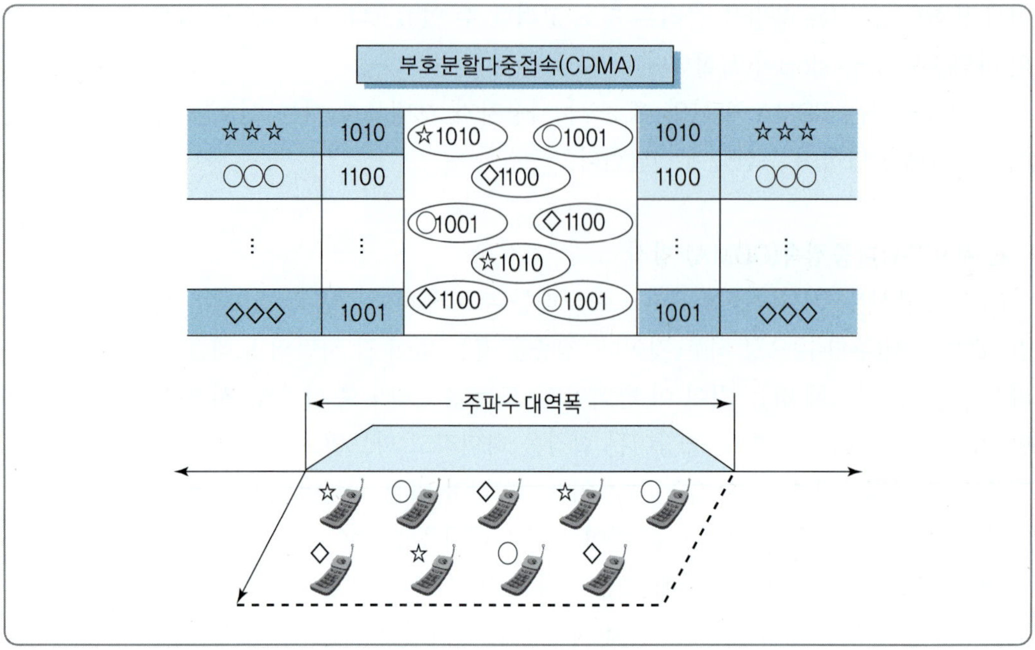

[그림 1-55] 부호분할다중접속(CDMA) 방식

CDMA 이론은 1950년대에 이미 정립되었고, 1960년대부터 군 통신에서 사용하고 있었다. 이 CDMA 기술을 전 세계에서 우리나라가 최초로 상용화한 것 또한 의미 있는 일이다.

지금부터는 좀 더 구체적으로 CDMA 통신에 대하여 알아보자. CDMA 방식은 여러 사용자가 주파수와 시간을 공유하면서 각 사용자에게 별도의 코드를 할당하여 각 사용자는 송신신호를 확산(spreading)하여 전송하고 수신부에서는 송신측에서 사용한 것과 같은 코드를 발생하여 동기를 시키고 수신된 신호를 역확산(despreading)하여 신호를 복원하는 다중통신 방식이다.

[그림 1-56]은 CDMA 방식의 예로 red code를 할당받은 사용자와 green code를 할당받은 사용자는 각각 자신이 송신하는 신호에 red code, green code를 곱하여 공통채널으로 전송하고, 수신측 사용자는 송신측에서 사용된 red code, green code를 곱하여 원신호를 복원하게 된다.

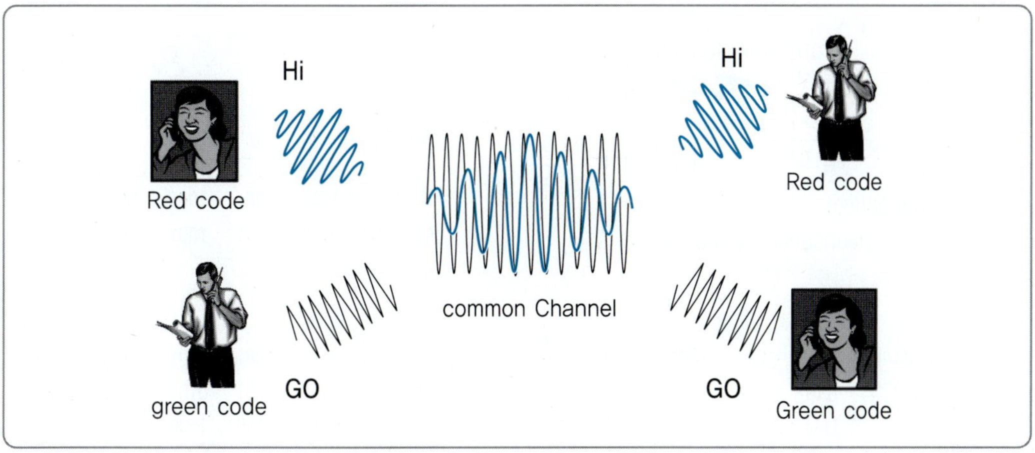

[그림 1-56] 부호분할다중접속 방식의 예

CDMA 방식에서는 [그림 1-57](a)에서 보는 바와 같이 송신측 사용자는 그 사용자에게 할당된 확산코드를 사용하여 자신이 보내고자 하는 신호를 확산시켜서 수신측 사용자로 보내게 된다. 수신측 사용자는 수신받은 신호를 송신측과 동일한 확산코드를 사용하여 원신호를 복원하게 된다. 수신측 사용자는 송신측에서 사용된 확산코드를 알고 있어야 하는데 이는 다른 사용자들이나 간섭에 의한 영향으로부터 보호하기 위함이다. (a)에서 설명된 CDMA 기본 원리를 (b), (c), (d)를 통해 좀 더 자세히 살펴보자. (b)에서는 원래의 전송하고자 하는 데이터가 10011이라 가정하고 할당받은 코드가 1001이라면 송신데이터 비트별로 확산코드를 곱해 주게 되면(exclusive OR 연산), 0110 1001 1001 0110 0110이라는 신호로 확산되게 되고, 이렇게 확산된 신호는 송신기를 통해 수신측 사용자에게로 전송되게 된다. (c)에서는 (b)에서 수신된 데이터를 복원하는 과정으로, 수신자는 송신에서 사용되었던 확산코드와 동일한 코드 1001을 사용하여 전송된 비트스트림 0110 1001 1001 0110 0110과의 디스프레딩 연산(exclusive OR)을 하게 되고 원신호를 복원하게 된다. 그림 (d)는 수신된 신호와 송신측 확산에 사용된 코드 1001이 아닌 0101을 비트별로 곱해 주게 되면 0011 1100 1100 0011 0011이 되어 원신호를 판단해 내지 못하게 된다. 이와 같이 송신자가 원하지 않는 수신자들이 송신된 신호를 수신하였을 경우 원신호를 판단하지 못하게 함으로써 원신호를 보호할 수 있다.

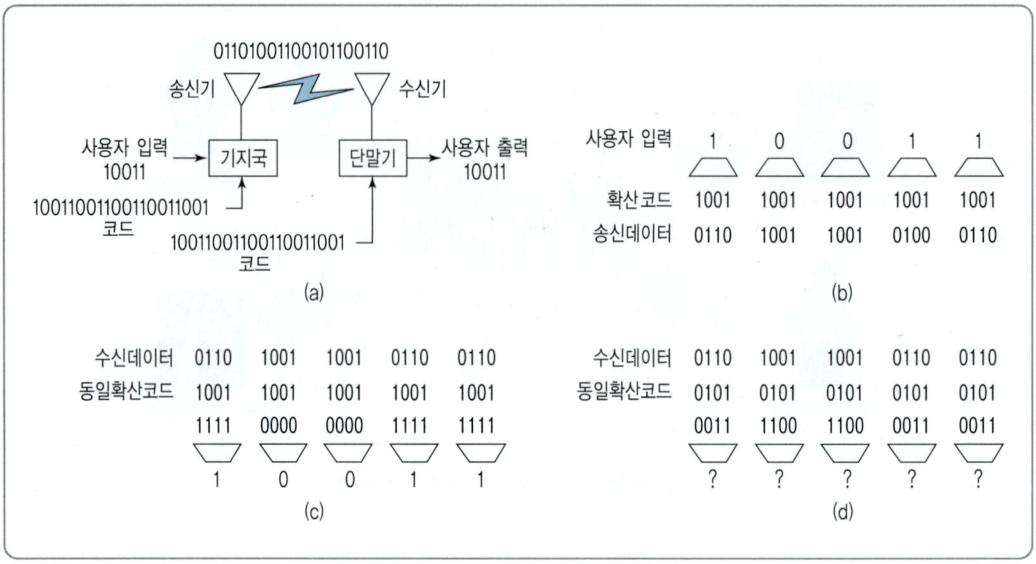

[그림 1-57] CDMA 기본 원리

d. 공간분할다중접속(SDMA) 방식

신호의 방향성을 이용하면 여러 사용자의 공간 배치의 차이를 이용하여 같은 주파수를 사용하더라도 동시에 신호를 송수신할 수 있다. 유년시절에 종이를 둘둘 말아서 깔때기 형태로 만든 다음에 깔때기의 입구에 입을 대고 소리를 질러본 경험이 있을 것이다. 이 때 소리는 깔때기가 가리키는 방향으로 대부분 전달되고, 그 이외의 방향으로 거의 전달되지 않는 것을 경험했을 것이다. 이와 같은 것이 신호의 방향성이다.

[그림 1-58]에서 보는 바와 같이 송신기가 2개의 안테나를 갖고 있고, 각 안테나 전단에 위상조절기가 있다고 하자. 두 위상조절기의 위상이 같을 경우에는 [그림 1-58](a)와 같은 형태로 전파가 전달된다. 따라서 수신기 1에서는 두 안테나에서 송신된 신호가 같은 위상으로 수신되어 그 크기가 커지는 반면에 수신기 2에서는 두 신호의 위상이 180° 차이가 생겨 두 신호의 합이 0이 되어 신호를 수신하지 못하게 된다. 즉, 수신기의 위치에 따라서 신호의 수신 여부가 달라진다. 이번에는 두 송신기 안테나의 위상이 동일한 위상이 아니고, [그림 1-58](b)와 같이 한쪽은 0°이고, 다른 한쪽은 180°인 경우를 고려해보자. 이 경우에는 반대로 수신기 1에는 신호가 도달하지 않고, 수신기 2에만 신호가 도달

한다. 이와 같은 성질을 이용하여 같은 주파수를 사용하더라도 동시에 다수의 수신기로 신호를 전송할 수 있다. 즉, 수신기 1로 전송할 신호의 경우에는 두 안테나에서 위상이 같도록 전송하고, 수신기 2로 전송하는 신호는 두 송신 안테나의 위상이 180° 차이가 생기도록 하여 동시에 전송한다면, 전자의 신호는 수신기 1에서만 수신되고, 후자의 신호는 수신기 2에서만 수신하게 되어 다중접속이 가능해진다.

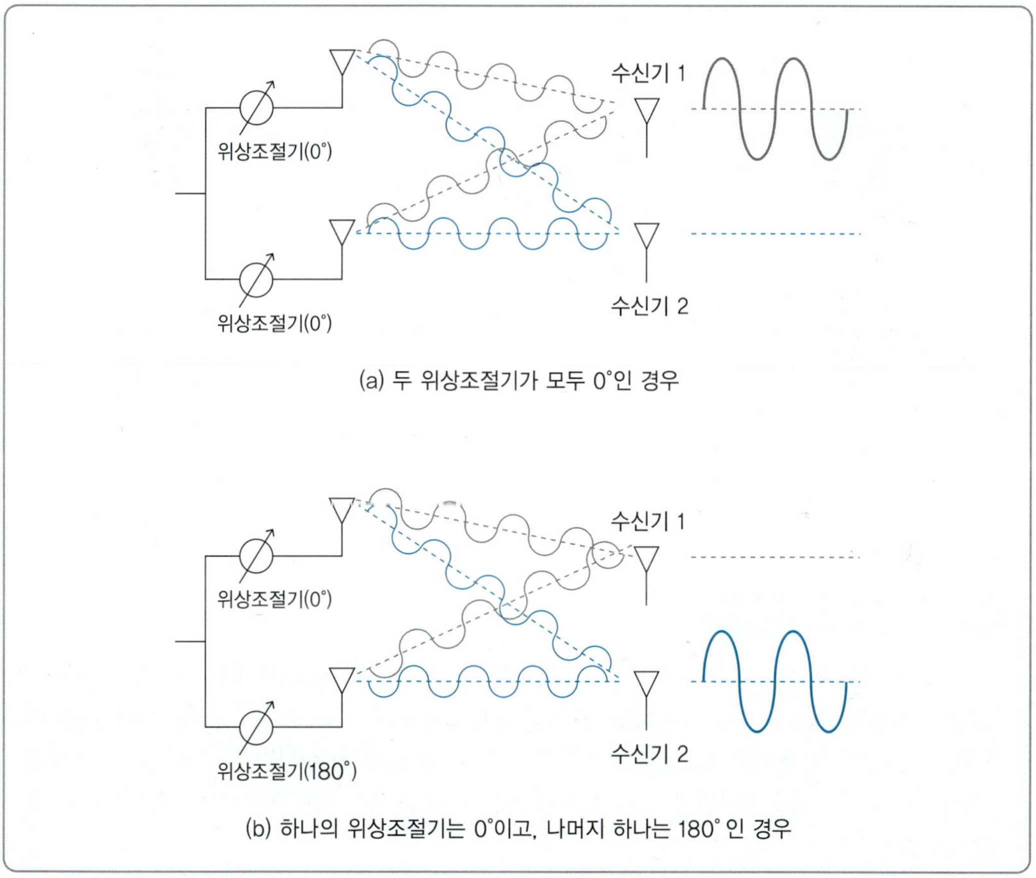

[그림 1-58] SDMA 기본 원리

위 예에서는 두 개의 송신 안테나를 갖는 아주 간단한 예를 들었지만, 안테나 수가 증가함에 따라서 신호가 도달할 수 있는 각도를 점점 미세하게 조절할 수 있어 다수의 수신기에서 동시에 전송할 수 있다. 즉, 다수의 안테나를 갖는 송신기는 특정 방향으로 신호를 전송하는 깔때기 모양의 확성기로 모델링 될 수 있다. 따라서 송신기에서 여러 수신기로 전송하고자 하는 신호를 각 수신기의 방향을 향하는 깔때기 모양의 확성기를 통하여 전송한다고 생각하면 된다. 그리고 각 깔때기 모양의 확성기는 방향성이 뚜렷하여 다른 방향으로 신호가 새어나가지 않는다. [그림 1-59]는 이와 같은 공간분할다중접속의 예를 보여주는 그림이다.

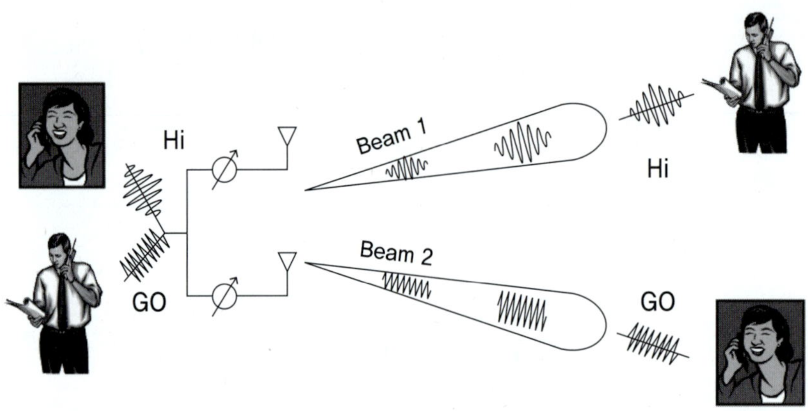

[그림 1-59] 공간분할다중접속 방식의 예

디지털통신의 성능 비교

아날로그통신에서는 성능 평가에 평균신호전력 대 평균잡음전력 비(SNR 또는 S/N)을 사용한다. 그러나 디지털통신에서는 성능 평가 특성으로서 SNR을 정규화한 의미의 E_b/N_0를 사용한다. E_b는 비트에너지이고 비트시간 T_b와 신호전력 S의 곱이다. N_0는 잡음전력스펙트럼밀도이고, 잡음전력 N을 대역폭 W로 나눈 값으로 나타낼 수 있다. 비트시간과 비트비율 R_b는 서로 역수이므로 T_b를 $1/R_b$로 대체할 수 있다.

$$\frac{E_b}{N_0} = \frac{ST_b}{N/W} = \frac{S/R_b}{N/W} \tag{1-28}$$

초당 비트의 단위로 쓰는 데이터율은 디지털통신에서 가장 많이 나타나는 매개변수이다. E_b/N_0가 S/N을 대역폭과 비트비율로 정규화한 의미임을 강조하기 위해 식 (1-28)을 다시 쓰면 다음과 같다.

$$\frac{E_b}{N_0} = \frac{S}{N}\left(\frac{W}{R}\right) \tag{1-29}$$

[그림 1-60]은 디지털통신시스템에서 성능에 대한 가장 중요한 비트오류확률 P_B 대 E_b/N_0의 그래프이다. 차원이 없는 비 E_b/N_0는 한 시스템 대 다른 시스템의 성능을 특징짓는 척도로 생각할 수 있다. 결론적으로 요구된 E_b/N_0가 작을수록 주어진 검출 과정이 더 효율적임을 의미한다.

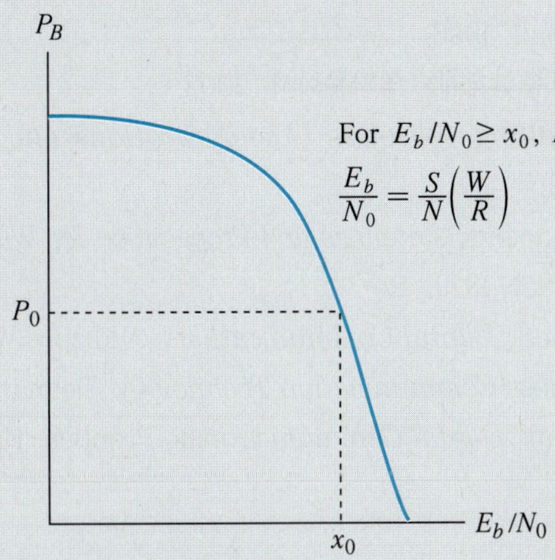

[그림 1-60] 일반적인 형태의 P_B 대 E_b/N_0 곡선

참 고 문 헌

[1] Behrouz A. Forouzan, *Data Communications and Networking*(2nd edition), McGRAW-HILL, 2000.
[2] William Schweber, *Electronic Communication Systems*(2nd edition), Prentice Hall, 1996.
[3] 차동완, 《정보통신세계》, 영지문화사, 2002.
[4] William Stalling, *Wireless Communications and Networks*, Prentice Hall, 2002.
[5] Simon R. Saunders, *Antennas and Propagation for Wireless Communication System*, Wiley, 1999.
[6] Andy Bateman, *Digital Communications*, Addison-Wesley, 1999.
[7] Blake, *Wireless Communication Technology*, Delmar, 2001.
[8] Bernard Sklar, *Digital Communications*, Prentice-Hall PTR, 2001.

연 습 문 제

EXERCISE

01 아날로그신호(analog signal)와 디지털신호(digital signal)의 표현 방법에 대해서 설명하고 각 표현방법의 차이점을 비교하시오.

02 13dB 증폭되어 1.8W를 나타내는 신호 A를 회로를 통과시켜 22dB의 이득을 가지게 되었다. 신호 A의 원래의 신호 값과 회로를 통과한 후의 신호 값은 얼마인가?

03 (a) 어떠한 시스템에서 신호 A는 12dBW이고 신호 B는 20dBm이다. 신호 A에 대한 신호 B의 강도는?

(b) 1.2W의 디지털신호가 회로를 통과한 후 13dB의 이득을 가졌다면 최종 출력 전력 값은?

04 수신기의 잡음온도가 294K이고 10MHz의 주파수대역에서 100kHz의 대역폭을 가용한다.

(a) 이 컴퓨터의 잡음전력밀도와 잡음전력을 구하시오.

(b) 위의 결과를 이용하여 잡음스펙트럼을 그리시오.

05 어떤 컴퓨터의 잡음온도는 27℃이고 80MHz의 주파수대역에서 4MHz의 대역폭을 가용한다.

(a) 이 컴퓨터의 잡음전력밀도와 잡음전력을 구하시오.

(b) 위의 결과를 이용하여 잡음스펙트럼을 그리시오.

06 40MHz에서 45MHz의 주파수채널대역을 가지는 통신선로시스템에서 신호 대 잡음비(SNR)가 30dB인 신호를 전송하려고 한다.

(a) 이 시스템의 전송용량은 얼마인가?

(b) 나이키스트의 식에 근거하면 신호레벨은 얼마나 많이 필요한가?

(c) 신호 대 잡음비가 2배로 증가하면 채널대역폭은 얼마가 필요한가?

07 현재 3.1kHz에서 15kHz의 주파수대역을 사용하는 통신시스템의 비트전송률을 64kbps에서 1Mbps로 높이려고 한다. 이 대역폭에서 신호 대 잡음비 40dB로 1Mbps 비트전송률의 통신이 가능한가? 가능하지 않다면 얼마의 전송대역폭이 필요한지 산출하시오.

08 36kbps의 비트전송률을 가지는 시스템에서 신호레벨을 8로 하여 전송하고자 한다. 채널 대역폭을 구하고 섀넌의 공식에 근거하여 신호 대 잡음비를 구하시오.

09 나이키스트 식에서 신호의 레벨이 8이고 채널대역이 100~103MHz라고 할 때 섀넌 식의 신호 대 잡음비는 얼마인가?(dB로 나타내시오.)

10 다음에 주어진 내용에 대해서 그림을 그려서 간단하게 설명하시오.
(a) 코딩의 세 가지 단계
(b) 인터리빙
(c) 디지털변조의 세 가지 방법

11 어느 영자신문에서 알파벳의 숫자를 조사하였더니 모두 같은 확률로 발생되지 않고 알파벳마다 차지하는 비율이 각각 다르다고 한다. a, e, o, t는 0.1의 확률로 나타나고, h, i, n, r, s는 0.07, c, d, f, l, m, p, u, y는 0.02, b, g, j, k, q, v, w, x, z는 0.01의 확률로 나타난다고 한다. 이럴 경우 이 영자신문에서 26자의 알파벳 중 한 문자가 쓰여졌을 때 얻어지는 엔트로피는 얼마나 되는가?

12 FDMA, TDMA, CDMA의 다중접속 방식에 대해서 설명하시오.

13 A, B 두 사람이 1, 2, 3, 4가 적힌 삼각뿔 모양의 주사위를 갖고 게임을 하고 있다. A는 커튼 뒤에서 주사위를 던지고, B는 그 주사위에서 나온 면의 숫자를 맞추는 것이다. 그런데 A는 두 가지 다른 주사위를 갖고 있다. 주사위 1은 네 면이 나올 확률이 각각 0.25를 갖는 것이고, 주사위 2는 1이 나올 확률이 0.7이고, 나머지는 0.1로 같은 확률을 갖고 있다. 그리고 A는 B에게 현재 어떤 주사위를 사용해서 게임을 진행할지 알려준다. 한번 게임할 때, A는 1달러를 내고 게임을 하고, 주사위 숫자를 맞추면 3달러를 더해서 4달러를 받을 수 있지만, 틀리면 돈을 잃게 된다. 이 때 게임 중간에 C라는 브로커가 나타나서 주사위를 던져서 나온 면에 대한 정보를 돈을 주면 알려주겠다고 제안해 온다.
(a) A가 주사위 1을 선택하여 게임을 하고, B가 C로부터 정보를 얻지 않을 때, 게임 당 A의 기대 이득은 얼마인가?
(b) A가 주사위 1을 선택하여 게임을 하고, B가 C로부터 정보를 얻을 때, 게임 당 B의 기대 이득은 얼마인가?
(c) (a), (b) 결과를 통하여, A가 주사위 1을 사용하여 게임을 할 때, C가 B에게 전달해준 정보의 가치는 얼마인가?

(d) 만약 A가 주사위 2를 사용하고, B가 C로부터 정보를 얻지 않을 때, 게임 당 B의 기대 이득은 얼마인가?

(e) 만약 A가 주사위 2을 선택하여 게임을 하고, B가 C로부터 정보를 얻을 때, 게임 당 B의 기대 이득은 얼마인가?

(f) (d), (e) 결과를 통하여, A가 주사위 2를 사용하여 게임을 할 때, C가 B에게 전달해준 정보의 가치는 얼마인가?

(g) 정보이론이라는 학문에서는 정보의 양(가치)을 엔트로피(평균 정보량)라는 용어를 이용하여 정의한다. 만약 n개의 사건이 존재하고, 각 사건의 발생 확률을 $p_i(i=1, \cdots, n)$ 라고 할 때, 엔트로피는 다음과 같이 정의된다.

$$H=\sum_{i=1}^{n} p_i \log_2\left(\frac{1}{p_i}\right) \text{(단위: bits)}$$

위 식을 이용하여, 두 주사위를 던져서 나오는 출력에 대한 정보량을 계산하시오.

14 n가지의 사건이 있고, 각 사건이 일어날 확률은 $p_i(i=1, \cdots, n)$로 주어져 있을 때, 평균 정보량은 얼마인가? 그리고 평균 정보량의 최대치 및 그 때의 각 사건의 확률은 얼마인가? 또한, 평균 정보량의 최소치 및 그 때의 각 사건의 확률은 얼마인가?

CHAPTER 02

전파와 전송시스템

Fundamentals of Mobile Communications

2.1 전파의 특성과 종류

2.2 전파(propagation)의 원리

2.3 RF 전송시스템

CHAPTER 02 전파와 전송시스템

2.1 전파의 특성과 종류

2.1.1 전계와 자계

전파란 인공적인 매개물 없이 공간을 빛의 속도로 퍼져나가는 전기적인 세력의 전달이며 영국인 맥스웰(Maxwell)에 의해 예견된 것을 독일인 헤르츠에 의해 그 존재가 증명되었다. 전파는 전계와 자계의 2가지 성분으로 이루어져 있으며 전계와 자계는 시간적으로는 동위상, 공간적으로는 90° 의 위상차를 가지면서 진행한다.

즉, 전파는 전계와 자계가 항상 같이 존재하며 변화하는 자계는 전계를 발생시키고 반대로 변화하는 전계는 자계를 발생시킨다.

2.1.1.1 전하에 의한 전계

대전체(electrified body) 가까이 점전하(point charge)를 두면 이 점전하는 힘을 받게 되지만 대전체가 없다면 점전하에 힘이 작용하지 않는다. 이와 같이 대전체 주위 공간이 특수한 성격을 띠게 되는데, 이런 전기적인 힘이 작용하는 공간을 그 대전체에 의한 전계 또는 전장(electric field)이라고 한다.

전계의 세기는 전계 내의 한 점에 단위 정전하를 놓았을 때 이에 작용하는 힘을 말하는데, 그 점에 대한 전계의 세기라고 한다. 전계 내에서 단위 정전하가 전계에 의해 이동할 때 그려지는 선을 전기력선이라 한다.

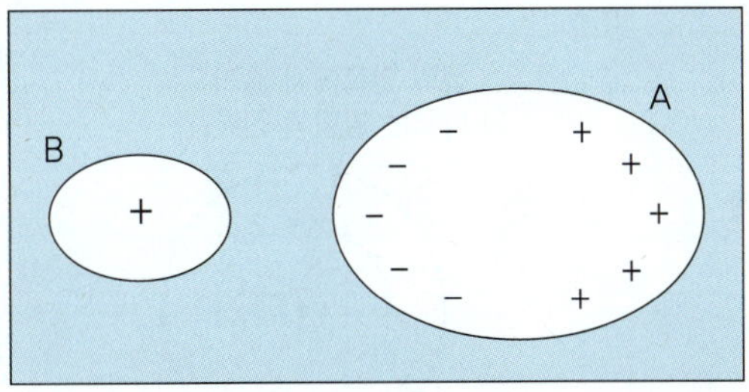

[그림 2-1] 정전유도 현상

[그림 2-1]과 같이 대전되어 있지 않는 절연된 도체 A에 전하 B를 접근시키면 가까운 곳에는 다른 부호의 전하가, 먼 곳에는 같은 부호의 전하가 나타나는 정전유도(electrostatatic induction) 현상을 일으킨다. 이것은 A도체 내부에 서로 결합되어 있던 전하가 외부전하에 의한 전계에 의해서 쿨롱의 힘이 작용하여 흡인력과 반발력에 따라 유도된 것으로 생각할 수 있고 외부전하를 제거하면 다시 중화하여 대전되어 있지 않은 것처럼 보이는 원래의 상태로 돌아간다. 이 경우는 도체 A에 외부로부터 전하를 준 것이 아니기 때문에 유도된 도체의 전하량을 합하면 언제나 0이 된다.

2.1.1.2 전류에 의한 자계

이번에는 자계 속을 전류가 흐르면 어떻게 되는가에 대해서 살펴보자.

두 토막의 레일, 알루미늄 파이프, 자석을 놓은 다음, 레일에 전류를 흘리면 알루미늄 파이프는 레일 위에서 움직이기 시작한다. 이것은 알루미늄 파이프에 전류가 흐르면 자계에서 힘을 받는다는 것을 나타낸다. 자석의 방향을 이리저리 바꾸어 가면서 알루미늄 파이프에 작용하는 힘의 방향을 조사해 보면, 항상 전류의 방향과 자계의 방향 사이에는 직각 관계가 있다는 것을 알 수 있다. 이와 같이 전류와 자계와의 사이에 작용하는 힘을 전자력이라고 한다.

전류와 자계의 형성 관계는 암페어(Ampere)의 오른손 법칙을 이용해 알 수 있다. [그림 2-2]와 같이 오른손 엄지손가락 방향으로 전류의 흐름 방향을 기준으로 하면, 주변에 나머지 손가락으로 감싸는 방향에 자계가 형성되는 것을 말한다.

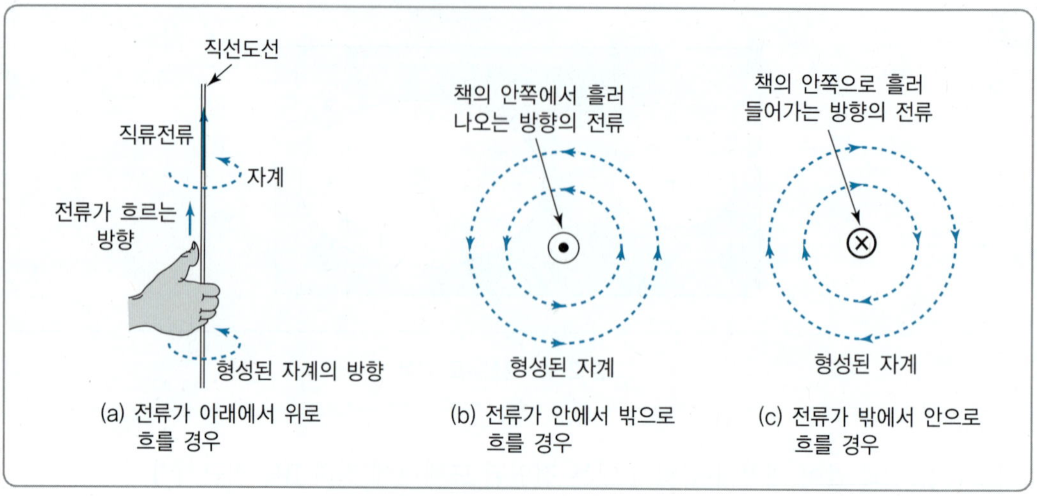

[그림 2-2] 전류와 자계 간의 오른손 법칙

2.1.2 전자기파의 생성과 전파

전자파는 [그림 2-3]의 TEM(transverse electromagnetic)파로 전파된다. 즉, 전기장, 자기장 및 파형의 진행 방향이 상호 직각임을 뜻한다.

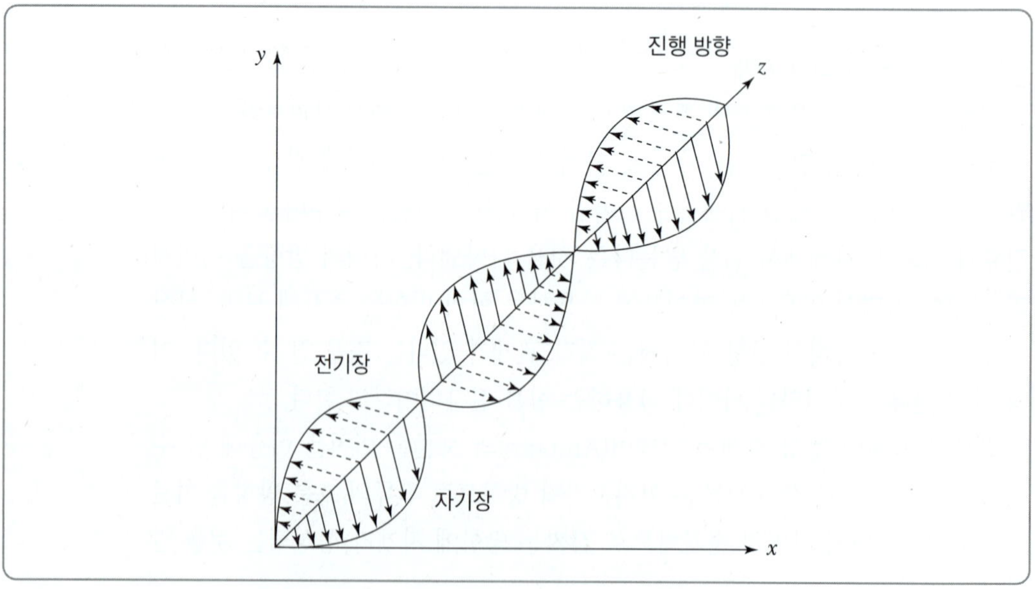

[그림 2-3] TEM(transverse electromagnetic)

3×10^8 m/s 전자파는 자유공간이나 좋은 절연체를 통해 잘 전달된다. 그러나 바닷물과 같은 손실도체에서는 전기장이 전류를 형성해야 하므로 전파에너지의 빠른 소모에 의해 잘 전달되지 못한다. 또한 구리, 알루미늄과 같은 좋은 도체로부터는 파형이 반사된다. 이와 같은 라디오 파형의 전달속도는 자유공간에서는 빛의 속도, c와 비슷하게 3×10^8 m/s이며, 다른 매체를 통과 시 속도 v_p는 아래와 같이 전달체의 유전상수 ε_r에 따라 조금 적게 나타난다.

$$v_p = \frac{c}{\sqrt{\varepsilon_r}} \tag{2-1}$$

2.1.3 전파의 발생

전파가 발생하는 것을 복사(radiation)라고 한다. 전파는 전기에 의해서 발생하는 것이기 때문에 전류의 흐름을 이해하는 것으로 전파의 발생 과정을 설명할 수 있다. 두 개의 평행도체판에 직류전지를 연결하여 전압(V)을 가하면 전류가 흘러 시간이 지남에 따라 위판에는 (+)의 전하가, 아래판에는 (−)의 전하가 유도

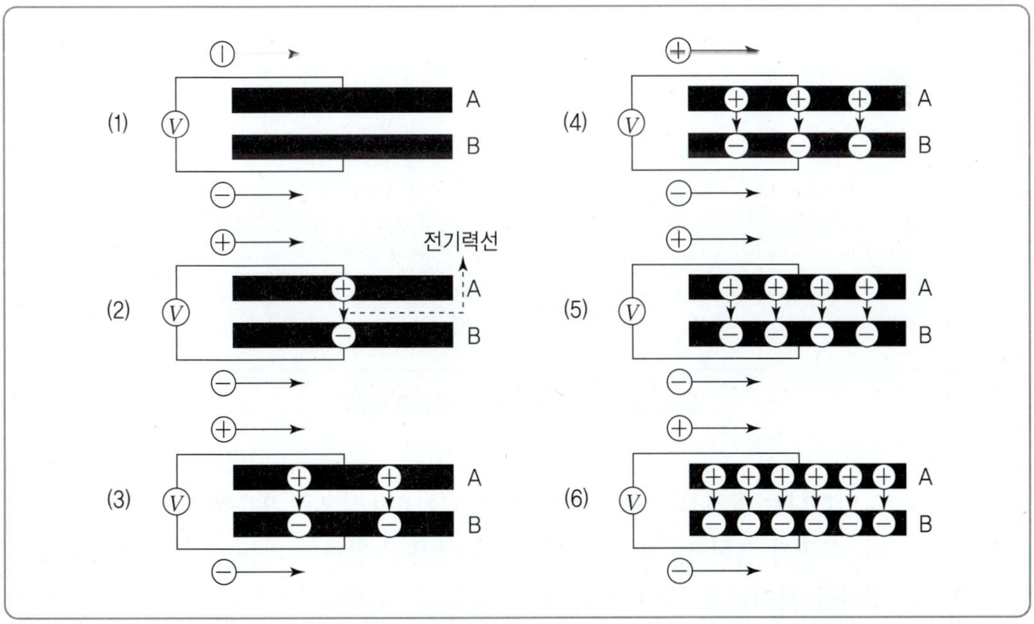

[그림 2-4] 시간에 따른 도체판 위의 전하와 도체판 사이의 전기력선

되며, 위판에서 아래판으로 전기력선이 형성된다. 이것을 직류전지 대신에 교류 전원을 연결하면 교류전압은 전압이 +, −로 주기적으로 변하기 때문에 [그림 2-4]와 같이 위판 A와 아래판 B에는 (+), (−)의 전하가 번갈아 가면서 생기게 되고 전기력선 및 자기력선도 방향이 번갈아 가면서 변화한다. 그러나 전기력선 및 자기력선은 두 평면도체판에 갇혀 있기 때문에 그대로 보존되어 있게 된다.

이러한 방법을 이용하여 [그림 2-5]와 같이 두 판 사이의 공간을 점점 넓혀주면서 일직선으로 만들게 되면 전기력선이나 자기력선을 가두어 둘 곳이 없기 때문에 갇혀 있던 전기력선과 자기력선이 복사(발생)되어 공간으로 진행할 수가 있게 된다.

이와 같이 전기력선과 자기력선이 밖으로 확산하기 쉬운 구조로 만든 것이 안테나이다. 밖으로 확산하기 쉽다는 것은 역으로 외부에서 온 전기력선과 자기력선을 감지하기 쉽다는 것을 뜻하기도 한다.

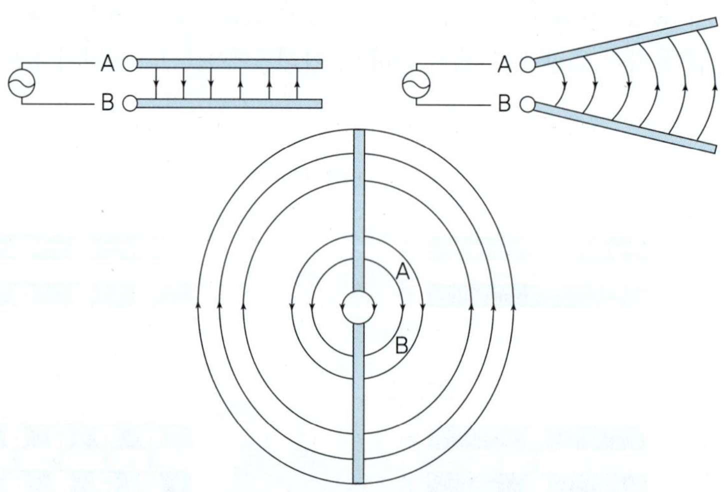

[그림 2-5] 전파의 확산(교류전원 연결)

안테나는 공간을 진행하고 있는 전파를 효율적으로 흡수하는 성질을 갖고 있다. 우리가 흔히 볼 수 있는 전기 제품들은 스위치를 켜는 순간 어떤 형태로든 전파를 복사하게 된다. 그러나 효과적으로 전파를 복사하는 것은 안테나뿐이다. 우리 주변의 물건들을 손으로 두드려보면 각기 다른 소리들을 낼 것이다.

하지만 그중에서 우리가 듣기에 좋은 소리를 내는 것은 한정되어 있다. 안테나가 금속물질로 만들어진다 해서 금속물질로 만들어진 모든 것들이 안테나 역할을 할 수 있는 것은 아니다.

필요한 전파만을 송수신할 수 있도록 설계되어 만들어져야 안테나의 역할을 할 수 있다. 우리 주위에서 많이 볼 수 있는 여러 가지 모양의 안테나들은 각각의 목적에 맞게 설계되어 만들어지는 것이다. 무전기 안테나를 라디오에 단다고 잘 들리는 것은 아니다.

일반적으로 안테나의 길이는 파장의 1/2 또는 1/4 길이로 결정된다. 전파의 속도는 30만km/sec로 고정 값이므로 주파수가 높을수록 안테나의 길이는 짧아진다는 것을 알 수 있다. 만약에 높은 주파수의 전파를 사용하지 않고 음성을 그대로 보낸다고 하면 어떻게 될까? 사람 음성의 주파수는 대략 300~4000Hz(헤르츠) 정도이다. 따라서 주파수를 300Hz로 하여 파장의 길이를 구하면 1000km가 나온다. 안테나의 길이는 파장의 반이라 하였으므로 500km가 된다. 서울에서 수원까지의 거리에 해당되는 안테나를 만들어 세워야 한다는 결과를 얻는다. 같은 이유로 무선통신 시대를 연 마르코니가 무선전신기를 실험할 때 60m나 되는 전신주(안테나)를 세운 것은 오늘날과 달리 낮은 주파수를 사용하였기 때문이다. 그러나 오늘날의 통신시스템에서 그렇게 큰 안테나를 사용한다는 것은 비효율적이고 비경제적이므로 높은 주파수의 전파를 사용함으로써 안테나의 길이를 줄일 수 있게 되었다.

예 제 1

우리나라에 상용화된 이동전화 중 (a) 800MHz 대역의 전파를 사용하는 시스템의 안테나와 (b) 1.8GHz 대역의 전파를 사용하고 있는 이동통신시스템의 안테나 길이를 계산하라.

풀이 (a) $\lambda = \frac{c}{f} = \frac{3 \times 10^8 \text{m/s}}{8 \times 10^8 \text{Hz}} = 0.375\text{m}$, 안테나의 길이 $= \frac{37.5\text{cm}}{4} = 9.375\text{cm}$

(b) $\lambda = \frac{3 \times 10^8 \text{m/s}}{1.8 \times 10^9 \text{Hz}} = 0.166\text{m}$, 안테나의 길이 $= \frac{16.6\text{cm}}{4} = 4.15\text{cm}$

2.1.4 전파의 특성

전파가 어떠한 특성을 가지고 전파되는지를 이해함으로써 눈에 보이지 않는 전파가 어떻게 우리에게 전달되는지를 이해할 수 있다.

전파의 일반적인 특성인 직진성(straightforward), 반사성(reflection), 간섭성(interference), 굴절성(refraction), 회절성(diffraction), 전반사성(fullreflection), 산란성(scattering)에 대한 설명이다.

a. 전파의 직진성(straightforward)

직진이라는 것은 하나의 점에서 또 다른 점으로 최단거리를 이동하는 것이라 할 수 있다. 이것은 전파에만 한하지 않고 파동 전반의 공통적인 성질이다.

주파수가 높을수록 직진성이 강해지고 주파수가 낮을수록 약해진다. 계곡 등 산간 지역에서 라디오는 잘 들리지만 텔레비전은 보기 어려운 곳이 있는데 이것은 라디오의 주파수가 낮기 때문에 직진성이 약해 산과 같은 전파의 장애 요소를 어느 정도 피해 가는 반면 텔레비전의 주파수는 높아 직진성이 강하므로 전파의 장애 요소를 피해 가지 못하기 때문이다.

b. 전파의 반사성(reflection)

거울을 통해 빛이 반사하듯이 전파도 거울과 같은 물체에 부딪히면 반사를 하게 된다. 전파는 전기가 잘 통하는 금속판이 거울이라 할 수 있다. 물론 금속선으로 만들어진 아주 코가 작고 가는 그물도 거울이 될 수 있다. 이러한 반사판은 전파가 통과하지 않고 반사된다. 금속성 그물도 거울과 같다는 의미는 우리가 어떠한 철창으로 만들어진 울타리 속에 있을 때 빛은 철창 사이로 비추어 들어오지만 라디오는 수신이 잘 안되는 현상으로 설명될 수 있다. 이것은 빛과 전파가 같은 전자기파로 같은 반사 법칙을 따르고 있지만, 빛보다 전파가 파장이 길다는 점이 다르다. 따라서 전파는 빛보다 파장이 길기 때문에 표면이 들쭉날쭉한 간격이 촘촘한 그물을 통과하기가 곤란하여 금속판이나 그물 등이 충분히 거울 역할을 하게 된다. 텔레비전에 화상이 이중, 삼중으로 겹쳐져 보이는 것을 고스트(ghost) 현상이라 하는데, 이러한 전파 장애를 경험해 본 적이 있을 것이다. 특히 도심 지역에서 전파의 반사는 더 빈번하게 발생한다. 직접 방송국으로부터 날아온 전파가 빌딩 등과 같은 전파 반사체에 의해 반사된 반사파와 섞였기 때문에 발생하는 현상이다. 이동통신에서도 이와 같은 현상이 있어서 통화에 지장을 주는데 이를 다중경로페이딩(multi-path fading)이라 한다.

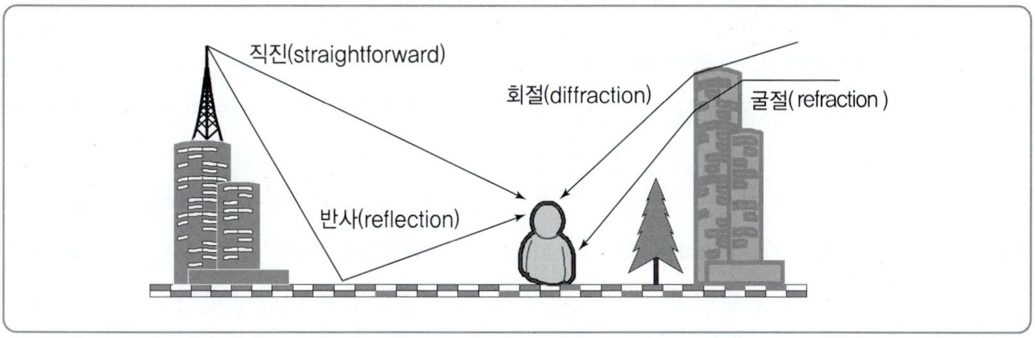

[그림 2-6] 전파의 성질(직진, 반사, 회절, 굴절)

c. 전파의 굴절성(refraction)

빛은 다른 물질에 침입하여 투과할 때 본래의 방향과는 약간 다른 방향으로 진행하며, 진행속도가 달라지게 된다. 또한 전파가 공중에서 물속으로 투과할 때 물속에서의 진행속도는 공기 속보다 느려지게 된다. 물속을 들여다볼 때 물체가 휘어져 보이는 것이 굴절 현상이다. 전파도 빛처럼 공중으로부터 땅이나 바다 속으로 투과되어 전파할 때 전파의 진행 방향이 휘어진다. 전자파가 진행 중 파장보다 더 큰 물체(지구 표면, 높은 빌딩, 큰 벽 등)와 부딪쳤을 때 일어나는 현상이다.

d. 전파의 회절성(diffraction)

전파는 빛과 같이 직진한다고 했는데 전파가 도달할 수 없는 산 뒤쪽에서도 라디오는 들린다. 이것은 전파의 회절 현상 때문이다. 어린 시절 그림자 놀이를 기억해 보자. 창문이나 벽에 손으로 동물 모양의 형상을 비쳐내는 그림자 놀이는 빛의 명암이 거의 뚜렷하다. 하지만 동물 모양의 형상의 테두리 부분이 흐릿하게 보이는 것이 생각난다면 이것이 바로 빛의 회절성 때문에 생긴 현상이다.

회절 현상이란 파동이 진행하다가 장애물을 만나면 파동이 굴절하여 장애물의 뒤쪽까지 도달하는 현상을 말한다. 이러한 현상은 담 너머에 있는 사람에게도 소리가 들리는 것을 예로 들 수 있고, 수면의 물결을 이용해서도 그 현상을 발견할 수 있으며, 산 뒤쪽에서도 라디오가 들리는 것도 그 예가 된다. 회절 현상은 주파수가 낮을수록 더 잘 일어나기 때문에 담 너머에서 하는 말은 여자보다 남자의 목소리가 더 잘 들리고, 산중에서는 높은 주파수를 사용하는 FM 방송보다는 낮은 주파수의 AM 방송이 더욱 잘 들린다.

이러한 빛의 회절 현상처럼 전파에서도 이러한 회절 현상을 유용하게 이용할 수 있다. 앞에서 설명했듯이 파장이 길면 길수록(주파수가 낮으면 낮을수록) 회절 현상은 상대적으로 강해진다. 역으로 1Hz, 10Hz, 100Hz로 주파수가 높아질수록 회절 현상이 약해진다. 회절 현상은 주파수를 맨 처음 할당할 당시 낮은 주파수부터 사용하기 시작한 이유 중의 하나가 되었다. 회절 현상에 의해 멀리까지 전파가 도달할 수 있도록 하기 위하여 이렇게 회절성이 강한 낮은 주파수부터 사용하기 시작하였다. 그러나 이동전화는 높은 주파수를 사용하므로 회절 현상이 상대적으로 미약하지만 800MHz 대역의 주파수를 사용하는 셀룰러 이동전화가 1.8GHz 대역의 주파수를 사용하는 이동전화보다 주파수가 낮기 때문에 회절 현상이 조금 강하게 나타난다. 따라서 같은 수의 기지국을 세우면 800MHz 이동전화시스템은 1.8GHz 이동전화보다 건물 뒤편과 같은 음영 지역이 적게 나타날 것이라고 예상할 수 있다.

e. 전파의 간섭성(interference)

전파의 간섭을 생각해 보기 전에 먼저 수면에서 일어나는 물결의 간섭을 생각해 보자. 사람들 사이에서도 간섭을 잘하면 좋은 결과가 생기고 잘못 간섭하면 역효과가 있을 수 있듯이 물결에서도 사람에서와 같은 결과가 나온다. 연못에 돌 두 개를 동시에 던져 넣으면, 돌멩이가 물속에 떨어진 곳에서부터 두 개의 동심원이 퍼져나간다. 이때 이들 파동이 겹쳐지는 곳을 살펴보자.

[그림 2-7]에서와 같이 한쪽 물결의 마루(물결의 높은 곳)와 다른 쪽 물결의 골(물결의 낮은 곳)이 겹쳐지는 곳에서는 양쪽 물결이 서로 상쇄되어 그 합쳐진 물결은 그 마루와 골이 작아지는 상쇄간섭이 발생하고, 마루와 마루가 겹쳐지는 곳에서는 한층 더 마루가 높아지고, 골과 골이 겹쳐지는 곳에서는 더 낮아지는 보강 간섭이 발생한다.

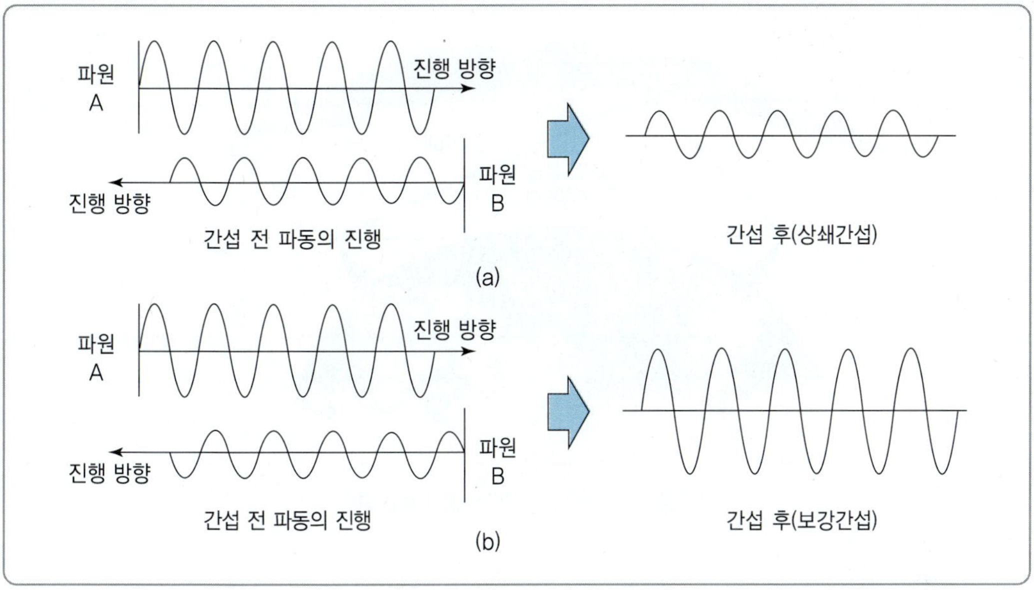

[그림 2-7] 상쇄간섭과 보강간섭

f. 전파의 전반사(full-reflection)

마르코니의 대서양 횡단 무선통신이 성공하고 난 후 사람들은 새로운 의문을 가지게 되었다. 지구 표면은 구면인데 어째서 직진성을 가진 전파가 도달할 수 있었는가 하는 것이었다. 전파가 아무리 회절을 한다 하더라도 구부러지지 않는 한 그것은 불가능한 일이었다. 즉, 전파의 회절을 생각하더라도 수신측에 도착하는 전자기파가 예상보다 훨씬 강하다는 것과 전파의 세기가 강해졌다 약해졌다 하는 현상(페이딩)이 생기는 이유로부터 학자들은 두 종류의 전파경로가 있다는 것을 깨닫기 시작했다. 이 두 경로는 지구의 구면을 따라가는 경로와 하늘에서 반사되는 경로를 말한다. [그림 2-8]에서 송신소 A에서 복사 발생한 전자기파는 한편으로는 지표면을 따라가며 전파하고 다른 한편으로는 하늘에서 반사되어 전파한다. 두 경로를 통해 B점에 온 전자기파는 전기력선이 같은 방향의 간섭(마루와 마루가 겹쳐질 때나 골과 골이 겹쳐질 때)일 때에는 강해지고, 다른 방향일 때에는 전파의 세기가 약해진다.

전파가 하늘에서 반사되는 것은 대기권 중에 전자로 이루어진 전리층이라는 도체의 성질을 가진 곳이 있기 때문이다. 전파의 반사는 전기를 잘 통하는 도체에 의해 반사된다고 밝혔듯이 이 전리층에 의해서 송신된 전파가 반사되는 것

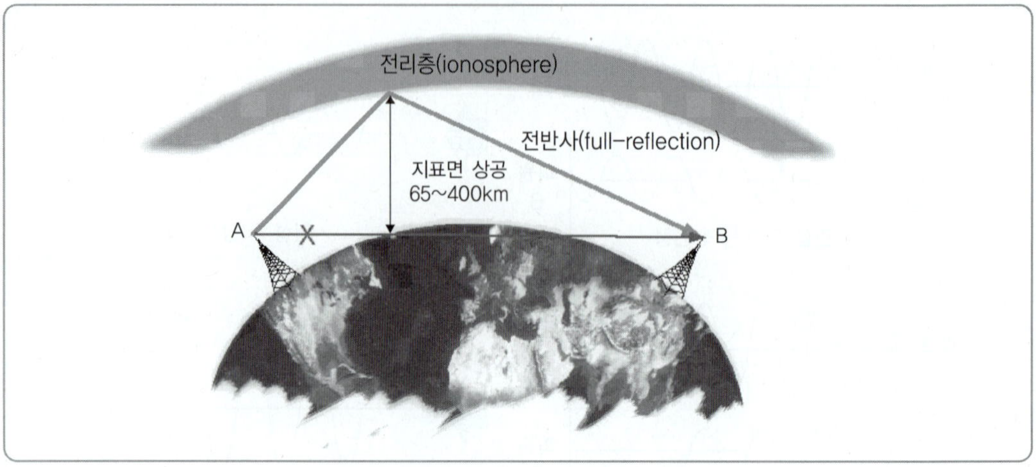

[그림 2-8] 전파의 전반사를 이용한 통신

이고 이때 일어나는 반사를 전반사라고 한다.

전리층은 지상 300km 상공에 주로 생기는데 이때 반사되어 지상으로 오는 전자기파는 30MHz 이하의 파장이 긴 주파수이다. 따라서 대부분의 AM 라디오 방송의 전파는 전리층에서 반사되어 멀리까지 들리게 되는 것이다. 하지만 30MHz 이상의 FM 라디오 방송은 전리층을 통과해 버리기 때문에 멀리까지 들리지 않는다. 그러나 주파수가 높을수록 잡음이 적기 때문에 FM 방송이 AM 방송보다 소리가 깨끗한 것이다.

g. 전파의 산란성(scattering)

전파의 산란성은 전자파가 진행 중 파장보다 더 작은 물체(foliage, street signs, lamp post 등)에 부딪치면 여러 개의 약한 신호로 산란되게 된다. 반사와 매우 유사한 개념처럼 보이지만 반사는 전자기파가 입사각과 반사각으로 거의 모든 에너지가 한꺼번에 움직이는 것을 의미하지만, 산란은 에너지가 분산되는 난반사를 의미한다. 그리고 겉보기에는 평평해서 반사만 일어나는 듯한 물체도 가까이서 무한히 확대해서 보다 보면 표면이 미세하게 울퉁불퉁하기 때문에 적든 많든 산란을 일으키게 된다. 이러한 산란은 금속과 유전체 등 모든 재질 표면에서 발생하는 것으로서 레이더 측정의 중요한 요소가 된다. 산란은 평평하거나 완만한 굴곡에서 가장 적게 발생하며, 뾰족한 모서리에서 가장 강렬하게 발생한다.

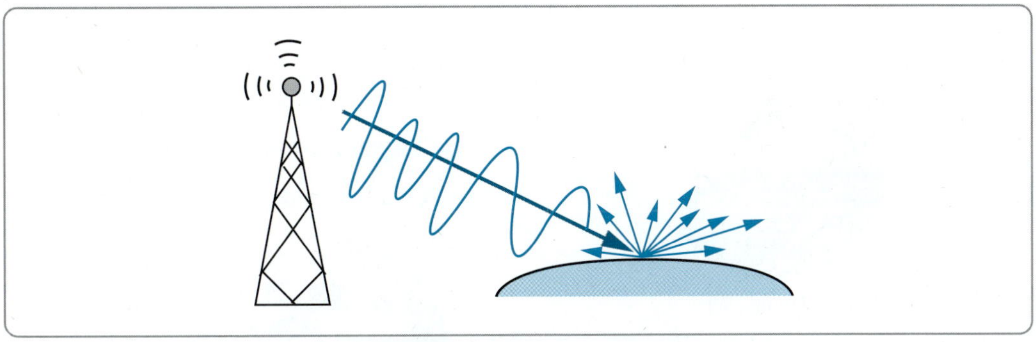

[그림 2-9] 전파의 산란(scattering)

2.1.5 전파의 종류

전파(propagation)는 전자파가 무선통신채널에서 대기권을 통해 어떻게 전달되는 것인가에 따라 다음의 3가지 방식으로 나뉜다. 즉, 지상파(ground wave; GW), 공간파(sky wave; SW), 목시선(line of sight; LOS)이다.

[그림 2-10]은 각각의 전파전달을 그림으로 표현하였다.

a. 지상파(GW)의 전파

전자파가 지구의 형상을 따라 전파되는 것을 의미하며, 사용되는 주파수대역은 주로 3MHz 아래이다. 송·수신단이 지구상에 있는 경우 원거리통신으로 많이 사용되며, 주로 540~1710kHz 대역의 AM 방송용으로 많이 사용된다. 이 대역에서는 전자파가 대기권에서 산란 혹은 회절되어 대기권 밖으로 나갈 수 없게 되어, 우주 통신용으로 사용되지 않는다. 이 주파수대역에서의 전파는 낮은 대기권의 회절 현상을 사용하는데, 대기권 현상이 시간, 태양 등에 따라 많이 변하기 때문에 낮 혹은 밤에 따라 통신 상태가 달라지며, 전달되는 거리는 송신전력에 따라 달라진다.

b. 공간파(SW)의 전파

공간파는 3~30MHz 대역의 주파수대역을 사용하며, 지구에서 약 150~400km 상의 지구 대기권의 반사를 이용한다. 대부분의 전자파는 대기권에서 반사되어 돌아오고, 일부는 대기권을 지나 사라진다. 반사된 전자파는 수백에서 수천km 떨어진 지구 반대쪽까지 신호가 전달되기도 한다. 이러한 성질

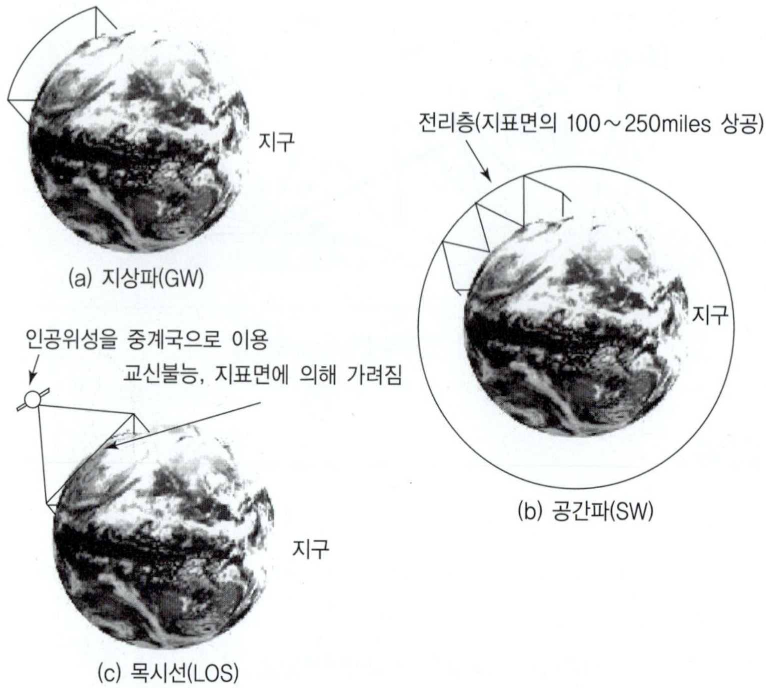

[그림 2-10] 전파(propagation)의 형태

을 이용하면 눈에 보이지 않는 지구의 어느 지점과도 무선통신이 가능해지므로 주로 국제전화 및 국제방송에 사용된다.

c. 목시선(LOS)의 전파

LOS 전파는 주로 30MHz 이상의 주파수대역을 사용하며 전자파는 직진성을 가지고 있으며 대기권 밖으로 지나가는 특성을 가지고 있다. 무선통신용으로 극초단파(UHF)와 센티미터파(SHF) 대역은 LOS 전파를 사용하며, 직진성은 위성과 통신 시 매우 유용하게 사용되며 지상에서 사용 시 지구의 굴곡으로 인해 송·수신단이 상호 목시선에 있도록 높은 위치에 안테나를 설치하여야 한다. 주로 상업통신에 있어서 송신단 안테나를 높여서 LOS 전파가 되도록 하고 있다. 이는 인근에서 이동통신용 기지국, TV 방송 안테나, FM 방송의 안테나 등이 높은 위치에 있음을 설명한다.

2.2 전파(propagation)의 원리

자유공간(free space) 그리고 장애물이 전혀 없는 상태에서는 가장 이상적인 전파의 전파가 일어난다. 라디오파가 장애물에 가까이 접근하게 되면 전자파에 반사, 회절, 산란 같은 현상들이 생기게 된다.

2.2.1 자유공간에서의 전파

자유공간 전파 모델은 위성통신시스템, 마이크로웨이브, 가시광선, 무선 링크 구간 등 송수신기가 장애물이 없는 LOS(line of sight)에 있을 시 수신 신호 세기의 예측을 위해 주로 사용된다. 등방형 방사기(isotropic radiator)는 모든 방향으로 똑같은 이득을 가지고 전력을 방사하는 이상형 안테나로 무선통신시스템에서 표준 안테나로 사용된다. [그림 2-11]은 등방형 안테나의 방사를 보여주며, 송신부로부터 거리가 충분히 떨어져 있는 구 모양의 작은 수신부는 평면으로 간주할 수 있다. 자유공간에서는 전자파의 전파는 에너지의 손실은 없으나, 전체적으로 신호의 펼침으로써 신호의 감쇠(attenuation)가 일어난다.

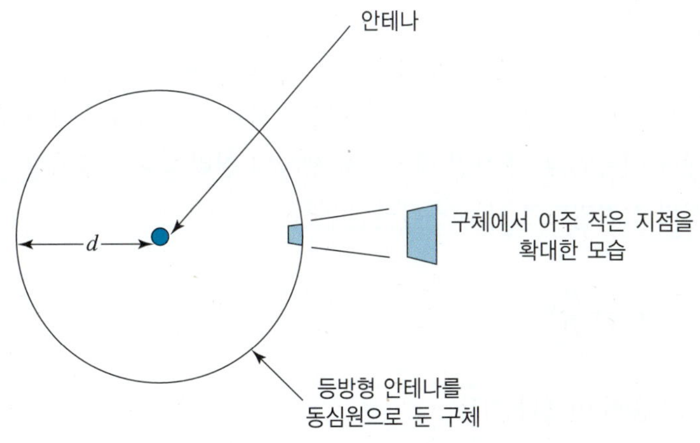

[그림 2-11] 등방형 안테나의 방사

등방형 안테나가 모든 방향으로 똑같이 신호를 방사하였을 시, 수신측에서의 전자파의 전력밀도(power density)는 전체 송신전력을 구 표면적으로 나눈 값이다.

$$P_D = P_t / 4\pi d^2 \, (\mathrm{W/m^2}) \tag{2-2}$$

여기서 P_t는 송신전력(W)이며 d는 안테나로부터의 거리(meter)이다.

신호의 감소는 자유공간상의 에너지 감소가 아니라 신호의 전방향 방사에 의한 것임을 알아두기 바란다.

예 제 2

송신전력 100W의 전방향 방사기가 신호를 방사했을 때, 10km 떨어진 점에서의 전력밀도를 구하라.

풀이 식 (2-2)를 활용하여 전력밀도를 산출한다.

$$P_D = \frac{P_t}{4\pi d^2} = \frac{100\mathrm{W}}{4\pi (10 \times 10^3 \mathrm{m})^2} = 7.96 \mathrm{nW/m^2}$$

그럼 실제 시스템에서의 전파감쇠에 대해 알아보기로 하자.

실제 안테나는 모든 방향으로 똑같이 신호를 방사하지 않기 때문에 송신단의 안테나 이득 G_t는 주어진 방향에서 생성된 전력밀도를 무지향성 안테나에 의해 생성된 전력밀도로 나누어 나타낸다.

$$G_t = \frac{P_{DA}}{P_{DI}} \tag{2-3}$$

G_t : 송신 안테나 이득
P_{DA} : 실제 안테나로부터 주어진 방향에서 전력밀도
P_{DI} : 같은 P_t를 가진 등방성의 송신 안테나로부터 같은 거리에서의 전력밀도

이를 이용하여 전력밀도는 안테나 이득을 포함하여 다음과 같이 표현된다.

$$P_D = \frac{P_t G_t}{4\pi d^2} \tag{2-4}$$

EIRP(effective isotropic radiated power)는 등방형 안테나를 가지고 주어진 방향으로의 최대송신전력을 의미하며 다음과 같이 전송전력과 전송안테나 이득의 곱으로 나타낸다.

$$EIRP = P_t G_t \tag{2-5}$$

ERP(effective radiated power)는 등방형 안테나 대신 반파장 다이폴 안테나에서의 최대방사전력을 의미한다. 다이폴 안테나는 1.64(2.15dB)의 이득을 가짐으로, 같은 송신시스템에서 ERP는 EIRP보다 2.15dB 적게 된다. 실제적으로 등방형 안테나에 대한 dB 이득은 dBi로, 반파장 다이폴 안테나에서는 dBd로 각각 나타낸다. 이를 이용한 전력밀도는 다음과 같이 표현할 수 있다.

$$P_D = \frac{EIRP}{4\pi d^2} \tag{2-6}$$

예 제 3

송신기는 5dBi의 이득을 가진 하나의 안테나를 사용하고 있다. 이때 10km 거리에서 EIRP와 전력밀도를 계산하라. 송신전력은 100W이다.

풀이 5dBi의 송신기 이득은 다음과 같이 변환된다.

$$G_t = \log^{-1}\left(\frac{5}{10}\right) = 3.16$$

이것은 주어진 방향에서 EIRP가 실제 송신전력의 약 3배임을 의미한다.

$$EIRP = G_t P_t = 3.16 \times 100\text{W} = 316\text{W}$$

전력밀도는 다음과 같이 계산된다.

$$P_D = \frac{EIRP}{4\pi d^2} = \frac{316}{4\pi (10 \times 10^3)^2} = 251.5\text{nW/m}^2$$

또 다른 방식에 의한 신호의 세기 측정을 위해서 전력밀도보다는 전자장강도(electric field strength)가 주로 사용된다. 이것은 전기시스템에서 전력과 전압의 두 인자 간의 상관관계가 다음의 식 (2-7)과 같이 쉽게 표현할 수 있기 때문이다.

$$P = \frac{V^2}{R} \tag{2-7}$$

$$P_D = \frac{E^2}{Z} \tag{2-8}$$

자유공간의 임피던스 특성은 377Ω이므로, 전력밀도는 식 (2-9)와 같이 표현된다.

$$P_D = \frac{E^2}{377} \tag{2-9}$$

EIRP, 거리(distance)와 전자장강도(electric field strength) 사이의 직접적인 관계는 다음과 같이 쉽게 찾을 수 있다. 우선 식 (2-9)를 이용하면 E는 식 (2-10)과 같이 나타낼 수 있다.

$$E = \sqrt{377 P_D} \tag{2-10}$$

식 (2-10)에 식 (2-6)의 P_D를 대입하면 다음의 식 (2-11)를 얻을 수 있다.

$$E = \sqrt{\frac{377 EIRP}{4\pi d^2}} \tag{2-11}$$

예 제 4

소스(source)로부터 같은 거리(10km)에서 예제 3의 신호에 대한 전자장강도를 찾아라.

풀이 두 가지 방법이 있다.

P_D를 알고 있기 때문에 식 (2-10)을 이용해 전자장강도를 찾을 수 있다.

$$E = \sqrt{377 P_D} = \sqrt{377 \times 251.5 \times 10^{-9}} = 9.74\text{mV/m}$$

또 다른 방법은 식 (2-11)을 이용할 수 있다.

$$E = \frac{\sqrt{30 EIRP}}{d} = \frac{\sqrt{30 \times 316}}{10 \times 10^3} = 9.74\text{mV/m}$$

수신안테나는 전자파의 에너지를 수신하며, 안테나의 크기나 방향에 따라 수신에너지의 정도는 달라지게 된다. 즉, 안테나의 크기가 큰 것이 작은 것보다 더 많은 에너지를 흡수할 수 있음을 뜻한다. 또한 위성수신기가 지면을 향하고 있다면 효율이 매우 떨어짐을 알 수 있다. 수신안테나의 전자파의 모든 전력이 수신안테나에 전달되는 유효면적은 다음으로 나타낸다.

$$A_{eff} = \frac{P_r}{P_D} \tag{2-12}$$

여기서

A_{eff} = 안테나의 유효면적(m^2)

P_r = 수신안테나 수신전력(W)

$$P_r = A_{eff} P_D = \frac{A_{eff} P_t G_t}{4\pi d^2} \tag{2-13}$$

수신안테나의 유효면적(effective area)은

$$A_{eff} = \frac{\lambda^2 G_r}{4\pi} \quad (A_{eff} >> \lambda^2) \tag{2-14}$$

여기서

G_r = 수신안테나 이득

λ = 신호의 파장

따라서 안테나의 이득은 안테나의 실제 크기와 캐리어 주파수의 함수로 나타내어진다.

$$G_r = \frac{4\pi A_{eff}}{\lambda^2} \tag{2-15}$$

식 (2-13)과 식 (2-14)를 이용해 송신기로부터 거리가 d 떨어진 수신기의 수신전력은 다음과 같이 나타낸다.

$$P_r = \frac{A_{eff} P_t G_t}{4\pi d^2} = \frac{\lambda^2 G_r P_t G_t}{(4\pi)(4\pi d)} = \frac{P_t G_t G_r}{(4\pi d/\lambda)^2} = \frac{EIRP \cdot G_r}{(4\pi d/\lambda)^2} \tag{2-16}$$

여기서
P_r = 수신된 전력(dBm)
P_t = 송신된 전력(dBm)
G_t = 송신되는 안테나 이득(dBi)
G_r = 수신되는 안테나 이득(dBi)
d = 송신기와 수신기 사이의 거리(km)
f = 주파수(MHz)

또한 이를 dB로 표현하면 다음과 같다.

$$\begin{aligned} P_r &= P_t\,\mathrm{dB} + G_t\,\mathrm{dB} + G_r\,\mathrm{dB} - \left(20\log 4\pi\frac{10}{3} + 20\log d + 20\log f\right) \\ &= P_t\,\mathrm{dB} + G_t\,\mathrm{dB} + G_r\,\mathrm{dB} - (32.44 + 20\log d + 20\log f) \end{aligned} \tag{2-17}$$

위와 같이 산출된 경로 손실을 Friis 자유공간 전파 모델 식을 이용하면 원거리에 있는 수신단에서의 수신전력을 예측할 수 있다. 이때 거리 d_f(far-field)는 송신안테나의 면적(D)과 캐리어 파장(λ)으로 나타낼 수 있다.

$$d_f = \frac{2D^2}{\lambda},\ d_f > D,\ d_f > \lambda \tag{2-18}$$

거리 d_0에서 수신전력 $P_r(d_0)$를 이용해 보다 멀리 떨어진 거리 $d(d > d_0)$에서 수신전력 $P_r(d)$을 구할 수 있다. 이때 기준 거리는 far-field에 위치해야 한다. 즉, $d_0 > d_f$이어야 한다.

d_0는 일반적으로 이동통신시스템에서의 실제 거리보다 작게 설정한다(d_0는 주파수 범위가 1~2GHz에서 실내용으로는 1m, 실외용인 경우는 100m 혹은 1km로 설정).

이때 기준 거리 d_0보다 멀리 떨어진 거리 d에서 수신전력은 다음과 같이 표현된다.

$$P_r(d) = P_r(d_0)\left(\frac{d_0}{d}\right)^2 \quad d \geq d_0 \geq d_f \tag{2-19}$$

이동통신의 서비스 영역은 매우 넓으며, 수신전력의 변화가 매우 크게 변하기 때문에 일반적으로 수신 전력은 dBm 혹은 dBW로 표현한다.

수신전력을 dBm으로 표현하면 다음과 같다.

$$P_r(d)\,\mathrm{dBm} = 10\log\left[\frac{P_r(d_0)}{0.001\mathrm{W}}\right] + 20\log\left(\frac{d_0}{d}\right) \quad d \geq d_0 \geq d_f \tag{2-20}$$

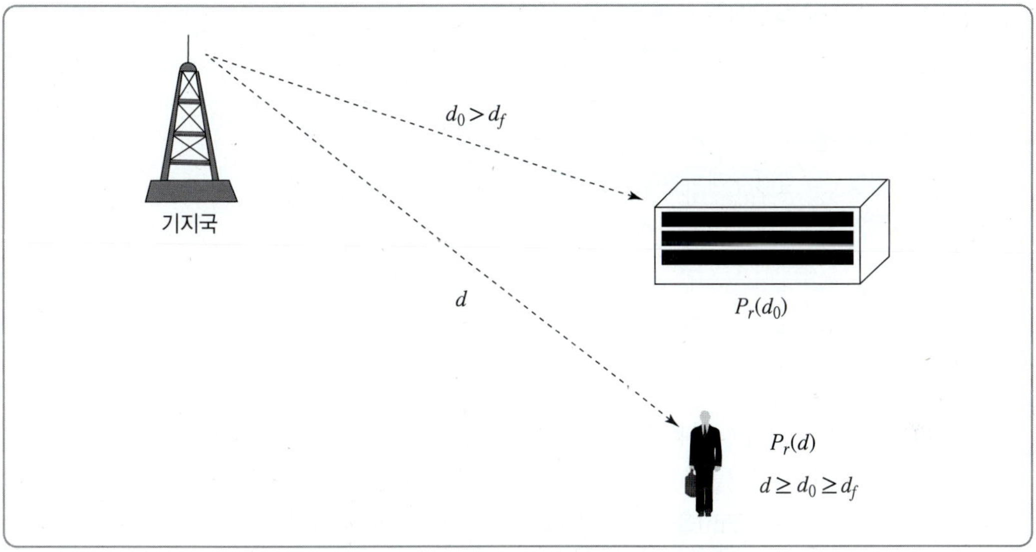

[그림 2-12] 송신기로부터 d 떨어진 수신기의 수신전력

여기서 수신거리 d가 기준거리 d_0보다 두 배 떨어져 있을 시(d=2d_0) 자유공간에서 수신전력의 변화는 다음과 같이 나타낸다.

$$\Delta P = 10\log(P_r(d)/P_r(d_0)) = 20\log(d_0/d)$$

$$\Delta P = 20\log_{10}(0.5) = 6\mathrm{dB/oct}$$

즉, 2배의 거리가 떨어진 점에서의 수신전력은 6dB 감소한다. 거리가 10배 떨어지는 것을 앞의 식을 이용하여 나타내면 다음과 같다.

$$\Delta P = 20\text{dB/decade}$$

즉, 10배의 거리가 떨어진 점에서의 수신전력은 20dB 감소한다.
이를 통해 자유공간 내에서 전파의 거리에 따른 감쇠 정도를 예측할 수 있다.

파장과 거리에 따른 감쇠

▶ 파장(λ)이 일정한 경우
거리(d)가 증가할수록 감쇠가 커진다.
반대로 거리가 감소할수록 감쇠는 작아진다.

▶ 거리가 일정한 경우
파장이 증가할수록 감쇠가 작아진다.
반대로 파장이 감소할수록 감쇠가 커진다.

예 제 5

(a) 송신기가 50W의 전력을 사용 시 송신전력을 dBm과 dBW 단위로 표시하라. (b) 만약 50W가 900MHz의 전송주파수를 가진 단위 이득 안테나에 적용될 때, 안테나로부터 100m의 자유공간 거리에서 수신전력(dBm)을 구하고 이를 이용하여 P_r(10km)의 수신전력을 구하라.
또한 수신안테나는 단위 이득을 가졌고 시스템 손실은 없다고 가정한다.

풀이 (a) 주어진 값인 송신기전력 P_t=50W와 전송주파수 f_c=900MHz를 식 (2-20)을 사용하면, 송신기전력은 다음과 같다.

$$P_t(\text{dBm}) = 10\log[P_t(\text{mW})/(\ 1\text{mW})] = 10\log[50\times10^3] = 47.0\text{dBm}$$
$$P_t(\text{dBW}) = 10\log[P_t(\text{W})/(\ 1\text{W})] = 10\log[50] = 17.0\text{dBm}$$

(b) 수신된 전력은 다음 식을 사용하여 구해진다.

$$P_r(d_0) = \frac{P_t G_t G_r \lambda^2}{(4\pi)^2 d_0^2} = \frac{P_t G_t G_r}{(4\pi d/\lambda)^2} = \frac{50\times1\times1}{(4\pi\times100\times3)^2}$$

$$=(3.5\times10^{-6})\,\mathrm{W}=3.5\times10^{-3}\,\mathrm{mW}$$

$$P_r(d_0)=10\log P_r(\mathrm{mW})=10\log(3.5\times10^{-3}\,\mathrm{mW})=-24.5\mathrm{dBm}$$

10km에서 수신전력은 식 (2-20)을 사용하여 dBm 단위로 표현될 수 있다. 여기서 d_0=100m이고 d=10km이다.

$$P_r(10\mathrm{km})=P_r(100)+20\log\left[\frac{100}{10000}\right]=-24.5\mathrm{dBm}-40\mathrm{dB}=-64.5\mathrm{dBm}$$

송수신 안테나 사이에서의 경로손실은 송신전력에 대한 수신전력의 비로 나타낸다. 실제적으로 전파되는 전파와 채널의 물질들에 의해 많은 손실들이 일어나며, 이동통신의 경우 빠른 페이딩으로 인한 전력 손실들이 많이 일어나지만 경로손실을 바로 예측하고 측정하는 것은 매우 어려워진다.

[그림 2-13]에서는 무선통신 환경에서의 각각의 요소들을 나타낸다.

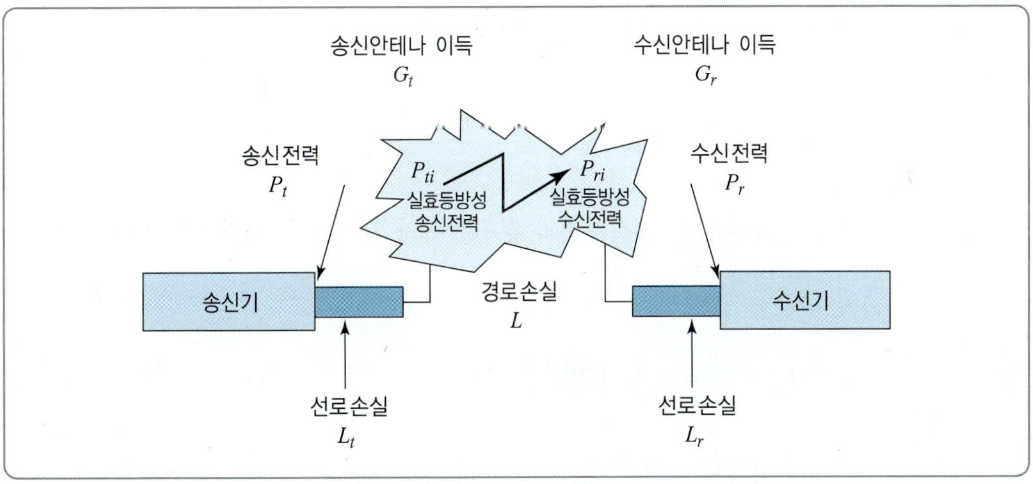

[그림 2-13] 무선통신 시스템의 구성 요소

무선통신시스템 수신기의 전력은 다음과 같이 나타낸다.

$$P_r=\frac{P_tG_tG_r}{L_tLL_r} \qquad (2\text{-}21)$$

어떤 안테나의 최대 이득 방향에서의 전력과 똑같은 전력을 얻기 위해 무지향성 안테나를 사용하였을 경우 무지향성 안테나에서 방사되는 전력인 EIRP는 다음과 같이 나타낸다.

$$EIRP = \frac{P_t G_t}{L_t} = P_{ti} \tag{2-22}$$

또한 실효등방성 수신전력은 다음과 같이 나타낸다.

$$P_{ri} = \frac{P_r L_r}{G_r}$$

이와 같이 EIRP로 전력을 나타냄으로써 송수신기의 경로손실을 나타낼 수 있다.

$$L = \frac{P_{ti}}{P_{ri}} = \frac{P_t G_t G_r}{P_r L_t L_r} \tag{2-23}$$

식 (2-23)을 dB로 나타내면 다음과 같다.

$$L_{dB} = 10\log\left(\frac{P_{ti}}{P_{ri}}\right) \tag{2-24}$$

전체 경로손실은 송신전력과 수신전력의 차이로서, 자유경로에서는 다음과 같이 나타낸다.

$$L_{fs} = \frac{P_t}{P_r} = \frac{1}{G_t G_r}\left(\frac{4\pi d}{\lambda}\right)^2 \tag{2-25}$$

안테나 이득을 단위 이득으로 가정하면(G_t, $G_r = 1$) 경로손실은 다음과 같다.

$$L_{fs} = \left(\frac{4\pi d}{\lambda}\right)^2 = \left(\frac{4\pi f_c d}{c}\right)^2 \tag{2-26}$$

c는 전파의 속도(3×10^8 m/s)이고 f_c는 반송파의 주파수이다.

자유공간손실을 dB로 표현하면 다음 식과 같이 쓸 수 있다.

$$L_{fs}(\text{dB}) = 32.44 + 20\log_{10} f_c(\text{MHz}) + 20\log_{10} d(\text{km}) \tag{2-27}$$

또한 자유공간에서의 수신전력은 다음과 같이 나타낸다.

$$P_r = P_t + G_t + G_r - L_{fs} \tag{2-28}$$

예제 6

기지국이 10dB의 손실을 가진 송신선로로 10W의 송신전력을 보내고, 송신안테나는 12dBd의 이득을 가진다. 안테나 이득 0dBd와 선로손실 2dB를 가진 이동수신기는 −104dBm의 감도를 가진다.

(a) ERIP를 구하라.

(b) 최대로 허용할 수 있는 경로손실(L)을 결정하라.

풀이 모든 양은 상수 단위로 나타내야 한다. (단위 : dBi, dBW)

P_t	10W	10dBW
G_t	0dBd	2.15dBi
G_r	12dBd	14.15dBi
P_r	−104dBm	−134dBW
L_t	10dB	10dB
L_r	2dB	2dB

(a) EIRP 정의에서 다음과 같이 표현할 수 있다.

$$P_{ti} = P_t + G_t - L_t = 10 + 2.15 - 10 = 2.15\text{dBW} = 1.64\text{W}$$

대개 방사전력을 등방성안테나보다 반파장안테나를 사용해서 표현한다.

즉, ERP는 다음과 같다.

$$ERP(\text{dBW}) = EIRP(\text{dBW}) - 2.15(\text{dBi})$$

(b)

$$L = P_t + G_t + G_r - P_r - L_t - L_r = 10 + 2.15 + 14.15 - (-134) - 10 - 2 = 148.3\text{dB}$$

예 제 7

송신기는 325MHz 전송주파수에서 150W의 출력전력을 가진다. 이것은 12dBi 이득을 가진 송신안테나와 연결된다. 수신될 안테나는 10km 떨어져 있고 5dBi의 이득을 가진다. 자유공간 전파를 가정할 때 수신전력을 계산하라. 시스템에 손실이 없고 오류가 없다고 가정한다.

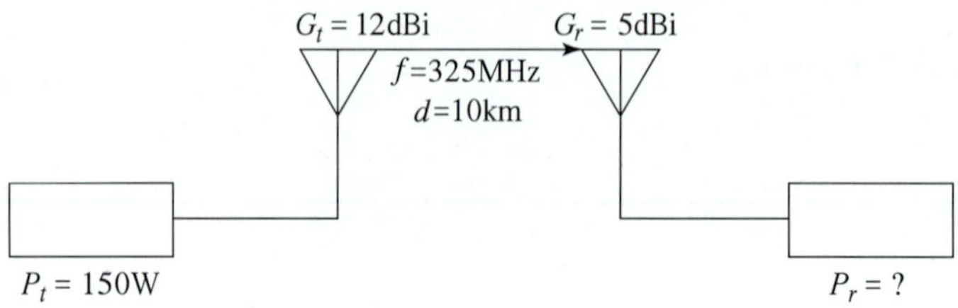

풀이 송신전력(dBm)을 변화하면 아래와 같다.

$$P_t(\mathrm{dBm}) = 10\log\left(\frac{P_t}{1\mathrm{mW}}\right)$$
$$= 10\log\left(\frac{150\mathrm{W}}{0.001\mathrm{W}}\right)$$
$$= 51.8\mathrm{dBm}$$

그림상에서 송신전력과 안테나 이득을 만듦으로써 링크에서 단지 경로손실만이 없다는 것을 알 수 있다. 그러므로 식 (2-27)을 이용하여 경로손실을 계산한다.

$$L_{fs} = 32.44 + 20\log d + 20\log f$$
$$= 32.44 + 20\log 10 + 20\log 325$$
$$= 102.7\mathrm{dB}$$

식 (2-28)로부터 수신전력은 다음과 같이 구할 수 있다.

$$P_r = P_t + G_t + G_r - L_{fs}$$
$$= 51.8\mathrm{dBm} + 12\mathrm{dBi} + 5\mathrm{dBi} - 102.7\mathrm{dB}$$
$$= -33.9\mathrm{dBm}$$

예 제 8

데이터 전송을 위한 이동수신기는 수신전력이 -90dBm이다. 송신전력이 100mW이고 송수신 안테나 사이의 자유공간 경로손실이 발생한다고 할 때, 전송주파수가 800MHz라고 하면 수신기 서비스 지역의 반경은 얼마인가?

풀이 수신전력은 아래와 같이 mW로 변화할 수 있다.

$$\mathrm{dBm} = 10\log(\mathrm{mW}),$$

$$-90\mathrm{dBm} = 10\log(10^{-9})$$ 이므로,

$$-90\mathrm{dBm} = 10^{-9}\,\mathrm{mW}$$ 와 같다.

식 (2-25)로부터 최대 경로손실은 다음과 같이 구할 수 있다.

$$L_{fs} = \frac{P_t(\mathrm{mW})}{P_r(\mathrm{mW})} = \frac{100}{10^{-9}} = 10^{11}$$

$\lambda = \frac{c}{f}$ 이고, c는 빛의 속도이다. 따라서 식 (2-26)을 이용해 최대 반경을 찾을 수 있다.

$$d = \frac{\lambda}{4\pi}\sqrt{L_{fs}} = \frac{c}{4\pi f}\sqrt{L_{fs}} = \frac{3\times10^{8}\,\mathrm{m/s}}{4\pi\times800\times10^{6}\,\mathrm{s}^{-1}}\sqrt{10^{11}} = 9.2\mathrm{km}$$

이 예제를 통해, 자유공간 전파 환경에서는 매우 작은 송신전력으로도 넓은 서비스 지역을 제공하는 것이 가능하다는 것을 알 수 있다.

2.2.2 잡음 모델

통신의 시스템 성능을 결정짓는 가장 중요한 요소는 신호전력에 대한 잡음전력 비(SNR)이기 때문에 시스템의 잡음에 관한 분석은 매우 중요하다.

전체적인 잡음은 [그림 2-14]와 같은 2-포트 네트워크에서와 같은 구성에서 계산된다. 이 네트워크는 신호전력 대 잡음전력 비인 G와 잡음인자(noise factor) f로 구성된다. 여기서 잡음인자는 출력잡음전력 대 입력잡음전력 비로 나타낸다. 잡음지수(noise figure, F)는 시스템의 증폭기의 성능을 나타내는 계수 중 하나이다.

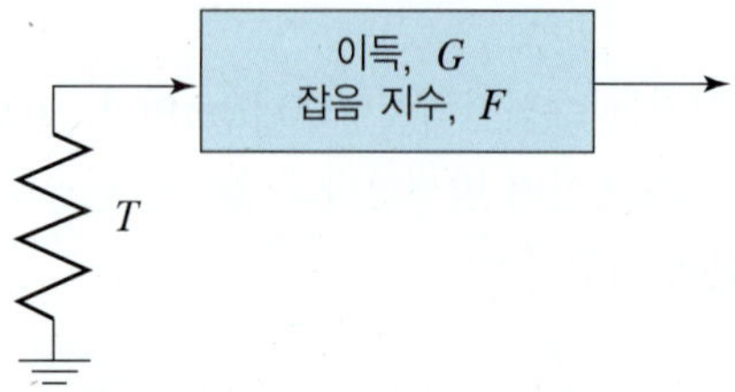

[그림 2-14] 2 포트 네트워크의 잡음(a noise two-port network)

잡음지수 F는 네트워크 입력에서의 SNR과 네트워크 출력부에서의 SNR을 관련짓는다. 그러므로 잡음지수는 네트워크에 의해 발생되는 SNR 열화 정도를 측정한다. [그림 2-15]는 그러한 예를 설명하고 있다. [그림 2-15](a)는 주파수의 함수로 증폭기 입력에서의 SNR인 $(SNR)_{in}$을 묘사한다. 최대점에서 신호는 잡음바닥(noise floor)보다 40dB 위에 있다. [그림 2-15](b)는 증폭기 출력에서의 SNR인 $(SNR)_{out}$을 보여 준다. 증폭기 이득은 20dB만큼 신호를 증가시켰다. 그러나 증폭기는 그 자체의 추가 잡음을 더함으로써, 최대점에서 출력신호는 단지 잡음바닥보다 30dB가 높다. 입력에서 출력까지의 SNR 열화가 10dB이기 때문에, 증폭기가 10dB의 잡음지수를 갖는다는 것과 같다. 잡음지수는 입력 포트의 기준 잡음원과 비교되어, 증폭기와 같은 두 포트의 네트워크 또는 장치의 잡음 정도를 표현하는 값이다. 잡음지수는 다음과 같이 표현할 수 있다.

$$F = \frac{(SNR)_{\text{in}}}{(SNR)_{\text{out}}} = \frac{S_i / N_i}{GS_i / G(N_i + N_{ai})} \tag{2-29}$$

여기서 S_i는 증폭기 입력 포트에서의 신호전력, N_i는 증폭기 입력 포트에서의 잡음전력, N_{ai}는 입력 포트에 비교된 증폭기잡음, 그리고 G는 증폭기이득이다.

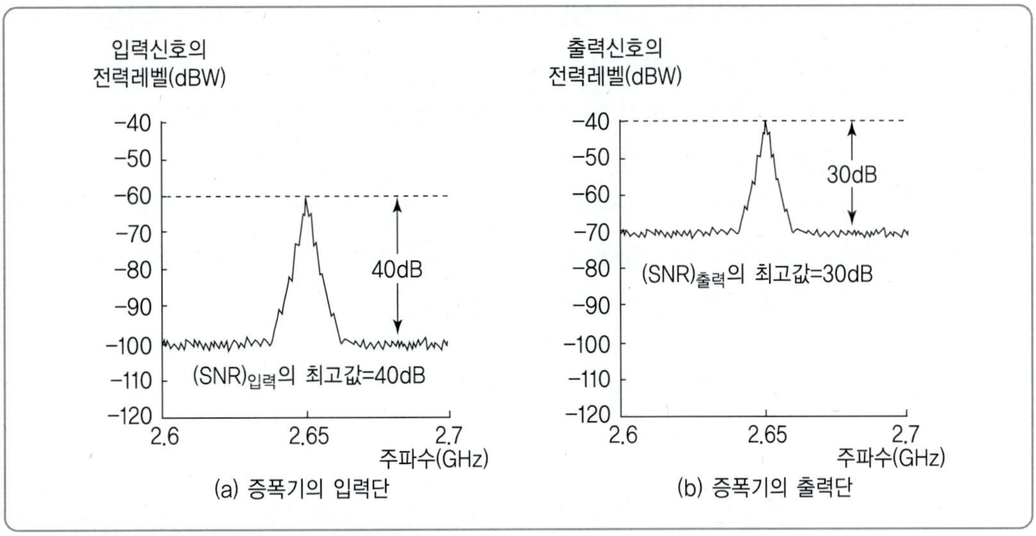

[그림 2-15] 증폭기의 입 · 출력에서의 SNR

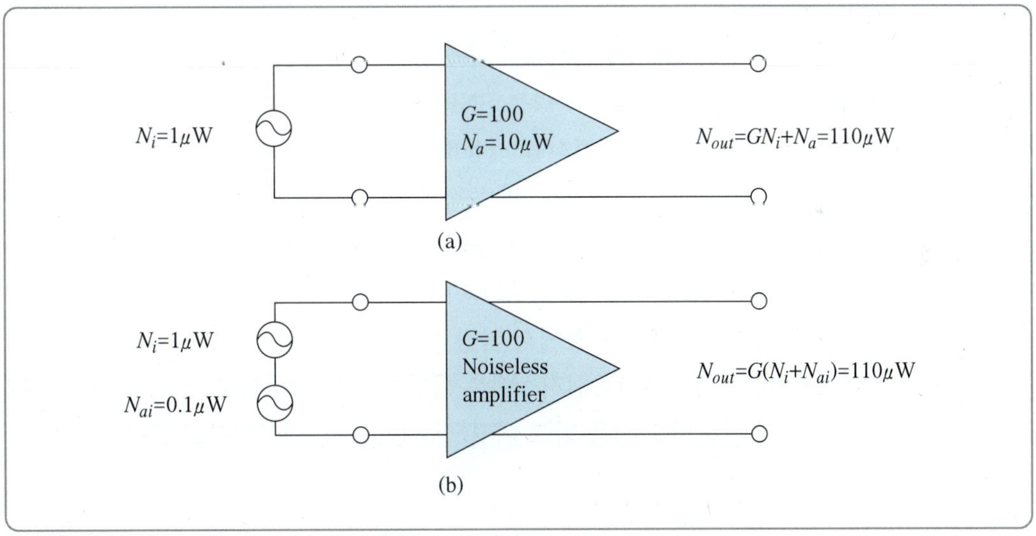

[그림 2-16] 증폭기에서 잡음 처리의 예

[그림 2-16]은 식 (2-29)를 설명하는 예이다. 그림은 이득 $G=100$과 내부잡음전력 $N_a=10\mu$W를 가진 구현 가능한 증폭기 예를 나타낸다. 증폭기 외부의 소스잡음은 $N_i=1\mu$W이다.

그림에서 우리는 증폭기가 이상적이라고 가정하고, 그림 (a) 부분에서 실제 증폭기의 잡음은 원래의 소스 N_i에 직렬로 연결된 외부 소스 N_{ai}가 원인이라고 하자. N_{ai}의 값은 증폭기 이득에 의해 N_a를 줄임으로써 얻어진다.

그림에서 보여지는 바와 같이, 잡음이 실제 입력에 존재하든지 장치의 내부에 존재하든지 간에 모든 잡음을 증폭기 입력으로 간주한다. 그림에서와 같이, 실제 증폭기로부터의 잡음 전력 출력은 그것의 전기적인 등가 모델의 것과 동일하다.

그러므로 다음과 같이 표현할 수 있다.

$$F = \frac{N_i + N_{ai}}{N_i} = 1 + \frac{N_{ai}}{N_i} \tag{2-30}$$

식 (2-30)으로부터 잡음지수는 입력원 잡음에 비교한 네트워크의 잡음 정도를 표현한다는 것을 주의하자. 잡음지수는 잡음의 절대적인 값이 아니다. 어떤 잡음도 만들지 않는($N_{ai} = 0$) 이상적인 증폭기 또는 네트워크는 1의 잡음 지수(0dB)를 갖는다.

2.2.1절에서 구했던 수신기에서 수신전력과 잡음전력을 계산할 수 있다면, 현재 채널 상태에서 얻을 수 있는 SNR이 주어진다. 이를 바탕으로 어떤 변조 방식과 어떤 채널 부호화 방식을 사용하면 원하는 성능을 얻을 수 있는지를 예측할 수 있다. 예를 들어서 시스템 동작을 위해서 필요한 비트 오류 확률이 결정되면, BPSK, QPSK, 16-QAM 등의 다양한 변조 방식과 여러 가지 채널 부호화 방식 및 부호율 조합 중에서 그 비트 오류 확률 이하를 보장할 수 있는 조합을 결정한다. 그리고 그 중에서 가장 데이터 전송률이 높은 방식으로 결정하게 된다. 이와 같이 무선통신시스템을 설계하기 위해서 확보 가능한 SNR을 계산하는 등의 일련의 과정을 링크 버짓(link budget) 계산이라고 한다.

2.3 RF 전송시스템

무선통신시스템은 신호를 보내고 받기 위해 기본적으로 송신부(transmitter)와 수신부(receiver)로 구성된다. 송 · 수신부는 기본적으로 안테나(antenna),

증폭기(amplifier), 필터(filter), 믹서(mixer) 그리고 오실레이터(oscillator)의 5개의 RF 부분으로 구성되어 있다. 이러한 부분은 RF 신호의 현상, 크기, 형상 그리고 주파수 등에 밀접한 영향을 미치는 부분이다. 그래서 RF 생산업체들은 이러한 5가지 기본 RF 부품을 좀 더 작게, 가볍게, 에너지 효율적으로 저렴하게 개발하여 이동통신과 같은 많은 수요가 필요한 시스템이 효율적으로 동작하도록 연구개발하고 있다.

다음은 각각의 RF 부분의 역할과 기능에 대해 살펴보도록 한다.

2.3.1 안테나

모든 무선통신시스템은 안테나를 가지고 있다. 즉, 안테나가 없는 것은 무선통신스템이 아니다라고 표현하여도 과언이 아니다. 가장 기본적인 안테나의 역할은 송신부에서는 전기적인 신호를 전자파로 바꾸어주며, 수신부에서는 전자파를 전기적 신호로 바꾸는 것이다. 일반적으로 안테나의 모양과 크기는 다음의 두 가지에 의해 주로 결정된다. 첫 번째는 사용되는 주파수이다. 즉, 안테나의 크기는 파장/2 혹은 파장/4에 비례하기 때문에 800MHz에서 사용되는 셀룰러 안테나는 약 9cm 정도이나, 530kHz의 AM 라디오 방송국 안테나는 수백 미터(m)가 됨을 쉽게 알 수 있다.

현재 개발되는 다양한 방식의 무선통신시스템들은 점차 높은 주파수를 사용하기 때문에 안테나의 크기는 점점 줄어들게 되어 이로 인해 통신 장비의 크기들도 점점 줄어듦을 알 수 있다. 그러나 접시형 안테나(dish antenna)의 크기는 주파수뿐만 아니라 송신되는 신호의 파워에 따라 결정된다. 즉, 주파수가 높을수록, 파워가 클수록 더 작은 안테나로 통신이 가능하게 된다. 두 번째는 신호의 방향성에 따라 결정된다. 즉, 안테나가 모든 방향으로 신호를 송수신하는 안테나는 '전방향성 안테나(omni-directional antenna)' 라 하며, 특정 방향으로 신호를 송수신하는 안테나는 '지향성 안테나(directional antenna)' 라 한다. 이러한 방향성은 RF부에서 나오는 일정한 에너지를 특정한 장소에서 어떻게 효율적으로 송 · 수신하느냐에 의해 결정된다. 일반적으로 지향성 안테나는 전방향성 안테나보다 전송효율이 2.15dB 더 높다. 차세대 이동통신에는 위의 방식 외에도 특정 지역 혹은 특정 사용자와의 송수신을 위한 스마트 안테나 등이 개발되고 있다.

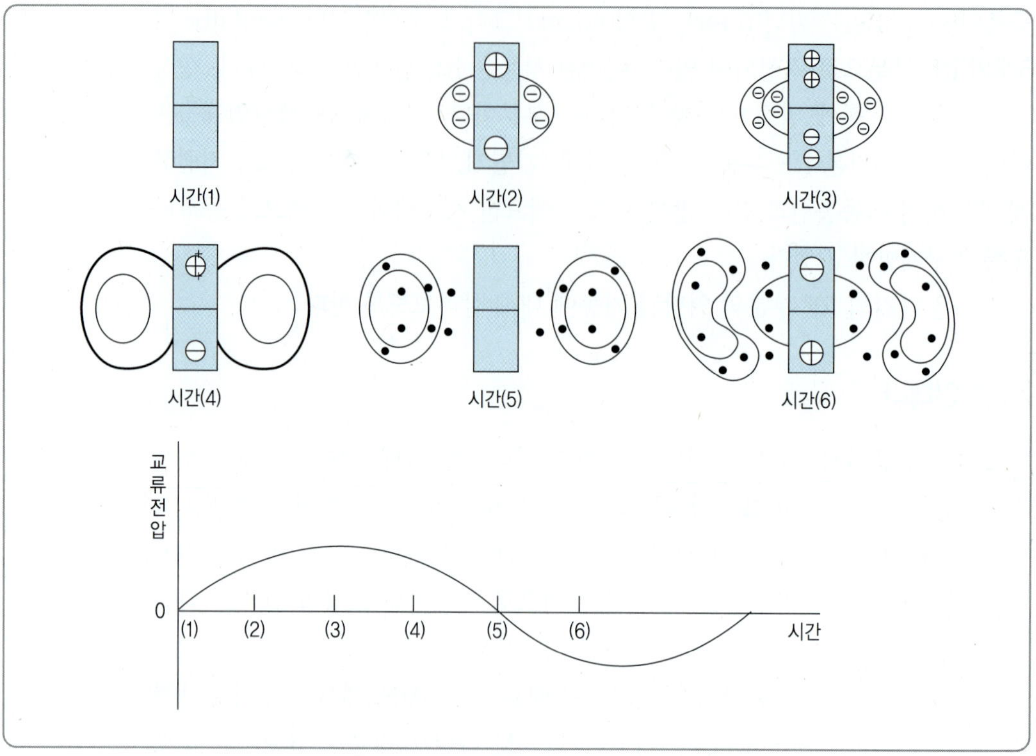

[그림 2-17] 전파의 발생 및 안테나에 걸리는 교류전압

[그림 2-17]에서와 같이 반파장 안테나를 통하여 전파가 발생(복사)되는 것을 살펴보자. 안테나에서 주로 사용되는 것은 반파장 형식의 안테나이다. 반파장이란 것은 안테나의 길이가 한 파장의 반인 것을 말한다.

시간(1)에서 안테나 전원을 접속하면 전원전압이 영(0)이기 때문에 안테나 도선 위에서 전하가 유도되지 않는다.

시간(2)가 되면 위쪽의 도선에는 +의 전압, 아래쪽에는 -의 전압이 걸리게 되어 전하가 유도된다. 이 유도된 전하에 의해 전기력선과 자기력선이 생긴다.

시간(3)에서는 전압이 커지기 때문에 다시 전하가 유도되는 시간(2)와 같은 방향으로 전기력선과 자기력선은 시간(4)와 같이 원래의 모습으로 되돌아가지 않고 비누방울처럼 좌우 방향으로 진행하게 된다. 다만 (3)보다 전압이 낮아지기 때문에 유도되는 전하는 감소해서 양전하와 음전하가 결합하기 때문에 전기력선은 연결되어 버린다.

시간(5)에서는 전압이 영(0)이므로 유도되는 전하가 없기 때문에 모든 전기력선은 비누방울처럼 떨어져 나가고 시간(6)에서는 전압의 크기는 (2)와 같고 +, - 만 바뀌므로 새로운 전기력선과 자기력선은 (2)의 방향과 정반대로 생기게 된다.

이와 같이 계속적인 교류전원의 변화로 인해 전파가 복사되어 퍼져나간다. 전원공급을 중단하여도 이미 복사된 전파는 계속하여 그대로 날아가 버린다. 그런데 공간으로 계속하여 날아가는 이 전파는 제멋대로 무질서하게 진행되는 것이 아니라 법칙을 가지고 진행되며 대부분 빛과 동일한 성질을 갖는다. 빛도 전자파의 일종이기 때문이다.

2.3.1.1 전파의 파장과 안테나

앞에서 잠시 언급한 바 있는 주파수와 파장의 관계, 그리고 이들과 안테나가 가지는 관계를 다시 한 번 살펴보고 전파의 특성을 이용한 가장 기본적인 몇 가지 안테나의 종류에 대해 알아보자.

전파의 속도와 파장, 주파수가 가지는 공식은 다음과 같음을 설명한 바 있다.

$$\text{파장}(\lambda)=\frac{\text{전파의 속도}(C: 3\times10^{8}\text{m/sec})}{\text{주파수}(f: \text{Hz})} \tag{2-31}$$

여기서 안테나의 길이는 파장과 관계가 있고 전파의 속도는 빛의 속도인 30만 km/sec이므로 결국 안테나의 길이는 전파의 주파수와 밀접한 관계가 있다. 즉, 위의 공식에서 파장과 주파수는 반비례 관계에 있고 파장과 안테나의 길이는 비례 관계(안테나의 길이는 파장의 반)에 있으므로 안테나의 길이는 주파수에 반비례한다. 주파수가 높으면 안테나는 짧아진다는 것이다. 따라서 이동단말기의 안테나를 짧게 사용하려면 높은 주파수의 전파를 통신에서 이용하면 되는 것이다.

만약 사람의 음성이 3000Hz이면 이때 음성을 멀리서 알아듣기 위한 안테나의 길이는 50km가 되어야 한다. 그러면 실제로 현재 상용화된 시스템의 예를 보도록 하자. 현재 우리나라에 상용화된 셀룰러 이동전화 중 800MHz 대역의 전파를 사용하고 있는 시스템(SK 텔레콤, 신세기 통신에서 상용화한 시스템)의 안테나 길이는 4m의 크기를 갖는다. 따라서 식 (2-31)에 의하면 약 9cm가 된다. 또한 1.8GHz 대역의 전파를 사용하고 있는 PCS시스템(KTF, LGT에서 상용화한 시스템)의 안테나 길이는 약 4cm가 된다. 실제 시스템의 안테나를 비교해 보면 PCS의 안테나가 더 짧은 것을 알 수 있을 것이다. 나중에 설명하겠지만 통신을 하기 위한 여러 가지 단계들 중 높은 주파수의 전파(캐리어, carrier)에 정보 신호(base band 신호)를 싣는 변조(modulation)라는 것을 할 때 사용하는 캐리어의 주파수에 따라 이러한 안테나의 길이가 결정된다. 또한 변조를 하는 이유 중 하나도 시스템의 안테나 길이와도 관계가 있는 것이다.

2.3.1.2 안테나의 종류

[그림 2-18]에서는 기본적인 안테나의 종류를 나타내고 있다.

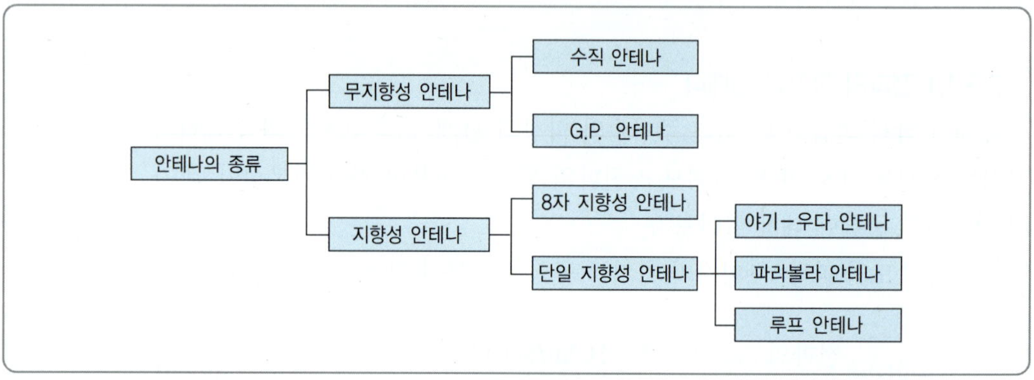

[그림 2-18] 안테나의 종류

안테나의 종류에는 전파의 방사 방향의 특징에 따라 위와 같이 무지향성 안테나와 지향성 안테나로 나눌 수 있다. 전파가 방사되는 특정 방향이 있느냐 없느냐가 그 기준이 되는데 각각의 안테나에 대해서 좀 더 자세히 알아보자.

a. 무지향성 안테나

① 수직 안테나: 휩 안테나(whip antenna) 또는 해리컬 안테나라고도 한다. 특정 지향 방향 없이 전파를 방사하는 특징이 있다. 용도로는 휴대용, 초단파 통신용, 일반(상업)방송용, 워키토키 등으로 사용된다. 이동통신단말기에서 사용하고 있는 안테나도 이러한 수직 안테나의 일종이라 할 수 있다. 안테나 길이만큼의 코일을 관 속에 넣어 안테나의 길이를 줄이는 경우도 있다.

② G.P. 안테나(ground plane antenna): 수직 안테나보다 높은 위치에 안테나를 설치하고자 할 때 사용하는 안테나이다. 어느 정도 높이까지 받침을 설치한 후 그 위에 안테나를 설치한다. 전파의 방사 방향은 수직 안테나와 동일하고 단파통신용으로 사용된다.

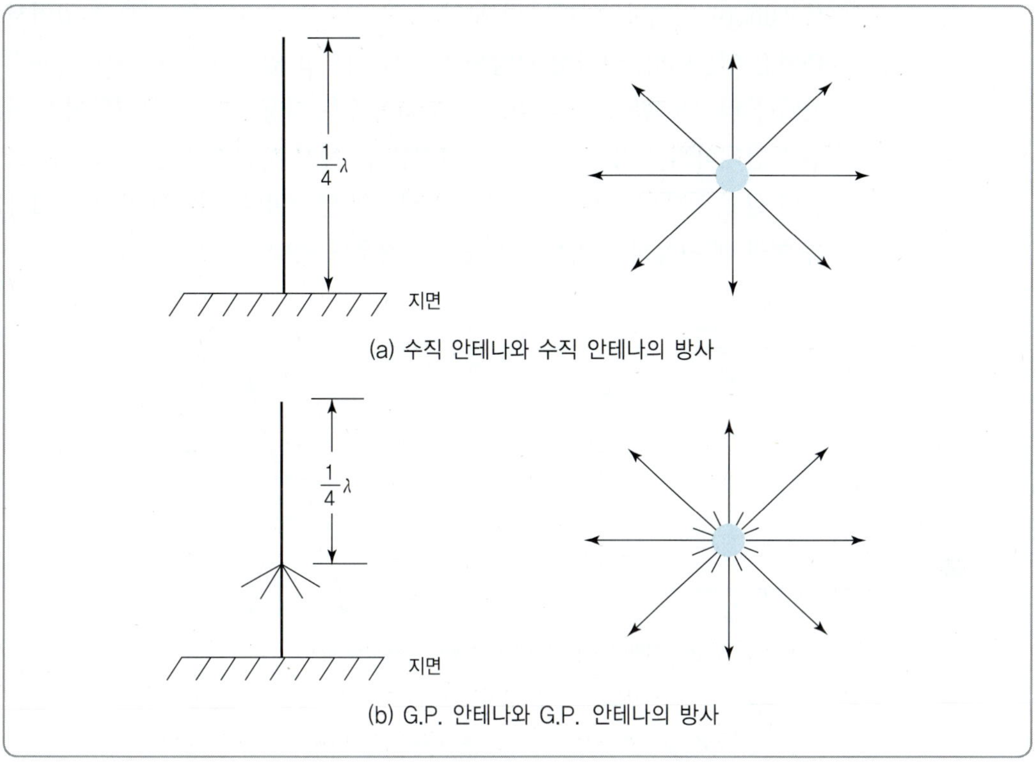

[그림 2-19] 무지향성 안테나

b. 지향성 안테나

① 8자 지향성 안테나: 다이폴(dipole) 안테나, 수평 안테나라고도 하는데 보통 낮은 주파수에서 사용되고 군용, 단파통신용 등으로 사용된다. 전파의 방사 형태가 8자와 비슷하다고 해서 붙여진 이름이다.

② 야기-우다(Yagi Uda) 안테나: 눈에 많이 익숙한 안테나일 것이다. 가정용 TV 안테나, 방향 탐지용 안테나 등으로 단파에서 많이 사용되는 안테나이다. 지향성이 우수하다는 특징이 있다. 반사기는 반파장보다 길게 하여 전파를 반사하고 방사기는 반파장 길이로 사용 파장에 공진, 즉 전파를 방사한다. 또한 도파기는 반파장보다 짧게 하여 전파에 대한 감도를 높이고 지향성을 얻게 한다.

③ 파라볼라(parabola) 안테나: 안테나 이득이 가장 높다는 특징을 가지고 있어 위성통신용으로 사용된다.

④ 루프(loop) 안테나: 안테나의 모양이 올가미 같은 고리를 이루고 있어서 붙여진 이름이다. 사각형 모양의 루프를 이루고 있어서 특히 '쿼드(quad) 안테나'라고도 한다. 단파 또는 초단파용으로 사용된다. 일상생활에도 이 루프 안테나가 사용되고 있는데 가정용 TV에서 사용하고 있는 동그란 모양의 실내 안테나가 바로 이 루프 안테나의 일종이다. 이러한 루프 안테나를 여러 개 사용하여 지향성을 높이는 경우도 있다.

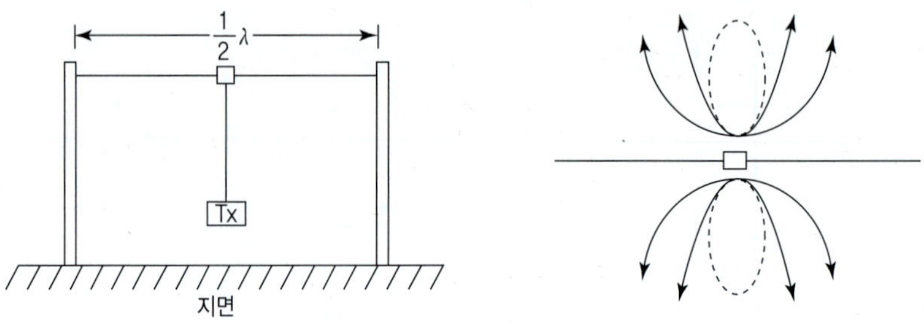

(a) 8자 지향성 안테나와 8자 지향성 안테나의 방사

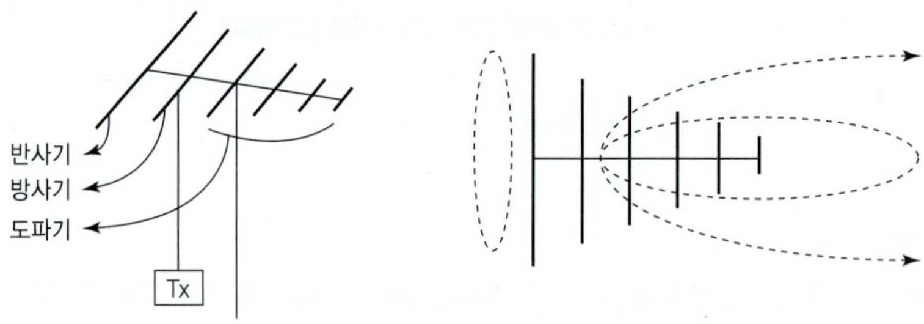

(b) 야기-우다 안테나와 야기우다 안테나의 방사

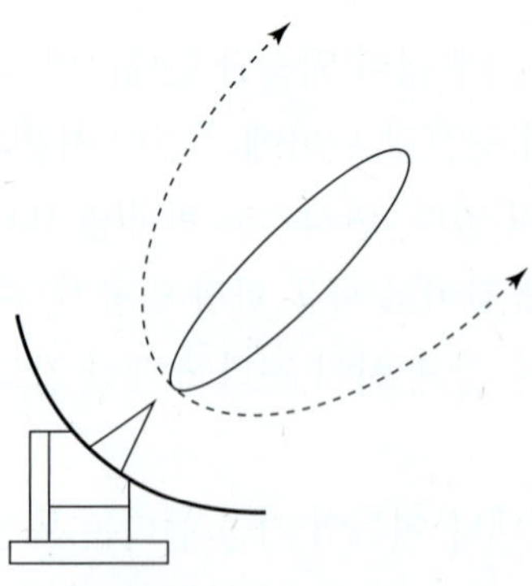

(c) 파라볼라 안테나와 전파의 방사

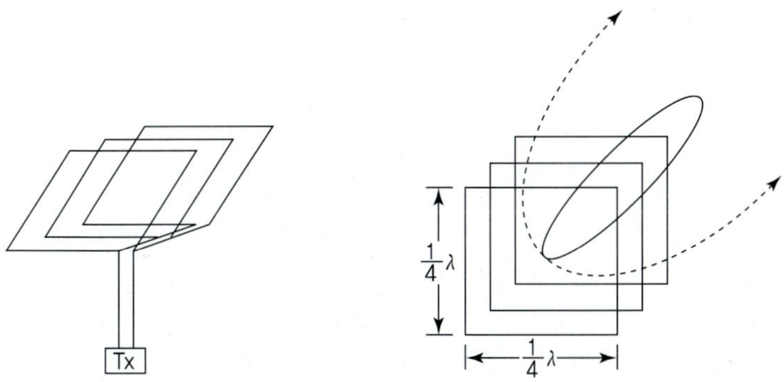

(d) 루프 안테나와 루프 안테나의 방사

[그림 2-20] 무지향성 안테나

앞에서 나타낸 여러 가지 안테나들은 모두 송신측 및 수신측 대칭의 특징을 나타내고 있다. 송신측에서 방사하는 형태는 수신측에서 전파를 받아들이는 형태와 같다는 말이 된다. 그러면 현재 이동통신에서 사용하고 있는 기지국용 안테나에 대해서 간단하게 살펴보자. 도심의 높은 건물 옥상이나 높은 지형지물을 위에 설치한 안테나를 본 적이 있을 것이다. 모양은 [그림 2-21]과 같은데 이 안테나는 지향성 안테나의 일종으로 지향 각도는 120°가 된다. 그래서 이러한 기지국을 섹터 기지국이라고도 한다.

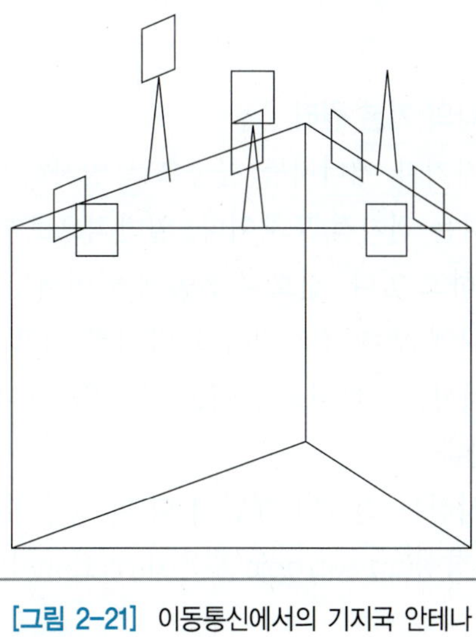

[그림 2-21] 이동통신에서의 기지국 안테나

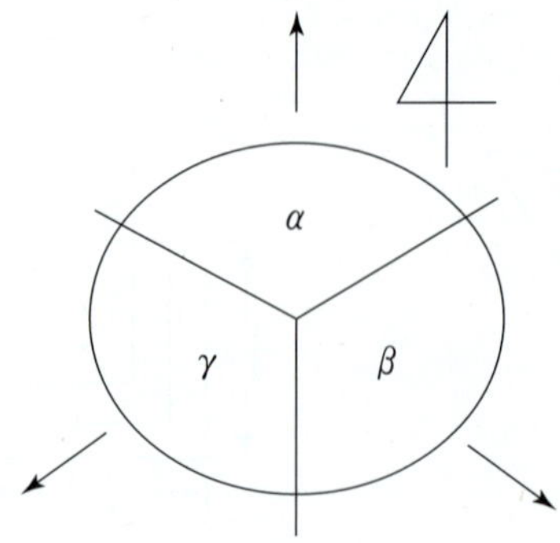

[그림 2-22] 섹터의 정의와 전파방사

섹터(sector)란 말은 부채꼴 모양이란 뜻으로, 기지국에서 전파가 전달될 때 특정방향으로만 전달되는 것을 의미한다. 이와 같은 기지국은 송신안테나가 섹터별로 1개, 수신안테나가 2개가 설치되며, 3섹터 기지국의 경우 송수신 안테나를 합해 총 9개가 필요하다. 이와 같은 기지국은 보통 통화량이 많은 대도시 지역에 사용된다.

3각형의 철탑을 설치하여 각 방향별로 안테나 3개가 설치된 것을 볼 수가 있는데, 보통 가운데 위치한 것이 송신안테나이며 좌우로 2개의 수신안테나가 설치되어 있다. 보통 북쪽 방향으로 안테나 방향이 세워져 있는 것을 α 섹터로 하며 시계방향(clockwise)으로 차례대로 β, γ 섹터로 정의한다.

2.3.1.3 안테나의 기본 원리

안테나는 전자기파 에너지를 공중으로 방사하거나 공간으로부터 전자기파 에너지를 수신하는 전기적 도체이다. 일반적으로 하나의 안테나로써 송수신의 역할을 하도록 하고 있다. 신호의 전송에 있어서는 송신단으로부터의 RF 전기에너지는 안테나에 의해 전자기파로 바뀌게 되고 공중으로 방사되며, 신호를 수신하는 측면에서는 안테나로 들어온 전자기파에너지는 RF 전기에너지로 변해 수신기로 들어간다.

안테나는 방사하는 전파의 패턴에 따라, 등방형(isotropic; identical in all direction)과 지향성(anisotropic 혹은 directional) 안테나로 구분된다. 등방형

안테나는 안테나에서 전파가 모든 방향으로 균일하게 방사하는 것이고, 지향성 안테나는 특정 방향으로 전파를 방사하는 것이다.

2.3.1.4 방사패턴(radiation pattern)

방사패턴은 안테나에서 방사된 전자파신호의 상대적 세기를 나타내는 형태이다. [그림 2-23]과 [그림 2-24]는 등방형 안테나(unidirectional antenna)와 지향성 안테나(directional antenna)의 수평 및 수직 방향의 방사패턴을 나타내고 있다.

등방형 안테나는 그림과 같이 전력이 모든 방향에서 동일함을 볼 수 있다. 지향성 안테나의 경우 전력이 수평 방향으로는 동일하나, 수직 방향으로는 전력이

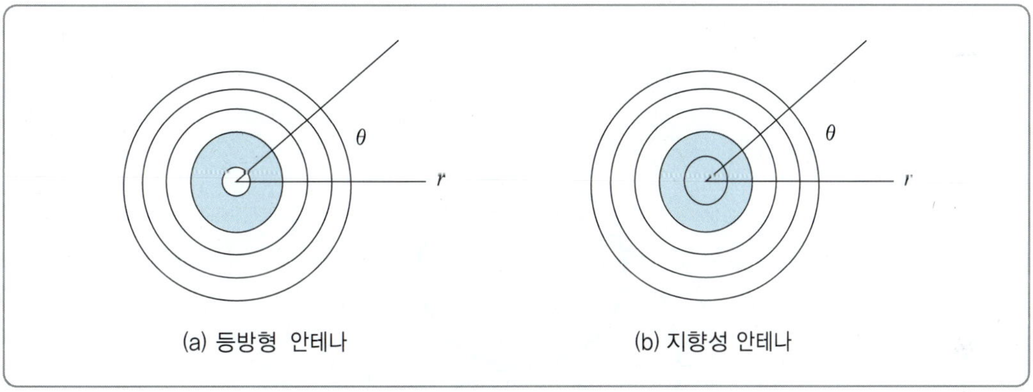

[그림 2-23] 방사패턴(radiation patterns) - 위에서 본 형태

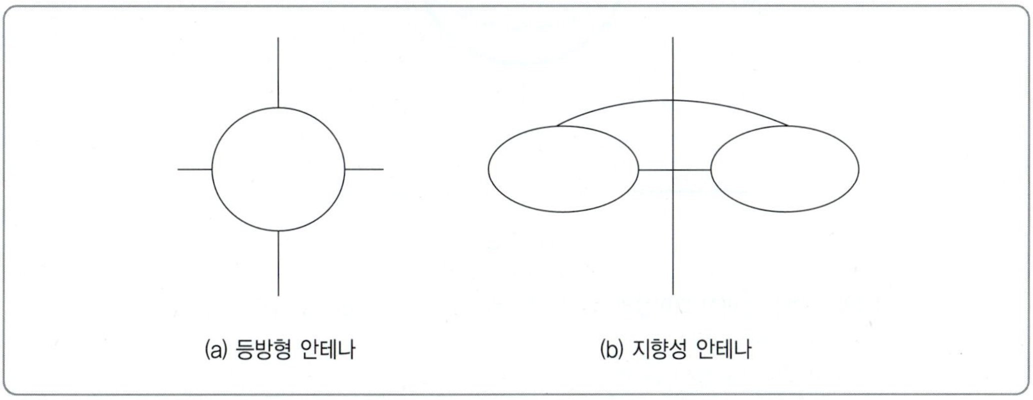

[그림 2-24] 방사패턴(radiation patterns) - 옆에서 본 형태

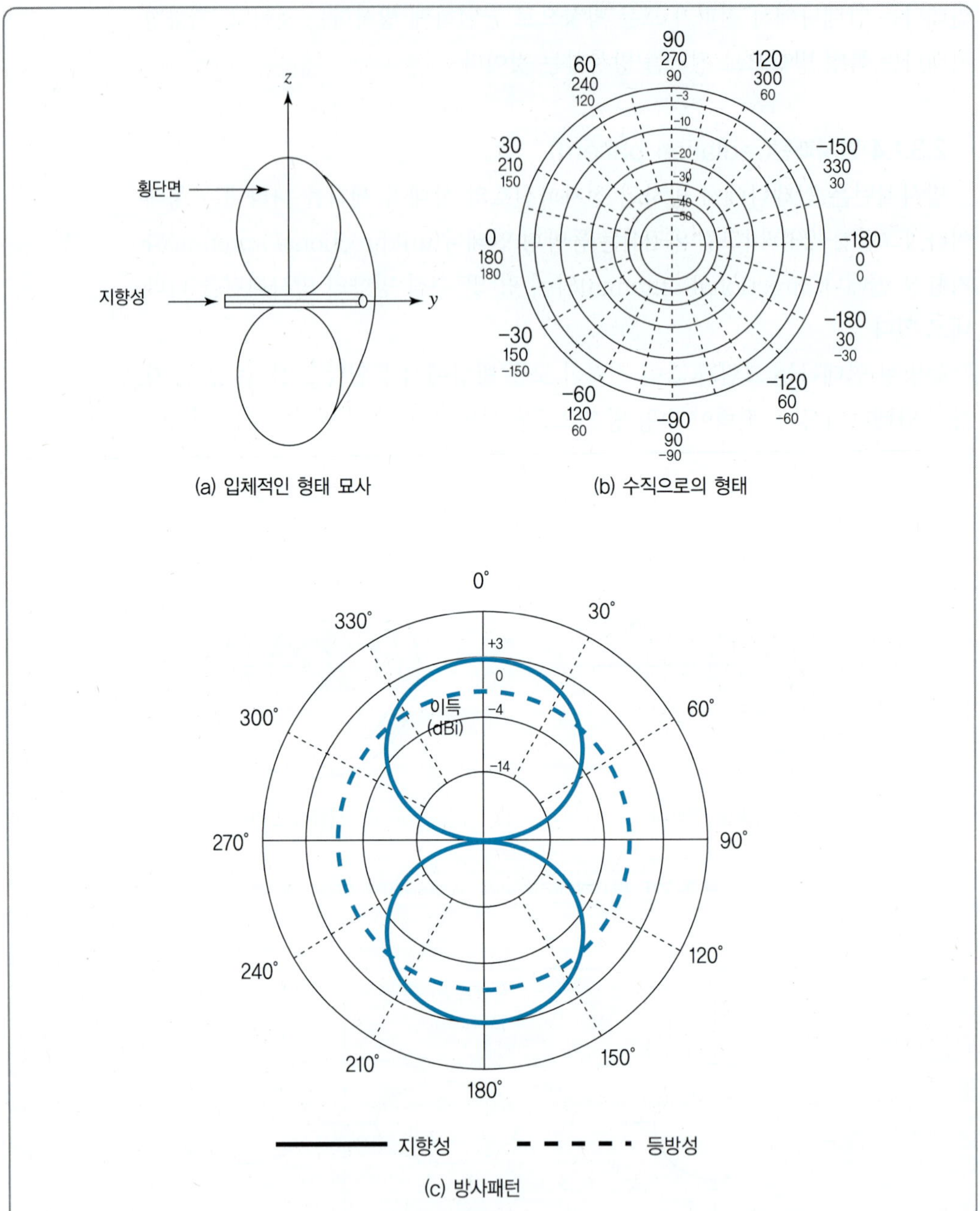

(a) 입체적인 형태 묘사

(b) 수직으로의 형태

(c) 방사패턴

[그림 2-25] 반파장 다이폴의 방사패턴(radiation pattern of half-wave dipole)

방사되지 않음을 볼 수 있다. 반대로 수직 방사패턴은 수평 방향에서 본 방사패턴으로 등방형인 경우는 수평 방향과 마찬가지로 모든 방향에서 동일하며, 지향성인 경우 중간에 작은 구멍이 있는 도넛 형태와 비슷한 형태를 가지게 된다.

위에서 본 형태의 방사패턴은 반파장 다이폴 안테나가 [그림 2-25]와 같을 시 수평 및 수직 패턴에 대해 나타낸 그림이다. 그래프에서 거리는 주어진 방향에서 방사의 세기를 나타낸다. 스케일은 어떤 기준에 대한 데시벨 값으로 나타낸다. 일반적으로 등방형 안테나가 기준으로 많이 사용되며, 센터에서 가장 멀리 있는 점은 2.15dBi로 표현되었다. 이는 다이폴 안테나의 이득이 최대 방사 방향에서 등방향 방사에 대해 2.15dB 이득이 있음을 나타낸다. 반파장 다이폴 안테나를 기준으로 한 경우 안테나의 이득은 dBd로 표현한다. 다이폴 안테나의 이득이 2.15dBi이므로, dBd로 나타내는 안테나의 이득은 dBi로 나타내는 같은 안테나의 이득보다 2.15dB 적게 나타난다.

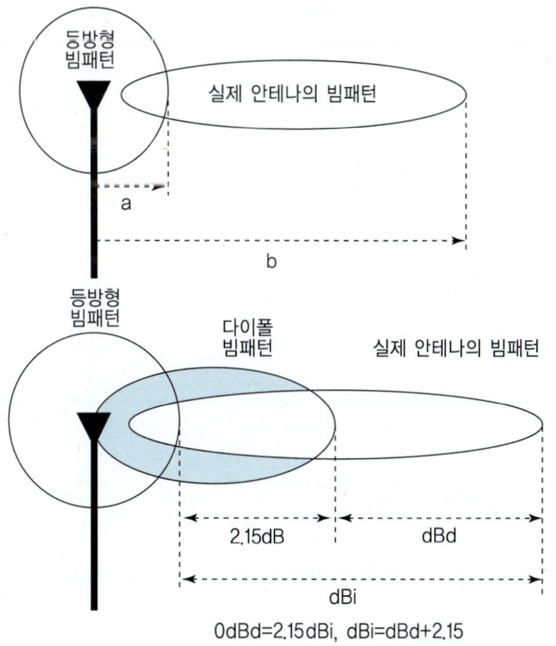

[그림 2-26] 등방형과 다이폴의 이득과 빔패턴

예 제 9

두 개의 안테나가 5.3dBi와 4.5dBd의 이득을 각각 가지고 있다. 어느 안테나가 더 큰 이득을 가지는가?

풀이 두 번째 안테나를 dBi로 변경 시,

$$G = 4.5\text{dBd} + 2.15\text{dB} = 6.65\text{dBi}$$

두 번째 안테나가 더 큰 이득을 가지고 있다.

실제 안테나는 전력을 손실하는 것이나. 다이폴 안테나는 특정 방향에 대해 등방형 안테나에 비해 2.15dBi의 이득이 있었다. 이는 이득이 안테나의 효율과 방향성에 의해 정해짐을 알 수 있다. 이때 방향성(directivity)은 무손실 안테나로 가정 시 얻은 이득을 의미한다.

$$g = d \times e \quad or \quad G(\text{in dB}) = 10\log d + 10\log e \tag{2-32}$$

여기서 d는 방향성을 나타내며, e는 안테나 효율을 나타낸다.

안테나의 효율은 안테나로 공급된 전력과 방사된 전력의 비로 아래와 같이 나타낸다.

$$e = \frac{P_r}{P_t} \tag{2-33}$$

예 제 10

다이폴 안테나가 85%의 효율을 가진다면 이득을 데시벨로 계산하라.

풀이 2.15dBi의 방향성(directivity)을 전력비로 변화시킬 수 있다.

$$d = \log^{-1}\frac{2.15}{10} = 1.638$$

이때 이득은 다음과 같다.

$$g = d \times e = 1.638 \times 0.85 = 1.39$$

이득을 dBi로 쉽게 변화시킬 수 있다.

$G(\text{dBi}) = 10\log 1.39 = 1.43\text{dBi}$

예 제 11

[그림 2-27]과 같이 등방형 및 지향성 안테나가 80W의 전력을 방사 시, 수신전력은 각각 80 μW, 20μW이다. 이때 (a) 지향성 안테나의 이득을 계산하고, (b) 안테나의 방향성을 구하라.

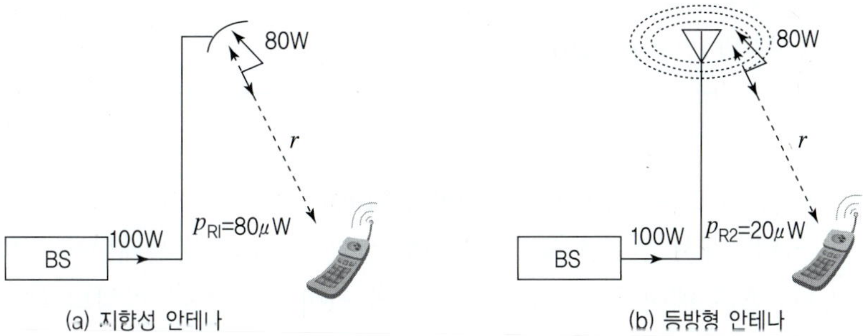

[그림 2-27] 안테나 이득의 방향성(directivity)

풀이 등방형 안테나보다 지향성 안테나의 g는 4이다.

$g = \dfrac{80\mu\text{W}}{20\mu\text{W}} = 4$를 dB로 바꾸면 $G = 10\log 4 = 6\text{dB}$

[그림 2-27]과 식 (2-32)로부터 안테나 효율과 안테나의 방향성을 얻을 수 있다.

$$e = \frac{80\text{W}}{100\text{W}} = 0.8$$

$$D = G - 10\times\log e = 6 - 10\times\log 0.8 = 6.97\text{dB}$$

예 제 12

FCC 규격서는 송신기의 최대 ERP와 안테나 결합은 100W보다 크지 않다라고 기술되어 있다. 6dB 이득 안테나를 사용한다면 우리가 안테나에 적용할 수 있는 최대 전력은 얼마인가?(방사 송신전력 혹은 실제적 송신전력)

풀이 $ERP(\mathrm{W}) = 100\mathrm{W} = P_t \times G_t$

$$10 \log G_t = 6\mathrm{dB}$$

$$G_t = 10^{6/10} = 4$$

$$100\mathrm{W} = 4 \times P_t$$

따라서 송신전력 $P_t(\mathrm{W}) = 25\mathrm{W}$

2.3.1.5 전후방비(front to back ratio)

안테나에서 전력을 방사 시 원하는 방향으로의 방사패턴은 전방로브(front lobe) 혹은 메이저로브(major lobe)라 하며 이는 다른 방향의 로브보다 더 큰 세기를 가져야 한다. 기타 방향으로의 방사로브는 후방로브(back lobe)와 측면로브(side lobe)들로 구성되어 있다.

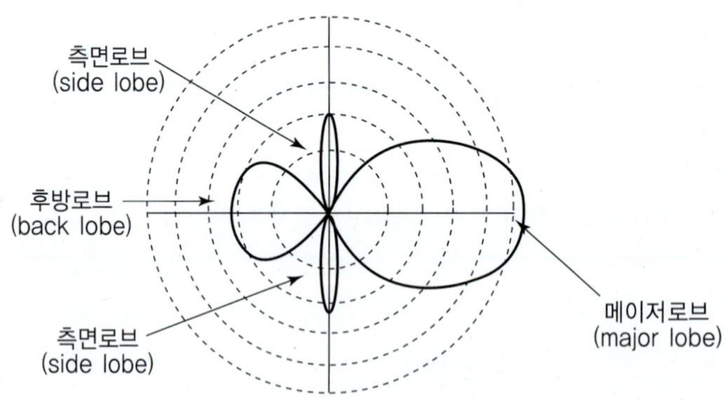

[그림 2-28] 방향성 안테나의 방사패턴

지향성 안테나가 목적하는 방향으로 얼마만큼의 전파복사가 이루어지는지 나타내는 척도로는 전후방비와 전측대비가 있다.

전후방비

$$R_{FB} = 10 \times \log P_M / P_B \tag{2-34}$$

전측대비

$$R_{FS} = 10 \times \log P_M / P_S \tag{2-35}$$

여기서 P_M과 P_B는 각각 전방 및 후방 로브의 최대 전력밀도를 나타내며, P_S는 측대파의 최대 전력밀도를 나타낸다.

일반적으로 더 큰 R_{FB}, R_{FS} 값은 더 좋은 방향성 안테나를 의미하며, 우량 안테나의 경우 이론적으로 25~30dB 정도이며, 실제 안테나는 20~25dB 정도이다.

2.3.1.6 반치각(beam width)

메인로브의 최대 방사 방향에 대해 전력 값이 반으로 떨어지는, 즉 −3dB되는 양쪽 두 방향 사이의 각도를 의미하며, 안테나 지향성의 정밀도를 나타내는 척도로서 서비스 영역을 결정하는 중요한 요인이 된다. 이 반치각이 작을수록 인접 안테나로부터의 간섭을 줄일 수가 있게 된다. 주파수가 10GHz 이상인 경우 반치각은 일반적으로 10° 보다 적게 된다.

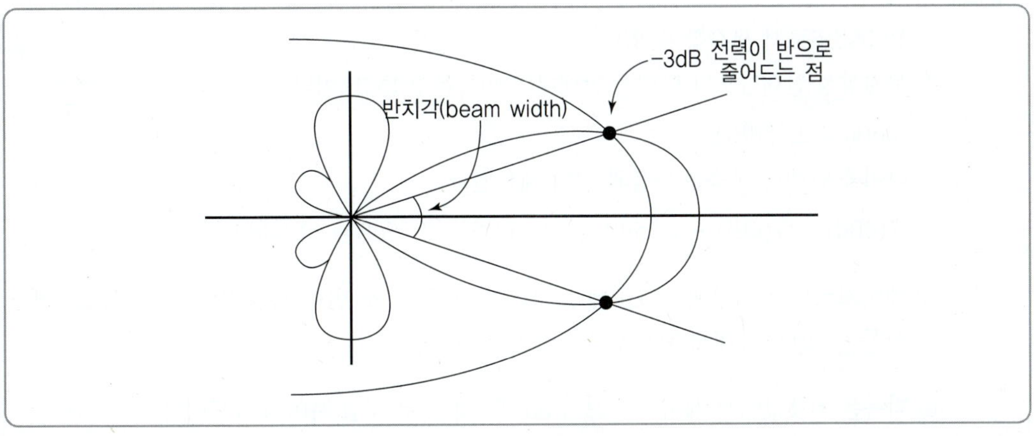

[그림 2-29] 안테나 빔폭(antenna beam width)

예 제 13

[그림 2-30]에서 그려진 안테나 패턴에 대해 다음을 구하라.
(a) 안테나 이득(dBi와 dBd)
(b) 전후방비(front to back ratio)
(c) 메이저로브에 대한 빔폭
(d) 가장 중요한 마이너로브에 대한 빔폭과 각 이득

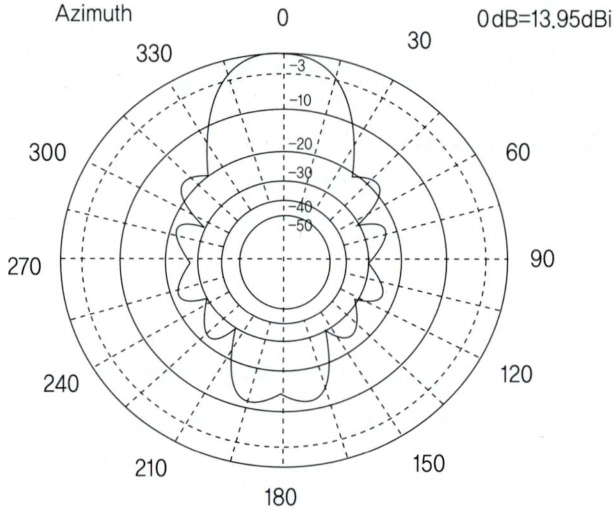

[그림 2-30] 단방향성 안테나(unidirectional antenna)

풀이 (a) 메이저로브는 단지 차트의 바깥쪽 원에 도달하기 때문에, 이것은 안테나 이득이 13.95dBi로서 생각할 수 있다.
무지향성 안테나보다 다이폴 안테나의 이득은 2.15dBi이다.
(0dBd = 2.15dBi)
다이폴 안테나 이득은 다음과 같이 계산된다.
$G(\text{dBd}) = G(\text{dBi}) - 2.15\text{dB} = 13.95\text{dBi} - 2.15\text{dB} = 11.8\text{dBd}$

(b) 메이저로브는 그림에서 0dB에 도달하기 때문에, 첫 번째 지점 180°를 기준으로 계산할 수 있다. 그래서 전후방비는 약 15dB이다.

(c) 빔폭은 최댓값에서 메이저 로브가 3dB인 낮은 두 지점 사이의 각도이다.

3dB 낮은 지점은 a dashed circle로 찾는다.
이것으로부터 3dB 빔폭이 약 33° 임을 알 수 있다.
(d) 가장 중요한 마이너로브의 이득은 메이저로브보다 15dB 작다는 것을 알 수 있다.
그러므로 이 로브의 이득은 13.95dB − 15dB =− 1.05dB이다.
이것의 빔폭은 약 20° 이다. 구해진 이득은 쉽게 dBi로 변화시킬 수 있다.

$$G(\text{dBi}) = 10\log 1.39 = 1.43\text{dBi}$$

2.3.1.7 실효등방성 방사전력(EIRP)

등방성 안테나에 대한 이득과 전송전력의 곱으로 나타낸다.

$$EIRP = P_t \times G_t = ERP + 2.15\text{dB} \tag{2-36}$$

여기서 ERP는 반파장 다이폴 안테나 이득과 전송전력의 곱으로 나타내며, 반 파장 다이폴 안테나가 등방형보다 2.15dB의 이득이 있으므로 EIRP는 ERP 보다 2.15dB 크다.

예 제 14

송신단의 ERP는 주어진 방향에서 17W로 볼 수 있다. 이것을 dBm 단위의 EIRP로서 표현하라.

풀이 첫 번째 ERP를 dBm으로 바꾼다. 그러고 나서 2.15dB를 더한다.

$$ERP(\text{dBm}) = 10\log\frac{ERP}{1\text{mW}} = 10\log(17\times10^3) = 42.3\text{dBm}$$

$$\begin{aligned}EIRP(\text{dBm}) &= ERP(\text{dBm}) + 2.15\text{dB}\\ &= 42.3 + 2.15\\ &= 44.45\text{dBm}\end{aligned}$$

2.3.1.8 극성(polarization)

극성이란, 안테나의 지향과 관련하여 전기장 벡터의 지향을 나타내는 전기량이다. 안테나는 각자 고유의 극성 형태를 갖고 있으며, 송 · 수신 안테나끼리 서로 극성방향을 맞추는 것이 중요한 문제이다.

극성에는 선형(linear), 타원형(elliptical), 원형(circular) 극성의 세 가지 유형이 있으며, [그림 2-31]은 이를 설명하고 있다.

극성 파라미터(polarization parameters)로는 수직축(vertical reference), 경사각(tilt angle), 축비(axial ratio)의 세 가지가 있다. 수직축은 세 가지 유형의 극성에 모두 적용되고 전기장의 방향에 따라 축(x, y, z)이 결정된다.

축비는 안테나로부터 방사되는 전파의 편파가 타원편파이므로 타원편파의 장축 방향 전계 강도와의 비를 나타낸다. 완전한 원편파의 축비는 1이고 완전한 직선편파의 축비는 무한대의 값이다.

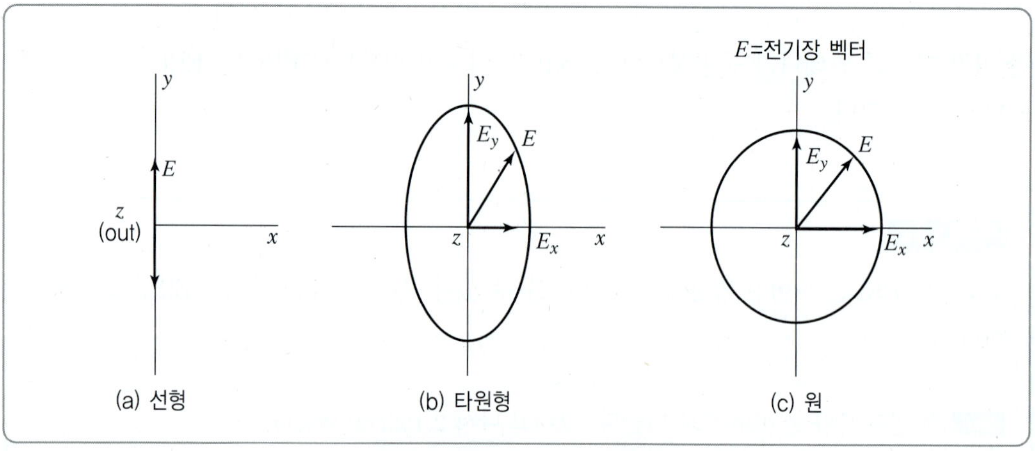

[그림 2-31] 극성의 세 가지 유형

2.3.2 증폭기(amplifier)

증폭기는 입력된 신호를 더 큰 신호가 되도록 만드는 역할을 하며, 블록도는 [그림 2-32]와 같이 표현된다.

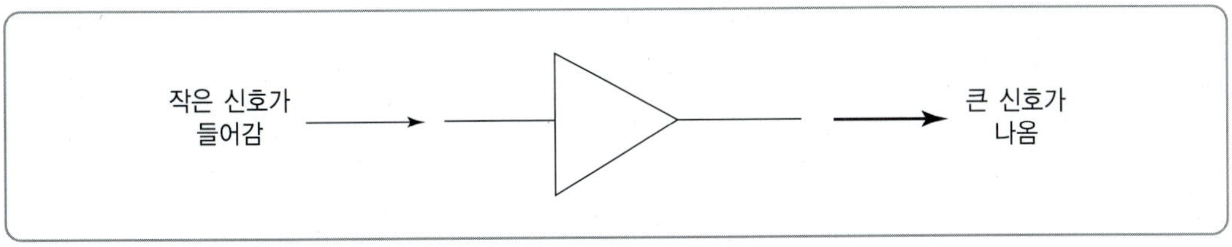

[그림 2-32] 증폭기의 블록도

증폭기는 이득(gain), 잡음(noise) 혹은 출력(power), 선형성에 따라 그 기본 특성이 구분되고 있다. 이득이란 출력신호가 입력신호보다 얼마나 큰지를 나타내는 측도로서 작게는 5~10dB, 크게는 40~50dB의 이득이 RF에서 필요하게 된다.

또한 증폭기의 구분은 저잡음, 고출력, 기타 증폭기로 구분되고 있다. 저잡음 증폭기(LNA; low noise amplifier)는 수신기에서 안테나를 통해 들어온 첫 번째 증폭기로서 수신된 저전력신호를 매우 낮은 잡음지수를 가지고 증폭한다.

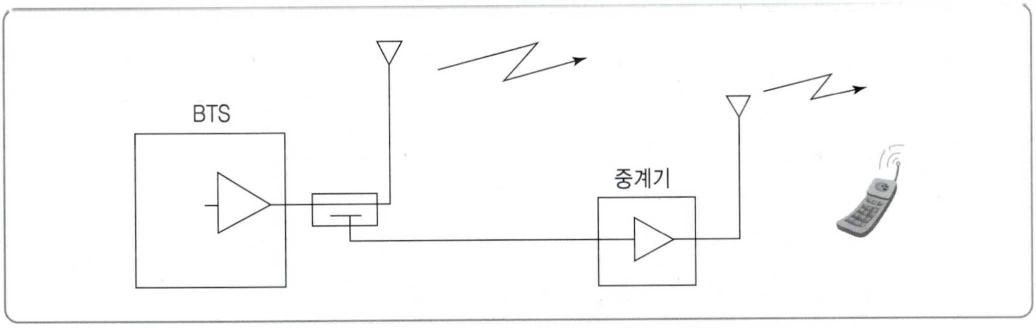

[그림 2-33] CDMA의 기지국(BTS)에서의 고출력증폭기(HPA)

고출력증폭기(HPA; high power amplifier)는 송신단에서 안테나로 나가기 전 마지막 증폭기로서 CDMA 기지국(BTS)의 최대 출력은 15~20watt/FA이며 이동국은 0.2W 정도이다. 고출력증폭기는 고출력신호와 함께 많은 열을 동반하기 때문에 내부적으로 냉각용 팬(fan)으로 인해 크기가 매우 크게 된다.

선형성은 증폭기가 얼마나 원래의 신호 형상을 왜곡시키는가를 측정하는 측도로서 경제성, 열 효율성 등을 고려하여 가장 효율적인 증폭기를 사용해야 한다. 증폭기에는 주로 트랜지스터의 바이어스 방향에 따라 A급, AB급, C급으로

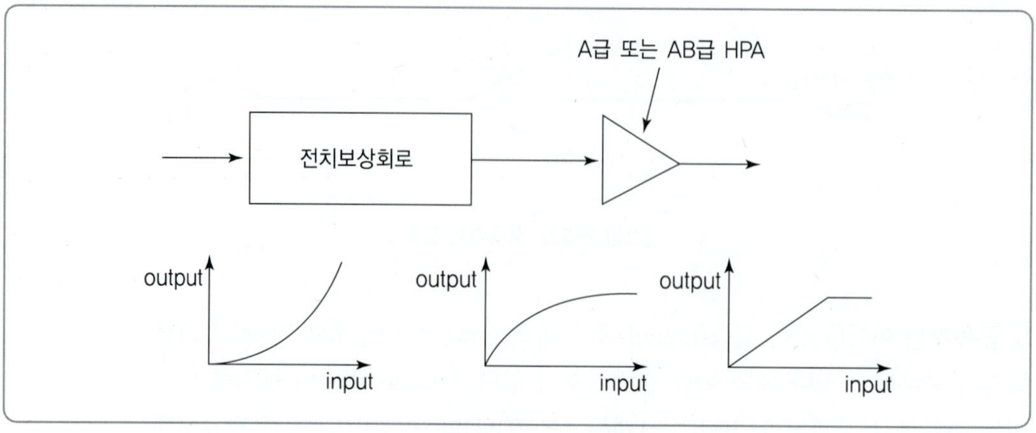

[그림 2-34] 전치보상회로에 의한 고출력증폭기의 비선형성 보상

크게 구분되며, A급은 선형성은 우수하나 전력효율은 나쁘며, C급은 선형성은 나쁘나 전력효율이 좋으며, AB급은 A급과 C급의 중간의 선형성과 전력효율을 나타낸다.

이동국의 경우 RF 규격에서 가장 주요하게 고려해야 하는 사항이 배터리 전력소모이므로 증폭기 중 전력소모가 가장 적은 C급을 사용하고 있다. 기지국에서는 매우 우수한 선형성이 요구되기 때문에 고출력증폭기에 전치보상회로(predistortion circuit)를 추가하여 사용하고 있으며 선형성, 경제성 및 열효율성 등을 고려하여 사용되고 있다.

일반적으로 저출력중계기시스템에서는 A급 혹은 전치보상회로를 더한 AB급을 사용하고, 기지국과 같은 고출력시스템은 전치보상회로를 더한 AB급이나 두 개의 루프를 이용하여 비선형 특성에 의한 불필요한 전파를 원천적으로 제거하여 선형성은 매우 높으나 회로가 복잡하고 고가인 피드포워드(feed forward; 실행 전에 결함을 예측하고 행하는 피드백 과정의 제어) 방식을 사용한다.

2.3.3 필터(filter)

무선통신시스템에서 신호의 송 · 수신 시 허가를 받은 주파수대역에 대해서만 사용이 가능하며 다른 주파수대역의 신호들은 제거되어야 한다. [그림 2-35]는 3개의 다른 주파수 성분 중 2개의 불필요한 주파수가 제거되고 필요한 주파수만 통과된 필터의 블록도를 보여준다.

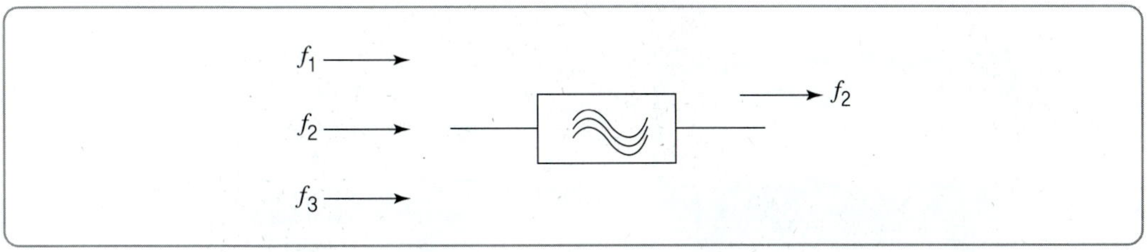

[그림 2-35] 필터의 블록도(block diagram)

필터의 종류에는 저역통과(low pass), 고역통과(high pass), 대역통과(band pass) 및 대역저지(band reject) 필터가 있으며, 각 필터의 주파수 특성은 [그림 2-36]과 같다.

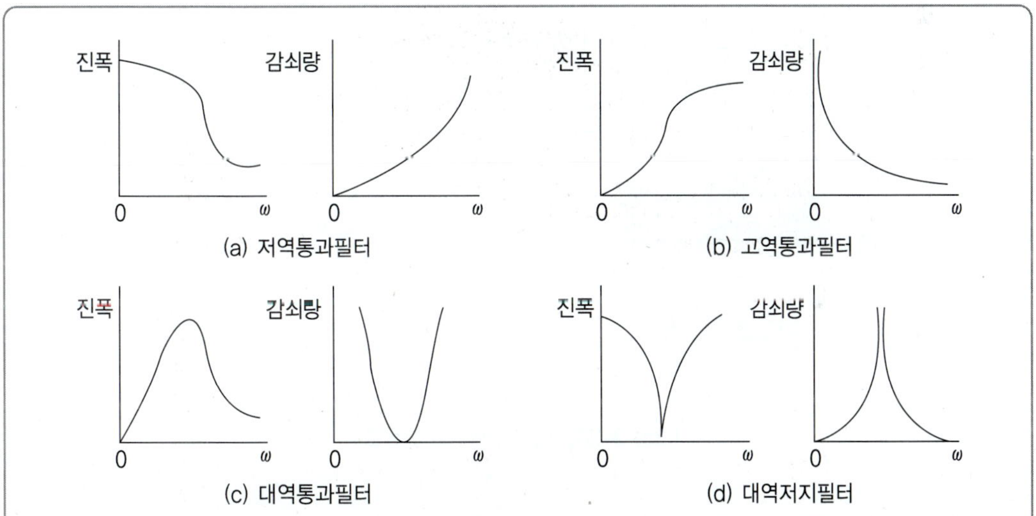

[그림 2-36] 필터들의 주파수응답

듀플렉스(duplex)는 송신단과 수신단의 필터를 하나로 만드는 것으로 이동국 단말기에 안테나가 하나만 있어도 송수신이 되도록 하는 역할을 하는 다른 형태의 필터이다.

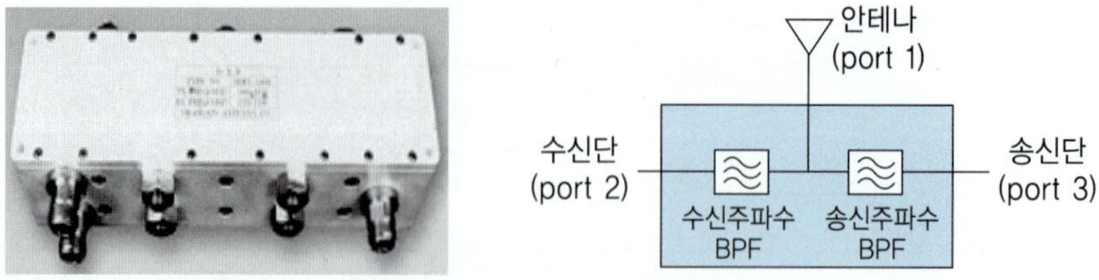

[그림 2-37] 송신전환기(duplexer)와 블록도

2.3.4 믹서(mixer)

입력신호를 원하는 주파수대역에서 동작하도록 변경시키는 것으로 송신단에서는 상향변환기(up-converter), 수신단에서는 하향변환기(down-converter)라 하며 [그림 2-38]과 같이 블록도가 표현된다.

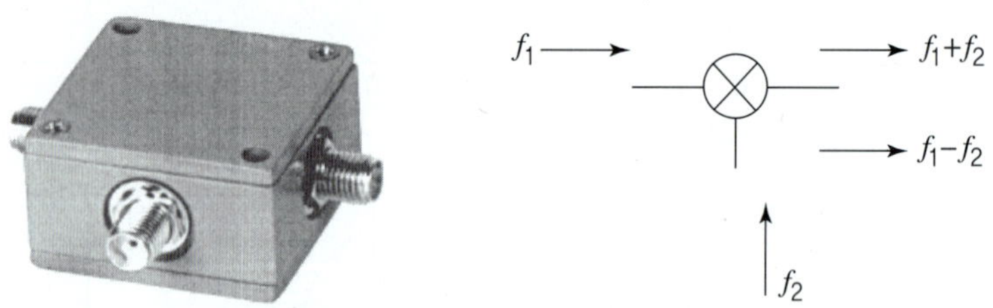

[그림 2-38] 믹서(mixer)와 블록도

[그림 2-38]의 블록도와 같이 입력신호 주파수 f_1(400MHz)이 들어오면 원하는 출력주파수를 위해 아래에서 주파수 f_2(500MHz)를 발생시킨다. 이때 출력주파수는 f_1+f_2(900MHz)와 f_1-f_2(100MHz)가 나오게 된다. 만약 실제 시스템에서 원하는 주파수신호가 900MHz라면 100MHz 신호는 필요가 없는 주파수신호이다. 이러한 이유로 믹서단 뒤에는 항상 필터가 있어 불필요한 주파수신호를 제거하게 된다.

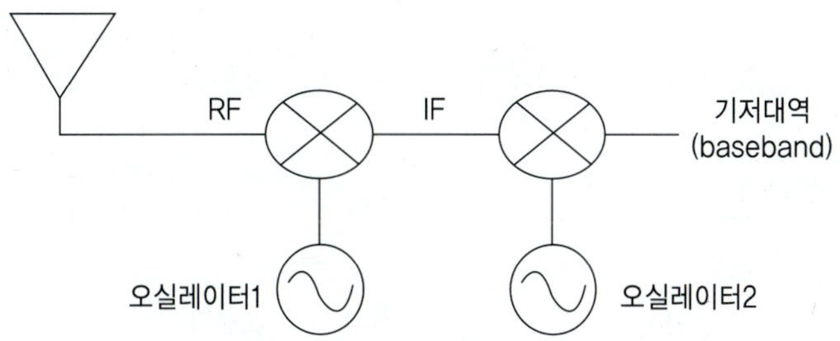

[그림 2-39] 수신단에서 두 단의 믹서

2.3.5 소스(source)

소스 혹은 오실레이터(oscillator)는 일반적으로 같은 의미로 통상 사용되며 [그림 2-40]은 오실레이터의 블록도를 나타낸다. 믹서의 입력으로 동작하는 오실레이터는 일반적으로 전력원을 필요로 하는 능동 소자로, LO(local oscillator)라 하며 원하는 주파수대역의 신호를 제공하는 역할을 한다.

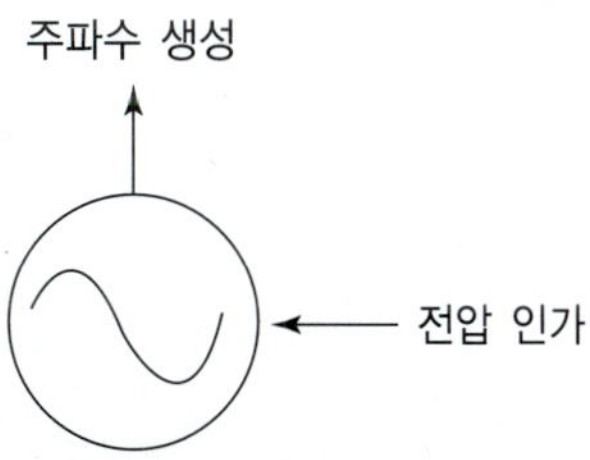

[그림 2-40] 오실레이터의 블록도

송 · 수신 통신시스템 구조

전력원이 지원되는 오실레이터는 완벽한 형태의 500MHz의 사인파를 생성한다. 400MHz의 정보 신호는 믹서에서 동작을 위해 증폭되며, 믹서기를 통과한 뒤 900MHz와 100MHz의 신호를 생성한다. 이 중 저주파인 100MHz는 필터를 통해 제거된다. 마지막으로 고출력증폭기에서 증폭되어 안테나를 통해 신호가 송출된다.

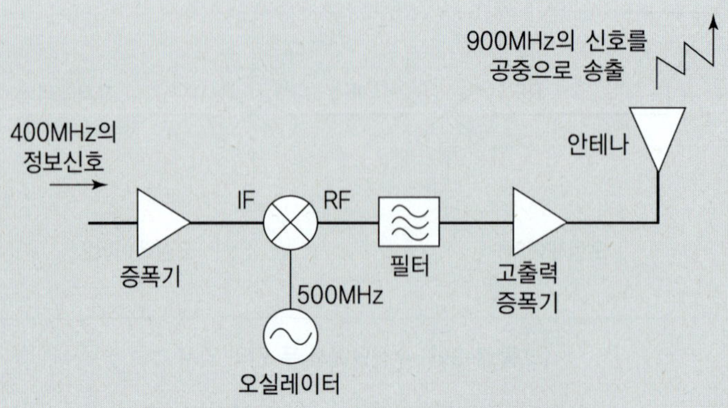

[그림 2-41] 송신단 구조도

안테나를 통해 들어온 신호는 매우 미약하므로 저잡음증폭기(LNA; low noise amplifier)를 통해 증폭되며, 안테나를 통해 들어온 불필요한 신호(900MHz가 아닌 주파수 성분)는 필터를 통해 제거된다. 수신단의 오실레이터도 송신단과 같이 500MHz를 생성하며 RF단의 900MHz와 믹서하게 되고, 1400MHz와 400MHz 신호 성분이 생성되며 고주파성분인 1400MHz는 필터에서 제거된다. 마지막으로 다음 단에서 신호를 효율적으로 사용하기 위해 증폭기를 통해 신호를 증폭시켜 보낸다.

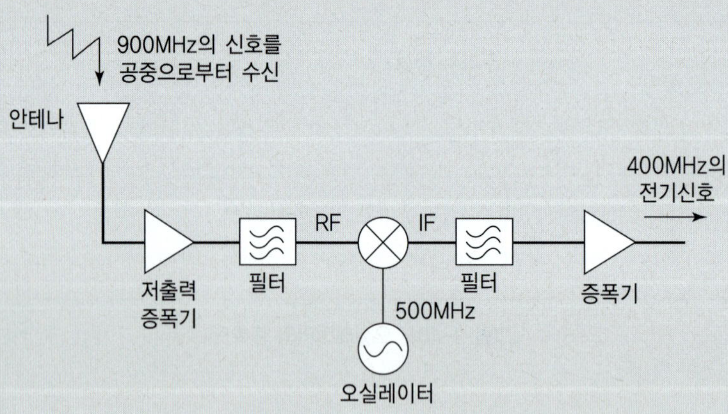

[그림 2-42] 수신단 구조도

참 고 문 헌

[1] Carl J. Weisman, *The Essential Guide to RF and Wireless*, Prentice Hall, 2000.

[2] 이상근, 방효창, 《CDMA 무선기술》, 세화출판사, 2000.

[3] Ming-Chwan Chow, *Understanding Wireless*, Andan Publisher,1998.

[4] Blake, *Wireless Communication Technology*, Delmar, 2001.

[5] Charles N. Thurwachter Jr., *Wireless Networking*, Prentice Hall, 2002.

[6] Agrawal & Zeng, *Introduction to Wireless and Mobile Systems*, Thomson, 2003.

[7] Shankar, *Introduction to Wireless Systems*, Wiley, 2002.

[8] Mark & Zhuang, *Wireless Communications and Networking*, Prentice Hall, 2003.

[9] Rappaport, *Wireless Communications Principles & Practice*, 2nd, Prentice Hall, 2002.

[10] Bernard Sklar, *Digital Communications*, Prentice-Hall PTR, 2001.

연 습 문 제

EXERCISE

01 전파의 성질에 대해 간략하게 쓰시오.

02 5dBi의 이득을 가진 하나의 안테나를 사용하는 송신기가 100W로 신호를 방사했을 때 10km 거리에서 전력밀도와 EIRP를 구하고 이들 각각을 이용해 전자장강도(E)를 구하시오.

03 송신전력이 92W인 전방향방사기가 신호를 방사하고 있다.
(a) 송신기로부터 전력밀도는 10km 떨어진 지점에서 얼마인가?
(b) 위의 송신기가 5dBi의 이득을 가진 안테나를 사용하고 있다면 10km 거리에서의 EIRP와 전력밀도(power density)를 계산하시오.

04 송신기는 435MHz 전송주파수에서 250W의 출력전력을 가진다. 이것은 15dBi의 이득을 가진 송신안테나와 연결된다. 수신될 안테나는 20km 떨어져 있고 8dBi의 이득을 가진다. 자유공간 전파를 가정할 때 수신기로 전송된 전력을 계산하시오. 시스템에 손실이 없고 오류가 없다고 가정한다.

05 그림과 같이 지향성 및 등방형 안테나가 90W의 전력을 방사 시, 수신전력은 각각 90μW, 30μW이다. 이때 (a) 지향성 안테나의 이득을 계산하고, (b) 안테나의 방향성을 구하시오.

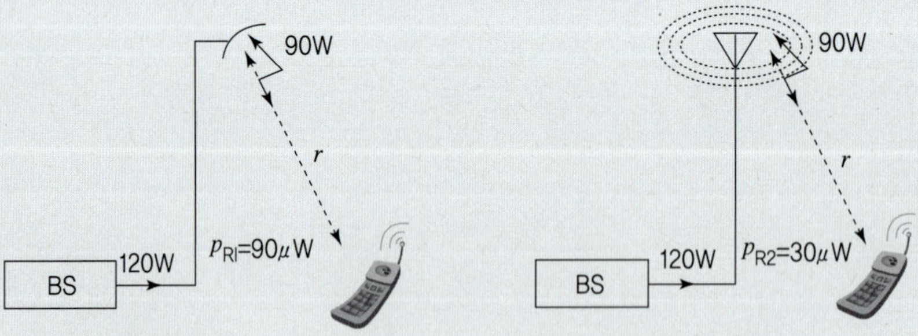

(a) 지향성 안테나 (b) 등방형 안테나

06 그림과 같이 각각의 증폭기가 잡음지수와 이득을 가질 때 전체 잡음지수를 구하시오.

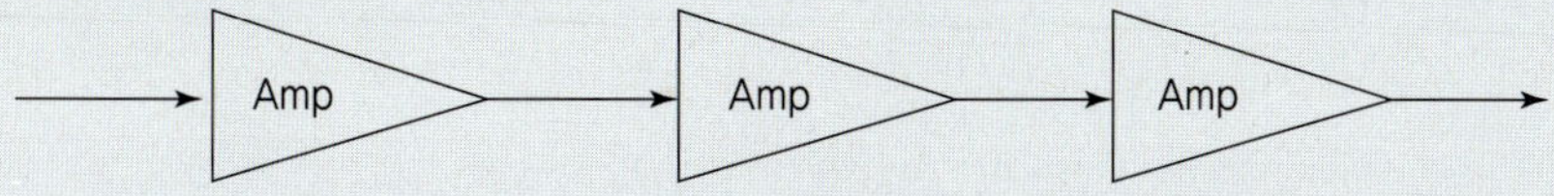

$G_1 = 15$; $F_1 = 7$dB　　$G_2 = 25$; $F_2 = 1.46$dB　　$G_3 = 10$; $F_3 = 15$dB

07 위성통신 링크 버짓

(a) 지구의 지상국에서 송신전력 20dBW의 신호를 60dBi 이득을 갖는 안테나를 통하여 전송한다. 이때 전송 손실(line loss)이 1dB 있다고 한다. 그러면 지상국에서의 송신 EIRP를 계산하시오.

(b) 반송파 주파수가 20GHz라고 가정한다. 이때 지구의 지상국과 위성까지의 거리는 50,000km이다. 그러면 자유공간 손실은 얼마인가?

(c) 위와 같은 상황에서 위성 수신안테나로 들어오는 수신신호의 전력은 얼마인가?

(d) 위성통신을 위해서 필요한 위성에서의 수신전력은 −74dBm이라고 할 때, 이를 만족시키기 위한 위성 안테나의 유효면적(effective area)은 얼마가 되어야 하는가?

03

CHAPTER

이동통신의 채널환경

Fundamentals of Mobile Communications

CHAPTER 03 이동통신의 채널환경

3.1 이동통신 채널의 특징

이동통신은 사람, 자동차, 선박, 열차, 항공기 등 이동체를 대상으로 하는 통신이고, 고정된 지점 사이에 통신수단을 제공하는 고정통신에 대비된 개념이다. 전파는 고정통신에도 이용되나, 이동통신에서 전파를 이용하는 것보다 유용하지 못하다.

일반적인 전파환경으로는 크게 자연지형환경(natural terrain configuration)과 인공환경(human made environment) 그리고 이동환경(moving medium)과 분산환경(dispersive medium) 등이 있다. 먼저 자연지형환경에서는 개방지역(open area), 평지(flat terrain), 언덕지형(hilly terrain), 산악지역(mountain area) 등이 있으며 인공환경에서는 교외지역(rural area), 준근교지역(quasi-suburban), 도시근교(suburban), 도심지

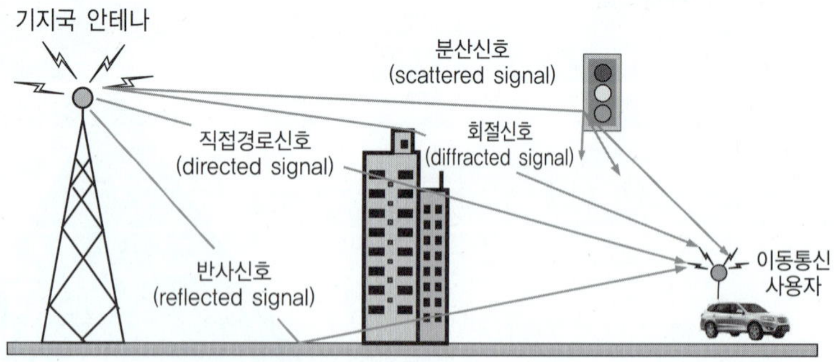

[그림 3-1] 직접경로, 반사경로, 분산경로, 회절경로로 구성된 신호 응답

(urban) 등이 채널환경에서 고려해야 할 사항이다. 또한 주변의 이동체의 움직임에 의한 혹은 분산매체에 의한 산란, 지연 등이 있다.

이동통신의 채널환경은 전파의 거리에 따른 감쇠(path-loss), 채널상의 장애물로 인한 전파감쇠(shadowing), 전파의 반사 등으로 인한 다중경로 현상(multipath), 이동국의 속도에 의한 전파감쇠(doppler effect) 및 같은 주파수 대역을 사용하는 다른 사용자들의 전파가 간섭을 주는 현상(multiple access interference) 등 여러 요인으로 인해 열악해진다. [그림 3-2]는 이동통신의 채널환경 모델을 나타낸다.

열악한 전파환경으로 인한 잦은 오류 발생, 배터리 수명으로 인한 한정된 송신전력 전송, 한정된 주파수 자원으로 인한 낮은 전송품질, 효율 및 용량 부족 등의 문제가 발생함으로써 고품질의 기술 개발과 고가의 장비 및 단말기가 요구되고 있다. 그러나 시간이나 장소에 구애받지 않고, 다양한 방식의 통신단말기를 통해 음성 서비스뿐만 아니라 문자, 화상, 동영상, 음악 등 여러 가지 형태의 정보를 전송하고 수신할 수 있다.

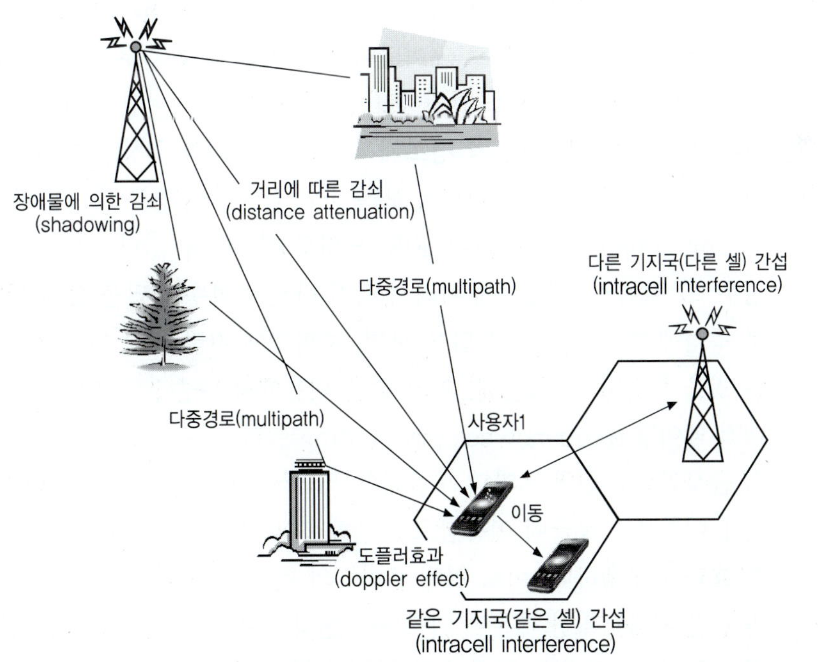

[그림 3-2] 이동통신의 채널환경 모델

3.1.1 경로손실(path loss)

전파의 세기는 일반적으로 거리가 멀어짐에 따라 감쇠하게 된다. 거리에 따른 전파의 감쇠를 경로손실이라 하며, 경로손실은 통화권역의 설정에 큰 영향을 미치게 된다.

경로손실이 적게 일어나는 환경에서는 통화권역이 늘어나게 되고, 단말기의 전력소모도 줄어들게 된다.

3.1.2 섀도잉(shadowing)

전파가 다양한 경로로 전달되는 과정에서 건물이나 터널 등으로 인해 전파의 음영 지역이 나타난다. 전파가 잘 도달하지 않는 음영 지역은 셀 설계를 효율적으로 함으로써 극복할 수 있다.

3.1.3 페이딩(fading)

페이딩은 짧은 시간이나 짧은 거리의 무선채널을 통하여 수신된 신호 크기의 변동을 나타낸다. 전파의 반사, 산란 등으로 인해 전파의 경로가 여러 경로로 흩어지는 것을 다중경로 페이딩이라고 하며, 다중 경로로 인해 지연 확산이 발생하며, 신호의 왜곡을 발생시킬 수 있다. 경로 페이딩은 같은 신호가 서로 다른 경로 지연을 겪고, 각 경로에서의 신호 감쇠와 위상 변화가 달라지는 현상이다. 그래서 [그림 3-3]에서 보는 바와 같이 다중경로 채널을 유한 충격 응답(finite impulse response, FIR) 필터로 해석할 수 있다. 그리고 FIR 필터의 경우, 그 길이의 각 계수에 따라서 각각 다른 주파수 응답을 갖게 된다. 다중경로 특성에 따른 주파수 응답을 보면, 주파수에 따라 각각 다른 응답을 보인다는 것을 확인할 수 있는데, 이와 같은 이유에서 다중경로 페이딩을 주파수 선택적 페이딩(frequency selective fading)이라 부르기도 한다. 그리고 이동국의 움직임으로 인한 전파의 도플러확산(doppler spread)를 도플러효과라고 하는데 이것은 이동국이 이동함으로 인해 전파의 중심 주파수가 천이하는 것 같은 효과가 발생하며, 이로 인해 주파수의 천이 및 흩어짐 현상이 발생한다. 이와 같은 도플러확산 때문에 나타나는 현상은 주파수 천이에 따른 신호의 시간적 변화이다. [그림 3-3]에서 각 경로의 채널 이득인 H1, H2, H3가 시간에 따라 변하는 것이다. 그래서 [그림 3-4]와 같은 시간 변화에 따른 각 경로의 채널 이득 변화가 생기게 된다. 그래서 도플러확산에 의한 페이딩을 시간 선택적 페이딩(time selective fading)이라고 부른다. 이러한 주파수 선택적, 시간 선택적 페이딩은 신호를 왜곡시키고 손상시킨다. 구체적인 내용들은 뒤에서 더 자세히 다룬다.

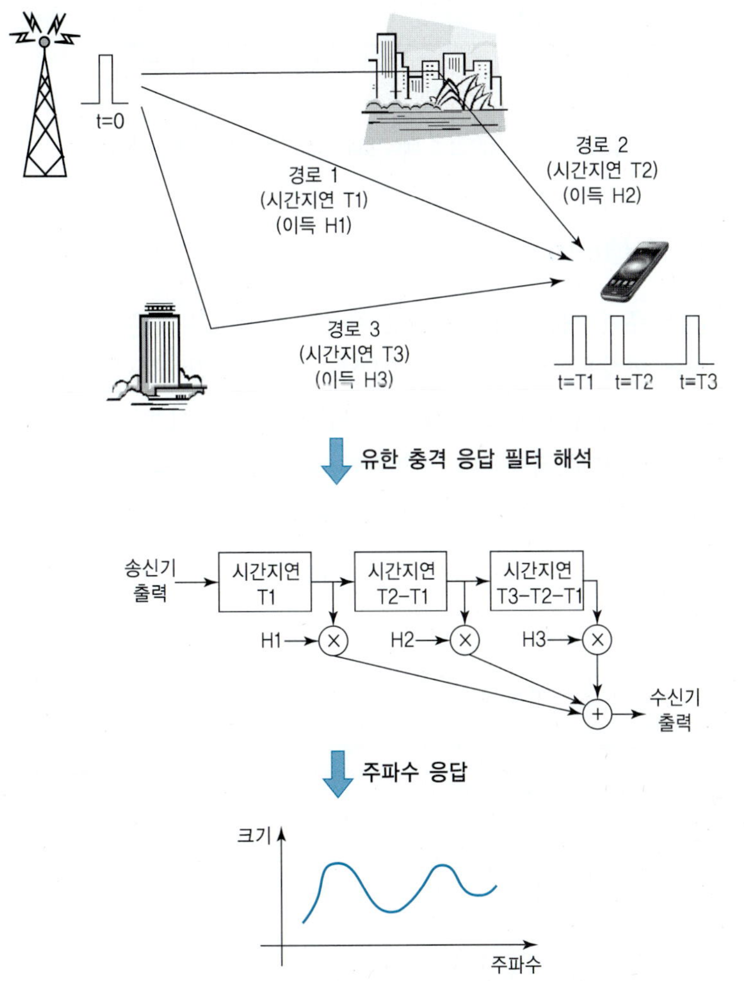

[그림 3-3] 다중경로 페이딩의 주파수 응답 해석

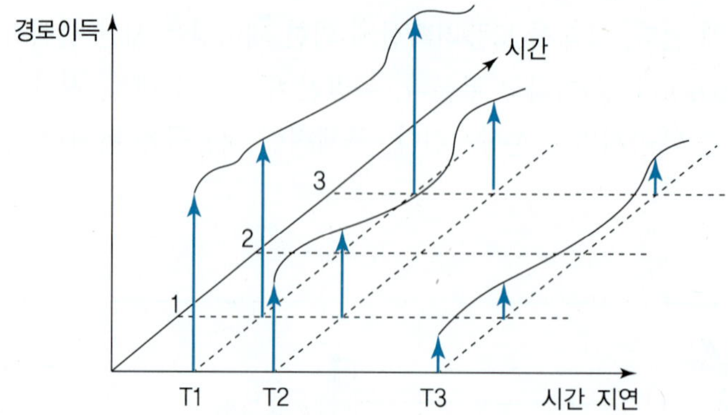

[그림 3-4] 다중경로 페이딩과 도플러효과가 더해진 채널

3.1.4 간섭(interference)

같은 주파수를 사용하는 다중 사용자 간섭으로 다른 사람들의 전파가 자신의 전파에 영향을 주는 현상으로 CDMA시스템과 같이 동일 주파수를 사용하는 시스템에서 자신의 신호를 제외한 다른 사용자의 신호는 나의 신호에 대해 간섭이자, 잡음으로 작용한다. 따라서 각각의 사용자들의 신호 크기를 모두 일정하게 만드는 조건일 경우, 최적의 통신환경으로 볼 수 있다.

채널의 잡음원(noise source)

통신에서 채널의 잡음원(noise source)은 원래의 전송신호에 곱해지는(multiplicative) 잡음과 더해지는(additive) 잡음으로 표현된다. 더해지는 잡음은 주로 수신기에서 발생되는 것으로, 열잡음(thermal noise), 수동 및 능동소자에 의한 산탄잡음(shot noise), 전기 장치나 다른 송신기 등에서 오는 외부잡음원에 의한 잡음 등에 의해 발생된다. 곱해지는 잡음은 송 · 수신 안테나 사이에서 전송되는 전자파의 송 · 수신 안테나의 방향성(directivity), 반사성(refection), 흡수성(absorption), 산란성(scattering), 회절성(diffraction), 굴절성(refraction) 등의 다양한 상태에 따라 발생된다. 무선통신의 채널에서는 더해지는 잡음과 곱해지는 잡음의 2종류로 나뉜다. 곱해지는 잡음은 송수신기의 거리, 위치 및 채널 사이의 물체 등에 의해 경로손실(path-loss), 섀도잉(shadowing or slow fading), 빠른 페이딩(fast fading or multi-path fading)으로 구분된다. 이를 포함한 채널의 구성은 [그림 3-5]에 나타낸다.

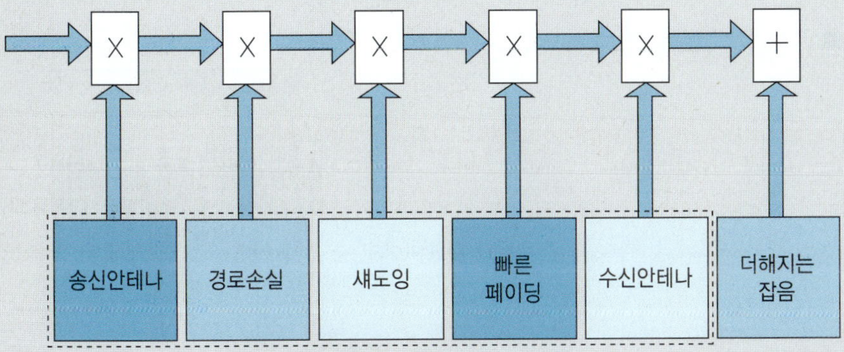

[그림 3-5] 무선채널에서 잡음의 분포

송수신기의 거리의 증가에 따라 감쇠하는 경로손실은 이동통신의 서비스 영역 내에서 약 150dB 정도 변한다. 기지국과 단말기 사이의 높은 빌딩군과 나무 등에 의한 섀도잉은 약 20dB 정도의 신호 변화를 가져오고, 차량의 속도 등에 의한 빠른 페이딩은 반 파장마다 35~40dB 정도 변하게 된다(50cm-300MHz, 17cm-900MHz). [그림 3-6]은 대규모(large scale) 페이딩에 의한 경로감쇠, 섀도잉 및 소규모(small scale) 페이딩 등을 모두 포함하고 있다.

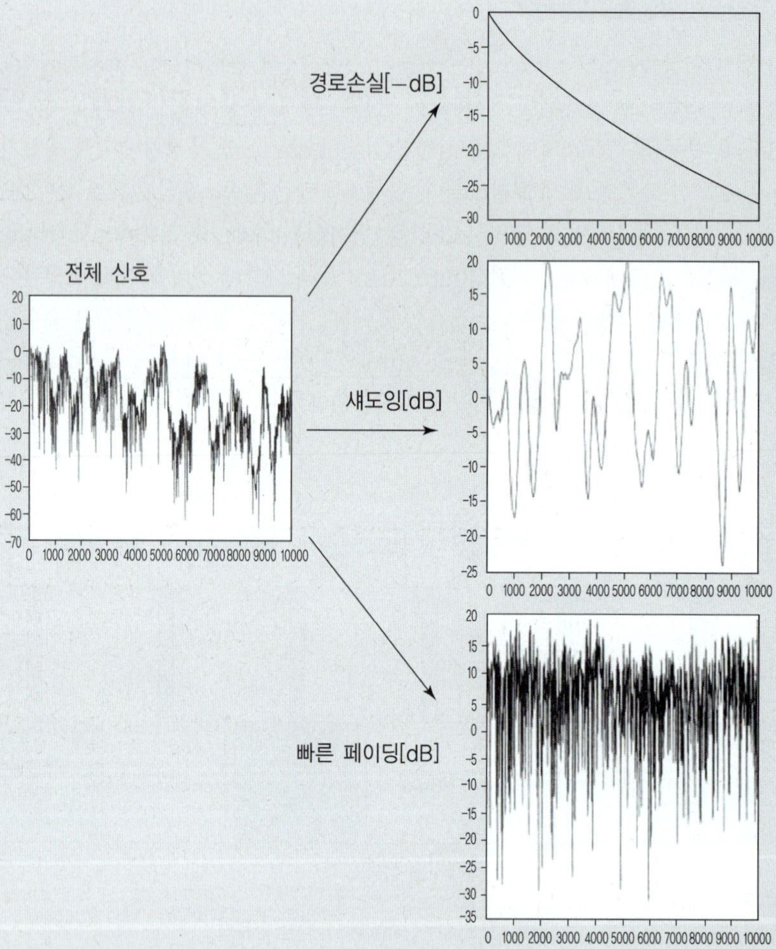

[그림 3-6] 페이딩 과정

3.2 전파(propagation)모델

이동통신 채널은 이동통신 성능을 제한하는 주요한 원인이 된다. 송 · 수신단의 전송경로는 단순한 LOS(line of sight)뿐만 아니라, 빌딩, 산과 같은 장애물에 의해 매우 다양하게 변하게 된다. 유선채널은 불변하고 예측이 가능하지만,

무선채널은 랜덤하기 때문에 해석이 쉽지 않다. 또한 차량의 속도 또한 페이딩에 영향을 주어 더욱 신호 예측이 힘들게 된다.

이와 같은 이유로 많은 연구들이 통신채널에 대해 이루어졌지만, 실제적인 모델링은 주로 실측치와 통계적인 해석 기법을 통해 이루어진다. 앞에서 설명한 것과 같이 전자파의 전파는 반사, 회절, 산란 등을 가진다. 대부분의 셀룰러는 대부분 도심 지역에서 동작하기 때문에 송 · 수신단 사이에 LOS가 없으며, 고층 건물 등으로 인해 심각한 회절손실을 야기한다. 또한 많은 물체들로부터의 다중반사에 의해 전자파는 서로 다른 경로를 통해 신호가 전달된다. 이러한 전자파의 상호작용으로 인해 특정 지역에서 다중 페이딩이 생기고, 신호의 세기는 송 · 수신단의 거리에 비례하여 감쇠하게 된다.

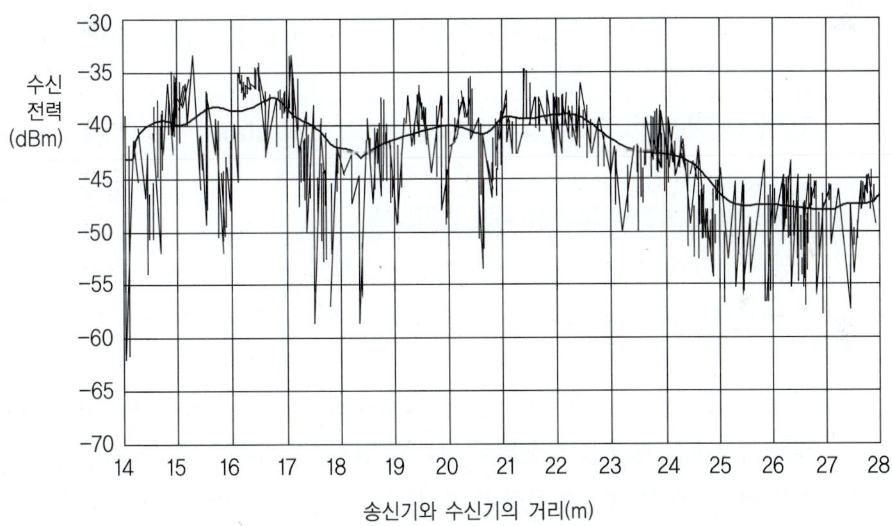

[그림 3-7] 소규모 · 대규모 페이딩(small scale and large scale fading)

전자파모델은 주로 송신기로부터 얼마 떨어진 기준거리에서 평균수신신호를 이용해서 특정 지역에서의 신호세기의 상태를 예측하는 데 사용된다. 이와 같이 일정 거리에서 평균신호세기는 송신기로부터의 통화권을 추정하는 데 사용되며, 수백 m 혹은 수천 m 거리에서 신호세기 상태를 알아보는 것이므로 '대규모(large-scale)' 전파모델이라 한다. 주로 송 · 수신단의 거리에 따른 감쇠

(path loss) 및 통신채널의 지형 지물에 따른 감쇠(shadowing)를 표현한다. 평균수신전력은 5λ에서 40λ 범위에서 측정한 신호의 평균 값을 나타낸다. 이는 캐리어 주파수가 1~2GHz인 경우 1~10m 정도의 거리를 나타낸다. 주로 신호의 변화는 천천히 일어나며, 신호의 변화 분포는 주로 로그노멀(log-normal) 분포를 나타낸다.

반면에 아주 짧은 시간(수초 단위) 혹은 짧은 거리(수 파장)에서 수신신호의 빠른 변화를 나타내는 전파모델을 '소규모(small-scale)' 모델이라 한다. 주로 송신신호가 하나의 경로가 아닌 다양한 경로를 거쳐 수신되는 멀티패스에 의한 영향과 이동국의 차량 속도에 의한 주파수천이에 의한 감쇠를 나타낸다. 이는 다른 방향에서 오는 신호의 합을 나타내기 때문에 짧은 거리 약 $\lambda/2$에서 최대 30~40dB의 수신전력의 변화가 생기기도 한다. 신호의 변화 분포는 LOS가 없을 시는 레일리 페이딩분포(Rayleigh fading distribution)를 나타내며, LOS가 있을 시는 라이시안 페이딩분포(Ricean fading distribution)를 나타낸다.

3.2.1 대규모 전파모델(large-scale propagation)

3.2.1.1 경로손실 모델에 의한 전파모델

대부분의 전파모델은 해석적 그리고 실험적 방식의 조합으로 유도된다. 실험적 접근은 측정치를 사용하여 해석적인 표현을 하는 방법으로 모든 전자파 요인들을 고려한 것이나, 같은 주파수에서 다른 환경일 경우에 동작 상태가 변할 수 있는 문제를 가지게 된다. 가장 간단한 방식인 거리에 의한 수신신호를 예측하는 경로손실 모델을 사용하여, 이동통신시스템에서 SNR을 계산한다. 일반적으로 경로손실은 송 · 수신단의 거리, 사용하는 반송파(carrier)의 주파수, 채널 환경(빌딩, 움직이는 차량, 나무 등)에 의해 주로 영향을 받게 된다.

a. Log-distance 경로손실 모델

이론적, 실험적 방식에 의한 전파모델은 평균수신전력이 거리에 따라 로그함수의 값으로 감소하게 됨을 알 수 있다. 어떠한 송수신기 사이의 평균 대규모 경로손실은 경로손실계수 n을 이용해 다음과 같이 거리의 함수로 나타낼 수 있다.

$$\overline{PL}(d) \propto \left(\frac{d}{d_0}\right)^n \quad (3\text{-}1)$$

또는

$$\overline{PL}(d)(\text{dB}) = \overline{PL}(d_0) + 10n\log\left(\frac{d}{d_0}\right) \tag{3-2}$$

위의 수식에서 n은 거리에 따른 전파경로 손실계수이며 d_0는 기준거리이다. 이때 $\overline{PL}(d)$는 수신기가 위치한 d 거리까지의 경로손실이다.

경로손실계수는 [표 3-1]에서 나타난 것처럼 주로 전파환경에 의해 달라지며, 자유공간에서는 2, 도심지역의 통신경로에서는 3~5 정도이다.

[표 3-1] 다른 환경에 대한 경로손실 지수

통신환경 (environment)	경로손실계수 (path loss exponent, n)
자유공간	2
도심지에서의 셀방식 무선전화	2.7 ~ 3.5
도심지에서 섀도잉된 무선전화	3 ~ 5
빌딩 내외 LOS	1.6 ~ 1.8
차단된 빌딩	4 ~ 6
차단된 공장	2 ~ 3

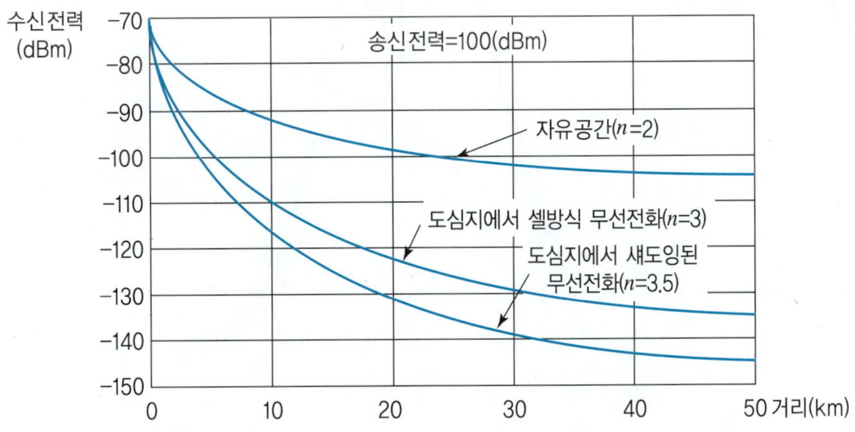

[그림 3-8] 경로손실계수 n에 대한 수신된 전력

b. Log-normal 섀도잉

송 · 수신기 사이의 실제 주변 환경에 따라 경로손실은 많이 달라지게 된다. 실제환경에서 나무나 빌딩 등에 의해 전파가 감쇠하는 모델로서 갑작스런 신호 세기의 변화를 가져온다. 측정에 의하면 거리 d만큼 떨어진 지점에서 경로 감쇠 값은 식(3-2)의 거리에 따른 경로 감쇠 값에 대해 로그노멀(log-normal)하게 그리고 랜덤하게 분포된다.

$$PL(d)(\mathrm{dB}) = \overline{PL}(d) + X_\sigma = \overline{PL}(d_0) + 10n\log\left(\frac{d}{d_0}\right) + X_\sigma \quad (3\text{-}3)$$

그리고 수신신호는

$$P_r(d)(\mathrm{dBm}) = P_t(\mathrm{dBm}) - PL(d)(\mathrm{dB}) \quad (\text{antenna gains includen in } PL(d)) \quad (3\text{-}4)$$

위의 식에서 X_σ은 평균이 0인 가우시안 랜덤 변수이며 분산은 σ^2 이다.

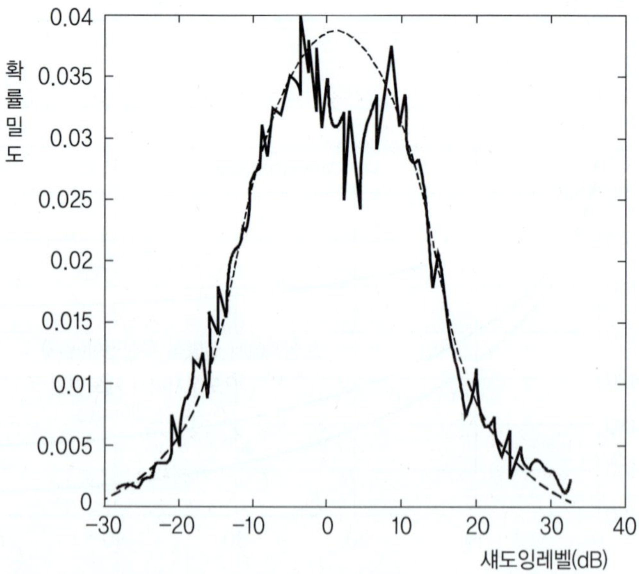

[그림 3-9] 섀도잉에 의한 로그노멀(log-normal) 분포

이러한 [그림 3-9]의 로그노멀 분포를 랜덤 섀도잉 효과라고도 한다. 그리고 섀도잉에 의한 신호 감쇠는 약 6~10dB 정도가 된다. 이와 같은 내용을 정리해 보면 대규모 페이딩의 원인은 송 · 수신기 간의 거리 d, 채널환경에 따른 경로손실, 그리고 섀도잉에 의한 감쇠, X_σ이다.

3.2.1.2 실외(outdoor) 전파손실 모델

이동통신에서 전파예측모델 선택 방법은 이론에 근거를 둔 것, 지형 고도의 영향을 포함하고 있는 것(평활지, 구릉지, 골짜기), 인간이 만든 환경 영향을 포함하고 있는 것(교외지역, 도심지역, 대도시 등), 주관적인 관점을 피한 것, 간단한 것 등의 조건을 이용한다.

전파예측모델에는 여러 가지가 있지만 인간이 만든 환경의 영향을 내포하고 있는 대표적인 모델은 오쿠무라/하타 모델, cost-231(CCIR)모델, Lee모델 등이 있다.

a. 오쿠무라(Okumura)모델

1968년 오쿠무라, 카와노, 후쿠다 등은 1920MHz의 주파수에 대해 동경 지역의 전계강도 측정을 바탕으로 한 경험적인 수신 전계강도 예측모델을 발표하였다.

이 모델은 전파경로와 전계강도를 정량적으로 정리해 놓은 것으로서 실용성이 높아 현재까지 육상 이동통신무선 방식의 설계 기준이 되어 왔다. 이 모델에서는 전파경로상의 지형을 준평활 지역과 불규칙 지역으로 크게 나누어 분류하고 있다. 준평활 지역은 다시 시가지, 교외지 및 개방지로, 불규칙 지역은 다시 구릉 지형, 고립 산악, 경사 지형 및 혼합 지형로 분류하여 각각의 경우에 맞는 전계강도를 도면으로 표시하고 있다.

오쿠무라모델은 준평활지의 시가지 전계강도를 기준으로 삼고 그 외 지형물에 대해서는 기준 중앙 값으로부터의 보정 값으로 표현하는 방법을 택하고 있다.

또한 오쿠무라 곡선을 송신안테나의 높이, 사용 주파수를 파라미터로 하고 수신안테나의 높이에 의한 보정을 별도로 하는 형식을 취하고 있다.

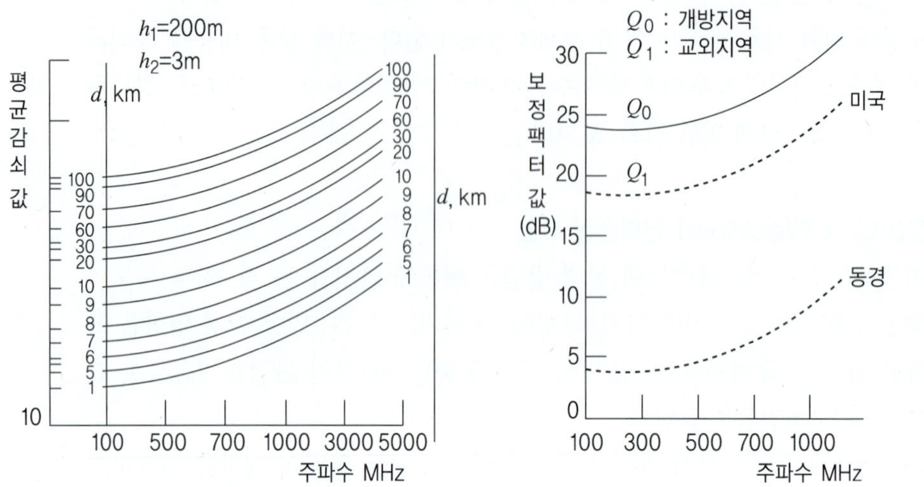

(a) 도심의 오쿠무라모델 (b) 도심 이외의 오쿠무라모델

[그림 3-10] 오쿠무라모델의 도심지역, 도심 외 지역 모델 비교

[그림 3-10]의 (a)는 일본 동경 지역에서 측정한 전파예측곡선이다.

이것은 주파수와 거리에 따른 감쇠 특성을 나타내고 있다. 이때 구한 감쇠 값(평균감쇠 값)을 자유공간 손실 값에 더해주면 된다. $h_1=200\text{m}$, $h_2=3\text{m}$로 고정되어 있지만 안테나 높이가 변하면 다음과 같은 보정 팩터를 적용하면 된다.

$$
\begin{aligned}
\text{dB} &= 20\log_{10} h_1/200\text{m}, \quad && h_1 > 10\text{m} \\
\text{dB} &= 10\log_{10} h_2/3\text{m}, \quad && h_2 > 3\text{m}
\end{aligned}
\tag{3-5}
$$

[그림 3-10]의 (b)는 동경이라는 도심지역 이외에서의 보정 팩터를 나타내고 있다. Q_0는 개방지역, Q_1은 교외지역을 나타내는데, Q_0의 보정 팩터 값이 Q_1보다 높다는 것을 알 수 있다. 이것은 곧 Q_0(개방지역)에서의 전파손실(propagation loss)이 Q_1(교외지역)에서의 전파손실보다 적어서 전파가 더 멀리 도달되는 것을 의미한다. 여기서 구한 보정 팩터 값(+값)을 도심지역에서 구한 감쇠 값(−값)에 더해주면 된다.

b. 하타(Hata)모델

오쿠무라모델은 실험에 의한 측정 값을 그래프로 나타낸 것으로서 이용하는 방법이 다소 불편하다. 이를 보완하기 위해 나온 것이 하타 모델이다. 오쿠무라 모델의 단점을 수학적으로 모델링하여 간편하게 만들었으며 오늘날에도 많은 엔지니어링 회사에서 이를 이용하고 있다.

– 도심지역

$$L_p(\text{dB}) = 69.55 + 26.16\log f_c - 13.82\log h_t - a(h_r) + (44.9 - 6.55\log h_t)\log d \tag{3-6}$$

h_t : 기지국 안테나의 유효 높이
$a(h_t)$: 기지국 안테나의 높이 보정 팩터
d : 기지국과 이동국 사이의 거리
L_p : 전송손실
f_c : 사용 주파수
h_r : 이동국 안테나의 유효 높이
$a(h_r)$: 이동국 안테나의 높이 보정 팩터

보정 팩터는 다음과 같이 구할 수 있다.

– 중소도시

$$a(h_r) = (1.11\log f_c - 0.7)h_r - (1.56\log f_c - 0.8) \tag{3-7}$$

– 대도시

$$a(h_r) = \begin{bmatrix} 8.29(\log 1.5h_r)^2 - 1.1, & f_c \le 200\text{MHz} \\ 3.2(\log 11.75h_r)^2 - 4.97, & f_c \ge 400\text{MHz} \end{bmatrix} \tag{3-8}$$

– 교외지역

$$L_p(\text{dB}) = L_p(\text{도심지역}) - 2\left[\log\left(\frac{f_c}{28}\right)\right]^2 - 5.4 \qquad (3\text{-}9)$$

– 개방지역

$$L_p(\text{dB}) = L_p(\text{도심지역}) - 4.78(\log f_c)^2 - 18.33\log f_c - 40.94 \qquad (3\text{-}10)$$

하타모델을 이용하여 서비스 가능 반경 및 전계강도 값을 구할 수 있다. 위에서는 지역의 형태별로 전파 전송손실을 구하는 공식을 설명하고 있다.

c. Lee모델

Lee모델은 영역 대 영역 예측모델과 이를 기초로 한 지점 대 지점 예측모델로 구성되어 있다.

– 영역 대 영역 예측모델

영역 대 영역 전파 손실 L_{a-a}는 다음과 같이 주어진다.

$$L_{a-a} = L_0 + n\log d + F_0 \qquad (3\text{-}11)$$

여기서, L_0는 기준점에서의 경로 손실이고, F_0는 기지국과 이동국의 안테나 이득, 높이 그리고 주파수 등을 고려한 보정 팩터이다.

– 지점 대 지점 예측 모델

기지국과 이동국 사이에 장애물이 없을 경우에는 이동국에서 수신되는 전파는 직접파와 반사파의 합이 된다. 언덕으로 이루어진 지형에서는 이동국 위치에 따라 [그림 3-11]과 같이 두 가지 형태의 전파 경로를 생각할 수 있다. 수신전력에 가장 큰 영향을 주는 반사파는 이동국으로부터 가장 가까운 반사점을 갖는 반사파가 되며 이 반사점으로부터 지평면을 기지국 쪽으로 연장하여 유효 기지국 안테나 높이 h_e를 구한다. h_e는 그림에서 보듯이 실제 안테나 높이보다 커질 수도 있고 작아질 수도 있다. h_e를 고려하여 얻어지는 지점 대 지점의 전파 손실 L_{p-p}는 다음과 같다.

$$L_{p-p} = L_{a-a} + 20\log\left(\frac{h_e}{30}\right) \tag{3-12}$$

여기서, L_{a-a}는 영역 대 영역의 전파 손실 식으로부터 구한 값이다.

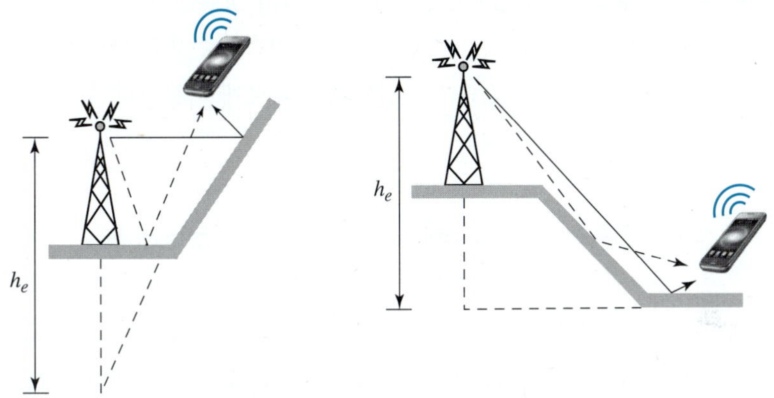

[그림 3-11] Lee모델의 언덕지형 유효 안테나

3.2.2 소규모 전파환경(small-scale propagation)

불규칙한 지형에 의한 다중반사, 수많은 방해물에 의한 회절 및 반사 등에 의해 기지국 송신안테나에서 송신되는 전파는 수많은 다중경로를 거쳐 이동국의 안테나에 수신시 서로 다른 진폭과 위상을 갖는 합성파가 된다. 이는 각각의 위상에 따라 서로 합해져서 신호의 피크를 만들어 내거나 서로 상쇄되어서 신호의 크기를 감소시키게 된다. 이러한 다중경로를 거치는 전자파들의 진폭, 위상 및 다중경로 지연에 의한 상호간섭으로 인한 수신신호 레벨의 변동을 페이딩이라 한다.

Small-scale 페이딩을 발생시키는 요인은 크게 4가지로 분류될 수 있다.

● 다중경로 전파(multi-path propagation)

채널상의 반사체나 산란체에 의해 다중경로가 발생하게 되고, 다중경로를 통과한 성분들의 랜덤 위상과 크기가 더해져서 신호강도의 변화를 야기한다.

● 수신기 속도(mobile speed)

송신기와 수신기의 움직임은 각 다중경로 성분에 따라 다른 도플러천이를 일으켜 주파수변조가 발생하게 된다. 여기서 도플러천이는 수신기가 송신기에 접근하는지 아니면 멀어지는지에 따라 양의 값이나 음의 값을 갖는다.

● 주위 물체의 속도(speed of surrounding objects)

무선채널상에 존재하는 물체가 움직인다면 다중경로 성분들이 도플러천이를 겪게 된다. 만약 주위 물체가 수신기보다 빠르게 이동한다면 small-scale 페이딩을 발생하는 요인이 된다.

● 신호의 전송대역폭(transmission bandwidth of signal)

송신신호와 채널의 대역폭에 따라 페이딩 현상이 달라진다. 즉, 송신신호의 대역폭이 채널의 대역폭보다 작은 경우 주파수 비선택적 페이딩을 겪고, 송신신호의 대역폭이 채널의 대역폭보다 큰 경우 주파수 선택적 페이딩을 겪게 된다(여기서, 채널의 대역폭이란 채널의 다중경로 페이딩 특성에 기인한 대역폭으로 코히런스 대역폭(coherence bandwidth)을 가리킨다).

LOS가 보장되지 않을 경우, 실험적으로 측정된 진폭 특성은 레일리(Rayleigh) 분포를 나타내며, 위상은 $0 \sim 2\pi$ 라디안(radian)의 일정한(uniform) 분포를 보인다. 이에 대한 이론적 배경은 다음과 같다. 수신 안테나로 도착하는 여러 개 경로의 이득의 실수부와 허수부를 확률 변수(random variable)로 볼 때, 그 수가 많다면 중심 극한 정리(central limit theorem)에 따라서 그 경로 합의 실수부와 허수부는 각각 가우시안 분포(Gaussian distribution)를 따르게 된다. 또한 실수부와 허수부가 가우시안 분포일 때, 그 복소 확률 변수의 진폭 분포는 레일리 분포를 따르고, 전력(진폭의 제곱)은 지수 분포(exponential distribution)를 따른다고 알려져 있다. 이와 함께 각 경로를 통해 도달하는 전파들의 시간적 차이에 의해 지연확산(delay spread) 현상이 발생하며 이동국이 빠른 속도로 이동하는 경우 도플러(doppler)효과에 의한 반송 주파수 천이가 일어난다.

– 페이딩에 의해 일어나는 주요 현상
• 짧은 구간에서의 신호세기의 빠른 변동
• 다른 다중경로 신호들에서의 도플러 변위로 인한 랜덤 주파수변조
• 다중전파 지연에 의한 반향(echoes) 등

빌딩이 많은 도심지역에서는 이동국의 안테나 높이가 주변의 건물들의 높이보다 아주 낮게 위치하기 때문에 단일 LOS가 확보되지 않아 페이딩이 발생하게 된다. 물론 LOS가 보장되더라도 지면 및 주위의 건물에서의 반사로 다중경로는 생겨난다. 이러한 수신신호는 랜덤하게 분포된 진폭, 위상, 입사 각도 등을 가지는 많은 평면파로 구성되며, 이러한 다중경로 요소들은 수신안테나에서 더해져서 수신신호의 왜곡 또는 페이딩을 가져온다. 비록 이동국이 정지 상태에 있을 시라도, 주변 물체의 이동에 의해 수신신호의 페이딩을 야기시킬 수 있다. [그림 3-13]은 페이딩에 의한 수신신호의 진폭 변화를 나타내고 있다. 해석의 단순화를 위해 LOS의 지연은 0으로 했으며, 비가시경로의 지연은 τ로 둔다. 잡음이 없는 경우 수신신호는 다음과 같이 표현된다.

$$r(t) = \alpha_1 \cos(2\pi f_c t) + \alpha_2 \cos(2\pi f_c (t - \tau)) \tag{3-13}$$

여기에서 α_1, α_2는 각각 두 경로로부터의 신호진폭을 나타낸다.

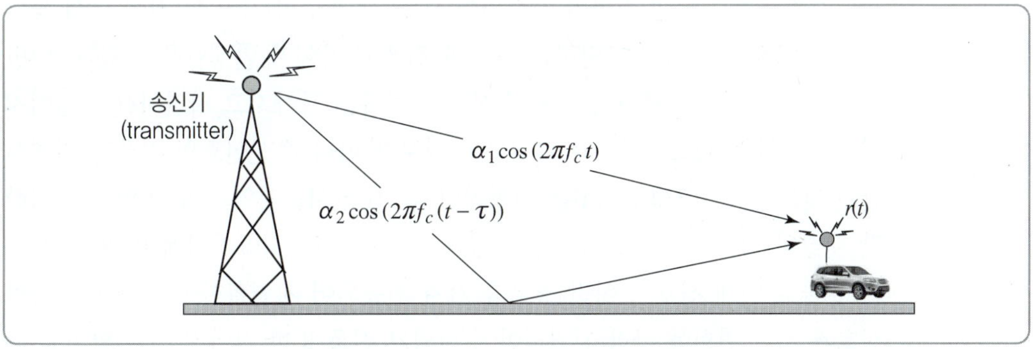

[그림 3-12] 2개의 전파 경로를 가진 채널

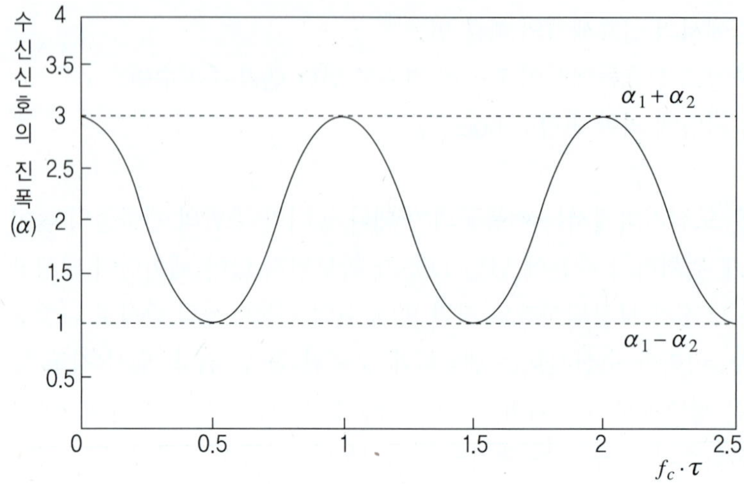

[그림 3-13] $\alpha_1 = 2$, $\alpha_2 = 1$을 가진 두 부분 채널의 크기 변화

위상의 변화도 진폭과 지연에 의해 발생되며, [그림 3-13]에서와 같이 $\alpha_1 = 2$, $\alpha_2 = 1$인 경우 $f_c \cdot \tau$에 대한 페이딩에 의한 진폭의 변화를 나타내었다. 두 신호의 합에 의한 신호가 $f_c \cdot \tau = 0, 1, 2$인 경우 좋아지기도 하고, $f_c \cdot \tau = 0.5, 1.5, 2.5$인 경우 나빠지기도 한다.

3.2.2.1 다중경로에 의한 지연확산

다중경로를 통하여 전파가 전송되어 오면 각 경로의 거리 및 전송 특성 등의 차이에 의해 수신기에 도달하는 시간과 진폭에 차이가 발생함을 보였다. 일반적으로 거쳐오는 경로가 길수록 수신되는 진폭은 작아지고 지연시간도 길어지게 된다. 일반적으로 신호가 거쳐오는 경로에 따라 수신신호의 진폭과 지연시간이 달라진다. [그림 3-14]는 전형적인 두 지역(시골지역과 도심지역)에 대한 각 채널의 임펄스응답을 나타내고 있다. 도심지역이 시골지역에 비해 크고 높은 건물로 인해 신호가 여러 경로를 거쳐 전송되어 지연확산이 크게 발생하여 신호가 시간 변화에 따라 지연되어 수신되고 진폭 또한 작아진 것을 확인할 수 있다.

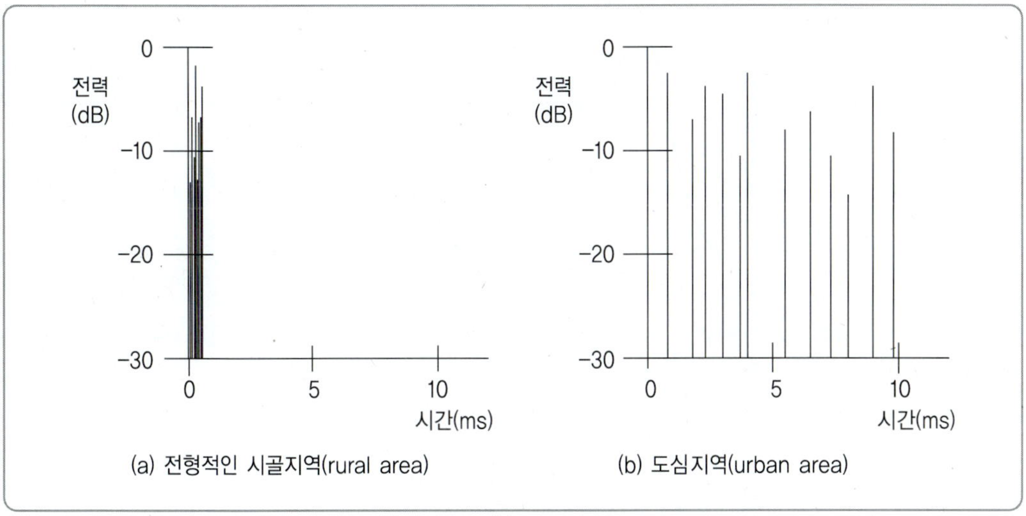

[그림 3-14] 두 지역 채널의 임펄스 응답

다음 [그림 3-15]는 안테나 위치에 따른 지연에 의한 멀티패스 채널 응답을 나타내고 있다. (a), (b), (c)는 모두 안테나 위치에 따라 시간지연으로 인한 신호의 변화를 나타내고 있다. (a)는 시간지연에 따라 딜레이된 신호가 파워가 감소하여 들어온 것을 확인할 수 있고, (b)는 파워가 감소된 신호가 딜레이되어 들어온 것을 확인할 수 있으며, (c)는 신호가 딜레이되어 파워가 더우 증폭되어 들어온 것을 확인할 수 있다. (a), (b), (c) 모두 멀티패스 환경에 의해 신호가 딜레이되고 파워가 증폭되거나 감소하는 등의 변화가 생긴 것을 확인할 수 있다.

송신된 전파가 다중경로 전파환경에 의해 산란 및 반사되어 수신 시간이 퍼지는 현상을 지연확산(delay spread)이라 하며, 이는 주로 떨어져 있는 반사체가 넓게 분포되어 있는 채널환경 내에 이동체가 놓여 있을 시 그 값이 커지게 된다.

다중경로(multipath)는 송신기에서 발생한 신호가 수신기에 직접 도달할 뿐만 아니라, 장애물을 통과하거나 반사하여 간접적으로 도달할 때 발생한다. 이에 직접경로와 반사경로 사이에 경로차가 발생하며 이로 인해 수신기에 도착하는 시간이 차이가 나는 것이다.

만약 시간차가 한 심볼 주기보다 크다면, 인접 심볼 간의 간섭(ISI; inter symbol interference)이 발생할 수도 있다. 즉, 원래의 심볼 주기보다 매우 빠르게 혹은 늦게 도착한 심볼은 앞이나 뒤의 심볼에 영향을 미칠 수가 있다. 경

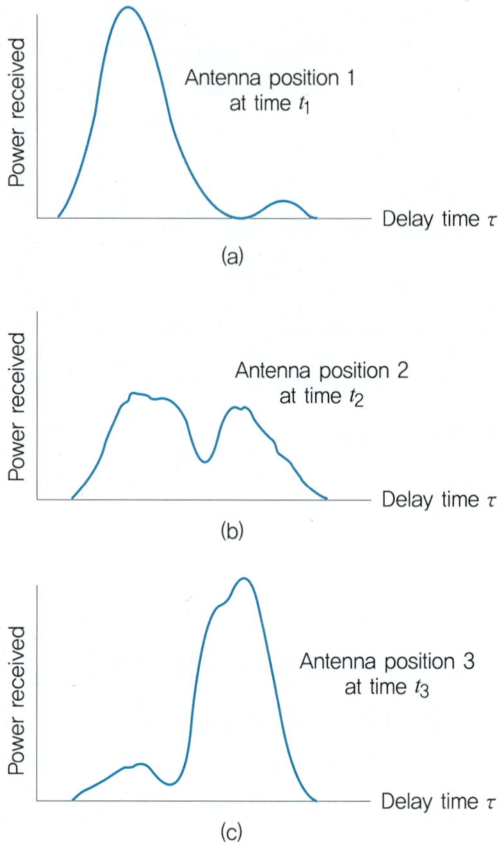

[그림 3-15] 다중경로에 의한 지연확산

로차가 고정되어 있고 지연확산이 일정하다면, 고속데이터 전송시스템은 많은 데이터를 짧은 시간에 전송해야 하기 때문에 심볼 주기를 줄여 전송해야 한다. 그래서 지연확산으로 인한 심볼 간 간섭의 영향을 더 받게 된다. 같은 개념으로 고정된 데이터전송률을 갖는 시스템에 대해 보다 긴 경로차를 갖는 전파환경은 더 많은 ISI를 받게 된다.

예를 들어 지연확산이 4μsec라 할 경우 270.83kbps의 데이터전송률을 갖는 이동통신시스템에서 비트주기 $T_b=1/(270.83\times10^3)=3.69\mu$sec가 지연시간과 비슷하기 때문에 신호의 증폭이나 전송 과정에서 생기는 변형을 보정하기 위하여 증폭기를 전송선로에 삽입하고, 그 특성을 종합해서 균일화하는 기능을 하는 장치인 등화기(equalizer)를 사용해야 한다. 그렇지 않으면 ISI가 발생된다.

또한 1.2288Mbps의 데이터전송률을 사용하는 CDMA 이동통신시스템에서의 ISI를 살펴보면, 심볼주기는 $T_b=1/(1.2288\times10^6)=0.81\mu$sec이므로 지연시간이 비트주기보다 크기 때문에 심볼 간의 간섭이 발생된다. 그러나 CDMA시스템에서는 확산코드의 비트 혹은 칩 간의 상관도가 매우 낮기 때문에 한 칩 이상 지연되어 들어온 신호는 상관도가 매우 낮은 잡음으로 수신기에서는 처리된다.

그러나 다중경로신호도 매우 주요한 정보이므로 CDMA시스템에서는 수신 시 다중경로를 통해 들어온 신호를 합성하여 원신호 복원신호 대 잡음 비(S/N)를 개선하기 위한 레이크(rake)수신기를 사용하며, 다중경로 신호를 [그림 3-16]에서와 같이 적어도 한 칩 이상 지연된 신호를 핑거(finger)를 통해 코릴레이터에서 계산하고, 각 연산을 거쳐 나온 신호는 신호가 큰 값에는 더 큰 계수를 할당하는 MRC(maximal ratio combining) 기법을 사용한다.

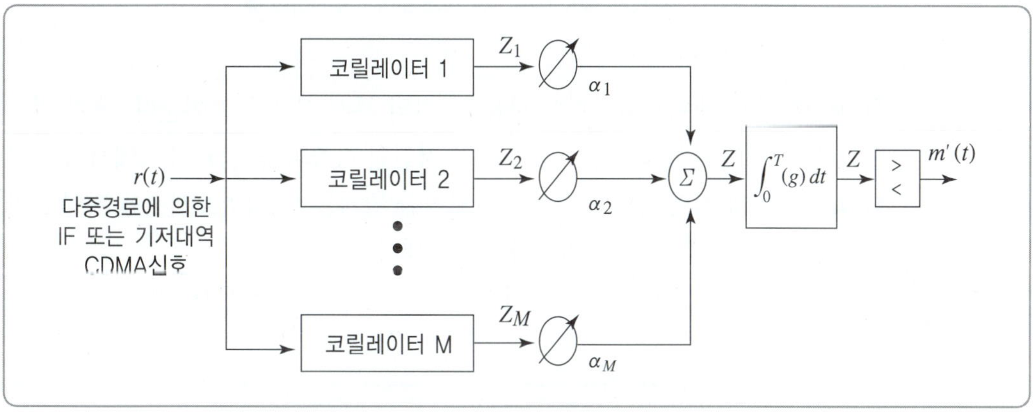

[그림 3-16] M-브렌치(M-핑거) 레이크수신기(implementation)

그러나 CDMA시스템에서도 지연이 1μsec 이하인 다중파인 경우는 다중파가 비트 내에 들어오기 때문에 분해를 할 수 없게 된다. 주로 빌딩이 인접한 지역이나, 빌딩 내에서의 지연확산이 1μsec 이하인 경우 레이크수신기는 성능을 발휘하지 못하게 된다. 이 때문에 이와 같은 채널환경에서는 W-CDMA와 같은 5MHz의 광대역 CDMA 방식을 사용하면 비트주기가 약 0.2μsec가 되어 빌딩 내에서의 지연확산이 짧은 지역에서도 쉽게 신호가 분해되어 레이크수신기의 성능을 높일 수 있게 된다.

다음 [그림 3-17]은 코드 값이 1 0 1 1 1의 5개의 칩을 전송 시 다중경로에 의

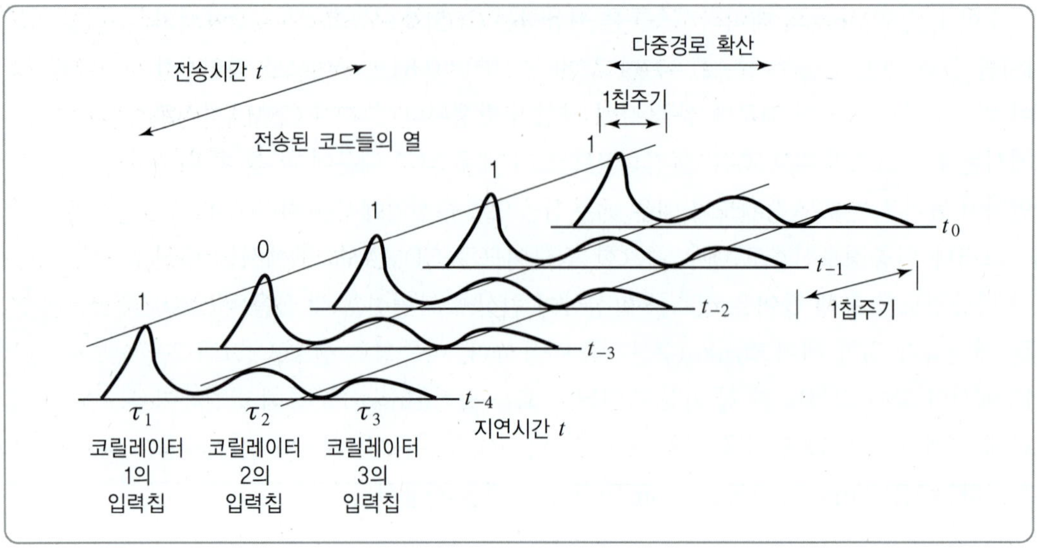

[그림 3-17] 3-핑거 레이크수신기에 의해 보여진 수신칩의 예

한 지연확산과 레이크수신기를 사용 시 칩의 분해 상태를 보여준다. 초기 전송 시간은 t_{-4}에서 t_0이며 3개의 핑거는 각 지연된 다중파를 τ_1, τ_2와 τ_3에서 수신한다. t_{-4} 시간에 지연 τ_3으로 수신기에 도착한 핑거는 t_{-3}과 t_{-2} 시간에 지연 τ_2와 τ_1을 가지고 도착한 핑거와 일치함을 나타낸다.

다중경로 시 채널의 임펄스응답(impulse response)은 [그림 3-18]과 같다.

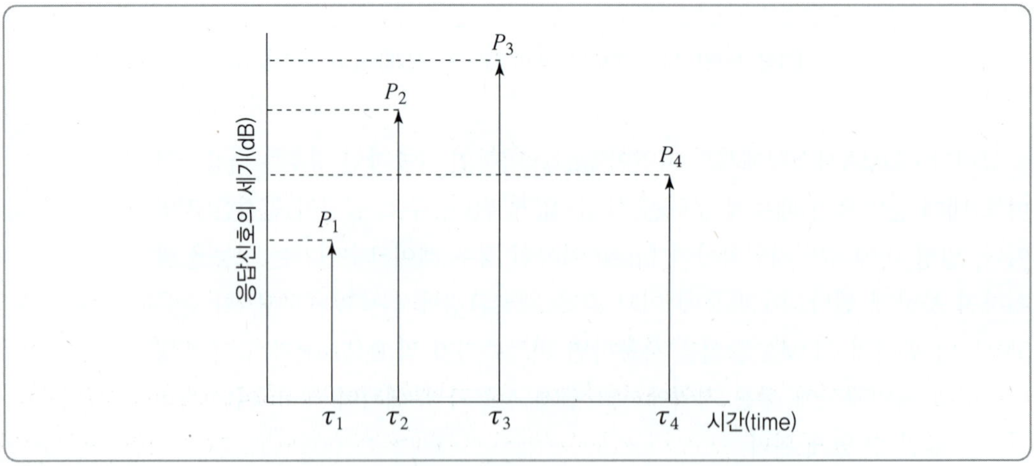

[그림 3-18] 무선채널의 임펄스응답

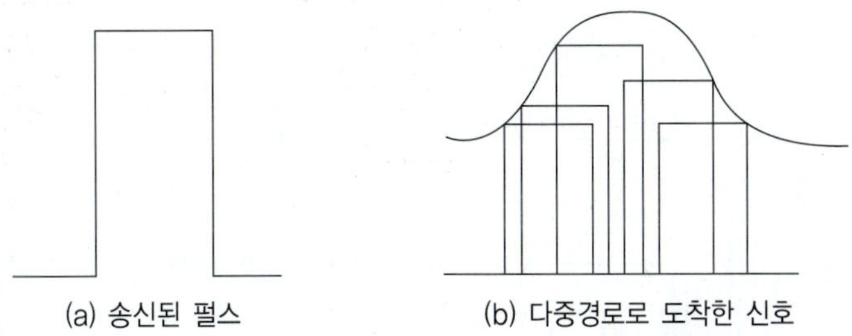

[그림 3-19] 다중경로에 의한 수신신호

또한 [그림 3-19]에서 전송펄스와 다중경로에 의한 수신신호의 넓이가 ISI에 의해 넓어진 형태를 보여주고 있다.

다른 전력을 가지고 다른 시간에 도달한 다중경로에 의해 발생된 여러 개의 펄스 포락선이 넓어진다. 다중경로 채널 파라미터는 평균초과지연(Mean Excess Delay), RMS 지연확산(Root Mean Square Delay Spread), 최대초과지연(Maximum Excess Delay, XdB) 등이 있다. 주로 시간분산(time dispersive) 채널은 평균초과지연과 RMS 초과지연에 의해 정해진다. 전력지연 프로파일의 특성을 잘 표현해 주는 방법인 RMS 지연확산은 전력지연 프로파일(power delay profile)을 측정하고 이 프로파일의 표준편차를 계산하여 구하다.

전력지연 프로파일의 특성을 나타내는 다른 방법은 최대초과지연 확산을 사용하는 것인데 최대초과지연 확산은 전력지연 프로파일이 최댓값에서 XdB인 값을 가지는 지연의 총 영역으로 정의한다. 최대초과지연 확산의 측정에서는 수신된 펄스의 전력이 맨 처음 수신된 전력보다 10~30dB 정도 낮은 때의 시간지연 값으로 정한다.

전력지연 프로파일의 최대초과지연은 다중경로 에너지가 최대를 기준으로 XdB 떨어질 때의 지연을 정의한다. 다시 말해서, τ_0는 처음 도착한 신호 그리고 τ_x는 XdB 이내에 가장 강하게 도착한 다중경로 신호(τ_0에 도착하지 않은)의 최대지연일 때 최대초과지연은 $\tau_x - \tau_0$로서 정의한다. [그림 3-20]은 최대 10dB 이내의 다중경로 성분의 최대초과지연의 계산을 나타낸다. 최대초과지연(XdB)은 특정 임계 값 이상의 다중경로의 시간 범위를 정의한다. τ_x는 전력지연 프로파일의 초과지연 확산이라 한다. 모든 경우에 반드시 다중경로 노이즈 층과 최대로 도착한 다중경로 성분을 관련시켜서 임계 값을 명시해야 한다.

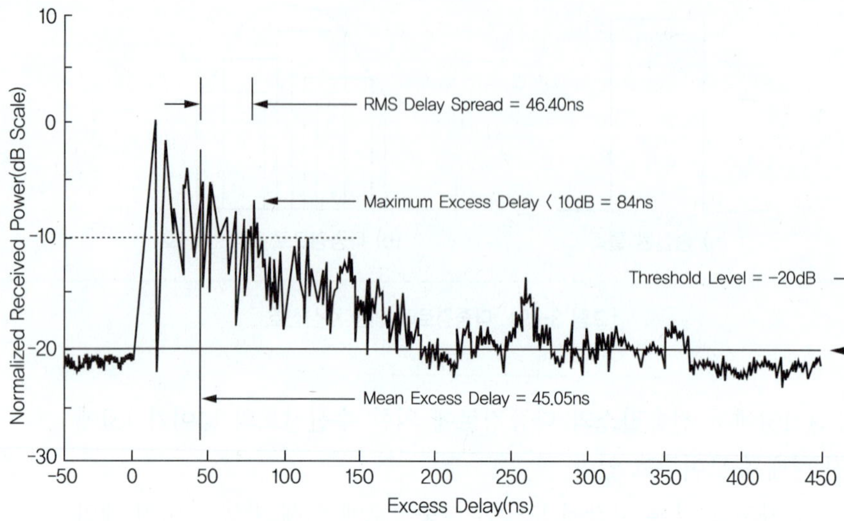

[그림 3-20] 실내환경의 전력지연 프로파일

평균초과지연(mean excess delay)은 다음과 같이 정의된다.

$$\bar{\tau} = \frac{\sum_k a_k^2 \tau_k}{\sum_k a_k^2} = \frac{\sum_k P(\tau_k)\tau_k}{\sum_k P(\tau_k)} \tag{3-14}$$

RMS 지연확산(delay spread)은 다음과 같이 정의된다.

$$\sigma_\tau = \sqrt{\overline{\tau^2} - (\bar{\tau})^2} \tag{3-15}$$

여기서 평균제곱지연(mean square delay)은 다음과 같다.

$$\overline{\tau^2} = \frac{\sum_k a_k^2 \tau_k^2}{\sum_k a_k^2} = \frac{\sum_k P(\tau_k)\tau_k^2}{\sum_k P(\tau_k)} \tag{3-16}$$

지연확산은 다중경로에 의한 시간 영역에서 채널 특성을 나타내며, 통신채널의 주파수대역은 코히런스 주파수대역(coherence bandwidth)에 의해 나타낸다. 지연확산과 코히런스 주파수대역은 상호 역비례 관계에 있다. 코히런스 주파수대역은 주파수 성분의 이득이 거의 동일하며, 선형위상을 가지는 주파수대역의 통계적인 범위를 의미한다. [그림 3-3]에서 볼 수 있듯이, 다중경로에 의해서 채널의 주파수 응답이 결정되는데, 그 주파수 응답이 동일하다고 간주할 수 있는 대역폭을 코히런스 대역폭이라 할 수 있다. 매우 근접한 주파수성분을 가진 두 톤을 송신하였을 시 주파수가 매우 가깝기 때문에 채널 통과 시 감쇠 정도는 매우 유사하게 된다. 만약 주파수의 분리가 증가 시 수신기에 도착시간이 다르며, 감쇠 정도도 달라지게 된다는 것을 쉽게 예상할 수 있다. 두 개의 분리된 두 톤 대신 넓은 주파수대역의 신호를 전송한다면, 스펙트럼의 양극에서 주파수들은 다른 감쇠 정도를 가지게 된다. 감쇠가 일정한 주파수대역은 모든 주파수 성분들의 동일한 주파수 영역을 의미한다. 즉, 동질성(coherence)이 이러한 주파수에서는 있으며, 이 대역을 코히런스 대역폭(coherence bandwidth)이라 한다. 간략하게 코히런스 주파수대역을 정확하지는 않지만 최대초과지연(maximum excess delay)의 상관관계로 나타낼 수도 있다.

$$B_c = 1/T_m \tag{3-17}$$

주파수 상관성이 0.9 이상이면 코히런스 주파수대역은 다음과 같이 나타낸다.

$$B_C \backsimeq \frac{1}{50\sigma_\tau} \tag{3-18}$$

일반적인 경우 상관성이 0.5인 경우로 지연확산과의 역상관관계를 이용하여 다음과 같이 나타낸다.

$$B_c \backsimeq \frac{1}{5\sigma_\tau} \tag{3-19}$$

다음은 [그림 3-21]과 같이 시간 τ에 의한 다중경로인 경우의 채널 특성에 대해 알아보기로 한다. 진폭이 A일 때 수신신호는 다음과 같이 나타낸다.

$$r(t) = As(t) + As(t-\tau) \tag{3-20}$$

이를 푸리에(Fourier)변환을 시키면 식 (3-21)과 같다.

$$R(f) = AS(f) + AS(f)e^{-j2\pi f\tau} \tag{3-21}$$

위의 식을 다시 표현하면 식 (3–22)와 같이 나타낸다.

$$R(f) = AS(f)[1 + e^{-j2\pi f\tau}] = AS(f)H(f) \tag{3-22}$$

여기서 $H(f)$는 원래 신호 $AS(f)$를 전달하기 위한 효과적인 채널 전달함수이다.

$$\begin{aligned} H(f) &= 1 + e^{-j2\pi f\tau} = e^{-j2\pi f(\tau/2)}[e^{j2\pi f(\tau/2)} + e^{-j2\pi f(\tau/2)}] \\ &= 2e^{-j2\pi f(\tau/2)}\cos[2\pi f(\tau/2)] \end{aligned} \tag{3-23}$$

스펙트럼의 크기 $|H(f)|$는 식 (3–24)와 같이 나타낸다.

$$|H(f)| = 2\cos[2\pi f(\tau/2)] \tag{3-24}$$

여기서 τ의 크기가 커질수록 $|H(f)|$의 크기는 작아지며, 반대로 τ의 크기가 작아지면 $|H(f)|$의 크기가 커진다.

만약 채널의 주파수대역폭(B_c)이 송신신호의 주파수대역(B_s)보다 넓다면, 송신신호의 모든 주파수성분은 왜곡이 없이 수신되며, ISI는 무시될 수 있다. 이런 경우는 주로 교외지역과 같이 지연확산 값이 매우 적은 경우에 발생하며, 이런 채널을 '주파수 비선택적 채널(frequency non selective channel)' 또는 '플랫채널(flat channel)' 이라 한다.

반대로 송신신호의 주파수대역(B_s)이 채널의 주파수대역폭(B_c)보다 매우 넓다면, 수신신호의 펄스 폭은 앞의 설명과 같이 넓어지게 되며, 이로 인한 ISI가 발생하게 된다. 이로 인해 많은 주파수성분들이 수신단에 도달하는 시간이 다르며, 다른 감쇠를 하는 채널을 '주파수 선택적 채널(frequency selective channel)' 이라 한다.

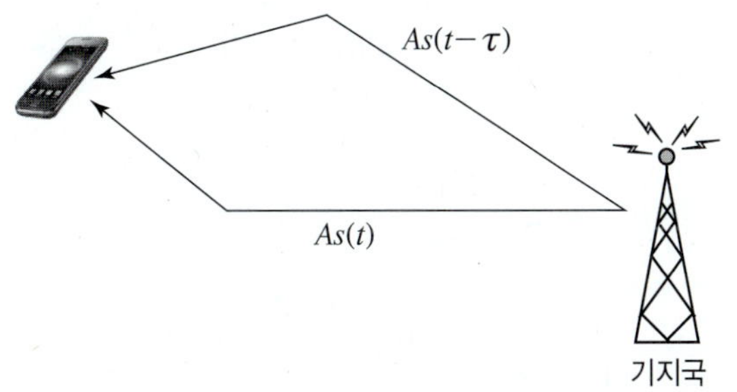

[그림 3-21] 시간 τ에 의해 분리된 2개의 다중경로 성분

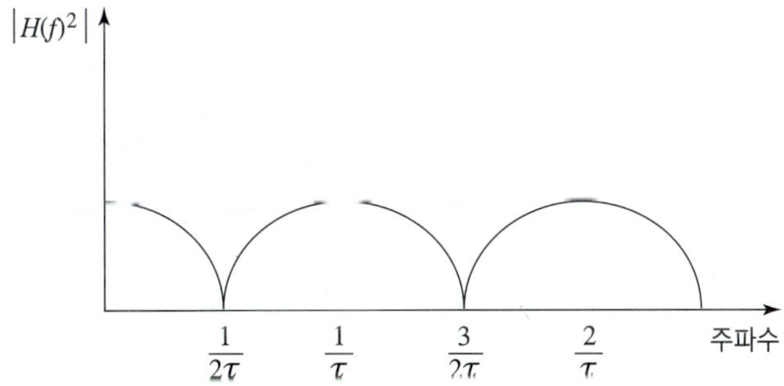

[그림 3-22] 전달함수와 주파수 선택적 페이딩

다음의 [그림 3-23]과 [그림 3-24]는 각각 플랫(flat)채널과 주파수 선택적 채널에서의 주파수응답을 나타낸다. 확산대역 통신시스템의 시스템 대역폭은 보통 코히런스 대역폭보다 크며, 이것은 채널이 주파수 선택적인 것을 의미한다.

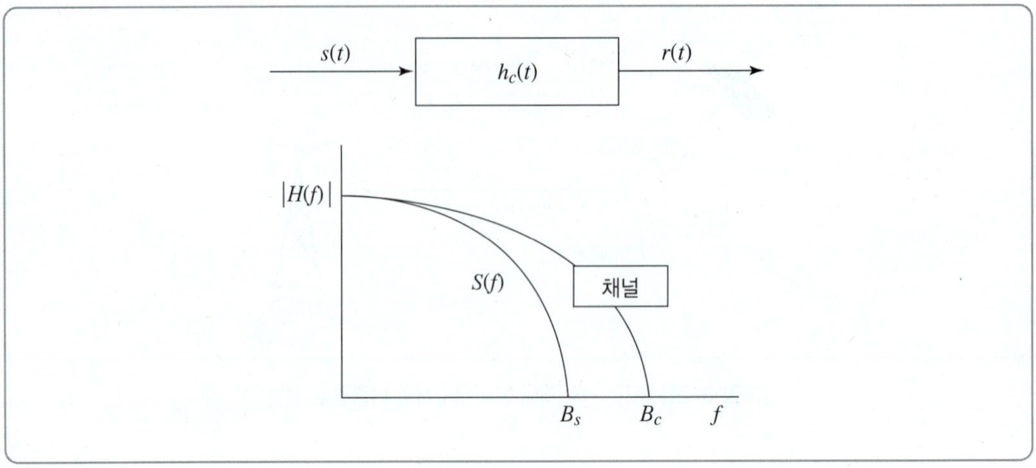

[그림 3-23] 송신된 신호 $S(f)$의 플랫채널의 기저대역 채널응답(전달함수)

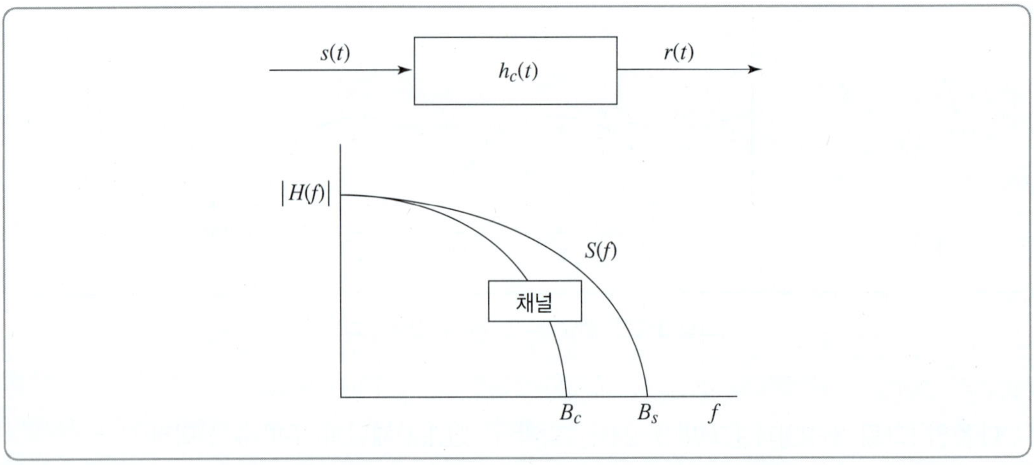

[그림 3-24] 주파수 선택적 채널의 기저대역 채널응답(전달함수)

예 제 1

[그림 3-25]에서 주어진 다중경로 프로파일에 대해서 평균초과지연, rms 지연, rms 지연확산, 최대초과(0dB)를 계산하라. 또한 채널의 50%의 코히런스 대역폭을 추정하라. 이 채널이 등화기가 없이도 AMPS나 GSM 채널에 알맞은가?

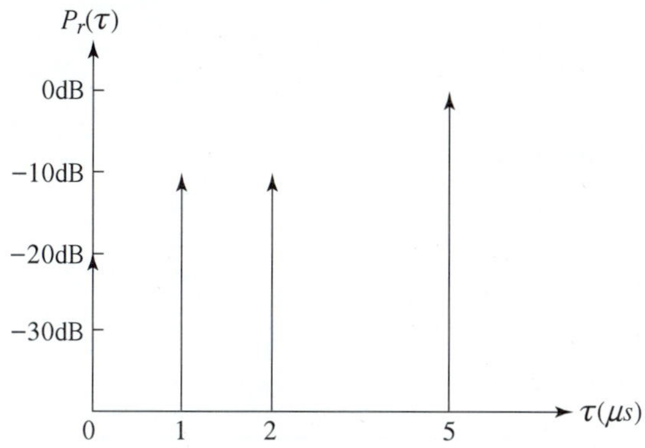

[그림 3-25] 다중경로로 들어온 수신신호

풀이 최대초과지연(0dB)의 정의를 사용하여, τ_{10dB}는 5μs로 볼 수 있다. 주어진 다중경로 프로파일에 대한 rms 지연확산은 식 (3-14)~(3-16)으로부터 얻을 수 있다. 각 프로파일의 지연은 첫 번째 검파된 신호에 대해 상대적으로 추정될 수 있다.

주어진 프로파일에 대한 최대초과지연은

$$\bar{\tau} = \frac{(1)(5)+(0.1)(1)+(0.1)(2)+(0.01)(0)}{(0.01+0.1+0.1+1)} = 4.38\mu s$$

주어진 전력 지연 프로파일에 대한 2차 모멘트는 다음과 같이 계산될 수 있다.

$$\overline{\tau^2} = \frac{(1)(5)^2+(0.1)(1)^2+(0.1)(2)^2+(0.01)(0)}{1.21} = 21.07\mu s^2$$

그러므로 rms 지연확산은 $\sigma_\tau = \sqrt{21.07-(4.38)^2} = 1.37\mu s$이다.

코히런스 대역폭은 식 (3-18)로부터 찾을 수 있다.

$$B_C \approx \frac{1}{5\sigma_\tau} = \frac{1}{5(1.37\mu s)} = 146\text{kHz}$$

B_C은 30kHz보다 크기 때문에 AMPS는 등화기 없이 동작할 수 있다. 그러나 GSM은 B_C를 초과하는 200kHz의 대역폭이 요구되므로 등화기가 필요하다.

예 제 2

전형적인 무선채널의 임펄스응답은 [그림 3-26]과 같이 주어진다. 만약 데이터율이 240kbps 라면, 주파수 선택적(frequency-selective)채널이나 플랫(flat)채널 중 어느 것으로 구분되는가? (단, 주파수 상관성은 0.5이다.)

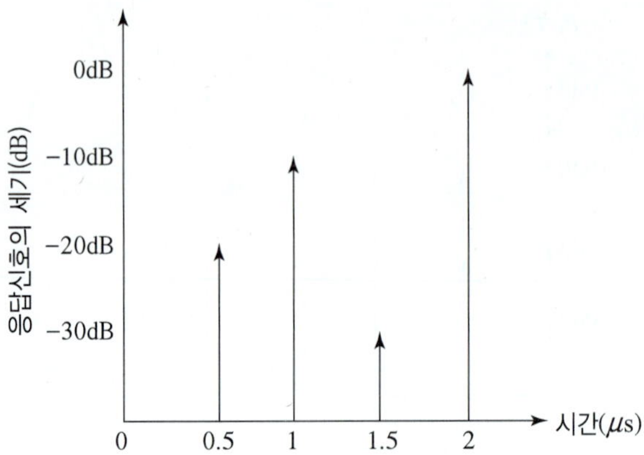

[그림 3-26] 멀티패스 수신신호

풀이 $P(0.5)=0.01,\ P(1)=0.01,\ P(2)=1,\ \sum_i P_i=1.111$

$$\overline{\tau}=\frac{0.5\times0.01+1\times0.1+1.5\times0.001+2\times1}{1.111}=1.896\mu s$$

$$\overline{\tau^2}=\frac{0.25\times0.01+1\times0.1+2.25\times0.001+4\times1}{1.111}=3.695\mu s^2$$

$$\sigma=\sqrt{3.695-1.896^2}=0.317\mu s$$

$$B_c=631\text{kHz}>240\text{kHz}$$

따라서 채널은 플랫(flat)채널이다.

3.2.2.2 도플러효과에 의한 주파수천이

이동체 속도에 따라 주파수가 천이되는 현상을 도플러천이(doppler shift)라 하며, 주파수천이의 분포를 도플러확산(doppler spread)이라 한다. 이는 이동체가 [그림 3-27]과 같이 움직이면서 경로 길이의 차이에 의한 수신신호의 위상변위가 생기며 이는 바로 주파수변위를 야기하며 이러한 주파수변위를 도플러천이라 한다.

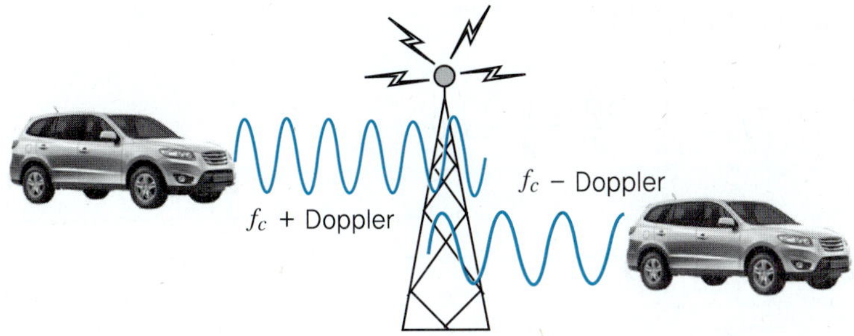

[그림 3-27] 도플러천이(Doppler shift)

지연확산 및 코히런스 대역폭은 채널의 시간 흩어짐 특성(time dispersive nature)을 나타내지만, 이동국과 기지국 사이의 상대적인 움직임에 의한 혹은 채널에서 물체의 움직임에 의한 채널의 시간 흩어짐 특성은 나타내지 않는다. 이는 도플러확산 그리고 코히런스시간(coherence time)에 의해 표현될 수 있다.

도플러확산 f_d는 이동체의 움직임에 의한 주파수대역의 넓어진 정도를 나타낸다. 주파수 f_c의 순수 정현파 톤이 전송되었을 시 도플러 스펙트럼인 수신신호의 스펙트럼은 $f_c - f_D$에서 $f_c + f_D$ 범위에 분포하게 된다. 여기서 f_D는 도플

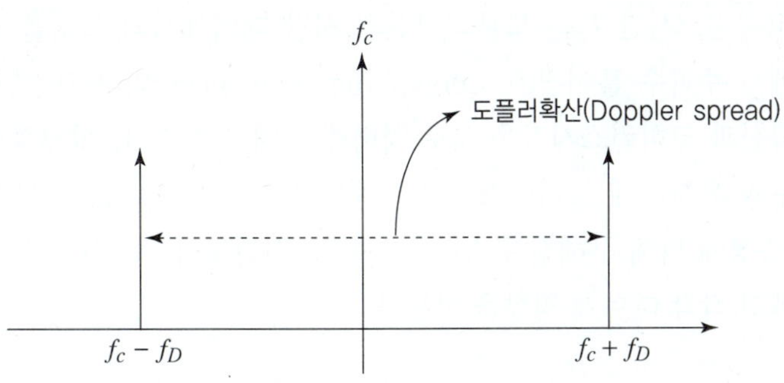

[그림 3-28] 도플러확산(Doppler spread)

러천이이다. 스펙트럼의 펼쳐진 양은 이동체의 상대 속도의 함수인 도플러천이 그리고 이동체의 움직임의 방향 및 산란파의 도착 방향 사이의 각도에 의해 결정된다. 기저대역신호의 대역폭이 B_d보다 훨씬 크다면, 수신기에서 도플러확산에 관한 영향은 무시할 수 있다. 이러한 채널을 느린 페이딩채널(slow fading channel)이라 한다.

$$f_d = \frac{1}{2\pi} \cdot \frac{\Delta\phi}{\Delta t} = \frac{v}{\lambda} \cdot \cos\theta \tag{3-25}$$

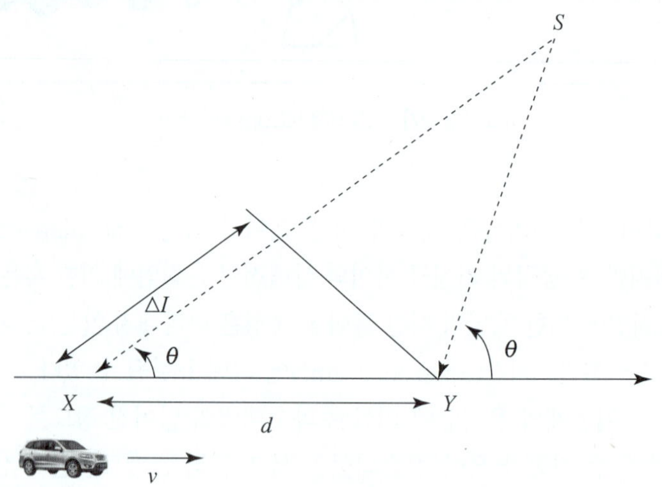

[그림 3-29] 도플러효과의 설명(illustration of Doppler effect)

코히런스시간 T_c는 도플러확산의 시간 대역에서의 특성을 나타낸다. 즉, 채널에서 주파수 흩어짐(frequency dispersiveness)의 시간변위 현상이다. 도플러확산과 코히런스시간은 서로 역비례 관계를 가진다. 실제적으로 코히런스 주파수와 유사하게 코히런스시간은 채널응답이 변하지 않고 시간 영역의 통계적인 측정에 의해 구해진다. 만약 코히런스시간보다 더 멀리 떨어진 두 신호는 채널에서 각각 다르게 영향을 받는다.

예 제 3

1850MHz의 정현 전송주파수를 가진 송신기를 고려해 차량이 60mph(mile per hour)로 움직일 때, 수신된 반송파 주파수를 계산하라.
이동국이 (a) 직접적으로 송신기를 향하여 움직일 때 (b) 송신기로부터 직접적으로 떨어질 때 (c) 송신된 신호의 도착 방향에 대해서 수직 방향으로 움직일 때

풀이 주어진 값:

반송파 주파수 $f_c = 1850\text{MHz}$

따라서 파장 $\lambda = c/f_c = \dfrac{3\times 10^8}{1850\times 10^6} = 0.162\text{m}$

이동국 속도 v = 60mph= 26.82m/s

(a) 이동국이 직접적으로 송신기를 향하여 움직인다. 이러한 경우의 도플러천이(Doppler shift)는 양수이고 수신된 주파수는 다음과 같이 주어진다.

$$f_d = \frac{1}{2\pi}\cdot\frac{\Delta\phi}{\Delta t} = \frac{v}{\lambda}\cdot\cos\theta \tag{3-26}$$

$$f = f_c + f_d = 1850\times 10^6 + \frac{26.82}{0.162} = 1850.00016\text{MHz}$$

(b) 이동국이 송신기로부터 직접적으로 떨어지는 방향으로 움직인다. 이러한 경우 도플러천이(Doppler shift)는 음수이고 수신된 주파수는 다음과 같이 주어진다.

$$f = f_c - f_d = 1850\times 10^6 - \frac{26.82}{0.162} = 1849.999834\text{MHz}$$

(c) 이동국이 송신된 신호의 도착각에 수직으로 움직인다.
이런 경우 $\theta = 90^\circ$, $\cos\theta = 0$이고 도플러천이(Doppler shift)가 없다. 따라서 수신된 신호의 주파수는 1850MHz의 송신된 주파수와 같다.

간략하게 코히런스시간(T_c)과 도플러확산(f_m)은 다음의 상관식으로 나타낼 수도 있다.

$$T_c = \frac{1}{f_m} \tag{3-27}$$

여기서 f_m은 최대 도플러천이를 의미하며, $f_m = v/\lambda$로 표현할 수 있다.

시간대역에서 상관성이 0.5 이상일 경우는 다음과 같이 나타낼 수 있으며,

$$T_c \fallingdotseq \frac{9}{16\pi f_m} \tag{3-28}$$

디지털통신에서 사용되는 일반적인 코히런스시간은 다음과 같이 표현된다.

$$T_c = \sqrt{\frac{9}{16\pi f_m^2}} = \frac{0.423}{f_m} \tag{3-29}$$

[그림 3-30]은 900MHz 이동전화의 경우 시간에 따른 레일리 페이딩의 신호크기를 나타내고 있다. 여기에서 신호의 페이딩이 매 $\lambda/2$마다 발생함을 알 수 있다. 즉, 이동체가 정속도인 V로 이동 시, $\lambda/2$ 거리 동안 걸리는 시간인 코히런스시간은

$$T_c = (\lambda/2)/V = 0.5/f_m \tag{3-30}$$

페이드 사이의 간격이 $\lambda/2$일 때, 위에서 표현한 T_c는 식 (3-30)과 유사함을 알 수 있다. 또한 차량의 속도에 따라 T_c가 신호주파수의 역수보다 적은 빠른 페이딩(fast fading)인 경우 이에 따른 크기의 변화는 50dB 정도 될 수 있다.

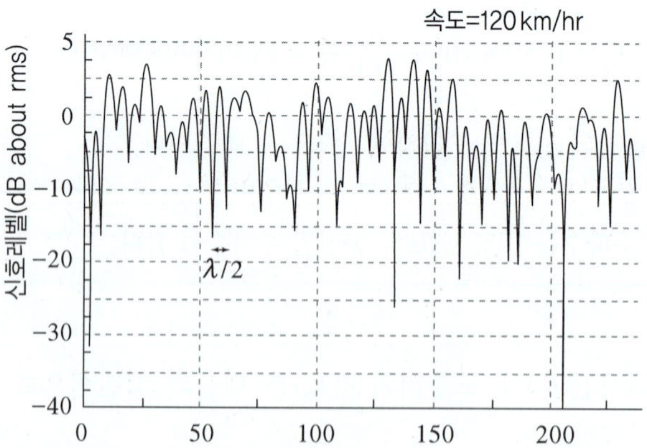

[그림 3-30] 900MHz의 전형적인 레일리 페이딩 포락선

차량이 900MHz 대역에서 60mph로 주행 시 $T_c = 2.22\text{ms}$ 이며, $1/T_c = 454\text{bps}$ 보다 심볼률이 클 경우 채널은 이동체의 속도에 의한 영향은 받지 않게 된다. 또한 $T_c = 6.77\text{ms}$일 경우 주파수 흩어짐에 의한 왜곡을 피하기 위해서는 심볼률은 적어도 150bits/s는 넘어야 한다. 이와 같은 상태에서 채널은 느린 페이딩이 된다.

예 제 4

900MHz 1.9GHz 셀룰러시스템의 감쇠(fade) 발생률을 비교하라.
이동국의 사용자가 90km/hr 혹은 25m/sec로 이동한다고 가정한다.

풀이 셀룰러 반송파 주파수는 900MHz이고 PCS 반송파 주파수는 1.9GHz이다.
파장은 각각 다음과 같이 계산된다.

$$\lambda_{\text{cellular}} = \frac{c}{f_{\text{cellular}}} = \frac{3\times10^8}{900\times10^6} = 0.33\text{m} \qquad \lambda_{\text{PCS}} = \frac{c}{f_{\text{PCS}}} = \frac{3\times10^8}{1.9\times10^9} = 0.16\text{m}$$

한 명의 이동국 사용자가 하나의 페이드(fade)에서 다음 페이드(fade)까지 이동하는 데 걸리는 시간은 다음과 같다.

$$\Delta t_{\text{cellular}} = \frac{(\lambda_{\text{cellualar}}/2)}{v} = \frac{0.167\text{m}}{25\text{m/sec}} = 6.68\text{m sec}$$

$$\Delta t_{\text{PCS}} = \frac{(\lambda_{\text{PCS}}/2)}{v} = \frac{0.079\text{m}}{25\text{m/sec}} = 3.16\text{m sec}$$

그러므로 셀룰러에 대해서 신호의 페이드가 매 6.67msec마다 혹은 150Hz의 비율로 떨어짐을 예측할 수 있다. PCS에 대해서 매 3.16msec마다 혹은 317Hz의 비율로 하나의 페이드를 경험한다.
두 경우의 도플러 주파수천이는 다음과 같다.

$$f_{D,\text{cellular}} = \frac{v}{\lambda_{\text{cellular}}} = \frac{25\text{m/sec}}{0.33\text{m}} = 75\text{Hz} \qquad f_{D,\text{PCS}} = \frac{v}{\lambda_{\text{PCS}}} = \frac{25\text{m/sec}}{0.16\text{m}} = 156\text{Hz}$$

3.2.2.3 소규모 페이딩(small scale fading)의 종류

우리는 신호의 주파수대역, 심볼률 등의 신호 파라미터들과 rms 지연확산 및 도플러확산 등의 채널 파라미터들에 따라 다양한 송신신호들의 페이딩에 관해 알아보았다. 다중경로 지연은 시간 흩어짐(time dispersion)과 주파수 선택적 페이딩을 야기시키며, 도플러확산은 주파수 흩어짐(frequency dispersion)과 시간 선택적 페이딩을 야기한다. 이 두 가지의 전송 현상들은 서로 별개로 동작한다.

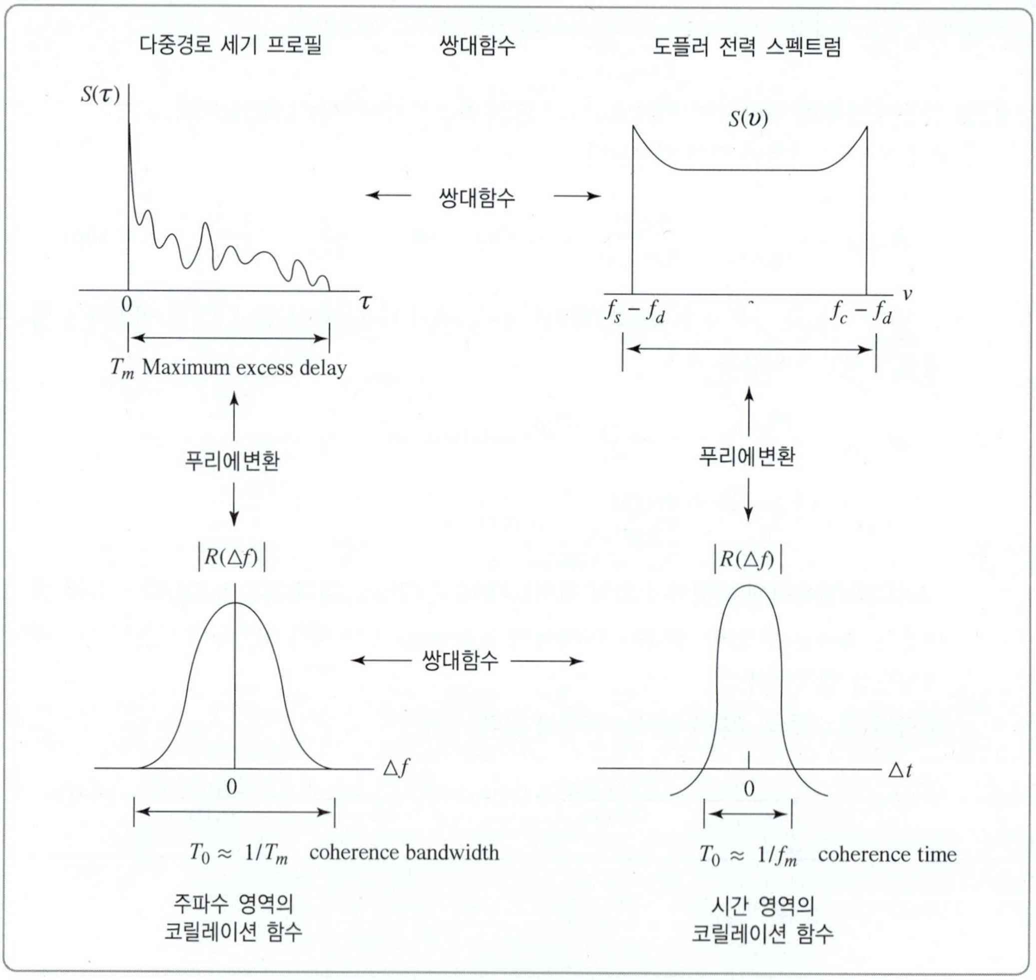

[그림 3-31] 채널상관함수와 전력밀도함수 사이의 관계

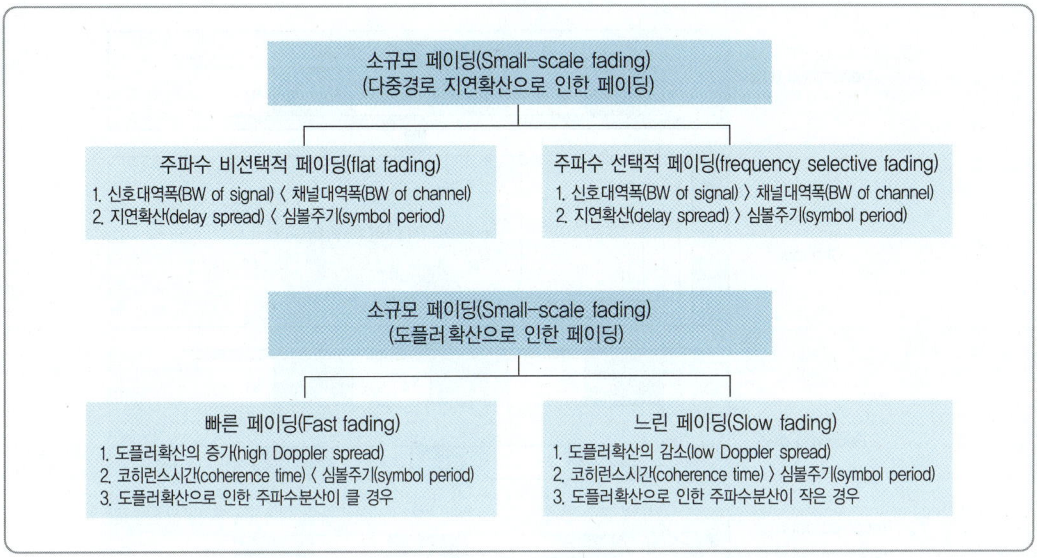

[그림 3-32] 소규모 페이딩의 형식(types of small-scale fading)

[그림 3-31]은 앞에서 설명한 지연확산과 코히런스 주파수대역폭 및 도플러 주파수와 코히런스시간 간의 상호 상관 관계를 표현한 것이다.

다중경로 시간 지연확산에 의한 페이딩과 도플러확산에 의한 페이딩의 구분은 [그림 3-32]와 같다.

a. 다중경로 시간 지연확산에 의한 페이딩

① 주파수 비선택적 페이딩(flat fading)

전송신호 주파수대역보다 큰 채널 주파수대역에서 무선채널이 일정한 이득과 선형위상 응답을 가지면, 수신신호는 주파수 비선택적 페이딩이라 한다. 일반 통신시스템에서 많이 일어나는 페이딩이며, 전송심볼률이 다중경로 지연확산보다 큰 경우에 일어나게 된다.

$$B_s < B_c \tag{3-31}$$

$$T_s > \sigma_\tau \tag{3-32}$$

여기서 T_s는 주파수역수, 즉 심볼률이며, B_s는 전송신호의 대역폭이며, σ_τ와 B_c는 각각 채널의 rms 지연확산과 코히런스폭을 나타낸다.

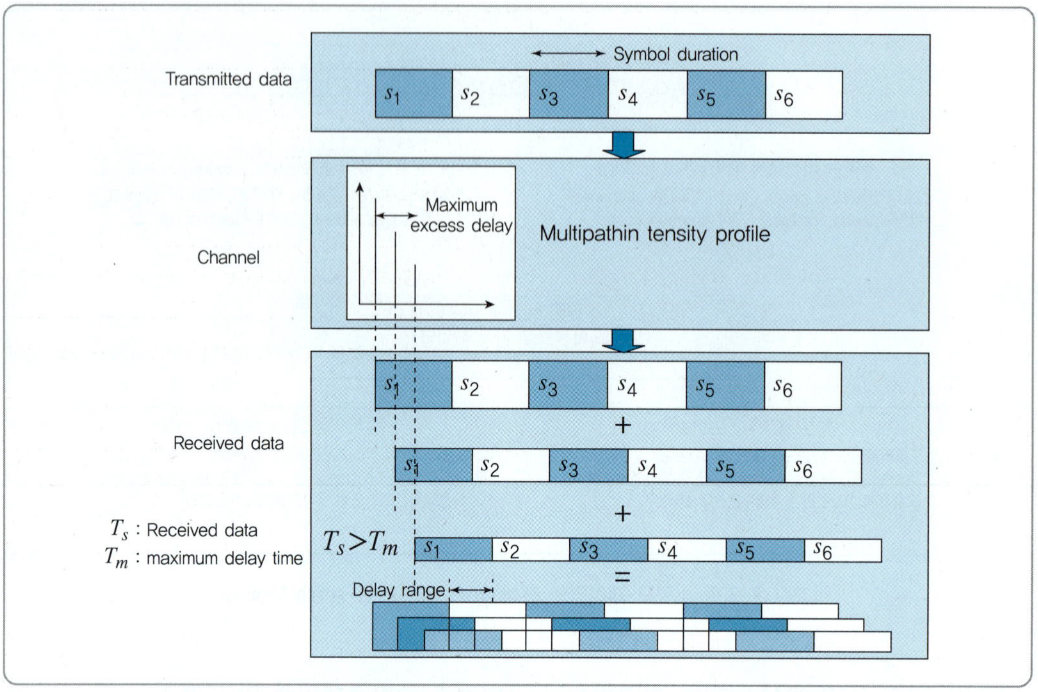

[그림 3-33] 지연에 의한 주파수 비선택적 페이딩의 영향

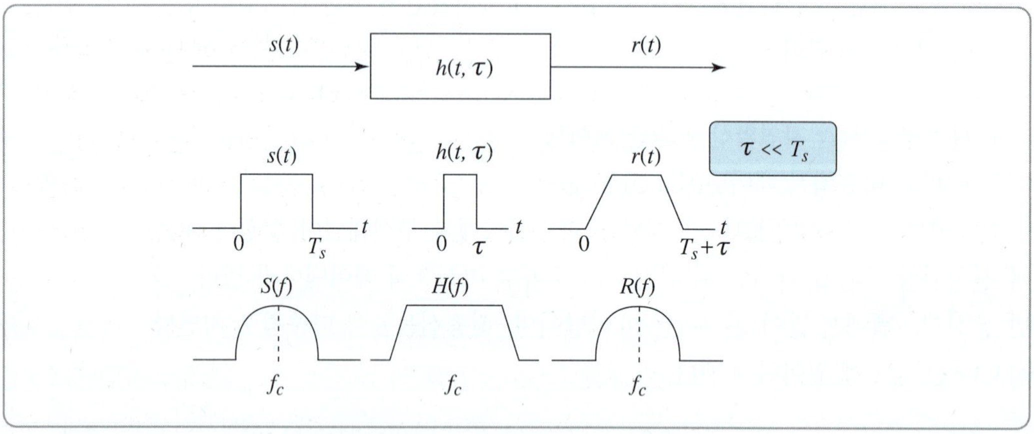

[그림 3-34] 주파수 비선택적 페이딩의 특징

[그림 3-34]의 주파수 비선택적 페이딩의 채널 특성에서 보는 바와 같이 수신 신호의 진폭은 시간에 따라 변하게 되나 주파수 특성은 변하지 않음을 보여주고 있다.

전송신호의 스펙트럼 특성은 수신단에서 보존되나, 수신신호의 세기는 다중 경로에 의한 채널의 이득의 변동 때문에 시간에 따라 변하게 된다. 이러한 주파수 비선택적 페이딩은 '크기 변화 채널' 혹은 '협대역 채널' 이라고도 한다. 대표적인 주파수 비선택적 페이딩은 심한 페이딩을 겪게 되며, 정상적인 통신을 위해서는 20~30dB 정도의 송신전력의 증가가 있어야 한다. 보통 주파수 비선택적 페이딩의 진폭 변화에 대한 분포는 레일리 분포를 가지게 된다.

② 주파수 선택적 페이딩(frequency selective fading)

전송신호 주파수대역보다 작은 주파수대역에서 무선채널이 일정한 이득과 선형위상 응답을 가지면, 수신신호는 주파수 선택적 페이딩이라 한다. 다중경로 지연확산이 전송심볼률보다 큰 경우에 일어나게 된다(혹은 신호의 주파수대역이 채널의 주파수대역보다 큰 경우).

$$B_s > B_c \tag{3-33}$$

$$T_s < \sigma_\tau \tag{3-34}$$

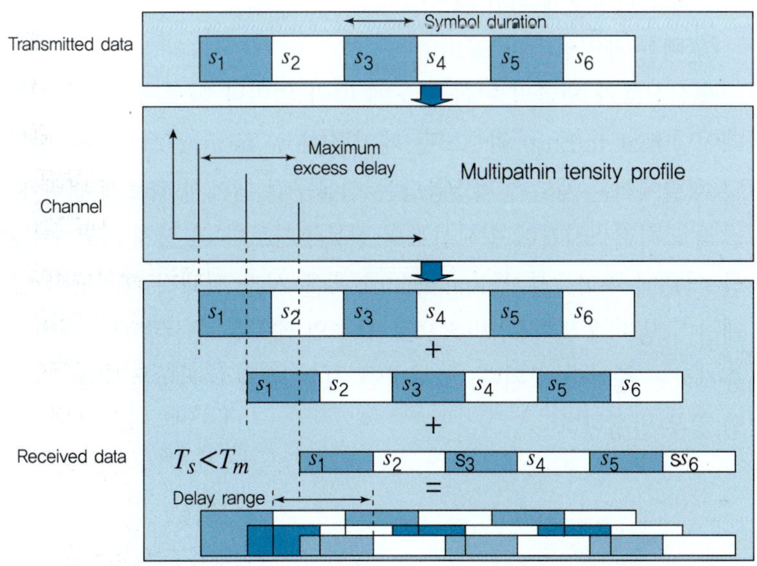

[그림 3-35] 지연에 대한 주파수 선택적 페이딩의 영향

수신신호는 페이딩 및 시간지연을 가지게 되며, 이로 인해 왜곡이 일어나게 된다. 또한 채널은 ISI(intersymbol interference)를 야기시키며, 수신주파수의 특정부분은 다른 것에 비해 더 큰 이득이 있음을 알 수 있다. 이와 같은 주파수 선택적 페이딩은 '광대역' 이라고도 한다.

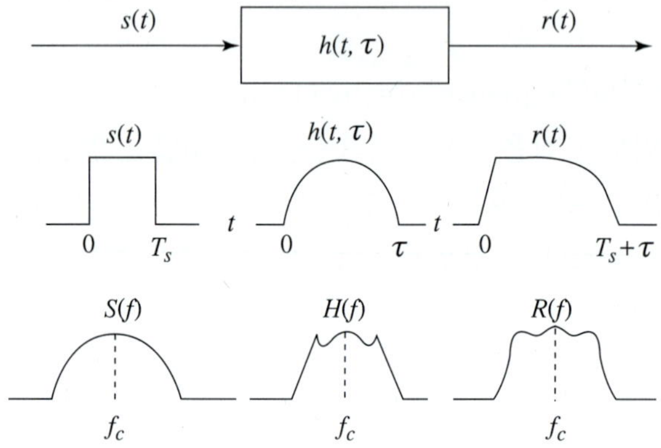

[그림 3-36] 주파수 선택적 페이딩의 특징

b. 도플러확산에 의한 페이딩

① 빠른 페이딩(fast fading)

송신신호가 채널의 변화 정도에 따라 얼마나 빠르게 변하는지에 따라 '빠른 페이딩(fast fading)' 과 '느린 페이딩(slow fading)' 으로 구분한다. 빠른 페이딩 채널에서는 채널 임펄스응답은 심볼구간 내에서 빠르게 변하게 된다. 즉, 채널의 코히런스시간이 송신신호의 심볼주기보다 더 작게 되고, 이것이 도플러확산 때문에 주파수분산(dispersion) 혹은 시간 선택적 페이딩이 일어나 신호의 왜곡이 생기게 된다. 일반적으로 신호의 왜곡은 송신주파수 대비 도플러확산이 증가하면 증가하게 된다. 실제적인 경우 빠른 페이딩은 오직 저속 데이터전송인 경우 발생한다.

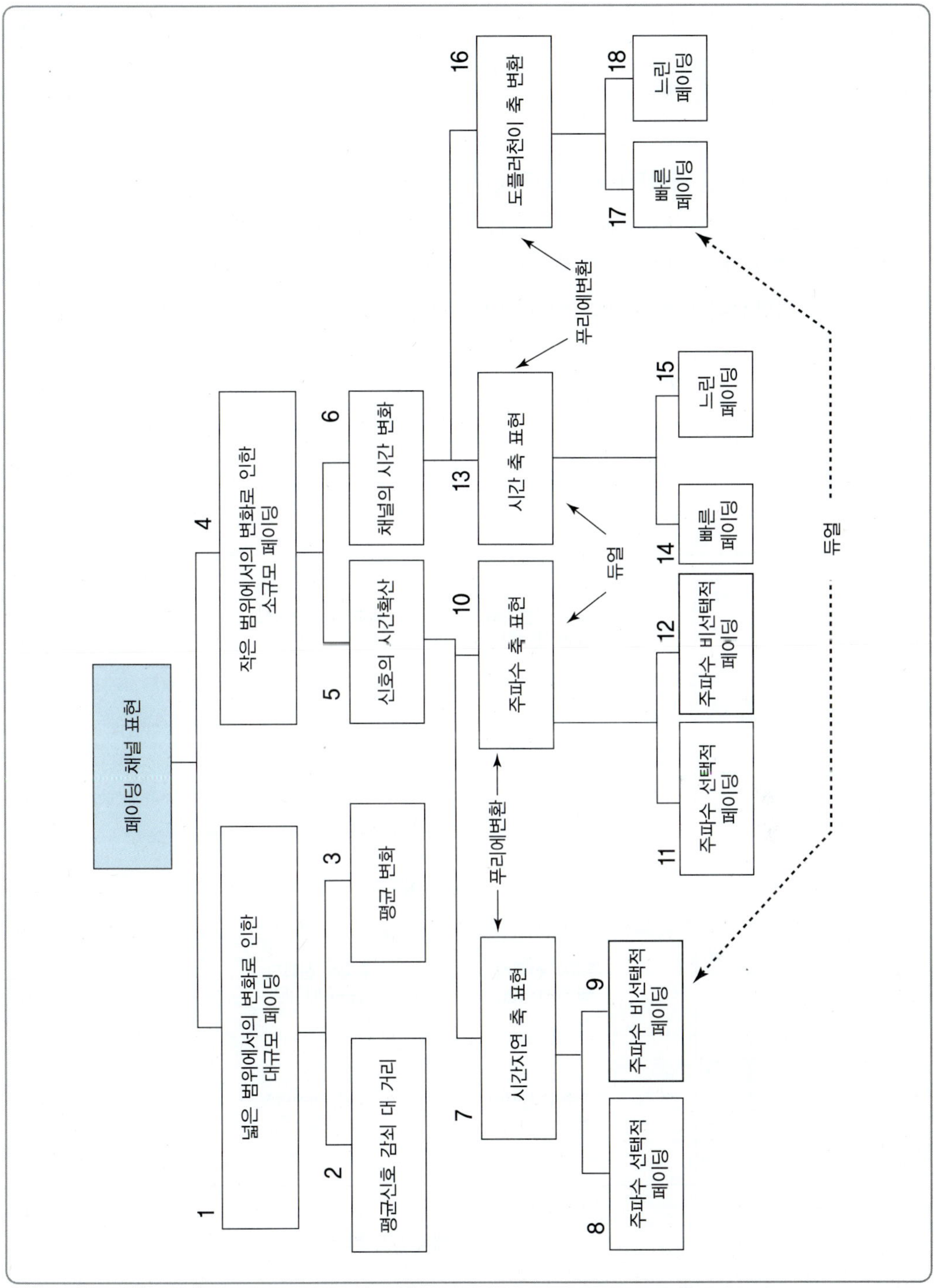

[그림 3-37] 페이딩 채널 표현(fading channel manifestations)

$$T_s > T_c \tag{3-35}$$

$$B_s < B_D \tag{3-36}$$

b. 느린 페이딩(slow fading)

느린 페이딩 채널에서는 채널 임펄스응답은 송신신호보다 매우 천천히 변하게 된다. 이때 채널은 정적이다라고 해도 되며, 주파수 영역에서는 채널의 도플러확산이 신호의 대역폭보다 매우 적음을 뜻한다.

$$T_s < T_c \tag{3-37}$$

$$B_s > B_D \tag{3-38}$$

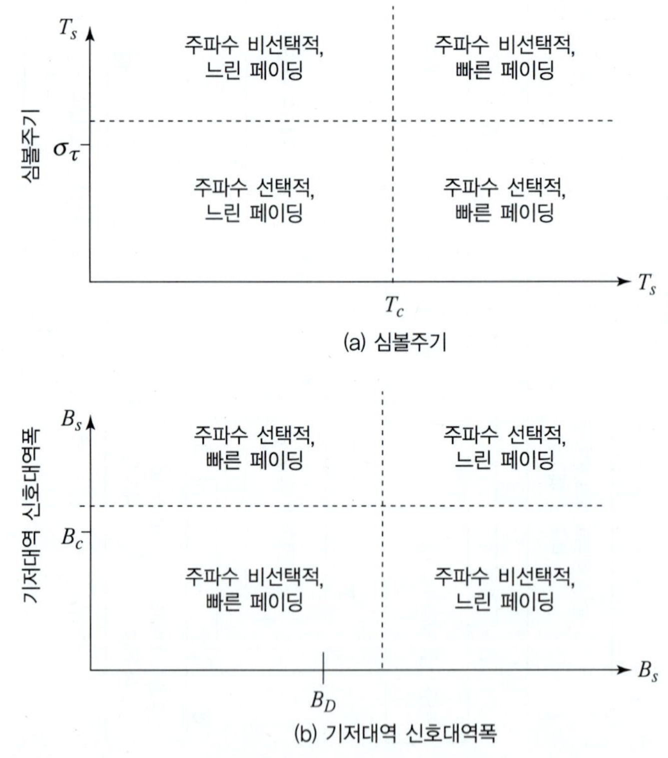

[그림 3-38] 페이딩 채널의 분류

[그림 3-37]은 다중경로 파라미터, 속도에 따른 다양한 페이딩의 현상을 정리한 것이다. [그림 3-38]은 앞에서 설명한 대규모 및 소규모 페이딩을 체계적으로 정리한 것이다.

3.3 페이딩 채널모델

우리는 지금까지 이동통신 채널에서 통신시스템에 영향을 주는 여러 가지 현상에 대해 알아보았다. 통신시스템의 설계에 있어 이러한 이동통신 채널의 효과를 예측함으로써 효율적인 시스템을 개발할 수 있게 된다. 가장 간단한 채널모델로는 백색잡음(AWGN; additive white Gaussian noise)이다. 이 채널에서 원하는 신호는 송수신기의 전자적인 영향뿐만 아니라 채널에서 발생하는 열잡음으로 성능이 나빠진다. 이러한 채널모델은 주로 우주통신이나 유선통신에 주로 많이 사용되고 있다. 열악한 이동, 무선채널에서는 적합치 않으나, 전체적인 시스템의 기준 모델로서 활용하고 있다.

레일리 페이딩은 송수신단 사이에 LOS가 없고 다중반사 경로가 존재 시 사용하는 모델이다. 비록 가장 나쁜 전파모델이나, 해석이 가능하기 때문에 전파환경이 나쁜 도심지역에서의 시스템 특성을 이해하는 데 유용하다.

라이시안 페이딩은 다중반사 경로들뿐만 아니라 직접 LOS 경로가 있는 경우에 사용되는 모델로서 실외에서는 주로 마이크로셀이나 개방된 교외환경에 사용되고, 실내에서도 적합한 모델이다. 이 채널은 직접파의 전력에 대한 다중반사 경로파들의 전력의 비인 K에 따라 특성이 달라진다.

K=도미넌트 경로(dominent path) 전력/흩어진 경로(scattered paths) 전력 (3-39)

여기서 K=0(분자가 0)이면 채널은 레일리가 되고 K=무한대(분모가 0)가 되면 AWGN 채널이 된다.

[그림 3-39]는 다양한 페이딩 환경에 따른 이론적인 BER을 나타낸 것이다. K가 증가하게 되면 채널이 레일리에서 가우시안으로 변하게 되며 이에 따라

BER이 줄어듦을 알 수 있게 된다. 또한 상대적으로 높은 SNR을 나타내는 AWGN은 좋은 BER 성능을 보여주고 있다. 그러나 주파수 비선택적 페이딩이나 느린 페이딩에서 주로 나타나는 레일리 채널은 상대적으로 BER 성능이 나쁘며 이를 보상할 수 있는 FER(forward error correlction), 이퀄라이저 및 다양한 다이버시티 기법 등의 에러 보상 기법들의 적용이 필요하다. 주파수 선택적 페이딩이나 도심지역에서의 빠른 페이딩은 매우 나쁜 BER 성능을 나타내며, 이런 상황에서의 통신을 위해서는 무조건 에러 보상 기법들이 적용되어야 한다.

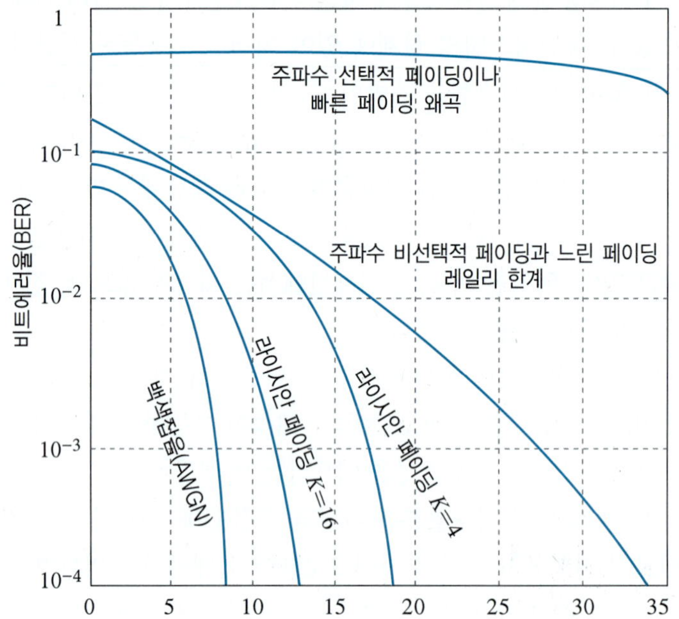

[그림 3-39] 여러 가지 페이딩 상태에서 이론적 BER

예제 5

1개의 직접파와 6개의 간접파가 있는 이동통신 채널에서 직접파는 간접파의 평균전력의 200%라 할 때, 라이시안 계수 K는?

풀이 $K = 2/6$ 혹은 $10\log(2/6) = -4.7\text{dB}$

참 고 문 헌

[1] Carl J. Weisman, *The Essential Guide to RF and Wireless*, Prentice Hall, 2000.

[2] 이상근, 방효창, 《CDMA 무선기술》, 세화출판사, 2000.

[3] Ming-Chwan Chow, *Understanding Wireless*, Andan Publisher, 1998.

[4] Blake, *Wireless Communication Technology*, Delmar, 2001.

[5] Charles N. Thurwachter Jr., *Wireless Networking*, Prentice Hall, 2002.

[6] Agrawal & Zeng, *Introduction to Wireless and Mobile Systems*, Thomson, 2003.

[7] Shankar, *Introduction to Wireless Systems*, Wiley, 2002.

[8] Mark & Zhuang, *Wireless Communications and Networking*, Prentice Hall, 2003.

[9] Rappaport, *Wireless Communications Principles & Practice*(2nd), Prentice Hall, 2002.

[10] Bernard Sklar, *Digital Communications*, Prentice-Hall PTR, 2001.

연 습 문 제
EXERCISE

01 경로손실(path loss), 섀도잉(shadowing), 페이딩(fading), 간섭(interference)에 대해서 이해하고 설명하시오.

02 Log-distance 경로손실 모델에 대해서 간략히 서술하고, 자유공간에서 송신전력이 100(dBm)일 때 수신전력을 구하시오([그림 3-9] 참고).

03 Log-normal 섀도잉에 대해서 설명하시오.

04 페이딩에 의해 일어나는 주요 현상에 대해서 간략히 쓰시오.

05 잡음이 없고 송신기에서 보낸 신호가 아래의 그림과 같이 도착하였을 때 수신신호 $r(t)$를 구하고 그림으로 나타내시오($\alpha_1 = 10,\ \alpha_2 = 5,\ f_c = 2,\ \tau = \frac{\pi}{2}$).

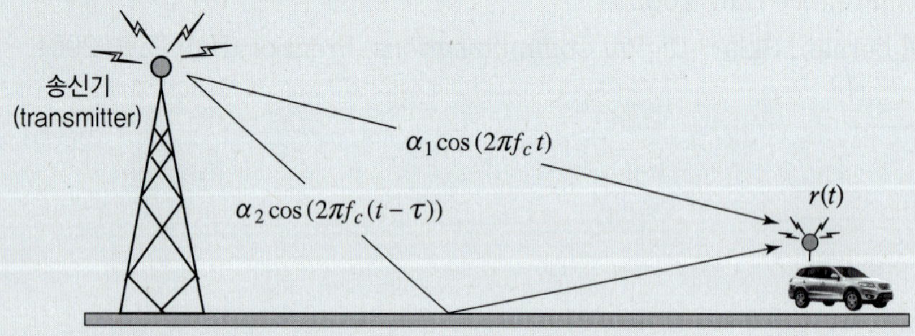

06 이동통신시스템 설계

(a) 기지국에서 각각 10dBW와 40dBm의 전력을 갖는 두 신호를 동시에 전송한다. 그리고 기지국의 안테나 이득은 15dBi이다. 기지국에서 단말기까지의 경로 손실을 160dB이라고 가정하고, 단말기의 수신 안테나 이득이 15dBi라고 할 때, 수신단에서 수신 전력은 몇 dBm인가?

(b) 이 시스템의 대역폭이 10MHz이다. 잡음의 주파수 전력 밀도가 −171 dBm/Hz일 때, 수신단에서의 수신신호 대 잡음 비를 구하시오.

07 광대역 신호의 전력 지연이 다음과 같이 주어진다($T_m = 1\text{ms}$).

$$A_c(\tau) = e^{\frac{\tau}{T_m}}\,(\text{mW}),\quad \tau \geq 0$$

(a) 코히런스 대역폭의 정의를 다음과 같이 하자. 코히런스 대역폭은 시간 지연에 따른 전력의 감소 $1/e$로 되는 시간의 역수라고 정의한다. 이 정의에 따른 코히런스 대역폭을 구하시오.

(b) 위 채널을 아래와 같은 2-tap FIR 모델로 정의할 수 있다고 한다.

$$h(t) = a_0\,\delta(t) + a_1\,\delta(t - T_s)$$

여기서, $T_s = 0.5\text{ms}$이다. 두 개의 필터 계수 a_0과 a_1을 구하시오. 그리고 이 채널은 시간에 따라 변하는 시변 채널인가? [힌트: $a_i = \sqrt{A_c(iT_s)}$]

(c) 송신 전력과 잡음 주파수 전력 밀도가 $P_t = 10\text{mW}$, $N_0 = 10 - 6\text{mW/Hz}$일 때, 이 채널의 용량(channel capacity)을 구하시오. 여기서, 심볼간 간섭(inter-symbol interference)은 독립적인 가우시안 잡음으로 간주할 수 있다.
[힌트: 대역폭 $= 1/T_s$, 수신 신호 전력 $= |a_0|^2 P_t$, Interference power $= |a_1|^2 P_t$]

04

CHAPTER

이동통신시스템

Fundamentals of Mobile Communications

4.1 이동통신시스템의 개요

4.2 이동통신의 역사

4.3 이동통신의 주파수 사용 현황

4.4 시스템의 구성과 설계

4.5 호 처리 절차

4.6 문자메시지 서비스 시스템

4.7 무선데이터 서비스

4.8 이동통신의 주요 기술

CHAPTER 04

이동통신시스템

4.1 이동통신시스템의 개요

'선으로부터의 해방'을 위해 언제 어디서나 자유롭게 통신을 하기 위한 많은 연구개발들이 진행되었고, 1900년도 마르코니의 무선전신통신 후 1980년대 이동통신의 출현으로 인류는 장소에 구애받지 않고 통신을 할 수 있게 되었다. 또한 2000년대 이후의 IMT-2000, 무선 LAN 등의 신기술 개발로 무선/이동 통신의 사용은 삶의 질을 더욱 향상시켰다. 이미 2000년도에는 무선/이동 통신의 사용자 수가 유선통신의 사용자 수를 초과하였으며, 향후에는 무선/이동 중에 멀티미디어 통신 등을 제공하여 무선/이동 통신 분야는 더욱 빠른 속도로 발전할 것이다.

무선통신은 전자파 또는 전파를 매개체로 다양한 종류의 정보를 공기 중으로 전달한다. 우리나라의 전파법 제2조에는 "전파란 인공적 매개물이 없이 공간에 전달하는 3,000GHz보다 낮은 주파수의 전자파이다."라고 정의되어 있다. 전자파란 일반적으로 전자기파 또는 전파라고 한다. 음파는 눈으로 확인할 수 없지만 청각을 통하여 인식할 수 있다. 그러나 전파는 보이지도, 들리지도 않으며 인간의 어떤 감각으로도 인식되지 않기 때문에 전파의 존재는 실험기구 등을 이용하여 간접적으로 확인할 수밖에 없다.

이동통신은 움직이는 물체, 예를 들어 사람, 자동차, 선박, 열차, 항공기 등을 대상으로 하는 통신으로 고정된 지점 사이에 통신수단을 제공하는 고정통신에 대비되는 개념이다. 이동통신 기술은 가입자가 자유롭게 이동하면서 통신을 할 수 있도록 물리적으로 연결할 필요가 없는 전자파를 전송수단으로 이용한다. 전자파는 수 kHz 정도의 낮은 주파수에서 적외선 레이저나 가시광선 레이저를 포함한 매우 높은 주파수의 전자파를 포함한다. 전자파의 중요한 특징은 공기나 진공인 공간을 다른 매질 없이 전파할 수 있다는 것이다. 이와 같은 특징 때문에 임의의 장소로 원하는 정보전송이 가능하며, 라디오, 텔레비전과 같은 단방향 통신부터 디지털 휴대전화와 같은 최첨단 양방향 통신까지도 전자파를 이용하고 있다. 방송과 같은 단방향 통신은 정보를 일방적으로 전자파를 통하여 송신을 원하는 전 지역에 전송하고, 방송 시청을 원하는 가입자는 수신 가능 지역 내에서 장소에 상관없이 단말기(라디오나 텔레비전)를 설치하면 된다. 단방향 통신은 가입자 수라는 개념을 고려할 필요가 없다. 그러나 휴대전화와 같은 양방향 통신은 단방향 통신보다 시스템이 매우 복잡하고, 특정 지역에서 통신을 할 수 있는 가입자 수가 다양한 요인에 의하여 제약을 받는다. 양방향 통신에서 가장 중요한 것은 통신의 상호 독립성이다. 즉, 통신하고 있는 사용자를 제외한 다른 사용자가 동일한 통신 내용을 수신할 수 없어야 한다. 이러한 요구조건을 만족하기 위하여 모든 양방향 통신시스템에서는 통화채널이라는 개념을 이용한다. 가입자는 서로 다른 통화채널을 이용하여 통신 서비스를 제공 받는다. 모든 통신시스템은 그 시스템에 적합한 방법으로 통신채널을 확보하며, 각각의 가입자에게 통신채널을 할당한다.

이동통신에서는 전송수단으로 전자파를 이용하기 때문에 전자파의 특성에 의해서 채널 수가 제한된다. 채널 수와 관련된 전자파의 특징을 살펴보자. 첫째로, 전자파는 공기 중에 전파되면서 세기가 약해진다. 어느 이상 거리가 멀어지면 신호의 세기가 너무 약해져서 수신이 불가능하다. 둘째로 동일한 주파수를 동일한 장소에서 서로 다른 사용자가 동시에 사용할 수 없다. 사용자가 동일한 주파수를 사용하는 것은 서로 같은 채널을 사용한다는 의미이다. 이와 같은 개념은 CDMA 방식에서 조금 다르게 적용되지만, 서로 강한 간섭을 준다는 점에서 동일하다.

제공된 주파수대역폭으로 가능한 많은 채널을 확보하고 주파수효율을 개선하는 다양한 기술들이 적용되고 있다. 충분한 채널 확보를 위한 두 가지 방법에는 주어진 주파수대역폭을 통신에 필요한 최소대역으로 세분하여 각각의 가입자가 할당된 최소대역폭만으로 통신을 제공하는 주파수분할방식(FDMA; frequency division multiple access)과 적당히 분할된 주파수 채널을 각 가입자가 일정 시간만 사용하는 시분할방식(TDMA; time division multiple access)이 있다. 최근에는 동일한 주파수대역을 사용하지만 전송하는 정보에 암호를 첨가하여 이 암호를 가지고 채널을 구분하는 부호분할방식(CDMA;

code division multiple access)을 많이 이용하고 있다. 이와 같은 방법은 한정된 주파수대역폭으로 가능한 많은 정보전송을 위하여 개발된 기술이다. 주파수 이용 효율을 높이기 위한 기술은 변복조 기술과 다중접속 기술로 구분하며, 앞에서 서술한 방법은 다중접속 기술에 의해서 분류된 것이다.

이동통신 환경에서 많은 가입자가 언제, 어디서나 통화가 가능하도록 하기 위하여 주파수대역의 이용 효율을 높이는 방법만으로는 필요한 가입자를 수용하는 데 한계가 있다. 이는 전자파가 도달되는 거리에 제한이 있고, 많은 가입자를 수용하기 위한 채널 수가 충분하지 않기 때문이다. 특히 이동통신 전파환경은 가입자가 이동하기 때문에 다른 무선통신 환경과 비교하여 통신시스템의 제어가 불가능하며 고효율의 변복조 방법을 사용하는 데 한계가 있다.

이동통신은 유선을 사용하는 통신 방식과 비교하면 매우 열악한 환경하에서 통신이 이루어진다. 이동통신에서 사용하는 채널환경(채널: 송신자가 수신자에게 전파를 보낼 때 그 전파를 전달하는 매개체)은 공기(대기)를 사용하는 무선채널이다. 이러한 무선채널은 현재의 가정용 전화나 컴퓨터통신, 인터넷을 이용할 때 사용되는 유선채널보다 많은 오류가 발생한다. 무선채널에서 심각한 오류를 유발시키는 다양한 요소는 앞으로 전개될 내용들을 참고하도록 한다.

이동통신이 가지는 특징에 대해서 알아보도록 하자. 먼저 이동통신은 시간과 공간의 제약을 받지 않는다는 특징을 가지고 있다. 현재 가정에서 사용하고 있는 유선전화기는 행동 반경이 제한적이고, 가정에서 사용하는 무선전화기 또한 공간적 제약을 받는다. 두 번째로 상용 전화선을 이용한 통신은 음성메시지 전송 서비스라는 제한된 서비스를 제공하는 데 비해 이동통신은 언제 어디서든지 다양한 형태의 정보를 전송할 수 있는 서비스를 제공한다. 다양한 정보 서비스를 제공한다는 의미는 음성 서비스뿐만 아니라 문자, 이미지, 동영상, 음악 등 여러 가지 형태의 정보를 전송하고 수신할 수 있다는 의미이다. 현재 활발히 연구되고 있는 분야 중 하나가 이러한 멀티미디어정보를 무선채널을 통하여 서비스할 수 있는 분야임을 기억해 두기 바란다.

이동통신의 세 번째 특징은 한정된 주파수 자원(bandwidth limited)을 사용하는데 있다. 무선주파수는 라디오, TV 등 통신 일반의 각 분야에서 사용하고 있으며, 이동통신용으로 제공되는 주파수대역은 제한되어 있어 채널용량이 매우 부족한 실정이다. 위성통신의 경우 원거리통신이 이루어지므로 전송 품질이 저하되지만 충분한 주파수 자원을 이용하여 매우 효과적으로 통신 품질을 관리한다. 그러나 열악한 이동통신 환경에서 우수한 통화 품질을 제공하기 위하여 채널 코딩과 같은 기법을 사용하지만, 주파수 자원의 제한으로 좋은 통화 품질을 제공하는 것이 매우 어려운 것이 현실이다. 따라서 주파수의 이용 효율을 향상시키는 기술 개발이 필요하다.

이동통신이 가지는 네 번째 특징으로 송신전력의 한계(power limited)를 들 수 있다. 전파를 송신하는 데 전력을 높여서 전송하면 수신측에서 송신신호를 검출하는 데 용이하고, 전송 중에 생기는 잡음에 강하다. 그러나 이동통신시스템에서는 전력 할당에 제한이 있다. 이동통신시스템은 소형 단말기를 소지하고 이동하기 때문에 배터리의 용량에 한계가 있다. 이 경우 송신전력(배터리 용량)과 수신측의 수신 감도 양측을 모두 고려하여 가장 적합한 수준으로 시스템을 설계한다. 이동통신은 고정통신에서 주로 사용하는 유선통신에 비해 이러한 송신전력에 한계가 있다.

이와 같은 특징을 가지는 이동통신 서비스의 종류에는 이동전화(차량전화, 휴대전화 등), 항만전화, 항공기전화, 이동공중전화(열차, 유람선, 고속버스 등에 설치), 무선호출, 가정용 무선전화(코드리스 폰), 위성이동통신, 아마추어 무선(햄), 어업 무선통신 등이 있다. 이와 같은 서비스를 지원하기 위한 이동통신시스템으로는 셀룰러 이동통신시스템, 무선 LAN(wireless local area network), 주파수공용 통신(TRS; trunked radio service), 무선호출기(pager), LTE(long term evolution) 등이 있다.

오늘날처럼 이동통신이 우리나라뿐 아니라 세계적으로 주목받으며 급속히 보급, 확대될 것이라는 생각은 1980년대까지만 해도 일부 선구자를 제외한 대부분의 사람들은 전혀 예상하지 못하였다. 이러한 이동통신 기술은 2000년 초

[표 4-1] 이동통신시스템의 발전 과정

세대 구분	1세대 (~1990년대)	2세대 (1990~2000년대)	3세대 (2000~2010년대)	4세대 (2010년대~)
방식 구분	아날로그	디지털		
대표 규격	AMPS	GSM, CDMA	W-CDMA, CDMA 2000	LTE, LTE-A
주요 응용	음성	음성, 문자	음성, 문자, 영상, 인터넷	음성, 문자, 영상, 인터넷
전송속도	-	14.4~64kbps	144kbps~14.4Mbps	100Mbps~

반부터 2GHz 대역에서 서비스된 IMT-2000, 즉 3G 시스템을 기반으로 언제 어디에서나 최고 전송속도 2Mbps 이상을 지원할 수 있다. 2011년에는 LTE 기반의 4G 서비스가 시작되면서, 하향링크 최대 100Mbps, 상향링크 최대 50Mbps 속도를 지원하면서 대용량 멀티미디어 서비스가 가능하게 되었다. 그리고 2013년에는 LTE-A(long term evolution-advanced) 서비스가 시작되면서 더욱더 향상된 무선 데이터 서비스를 제공하고 있다. 또한 사용자당 1Gbps의 전송속도를 가지는 제5세대 이동통신의 연구도 매우 활기차게 진행되고 있다. 이와 같은 흐름을 정리하면, [표 4-1]과 같다.

4.2 이동통신의 역사

이번에는 이동통신은 어떻게 발전되어 왔는가를 알아보기 위해 세계의 이동통신과 우리나라의 이동통신의 역사에 대하여 살펴보자.

4.2.1 세계 이동통신의 역사

이동통신의 역사는 1900년 초에 해상에서 선박의 안전 운행, 긴급 통신용으로 무선전신을 사용함으로써 시작되었다. 제1차 세계대전 후에는 무선전신에서 무선전화로, 제2차 세계대전 후에는 해상용에서 육상용으로 발전하였다. 이동통신 중에 최근 각광받으며 주목받고 있는 것이 휴대용 이동전화이다.

세계 최초의 차량전화시스템은 1921년 미국 디트로이트 경찰국의 순찰차에 설치하여 사용한 이동라디오서비스(mobile radio service)이다. 이것은 전화기의 부피가 커서 사용이 불편하고, 자동차 전지를 과다하게 소모시키는 단점을 가진 장치였다. 그러나 무선이동전화 방식의 필요성 때문에 미국의 모든 순찰차와 소방차에 사용하게 되었다. 초기에는 전화(음성) 서비스보다는 무전기를 이용했다고 보는 편이 어울리며, 직접 다이얼을 할 수 없었고 교환을 통해서 상대방과 통화를 할 수 있었다.

실제 일반 개인이 자동차에서 외부 사람들과 통화를 할 수 있었던 최초의 이동전화 서비스는 1946년 미국의 세인트루이스에서 시작된 150MHz대의 수동

접속식 서비스이다. 이 서비스는 어느 도시에서나 제한된 3개의 채널(회선 2명×3회선=6명만 동시통화 가능)을 사용했기 때문에 통화를 길게 할 수 없었고, 양방향 통신이 불가능해서 한 방향에서 말하는 동안에는 상대편이 말을 하더라도 들을 수 없었고 통화자들은 교대로 대화를 나누어야 했다(이런 방식을 반이중통신(half duplex communication) 방식이라 하며 요즘도 무전기에서 많이 쓰인다). 이때부터 채찍 모양의 인상적인 안테나를 달고 있는 차는 매우 중요한 사람이 타고 있음을 나타내었다. 우리나라도 초기에는 그렇게 생각하는 사람이 많아서 차량전화는 사치품으로 인식되었다(실제로 차량전화 설치비용이 웬만한 차 값과 비슷하였다).

그 후 1947년 미국 AT&T사의 벨(Bell) 연구소를 중심으로 연구개발이 개시되었고, 1946년 최초로 자동화된 이동전화서비스(mobile telephone service)가 시범적으로 실시되었다. 이때는 전화교환원의 도움 없이 직접 전화를 걸 수 있었으며, 교대로 통화하는 불편 없이 자연스럽게 이야기할 수 있었다(이런 방식을 전이중통신(full duplex communication) 방식이라 한다). 1969년에는 450MHz대에서 500W의 고출력전파를 무선기지국으로부터 송신하여 반경 300km의 광범위한 지역을 서비스하였으나, 채널(회선) 수가 여전히 제한되어 수요가 많은 도심지역에서는 이동전화 설치를 위하여 대기순서를 정해야 했다. 또한 통화자가 자신이 속해 있는 무선기지국에서 멀리 떨어질수록 혼선도 심해지고 통화도 어려웠다. 그리고 자신이 가입되어 있지 않는 다른 무선기지국에서는 전혀 서비스를 받을 수 없었다.

이동전화의 통신 방식은 계속 발전하였으며, 이러한 문제점들을 해결한, 현재 우리가 사용하고 있는 셀룰러 방식의 이동전화가 1978년 미국의 AT&T사가 시카고 지역에서 2,000명의 가입자를 대상으로 800MHz 대역의 AMPS(advanced mobile phone service) 방식으로 최초로 시범 서비스를 하였다. 그 후 1979년 일본에서 세계 최초로 상용화하였고, 1981년 스웨덴 및 노르웨이를 비롯한 유럽 지역, 1983년 미국, 1984년 우리나라에서 상용 서비스가 본격적으로 개시되었다. 이러한 아날로그 시스템은 90년대를 기준으로 디지털 방식으로 교체되었으며 현재는 거의 디지털 방식을 사용하고 있다. 국내의 경우 1999년도에 아날로그 시스템의 서비스를 중단하였다. 디지털 방식은 유럽의 GSM(global system for mobile communication), 일본의 PDC(personal digital cellular), 우리나라의 CDMA 방식 순서로 발전하였으며, 충분한 가입자를 확보하고 있다. 또한 800MHz 대역의 셀룰러 방식과 유사하지만 1.8GHz 주파수대역을 사용하는 이동전화 방식도 유럽의 일부 나라에서 서비스를 개시하였고, 우리나라를 비롯하여 미국 등에서 서비스를 개시하였다.

4.2.2 우리나라 이동통신의 역사

우리나라의 경우는 1910년 8월 대한제국 정부에서 인천의 월미도 무선전신소와 선박(광제호) 사이에 항로 표지의 목적으로 사용된 것이 이동통신의 시초이다. 그 후 일제시대 동안 일본의 식민 통치의 수단과 전쟁 수행의 방편으로 전파 이동통신이 사용되었고, 해방 이후 일제의 잔존 시설을 인수하여 부산, 인천, 목포 등의 해양국에서 선박 무선통신에 사용하였다.

1958년 ICA 경제부흥 원조 계획에 따라 특수목적을 위하여 서울 시내 일원 및 주변을 이동 중인 차량과 일반 유선전화 가입자 또는 차량 상호 간의 무선통신을 위한 시설이 도입되었다.

우리나라의 실질적인 이동전화의 효시는 1960년에 수동교환 방식(교환원이 손으로 통화를 연결하는 방식)인 IMTS(improved mobile telephone service) 방식을 도입하여 서울 및 수도권 일부 지역에 정부 기관을 대상으로 서비스를 제공한 것이라 할 수 있다.

최초의 일반 대중용 이동전화 서비스는 1961년 8월에 80여 가입자를 대상으로 제공되었다. 이때까지의 이동전화 이용 방법은 일반 유선전화로 시외교환을 호출하여 차량 전화번호를 알리고 교환원이 선택 호출장치 버튼을 누르면 전파 신호가 방사되어 차량전화의 벨이 울리는 방식이었다. 따라서 통화품질도 불량하였고, 이동전화 수요에 충분히 대처할 수도 없었다.

1973년 기계식 IMTS를, 1975년 NMRS(new mobile radio system)를 도입하였고, 1976년 6월 반전자식 IMTS를 도입 운영하였으나 가입자 수용에 한계가 있었다. 그러나 1984년 5월 북미식의 AMPS(advanced mobile phone service) 셀룰러 시스템을 도입하여 셀룰러 이동통신 서비스가 본격 개시됨으로써 이동전화 서비스의 대중화를 위한 기반이 구축되었다.

4.3 이동통신의 주파수 사용 현황

4.3.1 차량, 휴대전화용 주파수(CDMA cellular system)

[표 4-2]는 1996년 상용화 이후 사용하던 2세대 CDMA 셀룰러(cellular)시스템의 주파수 분배 현황을 나타낸다. 국내 통신업체 3사가 800MHz 대역을 3개의 주파수 대역으로 나누어 사용하고 있으며, 이동국 송신주파수와 기지국 송신주파수가 다른 주파수분할다중화 방식을 사용하고 있다. 하지만 현재에는 2세대 서비스 종료와 3세대 이동통신시스템의 주파수대역이 추가되면서, 1.8GHz 대역과 2GHz 대역에 3세대 및 4세대 LTE 주파수대역으로 활용되고,

[표 4-2] 국내 2세대 CDMA 셀룰러(cellular)시스템의 주파수 분배

운용 시스템	주파수대(MHz)		통신방식
	이동국 송신	기지국 송신	
SKT	824~834 834~839	869~879 890~894	CDMA(FDD)
KT	905~915	950~960	CDMA(FDD)
LGU+	839~849	884~894	CDMA(FDD)

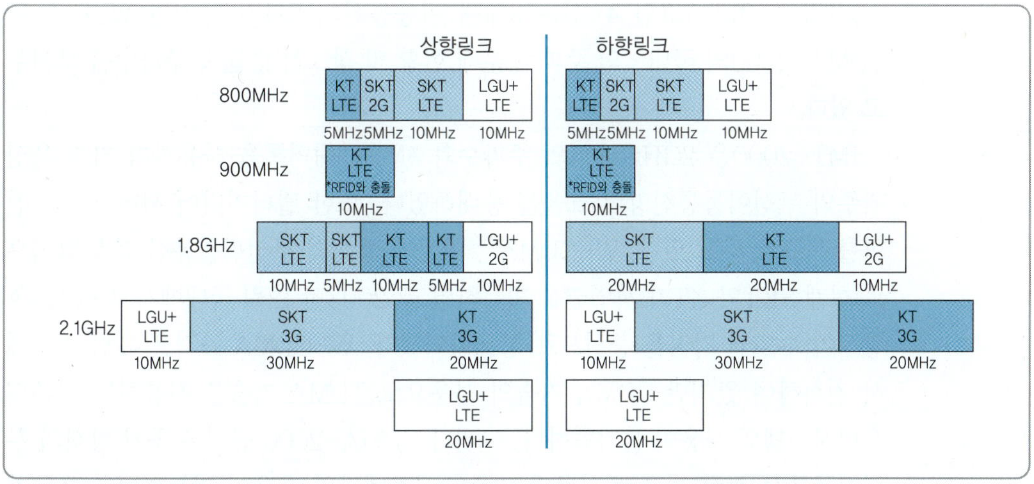

[그림 4-1] 2014년 기준 국내 이동통신 3사의 주파수 배분

기존 800MHz 대역 역시 LTE 주파수대역으로 변경하여 사용하기도 한다. 그래서 2014년 기준으로 국내 이동통신 3사에 배정된 주파수대역을 정리하면, [그림 4-1]과 같다.

4.3.2 이동전화용 주파수와 채널 구성

[그림 4-2]는 [표 4-2]의 내용을 기지국과 단말기의 접속 방향별 주파수를 표현한 것이다. 셀룰러(cellular) 방식은 1984년 이후 국내에서 사용했던 AMPS망과 동일한 주파수대역을 사용하고 있으며 현재 국내 모든 통신사가 사용하는 주파수대역이다.

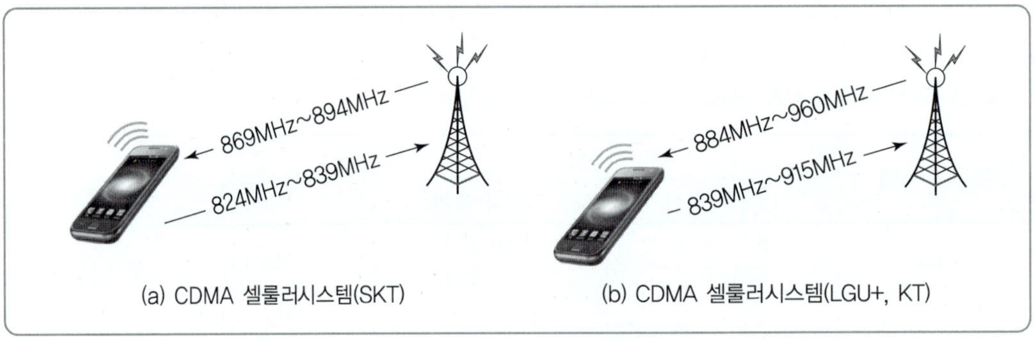

[그림 4-2] 국내 통신사별 2세대 무선이동통신 상/하향 주파수

[그림 4-3]과 [그림 4-4]는 3세대 이동통신의 2가지 규격인 WCDMA와 CDMA-2000의 국내 · 외 주파수 분배 현황 및 상 · 하향 접속 주파수를 보여주고 있다.

IMT-2000은 2GHz 대역의 주파수와 5MHz 대역폭을 사용하며 기존 음성 위주의 무선이동통신망의 효율을 증대하였다. 또한 멀티미디어 서비스로의 진화를 목표로 하고 있다. W-CDMA는 비동기 방식의 무선이동통신 접속 방식으로 현재 SKT와 KT가 사업권을 획득하였고, 2003년 12월 국내에서 W-CDMA 방식이 수도권 지역을 중심으로 상용화되었다. W-CDMA 규격은 유럽 방식에서 진화하여 왔지만 CDMA 기술의 사용으로 TDMA 기술을 사용하던 기존의 유럽시스템의 사용이 불가능하다. 그러나 CDMA-2000 규격은 동기 방식의 무선이동통신 접속 기술로 기존의 CDMA시스템과의 혼용이 가능하여 LGU+가 서비스 중이다.

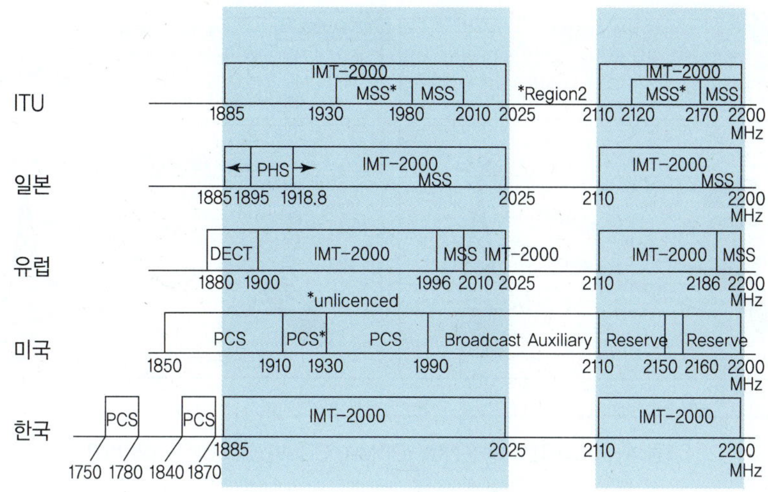

[그림 4-3] 국내외의 3세대 이동통신 주파수 현황

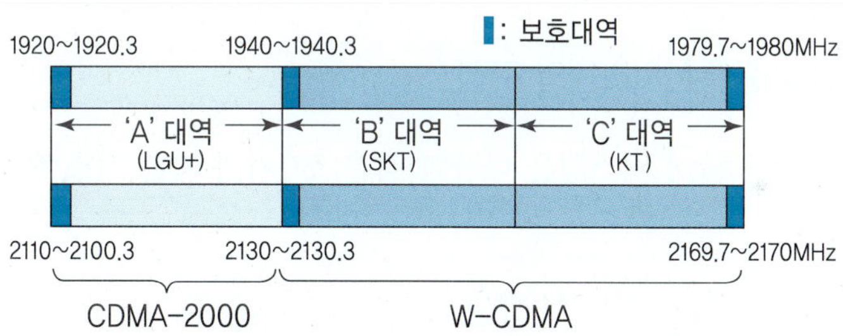

[그림 4-4] 한국의 3세대 이동통신 주파수 현황

[그림 4-5]는 IMT-2000 방식의 비동기식(W-CDMA)과 동기식(CDMA-2000)을 비교하여 나타내고 있다. 국내에서는 SKT와 KT는 W-CDMA 방식으로 LGU+는 CDMA-2000 방식으로 서비스를 했다.

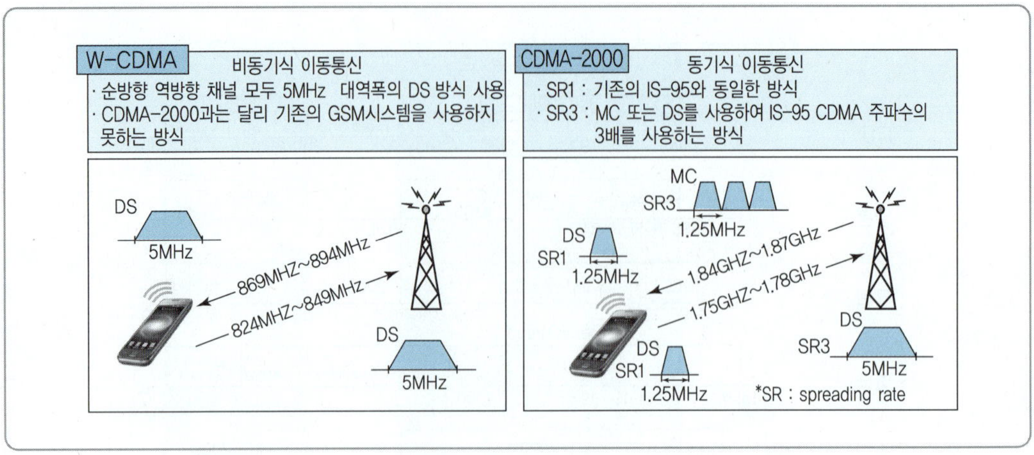

[그림 4-5] 3세대 이동통신(W-CDMA, CDMA-2000) 규격의 비교

4.4 시스템의 구성과 설계

4.4.1 이동통신시스템의 구성

모든 이동통신시스템은 다음과 같은 5가지의 기본 시스템 구성 요소를 가지고 있다.

- 무선통신시스템(radio systems)
- 교환시스템(switching systems)
- 위치등록장치(location registers)
- 프로세싱센터(processing centers)
- 외부네트워크(representations of external networks)

위의 5가지는 이동통신시스템 구성의 필수 요소이며, 또한 이러한 구성 요소들을 연결해주는 인터페이스(interface)도 주요한 구성 요건이다. 각각의 기본 시스템의 특성에 관하여 살펴보자.

4.4.1.1 무선시스템(radio systems)

무선통신시스템은 세 가지 하위 시스템으로 구성된다.

a. 안테나시스템(antenna system)

안테나시스템은 전기적 신호를 전자기파로 변환하고, 반대로 전자기파를 전기적 신호로 변환한다. 또한 안테나시스템은 간섭(interference)을 최소화하기 위하여 방사전력을 조절한다.

b. 송 · 수신기(base transceiver system)

무선 송 · 수신기(radio transceiver)는 간단히 무선 송신부와 수신부의 조합으로 구성된다. 일반적으로 이와 같은 장비를 라디오라고 부르기도 한다.

c. 송 · 수신기 컨트롤러(base station controller)

라디오 송 · 수신기 컨트롤러는 다중 무선전송을 제어하는 장치이다. 이 컨트롤러는 많은 무선채널로부터 전송된 다양한 전기적인 신호들을 이동통신 네트워크로 전송하고, 네트워크 신호를 기지국을 통해 이동국(mobile station)으로 전송한다.

4.4.1.2 교환시스템(switching systems)

교환시스템은 네트워크상에서 하나의 시스템에서 다른 시스템으로 메시지를 전송하는 기능을 제공한다. 이 기능은 이동통신 네트워크의 노드를 찾기 위하여 신호의 라우팅(routing)과 사용자의 정보를 제어한다. 이 시스템은 전송시설과 사용자 상호 간에 호를 연결하는 컴퓨팅 플랫폼으로 구성된다.

4.4.1.3 위치등록장치(location registers)

위치등록장치는 이동 사용자의 서비스를 조정하고 기록 및 사용자와 관계된 정보들을 저장한 데이터베이스시스템이다. 이러한 위치등록장치는 이동 사용자의 현재 상태, 위치, 호를 지원하기 위한 각종 정보들이나 특정한 네트워크 목적지에 호를 교환하는 데 이용하는 네트워크 주소 변환 정보를 포함한다.

4.4.1.4 프로세싱센터(processing centers)

프로세싱센터는 네트워크의 성능 개선을 위한 서비스 기능을 제공하는 주변 네트워크 컴퓨팅 플랫폼으로 이동 사용자의 신원을 인증하는 복잡한 알고리즘으로 구성된 인증센터(AuC; authentication center), 음성안내시스템(voice announcement system), 사용자메시징시스템(user messaging systems) 등이 포함된다.

4.4.1.5 외부네트워크(representations of external networks)

이동통신네트워크와 일반유선전화망(PSTN) 또는 다른 네트워크 사이에 연결을 나타낸다. 데이터네트워크, LAN, ISDN, 다른 이동통신네트워크 등이 외부네트워크의 예이다.

[그림 4-6]은 위의 이동통신 필수 요건을 가진 CDMA 셀룰러시스템의 구성을 나타낸다. 이 시스템은 교환국(mobile switching center), 기지국(base transceiver subsystem), 기지국제어기(base station controller), 이동국(mobile station) 그리고 위치등록장치인 HLR(home location register)과 VLR(visitor location register)로 구성되어 있다.

시스템의 각 구성 요소에 대하여 자세히 알아보자.

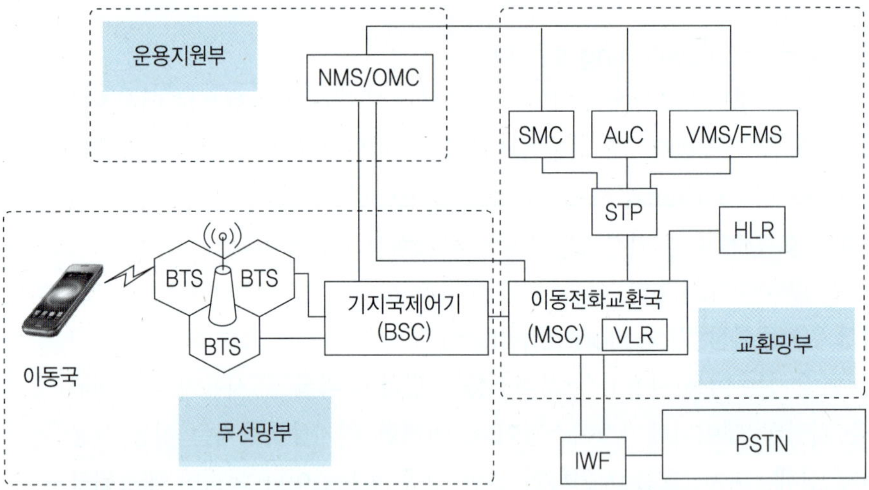

기지국 송수신기시스템(BTS; Base Transceiver Subsystem)
기지국제어기(BSC; Base Station Controller)
운용보수센터(OMC; Operating Maintenance Center)
네트워크 관리시스템(NMS; Network Management System)
이동전화교환국(MSC; Mobile Switching Center)
방문자 위치레지스터(VLR; Visitor Location Register)
일반전화교환망(PSTN; Public Switching Telephone Network)
홈 위치레지스터(HLR; Home Location Register)
단문메시지 서비스센터(SMC; Short Message service Center)
인증센터(AuC; Authentication Center)
음성메일시스템(VMS; Voice Mail System)
팩스메일시스템(FMS; Fax Mail System)
신호전달점(STP; Signal Transfer Point)
망연동장치(IWF; Inter Working Function)

[그림 4-6] CDMA 셀룰러시스템

a. **이동단말기**(mobile station/mobile unit/mobile telephone)

이동전화기 또는 셀룰러(cellular)전화라고 하며 우리가 흔히 말하는 차량전화기 및 휴대전화 등을 말한다. 일반적인 이동단말기는 [그림 4-7]과 같이 크게 고주파 처리부와 기저대역 처리부로 구성되며 주변장치로부터 들어온 음성, 메시지 등을 모뎀에서 디지털신호로 변조 후 고주파 처리부에서 안테나를 통하여 송신하게 되는 경우와, 안테나를 통하여 들어온 수신된 신호를 역으로 변조하여 주변장치로 내보내는 동작을 수행한다.

이동단말기는 차에 장착 후 사용되거나 사람이 직접 휴대하여 사용하는 등 그 용도에 따라 여러 종류로 나누어진다. 먼저 차량용의 경우에는 무선 송·수신기 및 제어장치, 전원장치, 안테나 등이 독립적으로 구성된다. 가끔 차량 안에 다이얼판이 있는 송수신기와 차량 외부에 솟아 나온 안테나를 볼 수 있으나 전원장치 등은 차량 내부에 설치되어 보이지 않는다. 휴대용의 경우에는 송수화기에 이 모든 것이 내장되어 있으며, 안테나는 외부로 돌출되어 있다. 이 밖에도 일반 서류가방 크기 정도의 휴대식 폰과 어깨에 메고 다닐 수 있는 숄더폰 등이 있는데 너무 무거워 차량 등에 넣어두고 필요 시 차량에서 꺼내어 사용한다. 이와 같이 부피가 크고 무거운 전화기를 사용하는 이유는 출력이 높아서 통화품질이 좋으며, 휴대용보다 장시간 사용이 가능하기 때문이다. 이동전화서비스가 최초로 개시된 때에 이동단말기는 부피가 크고 무거웠지만, 차츰 작고 가벼운 모양으로 변화되고 있다.

차량용의 경우에는 출력이 3W(와트), 간이 휴대용(가방형)은 1.2W이며 주머

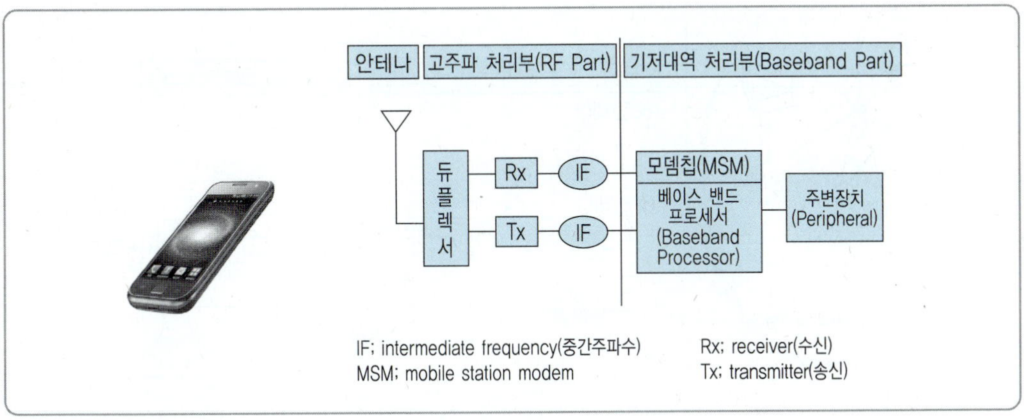

[그림 4-7] 이동단말기의 구조도

니에 넣고 다닐 수 있을 정도로 작은 휴대용은 0.3W로 설계되었다. 출력이 작은 휴대용은 송 · 수신이 원활하지 못하는 경우도 발생하며, 전지 등이 작아서 통화시간이 차량용에 비하여 짧은 단점도 있었다. 그러나 전지기술의 발전과 차량 및 휴대 겸용전화의 개발로 휴대가 간편한 장점 때문에 휴대전화 가입자는 급속히 증가하고 있다.

이동단말기는 통화를 하기 위하여 기지국에만 접속이 된다. 일반 무전기는 무전기와 무전기 간에 직접 연결이 되지만 이동단말기는 기지국과 이동전화교환국을 통하여 통신이 이루어진다.

b. 기지국(base station/cell site)

기지국은 기저대역 신호처리, 유무선 변환 및 무선신호의 송, 수신 등을 수행하여 이동단말기와 이동전화교환국을 연결하는 역할을 한다. 기지국은 [그림 4-8]과 같이 무선 송 · 수신기, 안테나 등과 통신을 위한 기지국 장비실로 구성되어 있다. 기지국은 세부적으로 RF 무선처리 부분과 CDMA신호를 처리하는 채널 및 제어기로 이루어진 기저대역 처리부로 나누어진다. 기지국은 콘테이너 박스형으로 제작되거나 넓은 서비스를 제공하기 위하여 철탑을 이용하여 기지국 위치를 높게 제작하는 등의 고정된 경우가 많으나 통화가 잘 안 되는 지역이나 시설에 이상이 발생한 기지국의 지원을 위하여 기지국 장비 및 안테나를 차량에 장착하여 이동하는 이동기지국이란 것도 있다.

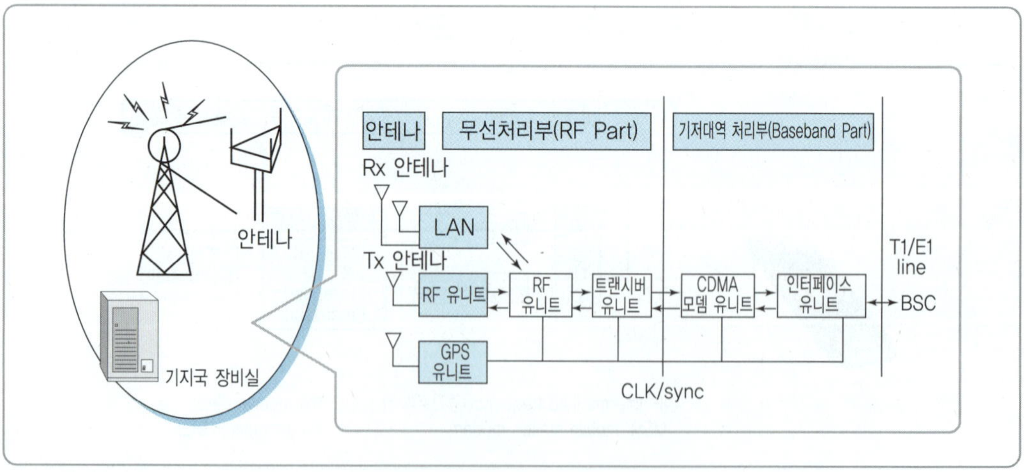

[그림 4-8] 기지국의 구조도

기지국은 이동단말기의 위치를 확인하여 이동전화교환국으로 통보하고, 이동단말기가 통화 중에 주파수가 다른 기지국으로 이동할 경우, 이동단말기가 사용 중이던 주파수가 달라져 통화단절이 발생하게 되는데 이와 같은 문제를 해결하기 위하여 지속적인 통화가 가능하도록 새로운 주파수의 통화로(채널 또는 RF(radio frequency))로 자동전환하여 연결한다. 이를 핸드오프(hand-off; 통화 중 채널전환)라고 한다. 여기서 RF란 이동전화에서 말하는 채널을 의미하며, 무선통신용으로 사용되는 모든 주파수를 말한다.

c. 이동전화교환국(MTSO/MSC)

모든 기지국은 유선 또는 무선으로 이동전화교환국과 연결되어 있으며 이동단말기의 통화 요구를 처리하기 위하여 이동전화교환국에 보고한다. 각 기지국에서 발 · 착신되는 호를 처리하고, 모든 기지국이 효율적으로 운용될 수 있도록 하는 중앙통제기능과 공중전화망의 교환기와도 연결할 수 있는 기능을 갖고 있다.

이러한 이동전화교환국은 제어부, 통화로부 및 주변기기로 구성되어 있다. 통화로부는 통화회선의 수용과 상호접속에 의한 교환기능을 수행하고, 주변기기장치는 제어부와 통화로부의 동작을 지원하기 위한 기능을 수행하는 것으로서 감시장치, 과금장치 및 기타 부가장치로 구성된다. 기계적인 구성면에서는 이동전화교환기는 기존의 유선통신교환기와 대체적으로 동일하나 기능적인 측면에서는 이동전화의 호 처리를 위한 기능을 가지고 있다. 무선채널할당 및 통화채널 전환기능 제어, 기지국과의 지속적인 데이터교신을 통해 필요한 정보를 관리하고 회선구간별 통화량을 감시, 분석하며 이에 따른 통화량 분산처리기능을 제어부에서 하고 있다. 따라서 이동전화교환국은 모든 이동단말기의 가입사항을 관리하고 요금을 부과하는 기능과 이동단말기가 어느 셀 내에 있는가를 기록 · 유지하며, 일반유선전화망(PSTN)과 연결되어 이동전화에서 일반유선전화로, 일반유선전화에서 이동전화로의 호를 연결하여 주는 역할을 하는 거대한 컴퓨터라고 할 수 있다. 이동전화교환국과 이동전화교환국, 이동전화교환국과 기지국 사이는 유선 또는 마이크로웨이브 등과 같은 무선방식으로 연결할 수 있다.

d. VLR(visitor location register)

VLR은 자신이 관리하는 영역 내에 존재하는 모든 이동국에 대한 정보를 일시적으로 저장하고 관리하며, 이동통신 가입자가 호를 설정할 때 이동전화교환국의 요구에 따라 이동전화교환국으로 해당 가입자에 관련된 정보를 전송하는 기능을 수행한다. VLR과 관련된 데이터는 항상 HLR과 동일하게 유지한다. 이는 단말기의 위치에 따라 변하게 되므로 인간 생활과 비교하여 설명하면 주민등록과 유사한 개념이다.

e. HLR(home location register)

HLR은 자신의 영역 내에 등록된 모든 이동국에 대하여 가입자 파라미터와 위치정보 등을 저장하고 관리하는 데이터베이스 관리시스템이다. HLR은 단말기의 엑세스 능력, 기본 서비스, 부가서비스 등 중요한 데이터를 관리하며 착신 가입자의 루팅 기능을 수행한다. VLR과 달리 단말기의 위치에 상관없이 가입자 정보를 관리하기 때문에 호적과 유사한 개념이라 할 수 있다.

f. OMC(operation and maintenance center)

OMC는 이동통신망을 구성하는 모든 구성 요소들에 대해 운용 유지보수 기능을 수행하며, 이동전화교환국과 이동통신망요소와 통신중재장치 또는 운용시스템 간의 인터페이스인 'TMN (telecommunication management network) Q 인터페이스'를 통해 연동한다.

g. AuC(authentication center)

AuC는 가입자의 인증을 처리하는 시스템으로 이동전화교환국과는 HLR을 경유하여 이동통신망과 연동한다. 주로 HLR을 이용하여 가입자를 인증하고, 무선통화 구간에 대한 암호화(인증키 관리)를 지원하며, 또한 VLR에서 사용자에 대한 자료 요청이 오면 코드와 정보를 만든 후 다시 VLR로 전송하는 역할도 수행한다.

4.5 호 처리 절차

이동단말기와 기지국, 이동전화교환국은 구체적으로 어떻게 통화를 연결하는지 알아보자. [그림 4-9]에서 표현한 망 구조도에서 통화연결 절차(호 처리 절차)를 통해 이해할 수 있다.

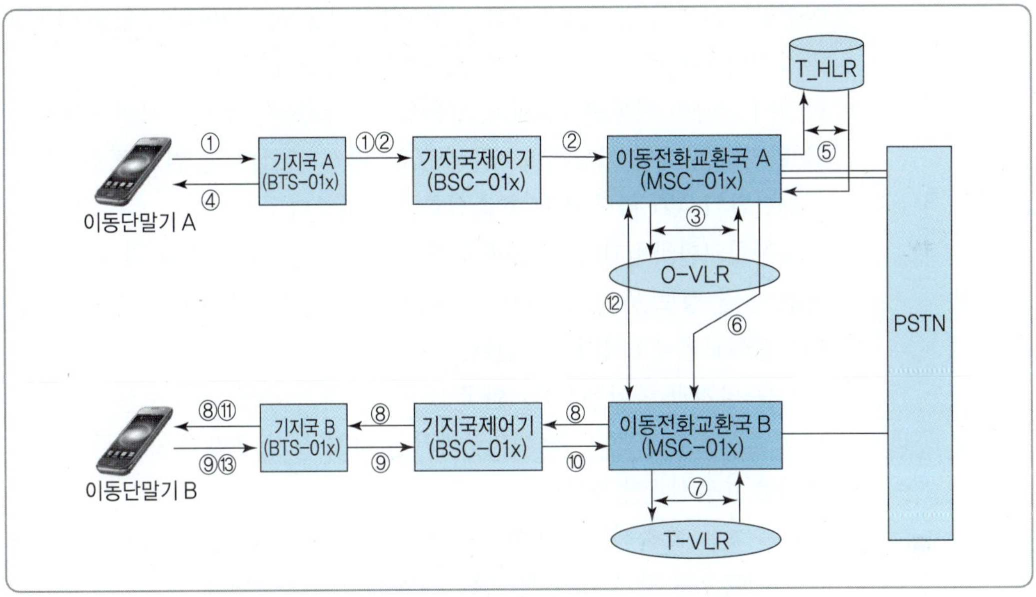

[그림 4-9] 이동단말기 상호 간의 통화 호출 흐름도

편의상 이동전화를 M(Mobile)이라고 하고, 일반 유선전화를 L(Land)이라고 하자.

4.5.1 M에서 M으로 통화를 연결하는 절차(이동전화 – 이동전화)

① 이동단말기 A의 숫자판에서 호출할 이동단말기 B의 전화번호를 누른 후 통화키를 누른다.

② 기지국 A에서는 이동단말기 A에서 오는 신호를 인식하고 신호를 보내온 이동단말기 A의 번호와 호출할 이동단말기 B의 번호를 접수하여 이동전화교환국 A로 송출한다.

③ 이동전화교환국 A가 이동단말기 A의 현재 정보(ex. 발신금지 상태, 요금정보, 인증정보 등)에 관하여 O_VLR에게 자료를 요청하면 O_VLR은 등록되어있는 이동단말기 A에 관련된 정보를 이동전화교환국 A에게 제공한다.

④ 이동단말기 A에 관한 인증이 끝난 후, 사용 가능한 채널이 있을 경우 기지국 A는 이동전화교환국 A의 지시를 받아 통화를 할 수 있는 채널을 이동단말기 A에 지정해 준다.

⑤ 이동전화교환국 A가 이동단말기 B가 등록되어 있는 T_HLR로 접속하여 이동단말기 B의 관련된 정보를 요청하면 T_HLR은 등록되어 있는 이동단말기 B의 자료를 이동전화교환국 A에게 제공한다.

⑥ 확인이 끝나면 이동전화교환국 A에서는 호출하는 이동단말기의 B의 번호를 관리하는 해당 이동전화교환국 B로 '당신 관할의 몇 번과 통화하려는 이동단말기 A가 있다' 라는 호출신호를 넘겨준다.

⑦ 이동전화교환국 B가 T_VLR에게 현재 이동단말기 B에 관한 위치 정보 및 착신 관련 정보 등을 요청하면 T_VLR은 이동단말기 B에 관련된 자료를 이동전화교환국 B에게 제공한다.

⑧ 정보를 넘겨받은 이동전화교환국 B에서는 자기 구역 내의 모든 기지국으로 호출신호를 보낸다. 각 기지국에서는 다시 자기 구역 내의 모든 이동단말기로 호출신호를 보낸다.

⑨ 자기를 찾는 호출신호를 알아차린 이동단말기 B는 가장 신호가 강하게 오는 기지국으로 자기의 위치를 알리는 응답신호를 보낸다.

⑩ 응답신호를 받은 기지국 B는 이동단말기 B가 응답하였음을 이동전화교환국 B로 보고한다.

⑪ 채널이 비어 있을 경우 기지국 B는 이동전화교환국 B의 지시를 받아 호출에 응답한 이동단말기 B에 채널을 지정하고 이동단말기 B에 벨을 지시한다.

⑫ 이동단말기의 벨이 울리는 것을 수신자가 듣고 이동단말기의 통화키를 누르면 벨이 중단되고, 기지국 B가 이동전화교환국 B로 호출된 이동단말기 B가 응답하였음을 보고한다. 이동전화교환국 B는 이동전화교환국 A와 연결한 상태에서 두 이동단말기를 서로 연결하여 통화가 이루어진다.

⑬ 통화가 끝난 후 사용자가 숫자판의 종료키를 누르면 이동단말기는 기지국으로 통화가 끝났음을 알리는 종료신호를 보낸다. 기지국은 이 종료신호를 접수하고 채널을 복구처리한다.

예 제 1

서울에 등록되어 있는 01x 사용자 A가 같은 지역에 등록된 01x 사용자 B에게 전화를 걸었다. 이때의 통화 절차에 대해 설명하라.

풀이 ① 01x 이동단말기 A의 숫자판에서 호출할 01x 이동단말기 B의 전화번호를 누른 후 통화키를 누른다.

② 01x 기지국 A에서는 01x 이동단말기 A에서 오는 신호를 인식하고 신호를 보내온 01x 이동단말기 A의 번호와 호출할 01x 이동단말기 B의 번호를 접수하여 01x 이동전화교환국 A로 송출한다.

③ 01x 이동전화교환국 A가 01x 이동단말기 A의 현재 정보(ex. 발신금지 상태, 요금정보, 인증정보 등)에 관하여 O_VLR에게 자료를 요청하면 O_VLR은 등록되어 있는 01x 이동단말기 A에 관련된 정보를 01x 이동전화교환국 A에게 제공한다.

④ 01x 이동단말기 A에 관한 인증이 끝난 후, 사용 가능한 채널이 있을 경우 01x 기지국 A는 01x 이동전화교환국 A의 지시를 받아 통화를 할 수 있는 채널을 01x 이동단말기 A에 지정해 준다.

⑤ 01x 이동전화교환국 A가 01x 이동단말기 B가 등록되어 있는 T_HLR로 접속하여 01x 이동단말기 B의 관련된 정보를 요청하면 T_HLR은 등록되어 있는 01x 이동단말기 B의 자료를 01x 이동전화교환국 A에게 제공한다.

⑥ 확인이 끝나면 01x 이동전화교환국 A에서는 호출하는 01x 이동단말기의 B의 번호를 관리하는 해당 01x 이동전화교환국 B로 '당신 관할의 몇 번과 통화하려는 01x 이동단말기 A가 있다' 라는 호출신호를 넘겨준다.

⑦ 01x 이동전화교환국 B가 T_VLR에게 현재 01x 이동단말기 B에 관한 위치 정보 및 착신 관련 정보 등을 요청하면 T_VLR은 01x 이동단말기 B에 관련된 자료를 01x 이동전화교환국 B에게 제공한다.

⑧ 정보를 넘겨받은 01x 이동전화교환국 B에서는 자기 구역 내의 모든 기지국으로 호출신호를 보낸다. 각 기지국에서는 다시 자기 구역 내의 모든 이동단말기로 호출신호를 보낸다.

⑨ 자기를 찾는 호출신호를 알아차린 01x 이동단말기 B는 가장 신호가 강하게 오는 기지국으로 자기의 위치를 알리는 응답신호를 보낸다.

⑩ 응답신호를 받은 01x 기지국 B는 01x 이동단말기 B가 응답하였음을 01x 이동전화교환국 B로 보고한다.

⑪ 채널이 비어 있을 경우 01x 기지국 B는 01x 이동전화교환국 B의 지시를 받아 호출에

응답한 01x 이동단말기 B에 채널을 지정하고 01x 이동단말기 B에 벨을 지시한다.

⑫ 01x 이동단말기의 벨이 울리는 것을 수신자가 듣고 01x 이동단말기의 통화키를 누르면 벨이 중단되고, 01x 기지국 B가 01x 이동전화교환국 B로 호출된 01x 이동단말기 B가 응답하였음을 보고한다. 01x 이동전화교환국 B는 01x 이동전화교환국 A와 연결한 상태에서 두 이동단말기를 서로 연결하여 통화가 이루어진다.

⑬ 통화가 끝난 후 사용자가 숫자판의 종료키를 누르면 이동단말기는 기지국으로 통화가 끝났음을 알리는 종료신호를 보낸다. 기지국은 이 종료신호를 접수하고 채널을 복구 처리한다.

4.5.2 M에서 L로 통화를 연결하는 절차(이동전화 – 일반유선전화)

① 이동단말기 A의 숫자판에서 일반유선전화의 지역번호와 전화번호를 누른 다음 통화키를 누른다.

② 기지국 A에서는 이동단말기 A에서 오는 신호를 인식하고 신호를 보내온 이동단말기 A의 번호와 호출할 유선전화 B의 번호를 접수하여 이동전화교환국 A로 송출한다.

③ 이동전화교환국 A가 이동단말기 A의 현재 정보(ex. 발신금지 상태, 요금정보, 인증정보 등)에 관하여 O_VLR에게 자료를 요청하면 O_VLR은 등록되어있는 이동단말기 A에 관련된 정보를 이동전화교환국 A에게 제공한다.

④ 이동단말기 A에 관한 인증이 끝난 후, 사용 가능한 채널이 있을 경우 기지국 A는 이동전화교환국 A의 지시를 받아 통화를 할 수 있는 채널을 이동단말기 A에 지정해 준다. 위의 과정은 M에서 M으로 처리하는 경우와 같다.

⑤ 이동전화교환국에서 호출신호를 일반유선전화국의 유선전화시외교환기로 넘겨준다.

⑥ 이를 넘겨받은 유선전화시외교환기는 HLR에게 가입자의 유효성, 가입자 서비스 종류, 위치 등의 정보를 요구한다.

⑦ HLR은 유선전화시외교환기에게 요청받은 자료를 제공한다.

⑧ 해당 유선전화기의 인증이 끝난 후 해당 유선전화시내교환기로 호출신호를 넘겨준다.

⑨ 유선전화시내교환기는 해당 번호의 가입자에게 호출신호를 보내고 호출신호(벨)를 듣고 가입자가 응답하면(수화기를 들면) 통화가 연결된다.

[그림 4-10]은 위의 과정을 그림으로 나타낸 것이다.

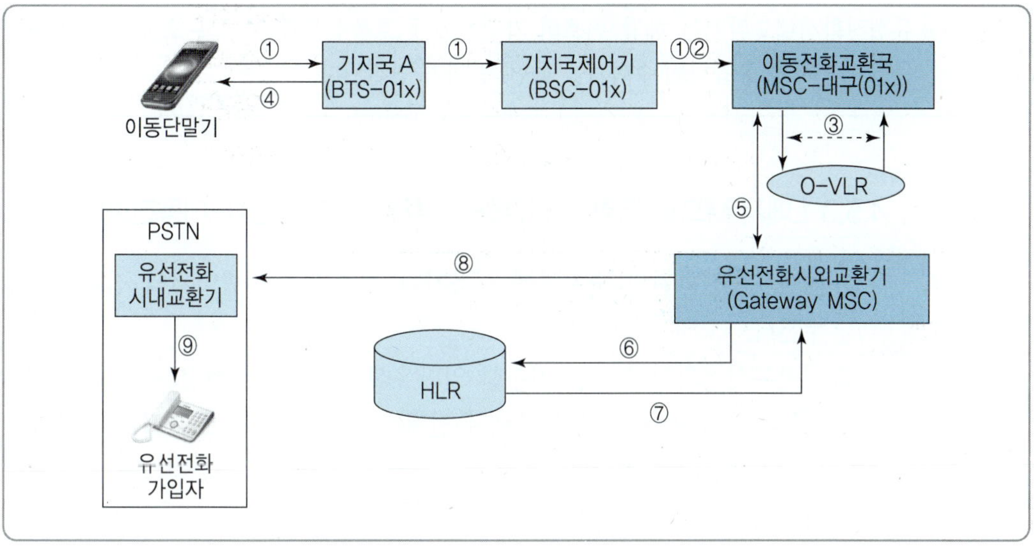

[그림 4-10] M에서 L로 통화를 연결하는 절차

예 제 2

대구에 등록된 이동단말기(01x)를 사용하는 K가 대전에 있는 집으로 전화를 하고자 한다. 이때의 호 처리 절차를 설명하라.

풀이 ① K는 대전 집의 일반유선전화의 지역번호와 전화번호를 누른 다음 통화키를 누른다.

② 기지국에서는 K의 이동단말기에서 오는 신호를 인식하고 신호를 보내온 K의 이동단말기의 번호와 호출하고자 하는 일반유선전화번호를 접수하여 이동전화교환국(MSC-대구(01x))으로 번호를 송출한다.

③ 이동전화교환국(MSC-대구(01x))이 K의 현재 정보(ex. 발신금지 상태, 요금정보, 인증정보 등)에 관하여 VLR에게 자료를 요청하면 VLR은 등록되어 있는 K에 관련된 정보를 이동전화교환국(MSC-대구(01x))에게 제공한다.

④ 인증이 끝난 후 이동전화교환국(MSC-대구(01x))에서는 호출신호를 대구 일반유선전화국의 유선전화시외교환기로 넘겨준다.
⑤ 이를 넘겨받은 대구 유선전화시외교환기는 호출신호를 대전에 있는 일반유선전화국의 유선전화시외교환기로 넘겨주고, 다시 해당 유선전화시내교환기로 호출신호를 넘겨준다.
⑤ 유선전화시내교환기는 해당 번호의 가입자에게 호출신호를 보내고 호출신호(벨)를 듣고 가입자가 응답하면(수화기를 들면) 통화가 연결된다.

4.5.3 L에서 M으로 통화를 연결하는 절차(일반유선전화-이동전화)

① 일반유선전화기의 숫자판에 사용자가 호출할 이동단말기의 전화번호를 누른다.
② 일반유선전화의 신호를 접수한 일반유선전화국의 유선전화시내교환기는 이동전화의 번호에 따라 바로 유선전화시외교환기로 호출신호를 넘겨준다(일반유선전화의 경우 호를 요구하는 번호가 '0'으로 시작되면 유선전화시외교환기로 호출신호를 넘겨준다).
③ 유선전화시외교환기는 HLR에게 현재 통화 연결을 원하는 가입자의 유효성, 가입자 서비스 종류, 위치 등의 정보를 요구한다.
④ HLR은 유선전화시외교환기에게 요청받은 자료를 제공한다.
⑤ 사용자 인증이 끝난 후 유선전화시외교환기는 이동전화교환국으로 호출신호를 넘겨준다.
⑥ 호출신호를 넘겨받은 이동전화교환국이 VLR에게 현재 이동단말기에 관한 위치 정보 및 착신 관련 정보 등을 요청한다.
⑦ VLR은 요청이 들어온 이동단말기에 관련된 자료를 이동전화교환국에게 제공한다.
⑧ 정보를 넘겨받은 이동전화교환국에서는 자기 구역 내의 모든 기지국으로 호출신호를 보내며, 기지국에서는 다시 자기 구역 내의 모든 이동단말기로 호출신호를 보내고, 이동단말기가 응답하면 이동단말기에 채널을 지정하고 이동단말기에 벨을 지시한다.
⑨ 이동단말기의 벨이 울리는 것을 수신자가 듣고 이동단말기의 통화키를 누

르면 벨이 중단되고, 기지국은 이동전화교환국으로 호출된 이동단말기가 응답하였음을 보고하면 통화가 이루어진다.

[그림 4-11]은 L에서 M으로 통화를 연결하는 절차를 그림으로 나타낸 것이며, 이 과정 중 유선전화시외교환기에서 호출신호를 넘겨받은 이동전화교환국에서 이동단말기로 연결되는 절차는 M에서 M으로 처리할 때와 동일하다.

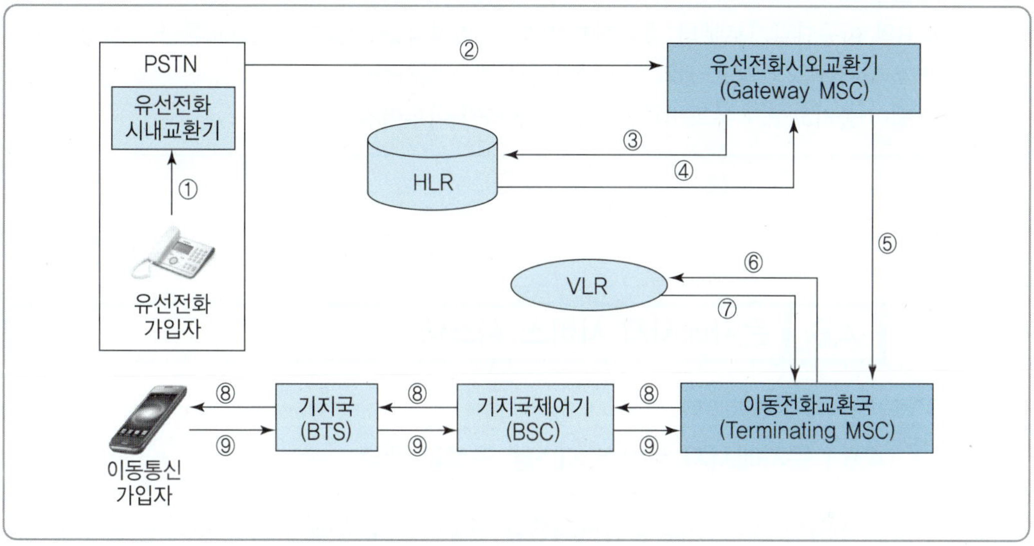

[그림 4-11] L에서 M으로 통화를 연결하는 절차

예 제 3

대구에서 출장 중인 A가 유선전화로 서울에 있는 친구 B의 이동단말기로 전화를 하려고 한다. B의 이동단말기가 서울 지역에 등록되어 있을 경우, 이때의 호 처리 절차를 간단히 설명하라.

풀이 ① A가 일반유선전화에서 B의 이동단말기번호를 누른다.

② 신호를 접수한 일반유선전화국의 대구유선전화국의 유선전화시내교환기는 유선전화시외교환기로 호출신호를 넘겨준다.

③ 유선전화시외교환기는 HLR에게 A의 유선전화의 유효성, 전화서비스 종류, 위치 등의 정보를 요구한다.

④ HLR은 A의 정보를 유선전화시외교환기에게 제공한다.
⑤ A의 정보 확인 후 유선전화시외교환기는 B가 등록되어 있는 서울 이동전화교환국으로 호출신호를 넘겨준다.
⑥ 서울 이동전화교환국은 B가 VLR에게 현재 이동단말기 B에 관한 위치 정보 및 착신 관련 정보 등을 요청하면 VLR은 이동단말기 B에 관련된 자료를 서울 이동전화교환국에게 제공한다.
⑦ B의 정보 확인 후 서울이동전화교환국에서는 각 기지국에 B의 이동단말기로 호출신호를 보내도록 한다.
⑧ B의 이동단말기로부터 응답신호를 받은 기지국은 서울이동전화교환국으로 응답신호가 왔음을 알리고, B의 이동단말기로 벨을 지시한다.
⑨ 벨이 울리고 B가 통화버튼을 누르면 통화가 이루어진다.

4.6 문자메시지 서비스 시스템

4.6.1 문자메시지 서비스 시스템 구성과 개념

1991년 GSM 이동통신시스템을 사용하는 유럽에서 처음 시작된 문자메시지 서비스(SMS; short message services)는 1997년 10월에 우리나라에서 상용화하여 현재 서비스 중에 있다. 한 번에 전송될 수 있는 160byte의 메시지로 크기가 작기 때문에 단문메시지라고도 불리는 이 서비스는 이동통신시스템을 이용하여 숫자나 문자메시지들을 전송 가능하도록 하는 무선서비스로, TIA/EIA/IS-637 프로토콜에 정의되어 있다. 이 프로토콜의 규격에 맞추어져 만들어진 문자메시지는 CDMA시스템에서 4개의 채널을 이용하여 사용자에게 전송된다. 각각의 채널은 CDMA 순방향 채널인 페이징채널, 순방향 트래픽채널과 역방향 채널인 엑세스채널, 역방향 트래픽채널이다. 일반적으로 길이가 짧은 문자메시지는 엑세스채널로 보내져 상대방 단말기에 페이징채널을 이용하여 전송되며, 길이가 긴 문자메시지는 데이터 버스트 메시지로 인식하여 각 트래픽채널을 이용하여 전송된다.

[그림 4-12]는 문자메시지 서비스를 제공하기 위한 시스템으로 각각의 구성

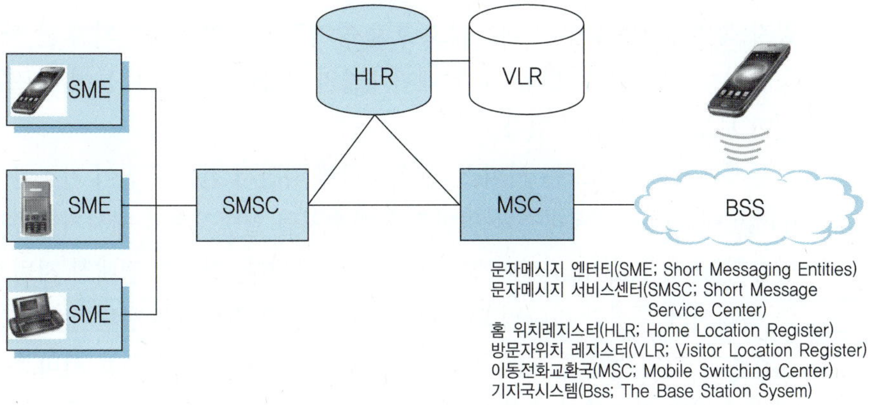

[그림 4-12] 문자메시지 서비스 시스템 구성도

요소에 대해 알아보자. 먼저 전송된 문자메시지를 수신하고 보내고자 하는 메시지를 전송할 수 있는 장비(단말기)가 필요하다. 단말기에서 입력된 메시지는 기지국을 통하여 이동전화교환국으로 보내진다. 이동전화교환국은 사용자가 등록된 가입자인지, 가입자 위치가 어디인지를 HLR에 조회하여 정보를 받은 다음 문자메시지 서비스라는 것을 판단하고 문자메시지 서비스센터(short message services message center)로 보낸다. 문자메시지 서비스센터는 문자메시지 서비스를 제공하기 위해 추가되는 망 요소로 하드웨어와 소프트웨어의 조합으로 단문메시지의 경로배정 기능을 한다. 즉, 단문메시지를 시스템에서 저장시키고 내보내는 동작을 수행한다. 이 동작을 통하여 음성메시지 서비스나 기타 데이터 서비스와는 달리 현재 단말기가 수신될 수 없는 상태라도 문자메시지 서비스센터에 저장되었다가 단말기가 이용 가능할 때 메시지를 확인할 수 있다.

문자메시지 서비스 시스템은 기본적으로 위와 같은 구성으로 가입자들에게 문자메시지 서비스를 제공하게 된다. 이 서비스의 장점으로는 기존의 숫자 위주의 호출 방법을 문자로 대체하는 서비스를 제공함으로써 사용자들이 어떠한 목적으로 호출을 하였는지 알아볼 수 있고, 한 번에 여러 명의 사용자들에게 동일한 메시지 전송이 가능하다는 점이다. 또 e-mail, 웹 기반 응용프로그램, 일정관리 서비스, 증권 및 통화시세, 항공 스케줄과 같은 사용자가 원하는 정보를 시시각각 제공해줄 수 있다. 이와 같이 사용자 측면에서의 장점 외에 서비스 제공자 측면에서는 유무선 네트워크 호출 증가로 인하여 사용자의 평균 사용량을 증가시킬 수 있고 상대적으로 트래픽채널의 사용량이 적기 때문에 네트워크 자원이 보호되는 장점이 있다.

문자메시지 서비스는 서비스 제공 방법에 따라서 전송 확인이 가능한 점대점(point-to-point) 서비스와 일반적인 방송처럼 일방적으로 메시지를 송신하는 방송형(broadcasting) 서비스 두 종류로 구분된다. 전자의 점대점 서비스는 최종 목적지가 특정한 하나의 단말기이므로 확실한 정보전송 방법이며 양방향 무선호출과 거의 동일한 개념으로 구현된다. 이에 반하여 방송형 서비스는 시스템에서 전달 결과를 요구하지 않는 일방적인 전송수단으로 최종 목적지가 어떤 특정 단말기가 아닌 이 메시지를 수신할 수 있는 모든 단말기이며, 기존의 단방향 무선호출과 유사한 기능을 한다. 예를 들면 시내의 상점에서 특별 세일을 할 경우 상점에서는 홍보 차원에서 상점에서 관리하는 회원들에게 일괄적으로 세일에 관한 메시지를 전송하는 경우, 또는 이동통신사업자들이 자신의 회사 이미지 관리 차원에서 가입자들에게 무료 콘텐츠를 제공한다는 메시지를 전송하는 경우가 이에 해당한다.

4.6.2 문자메시지 서비스 호 처리 절차

문자메시지 전송은 메시지발신(mobile opriginated SMS)과 메시지수신(mobile terminated SMS)으로 나누어지며, 메시지발신 서비스는 가장 기본적인 서비스로 단말기에서 다른 이동전화단말기, E-mail 등으로 간단한 문자메시지를 작성하여 전송할 수 있는 기능을 말한다. 이때 점대점 전송 방법, 방송형 전송 방법 모두 가능하여 메시지를 수신받는 사용자는 한 명일 필요는 없다. 메시지수신 서비스는 전달 방식에 따른 SMS 형식 중 하나인 점대점 전송 방법으로 단말기에서 전송된 메시지가 수신하는 가입자 단말기에 정확하게 전송되어야 한다. 단말기의 일반적인 메시지 전송 과정은 [그림 4-13]과 같이 구성된다.

① 문자메시지(SM)는 문자메시지를 송수신할수 있는 장비인 SME(short messaging entities)를 통하여 이동전화교환국으로 보내진다.

② 이동전화교환국에서는 문자메시지인 것을 확인한 후 문자메시지 서비스 센터(SMSC)에 문자메시지를 보낸다.

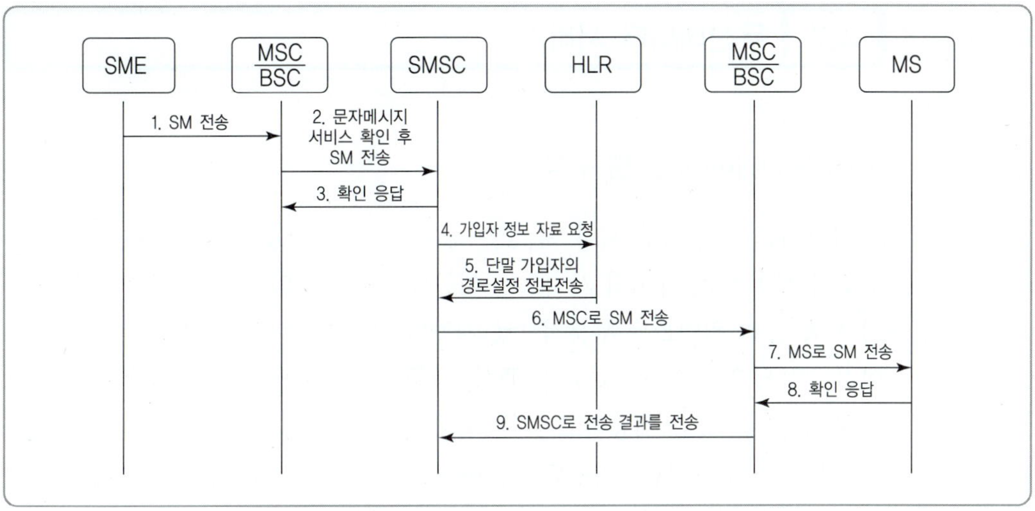

[그림 4-13] 단말기 메시지 전송 과정

③ 문자메시지 서비스센터(SMSC)는 이동전화교환국에게 확인(접수 통지) 메시지를 보내어 문자메시지를 받았음을 알린다.

④ 문자메시지 서비스센터(SMSC)는 도착지 단말기의 위치를 HLR에게 요청한다.

⑤ HLR은 도착지 단말기를 서비스하는 문자메시지 서비스센터(SMSC)로 응답한다.

⑥ 문자메시지 서비스센터(SMSC)는 도착지 단말기를 서비스하는 이동전화교환국에게 문자메시지를 전달한다.

⑦ 이동전화교환국은 도착지 단말기로 문자메시지를 보낸다.

⑧ 단말기는 이동전화교환국에게 문자메시지를 수신했다는 결과를 전송한다.

⑨ 이동전화교환국은 문자메시지 서비스센터(SMSC)에게 메시지 전송 동작의 결과를 보낸다(전달 성공).

4.7 무선데이터 서비스

4.7.1 무선데이터시스템 구성

제2세대의 이동통신 서비스는 IS-95A 규격, GSM을 근간으로 한 음성 기반 위주의 서비스로, 데이터 서비스는 이동통신 서비스의 기술 미흡과 무선 자원의 부족 등의 원인으로 부분적으로 제공되었다. 기술적으로 많은 진보가 이루어진 오늘날은 E-mail 송수신, 주식, 상품검색 등의 각종 정보검색 등 사용자가 원하는 서비스를 제공하고 있다. 현재 무선데이터시스템은 기존의 CMDA시스템망 구조에 망연동장치(IWF; inter-working function)를 추가하여 무선데이터통신이 가능하도록 [그림 4-14]와 같이 구성하여 제공되고 있다.

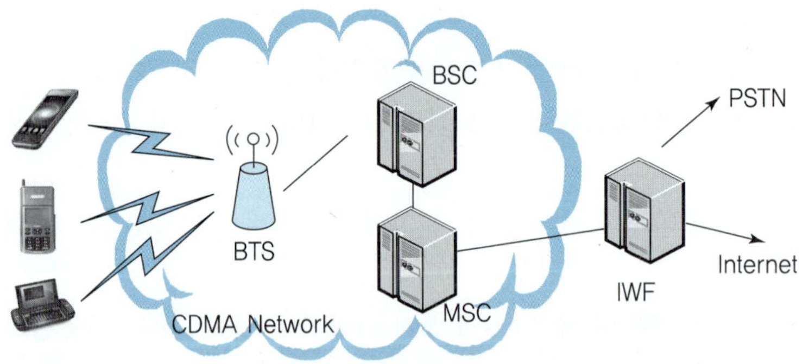

[그림 4-14] 무선데이터시스템 구성

각각의 단말기는 이 서비스에 대응되는 프로토콜(TIA/EIA/IS-707-A)이 구현되어 있어야 무선데이터 서비스를 제공받을 수 있으며 각각의 데이터들은 CDMA네트워크 망을 거쳐 IWF를 통하여 PSTN, 인터넷 등의 외부 망과의 접속이 가능하다. 무선데이터 서비스로는 회선데이터 서비스와 패킷데이터 서비스로 구분되며 각각 전송되는 데이터 및 데이터가 이동되는 통신 선로가 다르다.

회선데이터 서비스는 데이터 송신측과 수신측 간에 실제 데이터전송을 위해 호 설정 및 호 해제의 절차를 통해 경로설정 후 통신선로를 사용하게 되어 PC

통신, FAX전송 등 대용량 데이터전송에 유리하다. 하지만 한 번 호가 설정되면 데이터의 전송 여부와 상관없이 호가 해제될 때까지 항상 호를 유지하여 불필요한 무선 자원의 낭비가 발생한다. 또한 데이터양이 적든 많든 호를 설정하므로 이에 따른 부가적인 호 처리 절차로 인하여 자원 낭비가 일어난다. 이와 달리 패킷데이터 서비스는 데이터 단말장치 간의 경로 지정을 위한 충분한 정보를 가지고 있는 패킷 형태로 전송되며 설정, 해제 절차 필요 없이 매우 신속한 접속 및 해제가 가능하며, 데이터 전달 시에만 통신선로를 점유하므로 불필요한 자원이 낭비되지 않는다. 하지만 데이터 송수신의 일시 중단 후 다시 송수신을 할 경우 경로의 재설정 등에 의해 일시적으로 시간지연이 발생하므로 장시간 접속 서비스일 경우 불편하다.

회선데이터 서비스의 경우는 IWF를 모뎀으로 PSTN에 접속하여 데이터통신을 하며, 패킷데이터 서비스에서의 IWF는 인터넷 접속을 위한 게이트웨이로 이동단말기의 고유번호나 이동국의 식별번호를 접속 주소로 사용하여 데이터 통신을 한다.

[표 4-3]에서 각각 회선데이터 서비스와 패킷데이터 서비스에 대한 비교를 나타내었다.

[표 4-3] 회선데이터 서비스와 패킷데이터 서비스 비교

구분	회선데이터 서비스	패킷데이터 서비스
개념	호 설정 및 호 해제의 절차를 통해 경로설정 후 통신선로를 사용하여 데이터전송	경로 지정을 위한 충분한 정보를 가지고 있는 패킷 형태로 변환 후 데이터전송
리소스 점유 여부	호가 끝날 때까지	데이터 전송 시만
전송효율	낮음	높음
사용 용도	PC통신, FAX전송 등의 대량의 데이터전송	인터넷과 같이 burst한 성질의 데이터전송
IWF 역할	모뎀	게이트웨이

4.7.2 무선 IP 네트워크 구조

이동통신망이 점차 고속데이터 서비스를 지원하기 위한 방향으로 진화함에 따라 패킷데이터가 많이 이용되고, 이동통신시스템의 구조도 IP망을 기반으로

동작하도록 구현되고 있다. cdma2000 1x망의 경우에는 [그림 4-15]와 같이 Data Core Network를 따로 두어 회선 방식의 장비인 이동교환국(MSC)을 거치지 않고 바로 패킷데이터 서비스를 수행할 수 있도록 구현되어 있으며, WCDMA망은 [그림 4-16]과 같이 GPRS(general packet radio service)망을 따로 두어 패킷데이터만을 위한 부분을 제공하고있다.

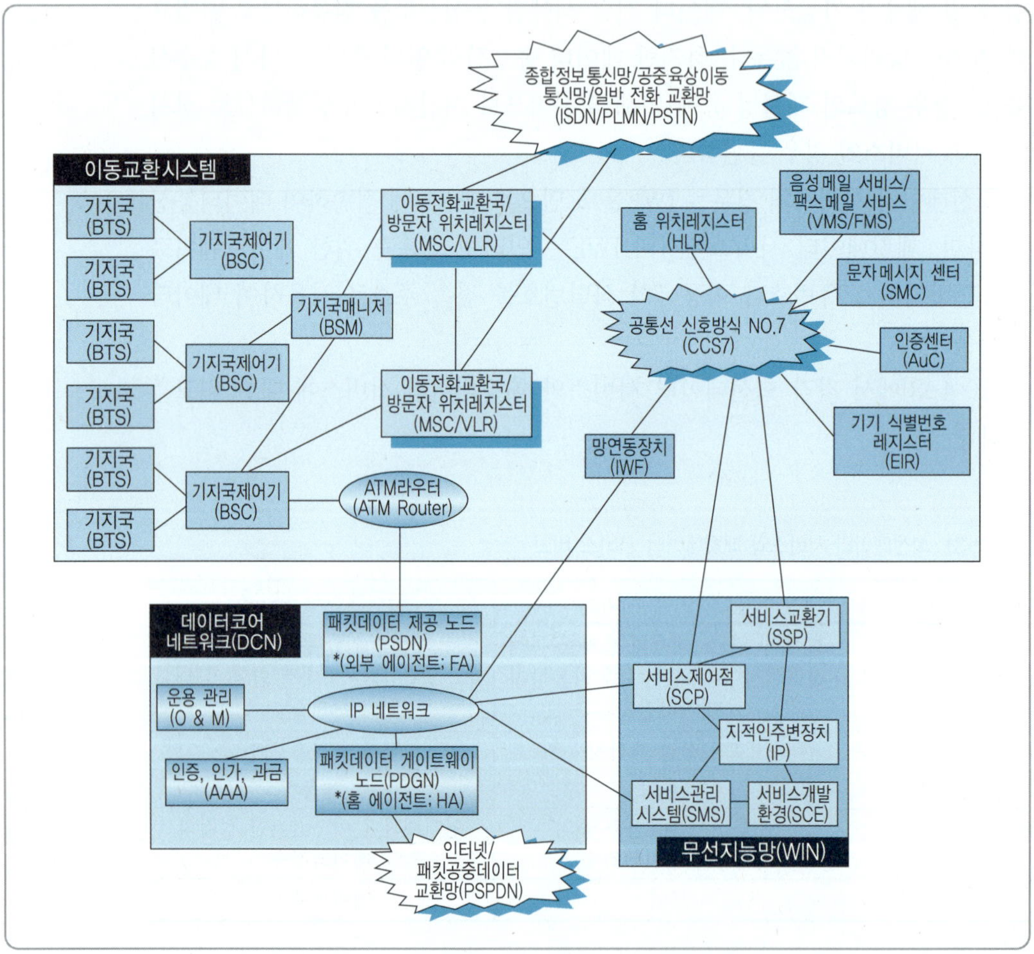

[그림 4-15] cdma2000 1x 무선네트워크망 구조

앞으로의 이동통신망은 [그림 4-17]과 같이 IP를 기반으로 관련 서비스들을 제공하며 패킷데이터 네트워크와의 연동을 통해 멀티미디어 서비스와 같은 IP

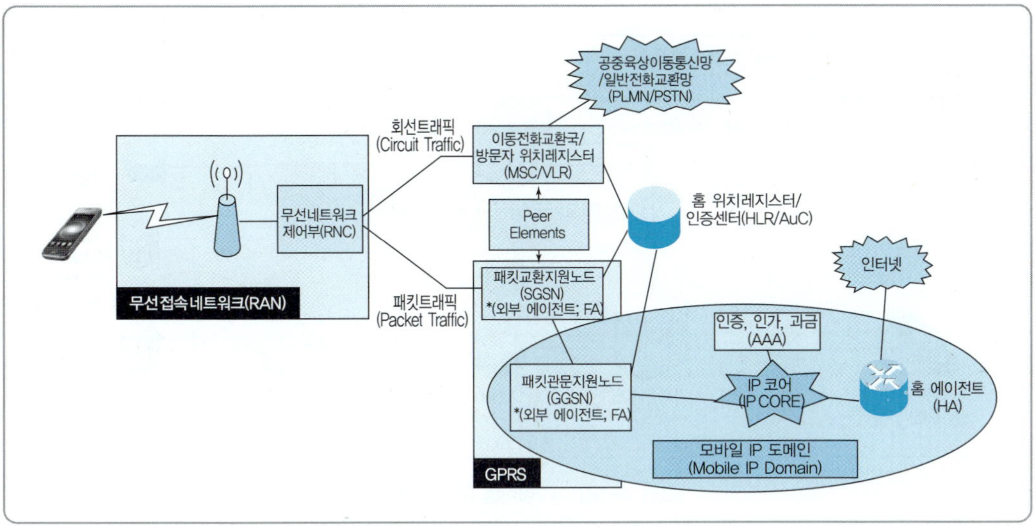

[그림 4-16] WCDMA 무선네트워크망 구조

서비스로의 확장 및 제공, 유 · 무선 네트워크 및 이종 네트워크들과의 통합 등을 목표로 한나. 즉, 서비스나 네트워크 종류에 상관없이 패킷방으로 모든 서비스를 제공하는 All IP로 진화될 것이다.

먼저 무선 IP 네트워크 구조에 대하여 알아보자. [그림 4-18]에서 보면 패킷

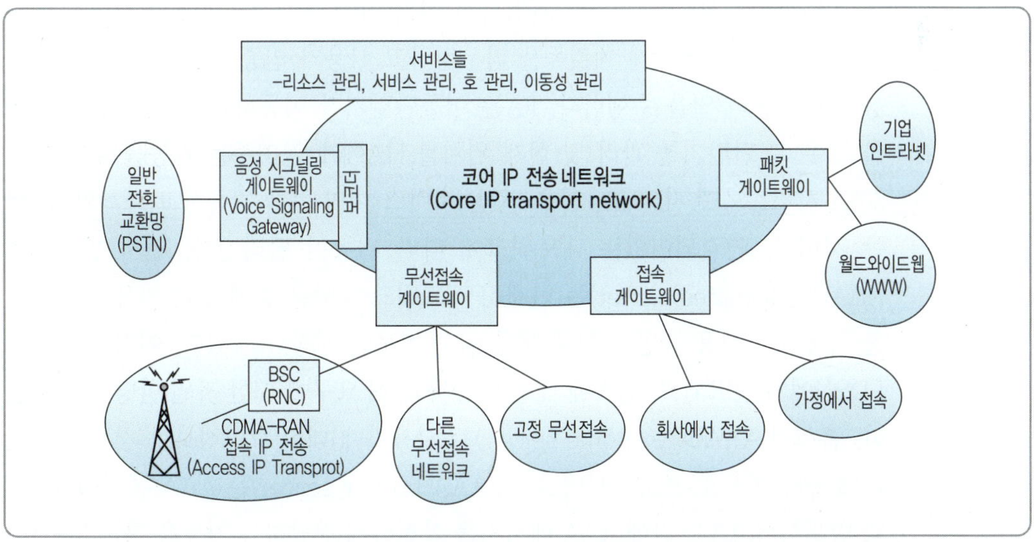

[그림 4-17] All IP망 구조 모델(3GPP 2)

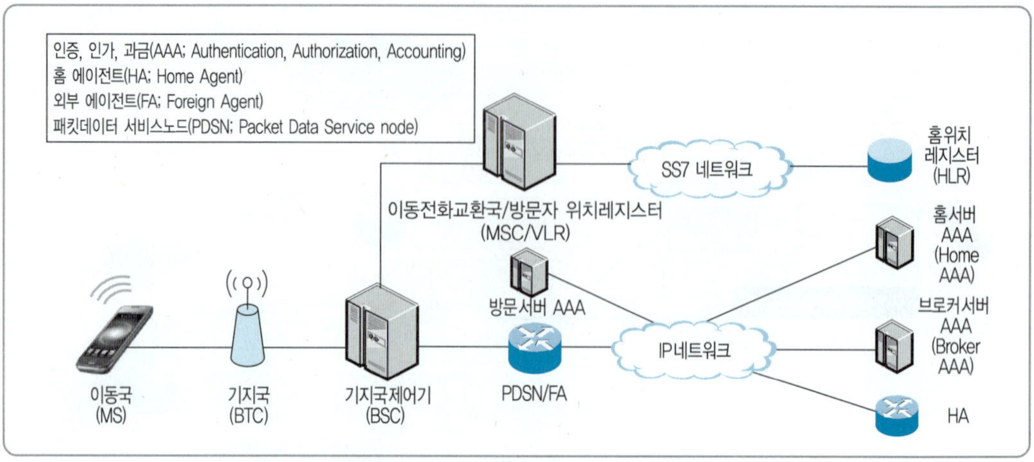

[그림 4-18] wireless IP시스템 구조

데이터는 기지국에서 PDSN을 통하여 IP네트워크에 접속되며, 회선데이터인 경우는 음성통신의 호출 정보와 데이터통신의 접속 정보 등을 통합적으로 관리하는 SS7 네트워크를 통하여 접속된다. 즉, 기존 2세대 이동통신망 및 유선망과의 통신을 위해서는 SS7과의 연동이 필요하다. 이와 같이 패킷데이터를 이용하여 접속하는 경우 기존의 IWF를 거쳐서 IP네트워크로 접속하는 회선데이터보다 접속 시간 및 접속 방법에 있어서 효율적이다.

패킷데이터 서비스를 위한 가입자의 여러 가지 정보는 HA에 저장되어 있으며 HA는 이동단말에게 패킷들을 라우팅하고 사용자 인증을 위해 AAA 서버와 통신하는 등의 일을 수행한다. FA는 이동단말기가 이동하여 자신의 셀로 들어올 경우 그 단말기를 관리 및 현재 위치를 HA에게 알려주는 기능을 수행한다. AAA 서버는 사용자의 ID, 사용 권한, 서비스 내역 등을 기록하고 조회할 수 있는 서버로, 연결되어있는 네트워크에 따라 기능이 달라진다. 먼저 방문서버 AAA(AAA visited server)는 현재 IP네트워크에 방문 중에 있는 사용자의 정보를 사용자가 사용 중인 세션에 대한 임시 정보만 저장하고 있다. 이러한 정보는 PDSN에게 전달되고, 접속에 대한 인증과 QoS 요구에 대한 자원 할당에 사용된다. 홈서버 AAA(AAA home server)는 사용자에 대한 보안정보를 저장하고 있으며, 마지막으로 브로커서버 AAA(AAA broker server)는 AAA 홈서버(AAA)와 방문서버(AAA) 간에 AAA 메시지를 안전하게 전달하는 기능을 한다.

회선망과 패킷망의 구성 요소들은 각각의 하는 역할에 따라 유사점을 가진다. [표 4-4]와 같이 패킷망에서의 HA는 회선망의 가입자 관리장비인 HLR과 유사한 기능을 하며, FA는 VLR, AAA는 AuC와 유사하다.

[표 4-4] 회선망과 패킷망의 구성 요소 비교

역할	회선망	패킷망
가입자 정보를 일시적 저장	VLR (visitor location register)	FA (foreign agent)
가입자의 정보가 저장된 DB	HLR (home location register)	HA (home agent)
가입자 인증 및 암호화	AuC (authentication center)	AAA(authentication, authorization and accounting)

a. VoIP(voice over internet protocol)

기존의 PSTN을 통한 음성 서비스는 지연에 민감한 성질을 가지는 데이터 서비스로 회선교환방식을 이용하여 서비스가 제공되었다. VoIP 기술은 IP(internet protocol) 기술을 기반으로 아날로그네이터인 음성신호를 디지털화하고 압축하여 패킷 형태로 변환 후 실시간으로 전송하는 기술이다. 최근 음성 이외에도 실시간으로 전송되는 멀티미디어데이터, 영상통신 등도 IP를 이용해 진달 가능한 형태로 빌진하고 있다. [그림 4-19]는 VoIP시스템 구성망으로 구성 요소는 다음과 같다. 먼저 게이트키퍼는 인터넷을 통한 음성 서비스를 제공할 때 사용자의 전화번호와 IP 주소로의 대응 등을 관리, 운용하는 제어용 서버이다. 미디어게이트웨이는 인터넷에 접속하여 실시간 서비스를 제공할 때 서비스되는 데이터를 IP망에서 요구하는 트래픽 형태로 데이터를 변환하는 장치이며, 미디어게이트웨이 제어기는 음성 호 제어를 위해 제어프로토콜(예: MGCP 등)로 연동하여 트래픽 흐름 경로를 결정한다. 게이트웨이 간의 정보 전달은 실시간으로 음성이나 영상을 전달하는 프로토콜인 RTP(real-time transport protocol)을 통해 이루어진다.

VoIP는 다음과 같이 구현된다. ① PC에 연결된 마이크를 통해 입력된 사용자의 음성 호를 디지털화하고 이를 보코더를 이용, 압축하여 ② H.323, SIP(session initiation protocol) 등의 프로토콜을 이용하여 상대방과 통화연결/종료신호 등을 처리하며, ③ RTP/RTCP(RTP control protocol) 프로토콜

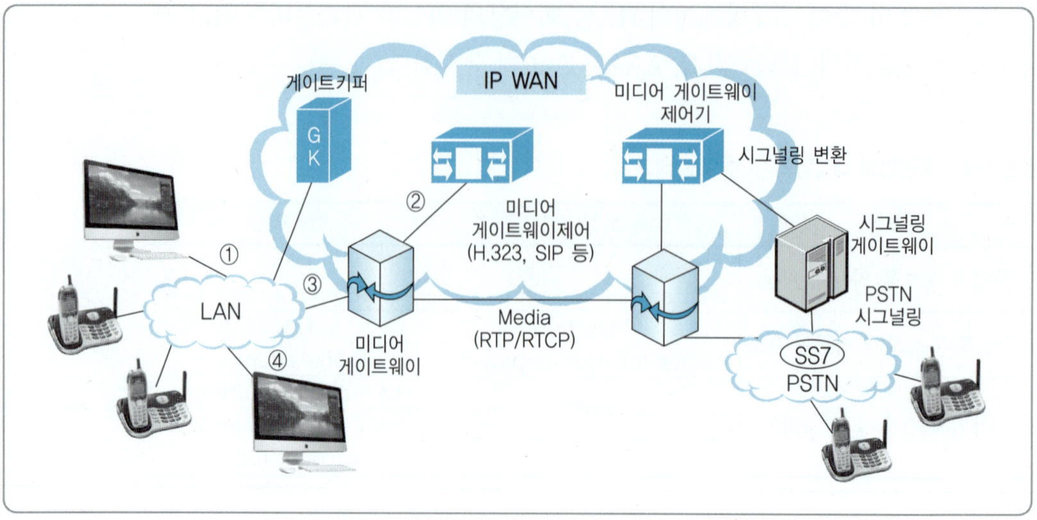

[그림 4-19] VoIP시스템 구성망

을 이용하여 음성데이터를 패킷으로 만들어 인터넷을 통해 상대방 PC로 보낸다. ④ 상대방의 PC에서는 수신된 음성 패킷의 압축을 풀고 디지털화된 것을 아날로그 음성신호로 바꾸어 스피커를 통해 송신자의 음성이 복원된다.

b. 모바일 IP

기존의 IP에서는 호스트 또는 라우터가 인터넷을 이용하기 위해서는 접속 위치가 고정되어 있어야 한다. 즉, IP가 고정 네트워크상에서 동작하므로 현재 IP 주소 자체가 접속된 지점을 명시하며, 호스트가 접속된 지점이 변하면 IP주소도 변해야 한다. 모바일IP는 호스트가 외부네트워크로 이동하더라도 IP주소를 바꾸지 않고 인터넷을 통해 데이터를 전송할 수 있는 방법으로 이동 위치에 상관없이 HA에서 받은 IP를 사용한다. 모바일IP는 1992년 IETE(Internet Engineering Task Force)에 모바일IP WG(working group)가 결성되었으며, 현재 관련된 표준이 RFC 3344로 제안되었다.

모바일IP를 사용하기 위한 요구 조건은 다음과 같다.

1) 투명성(transparency): 많은 상위계층 프로토콜들이나 응용프로그램들을 사용자의 접속 지점이 바뀌더라도 계속해서 이용할 수 있어야 하고 사용자들은 인터넷 연결을 위해서 자신의 IP주소를 사용해야만 하며, 임의의 인터럽트들에 의해 연결이 끊어졌다가 재설정되더라도 통신이 가능해야 한다.

2) 호환성(compatibility): 기존의 시스템과 호환이 가능해야 하기 때문에 기존의 호스트나 라우터의 변화 없이 모바일IP가 가능하다. 모바일IP는 이동성을 지원하지 않는 IP 규격에서 사용되던 IP의 하위계층을 모두 지원 가능해야 한다. 또한 모바일IP는 기존의 고정된 시스템들과의 통신이 가능해야 한다.
3) 보안(security): 이동성은 많은 보안적 문제를 가져오므로 등록되는 메시지들의 인증(authentication) 작업이 필요하다.

위의 조건을 만족시킴으로써 사용자들에게 좀 더 편리한 인터넷 사용을 제공할 수 있다. 다음은 모바일IP 동작 과정에 대하여 살펴보도록 하자.

① HA나 FA는 MN이 자신의 위치를 판단하게 하기 위하여 Advertisement 메시지를 송신한다.
② 이 메시지를 통해 MN은 현재 자신의 위치가 홈네트워크인지 외부네트워크인지 판단하여 홈네트워크에 있으면 모바일IP 서비스를 받지 않고, 외부네트워크에 있다고 판단되면 Advertisement 메시지를 통해 COA(care-of address) 주소를 할당받는다. 이렇게 할당받은 COA를 FA에게 알려주고, FA는 HA에게 등록 요구를 요청한다.
③ 등록 요구를 받은 HA는 MN의 정보를 AAA 서버에서 인증받은 후 인증 확인 메시지를 FA에 보낸다. FA는 HA로부터 인증 확인 메시지를 수신하고 이를 통해 HA와 COA 주소를 가진 MN 사이에 터널링이 완료된다.
④ 이후 MN이 가지고 있던 IP주소로 도착하는 모든 데이터그램들은 HA가 수신하여 MN의 COA로 터널링하고 최종적으로 MN이 수신한다.

터널링(tunneling)은 IP패킷을 캡슐화하는 것으로 이때의 터널은 FA와 HA 사이에 MN의 인증 과정을 거쳐 형성된 루트를 말한다.

실제적으로 IP패킷이 전달되는 과정을 예를 통해 알아보자(그림 4-20). CN의 주소(111.111.111.111), MN의 주소(222.222.222.222), MN의 COA(000.123.456. 789) HA의 주소(333.333.333.333)라고 가정한다.

① CN은 MN의 주소(222.222.222.222)로 IP패킷을 보낸다. MN의 현재 위치에 대해 CN이 정보를 갖고 있지 않기때문에 MN의 주소로 전송된 패킷은 MN의 홈네트워크에 있는 라우터(HA)로 패킷이 전송된다.

② HA는 IP패킷을 받아 이전의 IP패킷 헤더 앞에 새로운 헤더를 붙여 캡슐화 (encapsulate)한 후 COA(000.123.456.789)로 터널링(tunneling)한다. 이 경우의 소스주소는 (222.222.222.222)에서 캡슐화를 거친 후의 IP 주소로 HA의 주소 (333.333.333. 333)이 된다.

③ FA는 도착한 패킷을 역캡슐화(추가된 헤더를 지움)를 하여, CN의 주소 (111.111.111.111)를 소스주소로, MN의 주소(222.222.222.222)를 목적지 주소로 하여 패킷이 전송된다.

④ MN에서 CN으로의 패킷 전달은 매우 간단하다. 자신의 IP주소를 소스주소로 하고 CN의 주소를 목적지로 해서 FA를 거쳐 패킷을 전달한다.

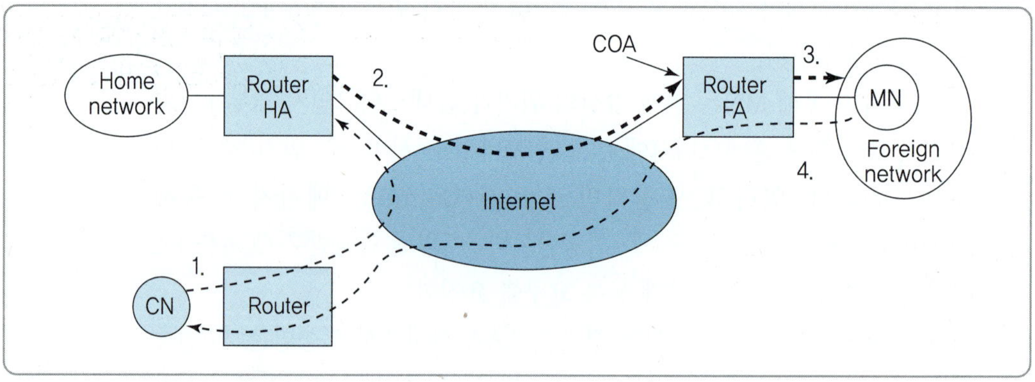

[그림 4-20] 모바일IP의 동작 과정

c. IPv6

기존의 IPv4(internet protocol version 4) 주소체계는 32비트를 사용하여 사용자들에게 IP를 할당하였다. 매년 2배 이상의 기하급수적으로 늘어나는 인터넷 사용자들에게 IP를 할당한다고 가정할 때, 현재 사용되고 있는 IPv4 인터넷 주소체계로는 앞으로 요구되는 인터넷 주소 수요를 충족시킬 수 없다. 임시적으로 주소 부족부분에 관하여 망 부분과 호스트 부분을 구분하지 않고 클래스 C의 주소공간을 기본 단위로 하여 주소를 할당하는 CIDR(classless inter-domain routing), 사설 IP와 정식 IP 주소를 상호 변환하여 많은 양의 정식 IP 주소가 필요한 것을 줄여주는 NAT(network address translation) 등과 같은 여러 가지 IP주소 할당 방법들을 제안하여 보충하여 왔으나 근본적인 해결책이

되지는 못하였다. 그래서 1994년부터 IETF에서 IPng(IP next generation) 작업그룹을 구성하여, 표준화 작업을 통해 IPv6라는 차세대 인터넷프로토콜 제시하였다.

IPv6의 특징을 살펴보면, 먼저 128비트 주소체계를 통해 거의 무한개의 인터넷 주소를 제공하여 IPv4의 주소 부족 문제를 해결할 수 있다. 기존의 가변적인 크기를 가진 헤더의 형식을 40bytes로 고정하고 IPv4에서 사용되지 않는 헤더 영역을 12개에서 8개로 줄임으로써 간략화된 헤더 형식을 이용하여 기본적인 처리속도를 개선하였다. 또한 확장 헤더를 이용하여 IPv4에서 잘 이용되지 않았던 영역 또는 옵션(ex. 이동 호스트에 대한 지원 등)을 필요할 때만 정의한다.

IPv4에서 인터넷통신을 하기 위하여 컴퓨터들에게 할당한 주소 방식으로는 일 대 일 통신에서 사용되던 유니캐스트 주소 방식과 일 대 다 통신에서 이용되

모바일IP의 구성 요소

- 모바일노드(MN; mobile node) : 모바일IP를 사용하여 자신의 망 접속 지점을 바꿀수 있는 호스트 또는 라우터
- 대응노드(CN; correspondent node) : 모바일노드와 통신을 하고 있는 호스트 또는 라우터로 고정 노드일 수도 있고 모바일노드일 수도 있다.
- 홈네트워크(home network) : 모바일 노드가 이동하기 전 원래 속하던 네트워크로 홈네트워크 안에서는 모바일IP 서비스를 필요로 하지 않는다.
- 홈에이전트(HA; home agent) : MN의 홈네트워크에 있는 라우터로 MN의 현재 위치 정보를 관리하고 MN이 외부네트워크에 존재할 경우 현재 MN의 위치 터널링 기능을 수행한다.
- 외부네트워크(foreign network) : 홈네트워크를 제외한 MN이 머무르고 있는 현재의 네트워크
- 외부에이전트(FA; foreign agent) : HA로부터 터널링되어 오는 데이터를 수신하여 MN에게 전달하고, MN이 전송하는 데이터에 대한 라우팅 서비스를 제공하는 호스트 또는 라우터로 실제적으로 MN이 머무르고 있는 위치를 대응노드가 알지 못하므로 FA는 보안 서비스도 제공한다.
- COA(care-of address) : COA는 MN의 현재 위치에서 보여지는 IP주소로 MN이 외부네트워크로 이동하였을 경우 할당받게 되는데 FA의 유무에 따라 달라진다. FA가 망에 존재할 경우에 할당받는 COA가 일반적인 COA이며 이는 FA의 IP주소이다. FA가 망에 없으면 DHCP(dynamic host configuration protocol)를 통해 COA를 할당받는데 이 경우의 COA를 Co-located COA라고 한다. MN가 Co-located COA를 할당받은 경우에는 MN가 HA로 직접 Registration 요구를 보내어 등록하며, 패킷 전달도 HA와 MN 사이에 이루지므로 보안성이 문제가 된다.

던 멀티캐스트 주소 방식과 일 대 전부 통신에 사용되던 브로드캐스트 주소 방식이 있었다. IPv6에서는 유니캐스트, 멀티캐스트 이외에도 애니캐스트 주소 방식을 사용하고 있다. 애니캐스트 주소 방식은 그룹의 컴퓨터들이 같은 prefix를 할당하는 방식으로 같은 네트워크에 연결되어 있는 모든 컴퓨터들이 같은 prefix주소를 할당받는다. 이 주소 방식을 사용할 경우 패킷의 목적지 주소가 애니캐스트주소라면 그룹의 컴퓨터들 중 가장 가까이에 있어 접근하기 쉬운 컴퓨터만 패킷을 전송받는다.

IPv4는 TOS(type of service) bits를 사용하여 5가지 종류의 QoS(ex. 최소 지연, 최대처리율 등)만을 보장하였으나, IPv6는 플로레이블(flow lable)을 이용하여 QoS를 보장한다. 플로레이블은 특별한 요구 사항(QoS)이 있는 데이터에 label을 붙여서 전송하는 것으로, 예를 들면 높은 대역폭, 큰 버퍼 크기, 긴 처리 시간 등이 요구되는 실시간 오디오와 비디오 데이터가 자원의 부족으로 인하여 지연되지 않도록 하기 위하여 label을 붙여 전송할 수 있다. IPv4에서는 암호와 인증 과정이 없어 보안이 제대로 이루어지지 않았으나 IPv6에서는 IPSEC(ip security protocol) 기능이 내장되어 있어 보안용 확장 헤더를 통한 보안 기능이 지원된다. IPv4와 IPv6의 차이를 [표 4-5]에서 보여준다.

[표 4-5] IPv4와 IPv6 비교

	IPv4	IPv6
주소체계	32비트(4bytes)	128비트(16bytes)
주소 개수	2^{32} = 약 43억 개	2^{123} = ∞개
패킷 형식	가변적인 크기 (20bytes~40bytes)	40bytes로 고정
주소 유형	유니캐스트(unicast) 멀티캐스트(multicast) 브로드캐스트(broadcast)	유니캐스트 멀티캐스트 애니캐스트(anycast)
QoS	TOS bits 사용	플로레이블
보안	IPsec 별도 설치	IPsec 내장

IPv6 주소는 서브넷을 구별할 때 사용하는 subnet prefix와 네트워크에 연결되어 있는 인터페이스들을 구별할 때 사용하는 interface ID로 구성되어 있

다. 주소의 표기법은 기본적으로 6진법 콜론표기(hexadecimal colon notation)를 사용한다. 이는 128비트를 8구간으로 나누어 4자리마다 콜론(:)으로 표시하는 방법이다. 이방법을 이용한 주소의 표기는 매우 길기 때문에 0을 생략할 수도 있고, 0이 연속적으로 나올 경우에는 한 번에 한하여 콜론을 두 번 표시해서 나타낼 수 있다.

ex) ABED:BA98:0074:0000:0000:000F:BBFF:FFFF→
ABED:BA98:74::F: BBFF:FFFF

Prefix은 계층적 레벨로 정의되어 있기 때문에 주소의 크기가 일정하지 않다. 따로 128비트 중 어디까지가 prefix 영역인지 알 수 없으므로 CIDR 표기법을 사용하여 영역 표시를 한다. 이는 주소의 맨 마지막에(/)하고 prefix 길이를 적어주는 표기법이다(ex. 64비트 prefix → ABED::BBFF:0:FFFF/64). 웹브라우저 주소창에 URL을 표기하는 것 대신에 상대방의 IP주소와 응용포트(port)를 직접 표기하여 접속할 수 있다. IPv4의 주소 방식일 경우라면, IPv6의 주소 방식일 경우 http://[505:165:229:167::111]:80/index.html로 사이트에 접속할 수 있다. IPv6에서의 (:)은 다른 용도로 사용되므로 응용포트와의 구분을 위해 중괄호([ ])를 사용한다.

[그림 4-21]은 IPv4와 IPv6의 주소체계를 비교한 것이다.

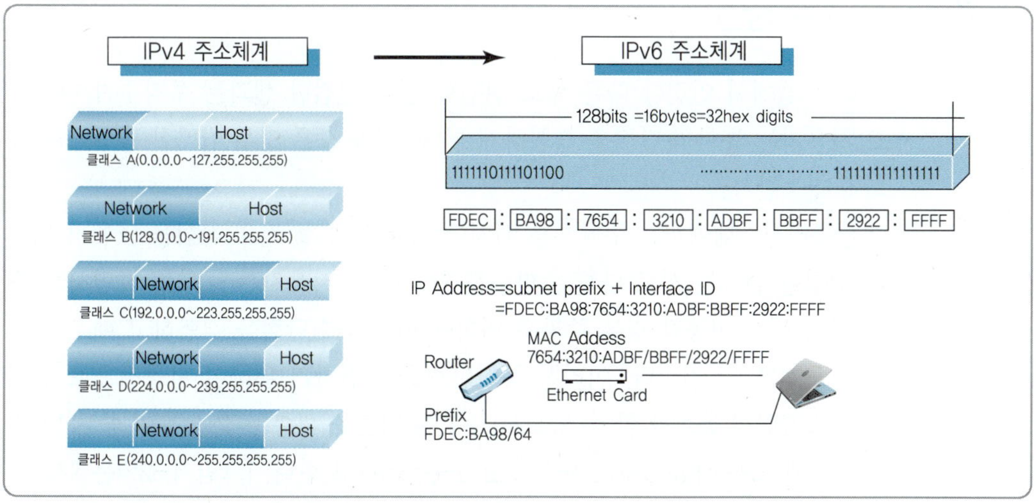

[그림 4-21] IPv4와 IPv6의 주소체계 비교

현재 IPv4를 이용한 기관 및 시스템들이 많이 있어 한 번에 IPv6로 바꾸기는 어려우므로 IPv4와 IPv6을 같이 사용하는 것이 최선의 방안이다. 이를 위해 호스트 및 라우터에서 IPv4로의 호환성 구비, IPv6 패킷이 IPv4만 가능한 부분을 지날 때 IPv4 헤더로 캡슐화하여 터널링하는 방법 등이 있으며, 이를 통하여 점차적으로 IPv6로 바꾸어 나가야 할 것이다.

4.8 이동통신의 주요 기술

이동통신 서비스는 사용자의 이동성, 이동 중의 지속적인 서비스 요구, 등록된 지역이 아닌 지역에서의 서비스 요구, 자신의 서비스 지역이 아닌 지역에서의 서비스 요구 등의 특성이 있다. 이와 같은 요구 사항을 수용하기 위한 기본적인 기술로는 이동국이 하나의 셀에서 다른 셀로 이동할 경우 신호를 계속 유지하는 핸드오프(hand-off) 기술, 사용자의 위치가 변하여도 통신이 가능하도록 하는 위치등록(location registration) 기술, 서비스되는 지역이 변경되어도 지속적으로 통신을 제공하는 로밍(roaming) 기술 등이 있으며, 이러한 기술의 개발을 통해 통신이 지속적으로 유지된다.

4.8.1 핸드오프

특정 셀에서 인접한 다른 셀로 진입할 경우 인접한 셀과는 주파수가 다르므로 사용자는 통화의 단절을 경험하게 된다. 이와 같은 경우 어떠한 방법으로 통화가 가능한가?

셀룰러시스템에서는 주파수를 배치할 때에 셀과 셀 간의 간섭을 없애기 위하여 인접한 셀에는 서로 다른 주파수를 할당한다. 사용자는 통화를 하면서 인접한 다른 셀로 이동할 경우 주파수 변화에 따른 통화단절을 경험하고 매우 불편함을 느끼게 될 것이다. 이러한 통화단절을 해결하기 위하여 자동적으로 셀과 셀을 오가면서 통화를 할 수 있도록 주파수 변환을 해주는 것을 통화 중 채널 전환, 즉 핸드오프(hand-off 또는 hand-over)라고 한다. [그림 4-22]는 핸드오프의 개념을 보여준다.

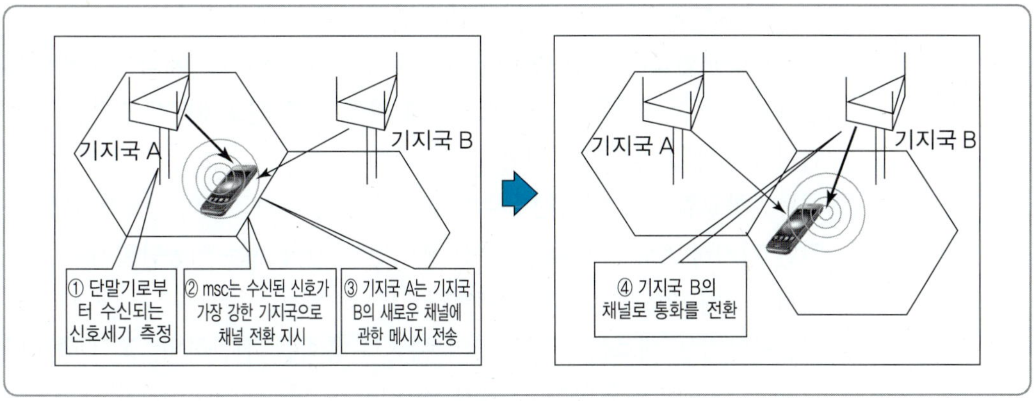

[그림 4-22] 핸드오프

① 먼저 이동단말기와 교신하고 있는 기지국 A는 통화가 진행되는 동안 이동단말기로부터의 신호세기를 알맞은 세기로 지속하기 위하여 수신되는 신호의 세기를 수시로 측정한다. 이동단말기의 신호가 너무 강하면 다른 이동단말기에 잡음 또는 간섭을 발생하게 하고, 출력이 지나치게 높아져 전력의 낭비도 초래된다. 신호가 너무 약하면 다른 이용자의 전파에 의해 간섭을 받을 수도 있으므로 신호의 세기에 따라 이동단말기의 출력을 조정하여야 한다. 따라서 기지국 A는 이동단말기에 출력 조정 지시를 내리고, 이동단말기는 출력 조정 지시에 따라 자동적으로 출력을 조정한다. [그림 4-23]을 보면 이동단말기의 신호세기가 약해지면 교신 중이던 기지국 A

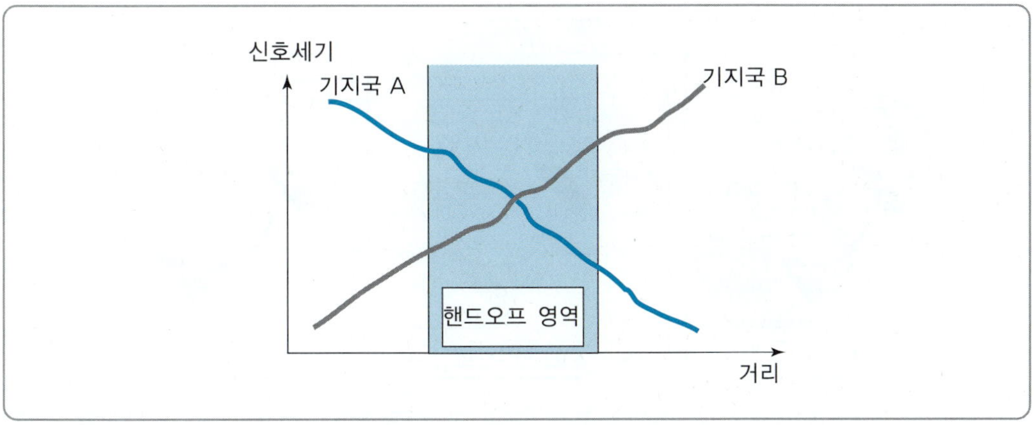

[그림 4-23] 핸드오프 시의 신호 변화

는 이동전화교환국으로 통화 중인 채널의 전환을 요구한다.

② 이동전화교환국은 교신 중이던 기지국 A의 여러 인접 기지국들에게 이동단말기의 신호세기를 측정·보고하게 하여 가장 신호세기가 강한 지역의 기지국에 채널 전환을 지시한다.

③ 이동전화교환국은 가장 신호세기가 강한 인접 기지국 B의 상태를 교신 중인던 기지국 A로 통보하고, 교신 중이던 기지국 A는 이동단말기로 인접 기지국 B의 새로운 채널을 송출한다.

④ 이동단말기는 새로운 기지국 B의 채널로 통화를 전환하며, 교신 중이던 기지국 A는 이를 확인한 후 사용 중이던 채널을 이동단말기가 연결되지 않았던 초기상태로 복구하고 이동전화교환국으로 복구 상태를 보고하며, 새로운 인접기지국 B는 이동단말기와 교신을 시작하고 교신상태를 이동전화교환국으로 보고한다.

이러한 핸드오프 절차 중 통화채널이 바뀌면서 통화가 실제로 단절되는데, 이때 핸드오프에 소요되는 시간이 150ms(0.15sec)밖에 걸리지 않기 때문에 음성통화의 경우 0.15초 동안 음성이 들리지 않는다. 물론 사용자에게는 극히 짧은 시간 동안의 통화단절이어서 인식하기 힘들지만 만약 데이터통신일 경우에는 에러손실이 발생하여 결과가 왜곡될 수도 있다.

핸드오프 기법은 [그림 4-24]와 같이 크게 하드핸드오프(hard hand-off), 소프트핸드오프(soft hand-off), 소프터핸드오프(softer hand-off) 3가지 방

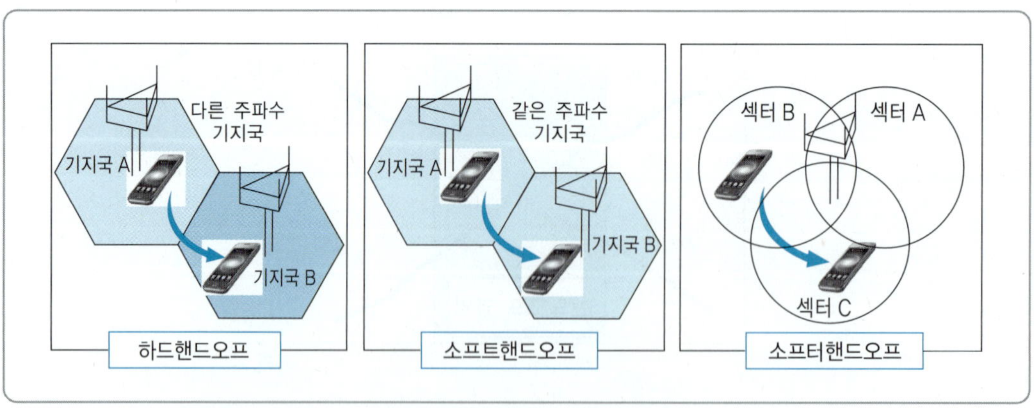

[그림 4-24] 핸드오프의 종류

법으로 구분된다.

하드핸드오프는 기지국이 통화 중 다른 기지국으로부터 더 강한 신호를 감지하게 되고, 현재의 통신신호의 세기가 일정 크기 이하가 되면 현재의 통신채널을 단락한 후 강한 신호를 보낸 기지국의 통신채널을 사용하는 기법이다. 그러나 이때 새로운 기지국에서 새로운 채널을 할당할 자원이 없을 시 통신이 단절되게 된다. 이러한 기법은 주로 교환기 간의 호 전환이나 주파수 간의 호 전환 시에 사용된다.

하지만 이와 같은 하드핸드오프의 호 단절은 통신 서비스의 품질 저하에 가장 큰 영향을 미치기 때문에 호 단절을 최소화하기 위해 각 기지국에서는 핸드오프 전용채널을 할당하고, 단말기가 호 전환이 요구될 시 새로운 기지국의 채널 할당 상태를 확인한 후 일정 시간 동안 두 개의 기지국으로부터 채널을 두 개 모두 할당받고 하나의 채널이 기준 세기 이하가 되면 그 호는 단절하고, 강한 신호를 보내는 기지국의 통신채널을 사용하게 된다. 이와 같은 기법을 사용 시 호 단절 현상이 사라져 양질의 통신 서비스를 제공할 수 있게 된다. 이와 같은 핸드오프 기법을 소프트핸드오프 방식이라 한다.

마지막으로 소프터핸드오프 방식은 섹터와 섹터 사이를 단말기가 이동 시 발생하는 핸드오프이다. 시스템의 용량을 증대시키기 위하여 일반적으로 한 기지국을 3개의 섹터로 구분하여 통화 서비스를 제공하고 있으며, 섹터 간의 핸드오프, 즉 소프터핸드오프 방식은 위의 소프트핸드오프와 유사한 절차를 따른다.

또한 핸드오프 기법 중에는 이동단말기의 상태에 따라 통화 중 발생하는 통화핸드오프(traffic hand-off)와 전원을 켠 대기 상태에서 기지국이 변경 될 경우 생기는 통화대기핸드오프(idle hand-off)가 있다. 통화대기핸드오프의 경우는 핸드오프의 필요성을 단말기 스스로 판단하여 핸드오프가 이루어지며, 두 기지국을 동시에 유지하지 않는 하드핸드오프를 이용하여 핸드오프가 이루어지는 등 통화핸드오프와의 차이점을 갖는다.

4.8.2 위치등록(location registration/autonomous registration)

M ↔ M, L ↔ M으로 통화를 연결할때 해당 이동단말기를 관리하는 이동교환국으로 호출신호를 보내면, 이를 관리하는 이동전화교환국에서 자기구역 내의 모든 기지국으로 호출신호를 송출하여 호출하려는 이동단말기를 찾으라고

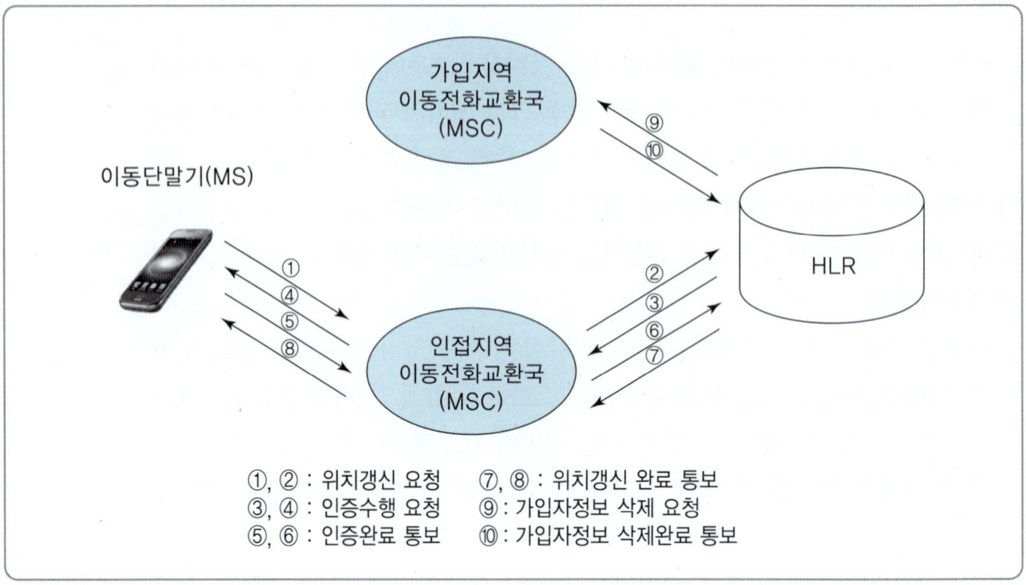

[그림 4-25] 이동단말기의 위치등록 과정

지시하게 되는데, 자기가 속해 있는 이동전화교환국을 벗어나 다른 이동전화교환국 관할에 있는 이동단말기에는 어떻게 호출신호를 보낼 수 있는가. 예를 들어 서울의 이동전화교환국에 가입되어 있는 이동단말기가 제주도의 이동전화교환국 관내에 출장을 가 있을 경우 이 이동단말기를 호출하려면 지금까지의 설명으로는 서울 이동전화교환국 관할의 기지국에만 호출지시가 내려져 실제로 제주도에 있는 이동단말기를 찾을 수 없지 않을까? 이와 같은 문제를 해결하기 위해 위치등록 기능을 사용한다.

전원이 켜져 있는 상태에서는 사용자가 아무런 조치를 하지 않더라도 이동단말기가 자기 스스로 자기가 현재 위치하고 있는 이동전화교환국에 일정한 주기마다 위치를 보고한다. 보고를 받은 이동전화교환국은 이동단말기가 가입되어 있는 이동전화교환국으로 위치정보를 통보하여 준다. 즉, 서울지역의 이동전화교환국에 가입되어 있는 이동단말기를 갖고 제주도로 출장을 갔을 경우 전원을 켜면 이동단말기는 자동으로 인접한 기지국으로 자기의 위치를 보고한다. 이동단말기로부터 위치를 보고받은 기지국은 제주도 기지국을 관리하는 이동전화교환국으로 서울 이동단말기가 자기의 관할 내에 있음을 보고하게 된다. 이 보고를 받은 제주도 기지국을 관리하는 이동전화교환국은 이동단말기가 속해 있는 서울 이동전화교환국으로 "당신 소속의 이동단말기 XXX-XXXX번이 제주도에 있다."라고 통보한다. 만일 누군가 이 이동단말기에 전화를 걸 경우 일단 모든 호출신호는 서울에 있는 이동전화교환국으로 보내지고 서울 이동전화교환국에서는 이 이동단말기가 제주도에 있는 것으로 위치가 등록되어 있으므로 제주도를 관리하는 이동전화교환국으로 호출신호를 넘겨주고 이를 넘겨받은 제주도 관할 이동전화교환국은 자기 관할의 모든 기지국이 이동단말기 XXX-XXXX번을 호출하라고 지시를 한다. 이동단말기의 위치를 등록하는 과정을 간단하게 [그림 4-25]에 표현하였다.

위치가 등록된 이동단말기를 호출하는 방법은 다음과 같다.

① 전국 이동전화교환국이 동시에 호출하는 방법(전국 이동전화교환국에 소속된 모든 기지국이 동시에 호출됨에 따라 주파수 이용의 낭비 및 경제적 손실이 가장 큼)

② 제주도 이동전화교환국만 호출하는 방법(제주도 교환국 관내의 기지국을 일제히 호출하는 방법으로 ①보다는 주파수 및 경제적 손실이 적음)

③ 제주도 교환국 관내 기지국을 몇 개의 그룹으로 나누어 그중에 위치가 등록된 기지국 그룹(페이징 지역이라고 함)에서 일제히 호출하는 방법(주파수 및 경제적 손실이 가장 적은 방법)

위의 3가지 방법들 중 이동단말기가 호출될 수 있는 가능성을 높이기 위해 ②항의 지역별 이동전화교환국 단위의 일제 호출이 주로 이용된다.

4.8.3 로밍(roaming) 기술

로밍(roaming)은 단어 그대로 '이리저리 돌아다니는 것', '이 장소 저 장소를 배회하는 것' 이라고 풀이하면 이해하기가 쉽다. 즉, 이동전화 사용자가 지역 및 국경을 초월하여 어디서든지 통화를 할 수 있는 것이 로밍이라고 생각하면 된다. 특히, 국제로밍 서비스란 국내 이동통신사업자와 외국 이동통신사업자 간에 협정을 통하여 자국 고객이 별도의 가입 절차 없이 자신의 이동전화를 이용하여 해당 여행지 및 타국가로의 통화가 가능하도록 하는 서비스를 말한다. 로밍 서비스는 이동전화 사용자 입장에서는 너무나 편리한 서비스임에는 틀림없다. 그러나 서비스사업자 입장으로서 로밍은 결코 간단한 것이 아니다. 다양

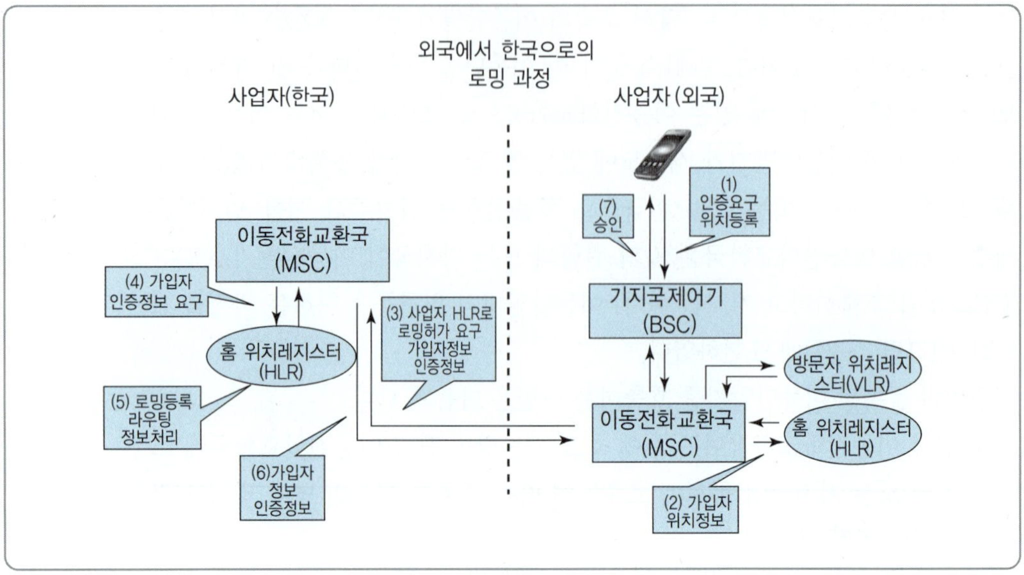

[그림 4-26] 국제로밍

하고 복잡한 기술적인 연동과 행정적인 합의가 수반되어야만 로밍 서비스가 완성되기 때문이다. 자국 내에서는 다른 사업자 간에 로밍 협정을 맺어야 하고, 국경을 초월한 경우에는 외국 서비스사업자와 복잡다단한 협정을 맺어야만 가능해진다.

기본적으로 로밍은 국내로밍과 국제로밍 두 가지 형태가 있다.

국내로밍은 말 그대로 국내 서비스사업자 간에 이루어지는 것이다. 일반적으로 관할구역이 다른 2개의 사업자가 존재하는 경우 자기가 가입한 구역을 벗어나서 통화를 시도하게 되면 가입자는 자기의 등록지역 사업자로부터 정상적인 서비스를 받을 수 없게 되고 가입자의 불만은 늘어갈 것이다. 그러므로 서비스사업자들은 사업자 간에 로밍 서비스가 가능하도록 협정을 체결하고 이동전화 서비스를 상호 협조 · 운영한다.

국제로밍은 국가와 국가 간에 행해지는 서비스의 상호협정으로 일반적으로 로밍 서비스를 제휴한 사업자 간에는 HLR의 정보를 공유한다. [그림 4-26]과 같이 한국에서 로밍 서비스를 신청하고 한국의 사업자와 로밍 서비스를 제휴한 외국의 네트워크 내에서 체류하던 사용자 A가 휴대폰의 전원을 켤 경우 단말기는 근처 기지국에 접속을 하여 사용자인증과 위치등록을 요구하게 되는데

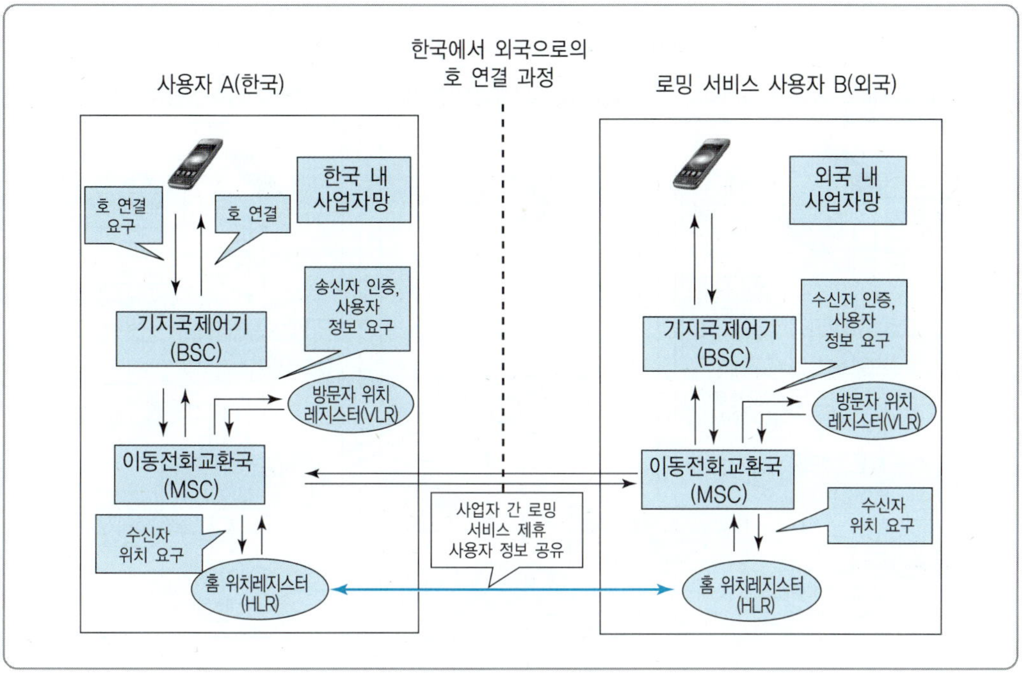

[그림 4-27] 한국에서 외국으로의 호 연결 과정

VLR(visitor location register)과 HLR(home location register)에서 A에 관한 정보를 찾지 못할 경우 외국 사업자의 HLR은 인증을 요청한 사용자의 정보를 로밍 서비스를 제휴한 한국의 사업자의 HLR에서 찾게 된다. 외국 사업자 HLR은 사용자 A가 등록된 서비스 사업자의 HLR에게 사용자의 인증정보와 가입자정보를 요구하고 로밍 허가를 요청한다. 사업자의 HLR에서는 로밍 등록을 마치고 사용자 위치정보를 갱신한 다음 외국 사업자에게 가입자정보와 인증정보를 전송한다. 전송된 정보를 기준으로 사용자 A의 사용 승인을 하게 된다.

다음 예제들을 통하여 국제로밍을 좀 더 살펴보자. 국제로밍이 이루어지는 방법에는 1) 한국에 있는 사용자가 로밍 신청 후 외국에 체류 중인 사용자에게 통화 요청을 하는 경우와 2) 로밍 신청 후 외국에 체류 중인 사용자들 간의 통화와 3) 로밍 신청 후 외국에 체류 중인 사용자가 외국에 있는 사용자에게 전화를 걸 경우 등이 있다.

[그림 4-27]은 1)번의 경우를 그림으로 나타낸 것으로 한국에 있는 사용자 A가 이미 로밍 과정을 끝내고 외국에서 통화 가능한 사용자 B에게 전화를 할 경

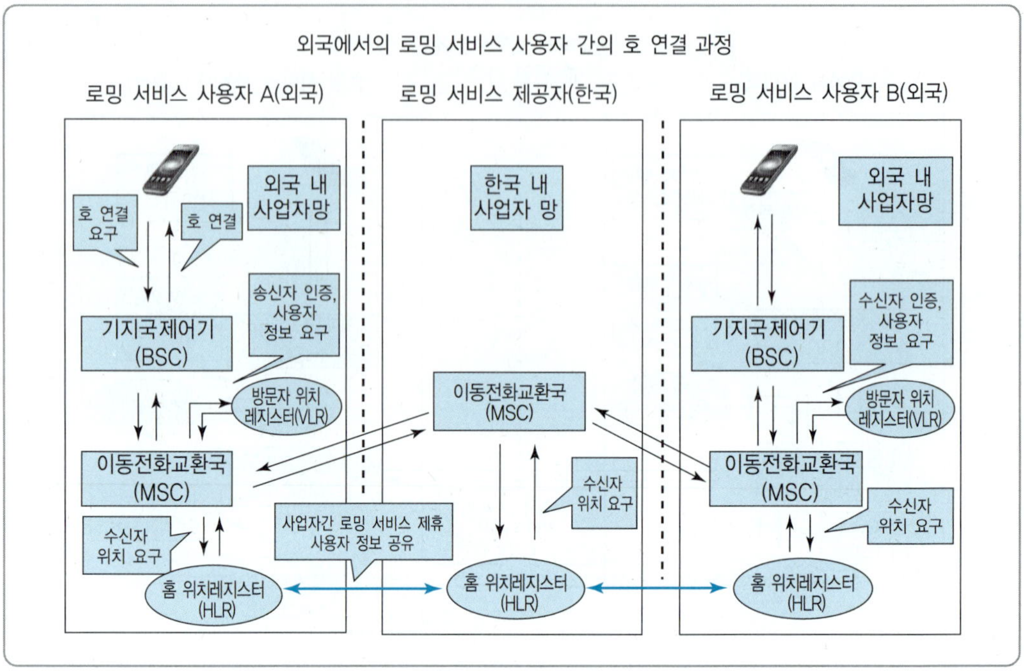

[그림 4-28] 외국에서 로밍 서비스 사용자 간의 호 연결 과정

우 전체적인 호 연결 과정은 통상적인 사업자와 단말기 간의 호 연결 과정과 동일하다. 차이점이 있다면 수신자가 외국에 있기 때문에 한국과 외국에 있는 사업자의 HLR이 사용자 정보를 공유하고 한국의 HLR이 사용자 B의 로밍 등록을 해두었다는 것이다. 이 경우 송신자의 과금은 접속한 국제전화사업자가 규정하는 사용료만큼 청구되고 수신자는 한국에서 외국까지 통화하는 데 필요한 국제전화요금이 포함된 과금이 청구된다.

2)의 경우는 [그림 4-28]에 나타내었다. 로밍 신청 후 외국에 체류 중인 사용자 A가 사용자 B로의 호 연결을 요청할 경우 송신측인 사용자 A의 정보를 소속된 외국 사업자 영역의 HLR에서는 알고 있지만 수신측 단말기의 사용자 정보와 위치는 알 수 없다. 그렇기 때문에 외국 사업자망의 HLR은 한국의 해당 사업자 HLR에 수신측 단말기의 위치정보를 요구하게 된다. 한국의 HLR은 송신측에 수신측의 위치를 알려주고 수신단말기가 위치한 서비스 영역의 HLR에서 수신자의 위치정보를 얻고 사용자정보를 갱신한다. 최종적으로 호가 연결되면 사용자 A와 사용자 B는 외국에 위치하고 있지만 한국을 거쳐서 통화하는 형태

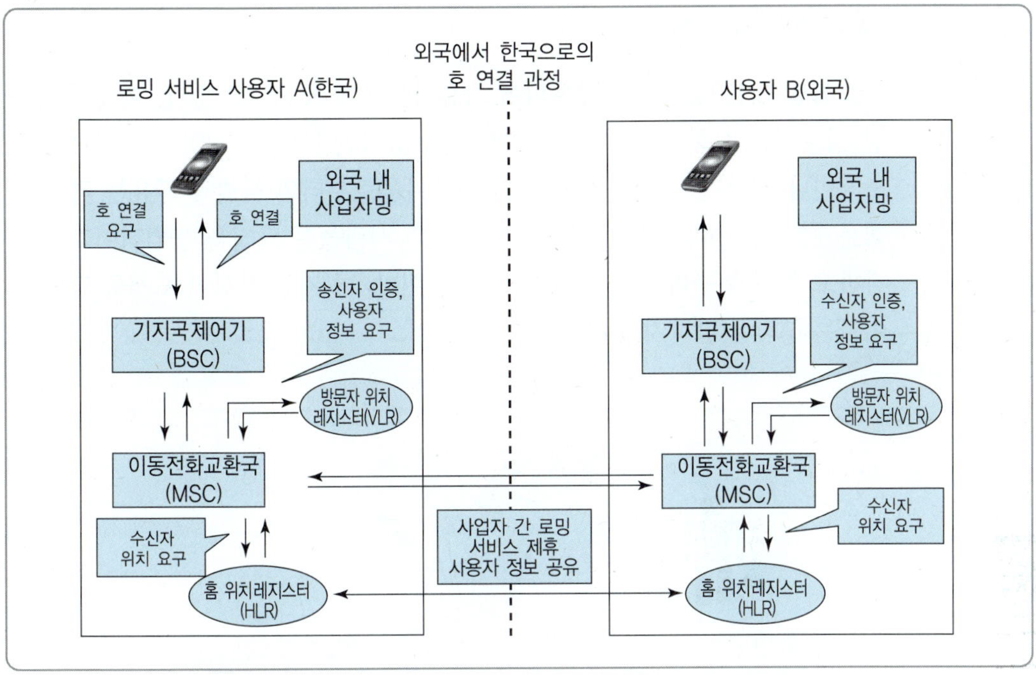

[그림 4-29] 외국에서 한국으로의 호 연결 과정

가 되기 때문에 송신측에는 국제전화요금이 현지 통화요금과 합산되어 청구되고 수신측에는 국제전화요금이 포함되어 과금이 청구된다.

마지막으로 3)의 경우는 [그림 4-29]에 나타내었다. 외국에서 한국 사업자의 로밍 서비스를 사용 중인 사용자 A가 외국 사업자에 등록하여 서비스를 받고 있는 사용자 B와의 호 연결을 요청할 경우 로밍이 끝난 사용자 A는 외국 사업자망에 존재하는 VLR에서 송신자 인증을 받고 HLR로 수신자 위치를 요구하게 된다. HLR로부터 수신자의 위치정보를 얻은 후 수신자가 위치하고 있는 MSC로 이동하여 HLR로부터 사용자 B가 위치한 기지국 정보를 얻는다. 또한 VLR로부터 사용자 B의 이용자 정보를 수신하고 최종적으로 호를 연결하게 된다. 로밍 사용자가 외국 현지 사용자에게 전화를 할 경우 외국 내에서의 통화와 동일한 방식으로 호 연결이 이루어지기 때문에 송신자의 과금이 다른 경우에 비해 저렴하다.

4.8.4 보안과 인증

오늘날 많은 정보들이 공유되어 사용자들에게 제공되고 있다. 이렇게 제공된 정보들은 사회 모든 분야에 공헌하고 있지만 [그림 4-30]과 같이 통신의 도청이나 해킹 등으로 원하지 않는 사용자들로부터의 불법적 공유는 많은 사회문제를 야기하고 있다. 더욱이 대부분의 사람들은 도청을 불법적이라고 생각하고 있고 누구라도 옳지 않다고 쉽게 이야기하지만 자신이 도청을 당할 것이라는 생각은 잘하지 않는다.

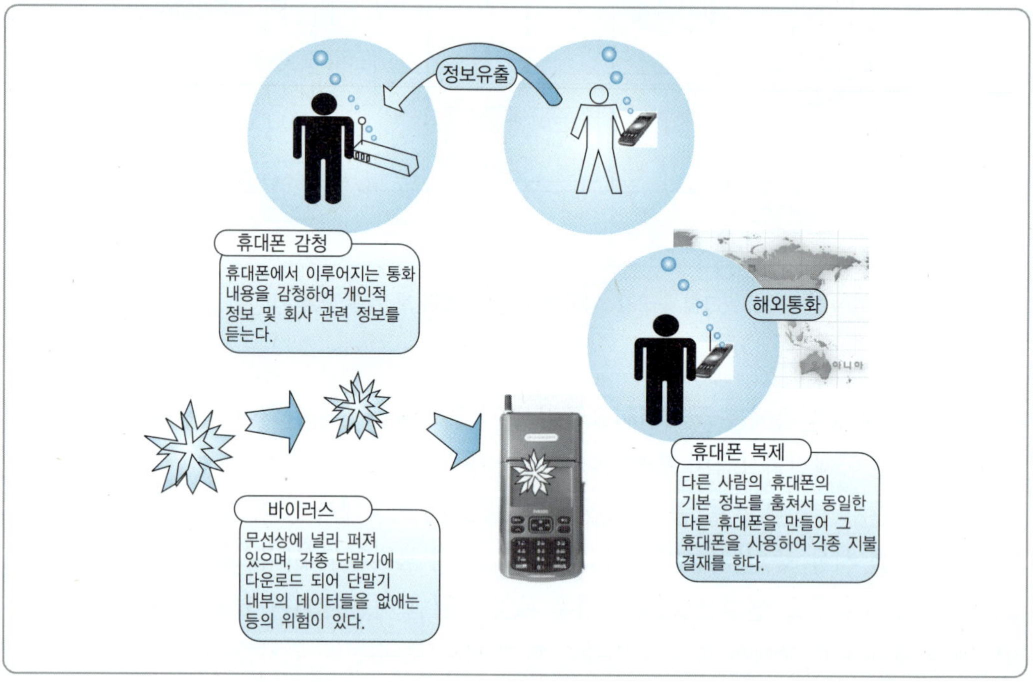

[그림 4-30] 통신상의 도청 및 해킹

무선통신은 전송매체와 무선으로 전송되는 통신 형태상 특히 보안, 인증이 중요하다. 현재 무선통신시스템의 보안서비스는 각종 개인적이고, 보안이 필요한 정보들을 AuC에 저장하여 다음과 같이 제공되고 있다.

1) 인증(authentication)

사용자는 각종 이동통신 관련 서비스를 제공받기 이전에 인증을 받아야 한다. 인증은 이동국이 정확하게 등록되어 있는지 확인하기 위하여 이동국과 기

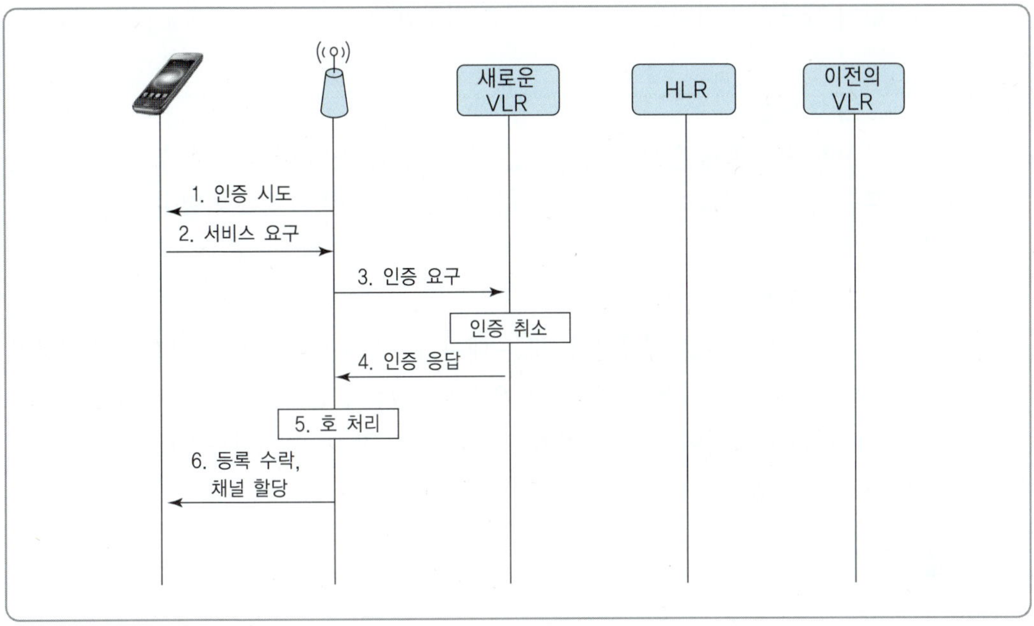

[그림 4-31] 인증 시도의 호 흐름도

지국 간에 정보를 교환하는 과정을 말한다. 초기의 AMPS시스템(advanced mobile phone system)은 사용자의 전화번호인 MIN(mobile identification number, 이동국 식별번호)과 ESN(electronic serial number; 단말기 고유번호)을 사용하였고 오늘날의 시스템은 이동국에 저장된 SSD(shared secret data; 비밀 데이터 집합)를 사용하여 아래와 같이 인증을 수행한다. 인증은 이동국과 기지국이 동일한 SSD를 공유할 때만 성공적으로 수행된다.

[그림 4-31]은 인증 시도의 호 흐름 과정을 보여준다. 이동국이 시스템에 접근(발신, 호출응답, 등록 등)을 시도하면 가까운 기지국으로 접속 인자가 전송되어 인증이 시도된다. 기지국은 접속 인자를 최근의 값들과 비교하여 유효하다면 VLR로 인증 요구 메시지를 보낸다. VLR은 현재 이동국이 서비스를 받을 수 있는 사용자인지 확인을 위하여 데이터베이스를 검색한다. 만약 데이터가 VLR에 존재하지 않는다면 VLR은 HLR에게 데이터를 요구할 수도 있다.

이동국이 새로운 VLR에 있는 데이터베이스에 존재할 때 VLR은 검색 결과를 기지국으로 전송하고, 기지국에서는 인자 값들을 업데이트한 후 이동국으로 그 값을 보내어 이동국 내의 값을 갱신한다. VLR의 검색 결과 값과 비교 결과 값이 다르면 기지국은 서비스 제공을 거부한다.

2) 기밀성

사용자와 관계된 모든 데이터는 암호화된다. 인증이 일어난 후 기지국과 이동국 사이에 전달되는 음성, 데이터, 신호에 관하여 암호화 기법이 적용된다.

3) 익명성

사용자 익명성을 제공한다. 모든 데이터는 전송되기 전에 암호화되어 사용자 개인정보는 무선상에는 사용되지 않는다. 대신에 VLR로부터 할당된 일시적인 아이디를 제공받아 새로 위치가 갱신된다. 또한 이 아이디는 VLR이 언제든지 변경할 수 있다.

참 고 문 헌

[1] Behrouz A. Forouzan, *Data Communications and Networking*(2nd edition), McGRAW-HILL, 2000.
[2] William Schweber, *Electronic Communication Systems*(2nd edition), Prentice Hall, 1996.
[3] 차동완, 《정보통신세계》, 영지문화사, 2002.
[4] Simon R. Saunders, *Antennas and Propagation for Wireless Communication System*, Wiley, 1999.
[5] William Stalling, *Wireless Communications and Networks*, Prentice Hall, 2002.
[6] Andy Bateman, Digital Communications, Addison-Wesley, 1999.
[7] www.ktf.com KTF 홈페이지
[8] 김현욱, 《IMT-2000 이동통신 원리》, 진한도서, 2001.
[9] Preston Gralla, *How Wireless Works*, Que, 2002.
[10] Jochen Schiller, *Mobile Communications*, Addison-Wesley, 2003.
[11] 김영한, 〈VoIP 표준화 동향〉, 한국통신학회지, 2002.
[12] 〈정보통신 및 표준화 기술 동향 IPv6〉, TTA 저널 72호.
[13] 안재영, 〈IP기반 차세대 이동통신망(All IP Network)〉, TTA 저널 69호, 2000.6.
[14] 김충남, 차세대 무선인터넷 서비스, 전자신문사, 2002.
[15] Agrawal, Zeng, *Wireless and Mobile Systems*, Thomson, 2003.
[16] Behrouz A. Forouzan, *TCP/IP protocol Suite*(2nd edition), McGrawHill
[17] 박정수, 신명기, 김용운, 이승윤, 김용진, 〈차세대 인터넷 프로토콜 소개〉, IPv6 포럼 코리아 기술문서, 2000-001.

연 습 문 제
EXERCISE

01 문자메시지 서비스는 서비스 제공 방법에 따라 점대점 서비스와 방송형 서비스로 나누어진다. 각 서비스를 예를 들어 설명하시오.

02 IPv4와 IPv6의 주소 방식의 차이점을 설명하고, ULR에 표기되는 주소를 각각 예를 들어 나타내시오.

03 핸드오프의 세 가지 종류에 대해서 어떤 경우에 각각의 핸드오프가 이용되는지에 대하여 설명하시오.

04 위치등록을 해야 하는 이유와 이동단말기의 위치등록 과정에 대하여 예를 들어 설명하시오.

05

CHAPTER

셀룰러통신의 개념

Fundamentals of Mobile Communications

CHAPTER 05 셀룰러통신의 개념

5.1 셀룰러시스템의 개념

5.1.1 셀의 의미와 형태

5.1.1.1 셀의 의미

셀룰러시스템의 기본이 되는 셀(cell)[1]이 무엇인지에 대하여 알아보자. 이동통신에서 셀이란 특정 이동전화기지국이 가장 양호하게 이동전화의 호(call, 통화를 요구하는 것)를 처리할 수 있는 구역을 의미하며, 여러 개의 셀이 모여서 하나의 시스템인 서비스 지역을 구성한다. 전자파 및 제한된 주파수 자원을 효율적으로 활용하기 위하여 주어진 이동통신 서비스 지역을 '셀' 이라는 작은 영역으로 분리하여 서비스를 제공하고 있다.

셀룰러 이동전화시스템에서 기지국의 서비스 지역을 6각형 모양으로 표시하고 그것이 세포 모양과 같다고 해서 통상 셀이라고 한다. 평지에서 전파를 발사하면 원형을 나타내며, 육각형의 모양은 셀의 개념을 단순화해서 표현한 것이다. 그러나 실제 환경에서 여러 가지 지형에 따라 셀의 모양은 불규칙하게 구성된다. 예를 들면 높은 산과 같은 지형에서는 전파는 멀리 날아가지 않지만 물에서는 전파가 더 멀리 날아간다.

1) (작게 나뉜) 작은 방, (벌집의) 구멍, (대조직 중의) 기초 조직, (생물의) 세포

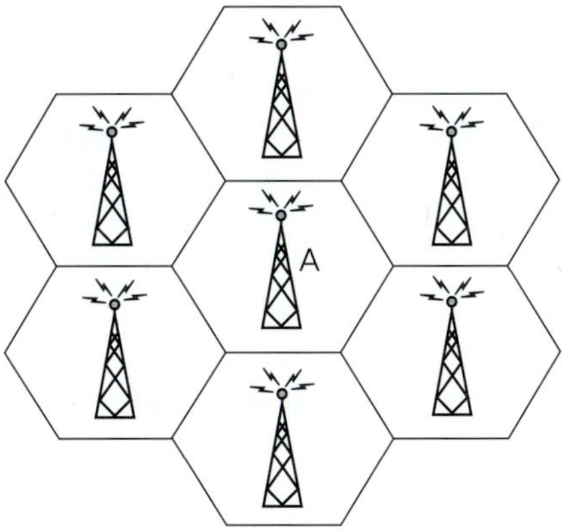

[그림 5-1] 셀의 서비스 범위

예를 들어 [그림 5-1]에서 기지국 A가 자신을 둘러싸고 있는 육각형 내에서 가장 양호하게 호를 처리할 수 있다고 할 경우 이를 기지국 A의 셀이라고 할 수 있다. 일본에서는 이동전화의 셀이란 말을 존(zone; 지역, 구역)이라고도 한다. 이러한 셀이 하나로 연결되어 전체가 하나의 이동전화 통화권을 만든다는 의미에서 셀룰러시스템이라고 한다.

5.1.1.2 셀의 형태

한 셀의 넓이나 그 셀의 기지국으로부터 경계선까지의 거리가 불규칙적인 경우, 통화량 증가 시 비효율적인 주파수 사용과 비경제적인 장비의 배치가 될 것이다. 지역이 균등하다면 전파는 원형의 모습으로 퍼져나갈 것이고, 셀의 모양은 대략 원형이 될 것이다. 따라서 불규칙한 모양으로 셀을 그린다면 시스템을 증설할 때마다 혼신 문제 등을 해결하여야만 하는 복잡하고 귀찮은 일이 될 것이다.

셀룰러 개념에 대한 초기 시스템 설계자들은 모든 셀을 같은 형태로 구체화하는 것이 셀룰러시스템의 설계와 배치를 체계화하는 데 도움을 준다고 생각했다. 전파를 고려해 본다면 셀의 형태는 원에 가까워야 하지만 설계 등의 디자인에는 비효율적이다.

원의 형태에 가까운 정삼각형, 정사각형, 정육각형의 세 가지 형태는 원형과 같이 모호하거나 중복되지 않는다. 원의 형태에 가까운 것으로는 등변이 아닌

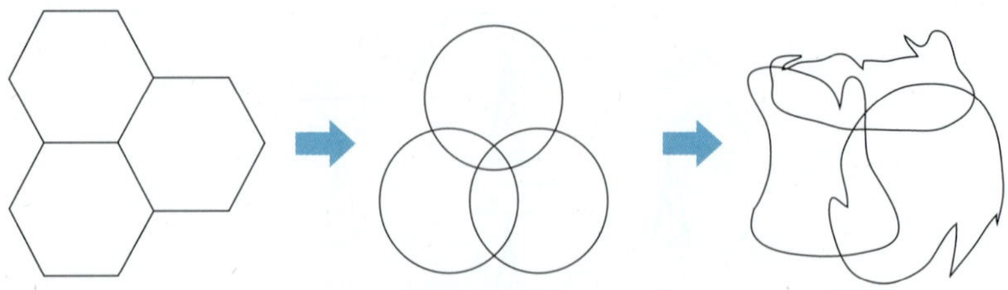

[그림 5-2] 셀의 형태

삼각형, 사각형, 오각형, 육각형, 칠각형, 팔각형 등 수없이 많이 있겠지만 정삼각형, 정사각형, 정육각형 외의 다른 형태의 도형은 평면상에 동일한 도형을 수없이 확장하여 보면 어느 곳에선가는 중복되는 부분이 발생한다. 즉, 팔각형은 정육각형보다 원형에는 가깝지만 정팔각형을 확장하여 그려보면 정팔각형끼리 서로 중복되는 부분이 생겨 평면에 디자인할 수가 없다. 정삼각형이나 정사각형, 정육각형만이 평면상에서 무한하게 중복되지 않게 셀을 확장하여 그릴 수 있다.

그중 셀룰러 이동전화시스템을 개발한 AT&T(American Telephone and Telegraph; 미국 전신 전화 회사)의 벨 연구소 시스템 설계자들은 디자인 문제 외에도 경제적인 이유로 정육각형 셀을 선택했다. 기지국 주변의 지형지물이 균일할 경우 전파신호는 기지국에서 떨어질수록 점점 약해질 것이다. 즉, 정다각형의 꼭지점들은 셀의 중앙에서 가장 멀리 있기 때문에 전파신호의 세기가 가장 약할 것이다.

정다각형들의 꼭지점까지의 길이 R(반경)이 모두 같다면 정육각형으로 만들어진 지역이 실질적으로 제일 큰 면적을 갖는다. 이것은 정육각형의 셀에 기지국을 세울 경우 하나의 기지국으로 정삼각형이나 정사각형보다 서비스를 골고루 넓게 제공할 수 있어 기지국을 설치하는 비용을 줄일 수 있다는 의미가 된다. 물론 정육각형이라고 해도 하나의 기지국이 커버할 수 있는 서비스 지역을 정확히 정할 수는 없다. 그러나 디자인에 있어서 가장 실용적인 모양이 정육각형이라고 봤을 때 정육각형이 셀의 패턴으로 채택된 것이다.

하지만 현재 사용 중인 셀룰러시스템의 셀 형태는 위에서 설명한 원형, 정육각형 등의 모양을 갖지 못한다. 셀 중앙에 기지국이 세워지면 기지국 주변의 지형지물이 균일하지 못하여 지형이 균일한 면 지역까지 도달할 수 있는 전파가 가까운 지역인데도 불구하고 도달하지 못하는 경우가 발생하게 된다. 즉, 기지국 주변의 지형지물이 균일하지 못한 경우는 기지국 주위에 언덕이나 높은 건물, 나무 등이 존재하여 이들이 전파의 진행을 방해하는 경우로 이때는 셀의 범위가 제한된다. 이와 같은 이유로 인접한 셀과 비교해 보았을 때 셀 형태는 물론 셀 반경까지 다를 수도 있다.

그래서 현재 사용 중인 셀룰러시스템의 셀 형태는 불규칙적이고 인접 셀과 겹치는 부분도 있다. 따라서 앞에서 설명한 정육각형 셀은 통화품질, 경제적 측면을 고려한 시스템 설계를 할 때 유용한 모델이 된다.

5.1.1.3 셀의 크기에 따른 셀의 분류

같은 위치에 갖가지 서비스를 제공하는 기지국을 세워 놓으면 그 각각의 서비스를 제공하는 기지국의 셀 크기는 모두 같을까?

[표 5-1] 셀의 특성에 따른 분류

셀 형태	셀 반경	적용 범위	서비스
글로벌셀 (global cell)	750km	대륙(continents)	위성통신 (satellite)
메가셀 (mega cell)	5km~	시골(rural)	셀룰러통신 (cellular)
매크로셀 (macro cell)	2~5km	도시(urban)/ 시골(rural)	셀룰러통신 (cellular)
마이크로셀 (micro cell)	200m~2km	과밀집도시 (dense urban)	셀룰러통신(cellular) /Low-Tier System
피코셀 (pico cell)	~200m	사무실(office) 캠퍼스(campus)	Low-Tier System /Wireless LAN

다른 서비스를 제공한다는 것은 다른 주파수대역을 사용한다는 의미와 유사하다. 주파수가 다르면 전파 도달거리와도 상관이 있으므로 각 서비스마다 셀 크기도 변하게 된다. [표 5-1]에서는 셀의 반경에 따른 셀의 이름과 그 셀과 관련된 서비스 및 범위를 나타내었다. 그리고 이를 [그림 5-3]에서 도시하였다.

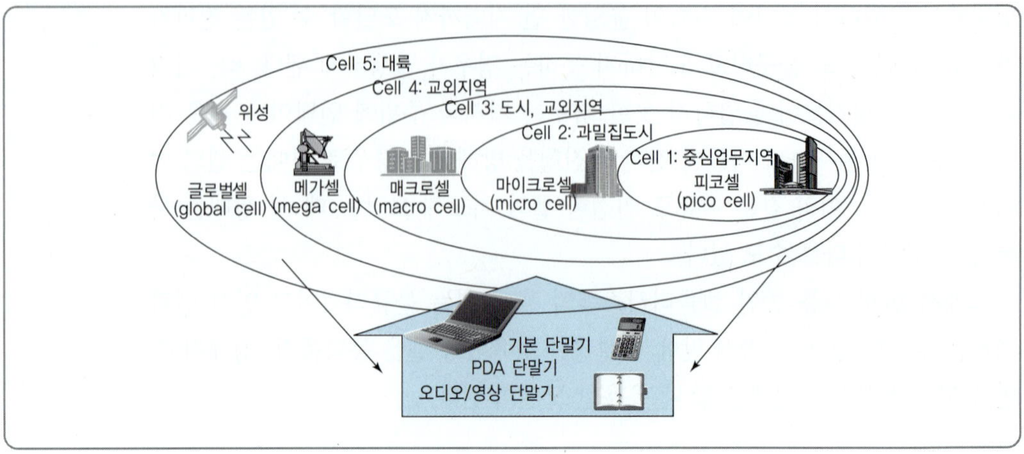

[그림 5-3] 거리에 따른 셀 분류

5.1.2 셀룰러시스템의 기본 기술

1983년(우리나라; 1984년)부터 상용화된 셀룰러시스템 이전의 이동전화시스템은 높은 지역이나 탑에 안테나를 장착하여 서비스 지역 내의 고출력 단일 무선 기지국시스템 통하여 넓은 지역에 서비스를 제공하도록 설계되었다. 1970년대 뉴욕 시에서 벨 이동시스템은 12개의 채널로 약 천 마일 정도까지 서비스를 하였다. 그러나 무선전파의 성질상 건물이나 산 뒷면 등과 같은 지역은 전파가 도달하기 어렵기 때문에 통화가 거의 불가능하였다. 이동전화용으로 할당된 주파수대역 내에서 사용할 수 있는 채널 수(통화회선 수)의 한계로 인해 통화 수요가 증가하여도 통화 회선을 늘릴 수가 없었다. 증가하는 가입자를 수용하기 위하여 주파수대역의 확대가 필요하였지만 정부는 충분한 주파수 할당을 하지 않았다. 그로 인해 동일한 서비스 지역에서 한정된 주파수로 많은 가입자를 수용하기 위한 이동통신시스템의 새로운 기술 개발이 필요하게 되었다.

초창기 국내 이동통신시스템은 서울지역의 경우 남산에 하나의 기지국을 설치하여 반경 30km 이내에서 통화할 수가 있었다. 하지만 서울에 가입된 사용자가 수원으로 내려가면서 통화권을 벗어나면 통화 중에도 전화가 끊어지기 때문에 다시 수원지역 내의 기지국 주파수에 맞추어 전화를 걸어야 했다. 서울지역의 경우 하나의 기지국이 처리할 수 있는 가입자 수는 할당된 주파수대역 내에서 한계가 있었다. 이로 인하여 최대 용량까지 가입자를 수용하면 신규 사용

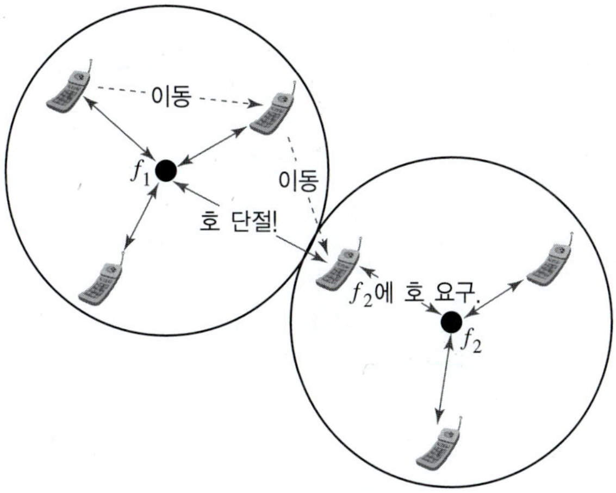

[그림 5-4] 셀룰러 이전의 시스템

자들은 기존 가입자가 서비스를 해약하여 빈자리가 발생할 때까지 신청만 해놓고 대기하였다. 이러한 상황을 [그림 5-4]에서 나타내었다. 하나의 기지국에서 고출력신호를 방사하여 통화 영역이 넓어지도록 했으며, 이로 인해 전력소모량이 매우 커졌고, 단위 면적당 가입자 수가 많을 경우 가입자 수용이 어려운 문제가 발생하였다. 또한 기지국이 변경되어도 호가 지속적으로 연결되는 핸드오버(handover)가 이루어지지 않아서 인접 셀로 이동 시 호가 끊어지고, 재통화를 위하여 다시 주파수를 맞추어야 하는(reinitiating cells) 과정을 수행하여야 했다.

특정 계층을 통하여 사용된 이동통신 방식은 편리성이 부각되면서 통화 중에도 호의 끊어짐이 없고, 서비스 지역 제한, 주파수 및 가입자 수용 용량의 한계를 극복하기 위해서 제안된 개념인 '셀룰러' 방식으로 진화하였다. 이는 고출력 단일 기지국을 저출력의 다수 기지국으로 바꿔서 통화권을 제공하는 방식이다. [그림 5-5]와 같이 서비스 지역을 여러 개의 작은 셀(cell)로 나누고 각 셀에서는 각각 다른 주파수들을 할당하고, 서로 충분히 멀리 떨어져 간섭 발생이 없는 두 셀에서는 동일한 주파수대역을 사용하여 공간적으로 주파수를 재사용할 수 있도록 하였다. 이러한 방식은 이동국이 하나의 셀에서 인접 셀로 이동 시에도 호의 단절 없이 자동적으로 호가 연결되게 하고, 공간적으로 분포하는 채널 수

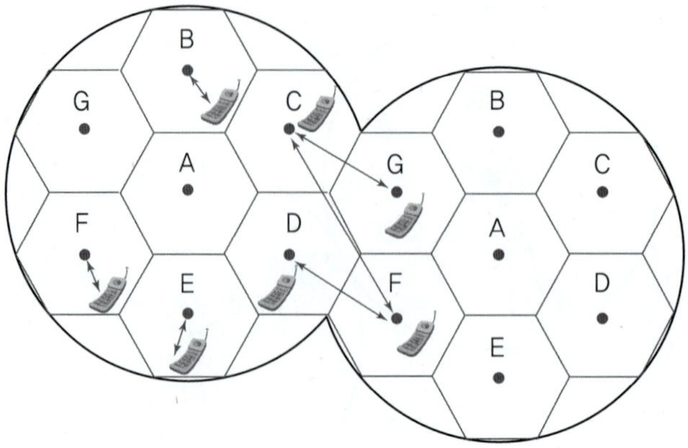

[그림 5-5] 셀룰러시스템

를 증가시켜 충분한 가입자 수용 용량을 확보할 수 있도록 한다. 셀룰러 이동통신시스템은 한정된 이동전화용 주파수 내에서 기존 방식보다 많은 가입자를 수용할 수 있으며, 전파가 미치지 않는 빌딩이나 산 뒷면과 같은 지역에서도 주파수가 다른 무선기지국을 설치하여 통화가 가능하다. 셀룰러 이동통신시스템은 기지국에서 저출력전력을 사용하므로 [그림 5-5]에서 보듯이 셀의 크기가 작고, 핸드오버(handover)가 이루어지기 때문에 인접 셀로의 이동 시 발생하는 호 단절의 문제점을 해결하였다.

주어진 구역을 '셀'로 나누면, 어떻게 수용 가능한 가입자 수가 증가할 수 있는지를 살펴보자. 이해를 위하여 간단한 주파수분할방식(FDMA)을 이용하여 설명하도록 한다. 주어진 총 주파수대역폭이 9MHz이고 각 통화채널에 할당하는 대역폭이 30kHz라면, 총 주파수대역에서 얻을 수 있는 통화채널 수는 $9\times10^6/30\times10^3$ = 300개가 된다. 셀룰러 이전의 이동통신시스템에서는 300개의 채널을 단일 기지국에 할당하여 서울 전역을 통화권으로 만들었지만, 가입자가 증가 시에는 주파수를 많이 할당하여 통화채널을 확장할 수밖에 없다. 그러나 주파수는 국가 고유자원으로 효율적인 사용이 필요하며, 상업용의 주파수 이용은 매우 제한적으로 할당된다.

다른 가입자 증대 방안으로 현재의 서비스 영역을 두 영역으로 분할하여 각 기지국에 300개의 채널을 할당하게 되면 어떤 현상이 발생하는지 알아보자.

[그림 5-6]과 같이 300개의 채널을 이용하여 서울지역을 2개의 통화 영역으

로 분리하고 강남지역과 강북지역에 이동통신 서비스를 제공한다고 생각해보자. 강북, 강남지역을 서비스하기 위해서 남산과 삼성역 근처에 기지국을 각각 하나씩 설치하고 두 지역에 이동통신 서비스를 제공한다. 사용 가능한 총 300개의 채널을 모두 남산에서도 사용하고, 강남지역인 삼성역에서도 동일한 주파수대역의 300개의 채널을 사용하면, 총 통화채널이 두 배로 증가하여 600개가 된다. 그러나 중간 지역인 한강 근처에서는 동일채널의 신호가 강북과 강남의 양방향에서 도달하기 때문에 혼신이 발생하여 통화를 할 수 없다. 이와 같이 인접 지역에서 동일한 주파수를 사용하여 발생하는 간섭(co-channel interference; CCI)에 의해 서비스 지역을 분리하여도 통화채널이 증대할 수 없을 뿐만 아니라 통화 자체가 되지 않음을 알 수 있다. 이런 현상은 FM 라디오 방송국인 서울의 A 방송사가 96.5MHz, 수원 B 방송사가 동일 주파수인 96.5MHz를 방송한다면, 서울에서 수원으로 차를 타고 이동하면서 A 방송을 수신 중에 서울, 수원의 중간 지점에서는 B 방송사의 동일 주파수 방송과 중첩되어 방송을 수신할 수 없는 것과 유사하다. 이는 전자파의 간섭 성질을 통하여 쉽게 이해할 수 있다.

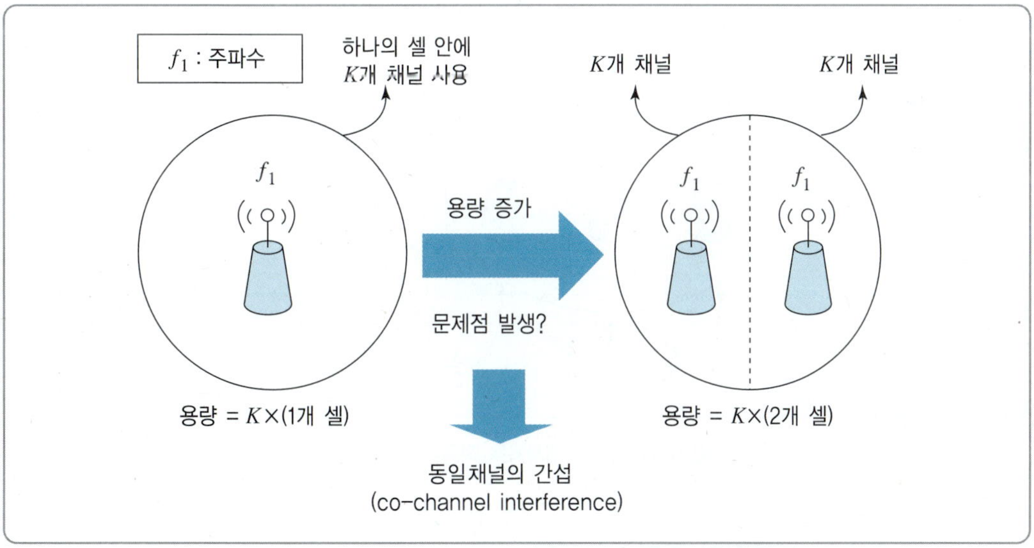

[그림 5-6] 주파수재사용을 적용하지 않은 셀룰러시스템

이러한 혼신이 발생하는 문제점을 극복하려면 강남 쪽인 삼성역 기지국에 채널 반(150 채널)을 할당하고, 강북 쪽인 남산 기지국에 나머지 반을 할당하여 강북과 강남 지역에서 각각 서로 다른 채널을 사용함으로써 가능하다. 이로 인하여 강북/강남 지역에서 총 300개의 채널을 사용할 수 있다. 위와 같은 셀 구성은 기존의 이동통신 방식에 비하여 셀 크기가 축소되어 전력소모는 줄일 수 있으나 근본적인 가입자 증대 문제는 극복하지 못한다.

용량 증대를 위하여 서울지역을 다음의 [그림 5-7]과 같이 3개의 지역인 a, b, c로 구분하고 앞에서 설명한 것과 같이 a지역에 150개, b지역에 150개의 다른 채널을 할당한다. c지역에는 b지역에서 사용한 것이 아닌 a지역에서 사용한 150개의 채널을 할당한다면 동일채널 간섭(CCI) 없이 9MHz를 사용하여 최대 450 채널을 사용할 수가 있다.

한정된 주파수 자원으로 통화품질에 영향을 미치지 않는 간섭 범위 내에서 주파수재사용(frequency reuse)을 통하여, 서비스 지역을 작은 구역으로 분리할 경우 통화채널을 증가시켜 가입자 용량이 증대된다.

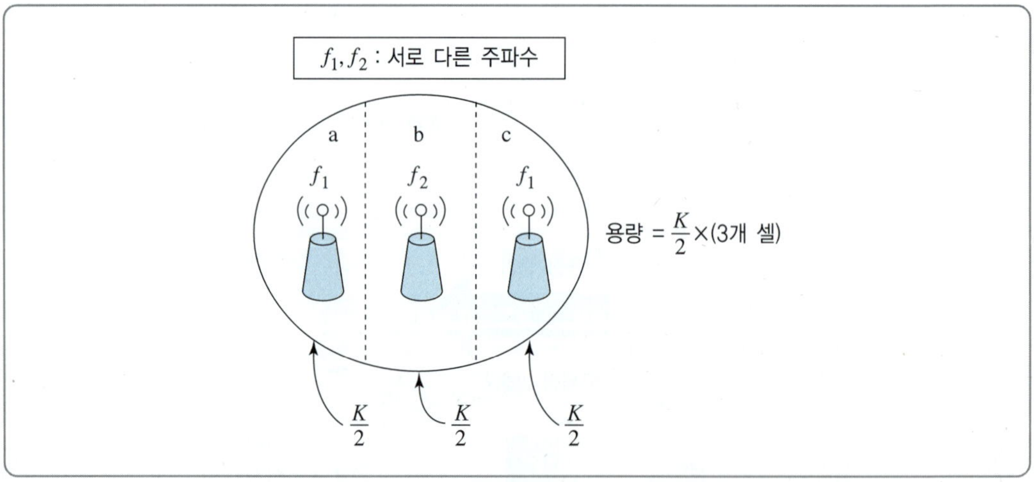

[그림 5-7] 주파수재사용을 적용한 셀룰러시스템

5.1.3 셀룰러와 주파수재사용

광범위한 여러 지역에서 동일 주파수를 사용하여 다른 방송국마다 방송을 할 수 있는 라디오 방송 등과 같이 할당된 주파수 범위 내에서 가입자 수용의 극대화와 통화단절 등의 문제를 해결하려는 연구의 결과, 주파수재사용을 이동전화에도 적용하려는 시도를 하게 되었다. 즉, 광범위한 지역마다 하나의 방송국이 주파수를 재사용하는 것보다는 한정된 축소 지역 내에서 주파수재사용이 가능하도록 하는 아이디어가 셀룰러 이동전화의 기반이 되었다. 미국의 경우 각 주 또는 지역마다 라디오나 TV 지역 방송국이 있어서 라디오나 TV용으로 할당된 동일한 주파수를 이용하여 각 지역 방송국마다 서로 다른 방송을 할 수 있다. 동부 지역인 뉴욕에서 사용하는 동일한 주파수대의 TV 채널을 서부 지역인 샌프란시스코에서 틀면 뉴욕 방송이 아닌 샌프란시스코 지역 방송이 나온다. 이것이 한 나라에서의 주파수재사용이다. 우리나라도 미국과 같은 동일한 주파수대에서 미국에서는 미국 방송, 한국에서는 한국 방송이 나온다. 우리가 국내용 라디오를 가지고 외국에 여행을 가서 들어보면, 우리나라 방송이 나오는 주파수대역에서 여행 중인 나라의 방송이 나오는 것을 알 수 있다. 이것은 동일한 주파수를 우리나라와 외국에서 동시에 사용하는데 송신출력을 조정하여 우리나라의 방송이 외국에까지 전달되지 않기 때문이다. 이와 같이 이동전화도 주파수를 재사용함으로써 가입자를 셀룰러시스템 이전의 방식보다 더 많이 수용할 수 있게 되었다.

각 셀룰러 기지국은 셀이라 하는 좁은 통화 영역 내에서 채널이 할당된다. 또한 인접한 기지국에는 다른 주파수를 할당하여 기지국 간에는 간섭을 감소시켜 주파수를 재사용한다. 한정된 주파수 자원으로 가입자 용량 증대를 위하여 통화품질에 영향을 미치지 않는 간섭 범위 내에서 주파수재사용을 한다.

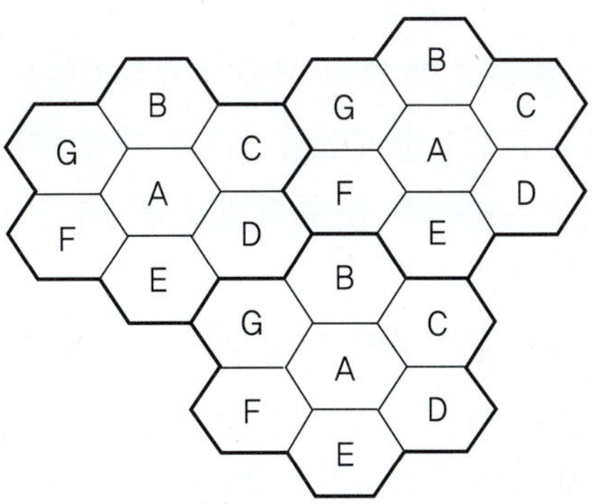

[그림 5-8] 주파수재사용 개념

기지국 안테나는 셀 내에서 원하는 통화 영역에만 신호가 도달하도록 설계되어서 같은 그룹의 채널들은 통신 가능한 일정한 정도의 간섭을 유지하고 충분히 멀리 떨어진 거리의 다른 셀에서는 주파수를 재사용한다. 일반적으로 통신 시스템에서 기지국 채널 그룹 할당 및 선택 과정을 주파수재사용(frequency reuse) 혹은 주파수계획(frequency planning)이라 한다. [그림 5-8]은 주파수 재사용 기술을 사용한 셀의 구성 개념을 나타낸다. 여기서 같은 숫자를 가진 셀들은 동일채널 그룹들이다.

[그림 5-8]의 같은 문자를 가진, 즉 동일 주파수를 사용하는 셀들을 동일채널(co-channel) 셀이라 하며, 동일채널 사이의 간섭을 동일채널 간섭(CCI)이라 한다. 인접한 동일채널(co-channel) 사이의 공간은 주파수 분리를 위해 다른 주파수대역을 가진 셀들로 구성된다. 다른 주파수들을 사용하는 셀들의 그룹을 셀 클러스터(cell cluster)라 하며, 그림에서 진하게 표시된 각 영역을 나타낸다. 셀의 개수로서 클러스터 크기를 N이라 하고, 주파수재사용 없이 사용 가능한 총 통화채널을 S라 하면, 클러스터 내의 N개의 각 셀들은 S 가용 채널을 사용할 수 있다. 그러므로 클러스터의 각 셀들은 총 가용 채널의 $1/N$을 사용하게 되며, 이를 주파수재사용 계수(frequency reuse factor)라 한다.

5.2 시스템용량과 통화권

5.2.1 주파수재사용과 용량

예를 들어 [그림 5-9]와 같이 서울의 강북지역을 7개의 작은 구역인 셀로 나누고, 강남지역도 7개의 셀로 할당한다고 가정하자. 이 경우 강북, 강남의 셀당 이용 가능한 용량은 주어진 총 통화채널 300개를 7개로 나누어서 각각의 셀에 42개의 채널이 할당된다.

같은 채널을 사용하는 구역이 각 셀의 반경에 비하여 충분히 멀리 떨어져 있으므로 서로 간 간섭이 무시할 수 있을 정도로 적게 발생하여 혼신은 감소된다. 즉, [그림 5-9]의 경우 강북, 강남지역에서 사용할 수 있는 총 채널 수는 600개가 되어 주파수재사용을 적용하지 않는 경우보다 사용할 수 있는 채널이 두 배

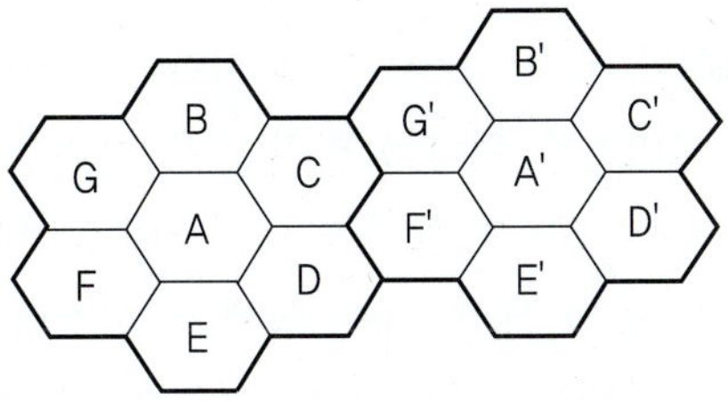

[그림 5-9] 클러스트 크기(N)가 7인 주파수재사용 모델

로 증가했음을 알 수 있다. 이로써 서비스 구역을 작게 나누면 수용 용량이 증가함을 알 수 있다. 여기서 만일 셀 반경을 반으로 줄이면, 셀 수는 4배로 증가하게 된다. 셀에 주파수를 할당하는 방법을 그대로 적용하면 각 셀당 42개의 통화채널을 할당할 수 있으므로, 전체 서비스 지역의 통화채널 수도 역시 4배로 증가한다. 이와 같이 셀 반경을 조절하여 통화채널 용량을 조절할 수 있으므로, 수요에 따라 셀 반경을 설정하여 가입자가 증가하여도 이를 수용할 수 있게 된다. 그러나 셀 반경을 무한정 줄일 수 있는 것은 아니며 시스템의 특성, 전파 환경 등 다양한 변수에 의하여 셀 반경의 설계는 한계가 있다. 다음은 셀룰러의 주파수재사용을 통한 용량과의 상관관계를 자세히 알아보자. 가용 가능한 총 채널 수를 S라 하고, 각 셀에 K 채널이 할당된다고 가정하자($K<S$). 총 S 채널이 주파수재사용 계수에 의해 N 셀로 나누어지고 각 셀에 균등한 K 채널이 분배된다면 가용 총 채널 S는 다음과 같이 표현된다.

$$S = K \times N \tag{5-1}$$

총 가용 채널 수가 정해져 있을 경우, 클러스터 크기 N의 감소는 셀당 채널 개수 K의 증가로 단위 면적당 채널 수가 증가한다는 것을 알 수 있다. 또한 셀룰러시스템은 여러 개의 클러스터로 형성되기 때문에 전체 셀룰러시스템을 구성하는 클러스터의 수를 M이라 하면 주파수재사용을 하는 이 시스템의 총 용량은 다음과 같이 표현된다.

$$C = K \times M \times N = M \times S \tag{5-2}$$

일정한 셀 사이즈를 유지하면서 클러스터 크기 N을 줄이면 각 셀에 할당되는 채널 수는 증가하게 된다. 가용 총 채널(S)이 일정한 값을 가지면 주어진 전체 통화 영역권의 서비스를 위하여 훨씬 많은 클러스터를 반복하여 할당해야 한다. 즉, 이는 클러스터(M)의 증가를 의미하며 총 채널 수(S)가 일정할 때, 클러스터(M)의 증가는 앞의 식 (5-2)에 의해 총 시스템용량이 증가된다. 이것은 주어진 통화 영역에서 N이 최소화될 때 총 용량 C의 최대화를 나타낸다.

예 제 1

FDD(frequency division duplex) 방식의 셀룰러시스템은 두 개의 25kHz simplex 채널을 사용하고 있으며, 총 주파수대역은 33MHz이다. 주파수재사용 개수가 (a) $N = 4$, (b) $N = 7$, (c) $N = 12$인 각 사항에 대하여 셀당 가용 채널 수를 계산하라.

풀이 총 주파수대역 = 33MHz

채널 주파수대역 = 25kHz × 2 simplex 채널 = 50 kHz/duplex 채널

총 가용 채널 수 = 33,000/50 = 660 채널

(a) $N = 4$인 경우,

셀당 가용 총 채널 수 = 660/4 = 165 채널

(b) $N = 7$인 경우,

셀당 가용 총 채널 수 = 660/7 = 95 채널

(c) $N = 12$인 경우,

셀당 가용 총 채널 수 = 660/12 = 55 채널

예 제 2

통화량 제어를 위하여 1001개의 무선채널이 존재하는 셀룰러시스템이 있다고 생각하자. 셀당 면적은 6km^2이고 전체 시스템의 면적은 2100km^2라고 가정하자. 클러스터 크기가 $N = 7$일 때, 이 시스템의 용량을 계산하라. 전체 시스템 영역의 통화권을 유지하기 위하여 $N = 4$인 클러스터를 사용하면 반복하는 총 클러스터 수는 얼마인가? 클러스터 크기가 $N = 4$일 때, 이 시스템의 용량을 계산하라. 클러스터 크기가 증가하면 시스템용량은 증대되는가? 이유를 설명하라.

풀이 총 가용 채널 수(S) = 1001 채널, 클러스터 크기(N) = 7,
셀당 면적(A_{cell}) = 6km^2, 총 시스템 면적(A_{sys}) = 2100km^2 라고 가정하였다.
셀당 가용 채널(K)는 S/N이고, K=1001/7 = 143(채널/셀)
클러스터의 면적($A_{cluster}$)은 $A_{cluster} = N \times A_{cell} = 7 \times 6 = 42\text{km}^2$
총 클러스터 수(M)는 $M = A_{sys} / A_{cluster} = 2100 / 42 = 50$개
따라서 총 용량(C)은 $C = K \times M \times N = 50 \times 143 \times 7 = 50,050$ 채널

N = 4이면, 클러스터의 면적은 $A_{cluster} = N \times A_{cell} = 4 \times 6 = 24\text{km}^2$이다.
총 클러스터 수(M)는 $M = A_{sys} / A_{cluster} = 2100 / 24 = 87.5 \approx 87$개
N = 4이면 셀당 가용 채널(K)은 $K=S/N$이고, K는 1001/4 = 250(채널/셀)
따라서 총 용량(C)은 $C = K \times M \times N = 87 \times 250 \times 4 = 87,000$ 채널

클러스터 수가 증가하면 총 용량은 감소한다. 그 이유는 풀이에서 보듯이 클러스터 수가 N = 7에서 N = 4로 감소하면 용량은 50,050 채널에서 87,000 채널로 증가하기 때문이다.

셀의 크기가 일정할 때 N을 감소시키면, 동일 주파수를 사용하는 셀이 근접하기 때문에 서로의 간섭량이 증가하여 통화의 상애가 일어날 수 있다. 따라서 통화 환경에 따른 적절한 클러스터 개수를 선정해야 한다. 이와 같은 주파수재사용은 주변의 전파환경에도 영향을 받지만, 가장 큰 결정 요인은 이동통신시스템이 요구하는 최소신호 대 간섭 비(S/I)이다. 이동통신시스템이 요구하는 최소신호 대 간섭 비가 크면, 간섭에 가장 큰 영향을 미치는 동일채널 간섭(CCI) 셀을 멀리 떨어지게 하여 서로의 간섭을 피해야 한다. 그리고 최소신호 대 간섭 비(S/I)가 작으면 간섭이 어느 정도 증가하여도 통신장애에는 영향이 없으므로, 주파수재사용 계수를 감소하여 동일 주파수를 사용하는 셀의 거리가 근접하여도 신호를 복구할 수 있게 된다. 이와 같이 동일채널 간섭(CCI)을 줄이기 위해서는 셀 반경이 일정할 때 동일채널 간의 위치를 충분히 멀리하는 것이 바람직하다. 이러한 현상은 클러스터의 크기 N을 크게 하는 것과 같은 현상을 나타낸다. 정육각형 셀에서 가장 가까운 동일채널을 결정하는 방식은 다음과 같은 방법으로 정해진다.

1) 정육각형 셀의 어떠한 변을 따라 셀 이동
2) 60° 시계 반대 방향으로 각도 변경 후 셀 이동

다음의 [그림 5-10]에서 i = 3, j = 2인 경우 동일채널의 위치를 찾는 방법을 나타내며, 색이 있는 셀들은 동일채널(co-channel) 셀들을 나타낸다.

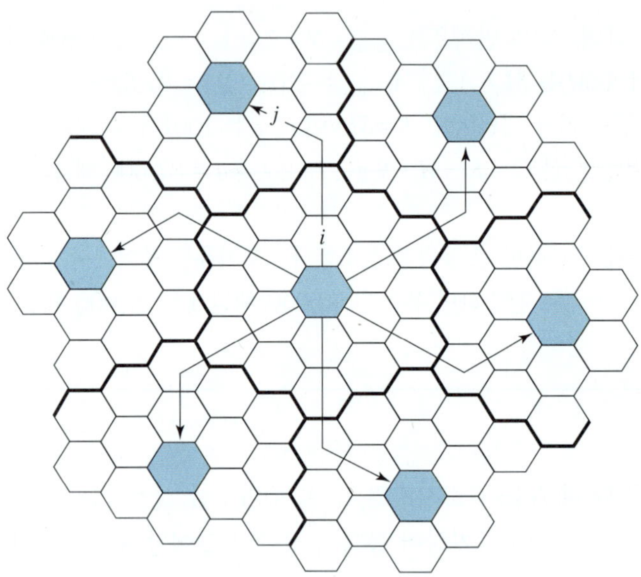

[그림 5-10] 셀룰러시스템에서 동일채널 셀들의 위치

클러스터의 개념 및 주파수재사용은 [그림 5-11]에 나타나 있으며, 동일채널들 사이의 가장 가까운 이웃 셀들의 측정 파라미터인 i와 j를 이용하여 클러스터 크기 N을 다음과 같이 나타낼 수 있다.

$$N = i^2 + i \times j + j^2 \quad (5\text{-}3)$$

예를 들어 식 (5-3)에서 i = 1, j = 2이면 N = 7이 되며, 각 셀은 총 유용 채널 중 1/7만이 할당되며 이때 주파수재사용 계수는 7이 된다.

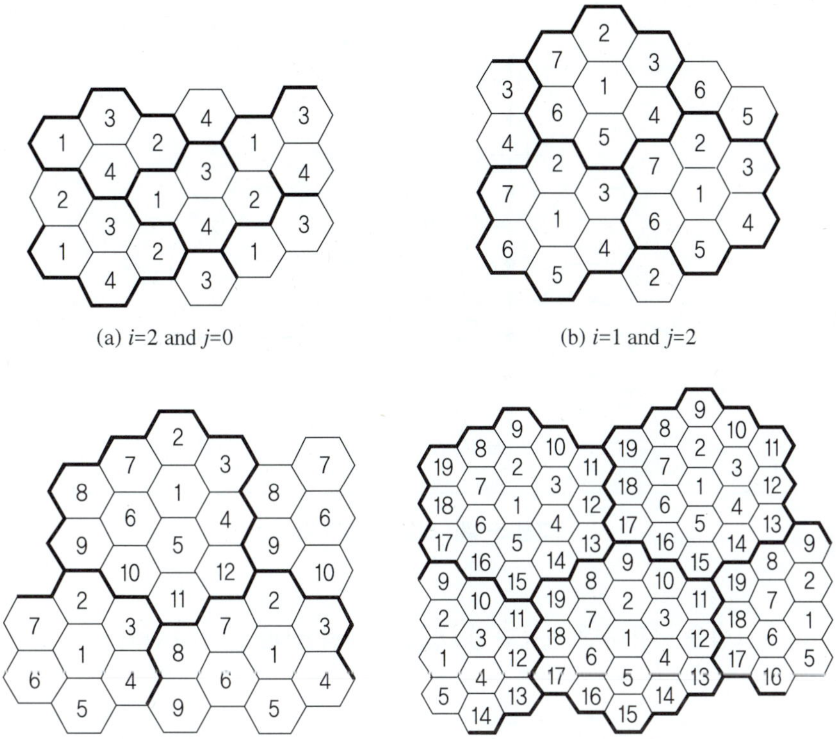

[그림 5-11] 셀 클러스트

5.2.2 간섭과 시스템용량

주파수재사용은 용량과 동일채널 간섭의 상관관계에 의해 이루어짐을 앞 절에서 설명하였다. 이 절에서는 정육각형 셀의 반경(R)과 가장 가까운 동일채널 셀 사이의 거리(D)를 이용하여 용량과 동일채널 간섭(CCI)의 상관성에 대하여 알아보자. 다음의 [그림 5-12]에서 두 인접 셀의 중심점 간의 거리는 $\sqrt{3}R$임을 쉽게 구할 수 있다. 여기서 두 인접 셀의 중심점 간의 거리를 $\sqrt{3}R$로 정규화한 가장 가까운 두 동일채널 셀 간의 거리를 D_{norm}이라 하면, 두 인접 셀의 중심점 간의 거리는 1로 나타내어진다. 그리고 실제 가장 가까운 동일채널 셀 간의 거리 D는 D_{norm}과 반경 R의 함수로 나타낼 수 있게 된다.

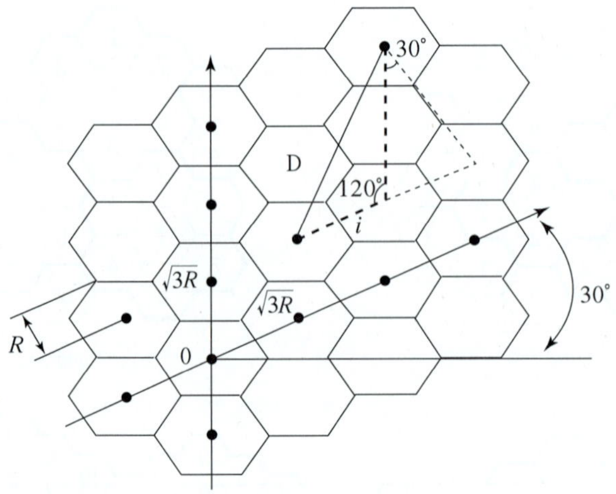

[그림 5-12] 인접 셀 간의 거리

그림을 이용하면 정규화된 D_{norm}은 다음 식과 같이 표현되고

$$D^2_{\text{norm}} = j^2\cos^2(30^\circ) + (i + j\sin(30^\circ))^2 = i^2 + j^2 + ij \quad (5\text{-}4)$$

식 (5-3)과 식 (5-4)로부터 다음과 같이 나타난다.

$$D_{norm} = \sqrt{N} \quad (5\text{-}5)$$

두 인접 셀 간의 거리 $\sqrt{3}\,R$을 이용하면 실제 가장 가까운 동일채널 셀의 거리 D는 다음과 같이 나타낼 수 있다.

$$D = D_{\text{norm}} \times \sqrt{3}\,R = \sqrt{3N}\,R \quad (5\text{-}6)$$

각 셀의 크기가 동일하고 기지국들이 같은 전력을 송신할 경우, 동일채널 간섭은 송신전력과는 독립적인 셀의 반경(R)과 가장 가까운 동일채널 셀의 거리(D)에 의해 정해진다. 즉, D/R의 비를 증가시키면, 셀의 서비스 영역에 대해 동일채널 셀들 사이의 거리는 증가한다. 동일채널 셀로부터 간섭은 RF 에너지의 충분한 거리의 이격에 의해 감소된다. 이때 Q는 동일채널 재사용비(co-channel reuse ratio)라 하며, 셀의 모양이 정육각형인 경우 다음과 같이 나타낸다.

$$Q = \frac{D}{R} = \sqrt{3N} \quad (5\text{-}7)$$

위의 식과 같이 클러스터 크기(N)가 작은 경우 동일 셀 간의 거리(D)가 줄어들어 동일채널 재사용 비(Q)는 감소한다. 이로 인하여 동일채널 간섭(CCI) 값이 증가하게 되어 통화품질은 저하되지만, 전체 서비스 영역을 위한 총 클러스터 개수의 증가로 인하여 총 통화용량은 증가한다. 반대로 클러스터 크기(N)가 커지면 거리(D)가 증가되어 Q의 값도 증가된다. 이 경우 동일채널 간섭(CCI)은 줄어 전송품질이 양호하지만 총 클러스트 개수가 감소하여 전체 총 통화용량은 감소된다.

일반적으로 통신사업자들은 통신품질 측면 또는 가입자 수용용량에 따라 Q의 값을 결정한다. 동일채널 재사용 비(Q)와 클러스터 크기(N)에 대한 상관관계는 [표 5-2]에서 나타내었다.

[표 5-2] N 값에 대한 동일채널 셀(co-channel) 재사용비

주파수재사용 패턴 (i, j)	클러스터 크기 (N)	주파수재사용 비 (Q)
(1,1)	3	3.00
(2,0)	4	3.46
(2,1)	7	4.58
(3,0)	9	5.20
(2,2)	12	6.00
(3,1)	13	6.24
(3,2)	19	7.55
(4,1)	21	7.94
(3,3)	27	9.00
(4,2)	28	9.17
(4,3)	37	10.54

우리는 지금까지 클러스터 크기(N)가 시스템의 용량뿐만 아니라 동일채널 간섭(CCI)에 대한 함수로 표현됨을 설명하였다. 이제 어떻게 동일채널 간섭(CCI)을 줄이며 용량을 최대화시키는 클러스터 크기(N)를 구하는 방법에 대하여 살

펴보자. 우선 용량과 통화품질에 영향을 미치는 여러 간섭 요인들과 이들의 영향에 대하여 설명한다. 기지국 수신기에서 이동국 사용자로부터 수신된 신호는 동일 셀의 다른 단말기, 이웃 셀들의 단말기 송신신호 간섭 및 배경잡음 등을 포함한다.

일반적으로 상 · 하향 전송은 TDD(time division duplex) 혹은 FDD(frequency division duplex)를 이용하여 링크를 충분히 분리한 후 사용하기 때문에 다른 링크 전송에 의한 간섭은 무시할 수 있다. 동일 셀의 수신기에서 다른 단말기로부터 오는 간섭을 인트라셀(intracell)간섭이라 하며, 다른 셀들로부터 오는 간섭을 인터셀(intercell)간섭이라 한다. 하향 링크에서 각 단말기에 수신되는 간섭은 기지국 수신기에서의 상향 링크 간섭보다 훨씬 영향이 많은데 이는 기지국에서는 단말기보다 우수한 성능의 수신기를 사용하기 때문이다. 만약 전체 셀룰러시스템에서 각 셀에 다른 주파수들을 할당하여 사용한다면 인터셀간섭은 최소화되지만 용량은 매우 작아진다. 용량 증대를 위한 주파수재사용은 필수지만 동일 주파수 사용에 의하여 생성되는 동일채널 간섭(CCI)인 인터셀간섭을 발생시킨다. 그래서 통화품질을 보장하는 적절한 동일채널 간섭(CCI)을 유지하기 위하여 주파수재사용이 필요하다. 주파수재사용은 통화품질의 척도인 시스템의 신호 대 잡음 비에 의해 결정된다. 그러나 실제 환경에서 동일채널 셀에서 오는 간섭이 매우 크기 때문에 구체적으로는 신호 대 동일채널 간섭(CCI) 비에 의해 결정된다. 일반적인 신호 대 잡음 비는 다음과 같이 나타낸다.

$$S/N = \text{신호전력}(S)/(\text{잡음전력}(N_S)+\text{간섭전력}(I)) \tag{5-8}$$

신호 대 동일채널 간섭(CCI) 비는 S/I = 신호전력(S)/간섭전력(I)으로 표현된다.

수신기에서 배경잡음 전력 N_S를 무시하면, S/N과 S/I는 같은 값으로 사용할 수 있다. N_I가 동일채널(co-channel) 간섭 셀들의 개수를 나타내며, i번째 동일채널(co-channel) 셀로부터 송신에 의한 간섭전력을 I_i라 하면, S/I는 다음과 같이 나타낸다.

$$S/I = \frac{S}{\sum_{i=1}^{N_I} I_i} \tag{5-9}$$

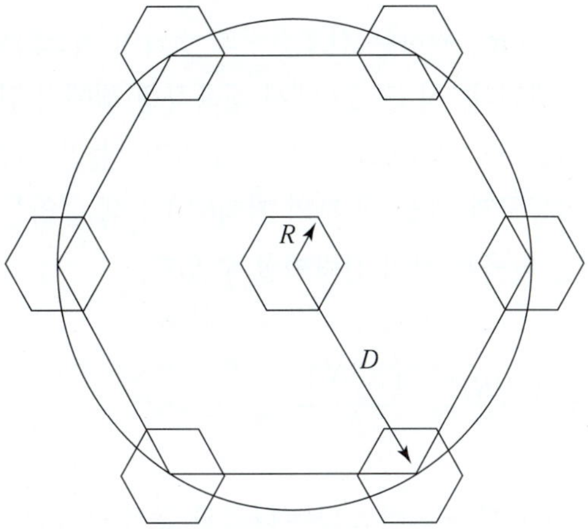

[그림 5-13] 기준 셀과 간섭 기지국 사이의 거리

이동무선 채널에서 전파(propagation)의 측정에서의 수신신호의 평균세기는 송신기와 수신기의 거리의 승수로 감쇠하는 것을 보여준다. 송신안테나로부터 거리가 d 떨어진 곳에서의 평균수신전력은 다음과 같이 나타낼 수 있다.

$$P_r = P_0\left(\frac{d}{d_0}\right)^{-n} \quad (5\text{-}10)$$

$$P_r(\text{dBm}) = P_0(\text{dBm}) - 10n\log\left(\frac{d}{d_0}\right) \quad (5\text{-}11)$$

만약 기지국의 송신출력이 동일하고 셀 영역에서 전파감쇠 계수가 동일하다면, S/I는 다음과 같이 나타낸다.

$$\frac{S}{I} = \frac{P_r(d_0)\left(\frac{R}{d_0}\right)^{-n}}{\sum_{i=1}^{N_I} P_r(d_0)\left(\frac{D_i}{d_0}\right)^{-n}} = \frac{R^{-n}}{\sum_{i=1}^{N_I} D_i^{-n}} = \frac{1}{\sum_{i=1}^{N_I}\left(\frac{D_i}{R}\right)^{-n}} = \frac{1}{\sum_{i=1}^{N_I}(Q_i)^{-n}} \quad (5\text{-}12)$$

$$\frac{S}{I} = \frac{R^{-n}}{\sum_{i=1}^{N_i}(D_i)^{-n}} \quad (5\text{-}13)$$

CCI의 값은 셀 내 이동국의 위치함수로 표현된다. 이동국이 셀의 경계에 위치해 있다면($r = R$), 원하는 신호전력의 전달이 최소화되어 최대의 동일채널 간섭(CCI)이 발생된다. 식 (5-13)에서 정육각형 셀에서 간섭 셀들의 첫 번째 간섭층(first tier)만 고려하고($N_I = 6$), 간섭 기지국들은 기준 셀과의 거리가 동일하며($r = R$), 이동국과 간섭 셀 간의 거리(D_I)가 셀 중앙들 사이의 거리(D)와 동일하다면, S/I는 다음과 같이 간략화할 수 있다.

$$S/I = \frac{(D/R)^n}{N_I} = \frac{\left(\sqrt{3N}\right)^n}{N_I} \tag{5-14}$$

그리고 주파수재사용 비인 Q는 다음과 같이 나타낼 수 있다.

$$Q = \left(N_I \times \frac{S}{I}\right)^{\frac{1}{n}} = \left(6 \times \frac{S}{I}\right)^{\frac{1}{n}} \tag{5-15}$$

한 채널당 30kHz를 사용하는 아날로그 AMPS시스템의 경우 충분한 음성품질을 제공하기 위해서는 S/I = 18dB 이상이 되어야 한다. 전파감쇠 계수 n = 4일 경우, 주파수재사용 비 Q는 다음과 같다.

$$Q = (6 \times 10^{1.8})^{\frac{1}{4}} = (6 \times 63.1)^{0.25} = 4.41 \tag{5-16}$$

이때 클러스터 크기 N은 다음과 같이 산출할 수 있다.

$$N = \frac{Q^2}{3} = \frac{(4.41)^2}{3} = 6.49 \tag{5-17}$$

즉, S/I = 18dB를 만족하기 위해서는 최소한 클러스터 크기가 7이 되어야 한다.

예 제 3

셀룰러통신시스템에서 S/I가 20dB(또는 100)일 경우, 전파측정에 의하여 전파감쇠 계수 $n=4$라고 가정하자. 이때 최소 클러스터 크기(N)는 얼마인가?

풀이 주파수재사용 비인 Q는 식 (5-16)에 의해 다음과 같이 계산된다.

$$Q=(6\times 100)^{1/4}=4.9492$$

그리고 $Q=\sqrt{3N}$에 의해서 셀 클러스터 크기는 다음과 같다.

$$N=\frac{Q^2}{3}=8.165\cong 9$$

이 경우에 9개의 재사용 패턴 S/I 비율은 적어도 20dB가 필요하다.

$$Q=\frac{D}{R} \text{ 또는 } D=QR$$

윗식으로부터 D는 결정되고 셀 반경 R이 주어진다. 만약 N이 9보다 작다면 S/I값은 20dB 아래에서 결정될 수 있다.

이동국이 셀의 경계에 있을 시 순방향 링크에서 가장 근 동일채널 간섭(CCI)을 받게 된다. 다음의 [그림 5-14]에 간섭 셀로부터의 거리가 각각 표현되어 있다. 이때 S/I는 다음과 같이 나타낼 수 있다.

$$\frac{S}{I}=\frac{R^{-4}}{2(D-R)^{-4}+2(D+R)^{-4}+2D^{-4}} \qquad (5\text{-}18)$$

주파수재사용 계수 Q를 사용하면 식 (5-18)은 다음과 같이 표현할 수 있다.

$$\frac{S}{I}=\frac{1}{2(Q-1)^{-4}+2(Q+1)^{-4}+2Q^{-4}} \qquad (5\text{-}19)$$

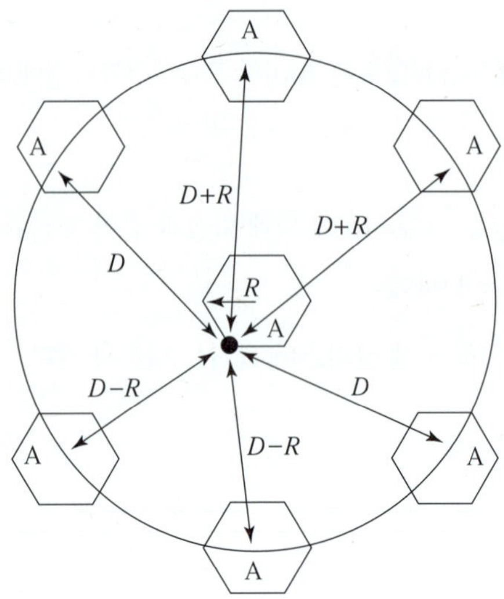

[그림 5-14] 셀 경계 지점에 위치한 이동국으로부터 간섭 셀까지 거리

예 제 4

이동국의 간섭이 1st tier에서 온 경우와 1st, 2nd tier 모두에서 온 경우를 구하고 비교하라.

풀이 1st tier로부터 $\frac{S}{I} = \frac{6}{\sum_{i=1}^{6} I_i} = \frac{R_1^{-4}}{6D_1^{-4}} = \frac{Q_1^4}{6}$

1 & 2 tier $\frac{S}{I} = \frac{S}{\sum_{i=1}^{6}(I_{1i}+I_{2i})} = \frac{1}{6(Q_1^{-4}+Q_2^{-4})}$

$Q_1 = 4.6,\ Q_2 = \frac{D_2}{R_1} = \frac{2\times D_1}{R_1} = 2Q_1$

$\therefore \left(\frac{S}{I}\right)_{1st\ tier} = 18.72\text{dB},\quad \left(\frac{S}{I}\right)_{1st\ \&\ 2nd\ tier} = 18.46\text{dB}$

예제 5

셀룰러시스템에서 통화품질을 위한 S/I는 18dB이고, 전파감쇠 계수 n = 4라 가정한다.

(a) 재사용 계수 7에 대하여 가장 나쁜 통화 환경인 경우 S/I 비를 구하라.

(b) N = 7로 QoS를 만족할 수 있는가? 아니면 N을 얼마로 하여야 하며 이때의 S/I를 구하라.

풀이 (a) N = 7일 때 주파수재사용 비율은 $Q=\sqrt{3N}=4.6$

식 (5-19)로부터 나쁜 통화 환경인 경우 신호 대 동일채널 간섭(CCI) 비는

$$\frac{S}{I}=\frac{1}{2(4.6-1)^{-4}+2(4.6+1)^{-4}+2(4.6)^{-4}}=54.34=17.35\text{dB}$$

(b) 주파수재사용 성분이 7일 때 S/I의 값은 18dB 이하로 얻을 수 있다.

S/I를 증가시키기 위해서는 I 를 감소시켜야 한다.

이것은 주파수재사용 인자 N을 증가시킴으로써 할 수 있다.

N = 9일 때 우리는 $Q=\sqrt{3N}=5.20$을 얻을 수 있다. 이 S/I 값은 19.79로 18dB보다 큰 값이다. 그러므로 주파수재사용 성분인 9는 적합한 선택이다.

예제 6

만약 신호 대 간섭 비가 15dB이면 셀룰러시스템에서 요구되는 안정적인 순방향 통화 채널 상태, 주파수재사용 성분과 클러스터 크기는 전파감쇠 계수가 (a) n = 4, (b) n = 3일 때 최대 용량을 만족한다. 이때 최소 클러스터 크기는 얼마가 되어야 하는가? 6개의 동일채널 셀이 첫 번째 tier에 있을 때 이동국으로부터 같은 거리에 있다고 가정한다.

풀이 (a) n = 4

먼저 7개 셀 재사용 패턴을 고려하자.

$Q=D/R=\sqrt{3N}$으로부터 동일채널 재사용 비 $D/R=4.583$을 구할 수 있다.

식 (5-14)로부터 신호 대 잡음간섭 비는 $S/I=(1/6)\times(4.583)^4=75.3=18.66\text{dB}$

위 결과는 최소 요구되는 S/I보다 크다. 그러므로 N = 7은 사용할 수 있다.

(b) n = 3

먼저 7개 셀 재사용 패턴을 고려하자.

식 (5-14)로부터 $S/I=(1/6)\times(4.583)^3=16.04=12.05\text{dB}$

앞 결과는 최소 요구되는 S/I보다 작다. 그러므로 우리는 N보다 더 큰 값을 필요로 한다.
식 (5-17)로부터 다음 가능한 N 값인 12를 얻을 수 있다($i = j = 2$).
주파수재사용 비는 $Q = D/R = \sqrt{3N}$으로부터 $D/R = 6.0$을 얻을 수 있다.
식 (5-19)로부터 신호 대 간섭 비는 $S/I = (1/6) \times (6)^3 = 36 = 15.56\text{dB}$
위 결과는 최소 요구되는 S/I보다 크다. 그러므로 N = 12는 사용할 수 있다.

5.2.3 용량 증대 기술

셀룰러 설계 기술은 많은 채널을 통화 영역에 제공하기 위하여 주파수 재활용, 다이나믹 채널할당 등의 기법들이 사용되었다. 그러나 이동통신 서비스의 요구 증대로 각 셀에 할당된 채널로는 가입자 수용이 충분하지 못하여 증가하는 가입자의 수용이 어려웠다. 급증하는 가입자와 고용량데이터를 수용하기 위하여 TDMA, CDMA 등 새로운 방식의 무선접속 방식들이 개발되어 사용되고 있다. 주어진 무선접속 환경에서 이동통신사업자들은 셀분리(cell splitting), 섹터링(sectoring), 존 마이크로셀(zone micro-cell) 기법 등을 사용하여 시스템용량 증대에 이용하고 있으며, 중계기를 통하여 전파전달이 어려운 지역까지 전파를 전달하여 통화권을 확장하고 있다. 셀분리는 많은 가입자가 몰려 있는 셀을 작은 셀로 분리하는 기술로서 많은 수의 기지국 증설이 요구된다. 섹터링은 채널의 주파수재사용과 간섭의 조정을 위해 방향성(directional) 안테나를 사용하며, 존 마이크로셀은 셀의 커버리지 재구성에 의하여 용량을 증대한다. 다음은 각각의 용량 증대 기법에 대해 알아보기로 하겠다.

5.2.3.1 셀분리(cell splitting)

셀분리란 가입자 과밀 지역 셀을 작은 셀들로 분할하는 것을 의미하며, 각 셀들에는 이에 상응하는 안테나의 높이와 전송전력을 가진 기지국이 설치된다. 새로운 셀들은 기존의 셀들보다 더 작은 반경을 가지며, 기존의 셀들 사이에 설치되므로 용량은 채널의 재사용 횟수의 증가에 비례한다. 셀의 반경이 [그림 5-15]와 같이 R에서 $R/2$로 감소되면, 전체 지역을 서비스하기 위해 약 4배 정도의 셀을 증설하여야 한다. 이와 같은 셀 개수의 증가는 전체 클러스터 개수의

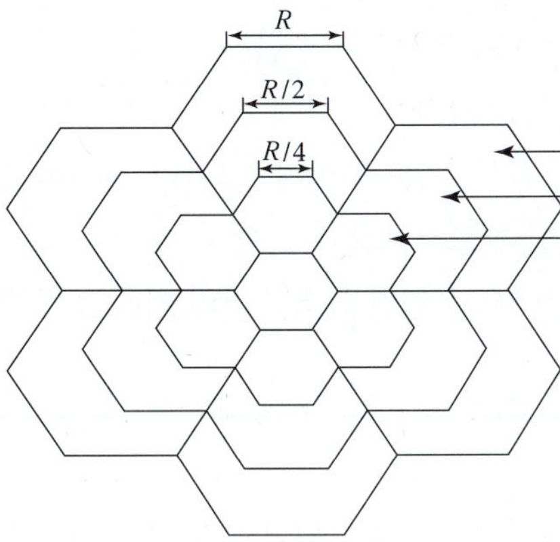

[그림 5-15] 셀 반경에 따른 셀 종류

증가를 의미하며, 채널의 증가로 인해 전체적인 용량이 증대된다. 그러나 셀분리 시 동일채널(co-channel) 셀들 사이의 최소한의 동일채널 재사용 비 Q가 유지되도록 하여야 한다. 즉, 반경 R이 줄어들어 동일채널 거리 D 또한 감소하여야 한다. 이때 새로운 셀들의 송신전력은 감소하여야 한다.

그렇다면 새로운 셀의 송신전력은 기존의 전력에 비해 얼마의 크기로 줄어들며 그 값을 어떻게 정할 것인가? 이 문제는 새로운 셀과 기존 셀의 경계 지역에서 수신전력을 구해 이 값을 동일하게 함으로써 다음의 식과 같이 송신전력의 감쇠분을 구할 수 있다.

$$P_r[\text{at old cell boundary}]\alpha P_{t_1} R^{-n} \tag{5-20}$$

$$P_r[\text{at new cell boundary}]\alpha P_{t_2} (R/2)^{-n} \tag{5-21}$$

여기서 P_{t_1}과 P_{t_2}는 기존 셀과 새로운 셀의 송신전력을 나타낸다. 동일한 수신전력을 위해 위의 식 (5-20)과 (5-21)을 같게 하고, n = 4라고 하면 새로운 셀의 송신전력은 다음과 같이 구해진다.

$$P_{t_2} = \frac{P_{t_1}}{16} \tag{5-22}$$

즉, S/I를 만족하며 새로운 마이크로셀로 원래의 서비스 영역을 커버하기 위해서는 송신전력이 약 12dB 정도 감소되어야 한다.

이와 같은 셀분리 기법은 어떤 서비스 지역에 갑자기 가입자의 수요가 많을 때 적용하여 많은 가입자를 수용할 수 있도록 한다. 그러나 기지국의 수가 증가하여 작은 셀 반경으로 인한 빈번한 핸드오프를 유발할 수 있어 통신시스템에 부하가 크게 증가한다. 그 결과 호 단락으로 인한 통화품질의 저하를 발생시킨다.

예 제 7

[그림 5-16]에서 초기 셀의 반경은 R이고, 이 셀들은 $R/2$의 반경을 가진 작은 셀로 분리됐다. 각 셀은 크기에 관계없이 60채널이 할당된다고 가정하자. 만약 A 셀이 중심에 있는 마이크로셀이라면 $3 \times 3\text{km}^2$의 지역을 서비스하기 위해 필요한 채널의 수는 얼마나 되는지 구하라.

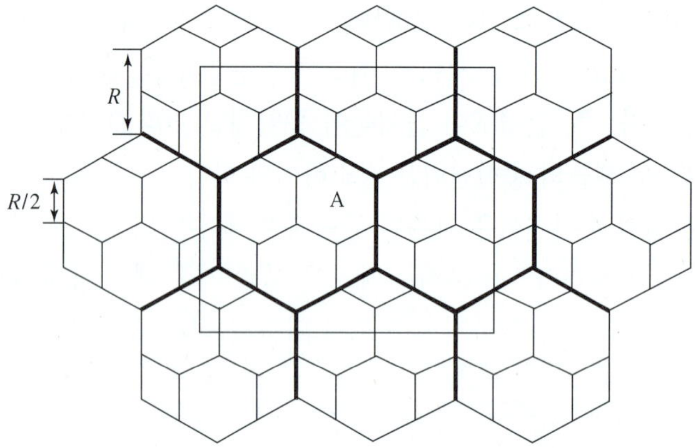

[그림 5-16] 셀분리를 위한 구조

- 셀분할 없을 때(기존의 큰 셀)
- 셀분할 했을 때(작은 셀을 이용)

풀이 A 셀 중심으로 $3 \times 3\text{km}^2$의 지역을 커버하기 위해서는 [그림 5-16]처럼 기지국 A의 상하좌우를 1.5km의 통화권을 유지하여야 한다.

[그림 5-16]을 보면 A 셀 중심으로 $3 \times 3\text{km}^2$ 사각형은 큰 셀들보다 더 많은 작은 셀들을 포함한다. 그러나 가장자리 효과(edge effect) 때문에 다른 타입의 셀들이 사각형 안에 포함된다.

합리적인 추정은 대략 4개의 큰 셀(관찰에 의해)과 1/2 분할 반경에 사각형 안의 작은 셀로 구성된다. 작은 셀의 개수는 다음과 같은 계산 과정에 의해 산출된다.

$$\left(\frac{R}{R/2}\right)^2 \times \text{큰 셀들의 수} = 4 \times 4 = 16$$

이와 같은 계산 과정이 정확하다면 셀 영역은 무한히 크다. 유한한 지역은 반드시 가장자리 효과를 고려해야 한다. 그러므로 작은 셀들의 수는 $3 \times 3\text{km}^2$ 지역 안에 16개보다 작게 존재한다. 합리적인 생각은 15개의 작은 셀로 구성하는 것이다.
사각형 안에 4개의 기지국이 존재할 때 채널의 수는 $4 \times 60 = 240$과 같다.
15개의 작은 셀로 추정하면 사각형 안에 포함된 채널의 수는 셀분리에 의해 $15 \times 60 = 900$채널이 된다.

5.2.3.2 섹터링(sectoring)

셀분리는 셀의 반경(R)을 줄이고, 주파수재사용 비(Q)는 유지하며, 단위 면적당 채널의 수를 증가시키는 기법이다. 다른 용량 증대 방법으로는 셀의 반경을 유지하고 주파수재사용 비를 줄이는 방법을 고려할 수 있다. 이것은 SNR을 증가시켜 클러스터 크기는 감소하면서 주파수재사용을 줄여 용량을 증가시키는 접근 방식이다. 즉, 기존의 옴니(omni)안테나 대신 지향성 안테나를 사용하여 동일채널(co-channel)을 감소하면 SNR이 개선된다. 클러스터의 셀 개수의 감소로, 즉 주파수재사용의 증가(클러스터 개수의 증가)로 용량이 증대된다. 이와 같은 방식에서는 송신전력의 감소 없이 상대적인 간섭을 감소하여야 한다. 동일채널(co-channel)은 옴니안테나 대신 정해진 방향으로 전파를 방사하는 지향성 안테나의 사용으로 감소되며, 셀은 동일채널 셀의 정해진 방향으로만 신호를 송신하고 간섭을 받게 된다. 지향성 안테나를 사용하여 동일채널 셀 간섭을 줄이고, 시스템 성능을 개선하는 기술을 섹터링이라 한다.

동일채널(co-channel) 간섭은 섹터링의 수에 영향을 받게 되는데 일반적으로 많이 사용되고 있는 3섹터(120°), 6섹터(60°)는 다음의 [그림 5-17]에 나와 있다. 섹터링을 사용하였을 시 채널들은 섹터 그룹으로 분산된다. 120° 섹터링인 경우, 주파수재사용 계수를 7이라 하면, 첫 번째 동일채널(co-channel) 간섭 셀들에서의 간섭원의 수는 6개에서 2개로 줄어들게 된다. [그림 5-18]에서 5번 셀의 오른쪽 섹터를 보면, 중간 셀을 중심으로 오른쪽에 3개 왼쪽에 3개의

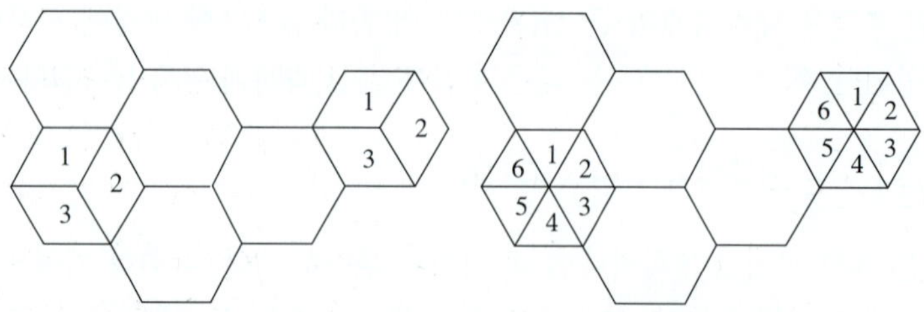

[그림 5-17] 섹터링 수에 따른 셀 구조

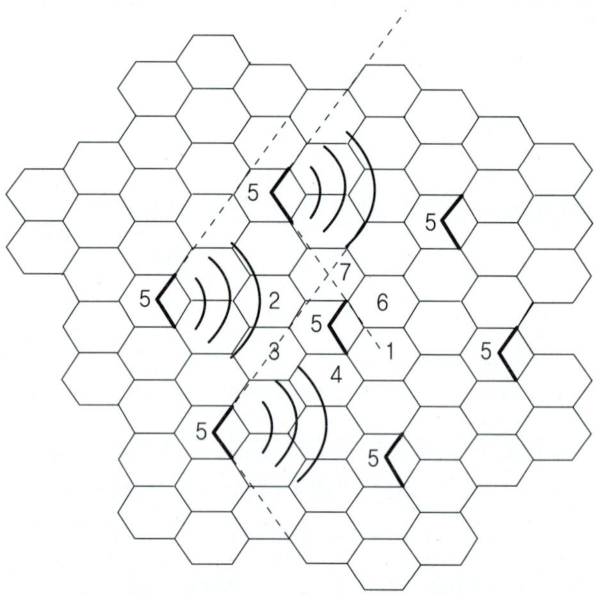

[그림 5-18] 3섹터링을 적용한 셀에서의 간섭

5번 셀이 있으며, 이 중 오직 2개의 왼쪽 5번 셀의 오른쪽 섹터만이 중간 셀에 간섭으로 동작함을 알 수 있다.

여기에서 옴니안테나에 대한 지향성 안테나의 S/I의 증가율을 살펴보자. 우선 옴니안테나의 S/I는 다음과 같다.

$$\left(\frac{S}{I}\right)\_\text{omni} = \frac{1}{6} \times Q^{n}$$

120° 로 3섹터링된 지향성 안테나를 사용할 시 S/I는 다음과 같다.

$$\left(\frac{S}{I}\right)\_120 = \frac{1}{2} \times Q^{n}$$

$$\frac{\left(\frac{S}{I}\right)\_120}{\left(\frac{S}{I}\right)\_\text{omni}} = 3$$

옴니안테나에 대한 지향성 안테나의 S/I의 증가율은 3이다.

또한 120° 섹터링을 사용 시 단말기가 섹터 끝 부분에 있는 가장 나쁜 환경인 [그림 5-19]의 경우, 즉 3섹터의 경우 단말기는 2개의 간섭 셀의 각각의 섹터로부터 간섭을 받게 되며, 이때 S/I는 다음과 같이 표현할 수 있다.

$$\left(\frac{S}{I}\right)_{120^\circ} = \frac{R^{-4}}{D^{-4} + (D + 0.7R)^{-4}} = \frac{1}{Q^{-4} + (Q + 0.7)^{-4}} \tag{5-23}$$

이 경우 S/I는 약 24.2dB로 기존의 옴니안테나의 가장 나쁜 경우인 17dB보

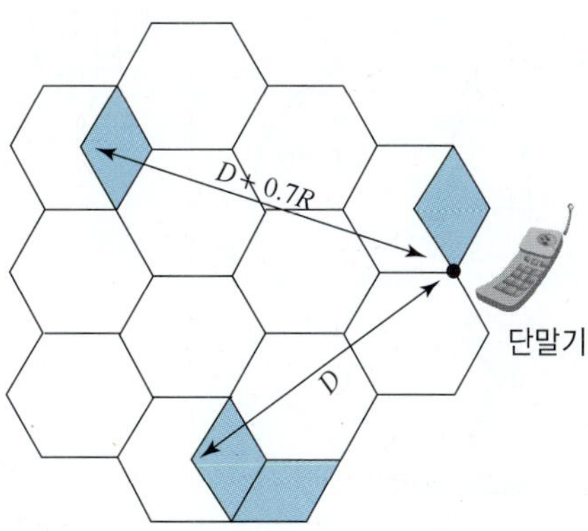

[그림 5-19] 3섹터링(120°)을 적용한 셀 구조

다 많이 향상되었음을 알 수 있다. 이와 같은 S/I의 향상은 주파수재사용 계수 7, 120° 섹터링으로 통신 통화품질을 위한 최소 18dB를 만족할 수 있다. 그러므로 기존의 옴니안테나 사용 시 주파수재사용 계수 12보다 용량을 12/7, 즉 1.74배 증가시킬 수 있다. 그러나 이러한 섹터링은 각 기지국에 안테나의 증설이 요구되며, 채널 섹터링에 의한 트렁킹 효율의 감소를 가져오며, 기지국의 서비스 영역의 감소로 핸드오버의 증가를 가져온다.

5.2.3.3 마이크로셀 존

섹터링은 용량 증가는 가져오지만 증가된 핸드오버로 인해 교환기 등 이동통신 시스템에 많은 부하를 주게 된다. 마이크로셀 존은 3개 이상의 존이 하나의 셀과 연결되어 [그림 5-20]과 같이 셀을 구성한다. 이동전화가 셀 내에서 이동할 경우 가장 큰 신호의 존에서 서비스를 받게 되며 이동교환국(MSC)으로부터 핸드오버가 필요하지 않게 되므로 주로 고속도로 주변 등에 설치 시 효과가 있다. 이와 같은 방식은 안테나가 셀의 경계 부분에 위치하고, 채널들은 기지국에 의해 다른 임의의 존으로 할당되도록 하고, 섹터링보다 간섭 및 채널 유용성이 향상된 방식이다.

존 방식은 셀의 서비스 영역은 유지하면서 작은 소형 셀로 전력을 감소했기

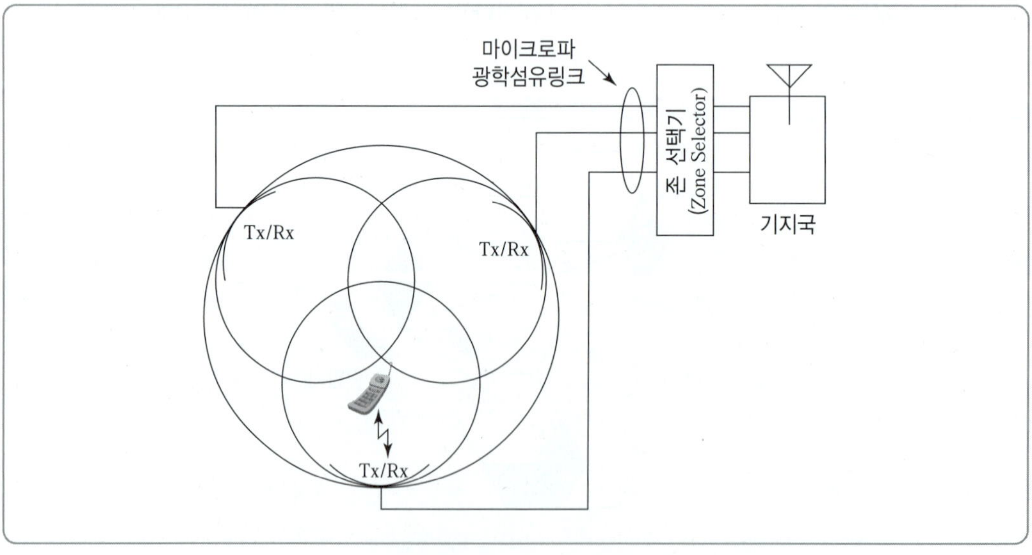

[그림 5-20] 마이크로셀 존

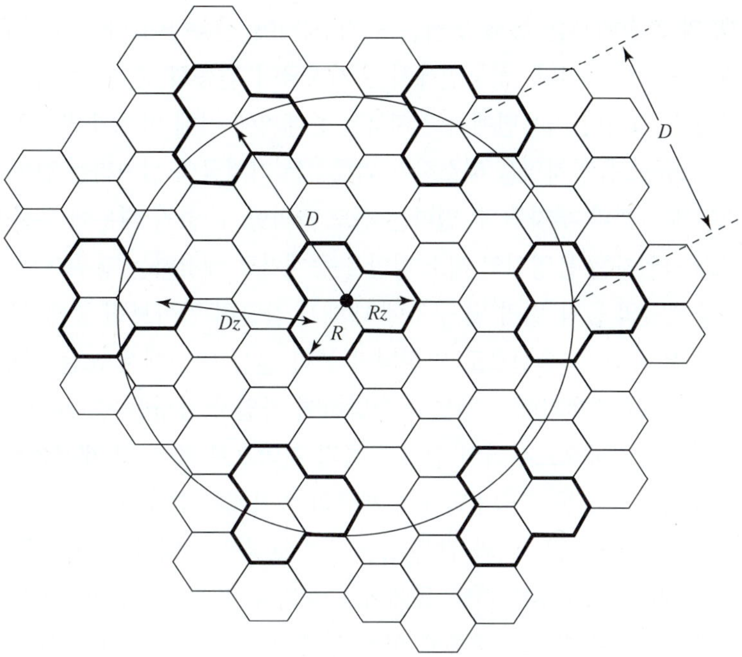

[그림 5-21] 존 마이크로시스템

때문에 동일채널(co-channel) 간섭이 감소되어 섹터링과는 다르게 트렁킹 효율의 감소 없이 용량의 증가를 가져온다.

존 마이크로셀 시스템에서 D_z/R_z는 4.6을 나타낸다. 여기서 R_z는 존의 반경, D_z는 동일채널(co-channel) 존의 최소거리를 나타낸다. 위의 [그림 5-21]을 참고하면 D/R는 3을 나타내게 된다. 즉, N = 3을 나타내며, 기존의 N = 7에서 N = 3으로 클러스터 크기의 감소로 용량은 2.33배 증가하게 된다. 또한 가장 나쁜 채널환경에서도 S/I를 20dB 정도 유지하기 때문에 용량을 기존의 옴니의 N = 7보다 2.33배 용량 증대와 2dB의 S/I 마진을 가지게 된다.

5.2.4 중계기

이동통신 서비스 영역 중 건물 안이나 지하, 터널 등의 지역은 전파의 특성상 전파가 잘 도달되지 않는 지역으로 이동통신 서비스가 매우 어려운 영역이다. 이러한 특정 영역은 중계기(repeater)라는 전파 송·수신기를 사용하여 통신을 가능하게 해준다. 중계기의 개념은 기지국의 무선주파수(radio frequency) 신호를 제3의 전송매체를 통해 원하는 원격 지역에 전송하여 다시 무선주파수 신호로 재생하는 방식이다. 성능면에서는 기지국이 월등히 중계기보다는 좋은 특성을 갖는다. 그러나 비용면에서 기지국은 중계기에 비해 비용이 많이 드는 단점이 있다. 소규모 음영지역을 해소하기 위해서는 기지국의 설치라는 점이 비용 및 성능 측면에서 과다 투자될 수 있다는 점도 간과할 수 없기 때문에 무선망 설계 및 서비스 사업자는 음영지역 해소 방안을 중계기로 해결하는 경우가 일반적이다.

중계기의 동작 원리 및 구조에 대해서 간단히 알아보면 중계기는 기지국으로부터 유선 혹은 무선으로 연결되어 통화 불능 지역에서 오는 신호를 송 · 수신한다. 또한 중계기에는 채널을 할당하여 가입자 용량을 증대하는 것이 아니라, 단순히 기지국으로부터의 신호를 특정 지역으로 증폭 및 재전송하는 역할만 하는 것이다. 즉, 통화권의 확대의 개념의 측면에서 중요한 시스템이다.

현재 우리나라는 이와 같은 중계기의 보급으로 백화점, 지하철 및 기타 건물이나 지하 장소 혹은 터널 등에서도 호의 단락 없이 통신이 가능하게 되었다. 중계기는 전송매체의 종류에 따라 광중계기, 주파수변환중계기, M/W중계기, 레이저중계기 등으로 분류되며, 아무런 신호의 변화없이 중계기 내부의 위상 제어회로에 의해 발진을 스스로 방지하는 간섭제거(interference canceller)중계기 등이 있다.

[표 5-3]과 같이 중계기를 크게 지상중계기와 지하 및 인빌딩 중계기로 분리하여 볼 수 있다.

[표 5-3] 중계기 종류

구분	서비스 종류	커버리지 확장
지상중계기	옥외중계기 주파수변환중계기 광중계기 마이크로웨이브중계기 레이저중계기	옥외 커버리지 확장용
지하 및 인빌딩 중계기	누설 동축케이블을 이용한 중계기 광분산중계기 I/F분산중계기 소형중계기 복합방식중계기	전파음영지역 확장용

그럼 좀 더 자세히 중계기의 기능과 구조에 대해 알아보도록 하자.

5.2.4.1 광중계기

안정성이 가장 뛰어난 광중계기는 기지국의 RF 신호를 전송, 특성이 우수한 광 링크를 이용해 서비스 지역으로 전송함으로써 양질의 신호를 전달할 수 있고, 보다 넓은 지역의 고출력 서비스를 구현할 수 있으므로 간이 기지국 대용으로도 사용할 수 있는 장점이 있다.

광중계기는 [그림 5-22]와 같이 주장치(Master)와 종속장치(Remote, Slave) 사이를 광케이블로 연결하여 신호를 전달해 준다. 주요 블록의 기능을 살펴보면, 광변환 송수신기는 전기적 신호를 광신호로 변환하는 전기 · 광(E/O) 변환기와 광신호를 전기적 신호로 변환하는 광 · 전기(O/E)변환기로 구성되며, 전류의 양에 따라 빛을 발생하는 레지어다이오드와 빛의 양에 비례해 전류를 발생하는 포토다이오드로 구현된다.

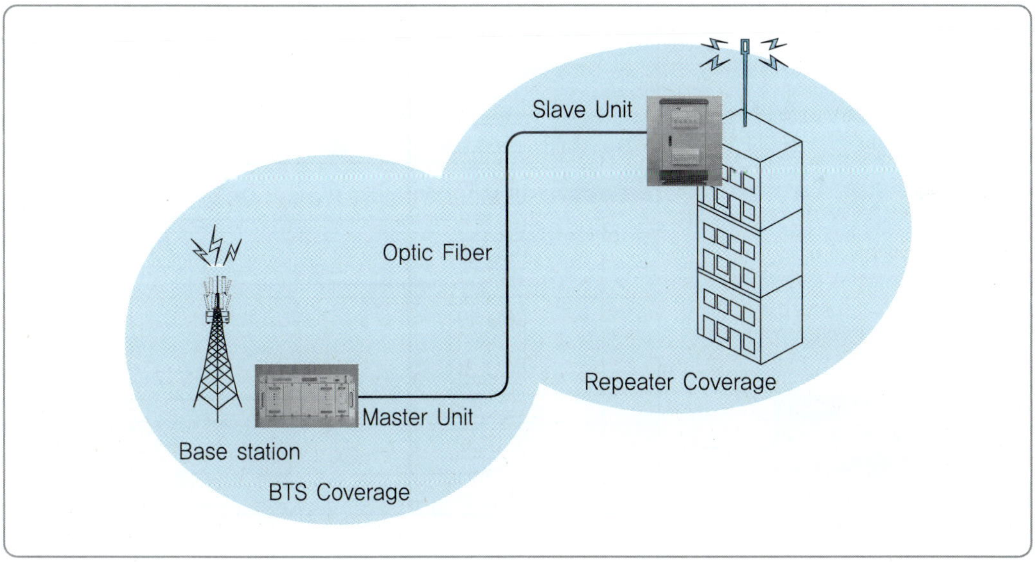

[그림 5-22] 광중계기 구성도

광케이블은 성능이 우수한 싱글 모드 광섬유가 보통 사용되며, km당 0.4dB 이하의 손실을 갖는다. 광커넥터는 FC/APC(face contact/angle physical contact) 형태가 주류를 이루고 있으며, WDM(wavelength division multiplexing)을 이용해 하나의 광케이블에 순방향 및 역방향 신호를 다중화하게 된다. 보통 광전송 성능이 좋은 파장인 1310nm의 신호와 1550nm의 신호가 WDM에서 많이 이용된다. 도심의 고층 빌딩에서 나타나는 신호의 혼잡으로 인한 통화품질 저하 현상을 극복하기 위한 가장 안정적인 중계기로 광중계기를 들 수 있다. 기지국의 RF신호를 광신호로 변환한 후 광케이블을 통해 음영 지역으로 전송 후 다시 RF신호로 변환시켜주는 방식이 광중계기 방식이다.

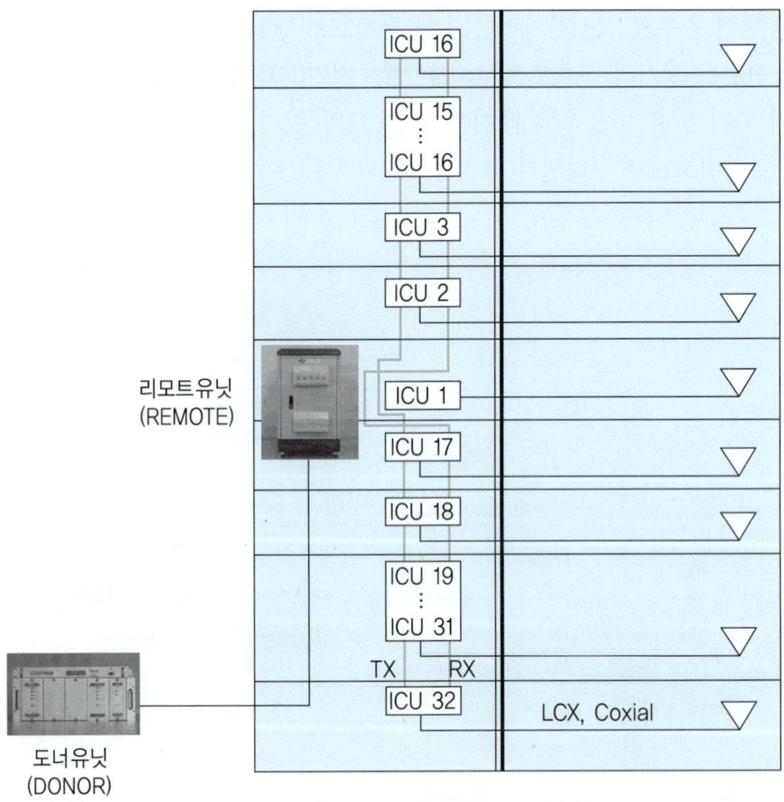

[그림 5-23] 광중계기 내부 구조(예시)

광중계기시스템은 기지국에서 커플러(coupler)로 직접 신호를 분기해 광신호로 변환시켜 송신하며, 음영 지역에서 광변환해 전송된 역방향 신호를 다시 전기적 신호로 변환하여 기지국으로 입력시켜주는 도너(DONOR)유닛과 도너 유닛에서 전송된 광신호를 전기적 신호로 변환 후 고출력증폭기로 증폭해 안테나로 음영 지역을 서비스하고, 단말기로부터 수신된 신호를 광신호로 변환하여 도너 유닛측으로 전송하는 리모트유닛으로 구성된다.

광중계기 방식은 안정된 선로로 신호를 전송하므로 신호의 전파 감쇠나 신호의 혼잡은 없으나 광케이블이 설치된 곳에만 서비스가 가능하므로 광케이블 대여료가 소요된다는 점과 광소자들의 높은 잡음지수로 인해 기지국의 통화용량과 통화품질에 영향을 준다는 단점을 가지고 있다. 그러나 기지국과 중계기를 적절히 배치하여 서비스망을 구축함으로써 비용을 절감하면서도 통화품질을 만족시킬 수 있다.

광중계기의 경우 초기 비용이 많이 들지만 능동소자(active element)의 감소로 고장률이 낮아지고 검증된 장비로서 운영의 안정성도 보장되어 있다. 이전의 CDMA의 경우 FDD 방식으로 인해 상호변조(intermodulation modulation; IM)가 발생하여 대출력으로 서비스할 경우 많은 문제점들을 야기했지만 차세대 시스템에서는 TDD 방식의 도입으로 인해 스위칭 기술의 안정성만 보장된다면 대형 건물의 인빌딩 솔루션으로 광중계기가 주목받을 것으로 예상된다.

5.2.4.2 광분산중계기

무선망 설계를 잘한다고 해도 CDMA 특성상 기지국이 밀집된 도심의 고층빌딩 상층부는 통화 상태가 취약하게 된다. 이러한 문제점은 전파의 세기와 통화품질로 설명할 수 있다. 고층빌딩 상층부(10층 이상)의 경우, 위치상 주변의 많은 기지국 안테나로부터 노출되어 있으므로 많은 기지국으로부터 신호가 충분한 세기로 도달하여 실질적인 수신신호의 세기는 -60~-70dBm 정도로 매우 크게 된다. 그러나 너무 많은 기지국으로부터의 신호가 도달하여 이동국 레이크(rake)수신기가 동시에 복조할 수 있는 신호 3개 이외의 신호는 잡음으로 작용하여 실질적인 전파의 질은 급격히 감소하게 되어 통화불량(skybar effect)이 발생하게 되는 것이다.

이러한 간섭을 제거시켜주는 대표적인 중계기로 광분산중계기가 있다. 광분산 중계기는 3~5개의 대형 빌딩을 별도의 광케이블을 통해 '독립된 하나의 작은 셀(in-building pico cell)'로 묶어 빌딩 외부 기지국과는 별도로 서비스를 제공하는 것이다. 또는 하나의 큰 빌딩에 각 층마다 광케이블로 연결하여 서비스 지역을 확보하는 기술이다. 특히 몇 개의 대형 건물을 독립된 하나의 셀로 묶어 별도의 기지국으로 서비스를 하는 경우 건물 내 기지국과 외부 지상기지국의 상호간섭을 없애면서도 최상의 통화품질을 구현하도록 고도의 망이 설계된다. 이렇게 구축된 광분산시스템은 빌딩 외부의 기지국에서 날아오는 전파를 중계기를 통해 단순히 빌딩 내부에 뿌려주는 기존의 건물 내 이동전화 서비스 방식과는 확연히 구분되는 것으로, 출퇴근 시간 등 빌딩 바깥의 통화가 몰리는 시간대에도 건물 내의 통화품질이 전혀 영향을 받지 않는 장점이 있다.

[그림 5-24]와 같이 광분산중계기는 특정 기지국의 신호를 증폭하여 층별로 설치된 분산안테나를 통해 다른 기지국들의 신호보다 더욱 큰 레벨로 재방사시킴으로써 다른 기지국에 의한 잡음에 대한 신호 대 잡음 비(SNR)를 개선시킬 수 있다.

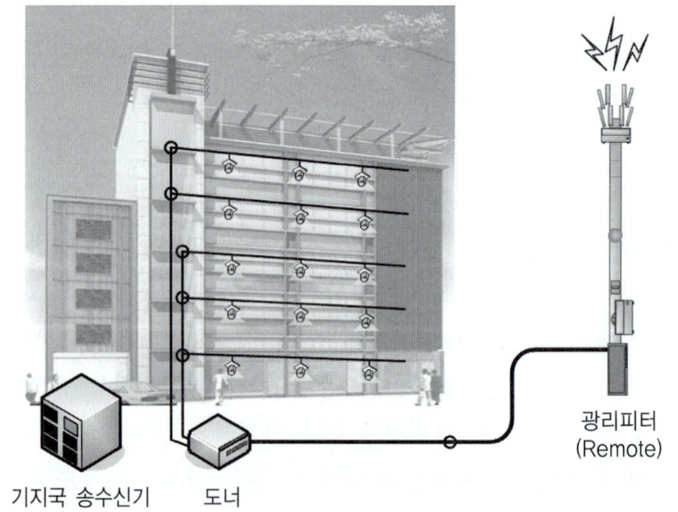

[그림 5-24] 광분산중계기의 구성도

광분산중계기의 구조는 도너모듈과 허브모듈, 리모트모듈로 구성되며 리모트모듈내에는 RF모듈, 광모듈, 제어모듈 및 전원부로 구성된다. 기본 구조는 옴니이며 송 · 수신 일체 구조로써 안테나 1개 혹은 누설케이블 1본으로 서비스측이 구성된다. 구조는 유지보수가 용이하도록 설계되어 있으며 정상적인 운용

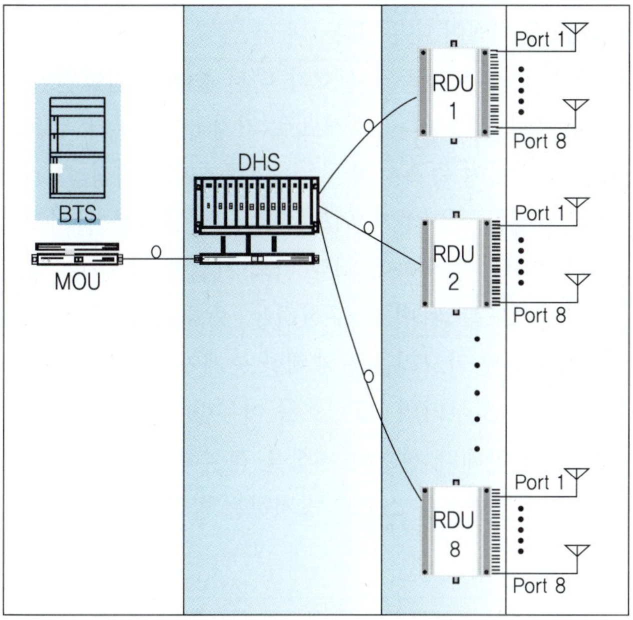

[그림 5-25] 광분산중계기의 내부 구조

중에 서비스의 중단 없이 모듈 상태를 점검할 수 있도록 충분한 시험부를 제공한다. 광분산 중계기는 설치비가 광중계기에 비해 많이 들지만 증설이 쉬우며 다른 주파수 간에 발생하는 IF(intermodulation frequency) 현상이 일어나지 않으므로 기지국에 영향을 주지 않는다.

5.2.4.3 RF중계기

RF중계기는 도너안테나를 통해 수신된 기지국 신호가 듀플렉서를 통해 저잡음 증폭기(LNA)에 입력되고, 증폭된 신호는 국부 발진기의 발진주파수와 혼합해 중간주파수로 낮춰준 다음, 중간 주파수대에서 스커트(skirt) 특성이 우수한 표면 탄성파(SAW) 필터를 통해 원하는 주파수대만을 통과시키고, 다시 주파수를 높여주는 고출력증폭기(high power amplifier)를 통해 증폭한 후 서비스안테나로 음영 지역을 서비스한다. 반대의 경우 단말기의 신호는 서비스안테나로 수신되고 이 신호를 필터 및 증폭기들을 통해 증폭 및 여과한 뒤 Donor안테나를 통해 기지국에 접속되게 한다. 장점은 소규모 빌딩 서비스에 적합하며, 도너

시설 비용이 매우 저렴하다. 그러나 안테나 이격도(isolation) 확보의 문제점과 'Near Far' 문제점이 대두된다.

RF중계기의 경우 증폭된 신호가 다시 중계기 입력원이 되어 되돌아 들어가는 발진 문제가 발생한다. 그러므로 기지국으로부터 무선의 자유공간을 통해 RF신호를 수신하여 증폭시켜 주는 RF중계기는 가장 큰 장애요인인 송수신 안테나 간의 간섭을 제거하기 위해 송수신 안테나를 물리적으로 이격시켜야 한다. 그래서 발진이 발생하여 서로 간의 간섭을 일으키는 문제를 해결하기 위해 안테나의 이격도를 완벽히 구현하는 중계기와 간섭을 제거(interference cancellation)하는 알고리즘을 채택한 중계기가 제안되었다. 첫 번째 방식의 중계기는 기지국으로부터의 RF신호를 아무런 주파수의 변환 없이 수신한 후, 중계기 입 · 출력 안테나 신호의 위상을 적절히 제어하여 항상 직교 위상이 되도록 제어함으로써 발진을 스스로 방지하는 방식이다.

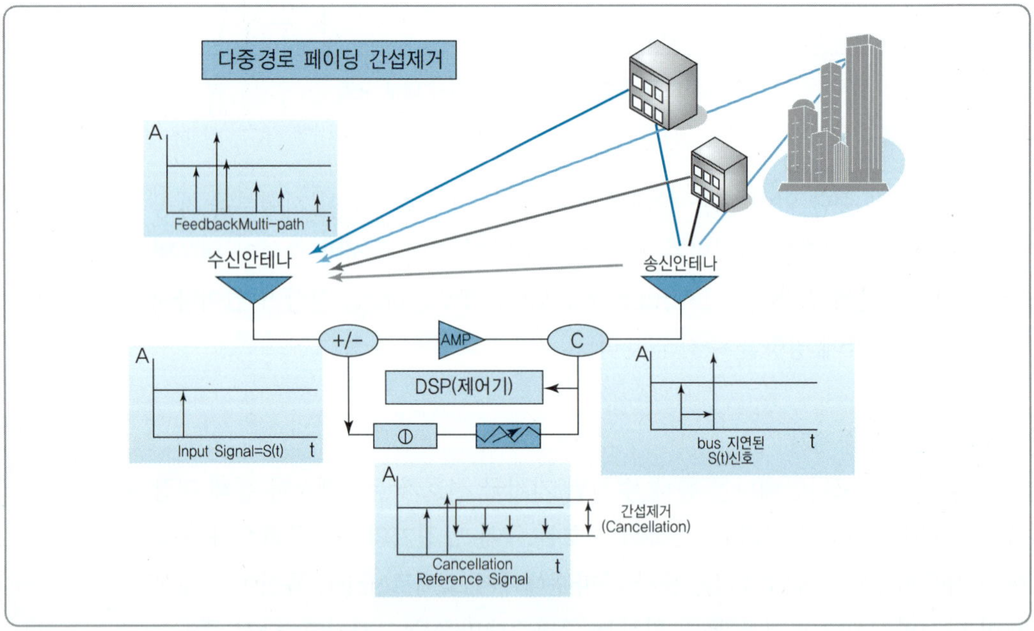

[그림 5-26] 다중경로 페이딩 환경에서 간섭제거 RF중계기

두 번째로 간섭제거 중계기의 경우 [그림 5-26]과 같이 간섭 요인을 정확히 추정하여 중계기 내부에서 제거시켜주는 방식이다. RF중계기는 광케이블의 임

대비용이 없으며 광신호로 변환하는 과정이나 장치가 필요 없으며 설치가 매우 쉽다는 장점에도 불구하고 광신호에 의한 중계 방식보다 작은 범위에서 쓰여지고 있다. RF 중계기는 발진의 문제를 해결할 수 있는 확실한 알고리즘이 제안된다면 분명 가장 경제적이고 보편적인 음영 지역 해결의 방법이 될 수 있을 것이다.

[표 5-4]는 광케이블이 필요한 광중계기와 RF중계기의 설치 비용과 유지 보수 비용을 고려해 경제성을 비교한 것이다.

[표 5-4] 간섭제거 RF중계기와 광중계기의 비교

중계기 형태	대출력 광중계기	광분산 중계기	간섭제거 RF중계기
경제성	고가의 설치비 고가의 유지 보수 비용	고가의 설치비 고가의 유지 보수 비용	고가의 설치비 저가의 유지 보수 비용
기술력	광신호 변화	광신호 변화 분산 기술 필요	고도의 정밀한 간섭제거 기법
통화 영역	매우 넓음	매우 넓음	넓음
문제점	상호변조(IF) 간섭 발생	Active 소자의 증가로 고장률 높음	발진 문제 해결을 위한 알고리즘 필요
안정성	매우 안정적 시스템	안정적인 시스템	외부환경에 민감 불안정한 시스템
적합한 환경	도심 지형의 대형 건물 적합 (FDD 방식 적합)	도심 지형의 대형 건물 적합 (TDD 방식 적합)	이격된 장소 (지하철, 터널 등) 넓은 분야 확대 가능

5.2.4.4 주파수변환중계기

기지국의 RF신호를 사용하지 않는 빈 FA(frequency assignment)신호로 변환하여 안테나로 전송한 후, 원격지에서 수신하여 다시 원래의 주파수신호로 변환하면 입·출력 안테나 간의 주파수가 다르기 때문에 원론적으로 발진을 방지할 수 있는 방식이다. 장점으로는 매우 경제성이 우수하다는 점이며, 단점으로는 자기에게 주어진 주파수대역 내에 반드시 빈 주파수 대역이 필요하기 때문에 대역 내 주파수 사용률이 높은 도심 등에서는 사용이 불가능하다는 점이다.

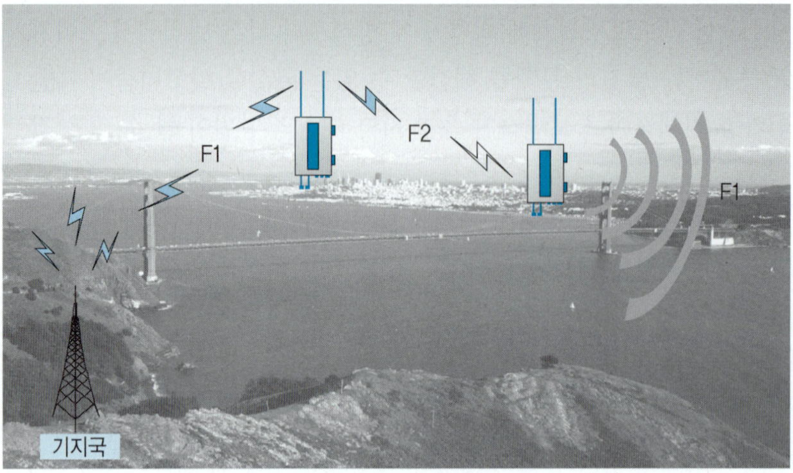

[그림 5-27] 주파수변환중계기

5.2.4.5 레이저중계기

기지국의 RF신호를 레이저신호로 변환하여 전송 후, 원격지에서 수신하여 다시 RF신호로 변환하여 안테나로 송신하는 방식이다.

장점으로는 주파수 사용 허가가 불필요하다는 점이며, 단점으로는 안개나 폭우 등의 날씨 변화에 민감하게 반응하며, 레이저 구간 사이 가시선(line of sight) 확보 및 레이저빔 포커스 유지 등의 어려움이 있다.

5.3 트렁킹 이론(trunking theory)

일반적으로 셀룰러시스템 사용 시 사용자들은 종종 다음과 같은 질문을 한다. 여러 셀룰러 사업자 간의 통화품질(QoS)은 어떻게 구별을 하는지, 통화를 원할 때 통화 연결이 되지 않을 확률은 어느 정도인지, 또 통화가 연결될 때까지 기다려야 하는 확률은 어느 정도인지와 같은 질문이다. 이와 같은 질문들의 답변은 전화의 트렁킹(trunking)과 서비스품질(GOS; grade of service)의 정확한 이해를 통하여 설명할 수 있다.

통신회사들은 가용 통신채널(offered traffic channel)보다 훨씬 많은 가입자를 수용하고 있다. 트렁킹이란 한정된 통신 주파수대역 내에서 많은 가입자를 수용한다는 개념이다. 이는 동시에 가입자의 모든 사람이 통신회선을 사용하지 않는다는 원리를 이용한 것이다. 각 사용자가 통화를 하면 채널이 할당되고 통화 완료 시 그 채널은 다른 사용자들을 위해서 남겨진다. 물론 동시에 모든 사람이 통화 시도 시 가용 통신채널의 수만큼의 통화 요구자에게 통화가 연결되며 나머지는 통화가 블로킹(blocking) 된다.

이와 같은 예는 20명의 직원이 있는 회사에서 각 직원에게 전화회선을 각각 할당해서 20개의 통신회선을 사용하는 것이 아니고 전화선로는 4~5개 정도를 사용하여 직원들이 공동으로 사용한다는 것이다. 물론 회사에서 급한 일들로 인해 동시에 전화를 사용할 경우도 있겠지만 이때에는 우선 요구자에게 호를 할당하고 나머지는 이전 사용자가 호를 완료할 때까지 기다려야 한다. GOS란 가장 바쁜 비즈니스 시간대에 통신시스템에 가입자의 통화 연결 정도 혹은 블로킹의 정도를 나타내는 것이다. GOS에서 특정 용량을 조절할 수 있는 무선통신시스템의 설계를 위해서는 얼랑(Erlang; 덴마크 수학자, 19세기)이 개발한 트렁킹 이론에 관한 이해가 필요하다.

얼랑은 시간당 호 발생 수(calls/hour)와 통화시간(hour)의 곱으로 표현되는 통화점유율(traffic intensity)의 측도이다. 예를 들어 한 채널이 1시간 동안 30분 사용됐다면 0.5얼랑을 나타낸다. 한 가입자가 1시간에 2통화를 하였으며 각각의 통화 시간이 3분이라면, 이 사용자의 통화점유율은 2×3/60 = 0.1얼랑이 된다.

각 사용자에게 할당되는 통화점유율은 다음과 같이 나타낸다.

$$A_u = \lambda \times H(\mathrm{Erl}) \qquad (5\text{-}24)$$

여기서 λ는 시간당 평균통화 수를 나타내며 H는 평균통화시간(in hour)을 나타낸다.

예 제 8

사용자의 시간당 호 요구는 0.8이고, 호당 통화시간이 각각 1.76분이면 이 사용자의 통화점유율은 얼마인가?

풀이 $A_u = 0.8\,(\text{call})/\,60\,(\text{min}) \times 1.76\,(\text{min}) = 0.235\,(\text{Erlang/user})$

어떤 통신회사에 U명의 가입자가 있다면 이 통신회사의 전체 요구 통화점유율(offered traffic intensity)은 각 가입자의 트래픽 부하와 가입자 수의 곱으로 나타낸다.

$$A = U \times A_u \tag{5-25}$$

또한 C채널 통신시스템에서 트래픽이 각 채널에 동등하게 분배되었다면, 채널당 통화점유율 A_c는 다음과 같다.

$$A_c = U \times A_u / C \tag{5-26}$$

통신사업자는 많은 가입자가 피크 시간 동안에 일정한 GOS 혹은 블로킹 확률을 유지하며 통신을 할 수 있도록 충분한 통신회선을 네트워크에 설정해야 한다. 통신시스템에서 요구되는 트래픽(offered traffic)이 통신시스템에서 가용 트래픽(carried traffic)과 동일할 필요는 없다. 일반적으로 가용 트래픽이 요구 트래픽보다 적으며, 요구 트래픽이 시스템의 최대용량을 초과할 경우 가용 트래픽의 용량은 채널 수에 의해 제한된다. 최대 가용 트래픽은 총 채널 수인 C와 같다. AMPS시스템에서는 2% 블로킹의 GOS로 설계됐다. 즉, 최번시 채널 점유 때문에 100통화 중 2통화는 차단됨을 뜻한다. 아래는 가용 트래픽 A_{ca}와 요구 트래픽 A와의 상관식을 나타낸다.

$$A_{ca} = A\,[1 - \text{블로킹 확률}] \tag{5-27}$$

트렁킹시스템은 호의 요구 시 가용 채널이 있으면 즉시 연결이 가능하고, 가용 채널이 없으면 요구된다. 호는 블록이 되는 'blocked calls cleared' 방식과 가용 채널이 없을 시 대기 상태로 일정 기간 호를 유지하는 'blocked calls delayed' 방식이 있다. 전자는 얼랑 B 모델이라 부르며, 블록 호에 대한 대기가 없는 트렁킹시스템에서 GOS를 나타내며, 이는 블록되는 호의 확률로 표현된다. 후자는 얼랑 C 모델이라 한다.

얼랑 B 모델은 시스템의 통화 부하 및 채널의 수와의 상관관계로 표현할 수 있으며, 이 모델을 통해 주어진 GOS를 위한 시스템 요구 채널 수 혹은 채널 수가 주어졌을 시 GOS 등을 예측하는 도구로서 많이 활용되고 있다.

$$P_r[\text{Blocking}] = B(A,\ N) \tag{5-28}$$

$$N = \#\ \text{of channel} = B^{-1(P_b,\ A)} \tag{5-29}$$

얼랑 C 모델은 가용 채널이 없고 호가 지연(delay)되었을 시, 지연된 호가 t초 이상 기다려야 할 확률은 호의 지연 확률과 지연이 t초 이상인 조건부 확률의 곱으로 나타낸다. 차단된 호가 지연된 트렁킹시스템의 GOS는 다음과 같이 표현된다.

$$\begin{aligned} P_r &= [\text{delay} > t] = P_r[\text{delay} > 0]P_r[\text{delay} > t \mid \text{delay} > 0] \\ &= P_r[\text{delay} > 0]\exp(-C - At/H) \end{aligned} \tag{5-30}$$

Queued시스템에서 모든 호의 평균지연(delay) D는

$$D = P_r[\text{delay} > 0]\frac{H}{C-A} \tag{5-31}$$

여기서 호들의 평균지연은 $H/(C-A)$로 나타내며 C는 제공된 채널 수를 나타낸다. 또한 트렁킹효율(trunking efficiency)은 주어진 GOS(grade of service)에서 주어진 채널에 대한 총 가입자 수를 의미한다.

$$\eta = \frac{A_c}{C} = \frac{A[1-p(B)]}{C} \tag{5-32}$$

효율은 채널 수 C에 비례하여 증가한다. GOS 0.01인 하나의 10채널 트렁킹 시스템은 4.46얼랑을 가지며, 5개 채널의 두 개의 트렁킹시스템은 $2 \times 1.36 = 2.72$ 얼랑을 가진다. 이 경우 10개 채널의 시스템이 2개의 5개 채널 시스템보다 약 60%의 트래픽 효율이 높음을 알 수 있다. 이와 같이 트렁킹시스템에서 채널의 할당이 전체 용량에 주요한 영향을 미침을 알 수 있다.

예제 9

A 지역에 한 시간에 호 요구 수가 3000호, 총 가입자 수가 3750명이며 평균 호 통화시간은 1.76분이라 할 때 블로킹 확률을 2% 미만으로 유지하기 위해서 필요한 총 채널의 수는?

풀이 개인별 시간당 호 요구 수는 $\lambda = 3000/3750 = 0.8\text{call/hour}$

개인별 얼랑은 $A_u = 0.8\text{call}/60 \times 1.76 = 0.0235\text{Erlang/user}$

전체 통화점유율은 $A = 37500 \times 0.0235 = 88\text{Erlang}$

여기서 $P_b = 0.02 = (88, N)$이므로, 총 채널 수 $N = 100$채널

예제 10

인구 2백만 명 지역에 다음의 3개 회사가 이동통신 서비스 중에 있다. A 회사는 각 기지국에 19채널을 가진 394개의 기지국이 있으며, B 회사는 57채널에 98개의 기지국이 있고 C 회사는 100채널에 49개의 기지국이 있다. 호 요구 수는 시간당 2호이며, 호 통화시간은 호당 3분이다. GOS 2%를 만족하기 위해서 A, B, C 각 회사에서 수용할 수 있는 가입자 수를 구하라.

풀이 (a) 개인별 시간당 호 요구 수는 $\lambda = 2\text{call/hour}$

채널 수 $N = 19$

개인별 얼랑은 $A_u = 2\text{call}/60 \times 3 = 0.1\text{Erlang/user}$

여기서 $P_b = B(A, N)$이므로,

총 통화 점유율(traffic intensity) A_a는 $A_a = B^{-1(P_b,\, N)} = B^{-1(0.02,\, 19)} = 12\text{Erlang}$ 이다.

그러므로 한 셀에서의 가입자 수 U는 $U = A/A_u = 120$이며,

총 가입자 수는 $K_a = 120 \times 394 = 47280$명이다.

(b) 총 통화 점유율 A_b는 $A_b = B^{-1(P_b,\, N)} = B^{-1(0.02,\, 57)} = 45\text{Erlang}$이다.
그러므로 한 셀에서의 가입자 수 U는 $U = A/A_u = 450$이며,
총 가입자 수는 $K_b = 450 \times 98 = 44100$명이다.
(c) 총 통화 점유율 A_c는 $A_c = B^{-1(P_b,\, N)} = B^{-1(0.02,\, 100)} = 88\ \text{Erlang}$이다.
한 셀에서의 가입자 수 U는 $U = A/A_u = 880$이다.
총 가입자 수는 $K_c = 880 \times 49 = 43120$명이다.

예 제 11

반경 1.387km 안의 4개 셀 시스템 안에 육각형 셀이 있다. 전체 시스템에서 60채널이 사용된다. 사용자당 부하가 0.029(Erlangs)이고, λ = 1call/hour일 때, Erlang C 시스템에서 5%의 확률로 지연 호를 가질 때 다음을 계산하라.
(a) 한 셀이 수용할 수 있는 사용자의 수를 구하라.
(b) 호 지연(delayed call)이 10초보다 더 클 확률을 구하라.
(c) 주어진 시스템에서 10초보다 더 지연될 때 호의 확률을 구하라.

풀이 (a) 셀반경(R=1.387km)
커버되는 지역당 셀은 $2.598 \times (1.387)^2 = 5\text{km}$, 셀의 숫자당 클러스터 수는 4이며, 채널의 총수는 60이다.
그러므로 채널의 수당 셀 수는 60/4 = 15channels
Erlang C의 표로부터 지연 확률이 5%일 때, 통화점유율(traffic intensity)은 9.0 Erlangs이다.
그러므로 사용자의 수는 total traffic intency/traffic per user이므로 아래와 같이 계산할 수 있다.
9.0 / 0.029 = 310users
310users/5km = 62users/km
(b) λ=1, holding time
$H = A/\lambda$ = 0.029hour = 104.4seconds이므로 delayed call이 10초보다 더 클 확률은 다음과 같다.

$$P_r[\text{delay} > t \mid \text{delay}] = \exp(-C - A)t/H$$
$$= \exp(-15 - 9.0) \times 10/104.4 = 56.29\%$$

(c) 주어진 $P_r[\text{delay} > 0] = 5\% = 0.05$로부터 10seconds보다 더 지연될 때 호의 확률은 구하면 다음과 같다.

$$P_r[\text{delay} > 10] = P_r[\text{delay} > 0]P_r[\text{delay} > t \mid \text{delay}] = 0.05 \times 0.5639 = 2.81\%$$

예 제 12

다음의 800MHz 주파수대역에서 송 · 수신 각 25MHz가 아날로그 AMPS 방식(채널당 주파수; 30kHz)으로 할당되어 있다. 수신주파수는 824~849MHz, 송신주파수는 869~894MHz 이다.

A사가 그중 15MHz를, B사가 10MHz를 사용하고 있다.
현재 A사는 200개의 기지국으로 P지역을 서비스하고 있다. 이 회사의 주파수재사용 계수는 5이고, 3섹터 기지국을 구성하고, 이 지역 가입자당 평균 얼랑은 0.024일 때, P지역 수용 가능 총 가입자 수를 구하라.

풀이 A사의 총 채널 수 = 15,000/30 = 499채널
(이 중 클러스터당 제어채널 수를 21채널이라 하면)
클러스터당 통화채널; 499 − 21= 478채널
주파수재사용 계수가 5이므로
기지국당 통화채널 수; 478/5= 95채널
섹터당 채널 수; 95/3 = 31.8채널
호 접속률이 98%일 때, 얼랑 B 공식에 의한 얼랑 용량; 23Erlangs
셀당 총 얼랑; 23×3 = 69Erlangs
셀당 가입자 수는(가입자당 얼랑; 0.024); 69/0.024 = 2875명
총 기지국이 200개이므로 P지역의 총 가입자 수는
2875×200= 575,000명

5.3.1 무선망 설계 과정

트렁킹 이론에서 우리는 기지국의 수, 기지국당 채널의 수, GOS 등의 상관관계에 대해 알아보았다. 새로운 지역에 이동통신 서비스를 효율적으로 하기 위해서는 우선 서비스 지역의 가입자 수에 따른 트래픽 분석과 그 지역의 지형에 관한 데이터 및 안테나 패턴 등을 활용하여 전계강도 분석을 한다. 이를 기반으로 기지국의 수, 기지국 위치 및 서비스 영역을 결정하는 기지국 설계를 한다. 기지국 설계 후 채널 수용량 및 주파수 간섭 등의 제약 등을 고려하여 기지국에 채널을 할당하며, 신호 트래픽 분석을 통해 위치/영역을 결정한다. 그러나 실제 기지국 설치에서 무엇보다 중요한 것은 기지국을 설치할 건물 등 부동산에 의해 기지국 설계가 이론과는 많은 차이를 가지고 운용되는 사례도 많이 있다. [그림 5-28]은 무선망 설계 과정을 표현한 것이다.

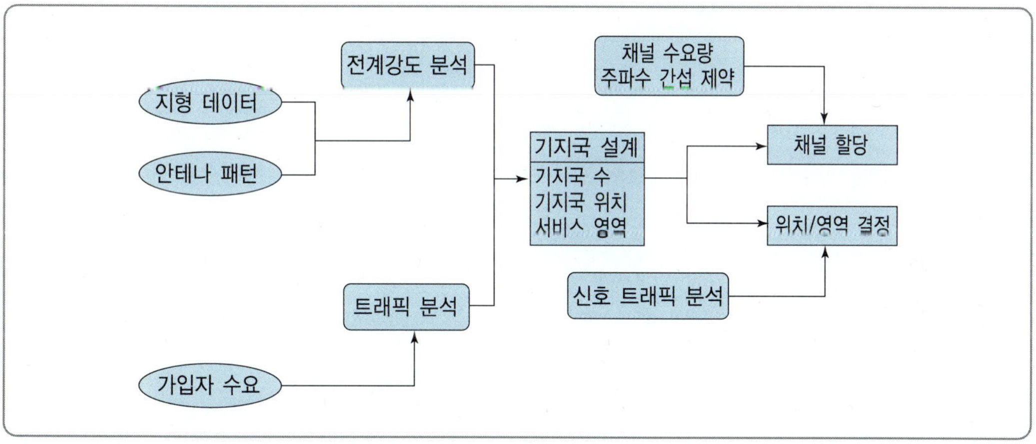

[그림 5-28] 무선망 설계 과정

참 고 문 헌

[1] Theodore S. Rappaport, *Wireless Communications*(2nd edition), Prentice Hall, 2002.

[2] Jon W. Mark, Weihua Zhuang, *Wireless Communications and Networking*, Prentice Hall, 2003.

[3] P. Mohana Shankar, *Introduction to Wireless Systems*, Wiley, 2002.

[4] 정만영, 김기선, 최정희, 《21세기 이동통신》, 시그마 프레스, 2000.

[5] 이상근, 방효창, 《IMT-2000 CDMA 기술》, 세화출판사, 2001.

연 습 문 제

EXERCISE

01 [그림 5-29]는 대도시 지역 안에 있는 7셀 셀룰러시스템의 통화량을 나타낸다. 이 시스템에서 사용 가능한 회선의 수는 395이다. 평균 호 점유 시간이 120초이고, GOS가 2%로 설계된 시스템의 커버 지역이 1,200평방마일이고, 발생하는 호 양이 시간당 또는 분당 0.03인 각 가입자 시스템으로 다음을 계산하시오.

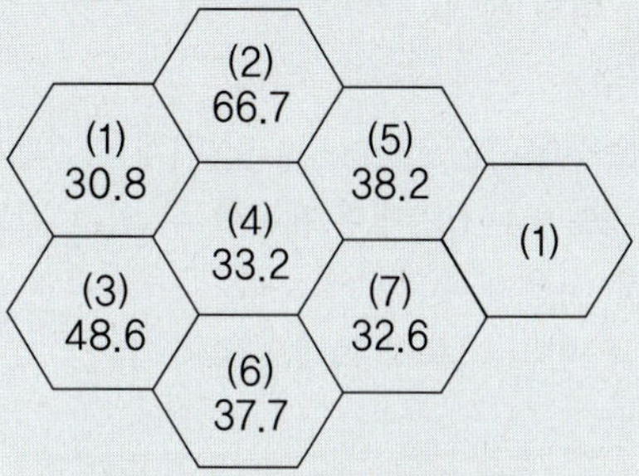

[그림 5-29] 7셀 셀룰러시스템의 호 양

(a) 각 셀당 할당되는 회선 수
(b) 시스템에 의해 제공되는 수용 가능 가입자 수
(c) 평방마일당 통화 빈도
(d) 회선 재사용 인자

02 어느 대학교 주변 지역의 한 시간의 호 요구 수는 3700호이고 총 가입자 수는 4000명이며 평균 호 통화시간은 2.4분이라 할 때 블로킹 확률이 2% 미만을 유지하기 위해 필요한 채널의 수는 얼마인가?

03 이동통신사 S는 각 기지국에 21개의 채널을 가진 420개의 기지국이 있다. 호 요구 수는 시간당 5호이며, 호 통화시간은 호당 3.5분이다. GOS 2%를 만족하기 위해 수용할 수 있는 가입자 수를 산출하시오.

04 한 지역의 통화량을 제어하기 위해 1000개의 무선채널이 존재하는 셀룰러시스템이 있다. 시스템의 셀당 면적이 $12km^2$이고 전체 시스템의 면적은 $1800km^2$이다.

(a) 클러스터의 크기가 N=5일 때 이 시스템의 전체 용량을 계산하시오.

(b) 전체 시스템 영역의 통화권을 유지하고 N=4일 때 총 클러스터의 수는?

(c) 클러스터 크기 N=6일 때 이 시스템의 전체 용량은 얼마인가?

05 전체 셀 면적은 $1300miles^2$이고, 셀 반경은 4miles이다. 그리고 주파수재사용 인자는 7이며, 개인별 얼랑(A_u)은 0.03(Erlang), GOS가 2%라고 가정하자. 이 경우 전체 스펙트럼과 채널 대역폭이 각각 40MHz, 60kHz라면 다음을 산출하시오.

(a) 서비스 영역에서 전체 셀 수

(b) 셀당 전체 채널 수

(c) 각 셀의 통화점유율(traffic intensity) 및 전체 시스템의 통화점유율

(d) 이 시스템(GOS 2% = 0.03)에서 제공할 수 있는 전체 사용자 수

(e) 단위 채널당 가용 사용자 수

(f) 한 번에 제공할 수 있는 이론적 최대 사용자 수

06 395개의 음성채널이 할당되고, 평균 호 지속시간은 120초, 최번시(busy time)에 차단확률은 2%라고 가정하자. 이 경우 다음을 계산하시오.

(a) N = 4일 경우 단위 셀당, 시간당 발생하는 호(call) 수를 산출하시오.

(b) 주파수재사용 인자(N)가 각각 4, 7, 12일 경우 평균 신호전력 대 잡음 비(S/I)를 구하시오.

07 차단확률(blocking error probability)이 P_B = 2%, 개인별 통화점유율(A_u)이 0.0293 Erlang/user, 주파수재사용 인자가 7, 전체 가용 채널은 666channels/market이라고 가정하자. 1carriers/market, 2carriers/market의 주파수가 할당된다면 각각의 트렁킹 효율(calls/hour)은 어떻게 되는지 비교 분석하시오.

08 다음과 같은 셀룰러시스템을 고려하자. 평균 call 지속시간이 2분이고, 차단확률이 1% 이하이며, 이용자는 평균적으로 시간(hour)당 한 번 호를 발생한다. 7개의 주파수재사용 셀시스템에서 전체 통화 채널이 395개이고, 셀당 약 57개의 통화채널이 존재한다.

(a) 섹터링이 적용되지 않는 시스템에서 얼랑 용량과 시간당 발생 호를 산출하시오.

(b) 3섹터링이 적용되었을 경우 얼랑 용량과 셀 용량을 계산하시오.

(c) 섹터링을 증가할수록 트렁킹효율은 증가 또는 감소하는가? 이유를 설명하시오.

09 무선접속 환경에서 시스템용량을 증대하는 두 가지 방법인 셀분리(cell splitting)와 섹터링(sectoring)에 대해 설명하시오.

10 다음 통신 용어의 정의를 서술하시오.

(a) 주파수재사용

(b) 동일채널(co-channel)과 동일채널 간섭(CCI)

(c) 중계기(repeater)

(d) 얼랑 B 모델과 얼랑 C 모델

06

CHAPTER

cdmaOne시스템 개요

Fundamentals of Mobile Communications

6.1 무선접속과 듀플렉스

6.2 코드의 종류 및 발생

6.3 대역확산

6.4 cdmaOne코드

6.5 다이버시티 기술

6.6 핸드오버

6.7 전력제어

6.8 cdmaOne시스템 용량

CHAPTER 06 cdmaOne시스템 개요

cdmaOne시스템이란 현재 우리나라에서 사용하고 있는 CDMA 방식을 기반으로 한 이동통신시스템 규격을 일컫는 말로서, 통상 IS-95(Interim Standard-95)라고도 많이 알려졌다. IS는 미국에서 사용하는 표준들로 각각의 기술별로 별도의 번호를 붙여 표준을 관리하고 있다. 이 중 95번 표준이 CDMA시스템을 정의하고 있는데, IS가 미국 표준을 의미하므로 이를 전세계적으로 사용하기 위하여 새롭게 부르게 된 명칭이 cdmaOne이다. 이 장에서는 이 cdmaOne 방식의 개요에 대하여 설명한다.

6.1 무선접속과 듀플렉스

6.1.1 무선접속 기술

무선다중접속(Multiple Access)이란 다수의 사용자가 무선채널을 통하여 기지국에 연결될 수 있도록 하는 기술이다. 다중접속과 다중화(Multiplexing)는 여러 개의 신호가 공통의 채널을 함께 이용할 수 있도록 한다는 점에서 같다. 그러나 다중화는 하나의 회선 또는 전송로를 분할하여 개별적인 독립된 신호를 동시에 송수신 할 수 있는 다수의 통신로를 구성하는 기술이며, 대표적인 다중화 방식으로 하나의 회선을 다수의 주파수대역으로 분할하여 다중화하는 주파수분할다중(FDM; Frequency Division Multiple) 방식과 하나의 회선을 다수의 짧은 시간 간격으로 분할하여 다중화하는 시분할다중(TDM; Time Division Multiple) 방식이 있다.

다중접속 방식은 주파수분할 다중접속(FDMA; Frequency Division Multiple Access) 방식, 시분할 다중접속(TDMA; Time Division Multiple Access) 방식, 코드분할 다중접속(CDMA; Code Division Multiple Access) 방식이 있다. 무선접속 기술이 무선채널을 다수의 사용자가 같이 사용하기 위하여 어떠한 방식으로 각 사용자 신호를 구분해 주느냐의 문제라고 한다면 주파수/시간/코드 분할 다중접속 방식에서는 각각의 신호를 서로 다른 주파수/시간/코드로 구분하는 방식이다. 즉, 여러 사용자 신호가 혼재하고 이들 신호 모두가 수신되었을 때, 수신기에서 자신이 원하는 신호만 추출할 수 있도록 하기 위하여 각각의 신호를 서로 다른 주파수/시간/코드에 실어서 전송하는 방식이다. [그림 6-1]에 세 가지 방식의 개념을 나타내었다.

수신신호는 신호감쇠나 잡음의 영향으로 충분한 신호 대 잡음 비(SNR; Signal to Noise Ratio)가 확보되지 못하는 경우가 대부분이다. 따라서 수신기는 코릴레이터로 구성되는 것이 일반적인데, 코릴레이터는 출력신호의 신호 대 잡음 비를 최대로 해주는 특성을 가지고 있다. 코릴레이터를 통하여 최대의 신호 대 잡음 비를 확보하고 그 결과를 판정함으로써 원신호를 복구하게 된다. 원래

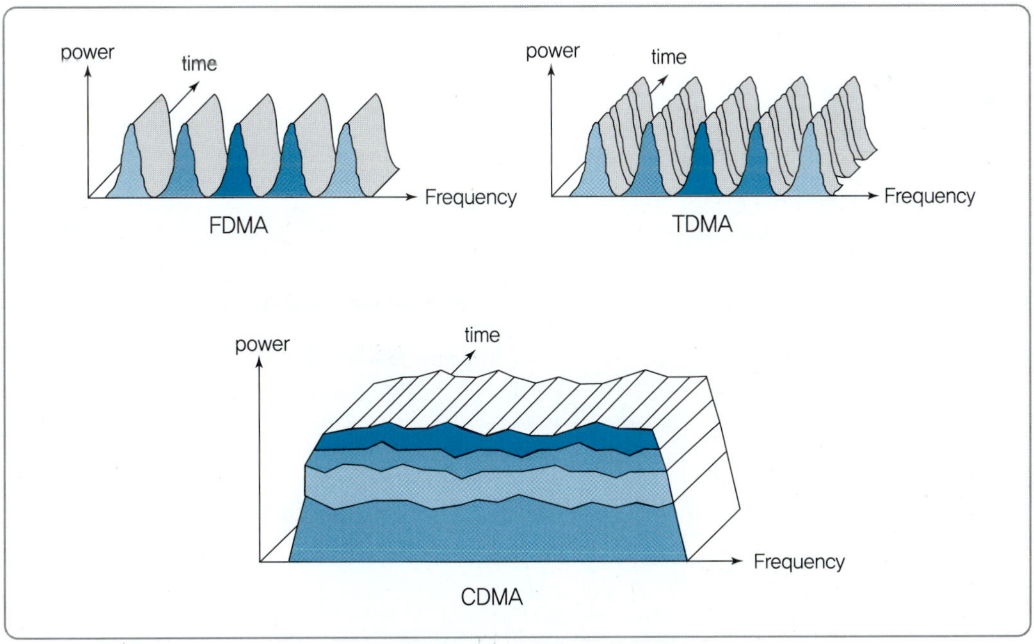

[그림 6-1] FDMA/TDMA/CDMA

출력신호의 신호 대 잡음 비를 최대로 해주는 필터는 정합필터(matched filter)인데, 신호의 한 주기 성분에 대한 정합필터와 코릴레이터의 출력이 같기 때문에 간단히 구현할 수 있는 코릴레이터를 이용하여 수신신호를 복구하게 된다.

정합필터와 코릴레이터

정합필터란 출력신호의 신호 대 잡음 비를 최대로 만들어 주는 필터이다. 수신신호를 $s(t)$라 할 때, 정합필터의 전달함수 $h(t)$는 다음과 같이 정의된다.

$$h(t) = \begin{cases} ks(T-t) & 0 \le t \le T \\ 0 & \text{elsewhere} \end{cases}$$

여기서 T는 신호의 주기시간이고, k는 임의의 상수이다.
수신신호 $r(t)$에 대한 정합필터 출력 $Z(t)$는 다음과 같이 나타낼 수 있다.

$$Z(t) = r(t) * h(t) = \int_0^1 r(\tau)h(t-\tau)\,d\tau = \int_0^1 r(\tau)s[T-(t-\tau)]\,d\tau$$

$t=T$일 때의 정합필터 출력신호 $z(T)$는 다음과 같다.

$$z(T) = \int_0^T r(\tau)s(\tau)\,d\tau$$

즉, $t=T$일 때의 정합필터 출력은 코릴레이터 출력과 같음을 확인할 수 있다.
아래 그림에 코릴레이터 출력과 정합필터 출력을 비교하였다.

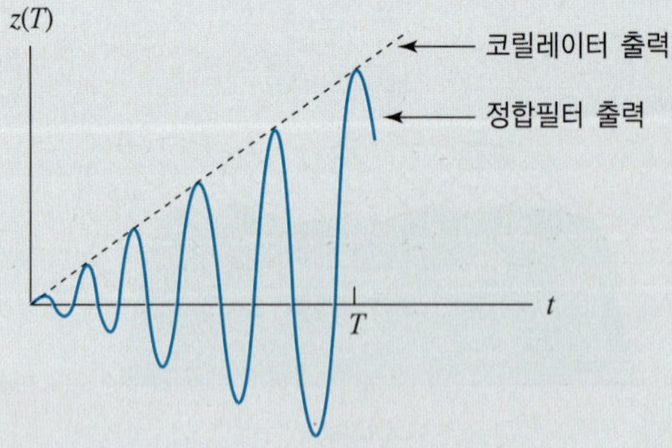

[그림 6-2] 정합필터와 코릴레이터

다중접속 관점에서는 다중접속 신호들이 함께 수신될 때, 코릴레이터 출력단에서 자신의 신호는 검출되고 타인의 신호는 검출되지 않거나 혹은 그 영향이 매우 적도록 하여야 한다. 즉, 신호 간의 직교성(orthogonality)이 보장되도록 신호들을 형성하게 되면 사용자 신호들이 섞여 들어온다고 해도 신호 간 간섭 없이 자신의 신호를 복구해낼 수 있다. 신호들이 직교한다는 것은 동일한 신호를 코릴레이션 취할 경우 일정 값이 검출되고, 서로 다른 신호의 코릴레이션 출력이 '0'의 값을 갖는다는 것을 의미한다. 식 (6-1)에 직교성에 대한 정의를 나타내었다.

$$\int_0^T S_n(t)\,S_m(t)\,dt = \begin{cases} 0, & m \neq n \\ k, & m = n \end{cases} \tag{6-1}$$

특히 '$k=1$' 을 만족할 때 이 신호들은 orthonormal하다고 정의한다.

일반적으로 수신기는 코릴레이터로 구성되고, 코릴레이터 출력단에서 다른 신호들의 영향이 '0' 이 되도록 신호 간 직교성을 보장할 수 있다면 신호들이 섞여 있다고 하더라도 수신단에서 원하는 신호만을 검출해낼 수 있다.

주파수분할 다중접속이란 결국 각각의 사용자 신호를 서로 다른 주파수에 실어 신호 간의 직교성을 보장하도록 하는 방식이다. 각각의 신호가 서로 다른 반송파신호 $\cos 2\pi f_n t\,(n=1, 2, \cdots, N)$에 실려 전송된다고 하면, 코릴레이터 출력 신호는 다음과 같다.

$$\begin{aligned} &\int_0^T \cos(2\pi f_n t)\cos(2\pi f_m t)\,dt \\ &= \frac{1}{2}\int_0^T \left\{\cos\left[2\pi(f_n+f_m)t\right]\right\} + \left\{\cos\left[2\pi(f_n-f_m)t\right]\right\} dt \\ &= \begin{cases} 0, & f_n \neq f_m \\ \frac{T}{2}, & f_n = f_m \end{cases} \end{aligned} \tag{6-2}$$

어떠한 주파수의 $\cos 2\pi f_n t$에 대한 한 주기 적분 값은 '0' 이므로 식 (6-2)에서 $f_n \neq f_m$이면 코릴레이션 값이 '0' 이 되고, $f_n = f_m$일 경우 $\cos[2\pi(f_n - f_m)t] = 1$이 되어 일정한 값이 출력되게 된다. 즉, 자신에게 할당된 주파수로 전송된 신호는 검출되고, 다른 주파수로 전송되는 신호에 대한 검출기 출력값은 '0' 이 되어 다중접속이 가능해진다.

주파수분할 다중접속(FDMA) 방식을 사용하는 대표적인 이동통신시스템으로는 우리나라에서 2000년도까지 사용되었고, 미국에서는 아직 사용하고 있는 AMPS(Advanced Mobile Phone System)가 대표적이다. AMPS에서는 아날로그 통신 방식인 FM(Frequency Modulation)변조 방식을 사용하여 신호를 전송하고, 각각의 사용자는 신호를 서로 다른 중심 주파수를 갖는 반송파에 실어 전송하는 방식이다. 마치 FM 라디오 방송에서 서로 다른 주파수(예를 들면, 89.1/91.9/107.7MHz 등)로 방송채널을 구분하고 각각의 신호는 FM변조 방식을 사용하여 전송하는 것이다.

시분할 다중접속(TDMA) 방식에서는 각각의 사용자 신호를 서로 다른 시간 슬롯에 실어 보냄으로써, 각 신호가 구분되어 전송되므로 직교성이 보장되는 방식이다. [그림 6-3]에서와 같이 사용자 신호 $s_1(t)$와 $s_2(t)$는 서로 다른 시간에 신호를 전송하게 되어 다중접속을 수행하게 된다.

사용자 1에 대한 코릴레이터 출력에 $s_2(t)$ 신호가 미치는 영향은 $0 \sim T$ 구간에서 $s_2(t)=0$이므로 식 (6-3)에서와 같이 '0' 이다.

$$\int_0^T s_1(t) \cdot s_2(t)\,dt = 0 \tag{6-3}$$

마찬가지로 식 (6-4)에서 사용자 2에 대한 코릴레이터 출력에 $s_1(t)$ 신호가 미치는 영향은 $T \sim 2T$ 구간에서 $s_1(t)=0$이므로, $0 \sim T$, $T \sim 2T$ 구간으로 시간을 분

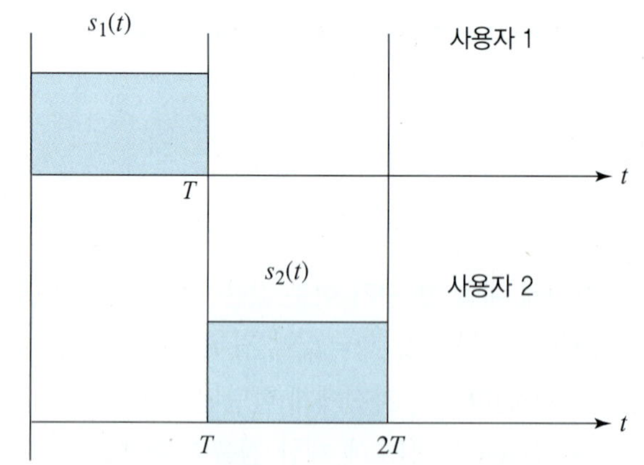

[그림 6-3] 시분할 다중접속에서의 직교성

할해서 전송하기 때문에 신호 $s_1(t)$, $s_2(t)$는 서로 영향이 없다.

$$\int_{T}^{2T} s_1(t) \cdot s_2(t)\, dt = 0 \tag{6-4}$$

시분할 다중접속 방식을 사용하는 대표적인 이동통신시스템으로는 현재 유럽 등지에서 사용되고 있는 GSM(Global System for Mobile communication) 방식이나 일본의 PDC(Personal Digital Cellular) 방식 등을 꼽을 수 있다. TDMA 방식은 시간만으로 사용자 신호를 구분하는 것이 아니라, 기본적으로 FDMA에서와 같이 주파수로 신호들을 구분하고, 동일 주파수대역을 여러 명이 시간적으로 나누어 공유한다.

코드분할 다중접속(CDMA) 방식에서는 각각의 사용자 신호를 서로 다른 코드를 곱하여 신호 간의 직교성을 보장하는 방식이다.

예를 들어 사용자 1에게 할당된 코드를 (code 1: 1, 1, 1, 1, −1, −1, −1, −1)이라고 하고, 사용자 2에게 할당된 코드를 (code 2: 1, −1, 1, −1, −1, 1, −1, 1)이라고 가정하면, 수신단에서 자신의 코드를 다시 곱하면 '8'의 값이 출력되지만, 서로 다른 코드가 곱해지면 '0'의 값이 출력되어 직교성이 보장된다.

Code 1	1	1	1	1	−1	−1	−1	−1
×								
Code 1	1	1	1	1	−1	−1	−1	−1
Code 1 • Code 1	1	1	1	1	1	1	1	1
Σ(Code 1 • Code 1)	8							

Code 1	1	1	1	1	−1	−1	−1	−1
×								
Code 2	1	−1	1	−1	−1	1	−1	1
Code 1 • Code 2	1	−1	1	−1	1	−1	1	−1
Σ(Code 1 • Code 2)	0							

사용자 1이 전송하고자 하는 데이터가 1이고, 사용자 2가 전송하고자 하는 데이터는 −1이라고 가정하면, 사용자 1의 전송신호 $s_1(t)$는 전송하고자 하는 데이

터 값 '1'에 code 1을 곱하여 전송하고 사용자 2의 전송신호 $s_2(t)$는 데이터 값 '−1'에 code 2를 곱하여 전송된다.

사용자 1의 전송신호

Data	1							
×								
Code 1	1	1	1	1	−1	−1	−1	−1
$s_1(t)$=Data • Code 1	1	1	1	1	−1	−1	−1	−1

사용자 2의 전송신호

사용자 2	−1							
×								
Code 2	1	−1	1	−1	−1	1	−1	1
$s_2(t)$= Data • Code 2	−1	1	−1	1	1	−1	1	−1

두 신호 $s_1(t)$와 $s_2(t)$가 무선채널에서 합쳐지면 (0, 2, 0, 2, 0, −2, 0, −2)의 신호가 수신되게 된다.

$s_1(t)$	1	1	1	1	−1	−1	−1	−1
+								
$s_2(t)$	−1	1	−1	1	1	−1	1	−1
$s_1(t) + s_2(t)$	0	2	0	2	0	−2	0	−2

사용자 1의 수신단에서는 자신에게 할당받은 code 1을 다시 곱하여 신호를 복조하게 되는데 그 과정은 다음과 같다.

$s_1(t) + s_2(t)$	0	2	0	2	0	−2	0	−2
×								
Code 1	1	1	1	1	−1	−1	−1	−1
$(s_1(t) + s_2(t))$ • Code 1	0	2	0	2	0	2	0	2
$\Sigma(s_1(t) + s_2(t))$ • Code 1	8							

사용자 2의 수신단에서도 마찬가지로 code 2를 곱하여 신호를 복조한다.

$s_1(t)+s_2(t)$	0	2	0	2	0	−2	0	−2
×								
Code 2	1	−1	1	−1	−1	1	−1	1
$(s_1(t)+s_2(t))\cdot$ Code 2	0	−2	0	−2	0	−2	0	−2
$\Sigma(s_1(t)+s_2(t))\cdot$ Code 2	−8							

사용자 1의 수신기 출력은 8의 값이 출력되어 전송 데이터 값 '1'을 판정해 내고 사용자 2의 수신기 출력은 −8의 값으로 전송 데이터가 '−1'로 판정하게 된다.

코드분할 다중접속 방식에서는 코드로 신호들을 구분하기 때문에 동일 주파수, 동일 시간을 사용하게 되어 통계적 평균(statistical average)에 의해 용량의 향상을 기대할 수 있다. 코드분할 다중접속 방식을 사용하는 대표적인 이동통신시스템으로는 현재 우리나라에서 사용하고 있는 셀룰러 혹은 PCS 시스템인 cdmaOne 방식을 꼽을 수 있다.

통계적 평균에 의한 용량 향상

음성통화의 경우 일정 시간 동안은 말하지 않고 듣고만 있게 된다. 실제 통화를 측정해보면 실질적으로 음성신호의 발생은 전체 통화시간의 35~40% 수준인 것으로 알려져 있다. 이러한 실제 음성신호 발생 백분율을 음성 활성화 인자(voice activity factor)라 한다.

주파수분할 다중접속 방식에서는 주파수만으로 사용자 신호를 구분하므로 자신이 전달할 신호가 없어도 주파수 자원을 차지하고 있게 되므로 무선자원을 효율적으로 사용하지 못하게 된다. 시분할 다중접속 방식에서는 동일 주파수를 여러 명(GSM의 경우 3명)이 시간적으로 나누어 사용하므로 주파수분할 다중접속 방식보다 효율적으로 무선자원을 활용할 수는 있지만, 자신에게 할당된 시간슬롯에 전송할 신호가 없다고 하면 그때의 무선자원은 활용하지 못하는 결과를 가져온다. 코드분할 다중접속에서는 동일 시간, 동일 주파수를 여러 사용자가 공유하고 있어 자신이 전송할 신호가 없다면, 이는 곧바로 다른 사용자에게 미치는 간섭 양이 감소하여 시스템용량이 증가한다. 각각의 사용자가 전달할 신호가 랜덤하게 발생하므로 통계적으로 보면 전체 사용자 신호는 어느 정도 일정하게 나타난다고 할 수 있다. 즉, 각각의 신호가 서로 섞여 통계적으로 일정한 값을 나타내고, 전송할 신호가 없다면 간섭이 줄어들어 바로 용량의 향상을 가져올 수 있다. 주파수분할 다중접속 방식이나 시분할 다중접속 방식에서는 각각의 사용자에게 일정한 무선자원을 할당하는 데 비하여 코드분할 다중접속 방식은 서로 통계적으로 가감되면서(statistical averaging) 용량의 향상을 기대할 수 있다.

Soft Capacity

코드분할 다중접속 방식의 또 다른 특징 중의 하나가 soft capacity이다. 주파수분할 다중접속 방식에서는 셀에 주워진 모든 주파수 자원을 할당하고 나면 더 이상의 통화를 제공할 수 없게 된다. 따라서 셀에 주워진 주파수할당(FA; Frequency Allocation) 개수가 주파수 분할 다중접속 방식의 용량이라고 할 수 있다. 시분할 다중접속 방식에서는 셀에 주워진 모든 주파수와 시간슬롯을 할당했다고 하면 그 이상의 통화는 제공할 수 없다. 시분할 다중접속 방식의 용량은 주파수할당 개수와 한 주파수를 시간적으로 나누어 사용하는 사용자 수의 곱이라 할 수 있다. 이 두 가지 다중접속 방식에서는 주어진 무선자원을 모두 할당하고 나면 더 이상의 통화를 형성할 수 없기 때문에 hard capacity라 말할 수 있다.

그러나 코드분할 다중접속 방식에서는 사용자의 수가 증가하면 간섭 양이 증가하여 통화품질은 점차로 떨어지지만 그렇다고 해서 새로운 통화를 연결하지 못하는 것은 아니다. 따라서 정확히 몇 명 이상의 통화는 연결하지 못한다고 할 수 없고 통화품질이 떨어질지언정 새로운 통화를 연결할 수 있기 때문에 soft capacity라 말한다.

주파수/시간/코드 분할 다중접속 방식 이외에도 공간분할 다중접속(SDMA; Space Division Multiple Access)과 같이 서로 분리된 다른 공간을 각각의 사용자에게 할당하는 방식도 있으나 공간분할 다중접속 방식 자체로만은 사용되지 않고 다른 접속 방식과 연결되어 사용된다. 이 밖에도 최근 서로 직교하는 반송파(carrier)를 겹쳐서 사용하는 OFDM(Orthogonal Frequency Division Multiplexing) 방식에서 캐리어를 다수의 사용자가 나누어 사용하는 OFDMA(Orthogonal Frequency-Division Multiple Access) 방식도 차세대 이동통신 방식으로 많이 연구되고 있다.

다중접속 방식이란 결국 신호 간의 직교성을 어떻게 보장할 것인가에 관한 문제라 할 수 있고, 무선채널 등에 의해 이러한 직교성이 깨지게 되면서 발생하는 간섭을 다중접속간섭(MAI; Multiple Access Interference)이라 한다.

6.1.2 듀플렉스(Duplex)

다중접속 방식이 서로 다른 사용자를 구분하기 위한 기술이었다고 한다면, Duplex는 두 지점(이동국, 기지국) 사이에서 정보를 주고받는 무선통신시스템을 뜻하며 상향링크(이동국에서 기지국으로의 링크)와 하향링크(기지국에서 이동국으로의 링크)로 구분한다.

다중접속에서와 마찬가지로 상 · 하향 링크의 구분은 주파수/시간/코드 등으로 가능한데, 가장 대표적인 듀플렉스 방식이 FDD(Frequency Division Duplex) 방식이다. 즉, 상향링크의 통화와 하향링크의 통화를 [그림 6-4]에서와 같이 서로 다른 주파수에 할당함으로써 분리해 주는 방식으로 현존하는 대부분의 이동통신시스템에서 채택하고 있는 방식이다. 통상적으로 상향링크를 낮은 주파수에, 하향링크를 높은 주파수에 할당하고 있다.

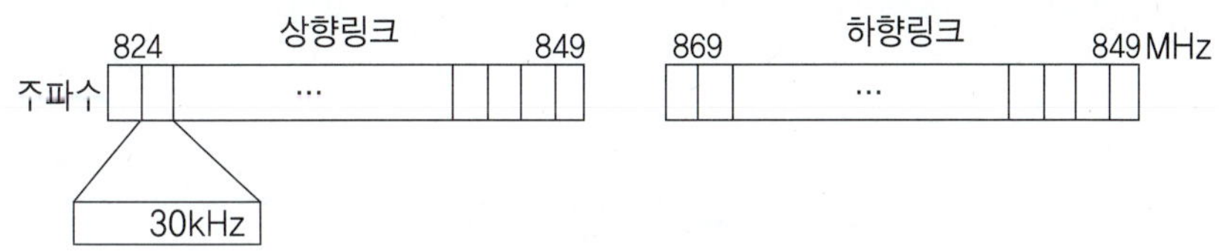

[그림 6-4] FDMA에서 FDD 방식

시간으로 상 · 하향 링크를 구분하는 방식이 TDD(Time Division Duplex) 방식인데, [그림 6-5]에 나타낸 것과 같이 동일 주파수대역에서 상 · 하향 링크에 서로 다른 시간슬롯을 할당한다.

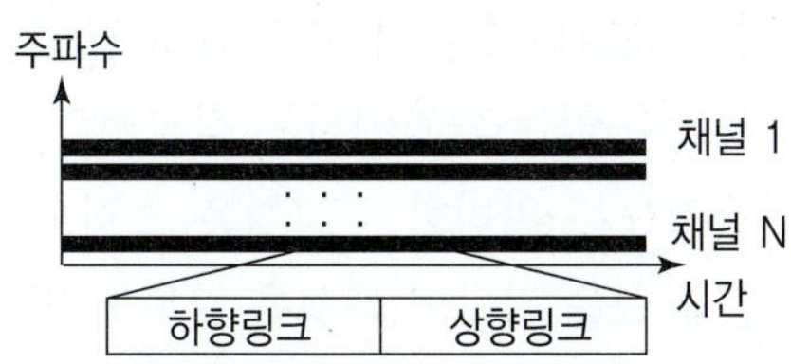

[그림 6-5] FDMA에서 TDD 방식

FDD 방식은 상·하향 링크에 같은 크기의 주파수를 대칭적으로 할당하고 있어, 음성통화와 같은 대칭형 서비스(symmetric service)에 적절하여 많이 사용되었으나, 최근 들어 인터넷 서비스와 같은 비대칭형 서비스(asymmetric service)에는 TDD 방식이 적합하여 이에 대한 관심이 높아지고 있다. 즉, TDD 방식에서는 상·하향에 서로 다른 비율의 시간슬롯을 할당할 수 있기 때문에 비대칭형 서비스에 적합하다는 이점이 있다. TDD 방식의 또 다른 장점으로는 상·하향 링크가 동일 주파수대역에서 송·수신되므로 송·수신 신호의 채널 상태가 거의 같다고 생각할 수 있다. 따라서 신호를 수신하면 바로 채널 상태를 추정할 수 있어 배열 안테나 기술 등에 적절할 것으로 보여 TDD 방식에 관한 많은 연구들이 진행되고 있다.

CDD(Code Division Duplex) 방식은 상·하향 링크를 코드로 구분하는 방식이다. 6.2.1.1절에 설명하는 것과 같이 코드에 의한 직교성 확보에는 시간동기가 중요한데 상·하향 링크 간의 시간동기 구현이 어려워 구현된 예는 없고 단지 그 가능성에 대한 연구가 최근에 보고된 바 있다.

6.2 코드의 종류 및 발생

CDMA시스템에서는 사용자 간의 직교성이 코드를 통하여 확보된다는 것을 6.1절에서 살펴보았다. CDMA시스템에 사용되는 코드는 크게 두 가지로 나눌 수 있는데, 직교코드(Orthogonal code)와 의사잡음코드(PN code; Pseudo-Noise code)가 그것이다. 직교코드는 코드 간의 완벽한 직교성이 유지되어 직교코드 간의 간섭은 없다. 그러나 뒤에서 자세히 설명하겠지만 직교성은 코드 간의 시간동기가 정확히 유지되어야만 확보되고, 만약 시간동기를 맞출 수 없는 경우는 직교성이 유지되지 않아 코드 간의 간섭이 매우 크게 나타난다. 따라서 시간동기를 맞출 수 없는 환경에서는 직교코드 대신 의사잡음코드를 사용하게 된다. 의사잡음코드는 완벽한 직교성은 보장되지 않지만, 다른 코드로부터의 간섭은 무시할 수 있을 정도의 특성을 갖도록 발생된다.

6.2.1 직교코드

6.2.1.1 Walsh코드

흔히 Walsh–Hadamard코드 혹은 Walsh코드라고도 불리는 직교코드는 다음과 같이 발생시킬 수 있다.

$$H_1=\begin{bmatrix}-1 & -1\\ -1 & 1\end{bmatrix}$$

$$H_2=\begin{bmatrix}-1 & -1 & -1 & -1\\ -1 & 1 & -1 & 1\\ -1 & -1 & 1 & 1\\ -1 & 1 & 1 & -1\end{bmatrix}=\begin{bmatrix}H_1 & H_1\\ H_1 & \overline{H_1}\end{bmatrix} \qquad (6-5)$$

$$\vdots$$

$$H_k=\begin{bmatrix}H_{k-1} & H_{k-1}\\ H_{k-1} & \overline{H_{k-1}}\end{bmatrix}$$

H_2의 두 개의 코드 $H_{2,0}$인 (−1, −1, −1, −1)과 $H_{2,1}$인 (−1, 1, −1, 1)을 예로 들어 설명하면

$H_{2,0}$	−1	−1	−1	−1
×				
$H_{2,1}$	−1	1	−1	1
$H_{2,0} \cdot H_{2,1}$	1	−1	1	−1
$\Sigma(H_{2,0} \cdot H_{2,1})$	0			

H_2 내의 어떠한 코드 두 개를 선택한다 하더라도 위와 같이 직교성이 유지된다는 것을 확인할 수 있다.

위의 예에서는 두 개의 코드의 시간동기가 정확히 설정되어 있다는 가정하에 직교성이 유지되는 것을 확인할 수 있었으나 만약 시간동기가 맞지 않는 경우의 직교성은 어떻게 되는지 살펴보기 위하여 H_2의 두 개의 코드 $H_{2,2}$인 (−1, −1, 1, 1)과 $H_{2,3}$인 (−1, 1, 1, −1)을 예로 들어 설명한다. 두 개의 코드 모두가 반

복적으로 수신되고 있고, $H_{2,3}$ 코드가 $H_{2,2}$ 코드에 비하여 한 칩 주기(Tc)만큼 늦게 수신되었다고 가정했을 때의 두 코드 간의 코릴레이션 출력 값은 다음과 같다.

	$H_{2,2}$				$H_{2,2}$			
Code 1	−1	−1	1	1	−1	−1	1	1
×								
	$H_{2,3}$				$H_{2,3}$			
Code 1	−1	−1	1	1	−1	−1	1	1
Code 1 • Code 1	1	1	1	1	1	1	1	1
ΣCode 1 • Code 1	4							

위의 예에서 알 수 있는 것처럼 $H_{2,3}$이 한 칩 주기만큼 늦게 수신되는 경우에는 $H_{2,2}$와 $H_{2,3}$은 같은 코드처럼 보여 직교성이 확보되지 않는다. 위의 예는 시간동기가 맞지 않았을 때의 직교성이 깨지는 것을 알아보기 위한 극단적인 예를 들었으나, 일반적으로 직교코드는 시간동기가 맞지 않았을 때 코드 간의 상호상관(cross correlation) 값은 매우 크게 나타나 코드 간의 간섭이 매우 커지게 된다.

CDMA시스템의 순방향 링크에서는 각각의 이동단말기로 전달되는 모든 신호가 함께 전송되기 때문에 수신 시점에서 코드 간의 시간동기가 확보된다고 할 수 있다. 따라서 순방향에서의 채널 구분은 이러한 직교부호로 수행되게 된다. 그러나 역방향 링크의 경우 사용자가 동시에 신호를 전송할 수도 없거니와 설사 동일 시점에 신호를 전송한다고 하더라도 기지국과 이동국 간의 거리가 모두 달라 수신 시점에서의 코드 간의 시간동기는 확보되지 않는다. 이처럼 코드 간의 시간동기가 설정되지 않을 때 코드 간의 의사직교성(Quasi-orthogonality)을 확보하기 위한 것이 의사잡음코드이다.

6.2.1.2 Bi-Orthogonal코드

Bi-orthogonal코드는 직교코드의 앞쪽 반을 제거함으로써 얻어진다.

$$B_k = \left[\frac{H_{k-1}}{H_{k-1}}\right]$$

$$B_3 = \begin{bmatrix} -1 & -1 & -1 & -1 \\ -1 & 1 & -1 & 1 \\ -1 & -1 & 1 & 1 \\ -1 & 1 & 1 & -1 \\ 1 & 1 & 1 & 1 \\ 1 & -1 & 1 & -1 \\ 1 & 1 & -1 & -1 \\ 1 & -1 & -1 & 1 \end{bmatrix} \tag{6-6}$$

Bi-orthogonal코드 집합 내의 두 개의 코드 $B_{3,i}$와 $B_{3,j}$ 간의 상호상관 값은 $i=j$이면 4의 값을 갖고, $i-j$이고 $|i-j|=4$이면 0이고 $i-j$이고 $|i-j|\neq4$이면 -4의 값을 갖는다.

즉, B_k의 Bi-orthogonal코드 간의 상호상관 값 $z_{i,j}$는 다음과 같이 나타낼 수 있다.

$$Z_{i,j} = \begin{cases} M/2 \text{ for } i=j \\ -M/2 \text{ for } i\neq j, |i-j|=M/2 \\ 0 \text{ for } i\neq j, |i-j|\neq M/2 \end{cases} \tag{6-7}$$

여기서, $M=2^k$이다.

Bi-orthogonal코드에서는 $B_{3,0}$와 $B_{3,4}$는 서로 부호가 반대가 되는 신호쌍이다. 따라서 Bi-orthogonal코드는 +, - 부호의 구분이 어려운 논코히어런트(non-coherent) 복조를 수행하는 시스템에서는 적용되지 못하고 코히어런트 시스템에서 사용될 수 있다.

6.2.2 의사잡음코드

의사잡음코드(PN code; Pseudo-Noise code) 혹은 의사랜덤코드(Pseudo-random code)는 동전의 앞면이 나오면 '1' 뒷면이 나오면 '-1'로 나타내는 실험을 여러 번 반복하여 발생시키는 코드와 비슷한 특성을 가지는 코드이다. 그러나 실제로 동전을 여러 번 던져서 코드를 발생시킬 수도 없고, 이와 같은 방법으로는 송수신기 간의 동일한 코드를 발생시키는 것도 불가능하다. 따라서 의사잡음코드란, 동전을 여러 번 던져 발생시키는 코드와 비슷한 성격을 갖되, 쉽게 구현할 수 있고, 주기적으로 반복하여 발생할 수 있어야 하며, 코드 발생 방법을 모르는 다른 사용자는 동일 코드를 발생시키기 어렵도록 만든 코드라 할 수 있다.

동전을 던져 발생시킨 코드처럼 랜덤한 특성을 갖는 코드 발생을 위해서는 다음의 세 가지 특성을 만족해야 한다.

특성 1. 균형특성(Balanced property)

의사잡음코드 한 주기 내에 '1'의 개수와 '−1'의 개수의 차이가 하나 이하여야 한다.

특성 2. 상관특성(Correlation property)

의사잡음코드의 자기상관 값 $R_{xx}(\tau)$는 $\tau=0$일 때를 제외하고는 매우 낮은 값을 가져야 한다.

여기서 $R_{xx}(\tau) \equiv \int_0^T x(t) \cdot x(t+\tau)\,dt$이다.

특성 3. 런특성(run property)

런의 길이가 1인 것이 전체 런의 개수 중 1/2, 런의 길이가 2인 것이 1/4, 런의 길이가 1/8, …, 런의 길이가 r인 것은 $1/2^r$이어야 한다. 여기서 런이란 1 또는 −1이 연속된 열로서, 만약 코드 중 일부가 …, 1, 1, 1, −1, −1, 1… 로 발생되었다면 1이 3번 연속되어 하나의 런을 형성하고 이때 런의 길이는 3이다. 마찬가지로 −1이 두 번 연속되어 하나의 런을 형성하고 이 런의 길이는 2이다.

위의 세 가지 특징에 대하여 살펴보면, 특성 1에서와 같이 랜덤한 코드가 되려면 1의 개수와 −1의 개수가 비슷하게 나타나야 한다는 것으로 동전을 던져서 발생시켰을 때도 같은 현상이 나타날 것이다. 또한 1과 −1이 비슷한 확률로 발생한다고 하더라도 1, 1, …, 1, −1, −1, …, −1과 같이 1이 연속해서 나오고, 이후 −1의 값이 연속해서 나온다고 하면 랜덤한 성격을 가졌다고 하기 어렵다. 따라서 특성 3에서와 같이 런특성을 유지하여야만 동전을 던졌을 때와 같은 랜덤한 형태를 갖게 된다. 만약 동전을 던져 나온 코드와 일정 시간 후에 다시 동전을 던져 발생시킨 코드 사이의 상관 값을 고려한다면 일정 시점에서 동전의 던져 나온 결과와 일정 시간 후에 던져서 나온 동전은 서로 같은 값을 가질 확률이 1/2, 서로 다른 값을 가질 확률도 1/2이다. 즉, 두 개의 값의 곱이 '1'과 '−1'의 값을 가질 확률이 1/2로 같으므로, 이 값들을 일정 시간만큼 평균을 취한다면 그 값은 '0'의 값에 가까울 것이다. 따라서 의사잡음코드를 발생시켰을 때, 특성 2의 상관특성을 만족시켜야 한다.

대표적인 의사잡음코드로는 최대길이시퀀스(m sequence; maximal length sequence), 골드시퀀스(Gold sequence) 등을 꼽을 수 있다.

6.2.2.1 최대길이시퀀스(Maximal Length Sequence)

의사잡음코드는 천이레지스터(shift register)를 이용하여 발생시키게 되는

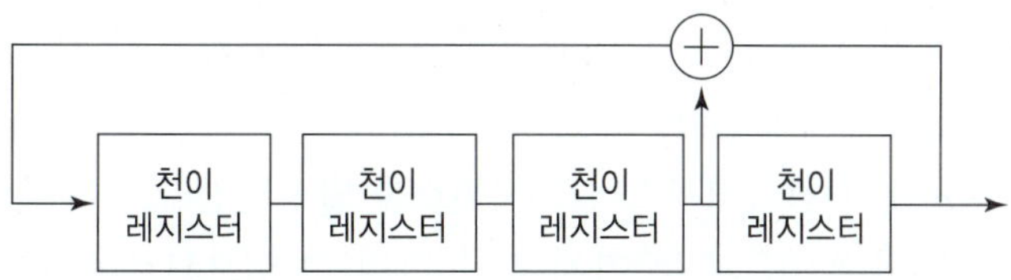

Clock	1st SR	2nd SR	3rd SR	4th SR
0	1	1	1	1
1	0	1	1	1
2	0	0	1	1
3	0	0	0	1
4	1	0	0	0
5	0	1	0	0
6	0	0	1	0
7	1	0	0	1
8	1	1	0	0
9	0	1	1	0
10	1	0	1	1
11	0	1	0	1
12	1	0	1	0
13	1	1	0	1
14	1	1	1	0
15	1	1	1	1
16	0	1	1	1

[그림 6-6] 최대길이시퀀스의 발생

데. 최대길이시퀀스란 주워진 천이레지스터로 발생시킬 수 있는 시퀀스 중 최대길이의 주기를 갖는 시퀀스를 말한다. 그 한 예로 4개의 천이레지스터로 최대길이시퀀스를 발생시켜보자.

[그림 6-6]에서 ⊕는 exclusive-or 연산자로 1⊕1=0, 1⊕0=1, 0⊕1=1, 0⊕0=0의 연산을 수행한다. 천이레지스터의 초깃값이 1, 1, 1, 1이라고 가정하면, 다음 클록에서 각각의 값은 오른쪽 옆의 천이레지스터로 이동하고 첫 번째 천이레지스터는 이전 클록에서 세 번째('1')와 네 번째 천이레지스터의 값('1')들이 exclusive-or 연산(1⊕1=0)된 '0'의 값으로 채워지게 된다. 그리고 네 번째 천이레지스터의 값이 코드 출력으로 나타나게 된다. 비슷한 방법의 동작들이 반복되게 되면 15번째 클록에서의 천이레지스터들의 값은 다시 '1, 1, 1, 1'로 나타나게 되어 동일한 과정을 반복하게 된다. 따라서 발생 코드는 주기가 15(=2^4−1)인 '1, 1, 1, 1, 0, 0, 0, 1, 0, 0, 1, 1, 0, 1, 0'가 되고 이와 같은 코드가 반복해서 나타나게 된다.

만약 m개의 천이레지스터로 시퀀스를 발생시킨다고 하면, 각각의 천이레지스터는 '1' 혹은 '0'의 두 가지 값을 가질 수 있으므로 m개의 천이레지스터로 나타낼 수 있는 모든 경우의 수는 2^m가지이다. 여기서 모든 천이레지스터가

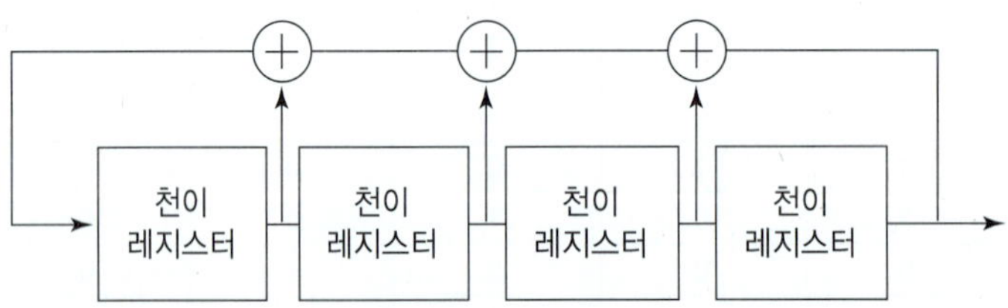

Clock	1st SR	2nd SR	3rd SR	4th SR
0	1	1	1	1
1	0	1	1	1
2	1	0	1	1
3	1	1	0	1
4	1	1	1	0
5	1	1	1	1
6	0	1	1	1

[그림 6-7] 최대길이시퀀스가 되지 않는 예

[표 6-1] 최대길이시퀀스 발생 다항식

stage 수	코드 길이	탭 계수
2	3	[2,1]
3	7	[3,1]
4	15	[4,1]
5	31	[5,2][5,4,3,2][5,4,2,1]
6	63	[6,1][6,5,2,1][6,5,3,2]
7	127	[7,1][7,3][7,3,2,1][7,6,5,2] [7,6,4,2][7,6,3,1][7,6,5,2] [7,6,5,4,2,1][7,5,4,3,2,1]
8	255	[8,4,3,2][8,6,5,3][8,6,5,2] [8,5,3,1][8,6,5,1][8,7,6,1] [8,7,6,5,2,1][8,6,4,3,2,1]
9	511	[9,4][9,6,4,3][9,8,5,4][9,8,4,1] [9,5,3,2][9,8,6,5][9,8,7,2] [9,6,5,4,2,1][9,7,6,4,3,1] [9,8,7,6,5,3]
10	1023	[10,3][10,8,3,2][10,4,3,1][10,8,5,1] [10,8,5,4][10,9,4,1][10,8,4,3] [10,5,3,2][10,5,2,1][10,9,4,2]
11	2047	[11,1][11,8,5,2][11,7,3,2][11,5,3,5] [11,10,3,2][11,6,5,1][11,5,3,1] [11,9,4,1][11,8,6,2][11,9,8,3]
12	4095	[12,6,4,1][12,9,3,2][12,11,10,5,2,1] [12,11,6,4,2,1][12,11,9,7,6,5] [12,11,9,5,3,1][12,11,9,8,7,4] [12,11,9,7,6,5][12,9,8,3,2,1] [12,10,9,8,6,2]
13	8191	[13,4,3,1][13,10,9,7,5,4] [13,11,8,7,4,1][13,12,8,7,6,5] [13,9,8,7,5,1][13,12,6,5,4,3] [13,12,11,9,5,3][13,12,11,5,2,1] [13,12,9,8,4,2][13,8,7,4,3,2]
14	16,383	[14,12,2,1][14,13,4,2][14,13,11,9] [14,10,6,1][14,11,6,1][14,12,11,1] [14,6,4,2][14,11,9,6,5,2] [14,13,6,5,3,1][14,13,12,8,4,1] [14,8,7,6,4,2][14,10,6,5,4,1] [14,13,12,7,6,3][14,13,11,10,8,3]
15	32,767	[15,13,10,9][15,13,10,1][15,14,9,2] [15,1][15,9,4,1][15,12,3,1][15,10,5,4] [15,10,5,4,3,2][15,11,7,6,2,1] [15,7,6,3,2,1][15,10,9,8,5,3] [15,12,5,4,3,2][15,10,9,7,5,3] [15,13,12,10][15,13,10,2][15,12,9,1] [15,14,12,2][15,13,9,6][15,7,4,1] [15,4][15,13,7,4]

'0'의 값을 가지는 경우를 제외하면 있을 수 있는 최대 길이는 2^m-1이다. 여기서 모든 천이레지스터의 값이 '0' 인 경우를 제외하는 이유는 모든 천이레지스터의 값이 '0' 으로 채워져 있을 경우에 발생되는 시퀀스는 모두 '0' 의 값을 갖게 되어 의사잡음코드를 형성할 수 없기 때문이다.

천이레지스터로 항상 최대길이 의사잡음시퀀스를 발생시킬 수 있는 것은 아니다. m=4인 경우를 예로 들면 [그림 6-6]과 같이 몇몇 정해진 발생 방법에 의해서만 최대길이시퀀스가 발생되고 [그림 6-7]과 같은 경우는 주기가 단지 5일 뿐이다.

m 값에 따른 최대길이시퀀스의 발생 다항식을 [표 6-1]에 나타내었다.

[그림 6-6]에 의해서 발생된 최대길이시퀀스 (1, 1, 1, 1, 0, 0, 0, 1, 0, 0, 1, 1, 0, 1, 0)로 코드 특성 1, 2, 3을 확인해 보자.

한주기의 코드 내에 '1' 의 개수가 8개, '0' 의 개수가 7개로 각각의 개수의 차이가 하나 이하로 특성 1의 균형특성을 만족함을 알 수 있다.

특성 2의 상관특성을 알아보기 위하여 상기 코드를 $m(0)$ = {1, 1, 1, 1, 0, 0, 0, 1, 0, 0, 1, 1, 0, 1, 0}으로 나타내고, 한 칩 시간 지연된 코드를 $m(1)$ = {0, 1, 1, 1, 1, 0, 0, 0, 1, 0, 0, 1, 1, 0, 1}이라고 나타내자. $m(0)$와 $m(1)$의 상관 값을 구하면 다음과 같다.

m(0):	1	1	1	1	0	0	0	1	0	0	1	1	0	1	0
m(1):	0	1	1	1	1	0	0	0	1	0	0	1	1	0	1
m(0) · m(1):	0	1	1	1	0	0	0	0	0	0	0	1	0	0	0

여기서 '0' 을 '-1' 로 대치한 후 한 주기 동안의 합을 구하여 상관 값을 구하게 되면 $\sum m(0)\cdot m(1) = -1$이 되어 $\sum m(0)\cdot m(0) = 15$의 값에 비하여 매우 작은 값을 갖는다. 두 코드 간의 시간 차 τ에 의한 상관 값 $\sum m(0)\cdot m(1) = \sum m(0)\cdot m(2) = \cdots = \sum m(0)\cdot m(14) = -1$을 [그림 6-8]에 나타내었다.

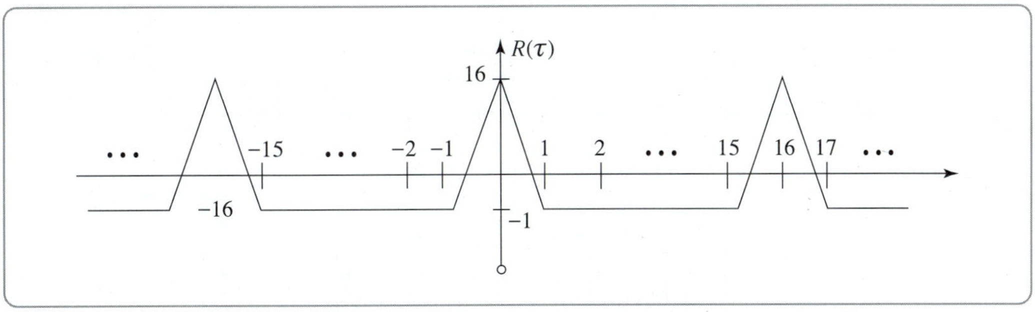

[그림 6-8] 최대길이시퀀스의 자기상관 함수

특성 3의 런특성을 확인해 보기 위해 발생 시퀀스의 런을 계산하면 [그림 6-9]와 같다.

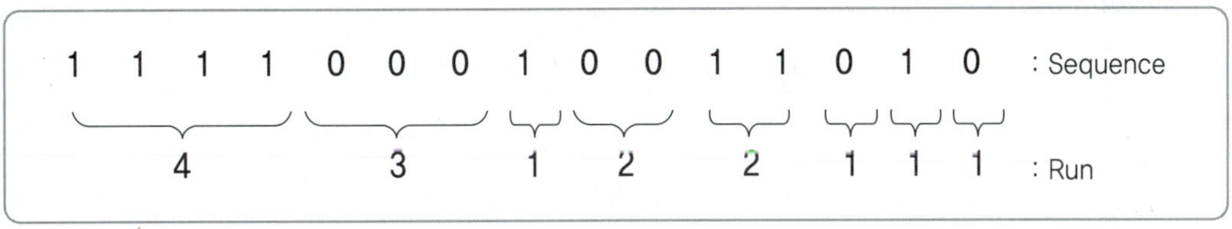

[그림 6-9] 최대길이시퀀스의 런특성

전체 런의 개수는 8개이고, 이 중 런의 길이가 1인 것은 4개(8개의 1/2), 런의 길이가 2인 것은 2개(8개의 1/4) 등으로 나타나는 것을 확인할 수 있다.

6.2.2.2 골드시퀀스(Gold Sequence)

최대길이시퀀스는 자기상관(auto-correlation) 특성은 좋으나, 일부 시퀀스 간의 상호상관(cross-correlation) 특성은 열악한 경우가 종종 발생한다. 서로 다른 시퀀스 간의 상호상관 특성이 우수하고, 시퀀스의 종류가 많은 것이 골드시퀀스이다.

골드시퀀스는 적절히 선택된 두 개의 최대길이시퀀스로부터 발생된다. 즉, 선호하는 두 개의 최대길이시퀀스 쌍(preferred m-sequence pair)의 출력을 더하여 골드코드를 발생시키게 되는데, 그 한 예를 [그림 6-10]에 나타내었다.

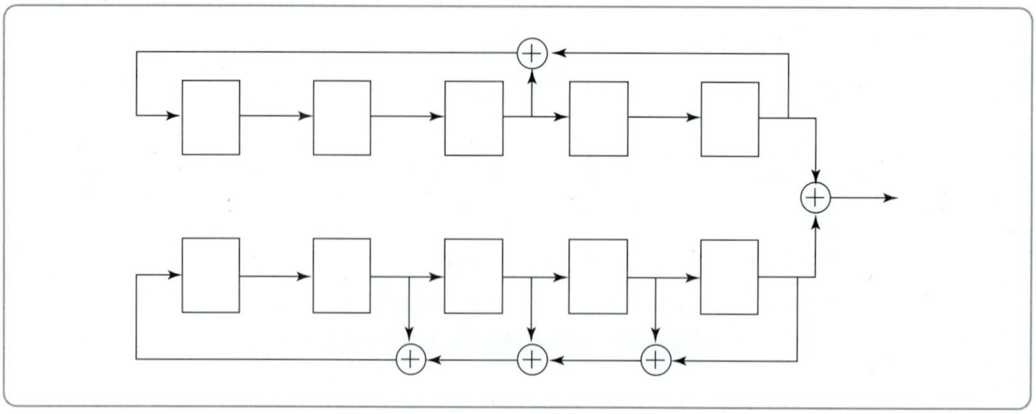

[그림 6-10] 골드시퀀스의 발생

위쪽에 위치하는 최대길이시퀀스 발생기로부터 생성되는 시퀀스를 $\overline{x}$라 하고 아래쪽 발생기로 생성되는 시퀀스를 $\overline{y}$라 하면 $\overline{x}$와 $\overline{y}$가 칩별로 더해져서 생성되는 시퀀스가 골드시퀀스이다. 앞에서 설명한 바와 같이 만약 m개의 천이레지스터로 발생되는 최대길이시퀀스의 주기 N은 2^m-1의 값을 갖는다. $N(=2^m-1)$의 주기를 가지는 최대길이시퀀스 쌍으로부터 생성할 수 있는 골드시퀀스의 개수는 2^m+1개이다. 즉, 골드시퀀스는 위쪽 혹은 아래쪽 발생기 천이레지스터의 초깃값을 모두 '0'으로 설정했을 경우, 이때 발생하는 시퀀스는 $\overline{x}$ 혹은 $\overline{y}$ 두 가지 코드가 가능하다. 또한 $\overline{x}$ 시퀀스 하나에 $\overline{y}$가 더해질 때, $\overline{x}$와 $\overline{y}$가 일정 시간 차를 두고 더해진다면 두 개 시퀀스의 시간 차에 따라서 다른 시퀀스가 더해진 결과가 나타나게 되어 이 모두가 새로운 골드시퀀스를 형성하게 된다.

즉, 두 개의 최대길이시퀀스 $\overline{x}$ 와 $\overline{y}$ 로 형성할 수 있는 모든 골드시퀀스를 나타내면 다음과 같다.

$$S_{\text{Gold}}=[\overline{x},\ \overline{y},\ \overline{x}\oplus\overline{y},\ \overline{x}\oplus T^{-1}\overline{y},\ \overline{x}\oplus T^{-2}\overline{y},\ \cdots,\ \overline{x}\oplus T^{-(N-1)}\overline{y}]$$

여기서, $T^{-1}y$는 $\overline{y}$ 시퀀스를 왼쪽으로 원형천이(cyclic shift)하여 얻을 결과로 $T^{-1}\,\overline{y}=(y_1,\ y_2,\ \cdots,\ y_{N-1},\ y_0)$이다.

골드시퀀스가 가지는 상호상관 값은 $\{-1,\ -t(n)\ \text{or}\ -t(n)-2\}$ 중 하나의 값을 갖고 $t(n)$은 다음과 같이 정의된다.

$$t(n) = \begin{cases} 2^{(n+1)/2} + 1 & \text{for } n \text{ odd} \\ 2^{(n+2)/2} + 1 & \text{for } n \text{ even} \end{cases} \tag{6-8}$$

그리고 n=4, 8, 12, … (0 (mod 4))에서는 선호쌍(preferred pair)이 존재하지 않는다.

6.3 대역확산

대역확산이란 원래 전송하고자 하는 신호가 가진 대역폭보다 더 넓은 대역으로 확산하여 전송하는 방식으로, 직접시퀀스 대역확산(DS-SS; Direct Sequence Spread Spectrum) 방식과 주파수도약 대역확산(FH-SS; Frequency Hopping Spread Spectrum) 방식이 있다.

직접시퀀스 대역확산은 전송하고자 하는 데이터에 훨씬 빠르게 발생하는 직교 코드 혹은 의사잡음코드를 곱하게 되면 원신호의 대역폭보다 훨씬 넓은 대역으로 확산된 신호가 전송되고 수신단에서는 송신기에서 곱한 코드와 동일한 코드를 다시 곱함으로써 역확산되어 원래의 데이터로 복구한다. CDMA 방식은 이러한 직접시퀀스 대역확산방식을 이용한 것으로 각 사용자에게 서로 다른 코드를 할당한 방식이다.

전송하고자 하는 데이터 주기를 T, 여기에 곱해진 코드의 주기를 T_c($T \gg T_c$)라고 하면 각각의 대역폭은 주기의 역수에 해당하는 $1/T$ 와 $1/T_c$이 된다. 주기가

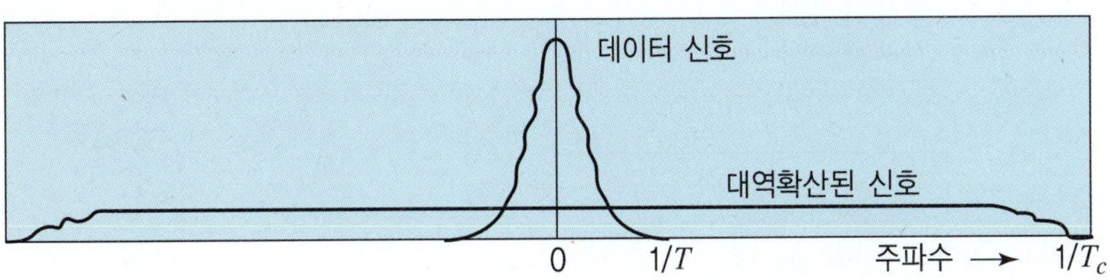

[그림 6-11] 대역확산된 신호

T인 데이터에 주기 T_c인 코드를 곱하여 발생되는 신호는 결국 T_c의 주기를 가지고 발생되는 것처럼 보이므로 주파수대역은 $1/T$에서 $1/T_c$로 증가하여 전송하는 것과 같다. [그림 6-11]에 대역확산된 신호를 나타내었다.

수신단에서 송신기에 사용한 코드와 동일한 코드를 다시 곱하게 되면 $1 \times 1 = 1$, $-1 \times -1 = 1$이 되어 수신단에서 코드를 다시 곱하고 난 후의 모든 코드 칩들은 '1'의 값이 되어 코드를 곱하지 않은 것처럼 보이므로 다시 주기가 T인 신호로 복구되는데 이를 역확산이라고 한다. 이러한 역확산 과정을 통하여 원래의 데이터를 복구할 수 있게 된다. 그러나 만약 송신기와 동일한 코드를 곱하지 않거나 혹은 다른 코드를 곱한다고 한다면 그 결과는 T_c 단위로 값이 변하는 것처럼 보여 역확산되지 않고 확산되어 그대로 남아 있게 된다.

[그림 6-12]에 직접시퀀스 대역확산 및 역확산 과정을 나타내었다.

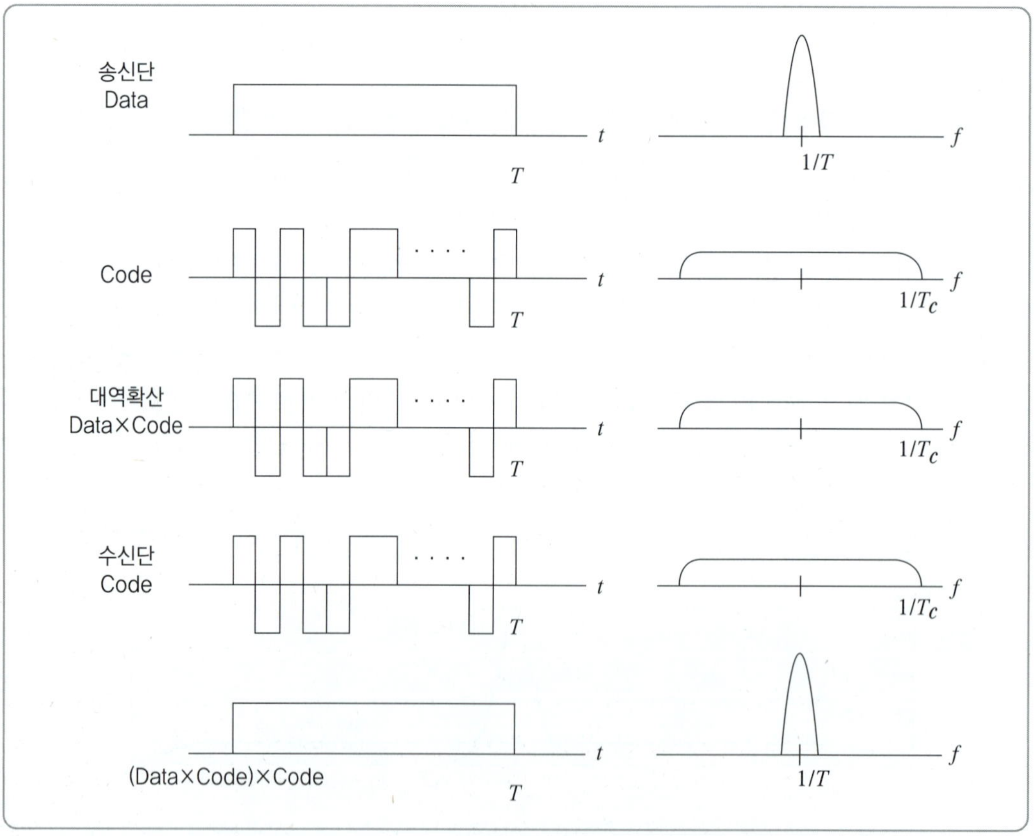

[그림 6-12] 직접시퀀스 대역확산 및 역확산

전송하고자 하는 신호를 얼마나 넓게 확산하여 전송하는지를 알려주는 파라미터가 대역확산 처리이득(processing gain)이다. 대역확산 처리이득이란 하나의 데이터를 얼마나 넓게 대역확산시키는가를 나타내 주는 값으로, 만약 데이터 주기가 1s인데, 여기에 주기가 10ms인 코드를 곱해서 대역확산시켰다고 하면, 대역확산 처리이득은 1s/10ms = 100이 되며 이는 또 주파수대역을 100배 확산하여 전송하였다는 의미와 같다. [그림 6-13]에 처리이득이 10인 경우와 20인 경우의 예를 나타내었다.

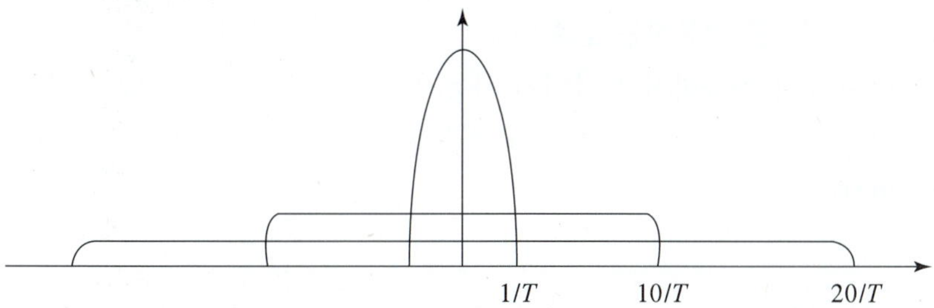

[그림 6-13] 처리이득에 따른 대역확산 신호

이러한 대역확산시스템을 이용했을 때 얻을 수 있는 장점으로는 항재밍(Anti-Jamming), 간섭제거(Interference Rejection), 사용자보안(Message

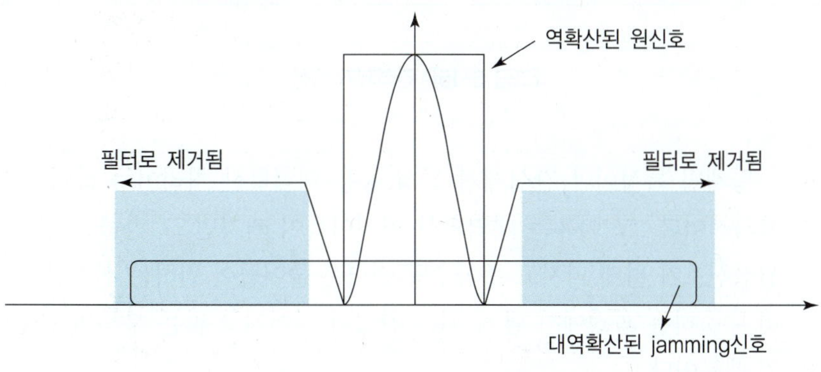

[그림 6-14] 항재밍 특성

Security & Privacy), 낮은 도청확률(Low Probability of Intercept), 레이크 수신기를 이용한 다중경로 다이버시티 이득 확보 등을 들 수 있다.

항재밍 혹은 항 협대역 간섭특성은 신호가 전달되면서 의도적 간섭에 해당하는 재밍신호나 협대역 간섭의 영향을 받게 되었을 때 이를 극복할 수 있는 능력을 말한다. 대역확산된 신호와 재밍신호가 같이 수신되었을 경우 수신기에서는 수신신호에 해당 코드를 다시 곱함으로써 원신호에 대한 역확산 과정이 수행되지만 재밍신호는 확산되는 효과가 있어 [그림 6-14]에서와 같이 원신호 대역 이외에 존재하는 신호는 필터를 통하여 제거되게 된다.

간섭제거 특성은 서로 다른 코드를 곱한 여러 사용자 신호가 수신되었을 때, 특정 코드를 사용하는 신호는 동일 코드를 수신단에서 곱해줌으로써 역확산되어 복조가 가능하지만 나머지 사용자 신호는 역확산되지 않은 상태로 남게 되어 필터를 통하여 해당 신호만 추출해낼 때 다른 사용자 신호는 제거되는 것을 말한다.

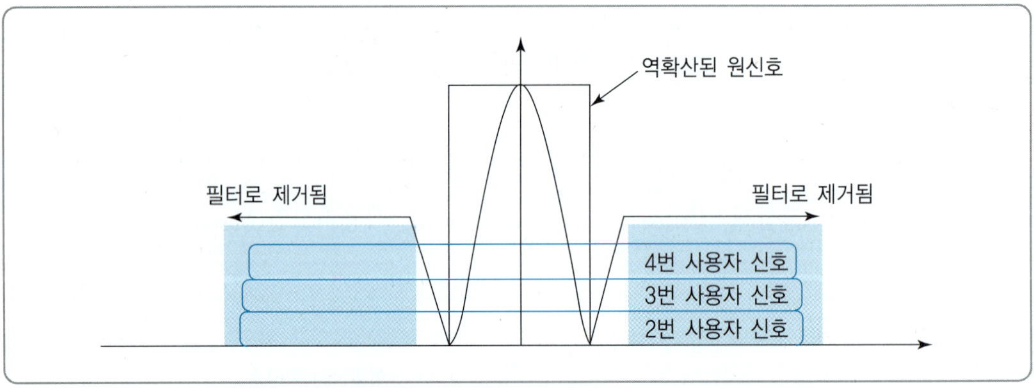

[그림 6-15] 간섭제거 특성

항재밍 특성이나 간섭제거 특성 등은 대역확산 처리이득 값이 크면 클수록 효과적이다. 그 이유는 대역확산 처리이득이 커지면 그 만큼 재밍신호나 다른 간섭신호가 넓게 퍼지고 주파수당 전력은 줄어들어 원하는 신호만을 필터로 잘라 추출하는 과정에서 남게 되는 간섭이 적어지고 많은 부분의 간섭이 제거되기 때문이다.

사용자 보안이나 낮은 도청확률 특성은 신호를 그대로 전송하지 않고 특정

코드를 곱하여 전달하게 되므로 코드를 알고 있는 사용자는 신호의 복원이 가능하지만 코드를 모르는 사용자는 신호를 복조하지 못하기 때문에 사용자 보안이 가능하다. 또한 대역확산시켜 신호를 전송하게 되면 전송신호가 넓은 대역으로 퍼져 신호의 전력이 매우 낮아져 잡음신호와 구분이 잘되지 않아 다른 사용자가 신호를 포착하기 어려워진다.

레이크수신에 의한 다중경로 다이버시티 이득은 대역확산된 신호의 주기는 코드의 주기와 같고 원신호 데이터 주기보다 훨씬 적다. 수신기에서 다중경로를 분리해 내는 능력은 신호주기에 따라 결정되는데, 대역확산 신호는 주기가 매우 짧아 다수의 다중경로를 분리해낼 수 있고 이들 분리된 다중경로를 결합하는 수신기를 레이크수신기라 한다. 특성이 다른 여러 다중경로를 결합함으로써 다이버시티 이득을 얻게 되는데 레이크수신기에 대해서는 6.6.2절에서 자세히 다룬다. 일반적으로 대역확산 신호가 아니면 다중경로를 구분해낼 수 없고 다중경로 신호는 ISI(Inter-symbol Interference)로 작용하기 때문에 이러한 ISI를 제거하기 위한 이퀄라이저의 사용이 필수적이다.

주파수도약 방식에 의한 대역확산 방식은 [그림 6-16]에서와 같이 전송하는 데이터의 중심 주파수를 계속 변화시킴으로써 대역을 확산하는 효과를 얻는 방식이다.

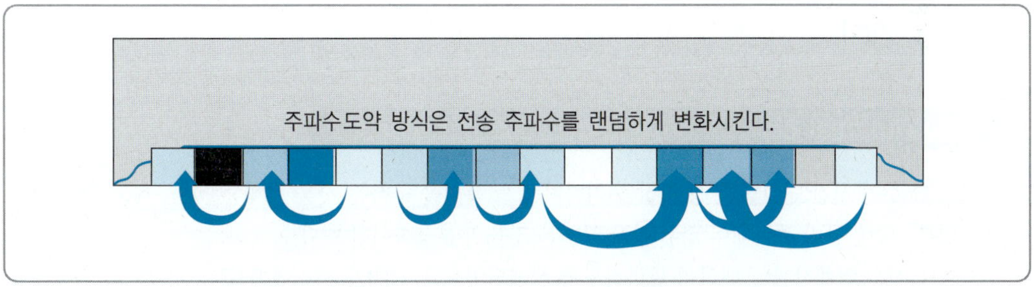

[그림 6-16] 주파수도약 대역확산 방식

신호를 전송하는 한 시점만 본다면 원래의 대역폭이 유지되는 것처럼 보이지만 일정 시간 동안 바라본다면 전송하는 신호가 여러 대역으로 도약하면서 주파수를 넓게 사용하는 것처럼 보인다. 주파수도약 패턴은 할당된 코드에 의해서 결정되고 수신단에서는 동일한 코드를 발생시켜 송신단과 같은 패턴으로 중심 주파수를 옮겨 가면서 신호를 복구하게 된다. 만약 코드를 모른다면 신호가 어느 주파수에 있는지 알 수 없으므로 신호를 복구하지 못하게 된다.

6.4 cdmaOne코드

6.4.1 코드의 할당

CDMA시스템에서 사용자 혹은 셀/섹터의 구분을 위하여 서로 다른 코드를 할당하게 된다. 기지국에서 이동단말기로의 순방향 링크에서는 모든 이동단말기로 전송되는 신호를 기지국에서 합하여 전송하게 되므로 어떠한 이동국에서든 합해진 신호를 수신하게 되어 코드 간의 동기는 설정되어 있다. 따라서 순방향에서 각각의 채널 구분은 직교코드를 이용하여 수행된다.

이동단말기에서 기지국으로의 역방향 링크에서는 기지국 수신 시점에 코드 간의 동기를 설정하기 어려우므로 채널 구분은 의사잡음코드를 곱하여 이루어진다. 의사잡음코드를 곱하여 채널을 구분할 때, 데이터 한 주기에 의사잡음코드 한 주기를 곱하는 전체 상관을 이용할 수도 있고, 긴 주기의 의사잡음코드를 발생시키고 그중 일부를 취하여 데이터에 곱하는 부분상관을 이용할 수도 있다.

부분상관(partial correlation)과 전체상관(full correlation)

코드 한 주기 시간 구간만큼 상관 값을 취하여 코드 특성을 구하는 것을 전체상관이라 하고 한 주기 내의 일부 구간만큼만 뽑아내어 상관 값을 구하는 것을 부분상관이라 한다.

코드 특성은 전체상관에 대하여 만족하도록 설계되었으나, CDMA시스템에서는 코드의 수가 많이 필요하여 데이터 한 비트당 1주기 의사잡음코드로 확산하지 않는다. 대신 긴 주기의 코드를 발생시키고, 여기서 일부 구간을 취하여 대역확산시키게 되는데, 이렇게 전체 코드의 일부분끼리의 상관을 이용하는 것을 부분상관이라고 한다. 부분상관에서는 코드 특성이 정확히 나타난다고 할 수 없으나, 충분히 긴 코드의 일부를 취하면 어느 정도 랜덤한 성격을 유지한다.

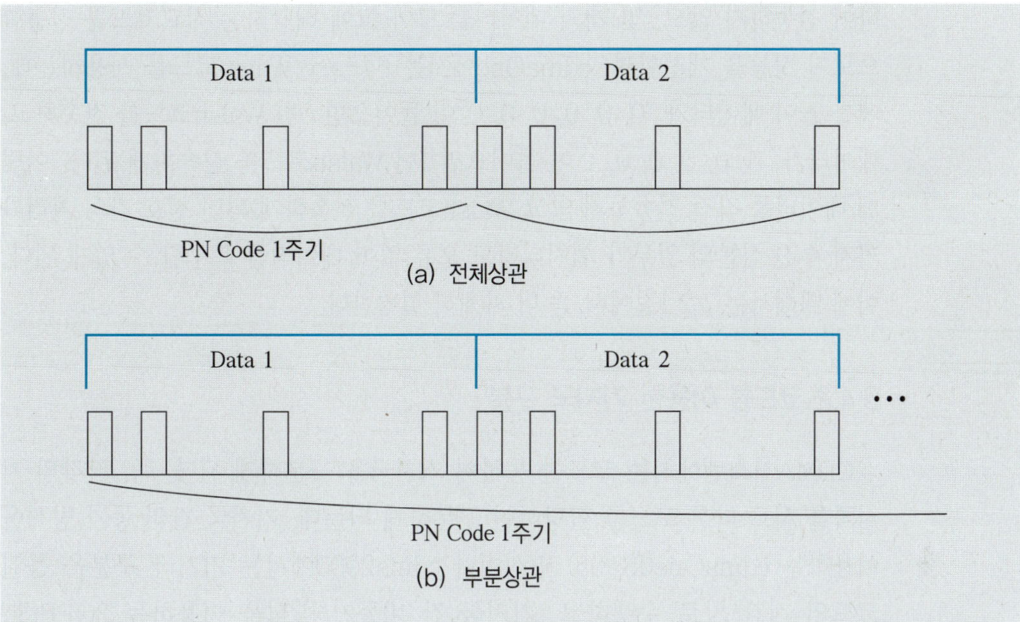

[그림 6-17] 전체상관과 부분상관

cdmaOne시스템에서는 Walsh코드와 같은 직교코드, 짧은 주기의 의사잡음코드와 긴 주기의 의사잡음코드의 세 가지 코드를 사용한다. 각 코드의 길이는 직교코드는 64-ary Walsh코드를 사용하고 짧은 주기 의사잡음코드는 2^{15}, 그리고 긴 주기 의사잡음코드는 2^{42}이 한 주기가 된다.

각각의 코드는 순방향과 역방향 링크에서 서로 다른 용도로 사용되는데, 기지국에서 이동단말기로의 순방향 링크에서는 짧은 주기 의사잡음코드는 기지국 혹은 섹터 구분용으로 사용되고 긴 주기 의사잡음코드는 주로 비화(encryption)에 사용된다. 순방향 링크에서는 여러 채널 간의 동기가 맞아 있으므로 직교코드로 각각의 채널을 구분하는데 사용한다. 이동단말기에서 기지국으로의 역방향 링크에서는 긴 주기 의사잡음코드는 채널 구분에 사용되고 짧은 주기 의사잡음코드는 quadric-phase 대역확산을 위하여 사용된다. 역방향 링크에서는 수신 시점에 채널 간의 동기가 설정되지 않으므로 직교코드로 구분할 경우 매우 심각한 간섭이 발생하기 때문에 긴 주기 의사잡음코드의 시간 위상을 서로 다르게 하여 채널을 구분한다. 역방향 링크에서 직교코드는 파형코딩(waveform coding)으로 성능 개선에 사용한다. 즉, 데이터를 그대로 대역확산하여 전송하지 않고, 몇 개의 데이터를 모아 그에 해당하는 직교코드를 전송함으로써 성능을 개선한다. cdmaOne에서는 64-ary Walsh코드를 사용하는데, 예를 들어 데이터가 '0, 0, 0, 0, 0, 0' 이 들어오면 0번 Walsh코드를 전송하고, 데이터가 '0, 0, 0, 0, 0, 1' 이 들어오면 1번 Walsh코드를 전송하게 된다. 이렇게 데이터를 직접 전송하지 않고 Walsh코드를 전송하게 되면 신호 간의 거리가 커져 수신 심볼의 일부가 깨지더라도 오류 없이 데이터를 복구할 수 있게 된다. 이에 대해서는 7.2.1절에서 좀 더 자세히 설명한다.

6.4.2 코드를 이용한 기지국 구분

CDMA시스템에서는 코드를 통하여 기지국을 구분하게 된다. 즉, 각각의 기지국을 서로 다른 코드를 할당하여 구분하게 되는데, 기지국 간의 동기 방식을 이용하는 cdmaOne(IS-95) 방식이나 cdma2000에서는 기지국 구분을 동일 코드의 시간 차로 수행하고, 기지국 간 비동기 방식을 이용하는 3GPP(3rd Generation Partnership Project)의 WCDMA 방식에서는 서로 다른 코드를 이용하게 된다.

여기서 기지국 간 동기 방식이란 모든 기지국이 GPS(Global Positioning System)를 이용하여 수~수십μ초 이내의 매우 정확한 동기를 설정하여 운영되는 방식이다. GPS를 이용하는 이유는 동기를 위하여 기지국들을 직접 연결한다고 하더라도 동기 신호 전송에 걸리는 시간 지연이나 신호를 처리하는 데 걸리는 시간이 수십μ초에서 수m초 수준의 부정확성이 발생하기 때문에 사용할 수 없고, GPS를 이용하게 되면 4개의 위성에서 받은 신호를 서로 분석하여 거

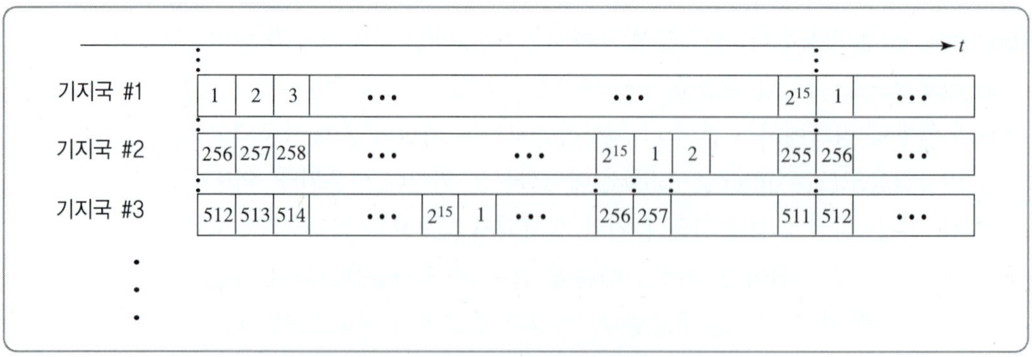

[그림 6-18] 기지국 간 동기 방식에서의 기지국 구분

리나 시간에 대한 오차를 줄여감으로써 매우 정확한 동기를 설정할 수 있기 때문이다. 기지국 간 비동기 방식이란 기지국 간의 정확한 동기 없이 운영하는 방식으로 별도의 GPS 장비를 필요로 하지 않는다.

기지국 간 동기 방식을 이용하는 cdmaOne 방식에서 기지국 구분을 살펴보자. cdmaOne 방식에서는 [그림 6-18]과 같이 32768칩(=2^{15}) 주기의 의사잡음코드의 시간 차로 기지국을 구분한다.

각각의 기지국은 동일 의사잡음코드를 사용하되, 서로 다른 시간 차를 가지고 발생시킨다. IS-95표준에서는 기지국 간 시간차를 64칩으로 정의하고 있으나, 보통 기지국 간 256칩의 시간 차를 두어 구분하고 있다. [그림 6-18]에서 기지국 #1이 첫 번째 칩부터 코드를 발생시킬 때, 기지국 #2는 256번째 코드를 생성하고 기지국 #3은 512번째 코드를 생성하고 있다. 이와 같이 동일 코드의 시간 차로 기지국을 구분하기 때문에 매우 정확한 시간동기를 필요로 한다. IS-95의 칩 발생률은 1.2288Mcps이므로 64칩에 해당하는 시간은 약 52μ초(=$64/(1.2288 \times 10^6)$)이고 셀 경계까지의 전파 지연 시간을 고려한다면 수~수십μ초 이내의 동기가 필요시된다. 기지국 간 동기 방식에서는 기지국을 찾기 위해서 오직 하나의 코드만을 탐색하면 되므로 초기 동기가 쉽다는 장점이 있다.

W-CDMA와 같이 기지국 간 비동기 방식에서는 기지국 간 동기가 설정되어 있지 않으므로 동일 코드의 시간 차를 이용하여 기지국을 구분할 수는 없고, 각각의 기지국은 서로 다른 코드를 발생시켜 구분하게 된다. 셀플랜(cell plan)을 쉽게 하기 위해서는 많은 수의 코드를 필요로 하게 되고 이를 만족시키기 위하여 골드코드를 기지국 구분용 코드로 사용하게 된다. 그러나 코드의 개수가 많다는 것은 이동국이 초기동기를 위하여 그만큼 많은 코드를 검색하여야 하기 때문에 많은 계산량을 필요로 한다는 단점이 있다. 초기동기의 부담을 줄이기 위해 코드 수를 줄이게 되면 같은 코드를 여러 번 반복해서 사용할 수밖에 없고, 그렇게 되면 동일 코드를 사용하는 기지국이 서로 전파간섭을 일으키지 않도록 세심한 셀플랜을 필요로 하게 되어 셀플랜이 간단하다는 CDMA 방식의 장점을 잃어 버리게 된다. 따라서 많은 수의 코드를 발생시키고 다소 복잡한 3단계에 걸친 초기동기를 수행하고 있다. W-CDMA 방식에서의 셀 탐색 방식은 다음 장에서 설명한다.

6.4.3 의사잡음코드 동기

CDMA 방식의 가장 어려운 문제 중의 하나는 수신 코드와 동기를 설정하는 것이다. 대역확산을 위하여 데이터보다 훨씬 빠른 칩률을 갖는 의사잡음코드와의 동기는 두 가지 단계를 거쳐 이루어지는데, 첫 번째 단계는 ±1칩 이내 혹은 ±1/2칩 이내의 동기를 설정하는 초기동기(acquisition) 과정과 초기동기를 통하여 얻은 동기 시점을 기준으로 보다 정확한 동기를 얻어내는 동기추적(tracking) 과정을 통하여 이루어진다.

6.4.3.1 초기동기 방식

초기동기 과정은 수신기 구조나 탐색 방식에 따라 여러 가지 방법으로 구현될 수 있다. 우선수신 신호의 반송파 위상성분을 알고 검색하는 코히어런트 방식과 수신 신호의 반송파 위상성분을 따로 추출하지 않아 모르는 상황에서 검출하는 논코히어런트 방식으로 구분할 수 있다. CDMA시스템 초기동기에서는 논코히어런트 방식이 많이 사용되는데, 그 이유는 초기동기 과정은 아직 대역확산된 신호를 역확산하기 이전에 이루어지기 때문에 충분한 신호 에너지가 모아지지 않은 상황이므로 위상추출이 어렵기 때문이다.

두 번째로는 능동형(active)과 수동형(passive) 초기동기 방식으로 구분할 수 있다. 능동형 초기동기 방식은 코릴레이터로 구현되고, 수동형 초기동기 방식은 정합필터로 구현된다. 코릴레이터를 이용한 초기동기 방식에서는 수신신호와 수신기에서 코드를 발생시켜 곱한 후 적분하기 때문에 능동형이라 하고 반면 정합필터를 이용하는 경우는 수신기에서 코드를 계속적으로 발생시키지 않기 때문에 수동형이라 부른다. [그림 6-19]에 능동형 초기동기 수신기를 나타내

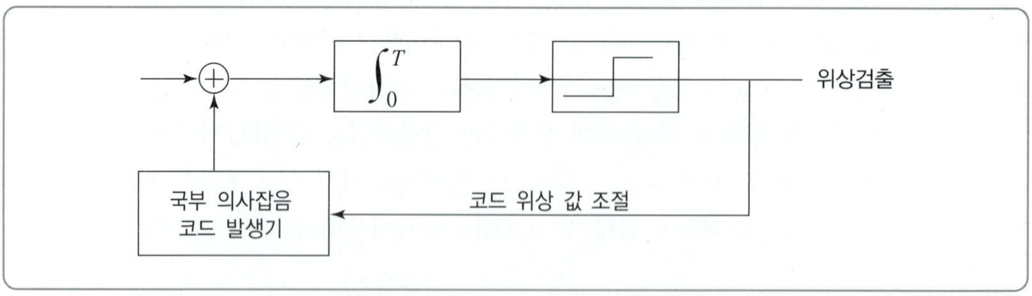

[그림 6-19] 능동형 초기동기 수신기 구조

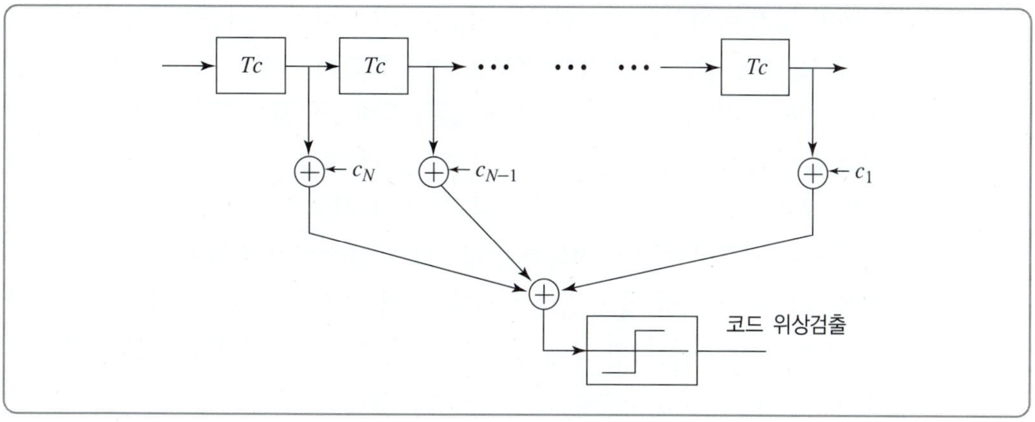

[그림 6-20] 수동형 초기동기 수신기 구조

었다.

수신된 신호와 수신기에서 발생시킨 코드를 곱하여 적분한 후 그 값이 일정 수준을 넘지 못하면 초기동기가 이루어지지 않은 것으로 판단하여 수신기에서 다른 시점(위상)의 코드를 발생시켜 다시 검색하고, 이 값이 일정 수준을 넘으면 초기동기가 이루어졌다고 판단한다. [그림 6-20]에 수동형 초기동기 수신기를 나타내었다.

[그림 6-20]에서 c_1, c_2, ⋯, c_N은 탐색하고자 하는 코드의 칩들로, 신호가 수신되면 한 칩 단위로 천이레지스터에 입력되고 그 결과가 수신기 레퍼런스 코드신호와 곱해지게 된다. 적어도 한 주기 이내에는 해당 신호가 들어오기 때문에 빠른 초기동기를 이룰 수 있다는 장점이 있으나, 구현이 복잡하다는 단점이 있다.

구현상의 이유로 주로 능동형 초기동기 방식을 사용하기 때문에 능동형 초기동기 방식에 대하여 좀 더 자세히 알아본다. [그림 6-19]에서 수신신호와 국부의사잡음코드(local PN code)를 곱한 후 적분할 때, 적분 구간을 고정으로 하는지 혹은 복수 개의 적분 구간을 사용하는지에 따라 단일적분시간(single dwell time) 탐색 방식과 다중적분시간(multiple dwell time) 탐색 방식으로 구분할 수 있다. 단일 적분시간 탐색 방식에서는 수신신호와 국부 시간의 곱을 항상 일정한 시간 구간만큼 적분해서 그 결과를 문턱전압과 비교하는 방식이다. 그러나 이러한 방식을 사용하면, 일정 시간만큼의 데이터를 모아서 적분한 후에 한 번 판정을 수행하게 되므로 동기가 맞을 때까지 여러 번 반복 수행하게 되면 동기까지 걸리는 시간이 길어진다는 단점이 있다. 따라서 다중적분시간 탐색 방식에서는 우선 짧은 시간 동안 적분을 하여 그 값이 일정한 크기를 넘는지를 먼저 확인하다. 만약 동기가 서로 맞지 않은 상태라면 짧은 구간 동안 적분한 결과의 값이 크지 않아 다른 시점의 코드와 동기설정을 시도하게 된다. 짧은 구간 동안 적분한 결과의 값이 일정 수준을 넘을 때 바로 동기가 설정되었다고 선언하기에는 그 값이 충분히 정확하지 않으므로, 동일한 시점의 데이터로 적분 구간을 늘려서 다시 한 번 판정하게 된다. 이때 적분 구간을 늘려서 수행한 결과도 일정 수준을 넘는다면 그때 동기가 이루어졌다고 선언하고, 적분 구간을 늘렸을 때의 값이 일정 수준을 넘지 못한다면 동기는 설정되지 않은 것으로 판단하고 다음 시점을 탐색하게 된다. 물론 새로운 탐색을 시작할 때에는 다시 짧은 구간의 동기 탐색부터 수행한다.

초기동기 방식의 또 다른 분류 방법으로는 탐색 방식에 따라 직렬탐색, 병렬탐색, 하이브리드탐색 방식으로 나눌 수 있다. 직렬탐색 방식에서는 하나의 코릴레이터로 탐색을 수행하고 동기 설정에 실패하면 다음 시점의 코드로 다시 탐색을 수행하는 방식이고, 병렬탐색은 다수 개의 코릴레이터를 이용하게 되고 각각의 코릴레이터의 시점을 다르게 할당한 후 최대출력을 나타내는 시점을 동기로 설정하게 된다. 하이브리드탐색 방식은 직렬탐색과 병렬탐색을 합친 방식으로 전체 탐색 구간을 몇 개의 코릴레이터가 나누어 탐색하되 각각의 코릴레이터는 직렬탐색 방식으로 동기 과정을 취하게 된다.

[그림 6-21]에 직렬탐색 방식 과정을 나타내었다.

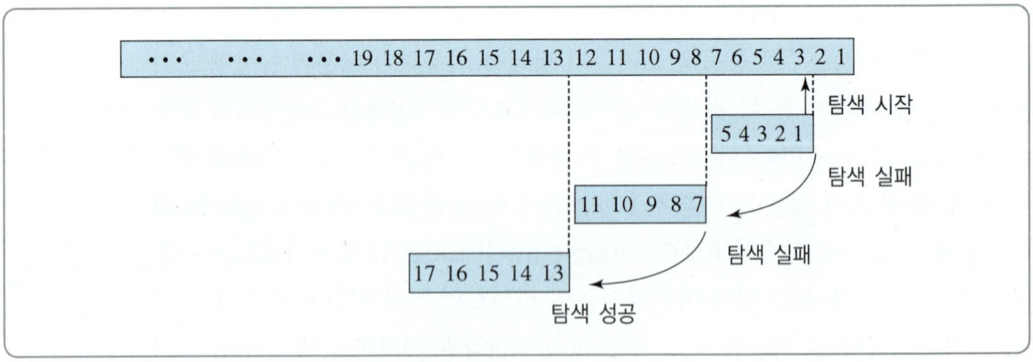

[그림 6-21] 직렬탐색 방식

[그림 6-21]에서 세 번째 칩이 수신된 시점에서 탐색을 시작한다고 하고, 적분기 적분시간은 5칩 주기라고 가정하자. 처음에는 첫 번째 칩부터 5번째 칩까지 발생시켜 동기 여부를 확인하지만 동기가 설정되어 있지 않으므로 동기 설정에 실패하게 된다. 이후 한 칩 시간 지연시켜 일곱 번째 칩부터 열한 번째 칩까지를 발생시켜 동기 확인을 하지만 아직 동기가 설정되지 않았으므로 그 값이 문턱 값을 넘지 못할 것이다. 또다시 한 칩 지연시켜 발생시키면 수신 코드와 국부 발생시킨 코드 간의 동기가 설정되고 코릴레이터 출력 값은 문턱 값을 초과하여 초기동기가 이루어졌음을 선언한다.

[그림 6-22]에 병렬탐색 방식 초기동기시스템 구조를 나타내었다.

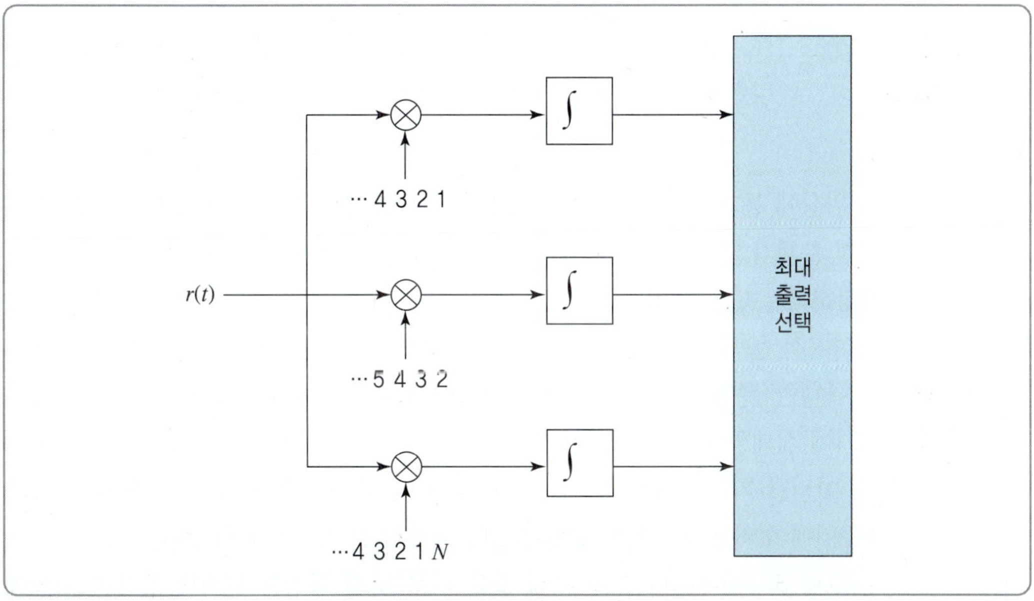

[그림 6-22] 병렬탐색 방식 초기동기시스템

병렬탐색 방식에서는 위의 그림에서와 같이 각각의 코릴레이터에서 발생시키는 국부 코드의 위상이 서로 다른 다수 개의 코릴레이터를 이용하여 동기를 설정하게 된다. 첫 번째 코릴레이터는 첫 번째 칩부터 발생시키고 있고, 두 번째 코릴레이터는 두 번째 칩부터 그리고 N번째 코릴레이터는 N번째 칩부터 발생시키고 있다. 이후 각각의 코릴레이터 출력을 비교하여 최대의 출력 값을 보여주

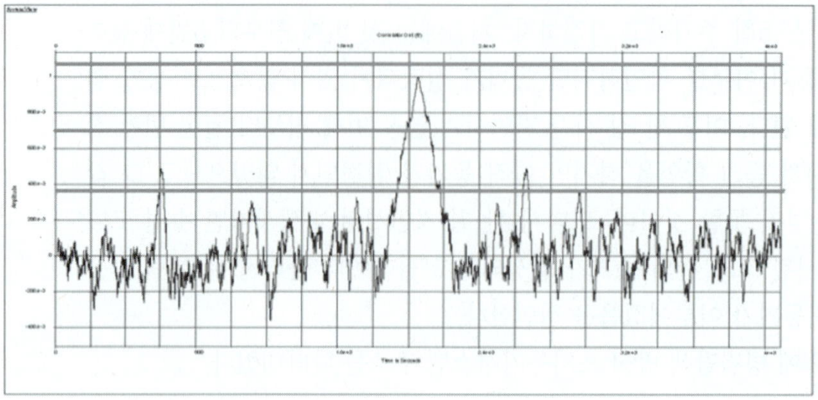

[그림 6-23] 초기동기를 위한 코릴레이터 출력과 문턱 값

는 위상에 동기를 설정하게 된다. 병렬탐색 방식은 동기 시점이 빠르고 문턱 값 설정 문제가 없다는 장점이 있지만 많은 수의 코릴레이터를 필요로 하여 구현이 복잡하다는 단점이 있다.

여기서 문턱 값 설정 문제라 함은 직렬탐색 방식 등에서는 코릴레이터 출력을 특정한 문턱 값과 비교하여 코릴레이터 출력이 문턱 값보다 작게 나타나면 동기에 실패한 것으로 간주하고 크게 나타나면 동기가 설정된 것으로 판단하는데, 이러한 기준이 되는 문턱 값을 얼마로 설정하는가에 관한 문제이다. [그림 6-23]에 초기동기를 위한 코릴레이터 출력의 한 예를 나타내었다.

[그림 6-23]에서와 같이 문턱 값을 너무 낮게 책정하게 되면 올바른 위상에 해당하는 주엽신호(main lobe)에 동기를 설정하지 못하고 부엽신호(side lobe)에 동기를 설정할 수 있어 오보(false alarm)가 발생할 수 있다. 이러한 오보를 줄이기 위하여 문턱 값을 높게 책정할 경우 [그림 6-23]에서와 같이 주엽신호도 검출하지 못하는 경우가 발생하기 때문에 문턱 값은 적절한 수준에서 결정되어야 한다. 문턱 값 결정에서 일반적으로 많이 사용되는 방식은 일정오보확률(CFAR; constant false alarm rate) 방식으로 오보확률이 10^{-3}과 같이 일정한 값을 가지도록 문턱 값을 설정하는 방식이다.

병렬탐색에서는 별도의 문턱 값을 설정하지 않고, 각각의 코릴레이터 출력

기지국 간 비동기 방식에서 코드동기

기지국 간 비동기 방식에서는 자신이 속한 기지국이 어떤 코드를 사용하고 있는지도 모르고 시간동기 정보도 가지고 있지 않다. 따라서 이동단말기는 기지국 구분을 위해 사용하고 있는 모든 코드를 탐색해야 하며, 또한 각각의 코드의 모든 시간 위상에 대하여 탐색하여야 한다. 이를 효율적으로 탐색하기 위하여 3단계 초기동기를 수행한다. 첫 번째 단계에서는 시간동기(slot synchronization)를 수행하는데, 모든 기지국이 공통의 짧은 코드(Synchronization Channel의 primary synchronization code)를 전송하고 있어 이동단말기는 정합필터를 이용하여 이 코드를 탐색함으로써 시간동기를 설정한다. 두 번째 단계에서는 프레임 동기 및 그룹 확인 과정인데, 첫째 단계에서 획득한 시간 정보를 바탕으로 이젠 어떤 코드가 전송되고 있는지 확인하여야 한다. 모든 코드를 탐색하기에는 시간이 걸리므로 SCH(Synchronization Channel)의 secondary synchronization code를 탐색하면 자신의 기지국이 속한 그룹을 알 수 있게 되며, 아울러 secondary synchronization code의 순서를 확인하면 프레임 동기까지도 설정할 수 있다. 마지막 3단계에서는 1단계에서 획득한 시간 정보와 2단계에서 확인한 그룹 정보를 이용하여 그룹 내에 속하는 코드들을 탐색함으로써 전체동기를 설정한다.

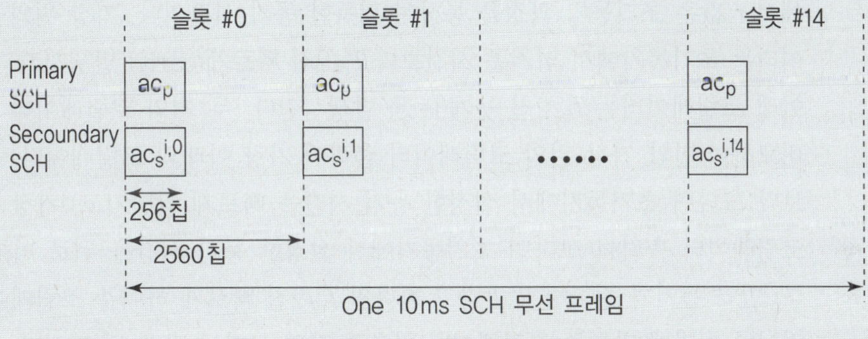

[그림 6-24] 3GPP 동기채널 구조

값 중 최대출력을 나타내는 위상에 동기를 설정하므로 이러한 문턱 값 설정에 따른 문제를 피할 수 있다.

6.4.3.2 동기추적(Tracking) 방식

초기동기에서는 ±1칩 이내 혹은 ±1/2칩 이내의 동기를 설정하고, 보다 정확한 동기는 동기추적 과정을 통해서 이룬다. 일반적으로 가장 널리 알려진 동기추적 방식은 [그림 6-25]에 나타낸 Early-late추적기이다.

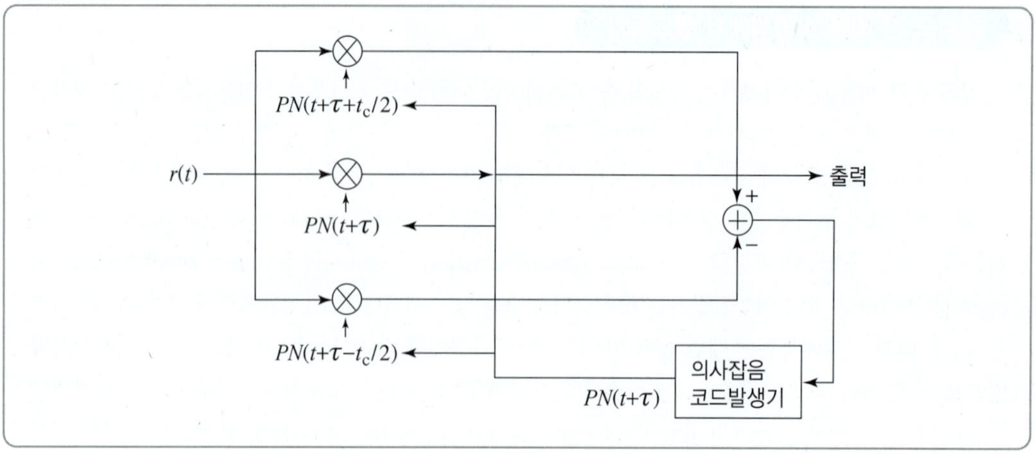

[그림 6-25] Early-late 방식에 의한 동기추적

동기추적기는 세 개의 코릴레이터로 구성되는데, 국부 의사잡음코드 발생기에서 τ 값은 초기동기 과정을 통하여 획득한 동기 시간이다. 가장 위의 코릴레이터는 초기동기에서 넘겨준 시간보다 $T_c/2$칩 빠르게(early) 발생시키고, 가장 아래 코릴레이터는 $T_c/2$칩 늦게(late) 발생시킨다. 두 개의 코릴레이터 출력을 비교하여 만약 가장 위의 코릴레이터 출력이 가장 아래의 코릴레이터 출력 값보다 크다면 초기동기에서 설정한 동기 시간을 빠르게 앞당기고, 가장 아래의 코릴레이터 출력이 크다면 초기동기에서 설정한 동기 시간을 뒤로 미루게 된다. 만약 동기가 정확히 맞았다고 한다면 $T_c/2$칩 빠르게 하여준 코릴레이터 출력이나 느리게 맞춰준 코릴레이터의 출력 값의 크기는 같게 될 것이다. 따라서 $T_c/2$칩 빠른 코릴레이터 출력과 늦은 코릴레이터 출력의 값이 같도록 τ 값을 계속 조절해 나감으로써 동기추적을 수행하게 되고, 가운데 코릴레이터의 출력으로 복조를 수행하게 된다.

이 밖에도 Tau-Dither 동기추적 방식이 있는데, 이것은 Early-late 동기추적 방식과 그 작용은 비슷하다. 즉, 코릴레이터 하나로 한 번은 $T_c/2$칩 빠르게(early) 발생시켜 그 결과를 기록하고, 다음 번에는 동일한 코릴레이터를 $T_c/2$칩 늦게(late) 발생시켜 그 결과를 이전에 기록해 두었던 결과와 비교하여 τ 값을 계속 조절해 나가는 방식이다.

6.5 다이버시티 기술

무선 혹은 이동통신이 유선통신에 비하여 어려운 점은 통신채널이 계속적으로 변화한다는 점이다. 이러한 현상은 여러 개의 다중경로가 합쳐지면서 시간에 따라 서로 비슷한 극성의 신호들이 결합된다면 신호의 크기는 커지기도 하고, 서로 다른 극성의 신호들이 합쳐지게 되면 서로 상쇄되어 신호의 크기는 작아지게 되기 때문이다. 이러한 페이딩 현상을 극복하기 위한 것이 다이버시티 기술인데, 다수 개의 신호들이 다이버시티를 통하여 서로 독립적으로 수신된다면 일부 경로의 신호가 낮게 수신되더라도 나머지 다른 수신신호는 큰 값을 갖게 되어 이들 신호의 적절한 결합으로 안정적인 송수신을 이루려는 것이다. 신호의 다양성을 얻는 방법에 있어 공간적으로 다른 곳에 위치한 안테나로 신호들을 수신하는 공간다이버시티, 서로 다른 주파수로 신호를 송수신하여 결합하는 주파수다이버시티, 서로 다른 시점의 신호를 결합하는 시간다이버시티, 서로 다른 극성의 신호를 송수신하는 극성다이버시티 등이 있다. 결국, 다이버시티란 신호에 다양성을 주고 서로 다른 특성을 가지고 수신되는 신호를 적절히 결합하려는 방식으로, 이동통신 환경에서 통신품질을 향상시킬 수 있는 가장 강력한 방식 중의 하나이다.

6.5.1 주파수다이버시티

동일 신호를 충분히 떨어진 서로 다른 주파수로 전송하고, 이들 신호를 수신하여 적절히 결합하는 방식으로 많이 사용되지는 않고 있다. 만약 두 신호가 같은 주파수 응답 특성을 보이는 코히어런스 주파수보다 멀리 떨어져 있다고 하면 두 신호의 수신 특성은 서로 독립적이라 할 수 있다. 그러나 코히어런스 대역폭이 일반적인 이동통신 채널환경에서 500kHz 이상이 된다는 것을 고려한다면 주파수다이버시티를 얻기 위해서는 매우 큰 대역을 요구하게 되어 잘 사용되지 않는다.

최근 들어 4세대 이동통신용으로 고려되고 있는 OFDM(Orthogonal Frequency Division Multiplexing) 기법을 이용한 MC-CDMA(Multi-Carrier CDMA) 방식을 주파수다이버시티 기법 중의 하나로 꼽을 수 있다.

MC-CDMA 방식에서는 동일 데이터를 서로 다른 여러 개의 부반송파(sub-carrier)에 실어 전송하고, 수신단에서는 이들 신호를 결합하여 복조함으로써 주파수다이버시티 효과를 얻는 기술들이 논의되고 있다.

6.5.2 시간다이버시티

시간다이버시티란 동일 신호를 서로 다른 시점에서 송신하고, 이들 신호를 수신한 후 적절히 결합하는 방식이다. 그러나 동일 신호를 반복해서 전송하여야 하고 두 신호 간의 독립성을 확보하기 위해서는 충분한 시간 간격을 두고 전송되어야 하므로 전송 시간 지연이 발생하여 잘 사용되지는 않는다.

그러나 CDMA시스템에서 사용하는 레이크수신기는 일종의 시간다이버시티를 얻기 위한 기술로 생각할 수 있고, 이러한 레이크 수신 방식은 CDMA 수신기에서는 필수적인 기술이라 할 수 있다. 레이크수신기는 다수 개의 분해 가능한 다중경로 신호 각각의 출력을 결합하여 복조하는 수신기를 말한다. CDMA 시스템에서는 TDMA나 FDMA와는 다르게 여러 개의 다중경로를 분해할 수 있고, 이들 경로들을 서로 결합하여 다이버시티 이득을 얻을 수 있다. 서로 다른 다중경로는 서로 다른 시점에 수신되기 때문에 시간다이버시티라고도 하고, 서로 다른 경로들을 결합함으로 경로다이버시티라고도 부른다. 여기서 CDMA시스템만이 서로 다른 경로를 분해할 수 있는 다중경로 분해능이 있다는 점에 대하여 좀 더 자세히 살펴보자.

이동통신 채널을 통하여 서로 다른 전파환경을 겪고 수신되는 다수 개의 신호들을 수신기에서 코릴레이터를 통하여 복조하게 될 때, CDMA시스템 이외의 방식에서는 한 데이터 주기만큼의 신호 구간에 대하여 코릴레이션을 취하게 된다. 다중경로 간의 수신 경로 차가 한 데이터 주기보다 작다고 가정한다면 이들 경로들은 서로 구분되지 못하고 하나의 경로로 인식된다. [그림 6-26]에 긴 주기의 데이터와 짧은 주기의 데이터가 수신될 때 코릴레이터 출력 신호를 비교하였다.

코릴레이터 출력은 $[-T, T]$ 구간에서 나타나게 되는데, T 값이 크다고 하면 그만큼 긴 구간 동안 코릴레이터 출력이 나타나게 되고, 주기 T 값이 적을수록 코릴레이터 출력은 날카롭게 나타나게 된다. 이 구간 내에 다른 경로 신호가 수신된다면 이들 경로는 구분하지 못하고 하나의 출력으로 나타나게 된다.

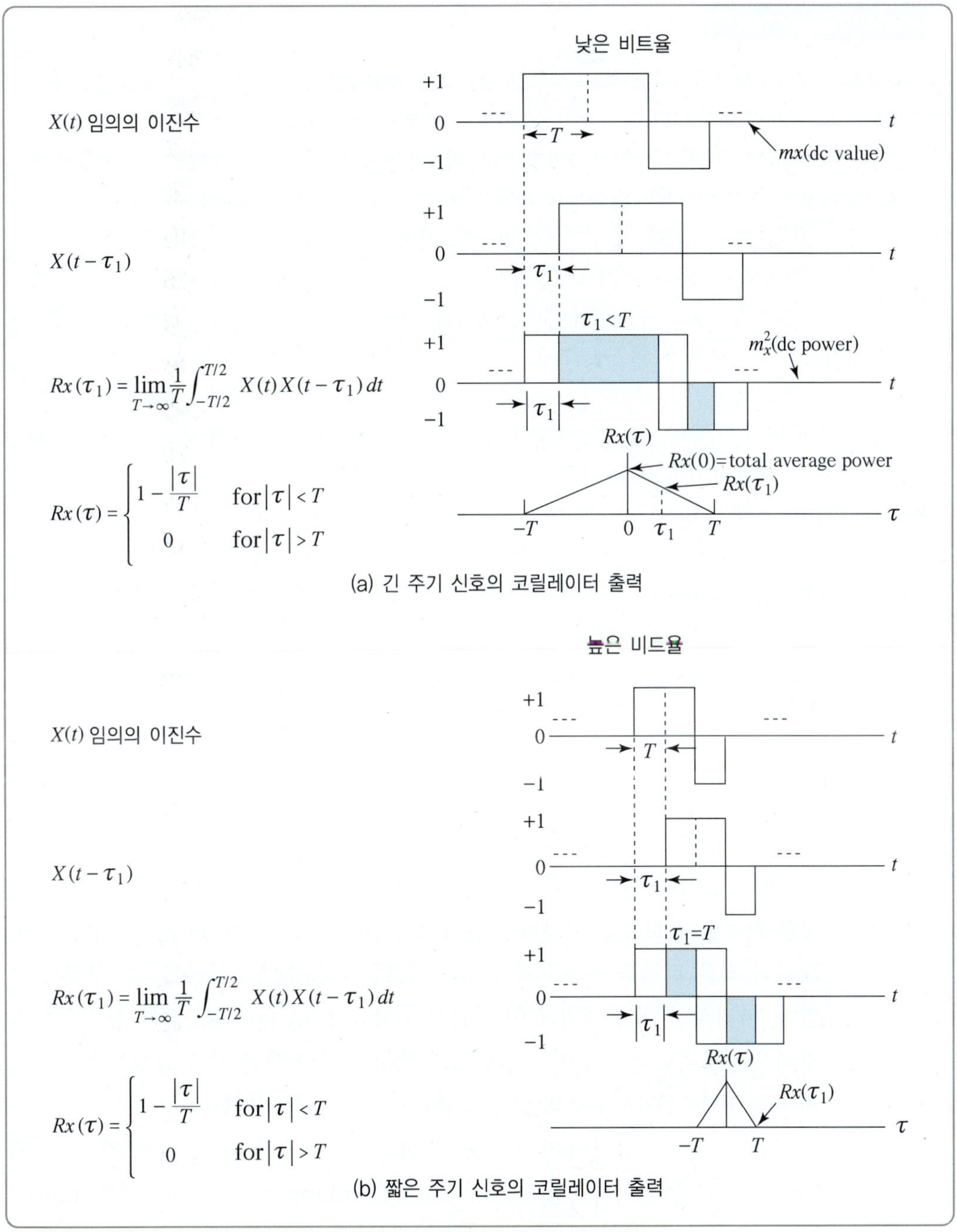

[그림 6-26] 긴 주기와 짧은 주기 신호의 코릴레이터 출력

탐색기(Searcher)

탐색기는 일종의 코릴레이터로 신호의 복조보다는 신호의 유무를 판단하기 위하여 국부 발진 코드의 시간 위상을 계속 변화시켜가면서 수신신호와의 코릴레이션 값을 출력하는 역할을 한다. 이동통신 채널에서는 수신되는 다중경로 성분의 크기 및 시간 위치가 계속적으로 변화하기 때문에 그 값들을 계속 추적할 필요가 있고, 탐색기는 일정 영역 내에서 각각의 시간 위상 값에 대하여 계속적인 코릴레이터 출력 값을 보고함으로써 레이크수신기에서 결합하고자 하는 경로를 선택할 수 있도록 해주며 지속적인 동기가 가능하도록 해준다. 여기서 일정영역(window size)을 지정한다는 것은 셀 반경을 고려하여 다중경로 신호가 들어오는 시간 영역 내에서 탐색을 수행하도록 탐색 구간을 지정한다는 것이다. 따라서 일정 영역 내에서 탐색기는 계속적으로 수신되는 신호의 크기를 보고하게 되고 그중 가장 큰 값들을 보이는 경로 성분들에 대하여 레이크 수신을 수행하게 된다. 탐색 도중 현재 결합되고 있는 경로보다 더 큰 신호 대 잡음 비를 보이는 경로가 발견되면 레이크수신기는 기존의 경로를 포기하고 새로 검색된 경로에 대한 레이크 수신을 수행하게 된다.

탐색기의 다른 역할 중의 하나는 뒤에서 설명하는 핸드오버를 위한 측정치를 제공하는 것이다. 기지국 간 동기시스템에서는 각각의 기지국을 시간 위상 차로 구분하기 때문에 탐색기는 현재 속한 기지국 코드의 일정 영역을 탐색하다가 주기적으로 주변 기지국의 코드 영역을 탐색한다. 주기적으로 주변 기지국의 코드를 탐색한 결과 어느 이상의 큰 값이 출력되면, 이동국이 새로운 기지국에 가까워진 것을 의미하므로 핸드오버 과정을 시작하게 된다.

CDMA시스템에서는 데이터보다 훨씬 빠른 코드를 곱하여 전송하게 되므로 코릴레이터 출력이 코드의 칩주기에 해당하는 $[-Tc, Tc]$ 구간 동안 나타나게 된다. 따라서 이 구간보다 더 지연되어 들어오는 경로들을 구분할 수 있고, 이들 구분 가능한 경로들을 적절히 결합하여 수신하는 것이 레이크수신기이다. 물론 Tc보다 적은 지연을 가지고 수신되는 신호들은 CDMA수신기에서도 구분할 수 없다. 따라서 실내 환경과 같이 시간지연 확산(delay spread) 값이 적은 채널환경에서 경로다이버시티 이득을 얻기 위해서는 보다 빠른 칩을 발생시켜야 하고 이는 광대역 CDMA 신호의 발생이 필요하다는 것을 의미한다.

시간 혹은 경로다이버시티는 레이크수신기 결합 방식에 따라 선택(selection), 동일이득결합(Equal Gain Combining), 최대비결합(Maximal Ratio Combining)의 세 가지 방식으로 구분할 수 있다. 선택다이버시티는 여러 개의 구분 가능한 경로 중 가장 큰 신호 대 잡음 비를 갖는 수신신호 하나를 선택하는 방식으로 세 가지 중 가장 간단하지만 이득은 상대적으로 가장 적다고 할 수 있다. 동일이득결합 방식은 결합하고자 하는 경로들에 어떠한 가중치를 두지 않고 수신신호들을 그대로 결합하는 방식이다. 만약 수신되는 경로가 (6, 3, 7, 10, 5, …)의 크기로 들어온다고 하고 이 중 세 개의 경로를 결합한다고 하면, 10의 크기를 갖는 네 번째 신호와 7, 6의 크기를 갖는 세 번째와 첫 번째 경로를 선택하고 이들 세 개의 경로를 별도의 가중치 없이 그대로 결합하여 복조하는 방식이 동일이득결합 방식이다. 최대비결합 방식에서는 큰 크기로 들어오는 신호는 적은 크기의 신호보다 훨씬 믿을 만한 정보를 가지고 있다고 할 수 있기 때문에 전력이 큰 경로는 큰 값의 가중치를 부여하고 전력이 작은 신호는 작은 값의 가중치를 부여하여 결합하게 된다. 수신기 수만큼의 경로를 선택하고 이들 신호를 결합할 때 그 신호의 크기를 곱하여 결합하는 방식이다. 위의 예에서는 10, 7, 6의 크기를 갖는 경로를 선택하고 이들 가중치로 각 경로의 크기 값과 같은 10, 7, 6의 값을 곱하여 더해주게 된다. 결국 최대비결합 방식은 각 수신신호를 제곱하여 더해주는 방식과 같은 효과를 나타내고 세 가지 방식 중 가장 우수한 성능을 나타낸다.

6.5.3 공간다이버시티

공간다이버시티는 공간적으로 신호파장의 1/2 크기 이상 떨어지도록 위치시킨 다수개의 수신안테나를 통하여 수신된 신호들을 결합하는 방식이다. 반파장 이상 떨어져서 수신되는 신호는 서로 다른 전파환경을 통하여 수신된다고 할 수 있기 때문에 각각의 안테나로 수신되는 신호는 서로 독립적이라고 할 수 있고, 이들 신호를 결합함으로써 다이버시티 이득을 획득하게 된다. 현 셀룰러시스템에서는 이동국에서 기지국으로의 역방향 링크에서 공간다이버시티를 적용하고 있어, 일반적으로 기지국에서는 두 개의 서로 떨어진 안테나로 수신되는 신호들을 결합하여 신호를 복구하고 있다. 기지국에서 이동국으로의 순방향 링크에서는 적은 단말기 내에 두 개의 안테나를 실장하기 어렵기 때문에 공간다이버시티는 적용하지 못하고 있다.

IMT-2000시스템에서는 순방향의 트래픽이 많기 때문에 순방향에서도 공간다이버시티 이득을 얻기 위한 송신다이버시티(Transmission Diversity) 기법이 도입되고 있다. 이들 방식에서는 수신기에 다수 개의 안테나를 장착하기 어렵기 때문에 송신할 때 여러 개의 안테나에서 신호를 전송하여 이동단말기에서 하나의 안테나로 수신하도록 하는 방식으로 자세한 내용은 8장에서 다룬다.

최근 들어 보다 높은 전송효율을 얻기 위한 MIMO(Multiple Input Multiple Output)시스템에 관한 연구가 활발히 진행 중인데, 이는 송신측에서도 여러 개의 안테나를 통해서 신호를 전송하고, 수신단에서도 여러 개의 안테나로 신호를 수신하여 결합함으로써 다이버시티 이득을 극대화하고자 하는 방식이다.

공간다이버시티는 미시적 다이버시티(microscopic diversity)와 거시적 다이버시티(Macroscopic diversity)가 있다. 미시적 다이버시티란 동일 기지국 내에 두 개 이상의 안테나로 신호를 수신하여 결합하는 경우로 위에서 설명한 역방향 링크 다이버시티가 여기에 속한다고 할 수 있다. 거시적 다이버시티는 두 개 이상의 기지국에서 동일 신호를 전송하고 이를 하나의 단말기에서 수신 결합하여 복조하는 기법을 말한다. [그림 6-27]에 거시적 다이버시티 개념을 나타내었다.

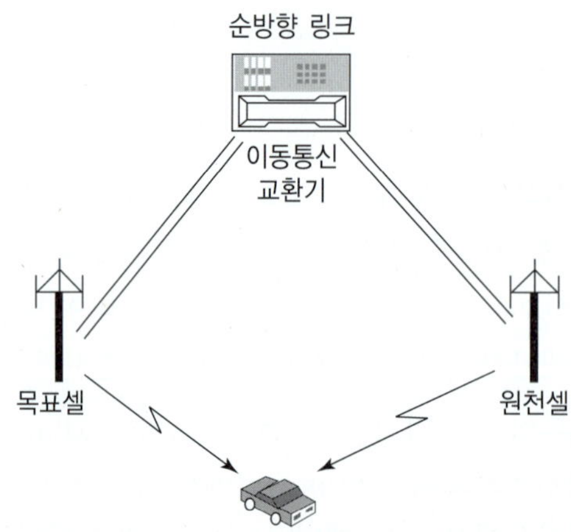

[그림 6-27] 거시적 다이버시티

그림에서와 같이 두 개 이상의 기지국이 관련되기 때문에 거시적 다이버시티라고 부르며, 이러한 거시적 다이버시티를 위해서는 두 개의 기지국에서 동일한 신호를 전송하여야 한다. FDMA나 TDMA에서는 각각의 기지국에서는 서로 다른 주파수를 사용하고 있으므로 단말기가 각각의 주파수에 해당하는 두 개 이상의 복조기를 장착하고 있어야만 이러한 거시적 다이버시티 구현이 가능하다. 따라서 일반적으로는 FDMA나 TDMA에서는 거시적 다이버시티 기능이 구현되고 있지 않다. CDMA 시스템에서는 각각의 기지국을 코드로 구분하고 동일한 주파수를 사용하기 때문에 거시적 다이버시티의 구현이 가능하고, 결국 이러한 거시적 다이버시티 기법은 CDMA의 소프트핸드오버(soft handover)에 해당한다.

CDMA 셀룰러시스템에서 다이버시티 수신은 레이크수신기를 통하여 행하여진다. 미시적 다이버시티에서는 서로 다른 안테나로 수신한 신호 중 가장 큰 값을 보이는 신호들을 레이크수신기를 통하여 결합하여 복조하게 되며, 거시적 다이버시티에서는 두 개 이상의 송신안테나로부터 전송된 신호를 하나의 단말기에서 수신하여 그중 신호의 세기가 큰 몇 개의 신호를 레이크수신기를 통하여 결합하여 복조하게 된다.

6.6 핸드오버

핸드오프(handoff) 혹은 핸드오버(handover)란 이동단말기가 이동함에 따라 현재의 기지국에서 이탈하여 다른 기지국으로 넘어갈 때 통화를 끊기지 않고 새로운 기지국으로 넘겨주는 기능을 말한다.

핸드오버는 핸드오버를 담당하는 주체에 따라서 NCHO(Network Controlled Handover), MCHO(Mobile Controlled Handover), MAHO(Mobile Assistant Handover) 방식으로 구분할 수 있다. NCHO에서는 핸드오버를 네트워크가 담당하는 방식으로 신호의 수신 세기를 기지국이 측정해서 이를 이동통신교환국에 보고하면 교환국이 수신신호 세기의 변화를 보고 핸드오버를 결정하게 된다. 즉, 이동단말기가 다른 기지국 쪽으로 이동하게 되면 기지국에서의 수신신호의 세기가 점점 작아지게 되고 이를 계속적으로 교환국에 보고하게 된다. 이 수신신호의 세기가 어느 값 이하로 떨어지게 되면 교환기는 핸드오버를 명령하게 된다. 이 과정에서 이동단말기는 핸드오버를 위한 별도의 작업은 행하지 않고, 전적으로 네트워크 쪽에서 신호를 수신하여 핸드오버를 결정한다. MCHO 방식에서는 수신신호의 세기를 이동단말기가 측정하고, 핸드오버의 결정도 이동단말기가 행한다. 이동단말기가 기지국에서 점점 멀어져 새로운 기지국으로 다가가게 되면 순방향 신호의 수신신호 크기가 점차로 작아지게 되고, 이 값이 어느 값 이하로 떨어지게 되면 이동단말기는 핸드오버를 수행하게 된다. 이러한 방식에서는 신호의 측정이나 핸드오버의 결정은 전적으로 이동단말기가 행하고 네트워크는 핸드오버를 위한 별도의 작업을 수행하지 않는다. 현재 CDMA 셀룰러시스템에서 사용하고 있는 MAHO 방식에서는 이동단말기가 수신신호의 세기를 측정하여 이를 기지국을 통하여 교환국에 보고하고, 교환국은 이들 값을 판단하여 핸드오버를 명령하게 된다. 이 과정에서는 네트워크가 핸드오버를 결정하지만 핸드오버를 위한 파라미터를 이동국이 측정하여 보고함으로써 이동국과 네트워크가 같이 결합하여 핸드오버를 수행하게 된다.

핸드오버를 통화채널 형성 순서에 따라 구분하면 FDMA나 TDMA 방식에서 사용하는 'Break before Make' 방식과 CDMA에서 사용하는 'Make before Break' 방식으로 나눌 수 있다. Break before Make 방식은 말 그대로 새로운 기지국과의 통화채널을 형성(make)하기 전에 현재의 기지국과의 통화를 끊어(break)주는 방식이다. 즉, 현재의 기지국과의 통화채널을 우선 끊고 나서 새로운 기지국과의 통화채널을 형성하는 방식이다. FDMA나 TDMA 방식에서는 각각의 기지국들이 서로 다른 주파수를 사용하고 있으므로 새로운 기지국에서는 현재의 신호를 전송하는 주파수와는 다른 주파수를 할당받아야 한다. 따라서 우선 현재의 통화채널을 끊고 새로운 기지국과의 통화채널을 형성하게 되어 하나의 통화를 완전히 끊고 새로운 통화로를 형성하기 때문에 하드 핸드오버(hard handover)라고 부르기도 하며, 이 과정에서 호 절단(call drop)이 발생할 수도 있다.

현재 CDMA 셀룰러시스템에서 사용하고 있는 방식이 'Make before Break' 방식인데, 이는 현재의 기지국과의 통화를 절단(break)하기 전에 새로운 기지국과의 통화를 형성(make)하는 방식이다. CDMA 방식에서는 각각의 기지국들이 서로 같은 주파수를 사용하고 있기 때문에 현재의 기지국과의 통화채널을 끊지 않더라도 새로운 기지국과의 통화채널을 형성할 수 있다. 따라서 현재의 기지국으로부터의 신호가 약해지면 새로운 기지국과 통화채널을 하나 더 형성하고, 이 두 기지국으로부터의 신호를 결합하기 때문에 6.6.3절에서 설명할 거시적 다이버시티가 이루어 지는 것이다. 이처럼 기존의 통화채널을 끊기 전에 새로운 기지국과의 통화를 연결하기 때문에 소프트핸드오버(soft handover)라고도 불리며, 통화의 끊김이 적어 CDMA 방식의 장점 중의 하나로 꼽을 수 있다. 소프트핸드오버에서는 현 기지국과의 통화 신호의 크기가 작아지면 새로운 기지국과 통화채널을 형성하여 거시적 다이버시티를 수행하다가 새로운 기지국과의 신호가 충분히 커지면 예전 기지국과의 통화채널을 끊어주게 된다.

섹터와 소프터핸드오버

소프트핸드오버는 한 기지국에서 다른 기지국으로 옮겨갈 때 발생하는 핸드오버를 말하고 소프터핸드오버는 동일 기지국 내에서 한 섹터에서 다른 섹터로 옮겨갈 때 발생하는 핸드오버를 말한다.

섹터란 하나의 셀(기지국)을 편향성 안테나를 이용하여 몇 개의 영역으로 나누어 놓은 것을 말하는데, [그림 6-28]에 통상적으로 많이 사용하는 3섹터 구조를 나타내었다.

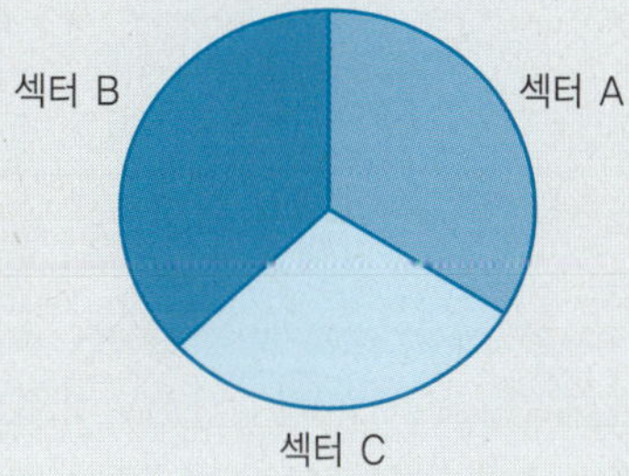

[그림 6-28] 3섹터 구조

하나의 셀을 섹터로 구분하지 않는다면 동일 셀 내의 모든 사용자 신호가 함께 수신되고 목표 통화를 제외한 모든 통화는 간섭으로 작용하게 된다. 그러나 편향성 안테나를 이용하여 하나의 셀을 세 개의 섹터로 권역을 구분하여 수신한다고 하면 자신이 속한 섹터 내의 다른 사용자 신호는 여전히 간섭으로 작용하지만 다른 섹터에 속해 있는 사용자 신호는 편향성 안테나를 통하여 제거되어 그 만큼 간섭량이 줄어들게 된다.

현재 셀룰러시스템에서는 3개 섹터 구조를 기본으로 하고 있으며, IMT-2000시스템에서는 6개 섹터 구조까지도 고려하고 있다. 이처럼 섹터 수가 증가할수록 간섭 영향이 줄어들게 된다.

이와 같은 섹터 구조 내에서 이동국이 섹터 간 이동을 한다면 이때 통화를 새로운 섹터로 넘겨주는 것이 소프터핸드오버이다.

현 CDMA 셀룰러 방식에서 사용하는 순방향 핸드오버 방식에 대하여 좀 더 자세히 살펴보자. 핸드오버를 위해서 이동국은 각각의 기지국을 활동집합

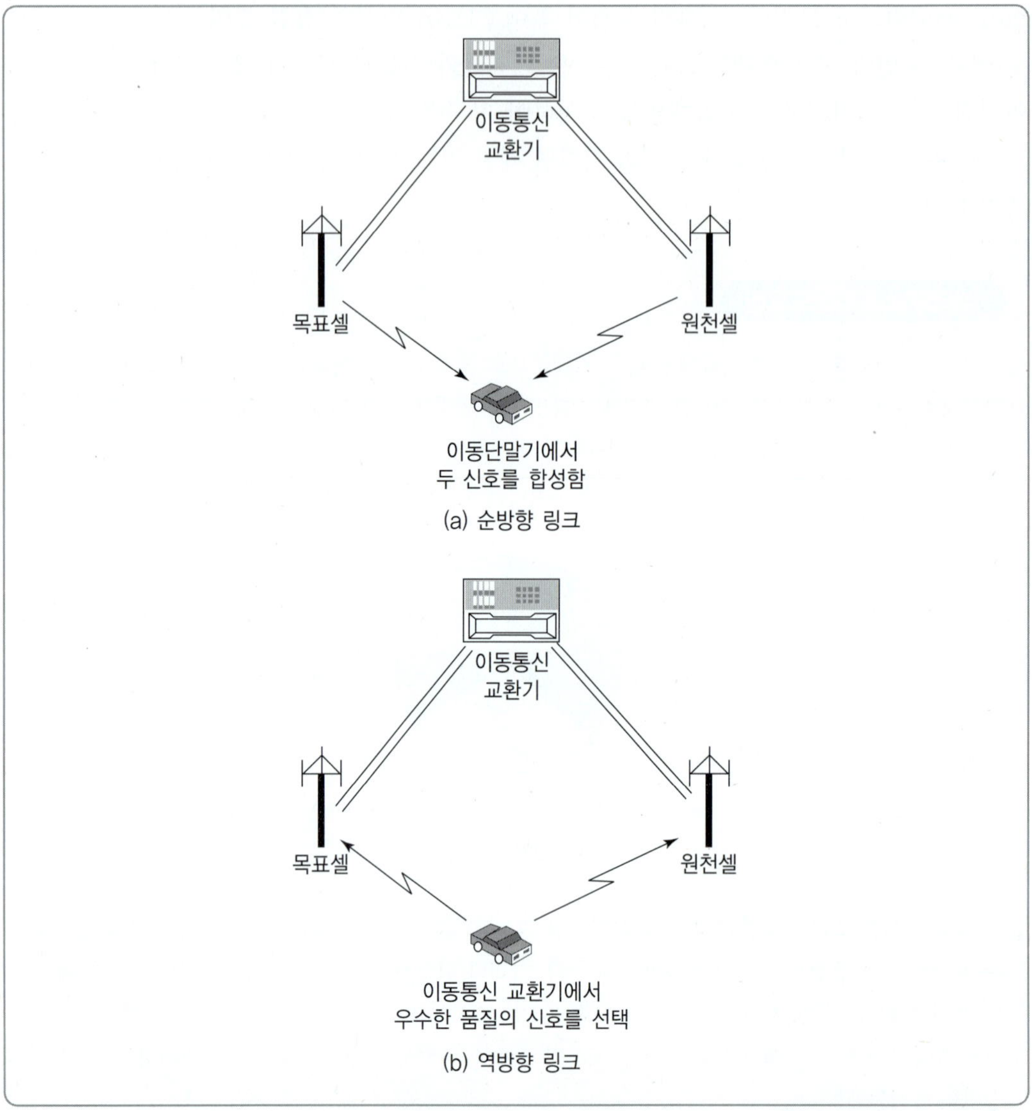

[그림 6-29] 핸드오버 과정

(active set), 후보집합(candidate set), 인접집합(neighbor set), 잔여집합(remaining set)의 4가지 집합으로 나누어 구분한다. 활동집합에는 실제 통화로를 형성하고 있는 기지국들이 포함되고, 후보집합에는 핸드오버 후보가 되기에 충분한 기지국들을 포함하고 있다. 인접집합에는 이동국이 현재 통화하고 있는 기지국에 인접해 있는 기지국들을 포함하고, 나머지는 잔여집합에 포함되

게 된다.

현재 기지국과 인접해 있는 기지국들은 인접집합에 속해 있고, 이 중 일부 기지국 신호가 핸드오버 하기에 충분한 크기를 보여주면 이는 후보집합에 등록된다. 이들 후보집합 내의 기지국 중 핸드오버 명령을 받은 기지국은 활동집합으로 등록되게 되고, 후보집합 내의 기지국 중 수신신호의 세기가 어느 일정 시간 동안 일정한 값보다 작게 나타나면 다시 인접집합으로 등록된다.

[그림 6-29]에서와 같이 이동국은 원천셀과 통화를 하고 있고 탐색기는 주변 기지국 코드의 수신신호를 측정하고 있다. 이동국이 목표셀로 다가감에 따라 탐색기가 목표셀의 출력이 크게 들어오는 것을 감지하게 되면 목표셀을 인접집합에서 후보집합으로 변경한다. 이동국이 원천셀로부터 핸드오버 명령을 받게 되면 후보집합에 있던 목표셀을 활동집합으로 옮기게 되고, 이때 이동국은 원천셀과 목표셀 두 기지국으로부터 동시에 신호를 수신하여 레이크 결합하여 신호를 복조하게 된다. 이동국이 점점 더 목표셀 쪽으로 이동하게 되면 원천셀로부터의 신호의 크기가 줄어들며, 일정 기간 이상 그 값이 어느 수준 이하로 떨어져 있는 것으로 나타나면 원천셀을 활동집합에서 제외시킴으로써 핸드오버를 완료하게 된다.

역방향 핸드오버에서는 하나의 이동국이 전송한 신호를 원천셀과 목표셀의 두 기지국에서 수신하게 된다. 순방향 핸드오버에서는 목표셀과 원천셀로부터의 무선신호를 레이크수신기를 통하여 결합하여 복조할 수 있지만, 기지국 이상부터는 유선으로 디지털신호 전송이 이루어지므로 각각의 기지국으로부터 수신되는 신호를 이동통신교환기에서 결합할 수 없게 된다. 따라서 역방향 핸드오버에서는 각각의 기지국으로부터 복조된 프레임을 전달받고 이 중 오류가 적은 프레임을 선택하는 방식을 취한다.

소프터핸드오버의 경우는 순방향 핸드오버에서는 양쪽의 섹터로부터 수신한 신호를 레이크 결합 수신하게 되고, 역방향에서도 하나의 셀 내의 서로 다른 안테나에서 신호를 수신하는 경우이므로 두 신호를 결합하여 복조한다.

6.7 전력제어

전력제어란 이동국들이 기지국으로부터 가까이 혹은 멀리 떨어져 분포하여 신호를 전송함으로써 발생하는 원근문제(near-far problem)를 해결하기 위한 기술이다. 만약 신호를 동일 전력으로 전송한다고 가정하면, 기지국에서 가까이 위치한 이동단말기에서 전송한 신호는 멀리 위치한 이동단말기에서 전송한 신호보다 훨씬 크게 수신되게 된다. 이때 가까이 위치한 단말기는 통화하는 데 아무런 문제가 없으나 멀리 위치한 단말기는 상대적으로 매우 큰 간섭을 겪게 된다. 따라서 전력제어란 각 이동단말기들의 송신전력을 조절하여 동일한 크기로 신호가 수신되도록 하는 기술이다.

만약 신호간의 직교성이 보장된다면 원근문제는 그다지 심각하지 않을 수 있다. 두 신호 $s_1(t)$와 $s_2(t)$가 직교한다고 하면, $\int_0^T s_1(t)\cdot s_2(t)\,dt=0$이다. 만약 $s_2(t)$의 신호가 100배 큰 신호로 수신된다고 하더라도 $\int_0^T s_1(t)\cdot 100s_2(t)\,dt=0$이기 때문에 간섭신호가 아무리 크다고 하더라도 두 신호가 직교한다고 가정하면 간섭신호가 미치는 영향은 '0' 이다. 따라서 신호 간의 직교성을 주파수와 시간으로 보장해주는 FDMA나 TDMA 방식에 비해서 CDMA시스템에서는 동일 시간, 동일 주파수상에 여러 신호가 중첩되어 있으므로 엄격한 전력제어가 필요하다. CDMA시스템 역방향에서는 신호 간의 직교성이 보장되지 않으며 각각의 신호는 다른 사용자 신호의 간섭원으로 작용하게 되고 전체 간섭량이 일정 수준을 넘어서면 통화가 불가능하게 되어 결국 이러한 간섭량이 시스템용량을 결정하게 된다. 만약 한 사용자의 신호가 100배로 수신된다면 이는 다른 100명의 사용자 간섭과 비슷한 효과를 초래하게 되므로 엄격한 전력제어가 필요하다.

CDMA시스템 전력제어는 역방향 전력제어와 순방향 전력제어가 있다.

6.7.1 역방향 링크 전력제어

역방향 전력제어는 개방루프(open loop) 전력제어와 폐루프(closed loop) 전력제어로 나눌 수 있고, 폐루프 전력제어는 내부루프(inner loop)와 외부루프

(outer loop) 전력제어로 구현된다.

개방루프 전력제어란 이동단말기와 기지국 사이에 서로 신호를 주고받으며 제어를 하는 루프를 형성하지 않고 주로 이동단말기에 의해 송신전력을 조절하는 방식이다. 개방루프 전력제어는 초기 송신전력을 결정하기 위한 방식으로 기지국과 이동단말기 간의 경로손실을 보상해준다. 이동단말기는 기지국으로부터 얼마만큼 떨어져서 위치하는지 알 수 없다. 일반적으로 경로손실은 이동단말기와 기지국 간의 거리의 3~6제곱에 비례하기 때문에 이로 인해 발생하는 경로손실을 보상하여 신호를 전송하여야 한다. 만약 이동단말기가 기지국으로 수신하는 신호의 크기가 크다고 하면 가까이 위치하였다고 생각할 수 있으므로 이동단말기의 송신전력은 낮게 책정하여야 하고, 수신신호 크기가 작다고 한다면 송신전력을 높게 책정하여야 한다. 따라서 초기 송신전력은 수신전력에 반비례하도록 책정한다. 식 (6-9)에 개방루프 전력제어에 의한 송신전력 값을 나타내었다.

$$P_t(\mathrm{dB}) = -P_r - 73 + \mathrm{NOM\_PWR} + \mathrm{INIT\_PWR} + \text{접근탐색 보정 값} \qquad (6\text{-}9)$$

여기서 P_t와 P_r는 dB 단위의 송신 및 수신 전력을 나타내고, -73은 실제 측정에 의한 보정 값으로 1.7GHz 대역의 PCS는 800MHz 셀룰러시스템보다 거리에 따른 전파감쇄가 더 크기 때문에 -76의 값을 사용한다. NOM_PWR와 INIT_PWR는 기지국의 실효 방사전력과 인접 기지국의 간섭량을 모르고, 또 셀 반경이 모두 다르기 때문에 초기 값의 미세한 설정을 위하여 기지국이 파라미터로 통보해 주는 값이다.

FDD시스템에서는 순방향과 역방향 링크의 주파수가 다르므로 송신신호가 겪는 전파환경이 수신신호가 겪는 전파환경과 다를 수 있다. 따라서 수신신호의 크기만으로 송신신호의 전송전력을 결정하는 것은 정확하지 않기 때문에 접근탐색 보정(Access probe)을 수행하게 된다.

식 (6-9)에서 접근탐색 보정치를 제외한 나머지 값으로 초기 송신전력 값을 결정하여 신호를 송신한다. 이 신호가 제대로 수신되어 그에 대한 기지국으로부터 응답을 받는다면 개방루프 전력제어는 종료되고 그 값이 이동단말기 송신전력의 기준 값이 된다. 그러나 만약 전송한 신호가 제대로 전달되지 못하여 응답을 받지 못하게 되면 일정 양만큼의 전력을 증가시키고 랜덤한 시간 간격 후

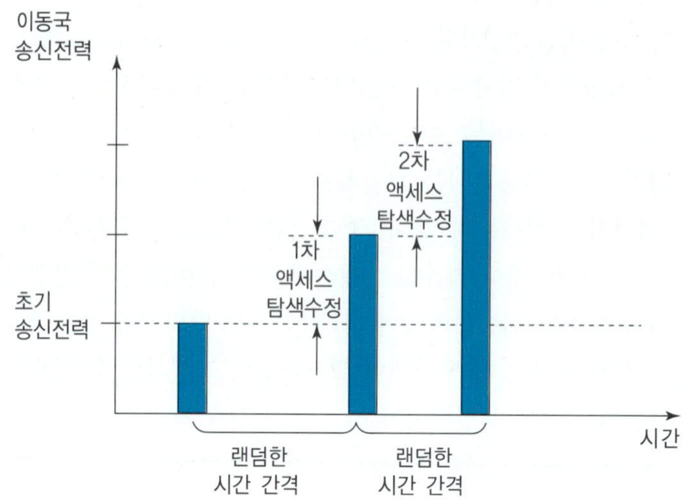

[그림 6-30] 접근 탐색 보정

에 다시 신호를 전송하게 된다. 이때 전력증분 값(PWR_STEP)은 기지국마다 관장하는 셀 크기나 환경이 다르므로 기지국이 파라미터로 통보하여 준다. 1차 증가 이후에도 응답을 받지 못하면 또 다시 랜덤한 시간 간격만큼 기다렸다가 다시 전력을 증가시켜 신호를 전송하고, 만약 이에 대한 응답을 받았다고 한다면 이때의 전력 값이 이동단말기의 송신전력 기준 값으로 책정되고 개방루프 전력제어를 종료하게 된다. 여기서 전력을 증가시켜 재전송할 때, 일정 시간 후에 다시 전송하는 것이 아니라 랜덤한 시간만큼 기다린 후 전송하는 이유는 만약 두 개의 이동단말기가 동시에 기지국에 접근(access)을 시도하였다고 가정하면 송신신호는 적절하였지만 다른 신호의 간섭에 의하여 응답을 받지 못하게 된다. 만약 정해진 시간 후에 다시 접근을 시도하게 되면 두 개의 단말기 모두 같은 양만큼 전력을 증가시키게 되어 신호의 전력은 증가하였지만 간섭도 마찬가지로 증가하였기 때문에 마찬가지로 응답을 받지 못하게 된다. 계속해서 동일한 시간만큼 기다렸다 전송하게 되면 계속적인 충돌로 인하여 전력만 증가시키는 결과가 초래할 뿐이다. 따라서 이동단말기마다 랜덤한 시간 후에 신호를 전송하게 하여 이러한 충돌 현상을 피하게 하였다.

폐루프 전력제어는 기지국과 이동단말기가 연동하여 전력제어를 수행한다.

개방루프와 같이 이동단말기가 별도의 제어 과정을 수행하는 것이 아니고, 전력제어를 위한 신호의 측정과 전력제어 명령은 기지국이 만들어서 송신하게 되고, 이동단말기는 이 명령을 수신하여 거기에 따른 전력을 조절하고 이를 또 기지국이 받아서 이에 대한 명령어를 송신하는 식의 폐루프를 형성하여 전력제어를 수행한다. 폐루프 전력제어는 내부루프와 외부루프 전력제어로 구성되는데, 내부루프와 외부루프라 함은 기지국 수신 과정의 앞부분에서 전력제어를 위한 신호를 추출하여 전력제어 명령어를 생성하든지 혹은 뒷부분까지 진행하여 명령어가 생성되는지에 따라 전자는 내부루프, 후자는 외부루프 전력제어라 부른다.

내부루프 전력제어는 기지국에 수신되는 신호의 E_b/N_o의 값을 측정하여 이 값이 목표 값(target E_b/N_o)보다 작으면 송신전력을 높이라는 명령어를 송신하고, 측정 값이 목표 값보다 크면 송신전력을 줄이라는 명령어를 생성하여 송신하게 된다. 이동단말기에서는 이러한 전력제어 명령비트를 수신하여 송신신호를 1dB 높여 혹은 낮춰 신호를 전송하게 된다. 이러한 내부루프 전력제어는 1초에 800번 수행하여 1.25ms마다 한 번씩 송신신호를 조절하게 된다. 이러한 폐루프 전력제어를 통하여 Rayleigh 페이딩과 같은 채널의 빠른 변화를 보상하게 된다. 전력제어를 위한 수신신호 품질은 BER(bit error rate)나 FER(frame error rate)을 이용하는 것이 E_b/N_o를 이용하는 것보다 더 정확하다고 할 수 있다. 그러나 BER 등의 오류 확률을 이용하려면 채널 코딩의 디코더 출력을 이용하여야 하고, 이동통신 채널환경에서는 채널 부호화 효과를 얻으려고 반드시 인터리빙을 사용하고 있다(7.1절 참조). 따라서 수신단에서는 디인터리빙 과정을 거쳐야 하고 이를 위해서는 IS-95시스템에서는 20ms에 해당하는 인터리빙 크기만큼의 시간 지연이 요구된다. 폐루프 전력제어는 빠른 페이딩 현상을 극복하기 위한 것이기 때문에 이러한 시간 지연이 발생하게 되면 채널환경 변화에 적절히 대처하지 못하고 이미 지나간 환경에 대하여 전력을 조절하는 것과 같이 된다. 따라서 내부루프 전력제어는 기지국 수신 과정의 앞 단 과정에서 E_b/N_o를 측정하고 이에 대한 명령어를 생성하여 이동단말기에 전달하게 된다.

외부루프 전력제어는 기지국 수신기의 FER 값을 바탕으로 전력제어를 수행한다. 내부루프 전력제어가 수신신호의 크기를 목표 값과 비교하여 전력제어를 수행하는데, 외부루프 전력제어는 이러한 목표 값을 조절해주는 역할을 한다. 내부루프 전력제어가 빠른 short-term 페이딩을 극복한다고 하지만, 수신신호는 이러한 short-term 페이딩 이외에 그 평균 값이 변하는 long-term 페이딩을 포함하고 있다. short-term 페이딩은 빠른 속도로 수신신호의 크기가 커졌다 작아졌다를 반복하지만 그 평균 값은 일정하다고 할 수 있다. long-tem 페이딩은 이 평균 값 자체가 천천히 변화하는 것으로 일반적으로 log-normal 분포를 갖는 것으로 알려져 있다. log-normal 분포는 수신신호를 dB 값으로 나타내었을 때, 이 값들이 정규분포(normal distribution)을 갖는다는 것을 의미한다. 이러한 long-term 페이딩의 효과나 기타 채널환경의 변화 등으로 인하여 내부루프 전력제어의 목표 값을 변화시킬 필요가 발생하게 된다. 만약 내부루프 전력제어의 목표 값이 너무 낮게 책정되어 있다면 내부루프 전력제어가 제대로 수행된다고 하더라도 데이터 수신이 제대로 되지 않아 FER 값이 높아질 것이고, 그 반대로 목표 값이 높게 책정되었다면 필요 이상의 전력들을 송신하는 결과를 초래하게 된다. [그림 6-31]은 내부루프와 외부루프 전력제어 과정을 나타내었다.

내부루프 전력제어는 앞서 설명한 바와 같이 수신신호의 E_b/N_o를 목표 값과 비교하여 전력제어 명령어를 생성하고, 이후 채널 코딩 디코더 출력에서 FER

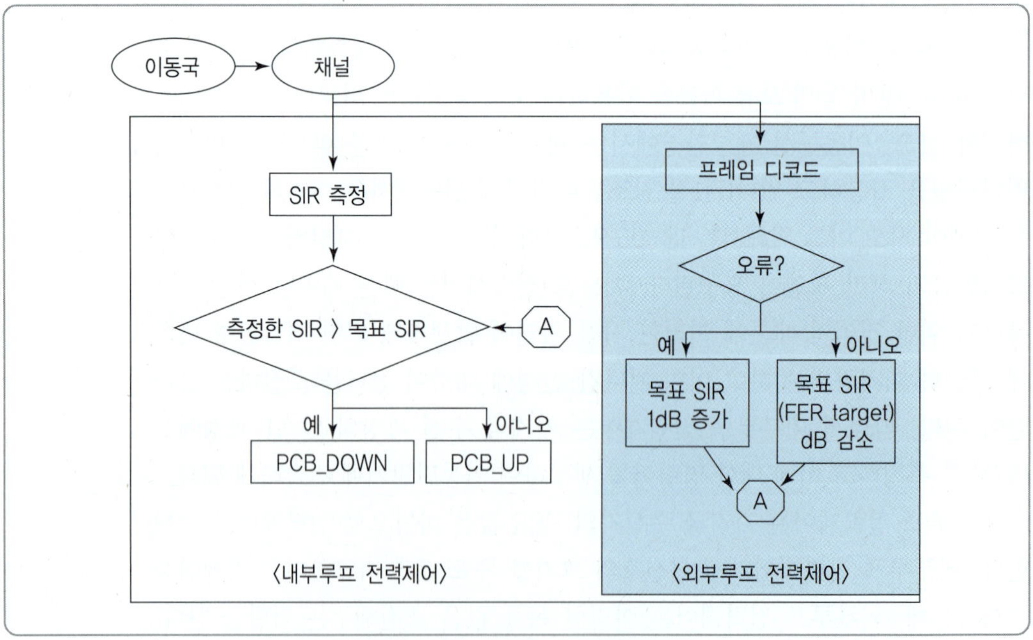

[그림 6-31] 폐루프 전력제어 과정

값을 측정하여 프레임 오류가 많이 발생하면 내부루프 목표 값을 상향 조정하고, 프레임 오류가 적게 발생하면 내부루프 목표 값을 하향 조절하게 된다.

이동통신 채널 특성과 전력제어 과정을 비교하여 설명하면, 이동통신 채널을 통한 수신신호는 우선 기지국과 이동단말기 간의 거리에 따른 경로감쇄가 발생하고, 이 값을 기준으로 평균 값이 천천히 변화하는 long-term 페이딩 현상이 더해진다. 이 평균 값을 기준으로 수신신호의 크기가 빠르게 변화하는 short-term 페이딩 현상이 덧붙여진다. 수신신호는 이러한 여러 가지 현상이 복합적으로 작용하고 있어 각각의 현상에 대한 일대일 대비책은 되지 않겠지만, 대략적으로 보면 개방루프 전력제어로 경로감쇄 분을 보상하고 외부루프 전력제어를 통하여 long-term 페이딩 현상을, 내부루프 전력제어를 통하여 short-term 페이딩 현상을 극복한다고 할 수 있다.

6.7.2 순방향 링크 전력제어

CDMA시스템 초기 설계 시에는 역방향 링크 전력제어가 많이 강조되었고 순방향 링크 전력제어는 상대적으로 많이 강조되지 못하였다. 그 이유는 순방향에서는 채널 간의 동기가 보장되기 때문에 직교성이 어느 정도 보장되어, 신호 간의 전력 비가 다르다 하더라도 크게 문제되지 않기 때문이다. 그러나 특정 이동단말기가 큰 건물 뒤에 위치하게 된다든지 혹은 옆 기지국에 가까이 디가가 간섭이 커지게 되면 해당 단말기는 자신이 속한 기지국 내의 다른 사용자 신호로 인한 간섭 영향은 문제가 안 되지만, 수신신호가 너무 작아지거나 혹은 간섭신호가 매우 커져 통화에 어려움을 겪게 된다. 따라서 순방향 링크에서도 적절한 전력제어가 필요한데, 주기적으로 순방향 링크의 품질을 보고하는 방법도 있고, 혹은 순방향 링크의 프레임 오류 확률이 임계치를 넘으면 보고하여 순방향 링크 전력을 조절할 수도 있다. 800MHz 대역의 셀룰러 방식에서는 이동단말기에서 1초에 4번의 전력측정 보고메시지(PMRM; power measurement report message)를 기지국에 보고하고, 기지국은 이 메시지들을 바탕으로 순방향 링크 전력을 조절한다.

그러나 점차로 순방향 링크의 전력제어의 필요성이 제기되어, 1.7GHz 대역의 PCS 방식에서는 1초에 50회의 순방향 링크 품질을 보고하도록 변경되었으며 기지국에서는 이들 보고 값을 바탕으로 순방향 링크 전력제어를 수행하게 된다. 순방향 링크 전력제어가 강조되게 된 이유로는 CDMA시스템 가입자가 증가하여 기지국 반경이 줄어들면서 기지국 간의 간섭 문제가 심각해졌고, 역방향 간섭은 사용자 간의 간섭이므로 간섭량이 어느 정도 일정한 양상을 보이고 있으나 순방향은 주변 몇 개의 기지국 신호가 간섭원으로 작용하여 간섭량의 변화가 크기 때문이다. 더욱이 다른 기지국으로부터의 간섭은 그 신호세기가 크기 때문에 간섭량 변화의 폭이 매우 커 더 엄밀한 순방향 링크 전력제어가 필요하게 되었다. PCS 방식에서는 순방향 통화채널의 품질을 측정하여 역방향 통화 프레임 내의 삭제표시비트(erasure indicator bit)를 사용하여 기지국에 보고한다. 매 프레임마다 만약 수신된 프레임에 오류가 있다고 판단되면 삭제표시비트를 '1'로 나타내고, 오류가 없다고 판단되면 삭제표시비트를 '0'으로 하여 기지국에 보고하게 된다. cdmaOne시스템의 한 프레임 길이는 20ms이므로 매 20ms마다 프레임 오류 여부를 판정하여 이를 기지국에 보고하면, 기지국에서는 이 값들을 바탕으로 순방향 전력제어를 수행하게 된다.

6.8 cdmaOne시스템 용량

시스템용량이란 하나의 시스템이 동시에 처리할 수 있는 최대 채널 수 혹은 이용자 수를 말한다. CDMA시스템에서는 일반적으로 역방향 링크 용량이 순방향 링크 용량보다 작은 것으로 알려져 있기 때문에 역방향 링크 용량을 CDMA 시스템 용량으로 계산한다. 즉, 음성통화 위주의 시스템에서는 아무리 순방향 링크의 용량이 크다고 하더라도 역방향에서 그에 해당하는 채널을 형성할 수 없다고 하면 통화는 이루어지지 않는다. 따라서 두 방향 링크 용량 중 작은 쪽 용량이 전체 시스템용량을 결정하게 되는 것이다.

CDMA시스템에서 역방향 링크의 용량이 더 작다고 여겨진 이유는 순방향 링크는 직교성이 보장되지만 역방향 링크는 직교성이 보장되지 않고, 역방향 링크는 이동단말기에서 한정된 전원을 가지고 신호를 전송하기 때문에 신호의 크기도 작기 때문이다.

따라서 이 절에서는 역방향 링크의 용량을 계산하고자 한다.

cdmaOne시스템을 포함하는 디지털통신시스템에서는 모든 신호가 '1' 또는

'0' 으로 표시되어 전송되므로 무엇보다 전송비트의 오류 여부를 나타내 주는 평균비트 오류확률(BER; Bit Error Rate)이 중요한 성능 척도가 된다. 그리고 디지털 변조된 신호의 평균비트 오류확률은 수신신호의 수신비트에너지 대 잡음 비인 E_b/N_o에 의해 결정된다. 여기서 E_b는 수신비트의 평균비트에너지이고, N_o는 열잡음 신호의 주파수 전력밀도(power spectral density)를 나타낸다.

CDMA시스템 용량은 다른 사용자 신호에 의해 발생하는 간섭이 수신신호의 E_b/N_o에 미치는 영향을 고려하여 계산할 수 있다. 이를 위하여 우선 E_b/N_o을 풀어서 나타낸 후, 각각의 시스템 파라미터가 미치는 영향을 살펴봄으로써 시스템용량을 계산한다.

E_b/N_o는 다음과 같이 나타낼 수 있다.

$$\frac{E_b}{N_o} = \frac{S \cdot T}{N/W} = \frac{S}{N} \cdot \frac{W}{R} = \frac{S}{N} \cdot SF \tag{6-10}$$

여기서 S는 수신신호의 평균전력이고, T는 데이터 한 비트 주기시간, R은 데이터 전송속도로 $1/T$에 해당한다. W는 대역확산되어 전송되는 신호의 대역폭이고 SF는 대역확산 처리 이득이다.

만약 역방향 링크의 전력제어가 완벽하다고 가정하면 내 신호의 수신전력과 타 사용자 신호의 수신전력은 동일하다고 할 수 있고, 한 기지국 내의 사용자 수를 M명이라고 가정하면 S/N은 다음과 같이 나타낼 수 있다. 한 기지국 내에 M명의 사용자가 있다고 하면 나를 제외한 나머지 $M-1$명 사용자 신호는 간섭으로 나타나고 모든 사용자 신호의 수신전력이 같기 때문에 S/N은 식 (6-11)과 같이 나타낼 수 있다.

$$\frac{S}{N} = \frac{1}{M-1} \tag{6-11}$$

따라서 $\frac{E_b}{N_o} = \frac{1}{M-1} \cdot \frac{W}{R}$로 나타낼 수 있다.

CDMA시스템에서는 자신이 속한 기지국 이외에 주변 기지국으로부터의 신호도 간섭으로 작용하기 때문에 그 영향을 고려하여야 한다. CDMA시스템에서는 각 기지국이 코드로 구분되고 동일 주파수를 사용하고 있어 모든 기지국들이 동일 주파수를 사용하여 주파수재사용 계수(Frequency Reuse Factor)는

'1' 이다. 주파수재사용이란 셀룰러 구조에서 한 셀에서 사용한 주파수를 일정 거리 이상 떨어진 셀에서 다시 사용하는 것을 말하고, 주파수재사용 계수란 전체 주파수를 몇 개의 그룹으로 나누어 재사용하는가를 나타내 주는 파라미터이다. 예를 들어 FDMA시스템의 주파수재사용 계수는 7인데, 이는 전체 주파수를 7개의 그룹으로 나누고 하나의 셀은 그중 한 그룹을 선택하여 사용하고 주변 셀들은 나머지 주파수를 활용한다. [그림 6-32]에 주파수재사용 계수가 7인 셀룰러 구조를 나타내었다.

CDMA시스템에서는 주변의 기지국들이 동일 주파수를 사용하기 때문에 주파수재사용률은 1이라고 할 수 있으나, FDMA시스템에서는 주변 기지국이 다른 주파수를 사용하여 간섭이 없는 반면 CDMA는 간섭이 발생하기 때문에 이를 고려한 주파수재사용 계수를 정의하는 것이 적절하다. 주변 기지국들로부터의 간섭을 고려하면 CDMA의 주파수재사용 계수는 1.6 정도인 것으로 알려지고 있다. 주파수재사용 효율(frequency reuse efficiency)은 주파수재사용 계수의 역수로 FDMA에서는 1/7, CDMA는 0.65 정도가 된다. 따라서 인접 기지국으로부터의 간섭 영향을 나타내 주는 부하계수(loading factor)를 η라고 정의하면 주파수재사용 효율은 $(1/1+\eta)$로 표시할 수 있다. 인접 기지국으로부터의 간섭에 의하여 수신신호의 E_b/N_o는 줄어들게 되어 식 (6-12)와 같이 나타낼

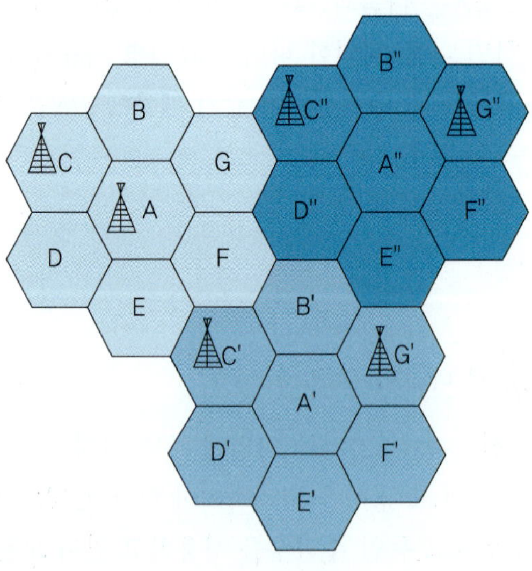

[그림 6-32] 주파수재사용 계수가 7인 셀룰러 구조

수 있다.

$$\frac{E_b}{N_o}=\frac{1}{M-1}\cdot\frac{W}{R}\cdot\frac{1}{1+\eta} \quad (6\text{-}12)$$

하나의 셀을 섹터로 나누어 운영하게 되면 다른 섹터에 속한 사용자에 의한 간섭이 줄어들게 되고 이를 섹터화 이득 λ라고 한다. 현 셀룰러와 PCS시스템에서는 일반적으로 3섹터 구조를 사용하고 있어 간섭이 1/3로 줄어 섹터화 이득값은 3에 해당한다. 그러나 안테나로 정확히 3개의 섹터를 구분하는 것은 불가능하고 섹터의 경계 부근의 사용자 신호는 인접 섹터로 수신될 수 있어 실제 섹터화 이득은 2.55 정도의 값을 갖는다. IMT-2000에서와 같이 6섹터를 이용할 때, 실제 섹터화 이득은 5 정도 되는 것으로 알려져 있다. 이러한 섹터화 이득을 고려했을 때 E_b/N_o 값은 식 (6-13)과 같이 나타낼 수 있다.

$$\frac{E_b}{N_o}=\frac{1}{M-1}\cdot\frac{W}{R}\cdot\frac{1}{1+\eta}\cdot\lambda \quad (6\text{-}13)$$

CDMA 용량 계산에 있어 또 하나 고려해야 하는 요소는 음성활성화 율(voice activity factor) υ로 음성활성화 율이란 통화 중 실제로 음성신호를 발생하는 비율을 말한다. 통화 중 적어도 50%는 듣기만 하고 음성신호는 발생하지 않는다. 실제 측정에 의하면 통계적으로 통화 중 송화자가 말하는 시간은 40% 정도에 이르는 것으로 알려져 있다. FDMA나 TDMA에서는 음성신호가 발생하지 않더라도 특정한 주파수와 시간슬롯을 차지하고 있으므로 용량의 개선이 발생하지 않으나 CDMA 방식에서는 음성신호가 발생하지 않으면 그만큼 간섭이 줄어들게 되므로 수신 E_b/N_o의 개선이 있다.

$$\frac{E_b}{N_o}=\frac{1}{M-1}\cdot\frac{W}{R}\cdot\frac{1}{1+\eta}\cdot\lambda\cdot\frac{1}{\upsilon} \quad (6\text{-}14)$$

식 (6-14)로부터 CDMA시스템 용량을 식 (6-15)와 같이 계산할 수 있다.

$$M=1+\frac{1}{E_b/N_o}\cdot\frac{W}{R}\cdot\frac{1}{1+\eta}\cdot\lambda\cdot\frac{1}{\upsilon}\approx\frac{1}{E_b/N_o}\cdot\frac{W}{R}\cdot\frac{1}{1+\eta}\cdot\lambda\cdot\frac{1}{\upsilon} \quad (6\text{-}15)$$

식 (6-15)로부터 CDMA시스템 용량은 E_b/N_o에 반비례하는 것을 알 수 있다.

즉, 시스템에서 요구하는 BER 성능을 제공하기 위하여 요구되는 E_b/N_o 값이 작을수록 시스템용량이 증가한다. 또한 시스템용량은 대역확산 처리 이득, 섹터화 이득, 1/음성활성화율에 비례하고, 인접 기지국의 사용자 부하가 적을수록 용량이 증가한다는 것을 알 수 있다.

참 고 문 헌

[1] Bernard Sklar, *Digital Communications*, Prentice Hall, 2001.

[2] L. Hanzo, M. Munster, B.J. Choi, T. Keller, *OFDM and MC-CDMA*, Wiley, 2003.

[3] Shinsuke Hara, Ramjee Prasad, *Multicarrier Techniques for 4G Mobile Communications*, Artech House, Boston, 2003.

[4] Lee, W.C.Y., "The Most Spectrum-Efficient Duplexing System: CDD," IEEE Communications Magazine, Volume: 40, Issue: 3, March 2002, pp.163 – 166.

[5] Robert C. Dixon, *Spread Spectrum Systems*, John Wiley & Sons, New York, 1984.

[6] Marvin K. Simon, Jim K. Omura, Robert A. Scholtz, Barry K. Levitt, *Spread Spectrum Communications*, Computer Science Press, 1985.

[7] Ellen Kayata Wesel, *Wireless Multimedia Communications*, Addidon-Wesley, 1998.

[8] Ari Hottinen, Olav Tirkkonen, RistoWIchman, *Multi-Antenna Transceiver Techniques for 3G and Beyond*, Wiley, 2003.

[9] Samuel C. Yang, *CDMA RF Engineering*, Artech House Inc., 1999.

[10] TIA/EIA IS-95, "Mobile Station-Base Station Compatibility Standard for Dual-Mode Wideband Spread Spectrum Cellular System," Telecommunications Industry Association.

[11] Qualcomm, *CDMA System Engineering Training Handbook*.

연습문제

EXERCISE

01 다중화(Multiplexing)와 다중접속(Multiple Access)의 차이점과 공통점을 설명하시오.

02 다중접속 방식의 종류를 설명하시오.

03 각각의 다중접속 방식에서 다중신호 간의 직교성을 어떻게 보장하는지 설명하시오.

04 CDMA시스템의 통계적 평균에 의한 용량 향상이 무엇인지 설명하시오.

05 Hard capacity와 Soft capacity에 대하여 설명하시오.

06 Duplex의 정의와 종류에 대하여 설명하시오.

07 TDD 방식이 FDD 방식에 비하여 유리한 점을 설명하시오.

08 Walsh코드 발생 방법에 대하여 설명하시오.

09 직교코드에서 동기 설정이 왜 중요한지 설명하시오.

10 CDMA 순방향 링크에서는 직교코드로, 역방향 링크에서는 의사잡음코드로 사용자를 구분하는 이유를 설명하시오.

11 의사잡음코드가 가져야 하는 특징들을 설명하시오.

12 m개의 천이레지스터로 발생시킬 수 있는 시퀀스의 최대 길이 주기가 2^m-1이 되는 이유를 설명하시오.

13 4개의 천이레지스터를 이용하여 m-sequence를 발생시키고 의사잡음부호의 특징을 만족시키는지 확인하시오.

14 대역확산 방식의 종류에 관하여 설명하시오.

15 대역확산시스템의 장점에 관하여 설명하시오.

16 cdmaOne시스템 순방향 링크에서 Walsh코드, 짧은 주기 의사잡음코드, 긴 주기 의사잡음코드의 역할을 설명하시오.

17 cdmaOne시스템 역방향 링크에서 Walsh코드, 짧은 주기 의사잡음코드, 긴 주기 의사잡음코드의 역할을 설명하시오.

18 기지국 간 동기 방식에서 기지국 구분 방식에 관하여 설명하시오.

19 능동형 초기동기 방식과 수동형 초기동기 방식에 관하여 설명하시오.

20 다중적분시간(Multiple Dwell time) 탐색 방식에 관하여 설명하시오.

21 직렬탐색과 병렬탐색 방식에 관하여 설명하고 각각의 장단점을 비교하시오.

22 Early-Late 동기추적 방식에 관하여 설명하시오.

23 다이버시티의 종류와 정의에 관하여 설명하시오.

24 레이크수신기가 CDMA에서 사용되는 이유에 관하여 설명하시오.

25 탐색기(searcher)의 기능에 관하여 설명하시오.

26 통화채널을 형성하는 순서에 따른 핸드오버의 종류를 나열하고 각각을 설명하시오.

27 Hard/Soft/Softer 핸드오버에 대하여 설명하시오.

28 셀을 섹터로 나누어 서비스하는 이유에 대하여 설명하시오.

29 cdmaOne시스템 순방향 핸드오버와 역방향 핸드오버에 대하여 설명하시오.

30 FDMA나 TDMA보다 CDMA에서는 전력제어가 왜 중요한지 설명하시오.

31 역방향 링크 전력제어에 대하여 설명하시오.

32 개방루프 전력제어에서 접근탐색을 수행할 때 랜덤한 시간 간격으로 접근탐색을 수행하는 이유에 대하여 설명하시오.

33 순방향 링크 전력제어에 대하여 설명하시오.

34 cdmaOne시스템 용량을 계산하시오.

CHAPTER 07

cdmaOne시스템 채널 구조

Fundamentals of Mobile Communications

CHAPTER 07 cdmaOne시스템 채널 구조

3세대 이동통신이라고도 불리는 IMT-2000(International Mobile Telecommunications-2000)은 하나의 이동단말기로 전 세계 어디서나 통화할 수 있고 음성 이외의 화상이나 데이터를 포함하는 멀티미디어 서비스를 이동 중에 제공하기 위하여 개발된 시스템이다. cdmaOne이나 GSM과 같은 2세대 이동통신시스템까지의 이동통신은 통화품질의 향상과 시스템용량 증대를 위주로 비약적으로 발전해 왔다. 그러나 전 세계가 공통의 표준 없이 각기 나름대로 기술을 발전시켜 왔기 때문에 우리나라에서 사용하는 이동단말기를 가까운 중국이나 일본 등지에서는 사용하지 못하여 단말이동성(terminal mobility)이 제공되지 못하였다. 따라서 ITU(International Telecommunications Union)에서는 1985년부터 미리 세계 공통의 표준을 만들어 전 세계 어디서나 하나의 이동단말기로 통화할 수 있도록 하자는 의미에서 FPLMTS(Future Public Land Mobile Telecommunications System)라고 명명하여 표준 제정을 위한 노력을 시작하였다.

그러나 2000년이 가까워 오면서도 각국의 의견이 조율되지 않아 표준 제정에 어려움이 있어 FPLMTS라는 명칭보다는 IMT-2000이라는 이름으로 3세대 시스템을 부르기로 하였다. 여기서 2000이 의미하는 바는 우선 2000년경에 서비스를 시작하자는 점을 강조하기 위한 것이고, 시스템이 운영되는 주파수대역이 2000MHz 부근이고, 제공하는 서비스가 실내환경에서 2000kbps 정도의 데이터율을 보장한다는 점을 강조하기 위한 것이다.

그러나 현재에 이르러서는 세계 단일의 표준을 제정하는 데는 실패하였고, W-CDMA(Wideband CDMA) 방식을 기반으로 하는 3GPP(3rd Generation Partnership Project) 표준과 MC-CDMA(Multi-carrier CDMA)를 기반으로 하는 3GPP2 표준의 두 가지 표준이 존재하고 있다. 3GPP에서는 FDD 방식의

W-CDMA 이외에 TDD 방식을 기반으로 하는 TD-CDMA(Time Division CDMA)의 표준도 제정한 상태이다. 2세대 시스템으로 GSM시스템을 사용하는 유럽, 중국 등지나 일본에서는 3GPP 표준을 따르고 있고, 미국이나 일본의 제2이동통신사 등은 3GPP2 표준을 따르고 있다. 우리나라에서는 3GPP와 3GPP2 두 개의 표준 모두를 사용하고 있다.

두 가지 시스템의 큰 차이점으로는 3GPP에서는 기지국 간 비동기 방식을 채택하고 있고, 3GPP2에서는 기지국 간 동기 방식을 채택하고 있다는 점이다. 또 다른 특색으로는 3GPP에서는 5MHz 대역에서 하나의 반송파를 이용(SC-CDMA; Single Carrier CDMA)하여 3.84Mcps의 칩률로 대역확산시키는 반면, 3GPP2에서는 5MHz 대역을 1.2288Mcps의 칩률로 대역확산시킨 3개의 신호를 3개의 반송파를 이용하여 전송하는 MC-CDMA 방식을 채택하고 있다는 점이다. 3GPP2에서도 역방향에서는 다수의 반송파를 사용하게 되면 PAPR(Peak to Average Power Ratio) 값이 커져 이동단말기 전력소모가 커지게 되어 3.6864Mcps의 칩률을 가지는 하나의 반송파를 이용하는 SC-CDMA 방식을 취하고 있다. 또한 3GPP에서는 각 채널마다 일정 부분을 파일럿심볼을 사용하는 파일럿심볼 기반 시스템을 사용하고 있고, 3GPP2에서는 기지국 전체에 하나의 공통 파일럿을 이용하는 파일럿채널 구조를 바탕으로 하고 있다는 점도 두 시스템의 차이점이라 할 수 있다. 그러나 시간이 지남에 따라 양쪽 구조의 장점들이 서로 반영되는 추세이다.

그러나 두 시스템 모두 2세대 시스템보다 훨씬 높은 데이터율을 지원할 수 있어야 하고, 음성 위주의 서비스를 탈피하여 멀티미디어 서비스를 제공하고자 한다는 점은 같다고 볼 수 있다. 이 장에서는 이러한 공통의 기능을 제공하기 위하여 2세대 CDMA시스템에서 IMT-2000시스템으로 진화하면서 채택된 요소 기술들을 살펴보고자 한다.

cdmaOne CDMA시스템 순방향 링크는 파일럿(pilot), 동기(sync), 호출(paging), 통화(traffic)의 네 가지 채널로 구성되어 있고, 역방향 링크는 엑세스(access), 통화(traffic) 채널의 두 가지로 구성되어 있다.

7.1 순방향 링크 채널 구조

7.1.1 파일럿채널

파일럿채널은 의사잡음코드의 동기를 용이하게 하기 위하여 아무런 기저대역 정보를 포함하지 않고 단순히 코드 자체를 전송한다. 순방향 링크에서 각각의 채널은 Walsh코드로 구분되는데, 파일럿채널은 Walsh코드 '0' 번을 사용한다. 0번 Walsh코드는 모든 코드 비트가 모두 '0' 이기 때문에 의사잡음코드의 극성을 변화시키지 않고 결국 파일럿채널은 의사잡음코드만을 전송하는 것과 같다.

[그림 7-1]에 파일럿채널 구조를 나타내었다.

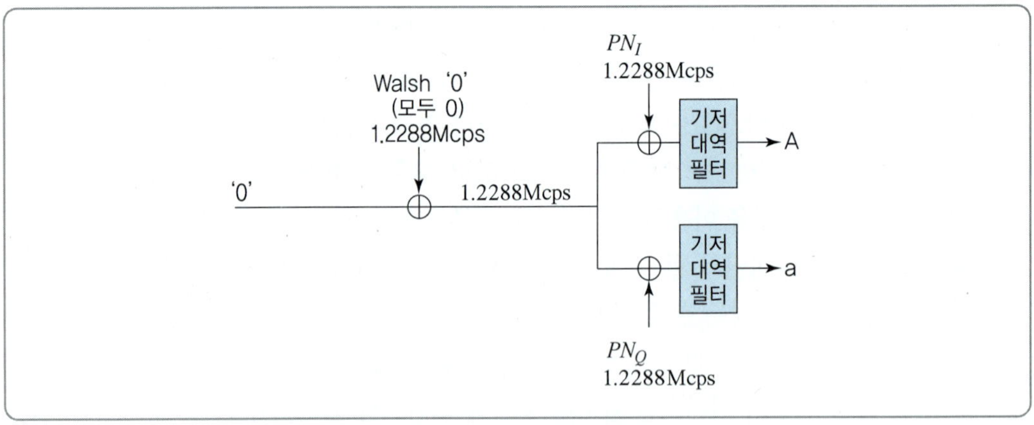

[그림 7-1] 파일럿채널 구조

CDMA시스템에서는 각각의 데이터에 데이터 발생율보다 훨씬 빠르게 발생시킨 의사잡음코드를 곱하여 대역확산시켜 전송하기 때문에 의사잡음코드의 동기가 매우 어려운 문제에 속한다. 이동단말기가 전원을 켰을 때 우선 의사잡음코드와 동기를 형성하여야만 데이터의 복조가 가능한데, 만약 의사잡음코드에 어떠한 데이터가 입혀져 있다고 하면 의사잡음코드의 모든 시간 위상뿐 아니라 데이터에 의한 위상 반전 효과까지를 고려하여 동기탐색을 수행하여야 한다. 전송되고 있는 의사잡음코드와 동기를 설정하고자 할 때 어느 시간 위상의 코드가 수신되는지 알 수 없기 때문에, 6.4.3절 코드 동기 부분에서 설명한 바와 같이 첫 번째 시간 위상부터 차례로 검색하여야만 한다. 그런데 만약 여기에 데이터가 곱해져 있다고 가정하면 데이터 값이 '1' 일 경우엔 코드는 위상의 반전 없이 그대로 수신되지만 데이터 값이 '0' 이면 코드의 위상이 반전되어 수신되게 된다. 아직 동기가 설정되기 이전이므로 데이터에 의해서 어느 시점에 위상이 반전되는지 알 수가 없기 때문에 코드 동기는 거의 불가능해진다. 따라서 파일럿채널은 아무런 기저대역 정보의 전달 없이 오직 의사잡음코드만을 전송하여 코드의 동기 설정이 가능하도록 한다.

파일럿채널을 통하여 이동단말기는 의사잡음코드의 동기 설정 이외에 통화채널 등 다른 채널 신호에 대한 코히어런트 복조가 가능하도록 위상 정보를 제공하는 역할도 한다. 또한 핸드오버를 위하여 인접 기지국으로부터의 신호세기를 측정할 때, 인접 기지국의 파일럿채널을 탐색하여 핸드오버 여부를 결정할 때도 사용된다.

파일럿 신호는 기지국 내의 모든 이동단말기가 공통으로 사용하며, 빠른 동기 등을 위하여 기지국에서 사용하는 전체 전력의 20~30% 정도에 해당하는 큰 전력을 파일럿채널 하나에 할당하여 운영하고 있다.

cdmaOne시스템에서의 대역확산 방식

cdmaOne시스템에서는 BPSK/quadri-phase spreading 방식으로 데이터를 대역확산하여 전송한다. 데이터와 의사잡음코드를 곱하는 방식으로 데이터가 동상(in-phase) 성분과 직각위상(quadrature) 성분이 동일하면 BPSK, 서로 다른 데이터를 인가하면 QPSK로 구분되고, 동상 성분과 직각위상 성분을 동일한 의사잡음코드로 확산하면 bi-phase, 서로 다른 의사잡음코드로 확산하면 quadri-phase 대역확산으로 구분된다. [그림 7-2]에 일반적인 대역확산 구조를 나타내었다.

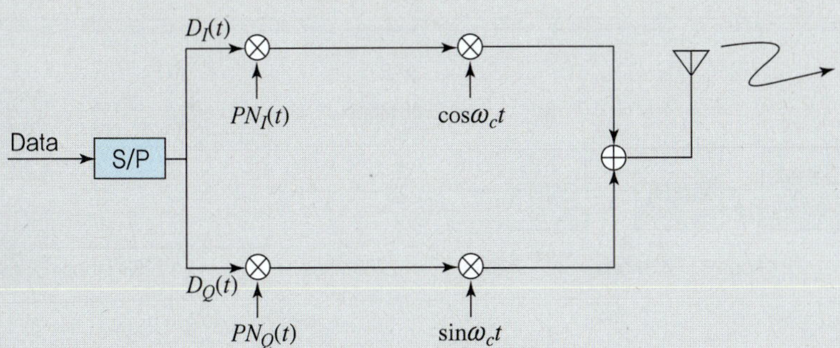

[그림 7-2] 대역확산 변조기 구조

전송 신호 $x(t)$는 다음과 같이 나타낼 수 있다.

$$x(t) = D_I(t)PN_I(t)\cos\omega_c t + D_Q(t)PN_Q(t)\sin\omega_c t \tag{7-1}$$

여기서 $D_I(t)$와 $D_Q(t)$는 전송하고자 하는 데이터이고, $PN_I(t)$와 $PN_Q(t)$는 동상과 직각위상 성분에 곱해지는 의사잡음코드이다.

$D_I(t)$와 $D_Q(t)$가 같은 데이터이면 BPSK이고, $D_I(t)$와 $D_Q(t)$가 서로 다른 데이터이면 QPSK 전송이 된다. $PN_I(t)$와 $PN_Q(t)$가 동일한 의사잡음코드이면 Bi-phase 대역확산이고 서로 다른 의사잡음코드이면 Quadri-phase 대역확산이 된다.

재밍신호와 같은 잡음이 존재할 때, BPSK와 QPSK는 동일한 성능을 나타내지만, Bi-phase와 Quadri-phase 대역확산은 Quadri-phase 대역확산이 더 좋은 성능을 나타내는 것으로 나타났다. 특히 페이딩 환경에서는 Quadri-phase 대역확산의 성능이 Bi-phase 대역확산에 비하여 더 안정적인 성능을 나타낸다. 따라서 cdmaOne시스템에서는 데이터는 동상과 직각위상에 동일한 데이터를 전송하고, 대역확산은 서로 다른 의사잡음코드를 사용하는 BPSK/Quadri-phase 대역확산 방식을 채택하고 있다.

7.1.2 동기채널

기지국은 동기채널을 통하여 이동단말기에게 시스템 동기 정보 및 시스템 파라미터 등의 정보를 제공한다. 따라서 동기채널은 이러한 정보 제공을 위하여 파일럿채널과는 달리 기저대역 정보를 포함하고 있고, 기저대역 정보의 데이터율은 1.2kbps로 고정되어 있다. 동기채널은 Walsh 32번 코드가 할당되어 있

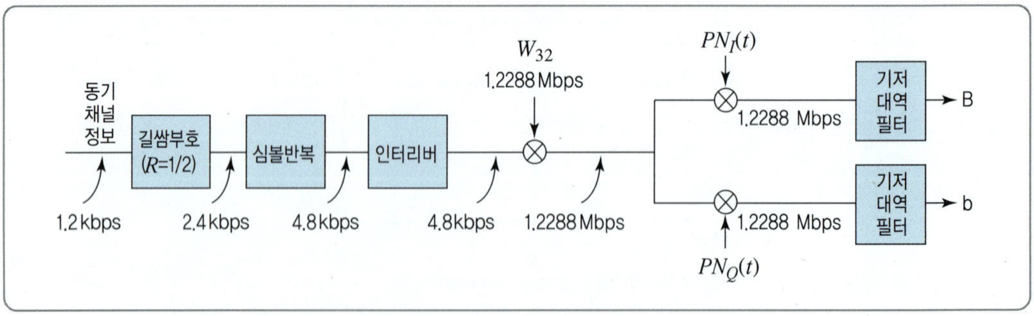

[그림 7-3] 동기채널 구조

다. [그림 7-3]에 동기채널 구조를 나타내었다.

1.2kbps의 동기채널 데이터는 오류 정정을 위하여 1/2 길쌈부호(convolutional coding)되어 2.4ksps의 심볼률이 되고, 그 출력을 한 번 반복하여 4.8ksps의 심볼률이 된다. 심볼 반복이란 데이터 전송속도가 낮을 때, 같은 데이터를 반복해서 전송하는 대신 전송전력을 감소시켜 다른 사용자에 대한 간섭을 줄여주기 위한 것이다.

심볼 반복되어 출력된 심볼들은 채널부호화의 성능을 높여주기 위하여 인터리빙 과정을 거치게 되는데, 이처럼 채널부호화한 후 심볼 반복하고 인터리빙하는 것이 채널부호화한 후 인터리빙을 수행하고 심볼 반복해주는 것보다 더 효과적이다. 심볼 반복된 신호를 수신하게 되면 수신기는 반복된 심볼들을 모두 더해서 신호를 복조하게 되는데, 심볼 반복 후 인터리빙을 수행해주게 되면 결합되는 심볼들이 다른 시간에 전송된 심볼들을 결합하게 되어 시간 다이버시티 효과를 얻을 수 있기 때문이다.

파일럿채널을 통하여 수신 의사잡음코드와의 동기는 설정되어 있지만 아직 데이터와의 동기는 설정되지 못한 상태이다. 즉, 현재 동기를 설정하여 발생시키고 있는 의사잡음코드가 데이터의 중간 부분인지 시작 부분인지 아직 알 수가 없어 의사잡음코드의 어느 부분부터 데이터가 실리는지 알 수 없다. 데이터 동기를 위해서 동기채널 한 프레임은 의사잡음코드의 한 주기와 동일하게 설정되어 있다. 즉, 의사잡음코드와 동기를 설정하였다면 의사잡음코드의 시작이 동기 프레임의 시작이고 그 시점에 데이터도 시작하게 되어 있어 데이터 동기

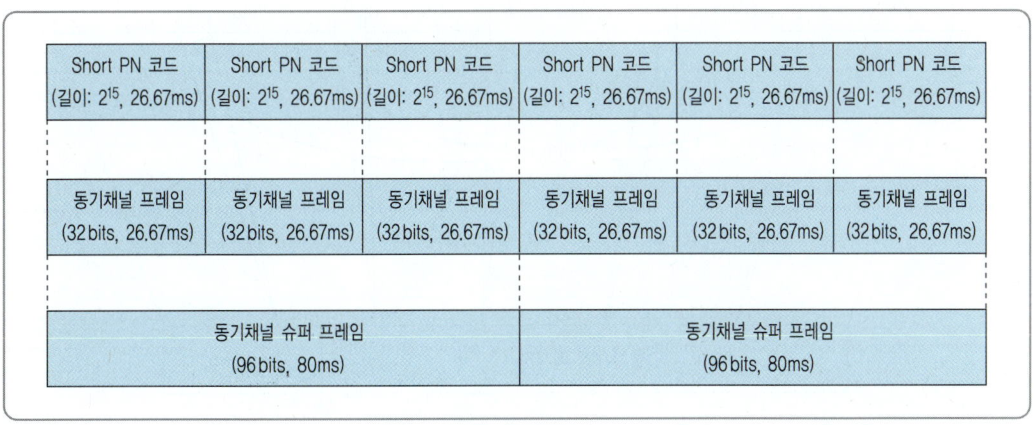

[그림 7-4] 동기채널 프레임 구조

가 가능하다. [그림 7-4]에 동기채널 프레임 구조를 나타내었다.

의사잡음코드의 발생률이 1.2288Mcps이고 그 주기가 2^{15}이므로 의사잡음코드 한 주기는 26.67ms(=2^{15}×1/1.2288Mcps)에 해당하고 따라서 동기채널 한 프레임 길이는 26.67ms이다. 동기채널 데이터율은 1.2kbps이므로 하나의 프레임에 32개 비트가 포함된다. 그리고 세 개의 동기채널 프레임이 하나의 슈퍼 프레임을 형성하므로 슈퍼 프레임 하나의 길이는 80ms(=26.67ms×3)에 해당한다.

이와 같은 과정을 통하여 의사잡음코드 동기와 데이터 동기가 설정되었다고 하더라도 아직 메시지의 시작이 어디서부터인지는 알지 못한다. 메시지 동기를 위하여 동기채널 프레임의 첫 번째 비트는 SOM(start of message)으로 사용한다. 즉, SOM 비트가 1이면 동기채널 메시지가 시작된다는 것을 의미하고 SOM 비트가 0이면 이전 프레임의 메시지가 계속되는 것을 나타내어 메시지 중간에 해당하는 것으로 인식한다. 이동단말기는 파일럿채널을 통해 의사잡음코드와 동기를 설정하고, 의사잡음코드의 시작점에 데이터 및 프레임 동기를 설정한 후 SOM을 읽어 메시지의 시작점을 확인함으로써 비로서 기저대역 정보를 읽을 수 있게 된다.

동기채널 하나의 메시지는 [그림 7-5]와 같이 여러 개의 동기채널 프레임에

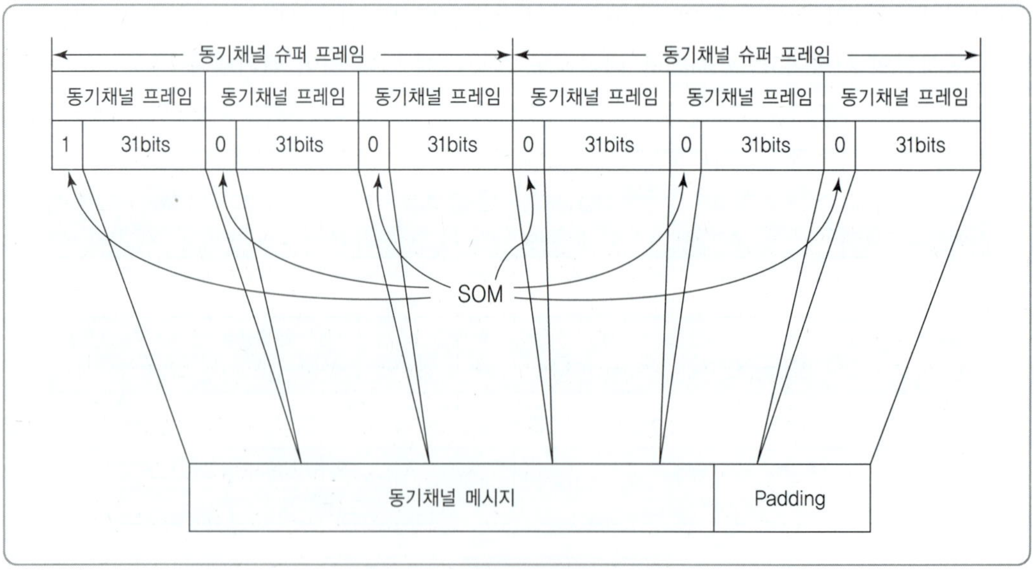

[그림 7-5] 동기채널 메시지 구조

거쳐서 전달되게 되어 있으며, 메시지를 다 채우고 남는 부분이 있으면 의미 없는 데이터를 첨가(padding)하게 된다.

동기채널에 전달되는 메시지로는 전송 섹터의 파일럿 의사잡음코드 시간 위상 정보나 긴 주기 의사잡음코드 발생기의 초기치 값(LC_STATE)과 시스템 시간 정보(SYS_TIME) 등의 정보를 포함하여 이동단말기와 기지국 간의 동기 설정을 위한 정보를 전달한다. 2^{41} 길이의 긴 주기 의사잡음코드는 그 주기가 너무 길어 짧은 주기 의사잡음코드 동기와 같은 탐색 방식으로는 동기를 설정할 수 없다. 송수신기 간에는 의사잡음 발생기의 구조를 서로 알고 있으므로 의사잡음코드 발생기의 41개의 shift register값을 알 수 있다면 긴 주기 의사잡음 부호의 동기를 설정할 수 있게 된다. LC_STATE란 긴 주기 의사잡음 부호 발생기의 shift register의 상태를 알려주기 위한 메시지이다. 이러한 정보를 바탕으로 기지국에서는 SYS_TIME에서 주어진 시간보다 약간 미래의 시간에서 LC_STATE 값을 바탕으로 하여 긴 주기 의사잡음코드를 발생시켜 이동단말기와 기지국 간의 긴 주기 의사잡음코드의 동기를 수행한다.

또한 동기채널에는 이후 검출해야 하는 호출채널의 데이터 전송률이나 호출채널 개수 등의 호출채널에 관련된 정보 및 시스템 구성에 관련된 정보들을 전달하고, 이동단말기는 이러한 동기채널을 통하여 기지국과의 동기 및 주요 시스템 파라미터 등을 설정하게 된다.

7.1.3 호출채널

기지국은 호출채널을 통하여 이동단말기의 호출 및 엑세스 파라미터나 전력 제어 파라미터, 인접 섹터 리스트 등과 같은 보다 동적인 시스템 구성 파라미터를 제공한다. 동기채널이나 호출채널 모두 시스템 구성 파라미터를 전송하는데 동기채널은 변하지 않는 정적인(static) 시스템 파라미터를, 호출채널은 변하는(dynamic) 시스템 파라미터를 전송한다. 호출채널은 이동단말기가 주기적으로 자신을 호출해야 하는지 확인해야 하므로 이때 시스템 파라미터 중 변한 내용이 있으면 이 호출채널을 통하여 전달받게 된다. 호출채널은 기지국당 최대 일곱 개까지를 수용하며 1번 Walsh코드부터 7번 Walsh코드를 사용한다. [그림 7-6]에 호출채널 구조를 나타내었다.

호출채널 기저대역 정보의 데이터율은 4.8kbps와 9.6kbps의 두 가지가 있는

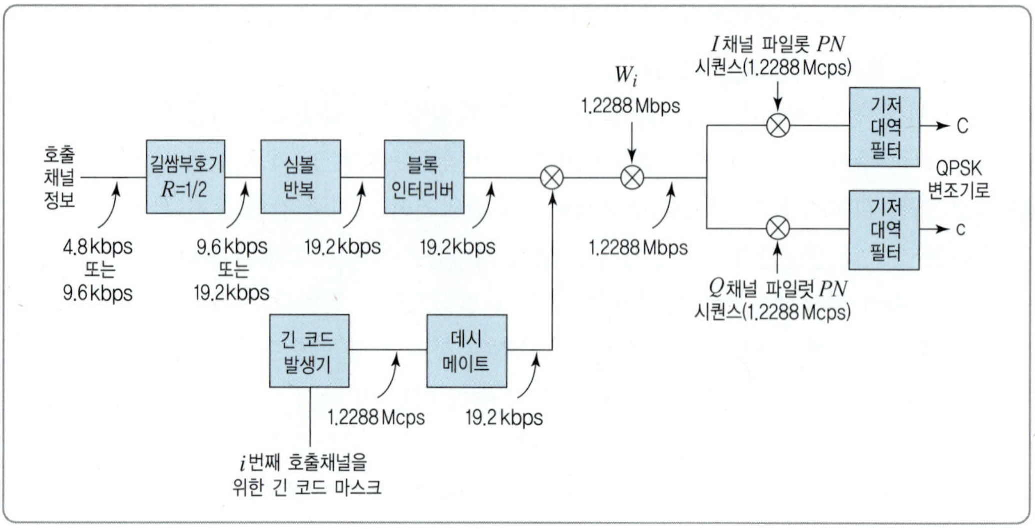

[그림 7-6] 호출채널 구조

데, 호출채널의 데이터율이나 호출채널 개수 등은 동기채널을 통하여 전달된다. 두 개 이상의 호출채널이 존재하면 이동단말기는 해싱함수(hashing function)를 돌려서 자신이 속한 호출채널을 알아낸다. 여기서 해싱함수란 일종의 랜덤한 수 하나를 선택하는 것과 같은 기능을 한다. 4.8kbps, 9.6kbps의 호출채널 기저대역 정보는 1/2 채널 부호화되어 각각 9.6ksps, 19.2ksps의 심볼률을 갖는다. 4.8kbps 데이터에 대해서는 한 번 반복하여 19.2ksps의 심볼률을 가지며 이 출력 결과들은 20ms 크기의 인터리빙 과정을 거치게 된다. 1번부터 7번까지의 호출채널 각각은 서로 다른 긴 주기 의사잡음코드에 의하여 비화되는데 1.2288Mcps의 속도로 발생된 긴 주기 의사잡음코드는 64개의 칩마다 하나씩 뽑아내어 사용하는 데시메이션(Decimation) 과정을 통하여 19.2ksps (=1.2288Mcps/64) 신호로 바뀌어 채널 코딩 된 결과와 서로 modulo-2 더하기 연산을 수행하여서 전송되게 된다. 따라서 자신이 속한 호출채널에 할당된 긴 주기 의사잡음코드를 알아야만 데이터를 복구할 수 있다. 이후 할당된 Walsh코드에 의하여 확산된 후 섹터에 할당된 짧은 주기 의사잡음코드와 곱해져서 전송된다.

호출채널은 20ms의 호출채널 프레임을 기반으로 하여 신호를 송출하게 된다. [그림 7-7]에 호출채널 프레임 구조를 나타내었다.

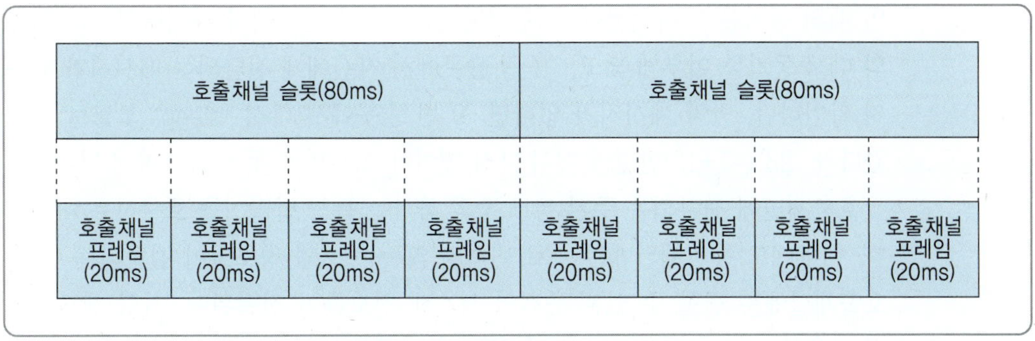

[그림 7-7] 호출채널 프레임 구조(9.6kbps)

호출채널은 동기채널 슈퍼 프레임 길이에 해당하는 80ms 길이의 호출채널 슬롯을 형성하고, 하나의 호출채널 슬롯은 20ms 길이의 4개의 호출채널 프레임으로 구성되어 있다. 호출채널 정보는 최대 2048개의 호출채널 슬롯으로 하나의 주기를 구성한다. 한 주기의 길이는 0~7의 값을 갖는 SLOT_CYCLE_INDEX에 의해서 정해지는데 한 주기의 길이는 $(16 \times 2^{\text{SLOT_CYCLE_INDEX}} \times 80)$ms의 길이를 갖게 된다. 예를 들어 SLOT_CYCLE_INDEX 값이 '0' 이라면 최소 길이의 주기를 구성하게 되어 16개의 슬롯(1.28s)이 하나의 주기를 구성하게 되고 이동단말기는 매 16슬롯마다 깨어나 호출채널을 탐색하게 된다. SLOT_CYCLE_INDEX가 '7' 이라면 2048개의 슬롯(163.48s)이 하나의 주기를 이루게 되어 최대 길이의 주기를 형성하는 것이다.

[그림 7-8]에 SLOT_CYCLE_INDEX 값이 '0' 이고, 자신이 속한 슬롯이 '8'

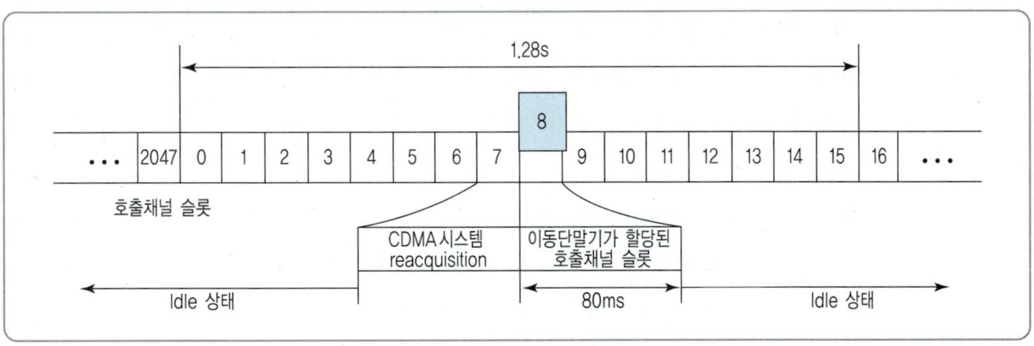

[그림 7-8] 슬롯모드 운영 예

일 때의 동작을 나타내었다. 이동단말기는 '7' 번 슬롯에서 깨어나서 네트워크와 다시 동기를 이루게 되고, '8' 번 슬롯에서 자신에게 전달되는 메시지가 있는지 확인하다. 만약 메시지가 없다면 '9' 번 슬롯에서 다시 'sleep' 모드로 돌아갔다가 '23' (=7+16)번 슬롯에서 다시 깨어나 '24' 번 슬롯을 탐색하게 된다.

호출채널에 전달되는 주된 정보 중의 하나는 특정 단말기를 호출하는 내용이다. 이밖에도 동기채널에는 주로 변하지 않는 시스템 정보들이 전달되는 반면, 호출채널에는 변할 수 있는 동적인 시스템 정보들이 전달된다. 가령 핸드오버에 사용하는 파일럿 신호 수신임계치, 인접 채널 검색 윈도우 크기와 같은 정보라든가, 순방향 전력제어를 위한 전력제어 보고 임계치, 임계치 보고 모드 지시자와 같은 정보, 역방향 전력제어를 위한 엑세스를 위한 초기 전력 옵셋 값, 접속 탐색 전력 증분 값 등의 정보가 이에 해당한다. 또한 이동국이 사용할 엑세스 파라미터로 엑세스 탐색 수, 엑세스채널 탐색 간의 랜덤한 시간 간격과 엑세스채널 메시지 캡슐 크기와 같은 정보들이 전달된다. 인접 섹터 리스트 메시지에는 인접 기지국/섹터들의 리스트 및 이들 기지국/섹터의 의사잡음코드 시간 위상 값들이 포함된다.

시스템 파라미터 관련 정보(overhead message)가 수정되었으면 그때 OVHD_MSG_SEQ(Overhead Message Sequence) 숫자가 갱신되고 호출채널 탐색 시 이 OVHD_MSG_SEQ 값이 자신이 저장하고 있는 숫자와 동일하면 다시 sleep 모드로 들어가고 저장하고 있는 숫자와 다르다면 시스템 파라미터를 갱신한다.

7.1.4 통화채널

파일럿, 동기, 호출채널을 기지국/섹터 내에 속한 모든 이동단말기가 공통으로 사용하는 채널인데 비하여 통화채널은 특정 이동단말기를 지정하여 실제 음성정보나 데이터들을 전달하는 채널이다. [그림 7-9]에 통화채널의 구조를 나타내었다.

통화채널은 동기채널과 유사한 구조를 가지나, 전송되는 데이터율이 9.6/4.8/2.4/1.2kbps의 네 가지를 가지고 있으며, 각각의 이동단말기의 전력을 제어하기 위한 전력제어 비트를 포함하는 것이 다르다고 할 수 있다. 또한 통화채널 구분을 위한 Walsh코드는 파일럿(Walsh 0), 동기(Walsh 32), 호출

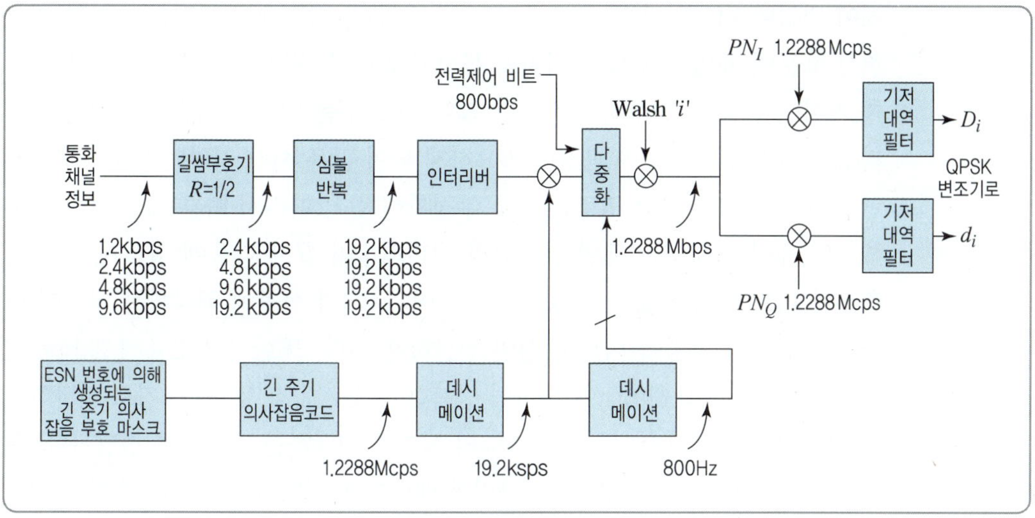

[그림 7-9] 통화채널 구조(Rate set 1)

(Walsh 1 ~ 7)을 제외한 코드 중 하나를 선택하여 대역확산시킨다.

통화 중 말을 하지 않을 때는 1.2kbps의 속도로, 충분히 많은 말을 할 때에는 9.6kbps의 속도로 신호를 전달하며, 전달하고자 하는 음성신호의 양에 따라 신호의 데이터율의 네 가지 중 하나를 선택한다. 이후 4.8kbps 신호는 한 번 반복하고, 2.4kbps는 세 번 반복하고, 1.2kbps는 일곱 번 반복한다. 각각 반복한 횟수에 비례하여 전송신호의 전력을 줄여 타 신호에 대한 간섭을 줄여준다. 각 사용자별로 다르게 할당된 긴 주기 의사잡음코드를 64:1로 데시메이션한 결과와 modulo-2 더하기 함으로써 비화 과정을 거친다. 각각의 단말기는 단말기 제조시 고유하게 부여되는 ESN(Electronic Serial Number) 번호가 있는데 이 긴 주기 의사잡음코드가 이 ESN 번호를 바탕으로 발생되므로 사용자마다 다른 의사잡음코드를 발생시켜 사용하게 된다. 이후 이 값을 다시 800Hz마다 네 비트씩 값을 뽑아내도록 데시메이션하여 전력제어 명령어가 삽입될 자리를 결정하게 된다. 역방향 전력제어를 위한 전력제어 명령어 비트(PCB; Power Control Bit)는 1.25ms마다 한 번씩 발생되고 이 명령어 비트는 19.2ksps의 데이터 심볼 중 연속한 두 개를 대신하여(symbol puncturing) 전달된다. 전력제어 명령어는 통화 정보가 아닌 제어정보이기 때문에 중요하다. 만약 전력을 올리라는 명령이 잘못 전달되어 전력을 내리라는 명령으로 전달된다면 수신전력은 매우 낮게 들어와 신호복조에 많은 오류가 발생할 것이다. 따라서 보다 정확한 전력제어 명령어 비트의 전달이 요구되는 데 반하여, 전력제어 명령어는 시간 지연 현상 때문에 채널 부호화를 거치지 못하고 곧바로 전달되게 된다. 채널 부호화를 거치면 전송 중 발생하는 오류를 많이 고칠 수는 있으나 이를 위해서는 인터리빙과 디인터리빙 등의 과정이 필요하게 되어 많은 시간 지연이 있고, 시간 지연된 채널에 대한 보상 명령은 매우 부정확해진다. 따라서 빠른 채널 보상을 위해 전력제어 명령어는 채널 부호화와 인터리빙이 끝난 다음에 실리게 되는데, 충분한 비트 에너지 값을 획득하기 위하여 두 개의 심볼에 해당하는 시간에 하나의 전력제어 명령어 비트를 실어 전달하게 된다. 또한 4.8, 2.4, 1.2kbps 신호의 전송전력은 9.6kbps에 비하여 반복한 후 1/2, 1/4, 1/8의 크기로 전달하지만 전력제어 명령어 비트는 9.6kbps의 신호에 해당하는 전력으로 전달한다. 전력제어 명령어 비트가 삽입되는 자리를 랜덤하게 선택하는 이유는 순방향 링크에서는 여러 이동단말기에 대한 신호가 묶여서 전달되게 되는데, 전력제어 명령어 비트가 실리는 부분은 음성신호들이 실리는 부분보다 큰 전력을 나타내게 되기 때문이다. 전력제어 명령어 자리가 랜덤하게 선택되어지지 않아 모든 이동단말기의 전력제어 명령어가 삽입되는 자리가 같아지면 이 부분은 음성신호가 전달되는 자리보다 매우 큰 전력으로 전송되기 때문에 1.25ms마다 특정 시간의 전송신호만 큰 값을 요구하게 되어 전력증폭기에 부담이 된다. 이를 피하기 위하여 각 이동단말기에 해당하는 긴 주기 의사잡음코드를 데시메이션하여 800Hz 단위로 4개의 비트를 추출하여 그 값에 따라 16개 자리 중 하나를 선택하여 전력제어 명령어 비트를 삽입하게 된다.

800MHz 대역의 셀룰러 이동전화에서 사용하는 Rate set 1은 음성신호의 발생이 9.6, 4.8, 2.4, 1.2kbps의 네 가지를 사용하고 있고, 1.7GHz 대역의 PCS 이동 전화에서 사용하는 Rate set 2에서는 음성신호가 14.4, 7.2, 3.6, 1.8kbps의 네 가지 속도로 발생된다. 음성 데이터 속도가 높은 대신 길쌈 부호에 의한 채널 부호화 율이 1/2에서 3/4으로 늘어난다. 즉, 14.4, 7.2, 3.6, 1.8kbps 속도의 음성신호는 3/4 채널 부호화하여 각각 19.2, 9.6, 4.8, 2.4ksps로 바뀐 후 나머지는 Rate set 1과 동일한 과정을 거쳐 전송된다. 3/4 채널 부호화는 1/2 채널 부호화한 후 여섯 비트 단위로 하여 세 번째와 다섯 번째 신호를 삭제한 후 첫 번째 두 번째 네 번째 여섯 번째 신호만을 전송함으로써 구현된다.

통화채널도 호출채널과 마찬가지로 20ms를 하나의 프레임으로 사용하고 있

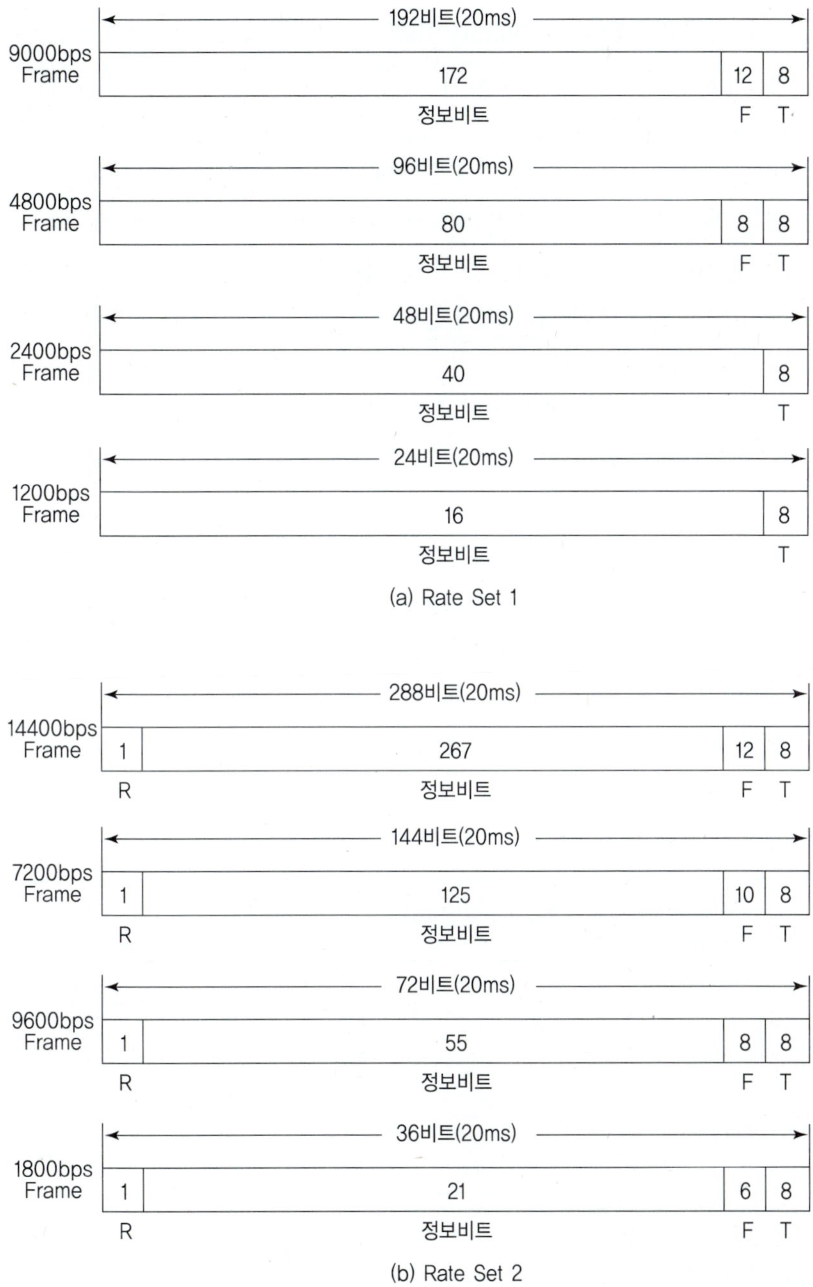

[그림 7-10] 통화채널 프레임 구조

다. [그림 7-10]에 통화채널 프레임 구조를 나타내었다.

여기서 F는 Frame Quality Indicator(CRC ; Cyclic Redundancy Check)에 사용되고 T는 길쌈부호의 꼬리비트(tail bit)를 채워넣는데 사용된다. Frame Quality Indicator는 수신 프레임에 오류가 있는지 없는지의 여부를 확인하기 위한 비트이다. 송수신기 간에 약속한 어떤 수 하나를 정하고, 송신기에서는 약속한 수로 나누었을 때 나머지가 '0'이 되도록 F에 해당하는 비트만큼을 채워넣고, 수신단에서는 그 수로 나누어 나머지가 '0'이면 수신 프레임에 오류가 없는 것으로 판정하고 나머지가 '0'이 아니면 오류가 있는 것으로 판정한다. 꼬리비트란 하나의 프레임이 끝날 때 길쌈부호 발생기를 초기화하기 위한 것으로 길쌈부호 발생기 천이레지스터 수만큼 '0'을 입력하여 한 프레임에 대한 길쌈부호가 끝나면 발생기 천이레지스터는 모두 '0'으로 남아 있게 하기 위한 비트들이다. 이렇게 하나의 프레임이 끝날 때 부호화기는 모두 '0'으로 초기화되어 있어 다음 프레임 시작은 초기화된 상태에서 시작하게 된다. 길쌈부호의 복호 과정은 현재의 수신 심볼뿐 아니라 이후로 수신되는 심볼들을 함께 고려하여 복호하기 때문에 초기화시켜주지 않으면 한 번 발생한 오류가 계속적으로 영향(error propagation)을 줄 수 있기 때문에 이를 방지하기 위함이며 한 프레임의 마지막 부분은 이후에 수신되는 심볼들이 없으므로 끝부분이 '0'으로

[표 7-1] 통화채널 음성 및 시그널링신호 결합 방식(Rate set 1)

전송률 (bits/sec)	형식 비트(format bits)			주음성신호 (bit/frame)	시그널링 (bit/frame)	부음성신호 (bit/frame)
	MM	TT	TM			
9600	0	-	-	171	0	0
	1	0	00	80	88	0
	1	0	01	40	128	0
	1	0	10	16	152	0
	1	0	11	0	168	0
	1	1	00	80	0	88
	1	1	01	40	0	128
	1	1	10	16	0	152
	1	1	11	0	0	168
4800	-	-	-	80	0	0
2400	-	-	-	40	0	0
1200	-	-	-	16	0	0

채워진다는 것을 이용하여 복호할 수 있도록 하고 있다. 9.6kbps 프레임을 예로 들면 9.6kbps로 20ms 동안 발생시키면 192비트가 하나의 프레임을 형성하고 이 중 172비트는 정보전달을 위해서, 그리고 12비트는 프레임 오류 여부 판단을 위해서, 8비트는 길쌈부호 초기화를 위해서 사용된다. Rate set 2의 프레임 형성 방식은 Rate set 1과 유사하며 R은 reserve 비트를 의미한다.

통화채널에는 음성신호 이외에 통화로 형성 등을 위한 일종의 제어신호에 해

[표 7-2] 통화채널 음성 및 시그널링신호 결합 방식(Rate set 2)

전송률 (bits/sec)	형식 비트(format bits)		주음성신호 (bit/frame)	시그널링 (bit/frame)	부음성신호 (bit/frame)
	MM	FM			
14400	0	–	266	0	0
	1	0000	124	138	0
	1	0001	54	208	0
	1	0010	20	242	0
	1	0011	0	262	0
	1	0100	124	0	138
	1	0101	54	0	208
	1	0110	20	0	242
	1	0111	0	0	262
	1	1000	20	222	20
7200	0	–	124	0	0
	1	000	54	67	0
	1	001	20	101	0
	1	010	0	121	0
	1	011	54	0	67
	1	100	20	0	101
	1	101	0	0	121
	1	110	20	81	20
3600	0	–	54	0	0
	1	00	20	32	0
	1	01	0	52	0
	1	10	20	0	32
	1	11	0	0	52
1800	0	–	20	0	0
	1	–	0	0	20

당하는 시그널링신호도 같이 전달될 수 있다. 즉, cdmaOne시스템에서는 시그널링을 위한 별도의 채널 형성 없이 통화채널을 통하여 시그널링신호를 전송하는데, 'Blank and Burst'와 'Dim and Burst'의 두 가지 방식이 있다. 'Blank and Burst' 방식에서는 통화채널 전체를 시그널링 정보전송에 사용하는 방식이고, 'Dim and Burst' 방식에서는 통화채널의 일부는 음성신호로 그리고 나머지 일부는 시그널링신호로 시간 다중화되어 전송되는 방식이다. Rate set 1을 예로 들면 시스널링신호의 전달은 9.6kbps에만 전달될 수 있고 4.8kbps 이하의 신호전송에서는 전달되지 않는다. 9.6kbps 프레임의 첫 번째 비트는 다중화 모드(MM ; Mixed Mode)를 나타내는 데 사용하여, 만약 이 MM 값이 '0'이면 프레임의 나머지 171비트는 음성신호로 채워진다. MM 값이 '1'이면 시스널링신호가 섞여 있다는 것을 의미하는데 MM 비트 이후의 한 비트는 TT(Traffic Type)으로 두 비트는 TM(Traffic Mode) 비트로 사용된다.

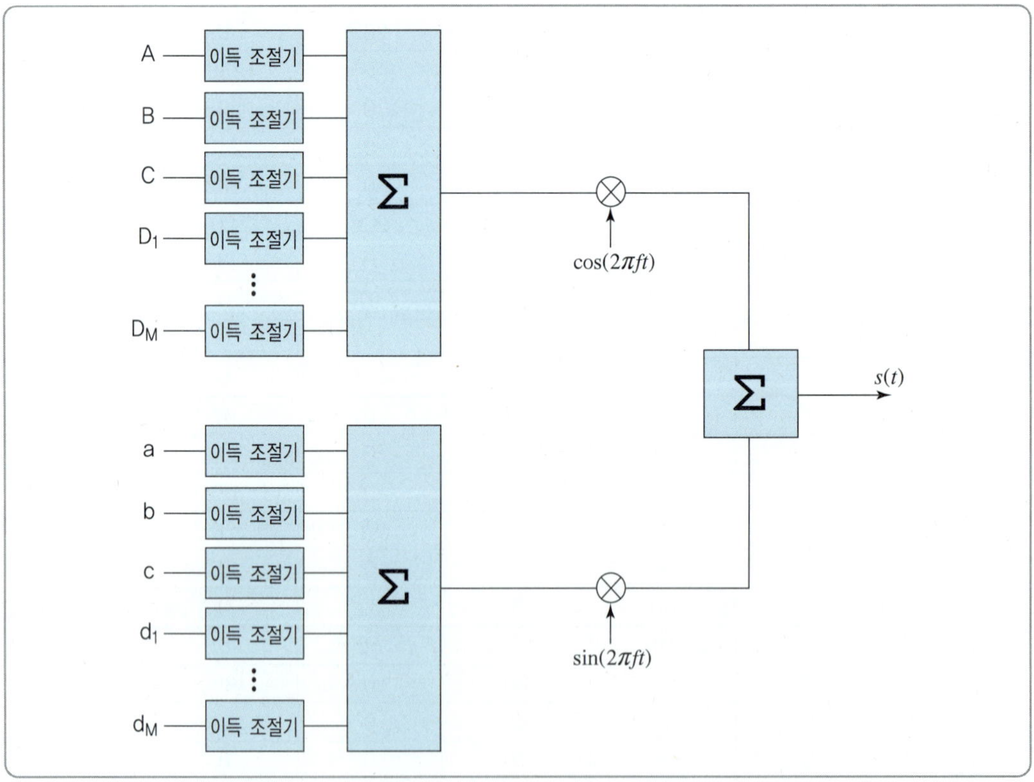

[그림 7-11] 순방향 링크 변조기

[표 7-1]에 통화채널에 음성과 시그널링 신호가 어떻게 결합되는지 나타내었다. 예를 들어 MM이 '1', TT가 '0', TM이 '00'이면 주음성신호에 80비트 시그널링에 88비트가 할당되어있음을 나타낸다.

Rate set 2에서는 프레임의 처음 비트는 MM 비트로 사용하고 각각의 전송률에 따라 다른 개수의 비트가 FM(Frame Mode) 비트로 사용된다. Rate set 2에 대한 음성신호와 시그널링신호의 결합 방식을 [표 7-2]에 나타내었다.

7.1.5 순방향 링크 변조

파일럿, 동기, 호출, 통화채널들에 의해서 만들어진 신호들은 [그림 7-11]과 같이 모두 합쳐져서 변조된 후 전송된다. 각각의 채널별로 순방향 전력제어에 의하여 이득 값을 결정하여 곱한 후 그 값들을 모두 더하여 QPSK 변조한 후 전송하게 된다.

7.2 역방향 링크 채널 구조

역방향 링크는 엑세스채널과 통화채널의 두 가지 채널이 존재한다. 역방향 링크에서는 모든 채널이 긴 주기 의사잡음코드에 의해서 구분되며, 논코히어런트 복조를 기반으로 하고 있다.

7.2.1 엑세스채널

엑세스채널은 이동단말기가 통화를 시도하거나 호출에 응답하기 위한 채널이다. 통화를 원하는 이동단말기가 생기면 해당 단말기와 통화로를 형성하여야 하는데, 각각의 이동단말기마다 서로 다른 채널을 통하여 통화를 시도한다면 기지국은 해당하는 모든 채널을 모두 검색하고 있어야 한다. 따라서 통화를 원할 경우 기지국마다 지정된 엑세스채널을 통하여 통화의 시도나 호출에 대한 응답을 하고, 이후 이동단말기별로 통화채널을 형성하여 신호를 송수신하게 된다.

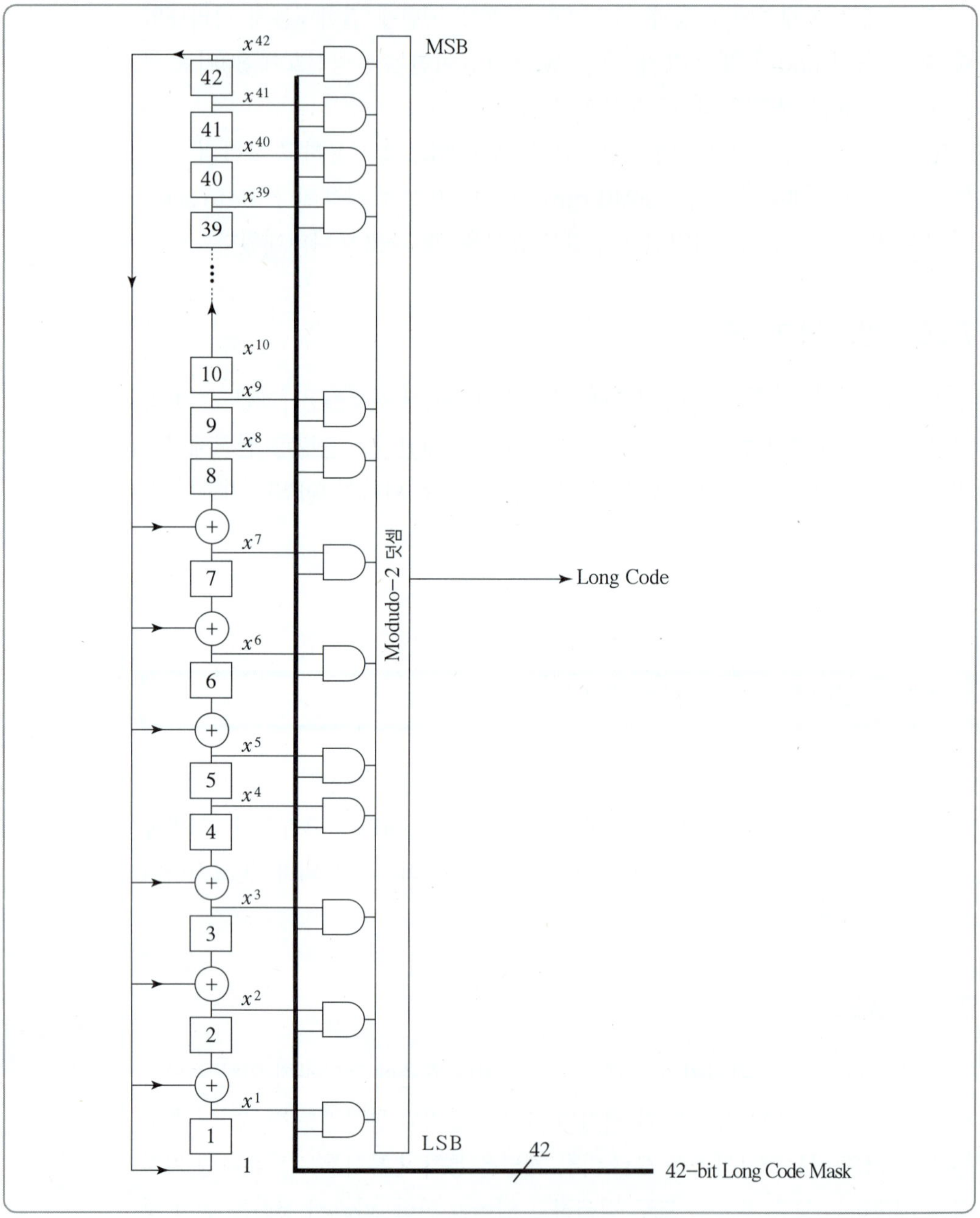

[그림 7-12] 긴 주기 의사잡음코드 발생기

역방향 링크에서는 이동단말기들이 랜덤하게 분포하기 때문에 수신신호 간의 동기를 형성할 수 없어 하나의 긴 주기 의사잡음코드의 시간위상으로 구분하게 된다. $2^{42}-1$ 주기의 긴 주기 의사잡음코드의 발생 다항식은 다음과 같다.

$$p(x) = x^{42}+x^{35}+x^{33}+x^{31}+x^{27}+x^{26}+x^{25}+x^{22}+x^{21}+x^{19}+x^{18}+ x^{17}+x^{16}+x^{15}+x^{10}+x^{7}+x^{6}+x^{5}+x^{3}+x^{2}+x^{1}+1 \quad (7-2)$$

[그림 7-12]에 긴주기 의사잡음 발생기를 나타내었다. 42개의 천이레지스터를 연결하고 발생 다항식에 나타나 있는 차수에 해당하는 천이레지스터의 출력은 귀환시키고, 발생 다항식에 나타나지 않는 차수의 천이레지스터는 귀환시키지 않도록 연결한다.

[그림 7-13]에 엑세스채널의 긴주기 의사잡음코드 발생의 천이레지스터 마스크를 나타내었다.

41 … 33	32 … 28	27 … 25	24 … 9	8 … 0
110001111	ACN	PCN	BASE_ID	PILOT_PN

ACN; Access Channel Number
PCN; Paging Channel Number
BASE_ID; Base Station Identification
Pilot_PN; PN offset for the Forward CDMA channel

[그림 7-13] 엑세스 코드 긴 주기 의사잡음코드 마스크

따라서 자신이 속한 기지국 및 자신이 속한 호출채널에 따라 별도의 엑세스채널을 위한 긴 주기 의사잡음코드를 발생시켜 통화를 시도하게 된다.

[그림 7-14]에 엑세스채널 구조를 나타내었다.

역방향 링크에서는 엑세스채널이나 통화채널 모두 1/3의 길쌈부호를 사용한다. 따라서 4.8kbps의 엑세스채널은 1/3 채널부호화하여 14.4ksps의 심볼률을 가진 후 한 번 반복하여 28.8ksps의 심볼률로 인터리빙 과정을 거친다. 이후 Walsh 직교변조(orthogonal modulation) 과정을 거치게 되는데 역방향 링크

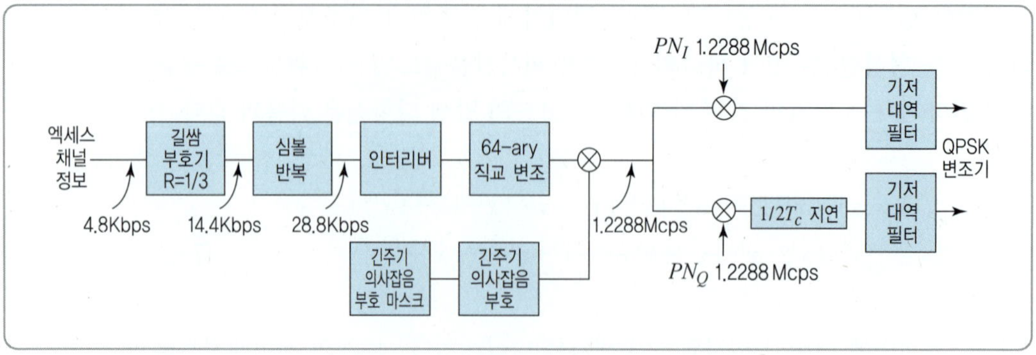

[그림 7-14] 엑세스채널 구조

에서는 수신신호 간의 동기가 설정되지 않기 때문에 직교코드를 채널 구분용으로 사용하지 못하고 파형코딩(waveform coding)에 의한 성능 개선에 사용한다. 즉, 데이터를 그대로 대역확산하여 전송하지 않고, 몇 개의 데이터를 모아 그에 해당하는 직교코드를 전송함으로써 성능을 개선한다. cdmaOne에서는 64-ary Walsh코드를 사용하는데, 예를 들어 데이터가 '0, 0, 0, 0, 0, 0'이 들어오면 0번 Walsh코드를 전송하고, 데이터가 '0, 0, 0, 0, 0, 1'이 들어오면 1번 Walsh코드를 전송하게 된다. 이렇게 데이터를 직접 전송하지 않고 Walsh코드를 전송하게 되면 신호 간의 거리가 커져 수신 심볼의 일부가 깨지더라도 오류 없이 데이터를 복구할 수 있게 된다. Walsh 직교변조를 사용하지 않고 '0, 0, 0, 0, 0, 0'과 '0, 0, 0, 0, 0, 1'을 그대로 전송하게 되면 두 데이터는 한 비트만 달라 한 비트만 깨지더라도 다른 정보가 전달되는 것과 같다. 그러나 '0, 0, 0, 0, 0, 0'를 0번 Walsh코드인 '0, 0, 0, 0, ⋯, 0'으로 대응시키고, '0, 0, 0, 0, 0, 1'를 1번 Walsh코드인 '0, 1, 0, 1, ⋯, 0, 1'에 대응시켜 전송하게 되면 두 개의 코드는 32개의 심볼이 다르게 되어 신호 간의 거리를 크게 할 수 있으므로 전송 상에서 발생한 일부 오류를 신호검출 시 복원할 수 있어 성능의 향상을 기대할 수 있다. 또한 Walsh 직교변조의 효과를 달리 설명하면 직교변조하지 않았을 때는 대역확산 및 역확산이 'bit-by-bit' 단위로 이루어졌으나, 직교변조를 수행하게 되면 6개의 비트가 하나의 심볼로 대응되어 'symbol-by-symbol' 확산 및 역확산이 수행되는 것에 해당하므로 성능의 향상이 나타나는 것으로도 설명할 수 있다.

이후 위에서 설명한 바와 같은 방식으로 긴 주기 의사잡음코드를 발생시켜

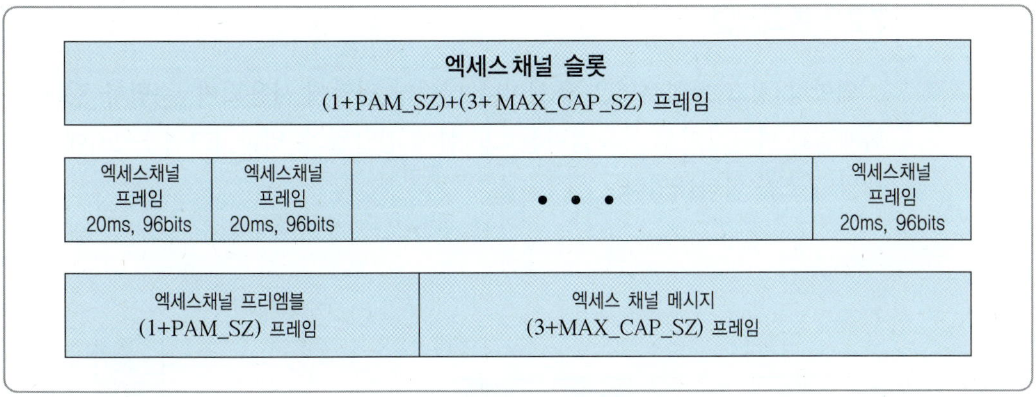

[그림 7-15] 엑세스채널 프레임 구조

대역확산시킨 후 동상 성분과 직각위상 성분 각각에 짧은 주기 의사잡음코드를 곱한 후 직각위상 성분 신호는 1/2칩 주기에 해당하는 시간 지연을 인가하여 OQPSK 변조를 수행하여 신호를 전송하게 된다. OQPSK 변조를 적용하면 QPSK 변조에 비하여 'zero-crossing'이 발생하지 않아 이동단말기 전력증폭기의 부담을 줄일 수 있다.

엑세스채널은 20ms 길이의 프레임 구조를 바탕으로 하고 있다. [그림 7-15]에 엑세스채널 프레임 구조를 나타내었다.

엑세스채널은 4.8kbps의 전송률을 가지므로 하나의 프레임은 96비트로 구성된다. 엑세스채널 슬롯은 (1+PAM_SZ)+(3+MAX_CAP_SZ)개의 프레임으로 구성되는데, 여기서 PAM_SZ는 엑세스채널 동기 설정을 위한 프리엠블 프레임 개수를 나타내고 MAX_CAP_SZ는 최대 엑세스채널 메시지 캡슐에 수용되는 프레임 개수를 나타낸다. 엑세스채널 메시지 캡슐이란 이동단말기가 전송하려고 하는 하나의 메시지를 이야기한다. 각각의 이동단말기들은 전송하고자 하는 메시지 길이에 따라 메시지 캡슐 크기를 바꿀 수 있으며, 물론 이때 최대 메시지 길이는 3+MAX_CAP_SZ를 넘어서는 안 된다. 엑세스채널 프리엠블 이외의 메시지를 전달하는 프레임들은 96개의 비트 중 마지막 8 비트는 길쌈부호의 초기화를 위한 비트로 사용되고 나머지 88개 비트에 정보를 실어주게 된다.

7.2.2 통화채널

역방향 링크 통화채널은 음성이나 데이터 전달에 사용되며, 순방향 링크 통화채널과 마찬가지로 시그널링신호도 함께 전달될 수 있다. [그림 7-16]에 통화채널 구조를 나타내었다.

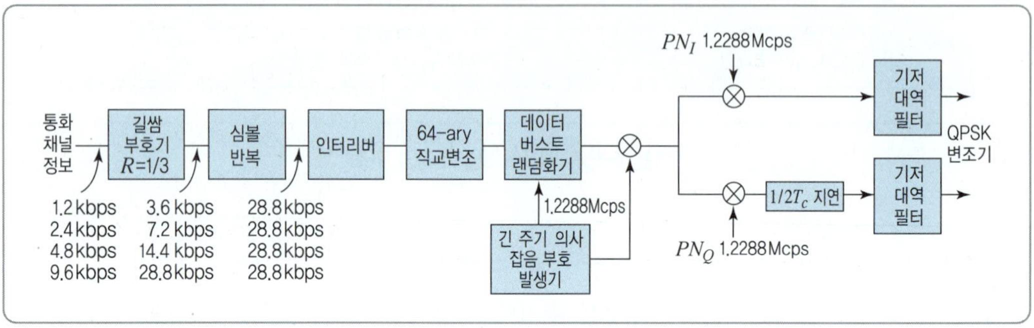

[그림 7-16] 통화채널 구조

통화채널은 엑세스채널과 마찬가지로 1/3 채널 부호화한 후 4.8, 2.4, 1.2kbps 데이터는 반복하여 28.8ksps 신호로 만들어 인터리빙 과정을 통과한 후 64-ary Walsh 직교 부호화한다. 이후 엑세스채널과는 다르게 데이터 버스트 랜덤화 과정을 수행하는데, 이는 음성 활성화에 의한 효과를 얻고자 하는 것이다. 순방향 링크 통화채널에서는 낮은 데이터율의 데이터전송에서는 심볼들을 반복하고 반복 횟수만큼 전송전력을 낮추어 전송함으로써 음성 활성화에 의한 간섭 감소 효과를 얻었다. 그러나 역방향에서는 심볼들을 반복하고 전송전력을 낮추지 않고, 전송전력은 그대로 유지하면서 반복한 심볼들 중 하나만 선택하여 전송하고 나머지는 전송하지 않는 방법으로 간섭 감소 효과를 얻는다. 순방향 통화채널과는 다르게 이와 같은 랜덤화 과정을 사용하는 이유는 효과적인 전력제어를 수행하기 위해서이다. 역방향 링크에서는 800Hz의 빠른 전력제어를 수행하여 수신신호 간의 전력을 맞추어 주는데, 만약 순방향 링크와 마찬가지로 심볼을 반복하고 전력을 낮추어 전송한다고 가정한다면 수신단에서 수신신호의 전력을 정확히 측정하려면 반복된 심볼들을 모두 결합하여야 한다. 순방향 링크 통화채널에서 설명한 바와 같이 반복된 심볼들은 시간다이버시티를 얻기 위하여 인터리빙되어 전송되므로 반복된 심볼들을 다시 모으려면 디인터리빙 과정이 필요하여 많은 시간 지연이 발생하게 된다. 이러한 시간 지연을 피하려고 만약 반복한 심볼들을 다시 결합하지 않고 수신신호의 전력을 측정하면, 그 측정 값이 정확하지 않아 전력제어의 효과가 떨어지게 된다. 따라서 역방향에서는 [그림 7-17]과 같이 반복한 심볼들은 반복 횟수만큼 gate-off 되어 전송하지 않는 방법으로 간섭 감소 효과를 얻는다.

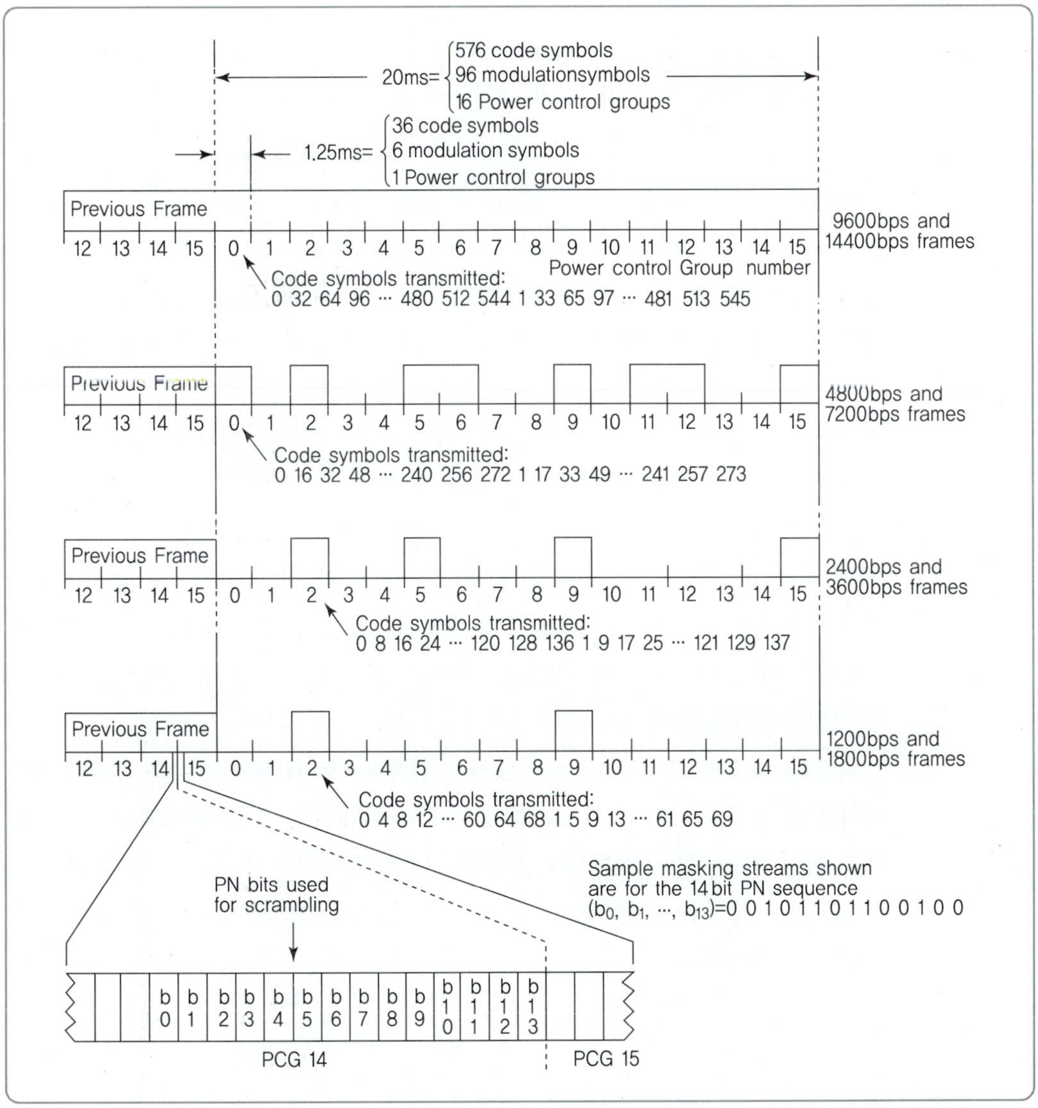

[그림 7-17] 데이터 버스트 랜덤화 과정

$ESN = (E_{31}, E_{30}, E_{29}, \cdots, E_1, E_0)$

$Permuted\ ESN = (E_0, E_{31}, E_{22}, E_{13}, E_4, E_{26}, E_{17}, E_8, E_{30}, E_{21}, E_{12}, E_3, E_{25}, E_{16}, E_7, E_{29}, E_{20}, E_{11}, E_2, E_{24}, E_{15}, E_6, E_{28}, E_{19}, E_{10}, E_1, E_{23}, E_{14}, E_5, E_{27}, E_{18}, E_9)$

41 … 32	31 … 0
1100011000	Permuted ESN

*ESN ; Electronic Serial Number

[그림 7-18] 역방향 링크 통화채널 긴 주기 의사잡음코드 마스크

데이터 버스트 랜덤화는 1.25ms 단위의 전력제어 그룹 단위로 수행된다. 1.2kbps 신호를 예로 들면 20ms의 통화채널 하나의 프레임에는 16개의 전력제어 그룹이 존재하고, 1.2kbps 신호는 일곱 번 반복되므로 여덟 개의 전력제어 그룹 중 7개의 전력제어 그룹은 gate-off시키고 하나만 선택하여 전송한다. 따라서 총 16개의 전력제어 그룹 중 2개만 선택하여 전송하게 되며, 이렇게 되면 평균적으로 8개의 심볼들 중 1개만 선택하여 전송하는 효과가 있다.

역방량 링크 통화채널들은 긴 코드 주기 의사잡음코드로 구분되는데, 코드의 발생은 [그림 7-12]와 동일하다. 다만 각각의 채널마다 코드 마스크가 [그림 7-18]과 같이 정의된다. Electronic Serial Number(ESN)는 단말기 제조사가 각각의 이동단말기에 부여한 32비트의 고유번호이다. Permuted ESN은 ESN을 적절히 섞어 주어 연속적인 ESN을 가지고 발생되는 긴 주기 의사잡음코드 간의 코릴레이션을 줄여주기 위함이다.

역방향 링크에서도 Rate set 2에서는 전송데이터가 순방향 통화채널과 마찬가지로 14.4, 7.2, 3.6, 1.8kbps의 네 가지가 존재하고, 순방향 링크의 1/3 길쌈부호 대신 1/2 길쌈 부호화를 수행한다. 14.4, 7.2, 3.6, 1.8kbps 데이터를 1/2 부호화를 수행하면 각각 28.8, 14.4, 7.2, 3.6ksps가 되어 이후 과정은 Rate set 1과 동일하다.

7.3 IMT-2000 주요 기술

7.3.1 대역확산 및 변조

cdmaOne시스템에서는 데이터와 시그널링신호를 시간 다중화하여 하나의 통화채널에 전달하였다. 대역확산 방식으로는 동일 데이터가 동상 성분과 직각위상 성분으로 보내지고 서로 다른 의사잡음코드로 대역확산시키는 BPSK/Quadri-phase 변조 방식을 사용하였다. IMT-2000시스템에서는 음성 이외의 멀티미디어 서비스 제공을 목표로 하기 때문에 보다 많은 제어 신호 전송이 필요하게 되었다. 일례로 음성전송에서는 전송하는 데이터율이 4가지 정도로 한정적이었지만 멀티미디어 서비스에서는 다양한 데이터율을 지원할 수 있어야 한다. 수신단에서는 어떠한 데이터율의 신호가 수신되는지 알지 못하면 신호를 복조해낼 수 없다. 음성전송에서는 데이터율이 네 가지로 한정되어 있어 모든 가능한 데이터율에 대하여 신호를 복조하고 그중 오류가 가장 적게 나는 데이터율을 선택해내는 blind 검출이 가능했지만, 멀티미디어 신호전송에서는 데이터율이 매우 다양하여 이러한 blind 검출이 불가능하다. 따라서 이러한 데이터율이나 트래픽 특성을 별도로 알려줄 필요가 발생하였고, 이러한 정보는 변하지 않는 고정된 데이터율로 전송되어야 한다. 즉, 고정 데이터율로 전송되는 정보를 읽어 전달되고 있는 트래픽 특성을 파악하여 신호를 복구하도록 설계하여야 한다. 따라서 cdmaOne시스템에서와는 달리 트래픽과 제어신호를 시간 다중화하지 않고 따로 떼어낼 필요가 생겨났다. 즉, 별도의 시그널링 채널을 통하여 트래픽 관련 정보 등을 전달하고 이를 이용하여 데이터를 복구하도록 설계하였다. 이와 같이 데이터와 시그널링을 별도로 전송하면서도 하나로 묶어 전달하기 위한 대역확산 방식이 복소대역확산(complex spreading) 방식이다.

우선 데이터와 데이터를 섞지 않고 구분하여 전달하기 위하여 [그림 7-19]와 같이 시그널링신호는 동상 성분에 그리고 데이터신호는 직각위상 신호에 전달한다고 해보자. 이때 발생하는 문제는 일반적으로 시그널링에 비하여 데이터는 훨씬 많은 양을 전송해야 하므로 큰 전력을 요구한다. 따라서 동상 성분과 직각위상 성분의 크기가 달라 QPSK 신호가 $\pm\pi/4$와 $\pm 3\pi/4$와 같은 위상에 발생되

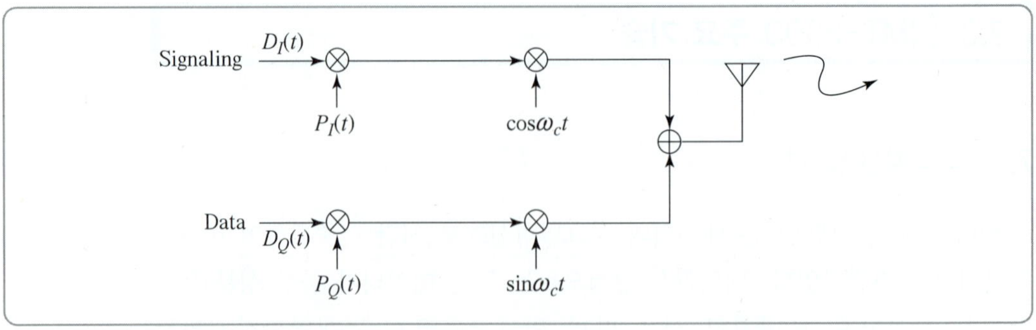

[그림 7-19] 시그널링과 데이터 구분 대역확산(QPSK/Quadri-phase spreading)

지 않고 동상이나 직각 위상의 한쪽으로 몰리는 신호 성상을 나타나게 된다. 또 다른 문제는 시그널링 신호나 데이터신호가 동상 성분 혹은 직각위상 성분에 단독으로 실려 전송되게 되면 bi-phase spreading한 것과 같으므로 페이딩 환경에서 열악한 성능을 나타내게 된다. 페이딩 환경에서는 신호를 동상 성분과 직각위상 성분 양쪽으로 전달하여 두 신호를 결합하여 복구하여야만 안정적인 성능을 나타낼 수 있다. 신호가 위상이 틀어져서 수신되어 동상이나 직각위상 한쪽 성분이 많이 깨진다고 하더라도 다른 성분의 신호가 제대로 복원되기 때문에 안정적인 신호 복조가 가능하다.

이러한 문제점을 해결하기 위해서는 데이터와 시그널링 신호는 구분하면서도 각각의 신호가 동상과 직각위상 신호 모두에 실릴 수 있는 대역확산 방식이 필요하고, 이를 구현한 것이 복소대역확산(complex spreading)이다. 직각위상 성분은 동상 성분과 90° 위상차를 가지고 있으므로 직각위상 성분은 $j(=\sqrt{-1})$로 표시하자. 전송하고자 하는 시그널링신호를 $D_I(t)$로 데이터신호를 $D_Q(t)$로 나타내고 동상 및 직각위상 의사잡음코드를 각각 $PN_I(t)$와 $PN_Q(t)$로 나타냈을 때, 복소대역확산 과정은 다음과 같이 나타낼 수 있다.

$$(D_I(t)+jD_Q(t))\cdot(PN_I(t)+jPN_Q(t)) \tag{7-3}$$

참고로 cdmaOne의 BPSK/Quadriphase 대역확산은 식 (7-4)와 같이 나타낼 수 있다. 데이터와 시그널링이 시간 다중화하여 출력된 것을 $D(t)$라 나타내고 그 신호가 동상 및 직각위상에 실려 대역확산된다.

$$D(t) \cdot (PN_I(t) + jPN_Q(t)) \qquad (7-4)$$

식 (7-3)을 정리하면 $(D_I(t)PN_I(t)-D_Q(t)PN_Q(t))+j(D_I(t)PN_Q(t)+D_Q(t)PN_I(t))$와 같으므로 동상 성분에 $(D_I(t)PN_I(t)-D_Q(t)PN_Q(t))$를 입력하여 $\cos\omega_c t$를 곱하고 직각위상 성분에 $(D_I(t)PN_Q(t)+D_Q(t)PN_I(t))$을 입력하고 $\sin\omega_c t$를 곱한 후 두 신호를 더하여 전송하게 된다.

[그림 7-20]에 복소대역확산 방식을 나타내었다.

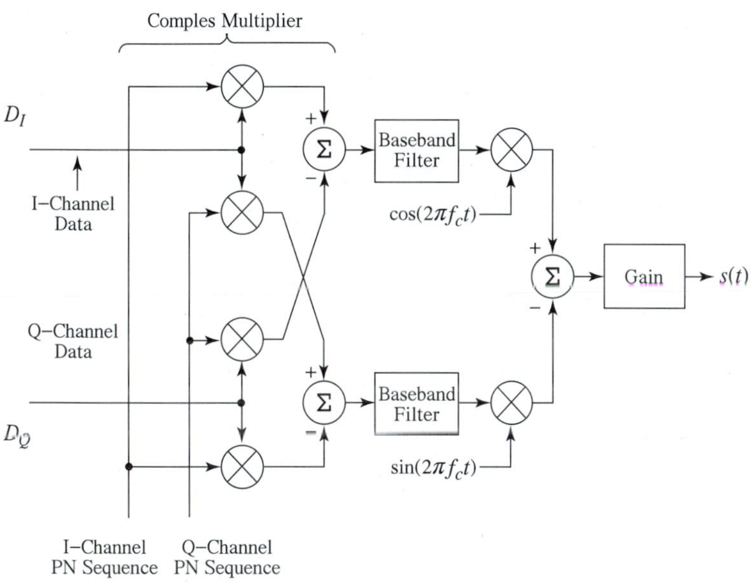

[그림 7-20] 복소대역확산 방식

7.3.2 역방향 링크 복조 방식

cdmaOne에서는 역방향에서 논코히어런트 방식을 기반으로 했으나 IMT-2000에서는 코히어런트 복조로 변경하여 성능의 향상을 도모하였다. 역방향에서도 코히어런트 복조가 가능하기 위해서는 파일럿 신호를 필요로 하게 된다.

3GPP에서는 DPDCH(Dedicated Physical Data Channel)와 DPCCH(Dedicated Physical Control Channel)의 두 가지 종류의 정보가 전달되는데

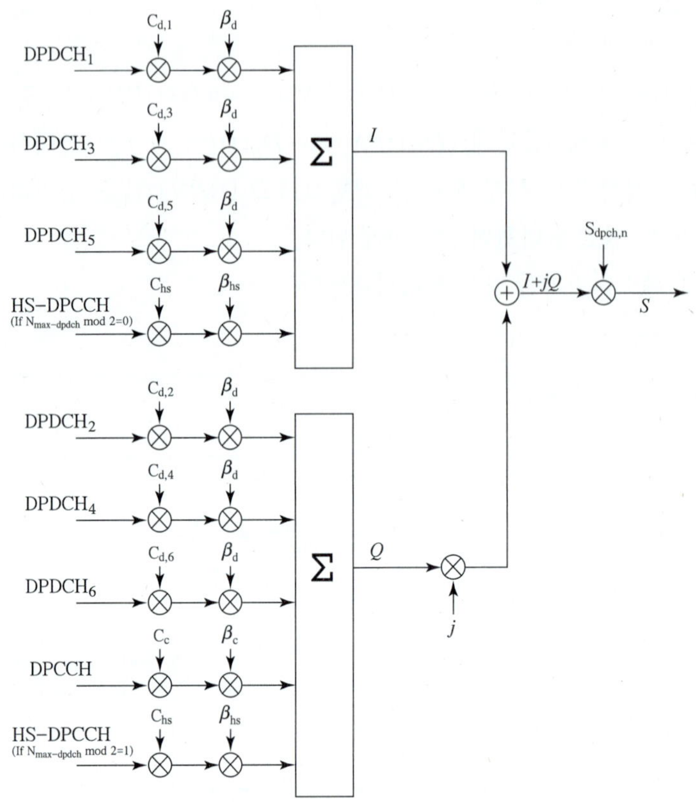

[그림 7-21] 역방향 링크 전송 구조(3GPP)

DPDCH는 전송하고자 하는 데이터를 말하고 DPCCH에는 파일럿, TFCI(Transport Format Combination Indicator), FBI(Feedback Information)와 TPC(Transmit Power Control) 비트가 시간 다중화하여 전달된다. 여기서 TFCI는 DPDCH에 전달되는 데이터의 데이터율이나 채널 부호화율 등을 나타내 주는 정보이고, FBI는 두 개 이상의 송신안테나의 이득 조절 등을 위해 사용하는 정보이고, TPC는 전력제어를 위한 정보를 말한다. DPCCH에 파일럿 심볼을 전달하고 있으므로 이 신호를 바탕으로 코히어런트 복조를 수행하게 된다. [그림 7-21]에 3GPP에서의 역방향 링크 전송 구조를 나타내었다.

3GPP2 역방향 링크 구조에서는 파일럿채널을 가지고 있으므로 데이터채널과 파일럿채널이 Walsh코드로 코드 다중화하여 전송된다. cdmaOne 역방향

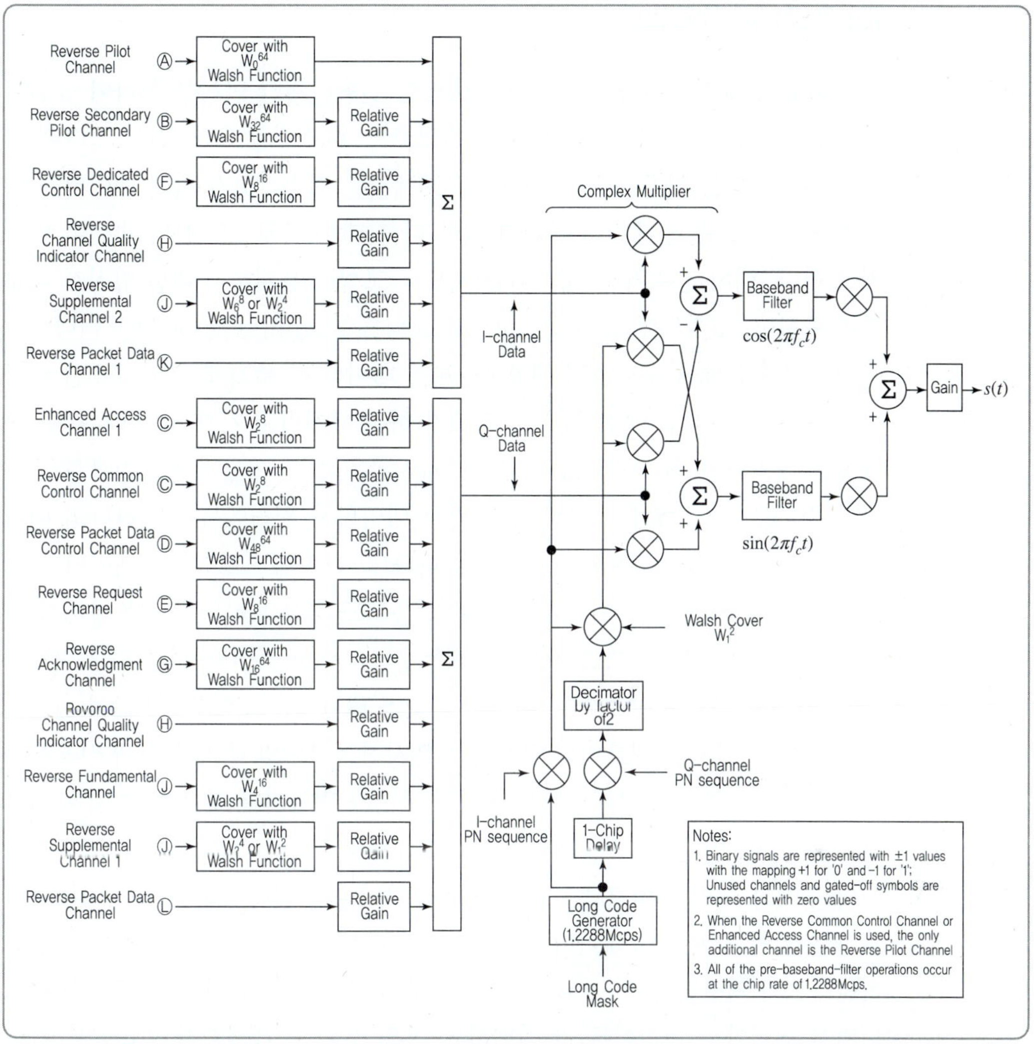

[그림 7-22] 역방향 링크 전송 구조(3GPP2)

링크에서는 Walsh코드를 파형코딩(Waveform coding)인 직교신호화(orthogonal signaling)에 사용하였지만, cdma2000시스템에서는 [그림 7-22]에서와 같이 채널 구분용으로 사용한다. 따라서 cdma2000시스템에서는 Walsh 직교신호화에 의한 파형코딩은 도입되지 않는다. [그림 7-22]에 3GPP2에서의 역방향 링크 전송 구조를 나타내었다.

7.3.3 OVSF 직교코드

cdmaOne에서는 4가지 속도의 데이터를 전송하지만 반복을 통하여 동일한 데이터율로 만들어 전송하기 때문에 직교코드 운영에 문제가 없다. 그러나 멀티미디어 전송을 목표로 하는 IMT-2000에서는 전송하고자 하는 데이터가 매우 다양하기 때문에 데이터 주기가 서로 다를 때는 직교코드 운영 방식이 달라져야 한다. 데이터 주기가 서로 다를 때도 직교성을 유지하기 위한 방식이 직교가변 확산이득(OVSF; Orthogonal Variable Spreading Factor) 코드이다.

직교코드로 채널 구분을 수행할 때, 보통 데이터 한 주기에 직교코드 한 주기가 들어가도록 한다. OVSF란 전송하고자 하는 데이터 주기가 서로 다를 때, 즉 다양한 대역확산 처리이득(spreading factor)을 갖는 상황에서도 직교성을 유지할 수 있는 신호체계를 말한다. 여기서 대역확산 처리이득이란 하나의 데이터를 얼마나 넓게 대역확산시키는가를 나타내 주는 값으로, 만약 데이터 주기가 1s인데, 여기에 주기가 10ms인 의사잡음코드 혹은 Walsh코드를 곱해서 대역확산시켰다고 하면, 대역확산 처리이득은 1s/10ms = 100이 된다. 가변확산이득(Variable SF)이란 이러한 확산이득 값이 변한다는 것인데, 이 값이 변하려면 데이터 주기는 그대로인데 곱해지는 의사잡음코드의 주기가 바뀌거나 혹은 의사잡음코드 주기는 그대로인데 데이터 주기가 변하거나 혹은 두 가지 주기가 모두 바뀔 때 발생한다. 일반적으로는 의사잡음코드 주기는 고정시키므로, 데이터 주기가 여러 가지 값을 가질 때 주로 나타나게 된다. 즉, 멀티미디어 서비스가 도입되면서 음성/데이터/화상 등 다양한 데이터율을 가지는 신호를 전송하려다보니 의사잡음코드 주기는 일정한데 데이터 주기가 여러 가지 값을 갖게 되면서 대역확산 처리이득 값이 변하는 것을 말한다. 대역확산 처리이득 값이 변하게 되면 기존의 직교코드를 그대로 사용할 경우 신호 간의 직교성을 보장할 수 없는 문제가 발생하여 신호를 코드로 구분할 수 없게 된다.

예를 들어 다음과 같은 8-ary 직교코드를 사용한다고 가정하자.

8-ary 직교코드

W_0 : 0 0 0 0 0 0 0 0
W_1 : 0 1 0 1 0 1 0 1
W_2 : 0 0 1 1 0 0 1 1
W_3 : 0 1 1 0 0 1 1 0
W_4 : 0 0 0 0 1 1 1 1
W_5 : 0 1 0 1 1 0 1 0
W_6 : 0 0 1 1 1 1 0 0
W_7 : 0 1 1 0 1 0 0 1

6.2절에서 설명한 바와 같이 어떠한 서로 다른 두 신호의 상호상관 값은 '0'이다. 예를 들어 W_0와 W_4를 chip-by-chip으로 곱하면 1 1 1 1 0 0 0 0이 되고 0을 −1로 치환한 후 한 주기 적분하면 그 값은 0이 된다. 대역확산 처리이득 값이 고정된 상태면 어떠한 코드 쌍을 곱한다 하더라도 마찬가지 결과를 얻을 수 있다. 그러나 가변확산 처리이득의 경우에서 사용자 1은 확산처리이득이 8이고 W_0를 할당받았다고 가정하고, 사용자 2는 W_4를 할당받았고 확산처리이득이 4일 경우, 즉 사용자 2의 데이터율이 두 배 빠르다고 가정하자. 아래 그림에서 블록 하나가 하나의 데이터를 의미한다.

W_0 :	0 0 0 0 0 0 0 0		0 0 0 0 0 0 0 0	
W_4 :	0 0 0 0	1 1 1 1	0 0 0 0	1 1 1 1

위의 그림에서 사용자 1은 8칩 단위로 적분(correlation)하게 되므로 사용자 2의 신호와 구분되지만, 사용자 2는 4칩 단위로 적분하기 때문에 W_0와 W_4의 앞의 4칩 부분은 같기 때문에 혹은 뒤의 4칩 부분은 모두 0의 값을 갖게 되어 신호 구분이 안 된다. 다른 예로 사용자 1과 사용자 2에게 W_0와 W_1을 할당한다고 하면 다음과 같이 나타낼 수 있다.

W_0 :	0 0 0 0 0 0 0 0		0 0 0 0 0 0 0 0	
W_4 :	0 1 0 1	0 1 0 1	0 1 0 1	0 1 0 1

사용자 1에서 8칩 단위로 적분할 때나 사용자 2에서 4칩 단위로 적분할 때 모두 신호 구분(직교성 보장)이 됨을 알 수 있다. 즉, 직교코드를 적절히 할당한다면 확산처리이득 값이 다르더라도 직교성을 유지할 수 있고, OVSF코드는 가변확산 처리이득 환경에서도 직교성을 유지할 수 있도록 직교코드를 배치한 것이다.

[그림 7-23]은 OVSF코드 구조를 나타내고 있다.

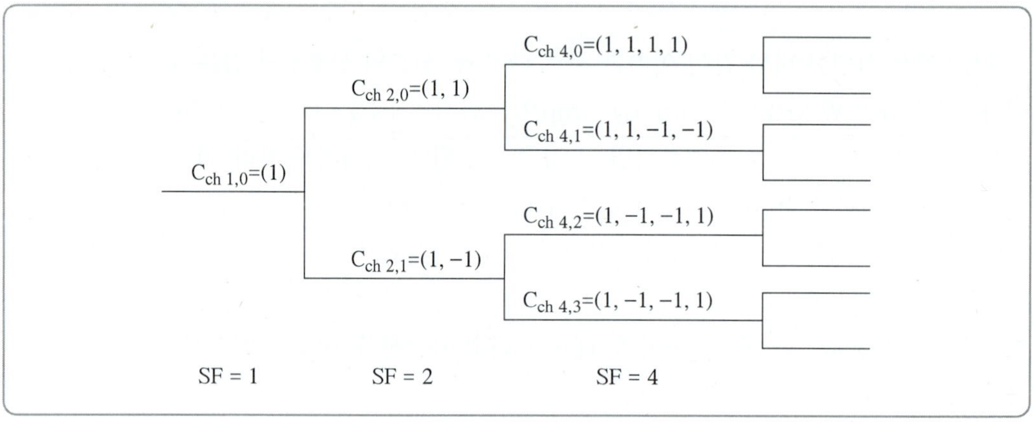

[그림 7-23] OVSF코드 트리 구조

[그림 7-23]에서 한 사용자가 $C_{ch\ 2,0}$를 할당받았으면, 다른 사용자는 $C_{ch\ 2,0}$에서 퍼져나가는 $C_{ch\ 4,0}$나 $C_{ch\ 4,1}$ 혹은 그 이후의 $C_{ch\ 8,0}$ ~ $C_{ch\ 8,3}$ 등은 직교성이 보장되지 못하여 사용하지 못하고 대신 $C_{ch\ 2,1}$에서 퍼져나가는 코드를 선택하여야 한다.

7.3.4 송신다이버시티

IMT-2000 서비스 중 강조되고 있는 무선인터넷과 같은 서비스에서는 순방향 링크의 트래픽이 역방향 링크의 트래픽보다 훨씬 많은 비대칭(asymmetric) 서비스 형태를 보인다. cdmaOne은 음성통화를 위주로 하였기 때문에 순방향과 역방향의 통화량이 비슷한 대칭형 구조였다. 따라서 순방향에서의 용량을 늘려주기 위한 기술들이 개발되었는데, 그중 하나가 송신다이버시티(transmit diversity)이다. cdmaOne 역방향 링크에서 이동단말기가 송신한 신호를 기지국에서 공간적으로 분리된 두 개의 안테나를 통하여 수신한 후 결합하는 공간다이버시티를 적용하였으나, 순방향 링크에서는 작은 이동단말기에 두 개의 안테나를 실장하기 어렵기 때문에 순방향 링크에서는 공간다이버시티 효과를 얻지 못하였다. IMT-2000에서는 이동단말기에서 두 개의 안테나를 통해 신호를 수신 결합하는 대신 송신기에서 두 개의 안테나를 통해 신호를 전송하고 이동단말기에서는 하나의 안테나로 신호를 수신하여 공간다이버시티 효과를 얻는다. 공간적으로 떨어진 안테나에서 신호를 송신하게 되면 수신 전파경로가 서로 달라 수신신호의 특성이 다르고, 이들 신호를 결합함으로써 다이버시티 이득을 얻게 된다. 공간다이버시티를 위하여 송신기가 두 개 이상의 신호를 전송하기 때문에 송신다이버시티라고 부른다.

송신다이버시티는 개루프 송신다이버시티와 폐루프 송신다이버시티 기술이 있다. 또한 개루프 송신다이버시티에는 TSTD(Time Switched Transmit Diversity), OTD(Orthgonal Transmit Diversity), STTD(Space Time Transmit Diversity)가 있다.

TSTD와 OTD는 전송하고자 하는 데이터 비트를 d_0, d_2, d_4, … 와 같은 짝수 번째 데이터 열과 d_1, d_3, d_5, … 와 같은 홀수 번째 데이터 열로 나누어 각각을 서로 다른 안테나로 전송한다. 수신단에서는 두 안테나로부터 수신된 데이터를 구분할 수 있어야 d_0, d_1, d_2, d_3 … 와 같은 원신호를 복구해낼 수 있는데 두 안테나로부터 전송되는 신호 구분을 시간으로 수행하는 것이 TSTD, 코드로 수행하는 것이 OTD이다. 즉, TSTD에서는 [그림 7-24]에서와 같이 d_0, d_2, d_4, … 와 같은 짝수 번째 데이터가 전송될 때는 d_1, d_3, d_5, … 와 같은 홀수 번째 데이

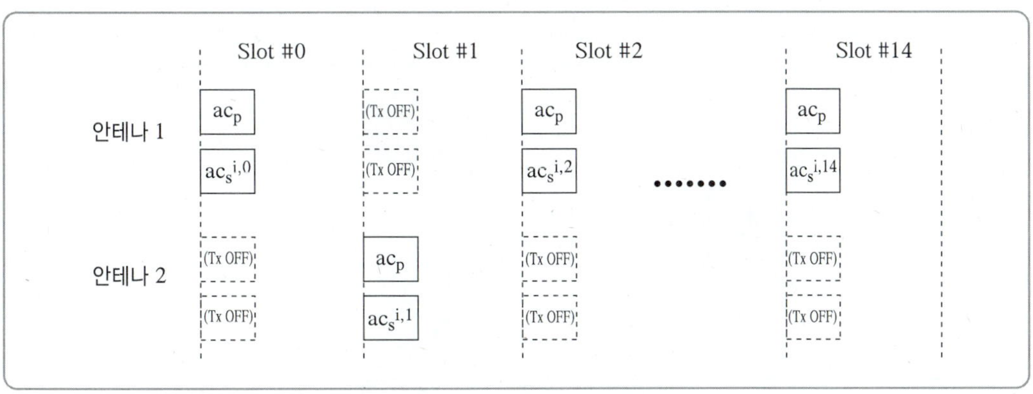

[그림 7-24] TSTD 전송 방식

터는 전송되지 않고, 마찬가지로 홀수 번째 데이터가 전송될 때는 짝수 번째 데이터가 전송되지 않는다. 짝수 번째 데이터와 홀수 번째 데이터는 서로 시간상으로 교번하여 전송되게 된다.

OTD 송신다이버시티에는 두 개의 안테나에 각각 서로 다른 직교코드를 곱하여 각 안테나에서 전송되는 신호들을 구분한다. 순방향 링크에서 채널들은 직교코드로 구분하는데, 직교코드는 의사잡음코드와는 달리 그 수가 매우 제한적이다. 특히 높은 데이터율의 데이터전송에서는 대역확산 이득 값이 적어 OVSF코드에서 사용할 수 있는 직교코드의 수가 상당히 제한적일 수 있다. OTD를 위해서는 두 개의 직교코드를 할당하여야 하지만, 데이터를 홀수와 짝수로 나누었기 때문에 데이터 주기가 두 배가 되어 대역확산 이득 값 역시 두 배가 된다. 확산 이득이 두 배가 되면 OVSF코드 트리에서 두 배의 코드를 사용할 수 있게 되므로 직교코드를 하나 더 사용하지 않는 것과 같다.

일반적인 공간다이버시티는 동일한 데이터를 서로 다른 전파 특성을 가지고 수신되도록 하여 이들 신호들을 결합하여 이득을 얻는데, TSTD나 OTD는 동일한 신호를 두 안테나에서 송신하는 것이 아니고 전송신호를 나누어 서로 다른 안테나로 전송한다. 따라서 수신신호들을 결합하여 다이버시티 이득을 얻는 것이 아니고 각각 수신된 데이터를 다시 결합하여 원 순서대로 데이터를 복구한 후 채널 부호화 디코딩 과정을 통과시킴으로써 다이버시티 이득을 획득한다. 즉, 채널 디코딩 과정에서 서로 다른 전파환경을 겪은 데이터들로 디코딩을 수행함으로써 다이버시티 이득을 얻는다.

STTD는 송신신호를 공간과 시간적으로 섞어 전송함으로써 다이버시티 이득을 얻는 방식이다. [그림 7-25]에 STTD 전송 방식을 나타내었다.

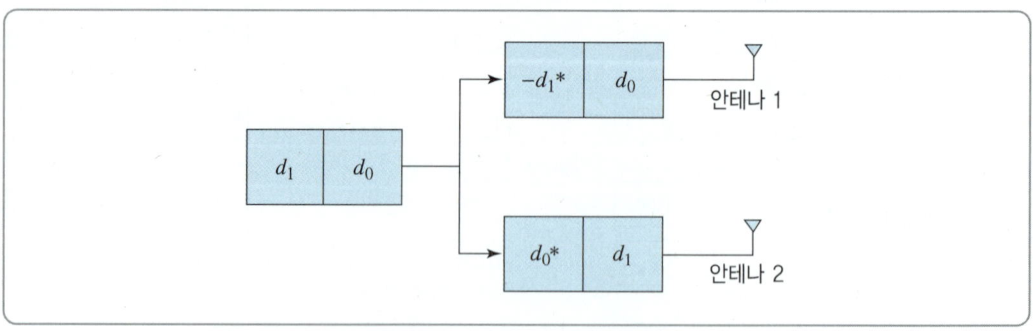

[그림 7-25] STTD 전송 방식

안테나 1로부터 수신되는 신호의 전파 특성을 h_1이라 하고, 안테나 2로부터 수신되는 전파 특성을 h_2라 하자. 데이터 한 주기를 T라고 할 때, 처음 $[0{\sim}T]$ 구간 동안 수신되는 신호를 r_0이라 하고 다음 $[T{\sim}2T]$ 구간 동안 수신되는 신호를 r_1라고 하면 수신신호는 다음과 같이 나타낼 수 있다.

$$\begin{aligned} r_0 &= h_1 d_0 + h_2 d_1 \\ r_1 &= -h_1 d_1^* + h_2 d_0^* \end{aligned} \quad (7\text{-}5)$$

여기서 *는 공액복소수(conjugate) 연산을 의미한다. d_0와 d_1은 다음과 같이 복조해낼 수 있다.

$$\begin{aligned} \hat{d}_0 &= h_1^* r_0 + h_2 r_1^* = \left(|h_1|^2 + |h_2|^2\right) d_0 \\ \hat{d}_1 &= h_2^* r_0 - h_1 d_1^* = \left(|h_1|^2 + |h_2|^2\right) d_1 \end{aligned} \quad (7\text{-}6)$$

두 신호 모두 h_1과 h_2의 채널 특성을 결합하여 신호를 복원할 수 있음을 알 수 있다.

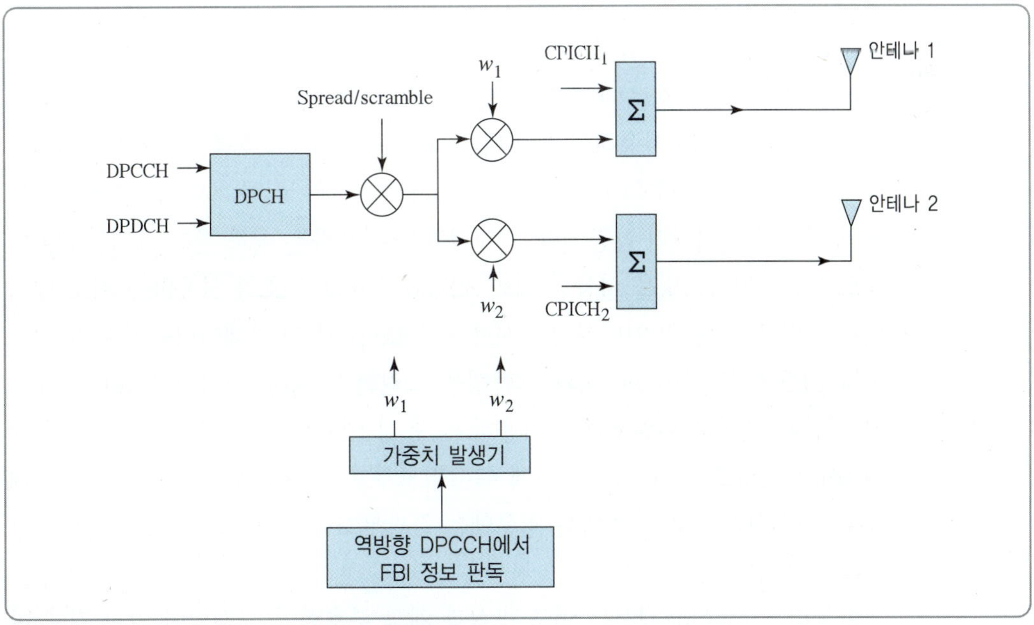

[그림 7-26] 폐루프 송신다이버시티 전송 방식

폐루프 송신다이버시티에서는 각각의 안테나에 곱해지는 가중치를 이동단말기가 결정하여 FBI(feedback information)로 기지국에 전송한다. [그림 7-26]에 폐루프 송신다이버시티 전송 방식을 나타내었다.

[그림 7-26]에서 CPICH(Common Pilot Channel)는 이동단말기가 각각의 안테나로부터 신호를 수신하였을 때 각각의 채널 상황을 추정하기 위하여 전달된다. 즉, 이동단말기는 CPICH1을 수신하여 안테나 1과 수신기 간의 채널 상황을 추정하여 그에 해당하는 가중치 w_1을 결정하여 FBI에 실어 기지국에 통보하면, 기지국에서는 그 가중치를 안테나 1 신호에 곱하여 전송하게 된다.

7.3.5 AMC와 HARQ

cdmaOne에서는 변조 방식으로 순방향 링크에서 QPSK, 역방향 링크에서 OQPSK 변조 방식만을 사용하였는데, IMT-2000 방식에서는 QPSK, 8PSK, 16QAM을 전파환경에 따라 적절히 선택할 수 있도록 하였다. 전파환경이 열악하여 전송 오류가 빈번할 때에는 QPSK 변조 방식을 선택하고, 전파환경이 좋은 지역에서는 16QAM을 사용하여 전송속도를 높여주고 있다.

또한 cdmaOne에서는 길쌈부호만을 이용하였는데, IMT-2000에서는 보다 좋은 성능을 얻기 위하여 터보(Turbo)부호를 채택하였다. 3GPP에서는 BCH(broadcast channel), PCH(paging channel), RACH(random access channel)은 길쌈부호로 채널 코딩을 수행하고 나머지 채널들은 전송데이터율이 낮으면 길쌈부호를 사용하고 데이터율이 높으면 터보부호를 사용한다. 데이터율이 낮으면 터보부호의 내부 인터리버에 충분한 데이터를 채울 수 없어 터보부호의 성능이 떨어지기 때문이다. 터보부호를 사용하는 최소 블록 크기는 320비트로 10ms 인터리빙을 사용할 때면 32kbps가 터보부호를 사용하는 최소 데이터율이 되고 80ms의 인터리빙을 사용하면 4kbps가 최소 데이터율이 된다.

3GPP2에서도 cdmaOne과 호환성을 고려한 9.6kbps 혹은 14.4kbps 데이터 계열은 그대로 길쌈부호를 사용하고, 음성 이외의 다른 데이터를 전송하는 RC(radio configuration) 계열에서는 터보부호를 적용하여 내부 인터리버에 충분한 데이터를 채울 수 없는 경우에는 길쌈부호를 사용하고 나머지는 터보부호를 사용한다.

아울러 cdmaOne에서는 변조 방식과 채널 부호화가 고정되어 있던 것에 반하여 IMT-2000시스템에서는 전파환경에 따라 변조 방식과 채널 부호화율을 달리 적용하는 AMC(Adaptive Modulation and Coding) 기법을 채택하고 있다. 전파환경이 열악한 조건에서는 변조 지수가 낮은 QPSK를 선택하여 채널 부호화를 강화하는 방식을 사용하고, 전파환경이 우수한 지역에서는 변조 지수도 높이고 채널 부호화도 줄여 각각의 전파환경에 적절한 변조 및 채널 부호화를 선택한다.

또한 채널 부호화와 ARQ(Automatic Repeat reQest)를 별도로 수행하던 것을 두 가지 기능을 적절히 결합하여 성능의 향상을 꾀하는 기법이 HARQ(Hybrid ARQ)이다. 기존의 방식에서는 채널 부호화 디코딩 과정을 마친 후 프레임 오류를 판정하여 오류가 있으면 재전송을 요구하고 오류가 난 프레임은 버린 후 송신부터 오류 여부 판정까지 동일한 과정을 반복하였다. HARQ에서는 오류가 발생한 프레임을 버리지 않고 재전송되는 프레임과 적절히 결합하여 성능의 개선을 도모한다. HARQ 방식은 그 결합 방법에 따라 chase combining, partial IR(Incremental Redundancy), full IR의 세 가지로 나눌 수 있다.

Chase 결합 방식은 수신 패킷에 오류가 발생하여 재전송하였을 때, 이전의 오류 발생 패킷을 버리지 않고 저장하였다가 재전송된 패킷과 심볼 대 심볼로

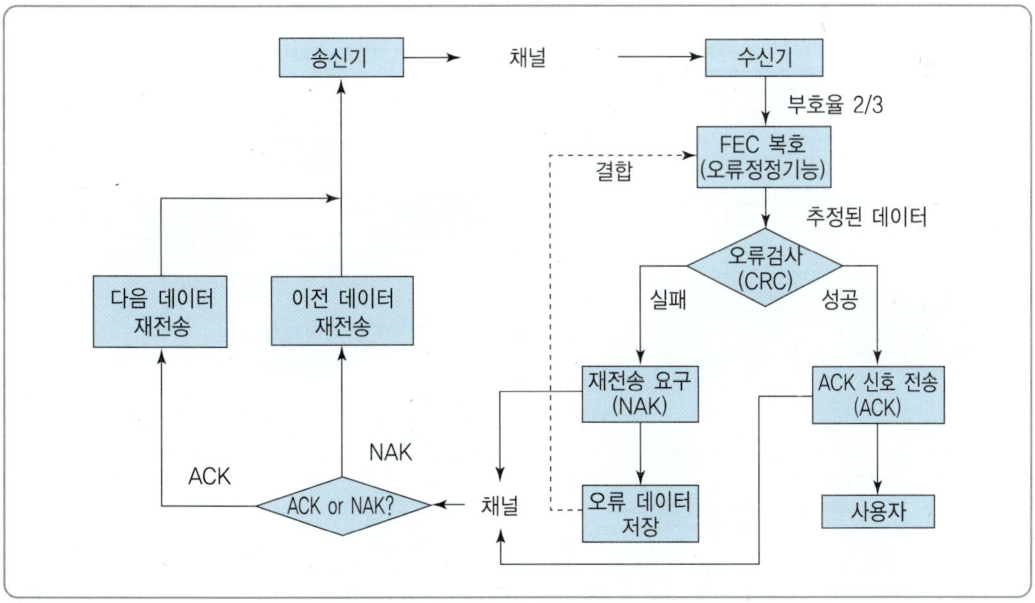

[그림 7-27] Chase 결합 방식에 의한 HARQ

더하여 복조하는 방식이다. 수신단에서는 여러 개의 수신신호를 각 수신의 신호 대 잡음 비(SNR)를 가중치로 하여 결합하는 것이 일반적이다. Chase 결합 방식은 수신단에서 버퍼의 크기를 감소시킬 수 있다는 장점이 있지만 채널 상황이 극도로 좋지 않을 경우 성능이 떨어진다는 단점이 있다.

[그림 7-27]에 chase 결합 방식에 의한 HARQ 개요를 나타내었다.

Full IR 방식은 수신 패킷에 오류가 있어 재전송하게 될 때, 재전송되는 데이터는 이전에 보낸 데이터에는 보내지 않았던 정보만을 다시 보낸다. 터보부호화하여 신호를 전송할 때 전송신호의 데이터율을 맞추기 위해 일부 데이터는 삭제(puncturing)하고 전송하지 않는다. Full IR에서는 재전송할 때 처음에 삭제하여 전달하지 않았던 심볼만을 모아서 전송하고, 수신단에서는 이전 패킷의 심볼과 새로 수신된 패킷의 심볼들을 결합하여 복호를 수행한다. 이렇게 하면 삭제된 심볼이 줄어들어 복호기 성능이 좋아진다. 새로 전송하는 패킷에는 이전에 보내지 않았던 정보만을 전송하므로 새로 전송한 모든 비트는 redundancy를 증가시키는 것과 같으므로 full IR이라고 부른다. 이 방식의 장점은 채널환경에 따라서 적절하게 부가되는 정보의 양을 조절할 수 있어 보다 효율적인 재전송을 구현할 수 있다는 점이고, 단점으로는 송신기는 현재 송신되지 않은 나머지 심

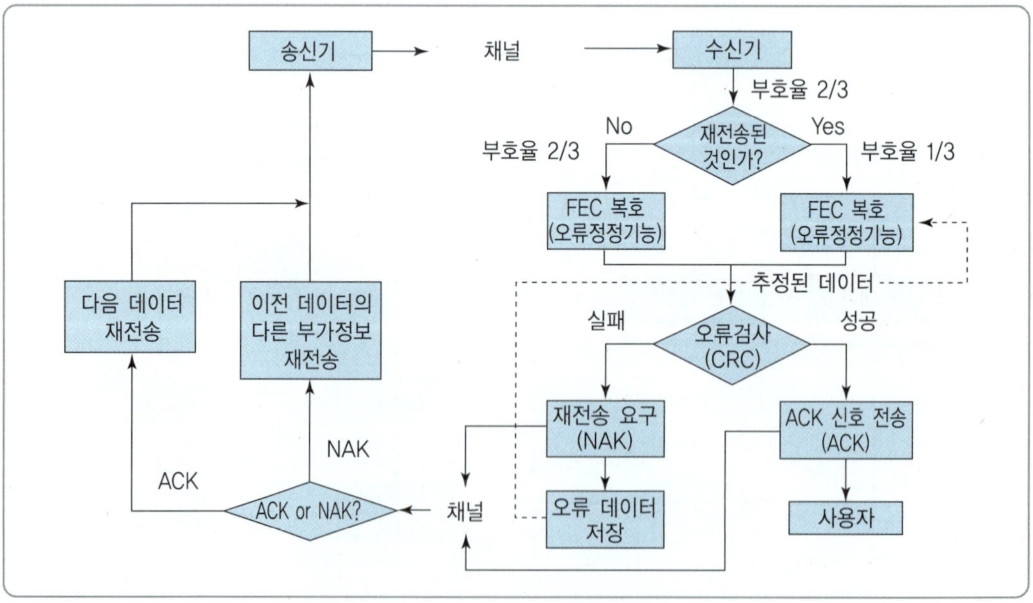

[그림 7-28] Full IR 방식에 의한 HARQ

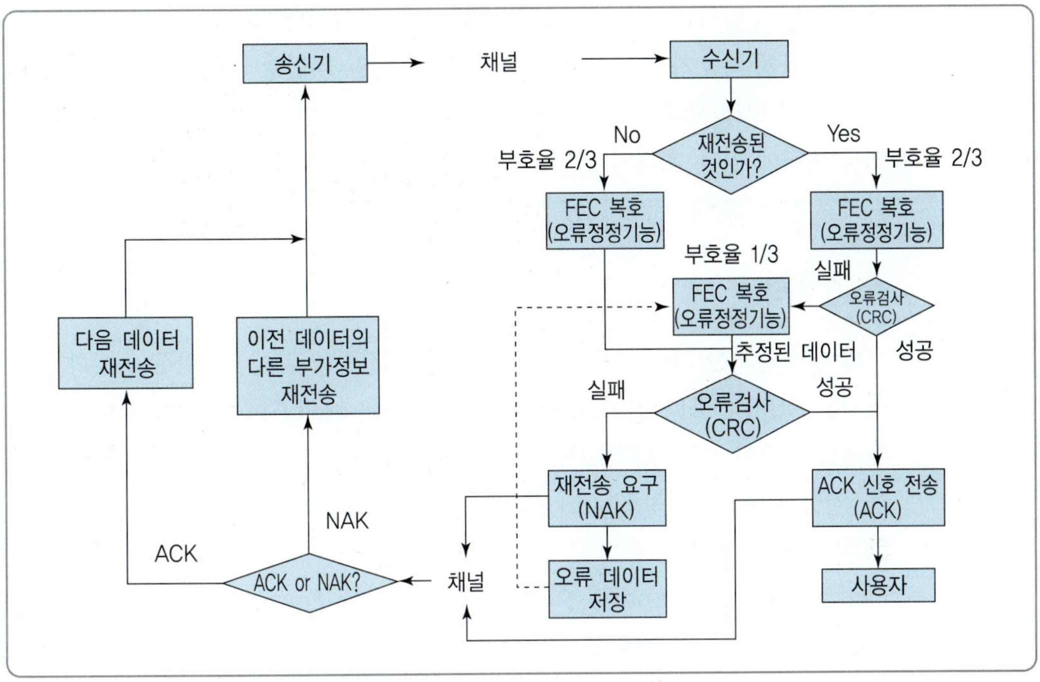

[그림 7-29] Partial IR 방식에 의한 HARQ

볼들을 버퍼(buffer)에 저장하여야 하므로 송신기에 버퍼를 구현하여야 하며 수신기는 수신한 심볼들을 버퍼에 저장해야 하므로 구현이 복잡해진다는 점이다. [그림 7-28]에 full IR 방식에 의한 HARQ 전송 방식을 나타내었다.

Partial IR 방식은 재전송받은 신호만으로 복호를 수행하여 오류가 없다고 판정되면 다음 패킷을 전송하고, 오류가 있다고 판정되면 이전에 수신한 패킷과 결합하여 복호를 수행한다. 이전에 보낸 패킷이 전달되는 채널환경이 매우 열악한 경우에는 그 패킷을 결합하지 않는 것이 오히려 우수한 성능을 보일 수도 있다. 따라서 새로 수신한 패킷을 복호하여 새로운 패킷만으로 충분히 데이터를 복조해낼 수 있다면 이전 패킷과 결합하지 않고, 여전히 오류로 판정되면 이전 패킷과 결합하여 복호한다. 터보부호에서는 systematic 정보가 있어야만 복호가 가능하므로 새로 수신한 패킷만으로 신호를 복호하기 위해서는 systematic 정보와 이전에 보내지 않았던 잉여 비트를 같이 전송한다. 즉, systematic 정보는 이전 패킷이나 새로 보낸 패킷이나 동일하게 전송하고, 잉여 비트만 달리 하여 전송하게 된다. 수신단에서는 systematic 신호는 서로 결합하고, 새로운 잉여 비트는 채워서 복호를 수행하게 된다. Partial IR의 systematic 정보를 포함하므로 자체 복호가 가능하다는 점이 장점이 될 수 있고 수신 E_b/N_o가 높을 때 Full IR에 비해 오류정정 능력이 떨어진다. 순간적인 간섭의 증가나 급격한 페이딩 변화에 따른 패킷의 심한 손상이나 손실에 보다 효과적으로 대처할 수 있다. [그림 7-29]에 Partial IR에 의한 HARQ 전송 방식을 나타내었다.

7.3.6 기타

앞에서 열거한 기술적 특징 이외에도 패킷 전송을 위하여 3GPP 순방향 링크에서는 HS-DSCH(High-speed Downlink-shared Channel)이나 이 채널을 제어하기 위한 HS-SCCH(High-speed Shared Control Channel) 등의 채널을, 역방향 링크에서는 Uplink Common Packet Channel 등을 별도로 구성하였고, 3GPP2에서는 순방향 링크와 역방향 링크에 각각 Forward/Reverse Packet Data Channel과 이를 제어하기 위한 Forward/Reverse Packet Control Channel을 새로이 정의하고 있다.

전력제어도 cdmaOne에 비하여 더욱 자주 수행하도록 하고 있고, 멀티미디어 서비스를 고려하여 단순한 수신 E_b/N_o이 아닌 SIR(Signal to Interference Ratio)를 바탕으로 수행하도록 하고 있다.

또한 FCS(Fast Cell Selection) 기법도 도입되어 이동단말기가 가장 전파환경이 우수한 기지국 하나만을 선택하도록 하여, 불필요하게 2개 이상의 기지국에서 동일한 신호를 전송하는 것을 방지하도록 하여 인접 기지국으로부터의 간섭을 줄이고 용량을 향상시키는 기법도 도입되었다. 이러한 FCS은 일종의 SSDT(Site Selection Diversity Transmission)이라고 할 수 있다.

그 밖에도 보다 효과적인 호출을 위한 Quick Paging 방식의 도입이나, 채널상태를 알려주기 위한 channel indicator가 역방향 링크 채널을 통하여 기지국에 보고되는 구조, 현재 전송되고 있는 데이터율이나 채널 부호화율 등을 알려주기 위한 3GPP의 TFCI(Transport Format Channel Indicator)나 3GPP2의 이에 해당하는 정보를 알려주기 위한 Forward Indicator Control Channel 등이 도입되었다.

점차로 이동단말기의 위치를 정확히 파악할 필요가 강조되고 있다. 이동단말기의 위치를 찾아내기 위해서는 하나의 이동단말기가 전송하는 신호를 여러 기지국이 수신하여 그 값을 분석하여야 한다. 따라서 자신이 속하지 않은 기지국에도 신호가 도달하도록 하기 위하여 주기적으로 이동단말기가 전송하는 전력을 높여주는 PUF(Power Up Function)의 도입도 cdmaOne과의 차이점이라고 할 수 있다.

이 밖에도 많은 부분 기술 변경이 있으나 모두를 설명하기는 어렵기 때문에 가장 특징적이라고 판단되는 부분만 기술하였다.

7.4 W-CDMA 채널 구조

7.4.1 W-CDMA 전달(transport)채널 구조

W-CDMA시스템에서는 cdma2000시스템에는 정의되어 있지 않은 전달채널을 정의하고 있다. cdmaOne이나 cdma2000 시스템은 비교적 물리채널과 논리채널이 동일하게 설계된 데에 반하여 W-CDMA시스템은 비교적 OSI 7 레벨에 따른 계층적 설계를 따르면서 논리채널과 물리채널이 1:1로 동일하게 설계되지 않았다. 따라서 W-CDMA 표준을 정의하는 초기 단계에는 논리채널을 적절한 물리채널에 직접 매핑(mapping)시켰는데, 일부 논리채널은 여러 종류의 물리채널에 매핑되고 게다가 점차 새로운 기능이 추가되면서 논리채널과 물리채널 간의 매핑이 매우 복잡해졌다. 따라서 무선을 통하여 전달되는 데이터의 종류나 특성이 비슷한 물리채널들을 하나로 묶어서 전달채널이라 정의하여 논리채널과 물리채널 사이에 위치시켰다. 즉, 논리채널은 전달채널에 매핑되고 전달채널은 물리채널에 매핑시킴으로써 논리채널과 물리채널을 매핑시켜 시스템 설계나 이해를 쉽게 하기 위하여 전달채널을 정의하게 되었다.

전달채널은 특정 이동단말기에 정보를 전달하는지 혹은 전체 이동단말기들에 정보를 전달하는지에 따라 크게 지정논리채널(dedicated transport channel)과 공통논리채널(common transport channel)의 두 가지로 구분할 수 있다.

7.4.1.1 지정전달채널

지정전달채널에는 DCH(Dedicated Channel)과 E-DCH(Enhanced Dedicated Channel)의 두 가지가 있고, DCH는 순방향과 역방향 전달채널에 해당하고 E-DCH는 역방향 전달채널에만 존재한다.

7.4.1.2 공통전달채널

공통전달채널에는 BCH(Broadcast Channel), FACH(Forward Access Channel), PCH(Paging Channel), RACH(Random Access Channel), CPCH(Common Packet Channel), DSCH(Downlink Shared Channel), HS-DSCH(High Speed Downlink Shared Channel)의 7가지 채널이 정의되어 있다.

BCH는 순방향 전달채널로 셀 전체로 전달되며 시스템 혹은 셀에 관련된 정보를 브로드캐스트 하는 데 사용되는 채널이다.

FACH는 순방향 전달채널로 셀 전체로 전달되며, 특히 전력 값 설정을 위한 정보를 전달하는 데 사용되는 채널이다.

PCH는 cdmaOne의 호출채널과 동일한 역할을 하는 채널로 셀 전체에 전달되는 순방향 채널로 호출에 관련된 정보와 효율적인 sleep 모드를 지원하기 위한 채널이다.

RACH는 cdmaOne의 엑세스채널과 동일한 역할을 하는 역방향 채널로 개방루프 전력제어를 바탕으로 충돌(collision)을 피하여 셀에 접속하기 위한 역할을 수행하기 위한 채널이다.

CPCH는 역방향 전달채널로 여러 이동단말이 패킷을 전송하기에 공통으로 사용하는 채널이다. 전력제어와 CPCH 채널 제어 명령어를 전달하는 순방향 지정채널과 연계되어 사용되며, 내부 폐루프 전력제어를 바탕으로 초기 충돌 방지를 지원하기 위한 채널이다.

DSCH는 순방향 전달채널로 여러 이동단말에 패킷을 전송하기 위하여 공통으로 사용하는 채널이다. DSCH는 하나 혹은 여러 개의 DCH와 연계하여 사용된다.

HS-DSCH는 DSCH와 마찬가지로 순방향에서 여러 이동단말에 패킷을 전송하기 위하여 공통으로 사용하는 채널이나 DSCH보다 훨씬 높은 데이터율을 지원하기 위한 채널이다. HS-DSCH는 하나의 순방향 DPCH(Downlink Physical Channel)과 하나 혹은 여러 개의 HS-SCCH(High Speed - Shared Control Channel)과 연계하여 사용된다.

7.4.2 W-CDMA 물리(physical)채널 구조

W-CDMA 물리채널을 정리하면 [표 7-3]과 같다.

[표 7-3] W-CDMA 물리채널

역방향 채널

지정 역방향 채널	Uplink DPCH	각 이동단말이 기지국으로 신호를 전송할 때 사용하는 채널로 DPDCH과 DPCCH이 각각 동상 성분과 직각위상 성분에 실려 전송된다.
	Uplink DPDCH	DPDCH는 DPCH를 사용하는 이동단말에 적어도 하나는 할당되며, 상위 계층으로부터 데이터전송에 사용되는 채널이다.
	Uplink DPCCH	DPCCH는 DPCH를 사용하는 이동단말에 오직 하나 할당되며, DPCH의 물리계층을 제어하는 데 사용하는 채널이다.
	HS-DPCCH	HS-DPCCH는 순방향 HS-DSCH과 관계된 역방향 피드백 시그널링을 전달하기 위한 채널로 Hybrid-ARQ Acknowledgement와 Channel-Quality Indication 등을 전달한다.
	E-DPDCH	E-DPDCH는 E-DCH 전달채널을 전송하기 위하여 사용된다.
	E-DPCCH	E-DPCCH는 E-DCH와 관련된 제어정보를 전달하는 물리채널이다.
공통 역방향 채널	PRACH	RACH 정보를 전달하는 데 사용하는 물리채널이다.
	PCPCH	주로 높은 데이터율의 패킷 데이터를 전송하기 위한 채널이다.

순방향 채널

지정 순방향 채널	Downlink DPCH	기지국에서 각 이동단말루 신호를 전송할 때 사용하는 채널로 DPDCH과 DPCCH이 시간 다중화(time-multiplexed)되어 전송된다.
	Downlink DPDCH	DPDCH는 Layer 2 이상에서 생성되는 DCH를 전송하는 채널이다.
	Downlink DPCCH	DPCCH는 Layer 1에서 생성되는 파일럿 비트, 전력제어 명령어와 TFCI와 같은 제어정보를 전달하는 채널이다.
	CPCH를 위한 DL-DPCCH	CPCH를 위한 DL-DPCCH는 DL-DPCCH의 특별한 경우로 파일럿 비트, TFCI, 전력제어 명령어와 CPCH 시그널링을 지원하기 위한 CPCH 제어 명령어를 전달하는 데 사용된다. CPCH 제어 명령어에는 Start of Message Indicator나 emergency stop 명령어와 같은 상위 계층 제어 명령어를 포함한다.
	E-DCH Relative Grant Channel	E-DCH Relative Grant Channel은 대역확산 처리이득이 128로 고정된 데이터율로 전송되며 역방향 E-DCH와 관련된 승인(relative grant)을 전송하는 채널이다.
	E-DCH Hybrid ARQ Indicator Channel	E-DCH Hybrid ARQ Indicator Channel은 대역확산 처리이득이 128로 고정된 데이터율로 전송되며 역방향 E-DCH hybrid ARQ Acknowledgement 지시자를 전송하는 채널이다.

공통 순방향 채널	CPICH	CPICH는 Primary CPICH와 Secondary CPICH 두 가지가 있으며 Primary CPICH는 주로 순방향 채널 추정, 이동단말기의 셀 탐색, 다른 순방향 물리채널의 시간 참조(time reference)에 사용된다. Secondary CPICH는 주로 적응형 배열 안테나를 사용할 때 사용된다.
	P-CCPCH	P-CCPCH는 고정된 데이터율(30kbps, SF=256)로 BCH 전달채널 정보를 전달하는 채널이다.
	S-CCPCH	S-CCPCH는 FACH와 PCH를 전달하기 위한 채널로 보통 셀당 하나 이상의 S-CCPCH가 존재한다.
	SCH	이동단말의 셀 탐색을 위하여 사용되는 채널로 Primary SCH와 Secondary SCH로 구성된다.
	PDSCH	각각의 셀은 복수 개의 PDSCH를 수용하고 있고, 주로 높은 데이터율의 패킷을 전달하는 데 사용된다.
	AICH	AICH는 PRACH와 쌍을 이루어 존재하며 PRACH 랜덤 접속 제어를 위하여 사용된다.
	AP-AICH	AP-AICH는 PCPCH와 쌍을 이루어 사용되며 PCPCH 랜덤 접속 제어에 사용된다. SF=256의 고정된 데이터율로 전달되며 CPCH의 AP(Access Preamble) 획득 지시자(Acquisition Indicator)를 전달한다.
	CD/CA-ICH	CD/CA-ICH는 SF=256의 고정된 데이터율로 전송되며 CA(Channel Assignment)가 활성화되지 않았을 때에는 CD(Collision Detection) 지시자를 전송하는 데 사용되며, CA가 활성화되었을 때는 CD 지시자와 CA 지시자를 전송하는 데 사용된다.
공통 순방향 채널	PICH	PICH는 S-CCPCH와 쌍을 이루어 사용되며, 호출지시자(paging indicator)를 전달하는 데 사용된다.
	CSICH	CSICH는 CPCH의 상태 정보를 전달하는 데 사용되는 채널로 SF=256의 고정된 데이터율로 전달된다.
	HS-SCCH	HS-SCCH는 HS-DSCH와 관련된 순방향 시그널링 정보를 전달하는 채널로 고정된 데이터율(60kbps, SF=128)로 전달된다.
	HS-PDSCH	HS-PDSCH는 HS-DSCH를 전달하는 데 사용된다.
	E-AGCH	E-AGCH는 역방향 E-DCH absolute 승인(grant) 정보를 전달하는 채널로 고정된 데이터율(30kbps, SF=256)로 전달된다.

AI	Acquisition Indicator
AICH	Acquisition Indicator Channel
AP	Access Preamble
AP-AICH	Access Preamble Acquisition Indicator Channel
API	Access Preamble Indicator

BCH Broadcast Channel

CA Channel Assignment

CAI Channel Assignment Indicator

CCC CPCH Control Command

CCPCH Common Control Physical Channel

CD Collision Detection

CD/CA-ICH Collision Detection/Channel Assignment Indicator Channel

CDI Collision Detection Indicator

CPCH Common Packet Channel

CPICH Common Pilot Channel

CSICH CPCH Status Indicator Channel

DCH Dedicated Channel

DPCCH Dedicated Physical Control Channel

DPCH Dedicated Physical Channel

DPDCH Dedicated Physical Data Channel

DSCH Downlink Shared Channel

E-AGCH E-DCH Absolute Grant Channel

E-DCH Enhanced Dedicated Channel

E-DPCCH E-DCH Dedicated Physical Control Channel

E-DPDCH E-DCH Dedicated Physical Data Channel

E-HICH E-DCH Hybrid ARQ Indicator Channel

E-RGCH E-DCH Relative Grant Channel

FACH Forward Access Channel

HS-DPCCH Dedicated Physical Control Channel (uplink) for HS-DSCH

HS-DSCH High Speed Downlink Shared Channel

HS-PDSCH High Speed Physical Downlink Shared Channel

HS-SCCH Shared Control Channel for HS-DSCH

ICH Indicator Channel

PCH Paging Channel

P-CCPCH Primary Common Control Physical Channel

PCPCH Physical Common Packet Channel

PDSCH Physical Downlink Shared Channel

PICH Page Indicator Channel

PRACH Physical Random Access Channel

RACH Random Access Channel

S-CCPCH Secondary Common Control Physical Channel

SCH	Synchronisation Channel
SF	Spreading Factor
TFCI	Transport Format Combination Indicator

7.4.3 전달채널과 물리채널의 매핑

전달채널이 물리채널에 매핑되는 것을 정리하면 다음과 같다.

전달채널	물리채널
DCH	Dedicated Physical Data Channel(DPDCH)
	Dedicated Physical Control Channel(DPCCH)
E-DCH	E-DCH Dedicated Physical Data Channel(E-DPDCH)
	E-DCH Dedicated Physical Control Channel(E-DPCCH)
	E-DCH Absolute Grant Channel(E-AGCH)
	E-DCH Relative Grant Charnnel(E-RGCH)
	E-DCH Hybrid ARQ Indicator Channel(E-HICH)
RACH	Physical Random Access Channel(PRACH)
CPCH	Physical Common Packet Channel(PCPCH)
	Common Pilot Channel(CPICH)
BCH	Primary Common Control Physical Channel(P-CCPCH)
FACH, PCH	Secondary Common Control Physical Channel(S-CCPCH)
	Synchronisation Channel(SCH)
DSCH	Physical Downlink Shared Channel(PDSCH)
	Acquisition Indicator Channel(AICH)
	Access Preamble Acquisition Indicator Channel(AP-AICH)
	Paging Indicator Channel(PICH)
	MBMS Notification Indicator Channel(MICH)
	CPCH Status Indicator Channel(CSICH)
	Collision-Detection/Channel-Assigrment Indicator Channel(CD/CA-ICH)
HS-DSCH	High Speed Physical Downlink Shared Channel(HS-PDSCH)
	HS-DSCH-related Shared Control Channel(HS-SCCH)
	Dedicated Physical Control Channel(uplink) for HS-DSCH(HS-DPCCH)

참 고 문 헌

[1] Lunayach, R. " Performance of a Direct Sequence Spread-Spectrum System with Long Period and Short Period Code Sequences," IEEE Transactions on Communications, Volume: 31, Mar 1983, pp. 412 - 419

[2] TIA/EIA IS-95, "Mobile Station-Base Station Compatibility Standard for Dual-Mode Wideband Spread Spectrum Cellular System," Telecommunications Industry Association

[3] Bernard Sklar, *Digital Communications*, Prentice Hall, 2001.

[4] 김남수 역, 《CDMA 이동통신 공학》, 대영사, 1999.

[5] 3rd Generation Partnership Project, 3GPP TS 25.201, 211, 212, 213, 214

[6] 3rd Generation Partnership Project 2, Physical Layer Standard for cdma 2000 Spread Spectrum System Revision D, 3GPP2 C.S0002-D Version 1.0

[7] Paul Bender et. al. "CDMA/HDR: A bandwidth-Efficient High-Speed Wireless Data Service for Nomadic Users," IEEE Communications Magazine, July 2000, pp. 70-77

[8] 3rd Generation Partnership Project 2, cdma2000 high Rate Packet Data Air Interface Specification, 3GPP2 C.S0024-A Version 4.0

연 습 문 제
EXERCISE

01 cdmaOne 순방향 채널의 종류와 역할에 대하여 설명하시오.

02 파일럿채널의 역할과 특징을 설명하시오.

03 BPSK/Quadri-phase spreading 방식에 대하여 설명하시오.

04 동기채널의 역할과 특징을 설명하시오.

05 동기채널을 통하여 비트 동기와 메시지 동기를 이루는 과정에 대하여 설명하시오.

06 호출채널의 역할과 특징에 대하여 설명하시오.

07 슬롯모드 운영 방식에 대하여 설명하시오.

08 순방향 통화채널의 역할과 특징을 설명하시오.

09 순방향 통화채널 구조에서 긴 주기 의사잡음 부호가 어떻게 활용되는지 설명하시오.

10 순방향 통화채널을 통하여 시그널링신호가 전달되는 방식의 종류와 방법에 대하여 설명하시오.

11 cdmaOne 역방향 채널 종류와 역할에 대하여 설명하시오.

12 엑세스채널의 역할과 특징에 대하여 설명하시오.

13 엑세스채널에서 긴 주기 의사잡음코드를 발생시키는 방법에 대하여 설명하시오.

14 직교변조(rothogonal signaling) 방식에 대하여 설명하시오.

15 역방향 통화채널의 역할과 특징에 대하여 설명하시오.

16 역방향 통화채널에서 긴 주기 의사잡음코드를 발생시키는 방법에 대하여 설명하시오.

17 2세대 시스템에 비하여 3세대 통신인 IMT-2000시스템이 구현하고자 하는 목표에 대하여 설명하시오.

18 복소대역확산을 사용하는 이유와 그 방법을 설명하시오.

19 역방향에서 코히어런트 복조를 수행하기 위한 3GPP와 3GPP2의 역방향 링크 전송 구조에 대하여 설명하시오.

20 OVSF가 무엇인지 설명하고, OVSF코드 운영 방법에 대하여 설명하시오.

21 송신다이버시티가 무엇인지 설명하시오.

22 송신다이버시티의 종류를 열거하고 각각의 방식에 대하여 설명하시오.

23 AMC가 무엇이며, 이를 이용하였을 때 얻을 수 있는 이득에 관하여 설명하시오.

24 HARQ의 종류를 나열하고 각각의 방식에 관하여 설명하시오.

25 W-CDMA시스템의 전달채널이 역할에 대하여 설명하시오.

26 W-CDMA시스템의 전달채널과 물리채널의 종류를 열거하고 각 채널의 역할을 간단히 설명하시오.

08

CHAPTER

차세대 이동통신

Fundamentals of Mobile Communications

CHAPTER 08 차세대 이동통신

현재 진화하고 있는 이동통신 분야의 기술 흐름은 언제 어디서 누구에게나 다양한 정보를 제공하기 위하여 필요한 통신 기술을 개발하는 방향으로 발전되고 있다. 아날로그 셀룰러 이동통신의 채널용량과 음성품질을 개선한 2세대 디지털 셀룰러 이동통신시스템은 음성 및 저속데이터 서비스를 제공하여 다양한 멀티미디어 서비스를 제공하기에는 제약이 있었다. 3세대 IMT-2000은 음성서비스뿐만 아니라 인터넷을 포함한 고속데이터 서비스, 영상 서비스 등의 멀티미디어 서비스를 목표로 유럽의 W-CDMA, 북미의 CDMA 2000 1x, 1x EV-DO, CDMA 2000 1x EV-DV가 연구개발되어 왔으며, 4세대 이동통신 기술인 LTE에서는 3세대 IMT-2000보다 10배 이상 빠른 전송속도 등을 주된 목표로 삼고 기술이 개발되었다.

그러면서, 더 이상 CDMA 기술이 아닌 새로운 무선전송방식인 OFDM (Orthogonal Frequency Division Multiplexing) 기술이 도입되었다. OFDM 전송방식의 경우, 주파수 선택적 채널 환경에서 채널 등화(equalization)를 쉽게 구현할 수 있다는 장점을 갖고 있어서 고속의 무선통신에 활용하기 적합한 기술이다. 그리고 다수의 송수신 안테나를 통하여 같은 대역에서 동시에 여러 개의 데이터 스트림을 전송하거나 다수의 채널 확보를 통하여 채널의 질을 일정한 수준 이상 유지할 수 있도록 하는 MIMO을 적용하고 있다. 즉, 주어진 대역폭에서 최대로 전송할 수 있는 데이터 전송률을 증대할 수 있다.

3세대 시스템 이후에는 유무선망이 통합되고 개인의 이동성이 증가하고, 전송 데이터의 고속화 및 용량 증대를 초점으로 발전되고 있고, 이에 따라 다양한 응용 서비스들이 개발 또는 실용화되고 있다. 특히 시스템의 전송용량 증대의 필요성은 최근 대용량 데이터전송 서비스의 증가로 인해 이동통신 분야에서 가장 중요시되고 있는 분야 중 하나이다. 4세대 이동통신시스템은 2~60GHz 대역을 이용하여 궁극적으로 수백Mbps까지 초고속으로 데이터를 송수신할 수 있으며, 시간에 따라 변하는 무선채널과 이에 따른 문제점을 해결할 수 있는 기술 및 데이터를 대칭 및 비대칭으로 서비스를 제공하는 초고속 멀티미디어 통신시스템의 방향으로 발전하고 있다. 또한 4세대 이동통신은 무선엑세스 영역을 넓히기 위해 높은 전송률과 넓은 통신 서비스 영역(방송망 포함)을 수용하는 유무선 통합망으로 진화해 나가고 있다.

이 장에서는 4세대 이동통신 환경을 위해 어떠한 부분의 기술적 진화들이 이루어졌고 앞으로 이루어질 것이며 이러한 기술들로 인해 이동통신 분야가 어떻게 발전할지 알아보도록 한다.

8.1 OFDM

4세대 이동통신에서는 다양한 새로운 기술들이 적용된다. 이 중 가장 핵심 기술은 OFDM(Orthogonal Frequency Division Multiplexing)이다. 3세대 이동통신은 데이터를 단일 채널로 보내지만 4세대 이동통신에서는 OFDM을 이용해 수백 개의 병렬스트림(parallel stream)을 통해 데이터를 보낸다. 이에 따라 4세대 이동통신은 한 번에 보낼 수 있는 데이터 양이 3세대 이동통신보다 크게 늘어난다.

차세대 이동통신 환경에서의 신호변조 방식은 한정되어 있는 무선채널의 전력과 주파수대역을 가능한 효율적으로 사용하여야 하며, 요구되는 BER(Bit Error Rate) 성능에 대하여 최대의 효율을 보일 수 있는 특성을 가져야 한다. 이러한 조건을 만족시키며, 고속데이터 전송에 가장 적합한 방식으로 OFDM이 제안되었다.

OFDM은 다중반송파 변조 방식의 일종으로, 다중경로 및 이동 수신 환경에서 우수한 성능을 발휘한다. 이 때문에 지상파 디지털 TV 및 디지털 음성 방송에 적합한 변조 방식으로 최근 주목을 받고 있다. 이 절에서는 OFDM 기술의 원리와 특징에 대해서 알아본다.

8.1.1 OFDM 기술의 특징

[그림 8-1]과 같이 OFDM 방식은 데이터율이 높은 단일 데이터를 데이터율이 낮은 여러 개의 부반송파로 나누어 보내 단일 반송파를 이용한 전송 방식과 비교하여 무선채널의 전력과 주파수대역에서 효율을 높인다. 다수의 부반송파를 이용하는 OFDM시스템에서 각각의 직렬로 입력된 데이터는 부반송파의 개수만큼 병렬로 변환된다. 병렬로 변환된 각각의 데이터 심벌의 시간 영역에서의 길이는 부반송파의 개수 배만큼 확장된다. 이렇게 확장된 시간 길이를 가지는 각각의 데이터는 무선이동통신 환경에서 다중경로에 의해 발생하는 지연확산보다 충분히 큰 값을 가지므로, 주파수 선택적 페이딩(frequency selective fading)과 협대역 간섭에 강하게 된다.

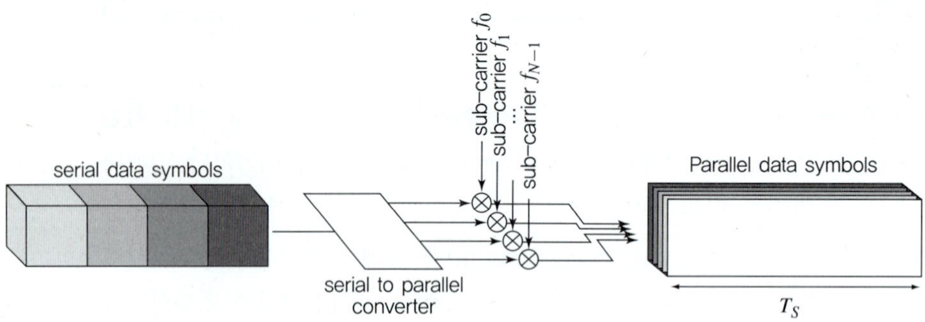

[그림 8-1] OFDM 신호의 발생 원리

OFDM의 대역확산 기술은 정확한 주파수에서 일정 간격으로 떨어져 있는 수많은 반송파의 데이터를 분산시킨다. OFDM은 멀티캐리어 변조 방식의 일종으로 다중경로(multi path) 및 이동수신 환경에서 우수한 성능을 발휘, 디지털 TV 및 음성 방송에 적합한 변조 방식이다. 실제적인 무선통신 채널환경에서는 전송된 신호는 서로 다른 길이의 다양한 경로를 통해 수신된다. [그림 8-2]와 같은 채널환경을 다중경로 환경이라고 하며, 이러한 채널환경의 경우 심벌간 간섭(ISI; Inter Symbol Interference)이 일어나서 원래의 정보를 제대로 수신하기가 어려워진다.

현재 CDMA를 기반으로 한 3세대 이동통신시스템은 업링크(uplink)에서 최대 1.45Mbps, 다운링크(downlink)에서 최대 14.4Mbps의 전송속도를 지원한다. 그러나 이러한 전송속도는 고품질의 멀티미디어의 전송에는 부족함이 있을 수 있다. 따라서 4세대 시스템에서 목표로 하는 전송속도는 준정적인 채널 환경에서 수백 Mbps이며, 이동 환경에서는 적어도 수십 Mbps를 만족시켜야 한다. 이런 전송속도를 얻기 위해서는 전송 대역폭을 증가시켜야 한다. 이런 광대역 전송이 이루어질 경우, 전송신호의 시간 간격이 좁아져 무선 채널이 주파수 선택적 페이딩을 겪게 되며 이는 고속 전송을 방해하는 요인 중 하나이다. 이런 주파수 선택적 페이딩을 극복하기 위해 여러 가지 기법이 제안되고 있는데, 그 중에서 가장 대표적인 방법은 등화기를 사용하는 것이다. 그러나 광대역 전송의 경우 등화기가 너무 복잡하여 사용하기 어려운 단점이 있다.

OFDM 전송의 경우는 각 부반송파가 주파수 비선택적 페이딩(frequency non selective fading)을 겪게 되며, 간단한 등화기로 채널의 효과를 없앨 수 있다. 이러한 이유로 4세대 무선통신시스템에서는 OFDM 전송 방식이 다른 전송 방법에 비해 더 유리하다.

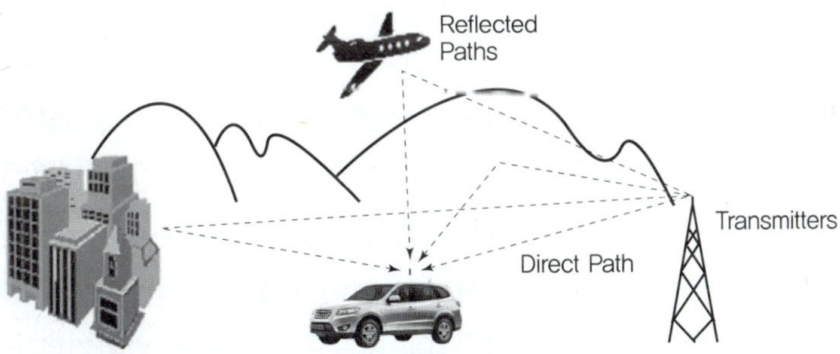

[그림 8-2] 다중경로 채널환경

8.1.2 OFDM 전송 이론

OFDM 전송 방식의 핵심 기술은 다중 부반송파와 직교성(orthogonality)이라 할 수 있다. 보내고자 하는 데이터는 N개로 나누어진다. 나누어진 데이터는 그 개수만큼의 부반송파와 곱해져 병렬로 전송하게 된다. 이때 전송하는 부반송파 간의 직교성 유지가 OFDM에서 매우 중요하다. 이는 각각의 부반송파 간

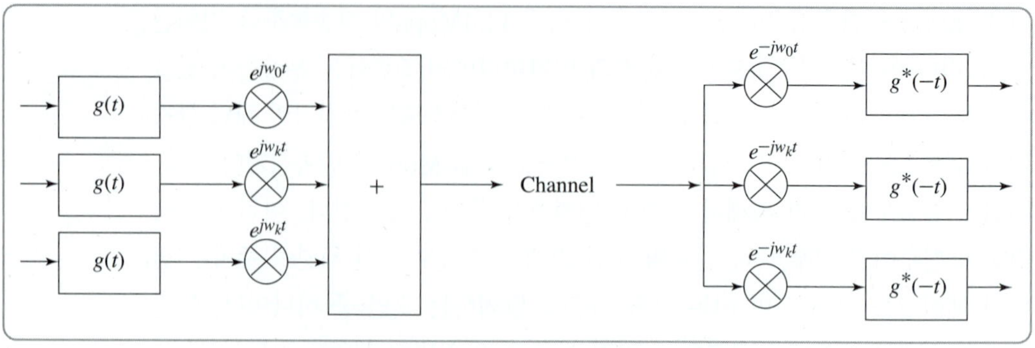

[그림 8-3] 다중반송파시스템의 기본 전송 구조

에 직교성의 유지 여부가 곧 시스템의 성능이 되기 때문이다.

여기서 직교성이란 두 신호의 곱을 적분한 결과가 0이 되는 경우를 의미한다. 좀 더 자세히 얘기하면 주파수가 i/T인 복소정현파에 대해서 $i \neq k$를 만족하는 두 복소정현파의 곱을 기본 주기(T) 동안 적분하면 그 값이 0이 되는 경우이다. OFDM시스템에서는 직교성을 이용하여 여러 개의 부반송파를 중첩(overlap)시켜 전송하는 방식을 사용한다. OFDM 전송 방식은 이러한 직교성을 갖는 복소정현파를 기반으로 하여 다중반송파 전송을 하기 때문에 부반송파 간의 간섭 없이 신호를 전송할 수 있다.

OFDM 변조는 [그림 8-3]의 방식으로 이루어진다. OFDM은 다중반송파 전송 기술로서, 여러 개의 반송파를 이용하여 스펙트럼 대역을 나누어 갖는다. OFDM 시스템의 변조 과정은 다음과 같은 과정으로 이루어진다. 먼저, 전송할 정보 데이터를 변조 과정을 거쳐서 데이터 심벌로 변환한 후 N개의 데이터 심벌로 나눈다. N개로 나누어진 데이터는 직렬/병렬 변환기(serial to parallel converter)를 통하여 병렬화한다. 병렬화된 신호는 서로 직교성을 유지하는 각각의 반송파와 곱해져 전송된다. 즉, 한 OFDM 심벌 구간 동안 N개의 반송파를 사용해 N개의 데이터 심벌을 병렬로 전송한다. 따라서 M-ary의 데이터 심벌을 사용할 때 한 OFDM 심벌 동안 전송되는 총 비트 수는 $M \times N$개가 된다.

OFDM 전송 방식에서 각 부반송파는 데이터 심볼과 곱해지는 부반송파들이 각각 직교성을 유지하기 때문에, 부반송파가 사용하는 주파수대역을 중첩시켜 전송함으로써 높은 주파수 효율의 다중반송파 전송이 가능하게 된다.

OFDM의 복조 단계에서는 부반송파 간의 직교성을 이용하여 시스템의 수신단에서 기본 주기 동안 적분함으로써 주파수 스펙트럼이 중첩되어 더해진 부반송파들의 복조가 가능하다. 그러나 반대로 부반송파 간의 직교성이 깨어지게 되면 전송된 데이터 심벌의 복조가 제대로 이루어지지 않게 된다. OFDM에서는 이러한 문제를 해결하기 위해 전송 심벌에 보호구간(guard time)과 CS(Cyclic suffix), CP(Cyclic prefix) 등을 사용한다.

OFDM을 이용한 데이터의 전송에서는 각 부반송파에 *N*개로 나누어진 데이터 심벌을 곱하여 전송하는 방법을 사용하기 때문에 각 부반송파에 의해 전송되는 데이터만 고려하면 저속의 데이터 전송률을 보인다. 그러나 이러한 OFDM시스템의 전송률 문제는 병렬전송을 사용하기 때문에 전체 대역을 이용한 고속의 데이터전송이 가능하게 된다. 또한 이러한 각 부반송파 관점의 저속 전송률은 수신단에서는 각 부반송파 단위로 데이터 심벌의 채널 등화를 수행하기 간단한 등화기를 사용하여 심벌을 복원할 수 있는 장점이 있다. 또한 OFDM의 변조 방식에서 전체 광대역 채널은 주파수 선택적 채널이지만 변조 과정을 거치면서 각 부반송파가 겪는 협대역(narrow band) 채널은 주파수 비선택적 채널로 근사화된다. 이러한 현상은 주파수와 스펙트럼 대역의 관계로 설명할

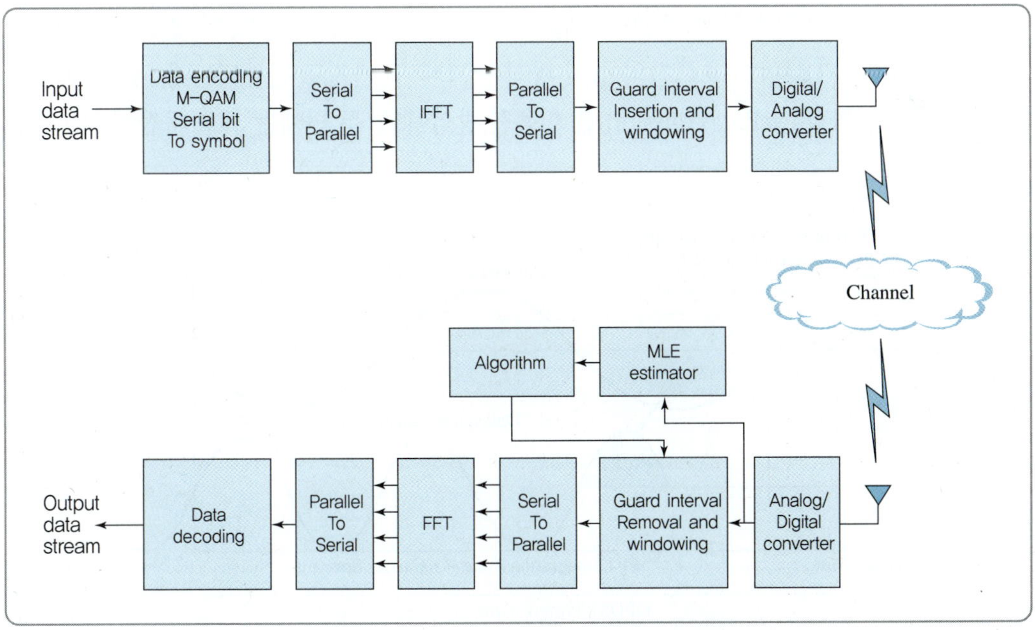

[그림 8-4] OFDM 통신시스템의 송수신단 블록도

수 있다. N개로 나누어진 각각의 데이터는 원래의 길이로 주기가 늘어나게 되는데, 이로 인해 주파수 스펙트럼 관점에서 점점 협대역 채널로 바뀌는 결과를 가져온다. 결론적으로 이러한 협대역 채널은 주파수 비선택적 채널이 되므로, 다중경로 환경에서 강건한 성능을 나타낸다.

8.1.3 OFDM 보호구간

다중경로 채널환경이 가장 문제가 되는 점은 동일 지연된 전파의 다중수신과 이로 인한 신호 간의 자기간섭 현상이다. 이러한 문제점은 심벌 간 간섭(ISI; Inter Symbol Interference)과 반송파 간 간섭(ICI; Inter Carrier Interference)을 발생시키는 원인이 되는데 이러한 두 가지 간섭은 OFDM 시스템의 성능을 떨어뜨리는 원인으로 작용한다. 다른 전송 방식보다 이러한 신호의 수신 지연이 OFDM에서 큰 문제점으로 작용하는 이유는 OFDM의 원리에서 찾을 수 있다. OFDM은 여러 개의 직교성을 만족하는 반송파를 보내고자 하는 데이터 심벌에 곱하여 전송하는데, 반송파 간 간섭은 [그림 8-5]와 같이 반송파 간의 직교성을 깨뜨리고 심벌 간의 간섭을 일으켜 원래의 정보를 제대로 복조할 수 없는 OFDM시스템의 성능을 열화시키는 원인이 된다. 이러한 문제를 해결하기 위해 OFDM 심벌에 지연 시간 이상 길이의 보호구간을 삽입한다.

OFDM의 보호구간의 삽입 방식은 크게 두 가지로 분류되는데, 첫 번째는 순환 확장(cyclic extension)을 이용한 방식이고, 두 번째는 보호 구간에 0을 삽입

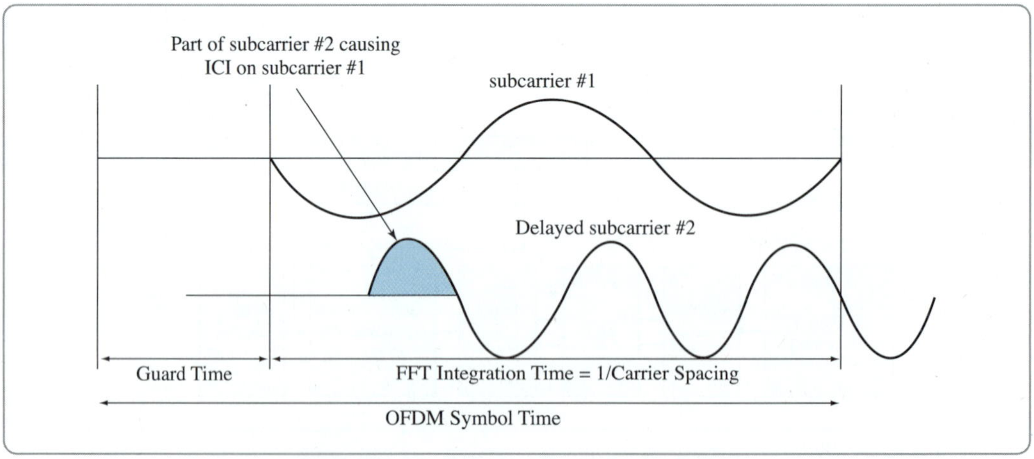

[그림 8-5] 다중경로에 의한 지연 및 보호구간

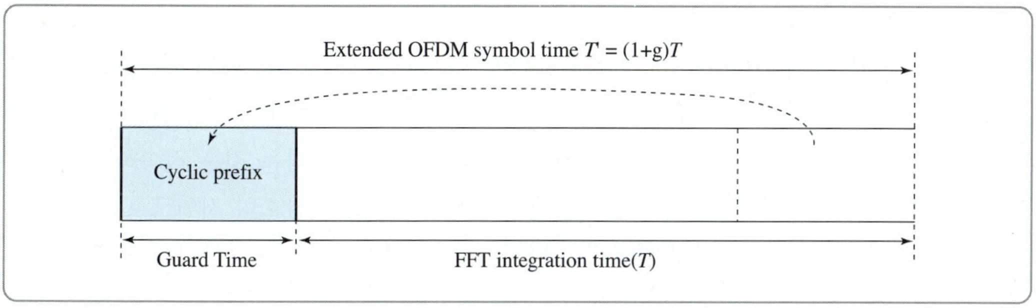

[그림 8-6] CP를 갖는 OFDM 심벌

하는 ZP(Zero Padding) 방식이다. 순환확장 방식은 OFDM 심벌의 연속성을 유지하도록 보호구간을 삽입하는 것으로, 다중경로 채널에서 페이딩으로 인한 신호의 지연으로 직교성이 깨어지는 현상이 발생하는데, 순환확장 방식은 심벌의 연속성을 유지시켜 보상한다. 순환확장 방식은 OFDM 심벌에서 보호구간이 삽입되는 구간의 위치에 따라 CP와 CS로 구분된다. 이 두 가지 방법은 사용되는 목적에 따라 다르게 적용되는데, CP는 다중경로 채널에 의한 ISI 영향을 제거하기 위한 목적으로, CS는 상향스트림 신호와 하향스트림 신호가 동시에 존재할 때 발생하는 상향스트림과 하향스트림 간의 간섭을 방지하기 위한 목적으로 주로 사용된다.

CP는 지연으로 인한 신호 간의 직교성의 깨어짐을 방지하기 위한 방법으로서 지연된 신호구간을 보호구간으로 옮겨 신호의 연속성을 유지하는 방법이다. 이렇게 하면 신호 간의 직교성을 유지하게 되어 OFDM시스템의 성능 열화를 방지할 수 있다. 따라서 CP의 길이를 결정하는 것이 상당히 중요한데, 이는 지연확산의 길이와 보내고자 하는 데이터 심볼의 길이를 고려하여 결정한다. CP의 길이가 너무 길면 보내고자 하는 심벌의 길이가 커지므로 전송률이 나빠지고 너무 짧게 설정을 하면 다중경로 채널에 의한 지연을 해결하기 어렵다. 결론적으로 CP의 길이는 채널의 최대 지연 시간보다 항상 길어야 하며, 보내고자 하는 데이터 심볼의 길이를 고려해서 결정해야 다중경로 채널환경에서의 OFDM시스템 성능을 유지할 수 있다.

CS의 경우에는 지연된 구간을 심볼의 마지막 부분에 삽입하는 것으로, 상·하향스트림의 간섭 방지, 주파수 호핑 방지 등의 용도로 사용된다. 여기서 CS의 길이는 상향스트림의 전송 시간과 하향스트림의 수신 시간의 차이에 따라 결정된다.

[그림 8-6]에서 FFT(Fast Fourier Transform) integration time(T)은 원래 보내고자 하는 데이터 심볼이다. 여기에 gT만큼의 보호구간을 설정하여 OFDM 심볼길이는 $(1+g)T$가 된다. 즉, CP를 사용하는 것은 전송하고자 하는 데이터 심볼의 길이가 늘어난다는 단점이 있으나, 신호의 지연으로 인한 부반송파 간의 직교성의 깨어짐을 방지하여 시스템의 성능을 향상시킬 수 있다.

8.1.4 OFDM vs. FDM

OFDM과 FDM은 시스템의 구현 방식에서 그 유사성을 찾을 수 있으나 OFDM은 직교성을 유지할 수 있는 최소한의 반송파 주파수 이격을 이용한다는 점에서 FDM과 많은 차이점을 갖는다. FDM 방식도 OFDM과 마찬가지로 다중 부반송파를 이용하여 데이터를 전송한다. 이때 부반송파 각각의 주파수 범위는 다른 부반송파의 사용 주파수대역을 고려하여 결정되는데 신호의 중복을 피하기 위해 보호대역을 부반송파 사이에 삽입한다. 이 경우 [그림 8-7]처럼 부반송파의 개수가 늘어나도 사용하는 총 대역폭의 크기는 변함 없이 유지가 된다. 그러므로 한정된 대역폭의 크기 안에서 부반송파의 개수만 늘어남으로 각 부반송

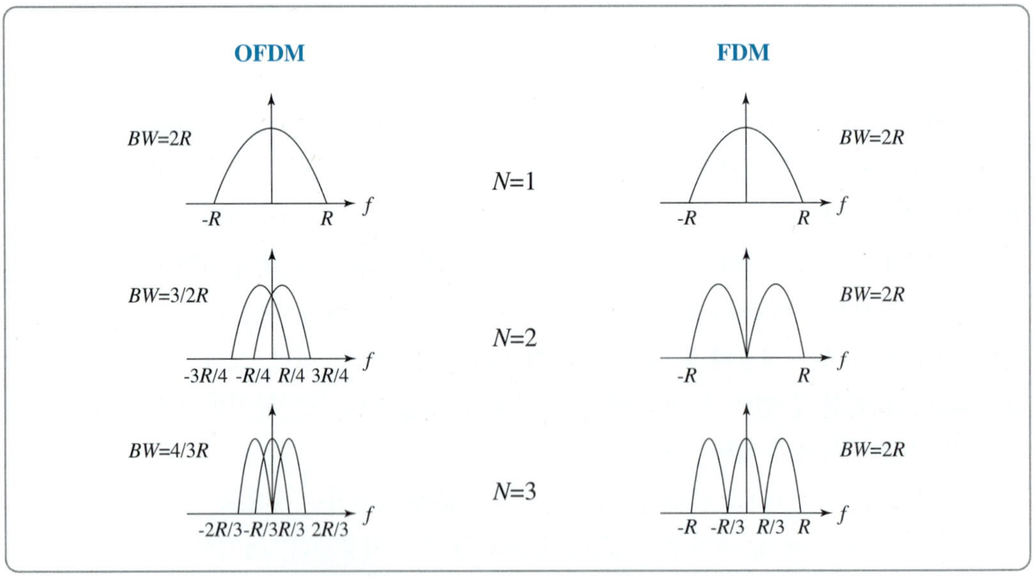

[그림 8-7] FDM과 OFDM의 대역폭 효율 비교

파의 대역폭은 점점 줄어들게 되고 주파수대역은 점점 협대역(narrow band)이 된다. 또한 FDM은 많은 수의 변복조기가 필요하다. 이러한 단점은 시스템의 복잡도를 높이고 전송시스템 구현 비용에 많은 부담으로 작용할 수 있다.

OFDM의 경우에는 각 부반송파 사이의 직교성을 보장할 수 있는 최소한의 주파수만큼만 떨어트리는데, 이 경우에 각 부반송파의 주파수대역이 절반씩 겹쳐도 각 부반송파 사이의 직교성이 유지된다. 각 부반송파가 주파수대역을 공유한다는 것은 총 필요 대역폭을 감소시켜 주파수 스펙트럼의 효율을 높인다. 이처럼 OFDM은 직교성을 이용하여 FDM보다 높은 스펙트럼 효율로 인해 같은 정보를 전송하기 위한 필요 대역폭이 FDM보다 적다.

직교성을 보장하는 최소한의 주파수 이격을 실현하는 방식이 바로 이산 프리에 변환(DFT; Discrete Fourier Transform)이다. 그래서 OFDM시스템은 IFFT(Inverse Fast Fourier Transform)/FFT 블록을 사용하여 구현이 가능하기 때문에 시스템의 구현이 간단하다는 장점을 가지고 있다.

그러나 OFDM시스템은 직교성을 사용하기 때문에 야기되는 문제점도 가지고 있다. 다양한 외부 요인으로 직교성이 더 이상 보장되지 않는 상황이 되면, 그만큼 성능 저하가 발생하게 된다. OFDM은 위상 잡음 및 송수신단 간의 반송파 주파수 오프셋(offset)에 민감한데 이는 송수신단 간의 반송파 주파수 오프셋이 존재할 경우 신호 대 잡음 비의 열화를 발생시킨다. 이는 수신되는 부반송파 간의 직교성 상실을 일으켜 신호 대 잡음 비가 크게 감소하는 문제를 일으킨다. 이와 같이 OFDM시스템은 부반송파 간의 완벽한 직교성이 유지될 때 좋은 성능을 나타낼 수 있다.

OFDM 방식이 장점만 갖고 있는 것은 아니다. 단일 반송파 시스템의 경우, 변조된 신호의 크기가 일정하게 유지된다. 예를 들어 PSK(Phase Shift Keying) 변조를 사용하는 경우에는 신호의 위상만 바뀌고, 신호의 크기는 그대로 유지된다. 하지만, OFDM의 경우는 PSK 변조의 경우에도 각 심볼에 서로 직교인 복수 주파수들을 곱하여 합한 후 전송하기 때문에 최종적으로 전송하는 심볼의 크기는 아주 크게 변하게 된다. 이때, 전송되는 신호의 평균 전력 대비 첨두 전력의 비율을 PAPR(Peak to Average Power Ratio)라고 하는데, 이 값이 전체 부반송파의 개수에 따라서 점점 커지게 된다. 그렇다면 이런 PAPR의 커지는 것이 시스템에 어떤 영향을 줄까? 이동통신 시스템에서 가장 전력 소모가 많고, 비용의 많은 부분을 차지하는 부분이 바로 전력증폭기 부분이다. 따라서 전력증폭기를 얼마나 효율적으로 사용하느냐가 시스템의 전력 소모 및 비용을 결정한다고 해도 과언이 아니다. 전력증폭기의 성능을 보면, 모든 입력 전력에서 항상 같은 이득을 보장하는 이상적인 모델이 아니고, 어느 이상의 전력을 갖는 신호가 입력되면, 출력신호가 포화(saturation)되는 특성을 보인다. 이를 전력증폭기의 비선형성(non-linearity)이라고 한다. 그래서 [그림 8-8]에서 보는 바와 같이, 전력증폭기의 성능 특성이 주어진 경우 입력신호의 PAPR에 따른 증폭기의 동작점이 달라져야 한다. 구체적으로는 PAPR이 작은 신호는 입력신호의 평균 전력과 첨두 전력의 차이가 작아서 평균 입력 전력과 평균 출력 전력이 높은 동작점에서 전력증폭기를 동작시켜도 문제나 신호의 왜곡이 없이 증폭이 가능하다. 반면에 PAPR이 높은 신호의 경우, 첨두 신호까지 왜곡 없이 증폭시키기 위해서는 평균 입력 전력과 평균 출력 전력이 낮은 동작점에서 전력증폭기를 동작시켜야 한다. 즉, 같은 전력증폭기를 사용하더라도 높은 출력 전력의 신호를 증폭시키지 못한다는 것이다. 따라서 이와 같은 PAPR 문제는 특히 소비 전력 문제가 중요한 휴대 단말기에서 중요한 이슈가 될 수 있다. 따라서 LTE 시스템에서는 OFDM을 기지국에서 전송하는 하향링크에서만 사용하고, 휴대 단말기가 전송하는 상향링크에서는 PAPR 문제 때문에 SC-FDMA(Single Carrier-Frequency Division Multiple Access) 방식을 사용한다.

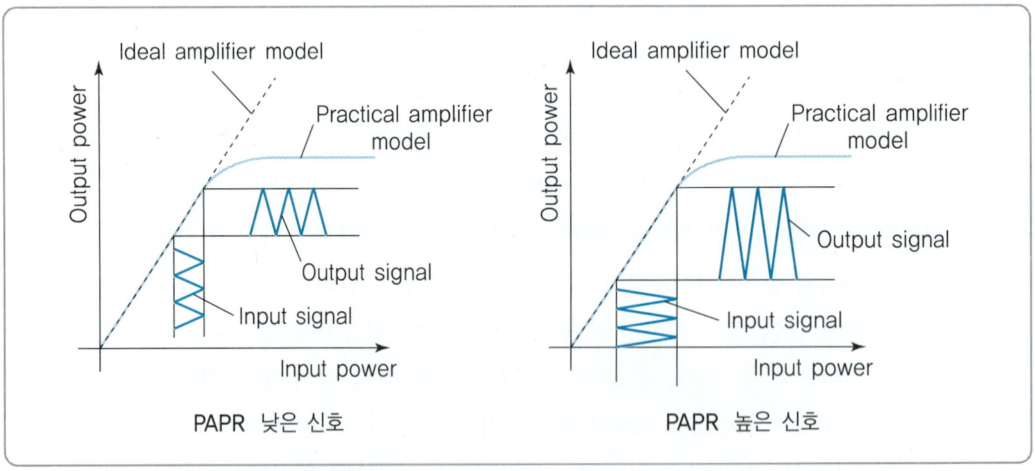

[그림 8-8] 전력증폭기 비선형성과 입력신호 PAPR의 관계

8.1.5 OFDM 다중엑세스 기법

셀룰러 이동통신에서는 다수의 사용자에게 서비스를 제공하기 위한 다중엑세스 방식이 필요하다. 대표적인 다중엑세스 방식으로는 TDMA, FDMA, CDMA가 있으며, OFDM과 이들 다중엑세스 방식을 결합하여 사용한다. [그림 8-9]는 OFDM과 결합한 다중엑세스 기법에 대한 개념을 나타내고 있다. OFDM/TDMA 기법에서는 서비스에 가입되어 있는 각 사용자에게 시간슬롯(slot)이 할당되고 할당된 시간 동안 각 사용자는 모든 부채널을 사용한다. OFDM/FDMA(OFDMA) 기법은 할당된 전체 대역을 각 사용자가 요구하는 전송률에 따라 주파수 영역에서 부반송파를 할당한다. 또한 OFDM/CDMA 기법에서는 각 사용자에게 고유의 확산 부호를 할당하여 모든 시간과 부채널을 함께 사용하며, 확산 방식에 따라 MC-CDMA, multicarrier DS-CDMA, MT CDMA로 구분한다.

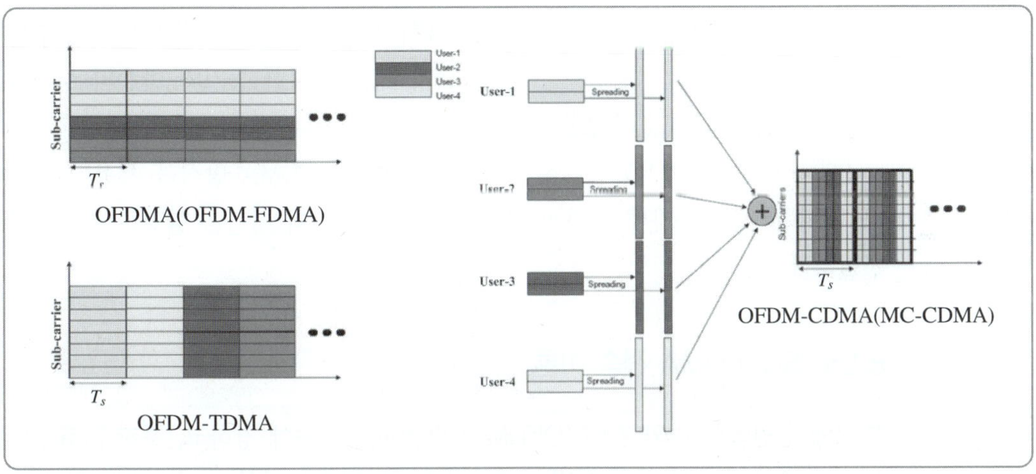

[그림 8-9] OFDM 다중엑세스 기법

하향링크에서는 어떤 엑세스 방식을 적용할 수 있을까? 하향링크에서 OFDM 방식을 사용하고자 할 경우에는 위의 세 가지 방식을 모두 적용할 수 있다. 그중 OFDM/TDMA 방식은 사용자가 요구하는 전송속도에 따라 각 프레임 내에서 할당되는 OFDM 심벌의 수를 변화시킴으로써 자원 할당이 이루어지나,

한 사용자가 전체 대역을 모두 사용하므로 셀 간 간섭을 고려한 주파수 계획이 필요하다. 또한 상향링크 전송 시 각 사용자마다 데이터를 수신하기 전에 프리엠블(preamble)을 사용하여 초기화가 수행되어야 하므로 전송효율이 감소하며 이러한 오버헤드 문제를 줄이기 위해서 상대적으로 큰 비용(payload)이 필요하게 된다. 따라서 무선LAN과 같이 독립적인 셀 환경에서 작은 크기의 FFT를 사용할 경우에는 일반적으로 OFDM/TDMA를 사용한다.

OFDMA는 다른 다중접속 방식에 비해 다양한 장점이 존재한다. OFDMA는 각 사용자가 요구하는 전송속도에 따라 할당되는 부반송파의 수를 변화시킴으로써 자원 분배를 효율적으로 할 수 있다. 또한 사용자마다 서로 다른 부반송파를 할당받을 수 있어서 셀 내의 간섭이 존재하지 않으며 다양한 기술을 적용하여 셀 간 간섭을 줄일 수 있다. OFDM-CDMA 방식은 사용자의 요구에 따라 할당되는 코드 수를 변화시키며 모든 사용자가 동시에 넓은 대역을 사용하므로 수신단에서 수신코드가 직교성을 만족하지 않은 경우 셀 내 간섭이 발생한다는 단점이 있다. 그러나 이 방식의 경우 주파수다이버시티 효과를 얻을 수 있다. 이러한 OFDM 방식을 상향링크에서 사용하고자 할 경우에는 각 단말기마다 전송 지연, 도플러 주파수 등이 모두 다르기 때문에 시간 동기와 반송파 주파수 오프셋 보상 등의 기술이 필요하다.

4세대 LTE 시스템에서는 하향링크를 위해서 OFDMA 방식을 채용하고 있다. 그래서 각 사용자에 따라서 각각 다른 부반송파와 시간을 할당하여 정보를 전달하게 된다.

8.1.6 SC-FDMA 전송 이론

앞에서 언급한 바와 같이, OFDM 기법은 다중경로에 강하고, 주파수 효율이 높다는 등의 다양한 장점을 갖고 있어 LTE를 포함한 다양한 시스템의 전송 방식으로 사용되고 있다. 하지만, 이런 OFDM도 항상 만병통치약은 아니다. 높은 PAPR을 갖는다는 단점이 휴대용 단말기에 사용하기에는 큰 문제점으로 부각된다. 휴대용 단말기는 배터리 전력을 사용하기 때문에 전력증폭기의 효율이 아주 중요한 요소가 된다. 따라서 LTE 시스템의 상향링크에서는 OFDM 방식과 유사하면서 PAPR을 해소할 수 있는 방식으로 SC-FDMA 방식을 채용하고 있다.

SC-FDMA의 설명에 앞서, OFDM과 SC-FDE(Single Carrier-Frequency

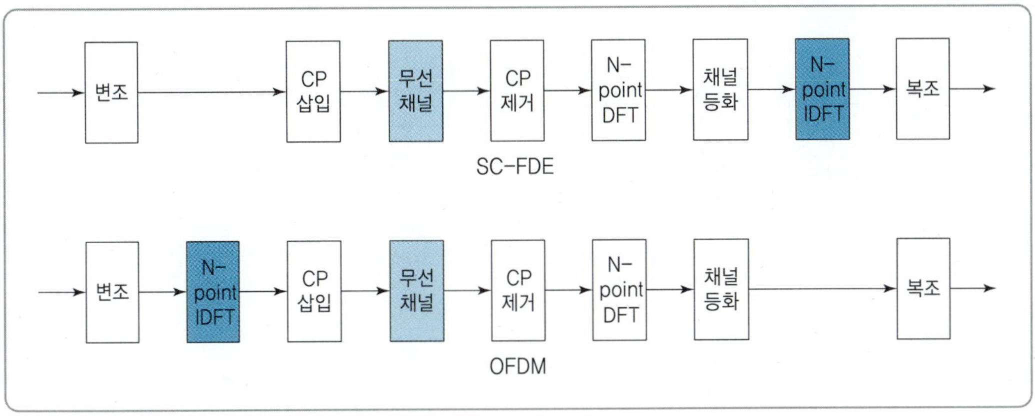

[그림 8-10] OFDM과 SC-FDE 방식의 비교

Domain Equalization)의 관계를 알아보자. [그림 8-10]에서와 같이, SC-FDE 시스템의 구조는 OFDM 시스템의 구조와 거의 동일하다. 하지만, IDFT의 위치가 송신단에 있는 것이 아니라 수신단에 있다는 것이 가장 큰 차이점이다. OFDM에서 PAPR을 증가시켰던 이유가 PSK나 QAM 등으로 변조된 신호를 모아서 각기 다른 부반송파에 싣는 과정인 IDFT이기 때문에 이를 송신단에서 제거한 것이다. 대신에 이를 수신단으로 이동시켜 기존 OFDM의 장점인 간편한 채널 등화를 가능하게 하였다. 그래서 SC-FDE의 개념을 보면, 단일 반송파 시스템에서 채널 등화기 앞뒤에 DFT과 IDFT를 삽입하여 채널 등화만 주파수 영역으로 변환한 후에 처리한다. 그래서 이를 SC-FDE라고 부른다. 그래서 송신단에서는 낮은 PAPR을 갖는 단일 반송파 형태이고, 수신단은 주파수 영역을 변환하는 처리하는 다중 반송파 형태이다.

이와 같은 SC-FDE에 다중접속을 위해서 FDMA의 개념을 접목시킨 기술이 SC-FDMA이다. 그래서 전체 주파수대역을 여러 개의 부반송파로 나누어서 전송하는데, 일부의 반송파만 사용하여 전송하게 된다. 여기까지는 기존 OFDMA와 다른 점이 없다. 하지만, SC-FDMA에서는 [그림 8-11]과 같이 M(<N)-point DFT 과정이 추가적으로 들어간다. 즉, 변조된 신호를 각 부반송파에 할당하기 전에 M-point DFT 과정을 통하여 전송 심볼을 확산하는 과정이 포함된다. 그래서 SC-FDMA를 DFT-sperad OFDMA라고 부르기도 한다. M-point DFT 과정과 N-point IDFT 과정이 송신단에 모두 포함되어 있고, 그 사이에 부

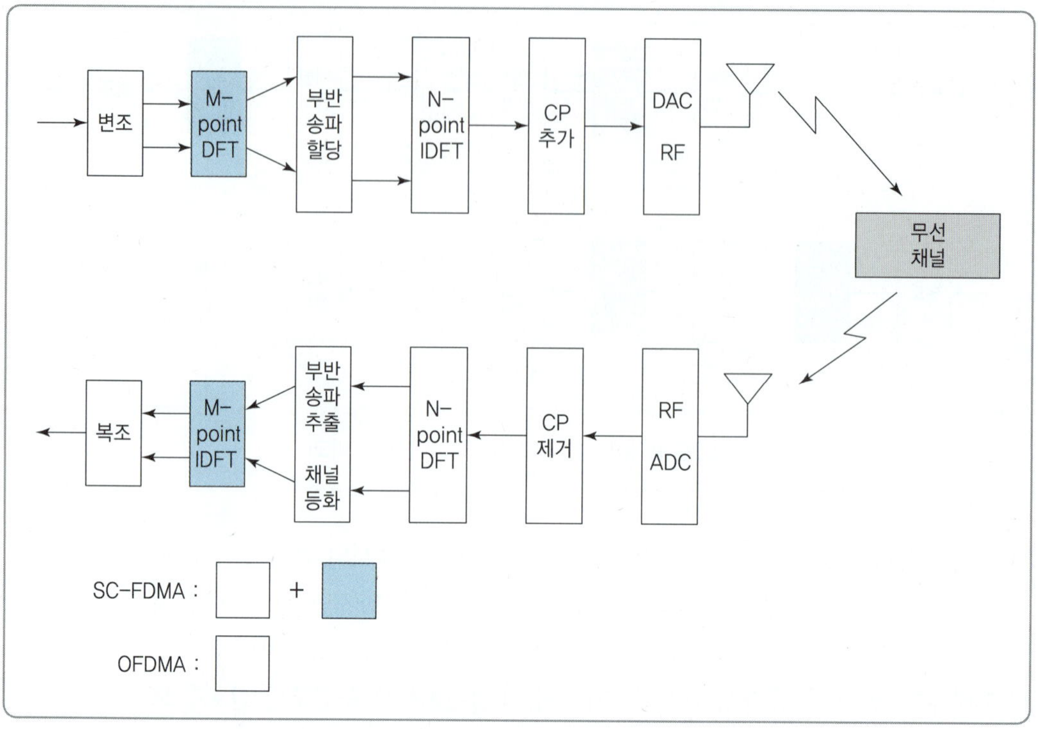

[그림 8-11] OFDMA와 SC-FDMA 방식의 비교

반송파 할당 과정이 있게 된다. DFT 과정과 IDFT 과정은 서로 역의 관계에 있기 때문에 그 크기가 다르더라도 어느 정도 서로의 기능을 상쇄하는 효과가 있다. 그래서 송신단 출력에서의 PAPR이 기존 OFDM에 비하여 낮아지게 된다.

8.1.7 OFDM 방식의 통신시스템

8.1.7.1 무선랜

무선랜(wireless LAN)은 노트북, 스마트폰 등 다양한 기기에서 사용되고 있는 가장 보편적이고 대중적인 이동인터넷 접속 기술이다. 요즈음 이동통신 데이터의 오프로딩(이동통신 데이터 서비스를 대신하여 이동통신 시스템의 부담을 줄여주는 것) 역할이 아주 중요한 부분이 되면서, 무선랜의 입지가 점점 더 확고해지고 있다. 기존의 IEEE 802.11 무선랜은 DSSS, FHSS, IR(Infrared) 방식을 사용하여 2.4GHz ISM 대역에서 2Mbps의 전송률을 지원하였다. 그러나 이러한 규격으로는 증가하는 높은 전송속도에 대한 요구를 만족시킬 수 없어서, 1999년 IEEE 802.11a와 IEEE 802.11b의 새로운 물리계층 표준안이 확정되었다. IEEE 802.11b는 2.4GHz 대역에서 기존의 DSSS 방식을 확장한 CCK(Complementary Code Keying) 방식을 사용하여 11Mbps의 전송률을 지원한다.

IEEE 802.11a는 5GHz 대의 U-NII(The Unlicensed National Information Infrastructure) 비면허 대역에서 DSSS 방식의 한계를 극복하고 더 높은 전송속도를 얻기 위해서 OFDM 변조 방식을 채택하였다. 에러 정정을 위해서 부호율 1/2, 2/3, 3/4의 컨벌루션부호기와 1/2 비터비복호기(viterbi decoder)를 사용하며, 부반송파 변조에는 BPSK, QPSKM 16-QAM, 64-QAM을 사용하여, 채널의 상황에 따라 위의 부호기와 변조기를 조합하여 6~54Mbps의 고속 가변 전송률을 지원한다. 또한 이 기술은 실내 환경에서의 서비스를 주 목표로 하고 있기 때문에 800μs의 짧은 보호구간을 사용하고 작은 FFT를 사용한다. 무선랜의 특성상 버스트(burst) 데이터 전송 구조를 나타내며

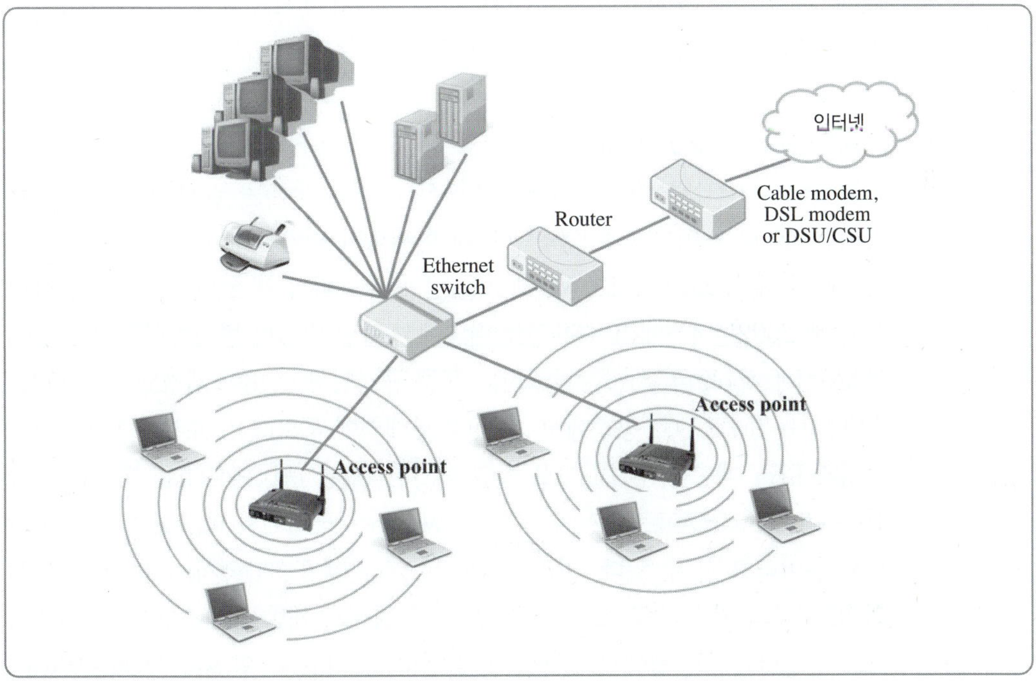

[그림 8-12] 무선랜의 네트워크 구성

이동성이 거의 없기 때문에, 데이터 전송시마다 프리엠블을 사용하여 초기 동기를 획득한 후 채널 또는 주파수 오프셋의 보상 없이 데이터 전송구간 동안 동일한 계수 값을 사용하게 된다. 단, 초기 동기 후 잔여 주파수 오프셋에 의한 위상변화를 보상하기 위하여 4개의 파일럿톤을 사용한다.

그리고 IEEE 802.11g는 2.4GHz에서 IEEE 802.11a와 같은 OFDM 방식을 사용하는 규격으로 현재까지도 널리 보편화되어 있다. 또한 2009년 9월에는 2.4GHz 대역과 5GHz 대역을 사용하여 최고 300Mbps의 속도를 지원하는 IEEE 802.11n이 표준안으로 제정되었고, 널리 사용되고 있다. IEEE 802.11n에서는 다중 안테나 기술이 접목되어 수백 Mbps에 이르는 전송속도를 지원한다. 2014년부터는 IEEE 802.11ac라는 새로운 무선랜 규격의 제품들이 출시되고 있는데, 이는 5GHz 대역에서만 동작하는 것으로 규격 상으로는 최대 약 7Gbps의 속도까지 지원할 수 있다.

IEEE 802.11ac 외에도 유휴 TV 대역이나 900MHz 대역의 비면허 대역을 사용할 수 있도록 하여 무선랜의 가장 큰 단점인 좁은 커버리지를 극복하는 광역 무선랜에 대한 규격 IEEE 802.11af와 IEEE 802.11ah도 표준화가 진행되고 있다. 더 고주파 대역으로 가서는 60GHz 대역에서 무선랜을 정의하는 IEEE 802.11ad가 있는데, 이는 아직 널리 보편화되지는 못하고 있는 실정이다.

8.1.7.2 WiMax / WiBro

WiMax는 IEEE 802.16 규격의 시스템을 일컫는 말로서, Wireless MANTM이라는 이름으로 1999년 이래 현재까지 활발한 활동을 하고 있다. 표준화를 위해 IEEE 802.16 WG이 1999년에 설립되어 약 2년간의 표준화 작업을 통해 2002년 4월에 10~66GHz 대역에서 단일 반송파 변조방식의 Wireless MAN(Metropolitan Area Network) 표준 규격인 802.16이 제정됐다. 2002년 7월에서는 IEEE 802 총회에서 2~11GHz 대역에서 802.16 표준에 MAC 계층 수정과 PHY 계층을 추가하기로 승인하고, 2003년 1월 2~11GHz 대역에 동작하는 Wireless MAN 표준을 완성했다. WiBro는 국내에서 WiMax를 지칭하는 다른 용어라고 할 수 있다. 이런 WiBro는 2007년에 ITU에서 3세대 이동통신의 또 하나의 기술 표준으로 인정하면서, 국내에서 개발한 시스템이 전 세계적으로 인정받았다는 점에서 큰 관심을 끌었다. 그리고 KT와 SKT에서는 WiBro 서비스를 시작하였다. 하지만, 시장에서 LTE에 밀려 많은 각광을 받지는 못하였지만 WiBro Evolution 등의 추가적인 표준화을 통하여 LTE-A 등과 경쟁하고 있다.

이런 WiMax/Wibro 시스템에서도 OFDMA 방식이 채택되어 사용되고 있다. 특징적으로 LTE와는 달리 WiMax/Wibro에서는 OFMDA 방식을 하향링크는 물론 상향링크에까지 채택하고 있다.

8.1.7.3 디지털방송

2013년에 본격적인 서비스를 개시한 디지털방송(digital broadcasting)은 아날로그방송과 비교하여 화질을 비롯한 다양한 서비스 만족도를 크게 높이는 기술로 평가받고 있다. 현재 지상파 디지털 라디오 방송 시스템은 크게 유럽식, 미국식, 일본식으로 분류되며, 다중경로 환경으로 인한 고스트(ghost)로 불리는 화면 겹침 현상의 발생을 방지할 수 있고, 기존 서비스에 방해를 주지 않는다는 특성으로 인해 세 가지 모두 전송 방식으로 OFDM을 사용하고 있다.

유럽의 DAB 방식인 EUREKA-147은 디지털변조 방식으로 지상파에서의 다중경로 페이딩에 비교적 강건한 COFDM(Coded Orthogonal Frequency

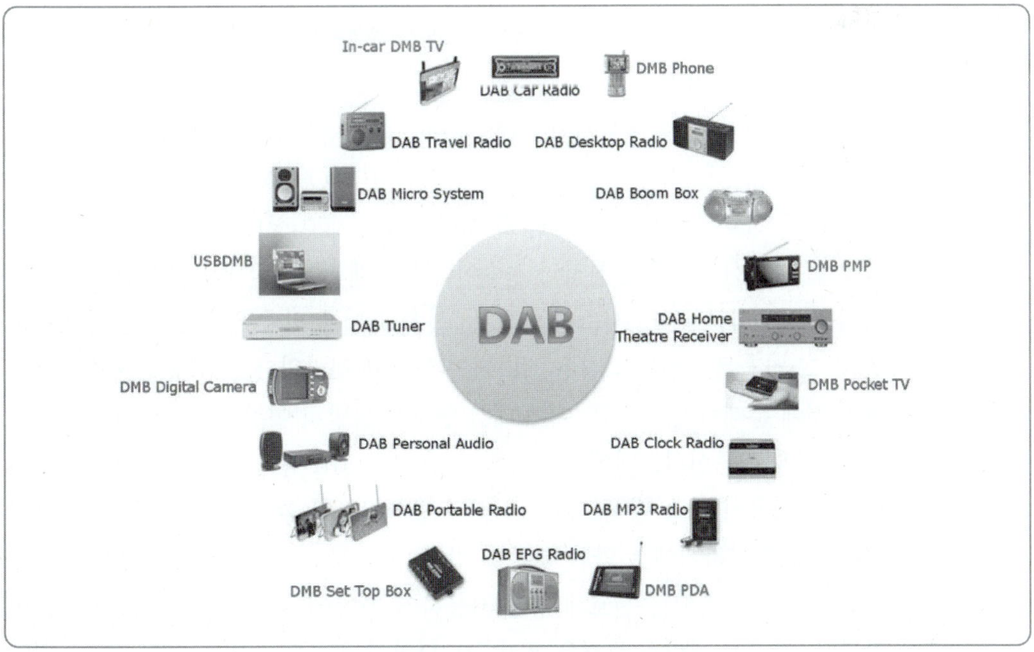

[그림 8-13] DAB의 응용 서비스 분야

Division Multiplexing) 방식을 사용하며, 1.5MHz의 전송 대역폭을 사용하여 단일 송신기로 고음질의 스테레오 프로그램과 데이터를 다중화시켜 방송이 가능하다. 이때 방송 가능한 프로그램의 수는 비트율, 오류정정, 데이터용량 등에 따라 결정된다. OFDM 방식은 서로 다른 송신기에서 전송한 동일 신호가 특정한 시간 지연을 두고 수신될 경우 두 신호의 합은 서로 간섭을 주지 않으므로, 적은 전력으로 다수의 방송국을 이용하는 단일주파수망(SFN; Single Frequency Network) 구성 및 구현에 용이하다는 장점을 가지고 있다. 또한 DQPSK(Differential Quadrature Phase Shift Keying) 변조 방식을 사용하기 때문에 채널 트레킹(tracking)은 하지 않고, 매 프레임의 앞부분에 존재하는 위상참조심벌(phase reference symbol)과 CP를 사용하여 수신단에서 동기 관련 파라미터를 추정하는 방식을 사용한다.

8.1.8 OFDM의 발전 방향

무선통신시스템에서는 전송하고자 하는 데이터의 순간적인 전송률도 중요하지만, 전체 시스템의 전송률을 증가시키는 것도 중요한 사항 중의 하나이다. 전체 시스템의 전송률을 증가시키는 가장 적합한 방법으로 현재 제시되고 있는 것이 AMC(Adaptive Modulation and Coding)이며, 이는 전송 환경에 맞추어 변조 기법과 코딩 기법을 바꾸어 주는 것이다. 4세대 무선통신시스템에서 전체 시스템의 전송률을 증가시키기 위해 AMC를 사용하는 것은 당연한 일이며, OFDM은 AMC를 적용하기에 적합한 시스템이다. OFDM의 경우는 각 부반송파별로 다른 신호를 전송함으로써, 각 부반송파의 채널 상태에 맞추어 변조 및 코딩 기법을 변화시켜주면 최적의 전송이 가능하게 된다. 실제로 유선에서 OFDM 기법을 사용하는 xDSL시스템의 경우, 전송 채널에 맞추어서 AMC를 수행하고 있다. 그러나 무선통신의 경우 채널이 변화하고 채널의 정보를 전송단으로 전송하는 것에 문제가 있으므로, 이에 대한 연구가 활발히 이루어지고 있다.

3세대 이동통신시스템에서 사용하고 있는 CDMA 방식은 음성을 처리하기 위한 다중 사용자 접속 방식으로는 최적의 방식이라고 할 수 있지만, IP를 이용한 데이터를 처리하기에는 약간 부족한 방식이다. 무선시스템에서는 한정된 전파자원(주파수대역, 전송신호세기)을 사용하기 때문에, 데이터의 집중 현상에 민감하다. 따라서 서비스 품질을 유지하며 다양한 종류의 서비스를 지원하기 위해서 무선 QoS(Quality of Service) 자원 조절이 필요하다. 하지만 기존의 CDMA 방식의 다중 사용자 접속 방식으로는 이런 다양한 QoS를 만족하기가 어렵다. 다양한 QoS를 만족시키기 위한 다중 사용자 접속 방식 중의 하나로 요즘 많은 각광을 받고 있는 것이 앞에서 언급한 OFDM을 기반으로 한 OFDMA이다. OFDMA의 장점인 주파수 및 시간을 사용자의 요구에 맞추어 다양하게 제공할 수 있다는 점을 이용하여, OFDMA 방식은 사용자에게 다양한 QoS를 제공할 수 있다. 보다 높은 품질의 4세대 그리고 5세대 이동통신 서비스를 제공하기 위한 OFDM과 OFDMA에 대한 연구는 계속될 것이다.

8.2 MIMO

MIMO(Multiple Input Multiple Output)는 무선통신의 채널용량을 높이기 위한 스마트안테나(smart antenna) 기술이다. MIMO를 다중안테나 기술이라고도 표현하는데, 다중안테나 기술은 송수신 양단에 여러 개의 다중안테나를 사용하여 한정된 주파수자원 및 송신전력을 이용하여 채널용량을 증대시키는 기술로 정의한다. 다중안테나 기술은 예전부터 스마트안테나의 빔성형

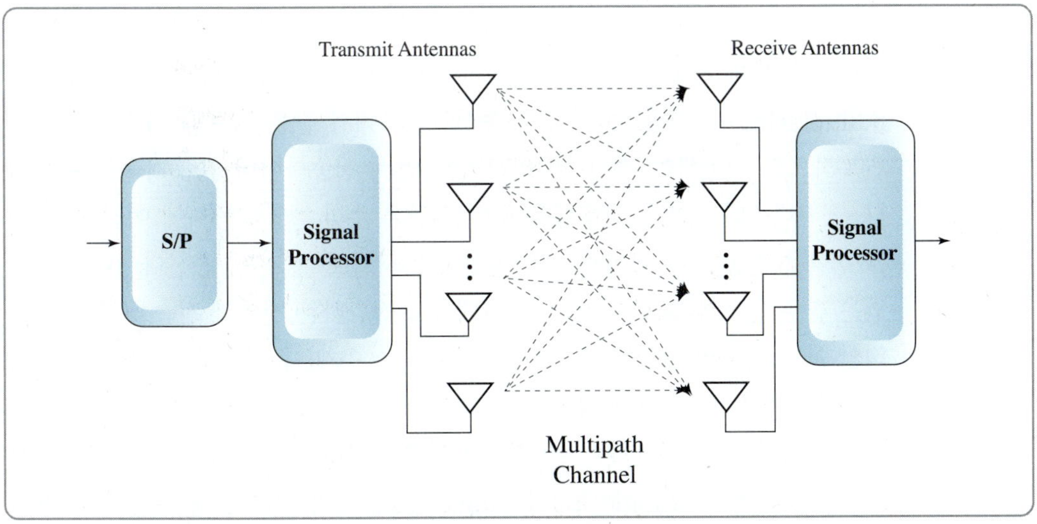

[그림 8-14] MIMO시스템의 구성

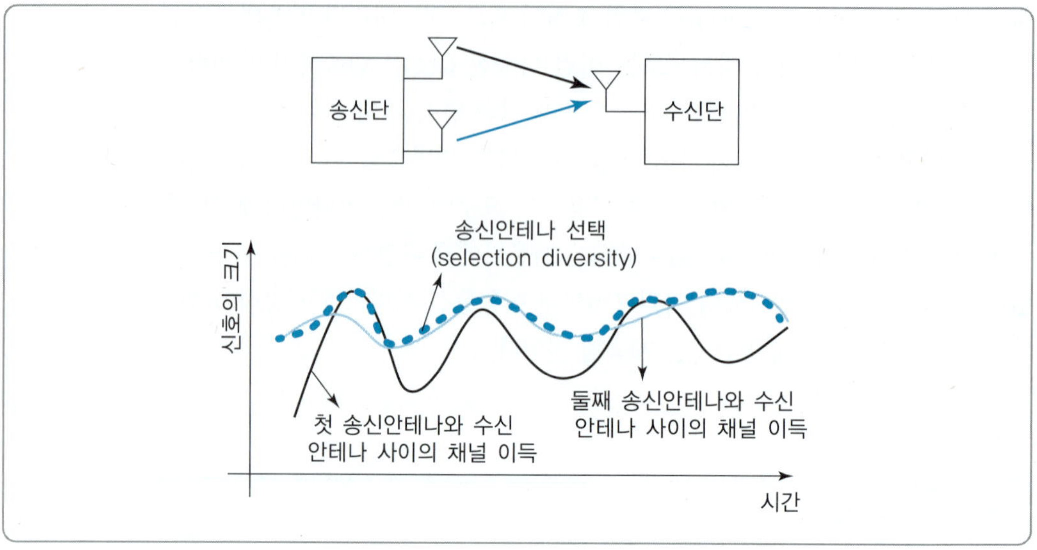

[그림 8-15] 안테나 선택 다이버시티 기법의 예

(beam forming) 기법, 레이더 기술 등 다양한 분야에서 이미 활발하게 개발이 진행되고 있는 분야이다. 최근 들어서는 서비스 가입자의 폭발적인 증가로 인하여 무선통신시스템의 용량 증대에 대한 요구가 증가되면서 이러한 다중안테나 기술 연구에 관심이 집중되고 있다.

그러면 다중안테나 기술에는 어떠한 것들이 있으며 각 기술의 특징은 무엇일까? 다중안테나 기술은 [그림 8-14]와 같이 각 송신안테나로부터 독립적인 데이터를 동시에 전송함으로써 고속으로 데이터를 전송하는 공간다중화(spatial multiplexing) 기술과 여러 개의 송신안테나에서 같은 정보를 가지는 신호를 반복적으로 전송하여 송신다이버시티를 얻는 전송다이버시티 기술로 구분된다. 공간다중화 기법을 사용했을 때에는 같은 주파수에서 동시에 여러 개의 변조 심볼을 전송할 수 있어서, 전송률을 증가시킬 수 있지만, 송신다이버시티 기법은 같은 변조 심벌을 여러 개의 안테나로 전송하는 것이라 전송률 증대가 목적인 아닌 전송의 강인성을 높이는 것이라 할 수 있다. 즉, 다이버시티 기술을 사용하는 목적은 다중경로 환경에서 페이딩 채널의 영향을 감쇄하여 AWGN 채널과 유사하도록 변형하는 것이다. 이 기술은 단일 송신안테나와 단일 수신안테나를 갖는 SISO(Single Input Single Output)와 비교할 때 가상 통신 채널이 여러 개 발생하기 때문에 단일 채널의 페이딩이 적다고 할 수 있다. 예컨대

[그림 8-15]에서 보는 바와 같이, 송신안테나가 2개인 경우를 보면, 송신단에서 송신신호를 전송할 때, 채널의 상황에 따라서 두 안테나 중에서 하나를 선택하여 전송할 수 있다. 그래서 그림과 같이 두 채널 이득 중에서 매 순간 큰 이득을 따라가는 다이버시티 채널 이득을 얻을 수 있다. 이와 같은 안테나 선택을 많은 수의 송신안테나에 적용한다면, 안테나 수가 증가할수록 채널의 페이딩 특성이 거의 없는 일정한 채널 이득을 보장받을 수 있다. 따라서 다이버시티 기법을 사용하면 SISO에 비해 채널 용량이 미세하게 증가하게 된다.

이 장에서 다루는 MIMO 기술들은 대부분 주파수 비선택적 페이딩 환경에서 적용 가능한 기술들이다. 그래서 LTE나 무선랜 등과 같은 실제 시스템에서 OFDM과 결합하여 사용된다. 즉, 주파수 선택적 페이딩 채널을 OFDM의 여러 개의 부반송파로 나누어 각 부반송파 별로 주파수 비선택적 페이딩 채널을 만든 후에 MIMO 기술을 적용하는 것이다. 그래서 이 장에서 설명하는 기술은 OFDM과 결합하여 사용된다는 것을 항상 염두해두어야 한다.

8.2.1 다중안테나 기술

다중안테나 기술은 언제 처음 사용되었을까? 2세대 이동통신시스템이라 일컬어지는 IS-95 CDMA시스템과 GSM TDMA시스템에서는 다중안테나 통신이라는 개념은 본격적으로 등장하지 않았다. 초창기 IS-95시스템의 순방향(하향)링크에서는 안테나 1개, 역방향(상향)링크에서는 2개의 안테나를 주로 사용하였다. 안테나를 2개 이상 사용할 때를 다중안테나 기술이라고 한다면, 역방향 통신에서는 2개의 안테나를 사용하였기 때문에 이미 다중안테나 기술이 사용되고 있었다고 할 수 있다. 이 기술은 다중안테나 기술 중에서 매우 기본적인 활용 수준인 다이버시티 기술을 이용한 것이다. 다시 말해, 안테나 두 개를 대략 파장 길이의 10배 이상으로 떨어뜨리면 전파의 특성이 서로 상관관계가 낮아지는 현상을 이용, 즉 채널의 독립성을 이용하여 성능을 향상시키는 기술이다.

3세대 IMT-2000 기술은 CDMA 기술로 통합되었다. 이것은 크게 3GPP와 3GPP2 그룹 기술로 분류할 수 있는데 여기서는 2세대의 CDMA 기술을 향상시키기 위해 많은 기술들이 연구되어 표준 기술로 채택되었다. 이 중 두 그룹에 공통적으로 하향링크 다중안테나 통신 기술이 추가되어 성능을 향상시켰고, 무선인터넷 서비스 등 서비스의 양상이 하향링크에 편중되는 통신시스템의 특성

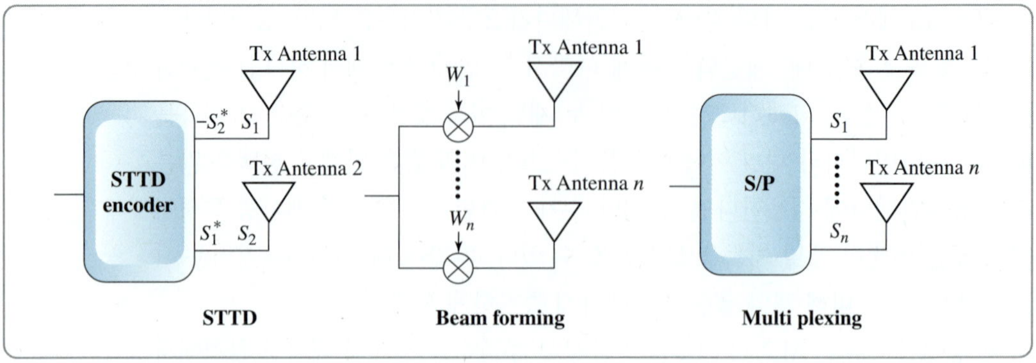

[그림 8-16] 다중안테나 방식별 전송 기술 구성도

상 이것이 3세대 기술 중 가장 중요한 기술이라 할 수 있다. 하향링크의 대표적인 다중안테나 통신 기술 중의 하나가 STTD(Space Time Transmit Diversity)로, 이 기술은 안테나 두 개를 사용하여 하향링크에 직교코드 용량을 유지하면서 두 배의 경로다이버시티를 얻는 효과가 있다.

4세대 이동통신 환경이 되면, 요구되는 서비스가 더욱 고속화, 대용량화 되어 다중안테나 통신 기술은 더 이상 선택의 문제가 아닌 필수 사항으로 대두되었다. 4세대 이동통신에서는 2GHz 이상의 고주파수 대역대의 사용이 많아졌다. 이렇게 되면서 특히 빔 형성 기술을 이용할 때 보통 안테나 간의 길이를 반파장으로 하는데, 고주파수 대역의 사용으로 이 간격이 더욱 좁아지게 된다. 또한 다이버시티 혹은 멀티 플렉싱에서 요구되는 안테나 간격도 작아지므로, 기지국의 안테나 크기나 안테나 간 간격이 작아져서 상용화 가능성이 더욱 높아진다.

8.2.2 MIMO 기술의 종류 및 발전 과정

MIMO 기술의 종류 및 발전 과정은 [그림 8-17]과 같이 정리할 수 있다. MIMO 기술은 SISO 통신 기술과 방식을 토대로 빠른 속도로 발전되어 왔다. 1948년에는 하나씩의 송수신안테나를 사용한 무선통신 방법이 등장하였고, 1996년에는 SISO를 기본으로 하여 송수신단에 여러 개의 안테나를 사용하는 방법인 MIMO, MISO(Multiple Input Single Output), SIMO(Single Input Multiple Output) 등이 등장하였다. 2000년대에 들어서면서 이러한 다중안테나 기술은 다양한 통신 분야에서 널리 연구개발 및 응용되고 있다. 이러한

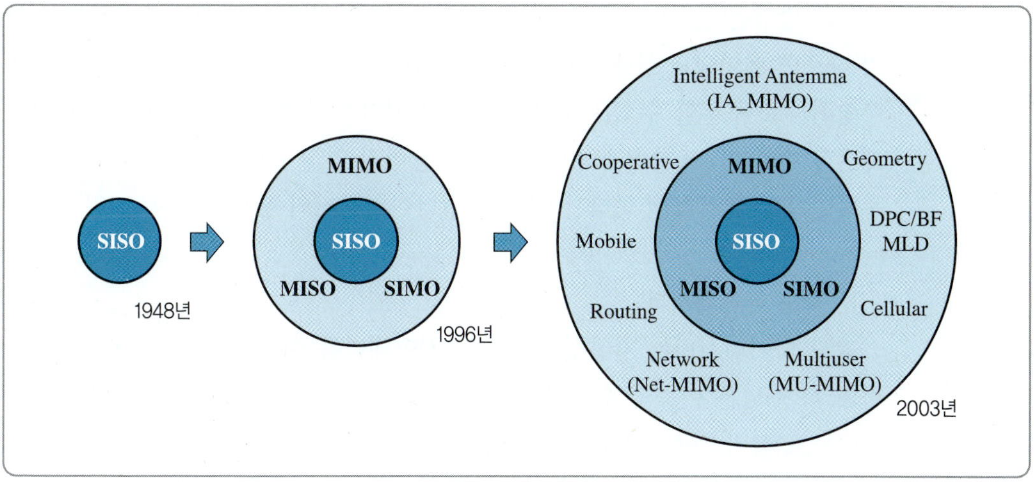

[그림 8-17] MIMO 통신의 발전 과정

MIMO 응용 기술에는 [그림 8-17]과 같이 MIMO를 확장한 기술인 스마트안테나, MIMO의 사용을 기본으로 한 통신 기술, MIMO 방식을 적용한 네트워크 방식인 Net-MIMO 기술, 그리고 다중소자를 이용하여 용량을 확장하는 MIMO 개념의 확대 적용 등이 있다.

8.2.3 MIMO 다이버시티 기술

무선이동통신 채널환경에서 전파경로상의 물건이나 건물, 지형 등에 의한 영향으로 다중경로 현상에 의한 전파지연 등의 문제가 발생하고, 이는 수신된 신호의 진폭과 위상의 변화를 초래하는 페이딩 현상의 원인이 된다. 이와 같은 페이딩 현상에 의한 통신품질의 저하를 방지하기 위해서 다이버시티를 이용할 수 있다. 그럼 다이버시티 기술은 무엇일까? 다이버시티란 2개 이상의 독립된 전파경로를 통해 전송된 여러 개의 수신신호 중 하나 이상의 경로에서 수신된 신호는 양호할 확률이 높다는 사실을 이용하는 방법이다. 이는 다중경로에 의한 페이딩의 영향을 경감시키기 위한 방법이며 시간, 공간, 주파수 등 다양한 다이버시티 기술이 존재한다. 이러한 다이버시티의 구현에는 다음과 같은 방법이 있다.

a. 편파 다이버시티

편파(polarization)는 전자기파의 진행 방향에 대해 어떤 고정점에서 전기장

성분의 방향을 말한다. 편파 다이버시티는 이러한 편파의 특성을 이용하여 편파가 다르면 페이딩의 상태가 달라지는 것을 이용한 방식이다. 편파는 수직편파와 수평편파로 구분할 수 있는데 이 두 개의 편파로 송수신하여 페이딩의 영향을 개선할 수 있다. 또한 2개의 안테나를 사용하지 않고 1개의 안테나로 구현이 가능하여 공간 활용율이 좋다는 것이 편파 다이버시티의 장점이라 할 수 있다.

b. 각도 다이버시티

각도 다이버시티는 지향성이 다른 수신안테나를 이용하는 방식으로 수신 방향의 폭이 넓은 이동국 수신에 적합한 방식이다. 각도를 사용한 다이버시티 방식이므로 서비스할 수 있는 Branch의 수를 증가시키기 위해서는 빔 폭이 좁고 첨예한 지향성을 갖는 수신안테나가 필요하다. 각도 다이버시티는 전파의 수신 방향이 다르면 페이딩 상태가 달라지는 특성을 이용하는 방식으로, 같은 주파수를 지향 방향이 다른 2개 이상의 안테나로 수신하고 페이딩의 영향을 개선한다.

c. 시간 다이버시티

시간 다이버시티는 채널환경의 변화가 있을 만큼 충분히 큰 시간 간격으로 동일한 정보를 여러 번 전송하여 독립적인 페이딩을 나타내도록 하는 방식이다. 이 기법은 시간 축상에서 다이버시티 효과를 얻고자 하는 기법으로 송수신간에 나타내는 다중경로마다 페이딩의 특성이 서로 다르기 때문에, 각 다중경

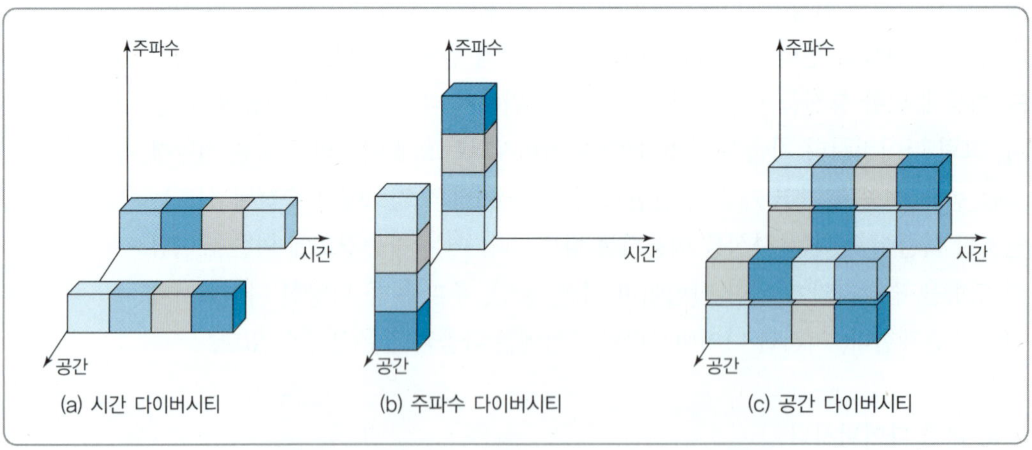

[그림 8-18] 시간, 주파수, 공간 다이버시티의 도식적 표현

로 신호의 시간 지연을 보상한 후 합성하는 등 페이딩의 영향이 적은 신호로 만드는 방법을 사용한다.

d. 주파수 다이버시티

주파수 다이버시티는 전파의 전파 과정에서 발생하는 페이딩을 방지하기 위해 동일한 통신 정보를 여러 개의 주파수에 실어서 전송하는 방식이다. 주파수 다이버시티는 각 주파수마다 수신 특성이 다른 성질을 이용하여 양호한 수신신호를 선택하거나 서로 다른 신호를 합성하여 페이딩을 방지하는 방법을 사용한다. 주파수 다이버시티에는 주파수인터리빙과 순방향 오류정정(FEC; Forward Error Correction)을 적용한 직교주파수 분할다중(OFDM) 변조 방식, 스프레드 스펙트럼 방식 중 주파수호핑(frequency hopping) 등이 있다.

e. 공간 다이버시티

공간 다이버시티는 다수의 안테나를 이용하여 신호품질을 개선하거나 전송용량을 향상시키는 기술이다. 안테나를 일정 간격으로 배열하여 송신한 경우 각각 다른 데이터를 전송하여 용량을 증가시키고 수신측에서는 채널환경이 양호할 경우에는 개별 신호를 받기도 하고, 열악한 경우는 신호를 취사 선택하거나 합성하여 신호품질을 개선하는 기술이다. 공간 다이버시티를 구현하려면 안테나 간의 채널 독립성이 보장되어야 한다. 공간 다이버시티 기술은 차세대 이동통신 기술의 핵심인 다중입력 다중출력(MIMO) 기술에 적용되고 있다.

f. 시공간 송신 다이버시티(STTD)

편파, 각도, 시간, 주파수, 공간 다이버시티 기술은 어느 시스템이든 적용이 가능하지만 실제 이동통신 시스템에 많이 쓰이는 기술은 [그림 8-16]에서 가장

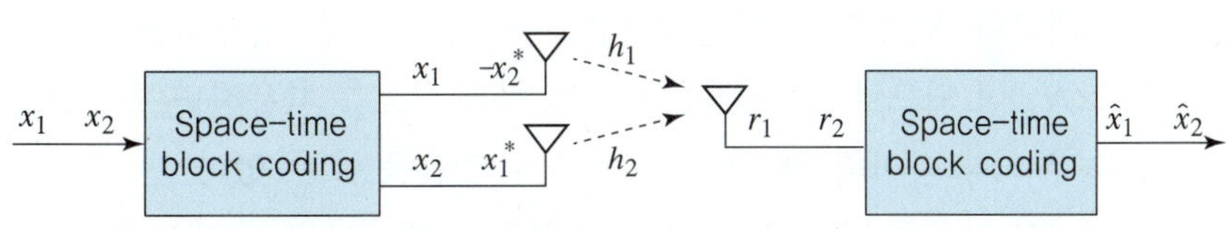

[그림 8-19] 송신안테나가 2개일 때 시공간 블럭 부호화 다이버시티 송수신기

왼쪽에 있는 STTD 기술, 즉 시공간 송신 다이버시티이다. STTD 기술 중에서 가장 널리 쓰이는 기술은 시공간 블록 부호(STBC; space time block code)이고, 이는 발명자의 이름을 따서 Alumouti 부호라고도 부른다.

STBC는 [그림 8-19]와 같이 부호 및 복호 과정이 간단하고, 송신안테나가 2개인 경우에는 전송률 손실 없이 최대 다이버시티 이득을 얻을 수 있다.

[그림 8-19]와 같이 각 송수신안테나 사이의 채널이 주파수 비선택적 페이딩 채널 h_1, h_2라고 하고, 송신하고자 하는 두 심볼을 x_1, x_2라 할 때, 두 단위 시간 동안 수신신호 r_1, r_2를 아래와 같이 나타낼 수 있다.

$$\mathbf{r} = \mathbf{H}\mathbf{x} + \mathbf{w} \tag{8-1}$$

여기서,

$$\mathbf{r} = \begin{bmatrix} r_1 & r_2^* \end{bmatrix}^T, \ \mathbf{x} = \begin{bmatrix} x_1 & x_2 \end{bmatrix}^T, \ \mathbf{H} = \begin{bmatrix} h_1 & h_2 \\ h_2^* & -h_1^* \end{bmatrix} \tag{8-2}$$

이다. 그러면 위 식에서 $\mathbf{H}^H\mathbf{H} = \left(|h_1|^2 + |h_2|^2\right)\mathbf{I}$를 만족하므로 수신신호로부터 송신신호 벡터 $\mathbf{x}$를 다음과 같이 구할 수 있다.

$$\hat{\mathbf{x}} = \frac{1}{|h_1|^2 + |h_2|^2}\mathbf{H}^H\mathbf{r} \tag{8-3}$$

이때 위 식은 송신단에서 채널을 모르는 경우 최적의 검파기이고 시공간 부호에서 각 열이 서로 직교이므로 다이버시티 차수가 2가 된다. 또, 수신안테나 수가 N_r개로 늘어나면 다이버시티 차수는 $2 \times N_r$이 된다. 일반적으로 N_t개의 송신안테나와 N_r개의 수신안테나를 사용하는 경우 최대 다이버시티 차수는 $(N_t \times N_r)$이 되므로 Alamouti 시공간 블록 부호를 사용하면 송신안테나가 2개인 경우 최대 다이버시티 차수를 얻을 수 있음을 알 수 있다.

위에서 언급한 바와 같이, 시공간 부호는 채널이 플랫 페이딩을 겪을 경우를 가정하고 있다. 그래서 실제 시스템에서는 [그림 8-20]과 같이 OFDM과 결합

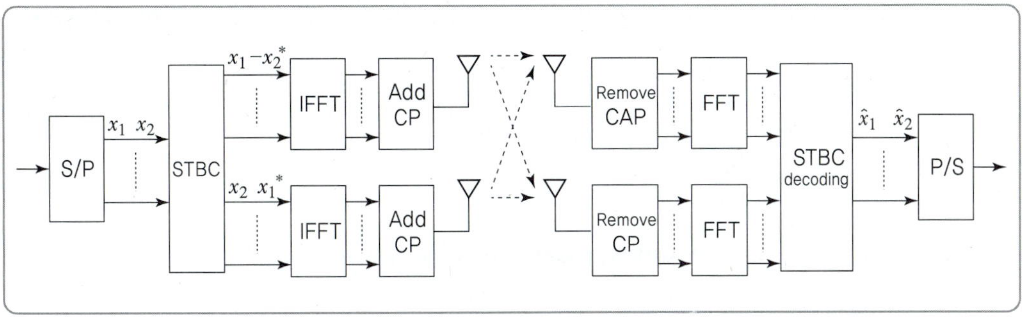

[그림 8-20] 시공간 부호를 적용한 MIMO-OFDM 시스템

하여 각 부반송파의 주파수 비선택적 페이딩 특성을 이용하여 시공간 부호를 적용할 수 있다.

8.2.4 MIMO 공간 다중화 기술

공간 다중화 기법이란, 송신기에서 다중화를 통하여 각 안테나 별로 다른 데이터 스트림 $\{x_1(n), \cdots, x_{Nt}(n)\}$을 전송하고 수신기에서는 각 수신안테나에서 수신된 신호 $\{y_1(n), \cdots, y_{Nr}(n)\}$를 이용하여 전송된 데이터 스트림을 복원하는 MIMO 시스템을 말한다. 이때 데이터 전송률은 SISO(single-input single-output) 시스템에 비해 송신안테나의 수에 비례하여 증가한다.

각 안테나 사이의 모든 채널이 주파수 비선택적 페이딩을 겪는다고 가정할 때 i번째 송신안테나와 j번째 수신안테나 사이의 채널을 h_{ji}라고 정의하자. 그러면 송수신 신호 사이에 아래와 같은 벡터-행렬 신호 모델이 성립한다.

$$\mathbf{y}(n) = \mathbf{H}\mathbf{x}(n) + \mathbf{w}(n) \tag{8-4}$$

이때 $\mathbf{y}(n) = [y_1(n) \ \cdots \ y_{Nr}(n)]^T$, $\mathbf{x}(n) = [x_1(n) \ \cdots \ x_{Nr}(n)]^T$, $\mathbf{w}(n)$는 $N_r \times 1$의 백색 잡음 벡터, $\mathbf{H}$는 다음과 같이 주어지는 $N_r \times N_t$ 행렬이다.

$$\mathbf{H} = \begin{bmatrix} h_{11} & h_{12} & \cdots & h_{1N_t} \\ h_{21} & h_{22} & \cdots & h_{2N_t} \\ \vdots & \vdots & \ddots & \vdots \\ h_{N_r1} & h_{N_r2} & \cdots & h_{N_rN_t} \end{bmatrix} \tag{8-5}$$

그러면 MIMO 채널의 용량 식으로부터 채널 용량은 다음과 같이 계산된다.

$$C = \log_2\left[\det\left\{\frac{\rho}{N_t}\mathbf{H}\mathbf{H}^H + \mathbf{I}_{Nr}\right\}\right] \tag{8-6}$$

이때 ρ는 각 수신안테나에서의 신호 대 잡음 비이고, $\mathbf{I}_{Nr}$은 $N_r \times N_r$의 항등 행렬이다.

그러나 앞에서 언급했듯이 이와 같은 채널 용량을 얻기 위해서는 각 송수신 안테나 사이의 채널이 주파수 비선택적 페이딩 채널이어야 한다는 제약이 따른다. 그러나 OFDM 변조를 이용할 경우 각 부채널을 주파수 비선택적 페이딩 채널로 볼 수 있으며, 각 부반송파 별로 독립적인 SDM 기법을 적용할 수 있다. 이를 SDM/OFDM이라 하고, 그 송수신 구조는 [그림 8-21]과 같다.

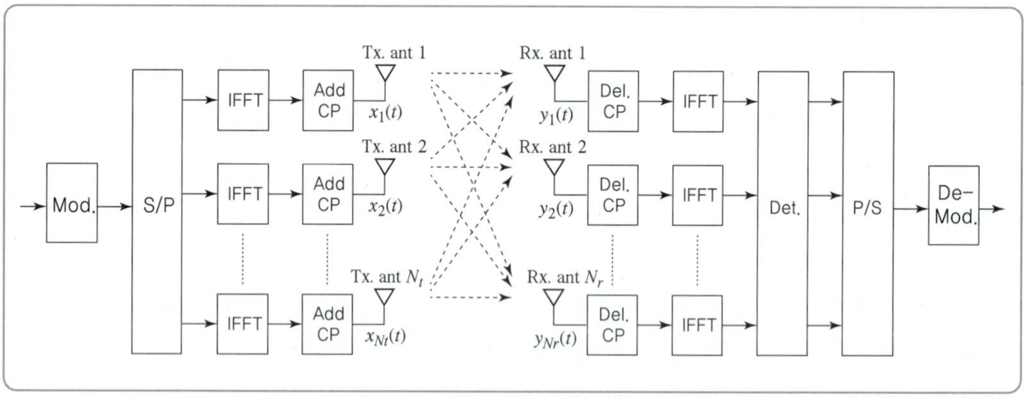

[그림 8-21] SDM/OFDM 시스템의 구조

SDM/OFDM 방식에서 각 송신안테나의 송신 심벌을 검파하기 위해서 부반송파 별로 검파를 수행한다. 그러면 수신신호 $\mathbf{y}(n) = [y_1(n) \ \cdots \ y_{Nr}(n)]^T$과 채널 행렬 $\mathbf{H}$를 알고 있을 때, 어떻게 송신신호 $\mathbf{x}(n) = [x_1(n) \ \cdots \ x_{Nt}(n)]^T$를 알아낼 수 있을까? 만약 백색 잡음이 없다면, 식 (8-4)는 단순한 연립방정식 문제이다. 다항식이 N_r개 있고, 미지수가 N_t개가 있어서, 그 미지수를 찾는 것이다. 하지만, 백색 잡음으로 인해서 정확한 해를 찾기 힘든 상황이 된 것이다. 그러나 송신신호들은 모든 복소수 또는 실수값을 갖는 것이 아니고 특정값들, 즉 변조

신호의 성상점(constellation)에 해당하는 값들만 갖기 때문에 잡음이 있는 환경에서도 해를 찾을 수 있는 것이다. 그렇다면 식 (8-4)와 같이 주어지는 MIMO 문제를 풀 수 있는 검파 방식에는 어떤 것들이 있는지 알아보자.

a. 최우(ML; maximum likelihood) 검파 기법

ML 검파 방식은 모든 가능한 $x_i(n)$로 이루어진 $\mathbf{x}(n)$에 대하여 다음 식을 만족하는 해를 구하는 것이다.

$$\hat{\mathbf{x}}(n)=\min_{x_i(n)}\{\mathbf{y}(n)-\mathbf{H}\mathbf{x}(n)\}^H\{\mathbf{y}(n)-\mathbf{H}\mathbf{x}(n)\} \quad (8\text{-}7)$$

이런 ML 검파 기법은 송신단에서 채널에 대한 정보를 모르고 $\{\mathbf{x}_i(n)\}$이 전송될 확률이 모든 i에 대해 동일하다고 가정하면 이론적으로 최적의 성능을 나타낸다. 그러나 ML 검파 기법을 실제로 수행하기 위해서는 위 식의 연산을 (성상점 수)^{Nt} 번이나 수행해야 하므로 데이터 전송률을 높이기 위해서 성상점의 수가 큰 변조를 사용하고 송신안테나 수 N_t가 큰 경우에는 실제로 구현이 불가능하다(16QAM에 4개의 송신안테나를 사용하는 경우 무려 65536번이나 목적값을 계산해야 한다).

따라서 ML 검파 기법은 MIMO 환경에서 얻을 수 있는 성능의 하한을 나타내는데 사용하고 실제 구현 시에는 성능면에서는 약간의 저하가 있더라도 계산이 간단한 수신기 구조를 고려하게 된다.

b. 선형 검파 기법

선형 검파 기법은 송신신호 벡터를 선형적으로 곧바로 찾아내는 방법으로 ZF(Zero Forcing) 및 MMSE(Minimum Mean Square Error) 검파 방식이 여기에 속한다.

ZF 검파 방식은 다음 식과 같이 바로 의사 역행렬(pseudo inverse)을 이용하는 방식이다.

$$\hat{\mathbf{x}}(n)=\text{decision}\{(\mathbf{H}^H\mathbf{H})^{-1}\mathbf{H}^H\mathbf{y}(n)\} \quad (8\text{-}8)$$

이렇게 검파하는 과정은 간단하지만, 잡음 증폭으로 인한 성능 저하가 있다.

이를 줄이기 위해서 잡음의 특성까지 고려한 MMSE 방식은 다음과 같다.

$$\hat{\mathbf{x}}(n) = \text{decision}\{(\mathbf{H}^H\mathbf{H} + \sigma^2\mathbf{I}_N)^{-1}\mathbf{H}^H\mathbf{y}(n)\} \quad (8\text{-}9)$$

이 방식은 잡음의 특성까지 고려했기 때문에 잡음 증폭 현상은 없지만, 잡음 전력을 미리 알아야 한다는 제약이 있다. 그리고 잡음이 아주 작을 때는 그 해가 위 ZF 방식의 해와 동일해진다.

c. 간섭 제거 검파 기법

간섭 제거 검파는 선형 검파기의 성능을 향상시키기 위해 여러 개의 송신안테나로부터 수신되는 신호를 신호의 세기별로 순차적으로 복원하고, 복원된 신호를 수신된 신호에서 제거하고 난 뒤 다음 신호를 복원하는 형태의 검파 기법이다. 이런 형태의 검파기에는 V-BLAST라는 이름으로 알려져 있기도 하다.

간섭 제거 검파 과정은 아래와 같이 요약할 수 있다.

1단계: 탭 가중 행렬(**W**) 계산

$$\mathbf{W} = [\mathbf{w}_1 \cdots \mathbf{w}_{Nt}]$$

2단계: 최대 SNR을 갖는 층을 찾는다.

k번째 층이라고 하자.

3단계: 결정 통계치($z_k(n)$)와 결정치($\hat{x}_k(n)$)를 구한다.

$$z_k(n) = \mathbf{w}_k^H\mathbf{y}(n)$$

$$\hat{x}_k(n) = \text{decision}\{z_k(n)\}$$

4단계: 간섭 제거 및 채널 행렬 수정

$$\mathbf{y}(n) = \mathbf{y}(n) - \mathbf{h}_k\hat{x}_k(n)$$

$$\mathbf{H} = [\mathbf{h}_1 \ \cdots \ \mathbf{h}_{k-1} \ \mathbf{0} \ \mathbf{h}_{k+1} \ \mathbf{h}_T]$$

5단계: 모든 $\hat{x}_k(n)$를 구할 때까지 1~4단계를 반복한다.

이때 1단계에서 탭 가중 행렬은 다음과 같이 계산된다. ZF 방식의 경우 $\mathbf{W}=(\mathbf{H}^H\mathbf{H})^{-1}\mathbf{H}^H$이고, MMSE 방식의 경우 $\mathbf{W}=(\mathbf{H}^h\mathbf{H}+\sigma^2\mathbf{I})^{-1}\mathbf{H}^H$으로 주어진다. 2단계에서 최대 SNR을 갖는 송신신호를 찾는 방법은 다음과 같이 정리된다. ZF의 경우는 복원된 신호의 전력은 동일하므로 잡음 전력이 최소가 되는 층을 찾는다. 즉,

$$\begin{aligned}&\left|\sigma_1^2 \ \cdots \ \sigma_T^2\right|=\mathrm{diag}[(\mathbf{H}^H\mathbf{H})^{-1}]\\&k=\underset{i}{\mathrm{argmin}}\,\sigma_i^2\end{aligned} \tag{8-10}$$

MMSE(잡음 전력을 알고 있을 때)에서는 SNR이 최대가 되는 층을 찾는 대신에 근사적으로 MMSE를 최소화하는 층을 선택한다. 즉,

$$\begin{aligned}&\left|\sigma_1^2 \ \cdots \ \sigma_T^2\right|=\mathrm{diag}[(\mathbf{H}^H\mathbf{H}+\sigma^2\mathbf{I})^{-1}]\\&k=\underset{i}{\mathrm{argmin}}\,\sigma_i^2\end{aligned} \tag{8-11}$$

이제까지는 수신단에서 신호 처리하는 방식만을 언급하였지만, 채널을 송수신단에서 모두 알고 있다면 어떨까? 그렇다면 송신단에서도 전송률을 높이기 위해서 다양한 일들을 할 수 있을 것이다. 대표적인 예로, 아래와 같이 채널 행렬($\mathbf{H}$)을 특이치 분해(SVD; Singular Value Decomposition)할 경우, 실제 채널을 가상적인 채널들로 구분이 가능하다.

$$\mathbf{H}=\mathbf{U}\mathbf{D}\mathbf{V}^H \tag{8-12}$$

여기서 $\mathbf{H}$는 $(N_r\times N_t,\ N_r\geq N_t)$ 행렬이고, $\mathbf{U}$와 $\mathbf{V}$는 각각 $(N_r\times P)$, $(N_t\times P)$ 유니터리 행렬(unitary matrix), $\mathbf{D}$는 특이치(singular value)를 대각 원소로 하는 대각 행렬(diagonal matrix)이다. 그래서 송신단에서 $\mathbf{V}$를, 수신단에서 $\mathbf{U}$를 알고, 송수신단에서 [그림 8-22]와 같이 처리한다면 실제 채널이 P개의 서로 독립적인 채널로 모델링된다. 그리고 $\mathbf{H}$의 모든 열이 독립이면, $P=N_t$가 된다.

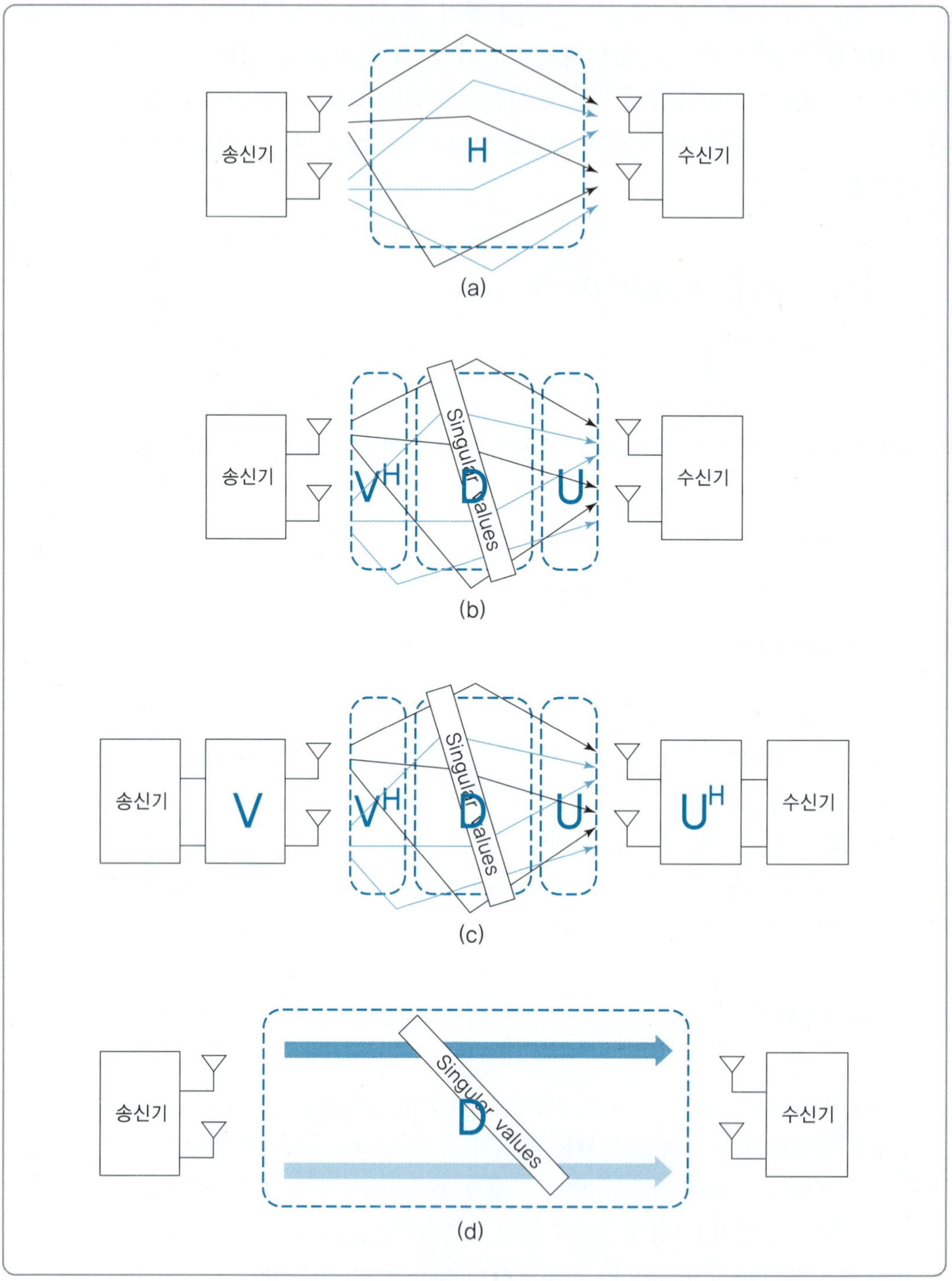

[그림 8-22] SVD를 이용한 SDM 개념도

이와 같이 할 경우, 각 데이터 스트림 사이의 간섭이 없기 때문에, 채널 용량 관점에서는 최적이라고 할 수 있으나 송신단에서 채널을 알아야 한다는 구현상의 문제점이 있다. 이와 같이 수신단에서 송신단으로 채널 정보를 보내주고 이를 활용하여 송신단에서 송신 신호에 변형을 가하는 방식, 예를 들어 [그림 8-22]와 같이 **V** 행렬을 곱하는 방식을 폐루프(closed-loop) MIMO 전송 방식이라고 부른다. 폐루프 전송에서 송신단에 곱해주는 행렬을 precoder 또는 beamforming 행렬이라고 부른다. 이와 반대로 송신단에서 채널 행렬과 같은 부가적 정보없이 전송하는 방식을 개루프(open-loop) MIMO라고 하여 분류하고 있다. [그림 8-22]를 좀 더 구체적으로 설명하면 다음과 같다. 우선 (a)는 일반적인 MIMO 시스템에서 채널 행렬이 **H**로 주어지는 경우를 가리킨다. 그리고 수신단에서 수신신호를 통하여 이 채널 행렬 **H**를 알 수 있다. 일반적으로 모든 행렬은 두 개의 각기 다른 unitary 행렬을 통하여 대각화할 수 있다. 이를 SVD라고 하는데, 수신단에서는 (b)와 같이 채널 행렬을 갖고 SVD($\mathbf{H}=\mathbf{UDV}^H$)를 수행한다. 이렇게 구한 **V** 행렬은 송신 쪽으로 알려주고, 송신단은 (c)와 같이 이 행렬을 수신신호에 곱하여 전송하고, 수신단은 $\mathbf{U}^H$를 수신신호에 곱하여 새로운 수신신호를 생성한다. 이런 일련의 과정을 거치면, (d)와 같이 송신단과 수신단의 beamforming 행렬을 포함한 유효 채널이 대각 행렬로 보이게 된다. 이렇게 되면 각 안테나의 송수신신호들이 모두 분리되어 여러 개의 독립적인 채널을 확보하게 된다.

MIMO기술이 도입되는 초창기에는 이동통신 시스템에서 채널 정보 전달 등의 문제 등으로 개루프 방식만을 사용하였으나, 최근에는 다양한 채널 정보 전달 방식을 사용하여 폐루프 방식을 채용하여 성능 향상을 꾀하고 있다. 채널 정보를 전달하는 방식은 LTE와 무선랜에서 각각 다른 방식을 사용한다. LTE와 LTE-A에서는 여러 개의 precoder를 미리 설계하여 송신기와 수신기가 갖고 있다가 수신기에서 어떤 precoder가 더 좋은지를 결정하여 송신기에 알려주는 방식을 사용하고 있고, 무선랜에서는 수신단에서 채널 행렬을 압축하여 직접 송신단에 전송하는 방식을 사용하고 있다.

8.2.5 SDMA 기술

무선 채널을 통하여 높은 전송률의 데이터 서비스를 하기 위해서는 두 가지의 장애물을 넘어야 한다. 그 한 가지는 다중경로 페이딩 채널이고, 나머지는

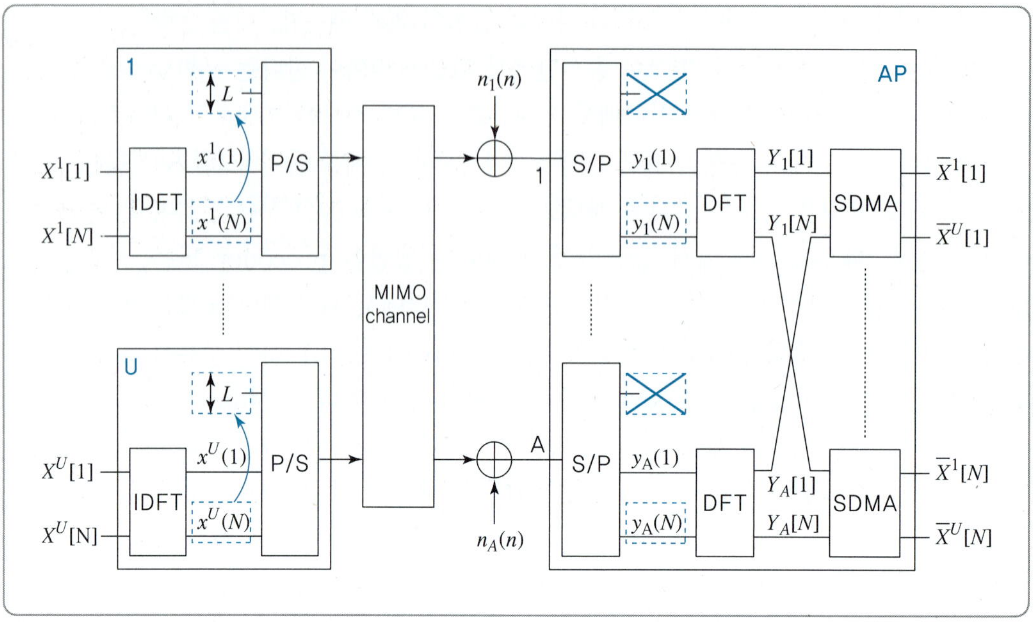

[그림 8-23] 상향링크의 OFDM/SDMA 시스템 구조

주파수 대역폭의 제약이다. 전자를 해결하기 위한 방식으로 OFDM 전송 방식을 사용할 수 있고, 후자를 위해서는 SDMA가 이용될 수 있다. SDMA는 다중 안테나를 이용하여 공간적 특성이 다른 사용자들을 분리할 수 있기 때문에 주파수 재사용을 할 수 있어 주파수 효율을 높일 수 있다.

상향링크의 OFDM/SDMA의 시스템 구조는 [그림 8-23]과 같다.

[그림 8-23]에서 위 첨자는 사용자 인수, 아래 첨자는 안테나 인수를 나타낸다. 그리고 대문자와 대괄호는 주파수 영역의 신호와 반송파 인수를, 소문자와 소괄호는 시간 영역의 신호와 시간 인수를 각각 나타낸다.

여러 개의 단말에서 OFDM 변조를 하여 단일 안테나를 통하여 전송하면, AP에서는 다수의 안테나를 통하여 수신한다. 수신한 신호를 우선 각각의 안테나 별로 OFDM 복조를 수행한다. 위와 같이 모델링한 결과를 부반송파 별로 행렬식으로 나타내면 다음과 같다.

$$\begin{bmatrix} Y_1[n] \\ \vdots \\ Y_A[n] \end{bmatrix} = \begin{bmatrix} H_1^1[n] & \cdots & H_1^U[n] \\ \vdots & \ddots & \\ H_A^1[n] & \cdots & H_A^U[n] \end{bmatrix} \begin{bmatrix} X^1[n] \\ \vdots \\ X^U[n] \end{bmatrix} + \begin{bmatrix} n_1[n] \\ \vdots \\ n_A[n] \end{bmatrix}$$

이런 수신신호 벡터와 채널 추정 결과로 이루어진 채널 행렬을 이용하여 부반송파 별로 MIMO 검파 기법을 이용하여 사용자 신호를 구분한다.

$$\begin{bmatrix} \hat{X}^1[n] \\ \vdots \\ \hat{X}^U[n] \end{bmatrix} = F_{\text{SDMA}}\left\{ \begin{bmatrix} Y_1[n] \\ \vdots \\ Y_A[n] \end{bmatrix}, \begin{bmatrix} \hat{H}_1^1[n] & \cdots & \hat{H}_1^U[n] \\ \vdots & \ddots & \\ \hat{H}_A^1[n] & \cdots & \hat{H}_A^U[n] \end{bmatrix} \right\}$$

위에서 F_{SDMA}는 수신신호 벡터와 채널 추정 결과를 이용하여 각 사용자들의 송신신호를 복조하는 과정으로 SDM/OFDM에서의 방식들이 모두 적용될 수 있다.

그리고 하향링크의 경우는 단말이 기지국으로 하향링크 채널에 대한 정보를 전송해 주면, 이를 이용하여 기지국에 precoder를 설계하고 이를 적용하여 여러 개의 단말로 동시에 전송하는 형태로 SDMA가 적용된다. 이 때 precoder 설계할 때 고려해야 하는 조건은 다른 단말기로 전송되는 신호가 해당 단말기의 수신단에 간섭 형태로 도착하지 않도록 하는 것이다. [그림 8-24]에서 보는 바와 같이, 단말 1을 향한 precoder는 신호가 단말 1로 많이 가는 조건과 단말 2로 도달하지 말아야 하는 조건을 만족하게 설계되어야 하고, 단말 2를 위한 precoder는 그 반대가 되어야 한다.

이와 같은 SDMA 형태의 MIMO 기술을 multi-user MIMO(MU-MIMO)라는 용어로 설명하는 경우도 많다.

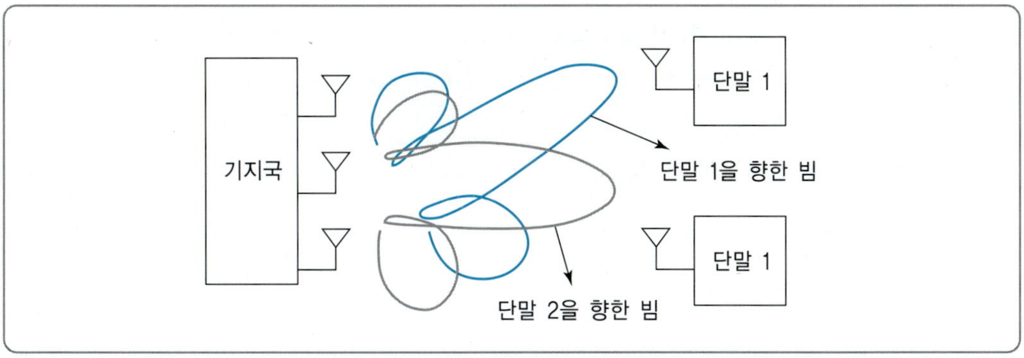

[그림 8-24] 하향링크 SDMA의 동작 예

8.2.6 MIMO의 발전 방향

MIMO를 이용한 응용기술은 3, 4세대 혹은 차세대 이동통신 시스템을 연구하는 국내외 대학, 연구소, 기업 등 거의 모든 곳에서 활발하게 연구되고 있다. 2010년 이전에는 단일 사용자를 위한 점대점 통신에서의 MIMO 기술에 대한 시스템 구현 및 표준화가 많이 이루어졌으나, 2010년 이후부터는 점대다점 통신에서의 MU-MIMO 기술에 대한 표준화가 이루어지고 실제 시스템으로 구현되고 있다. 따라서 각 단말에서 기지국으로 채널 정보를 어떻게 전달할 것인지에 대한 연구, 특히 전달하는 상향링크의 용량 제한 및 전송 지연이 있을 때 전체 시스템 성능에 어떤 영향을 미치는지 또는 어떤 형태의 채널 정보를 전달하면 효율적인지 등에 대해 활발한 연구가 이루어졌고, 그 결과 시스템에 따라서 다양한 채널 정보 전달 방식들이 표준으로 채택되었다. 그리고 하나의 기지국에서 관할하는 단말의 수가 많은데, 어떤 단말들을 선택해서 MU-MIMO 형태로 동시에 지원할 것인지도 중요한 문제이다. 따라서 기지국에서 단말로 전송할 데이터를 쌓아 놓는 큐(queue)의 상황이나 데이터의 서비스 품질(QoS: quality of service) 특성 그리고 채널 특성을 고려한 다양한 스케줄링 방식이 가능하다.

이전까지는 하나의 기지국의 관할하는 셀 내에서의 문제를 다루었다. 하지만 최근에는 여러 개의 기지국이 같은 주파수를 동시에 사용하여 서로 간섭을 일으키는 상황에서 셀간 간섭을 조절하는 목적으로 MIMO 기술을 활용하는 연구가 이루어지고 있다. 이를 위해서는 기지국 사이의 협력이 필요하다. 그래서 이와 같이 기지국들이 협력하는 MIMO 시스템을 LTE-A 시스템에서는 CoMP(Coordinated multipoint)라는 이름으로 채용하고 있다. 그리고 CoMP도 기지국 사이에 협력하는 정도에 따라서 여러 가지 기술로 분류하고 있다. 따라서 MIMO은 기존에 전송률 증대를 위한 기술에서 최근에서는 시스템간 또는 시스템 내에서의 간섭을 관리하는 기술로 그 목적이 변화되고 있다.

참 고 문 헌

[1] 조용수, 김재권, 양원영, 《MIMO-OFDM 무선통신과 MATLAB》, 홍릉과학출판사, 2008.

[2] Arogyaswami Paulraj, *Introduction to Space-Time Wireless Communications*, CAMBRIDGE, 2003.

[3] Mohinder Jankiraman, *space-time codes and mimo systems*, Artech House, 2004.

[4] Igor Valdman, *MULTIANTENNA DIGITAL RADIO TRANSMISSION*, Artech House, 2002.

[5] Louis Litwin, "The principles of OFDM," RF signal processing, 2001.

[6] S. M. Alamouti, "A simple transmit diversity technique for wireless communications," *IEEE Journal on Selected Areas in Commun.*, vol. 16, no. 8, pp.1451-1458, Oct. 1998.

[7] G. J. Foschini and M. J. Gans, "On Limits of Wireless Communications in a Fading Environment When Using Multiple Antennas," *Wireless Personal Communications*, vol. 6, no. 3, pp. 311-335, 1998.

[8] P. W. Wolniansky, G. J. Foschini, G. D. Golden, and R. A. Valenzuela, "V-BLAST : An Architecture for Realizing Very High Data Rates Over the Rich-Scattering Wireless Channel," ISSSE '98, pp. 384-391, Mar. 1998.

[9] G. G. Raleigh and J. M. Cioffi, "Spatio-Temporal Coding for Wireless Communications," GLOBECOM '96, vol. 3, pp. 1809-1814, 1996.

[10] P. Vandenameele, L. V. der Perre, M. Engels, B. Gyselinckx and H. D. Man, "A Combined OFDM/SDMA approach," *IEEE Journal on Selected Area Communications*, vol. 18, no. 11, pp. 2312-2321, Nov. 2000.

[11] H. Jafarkhani, "A quasi-orthogonal space-time block code," *IEEE Trans. Commun.*, vol. 49, no. 1, pp.1-4, Jan. 2001.

[12] K. W. Ng, R. S. Cheng and R. D. Murch, "Iterative Bit and Power Allocation for V-BLAST based OFDM MIMO System in Frequency Selective Fading Channel," WCNC 2002, vol. 1, pp. 271-275, Mar. 2002.

[13] 3GPP TR 36.814 v9.0.0, "Further advancements for EUTRA physical layer aspectsg," Mar. 2010.
[14] Wireless LAN Medium Access Control (MAC) and Physical Layer (PHY) Specifications: Enhancements for Very High Throughput Operation in Bands below 6GHz, IEEE P802.11ac/D3.0 Std., 2012.
[15] Wireless LAN Medium Access Control (MAC) and Physical Layer (PHY) Specifications: Enhancements for Higher Throughput, IEEE P802.11n Std., 2009.

연 습 문 제

EXERCISE

01 다중경로 채널 환경에서 OFDM 전송 방식이 강건한 성능을 보이는 이유에 대해서 설명하시오.

02 OFDM 전송 방식과 FDM 방식의 공통점과 차이점을 비교하여 설명하시오.

03 OFDM에서 PAPR이 문제가 되는 이유를 설명하시오.

04 OFDM 전송 방식과 SC-FDE 방식의 공통점과 차이점을 비교하여 설명하시오.

05 다이버시티의 정의와 종류, 각각의 특성을 설명하시오.

06 개루프와 폐루프 MIMO 전송의 차이를 설명하시오.

07 LTE 또는 무선랜에서 MIMO 기술이 적용될 때, 항상 OFDM와 결합되어 적용되는 이유를 설명하시오.

09

CHAPTER

LTE 시스템

Fundamentals of Mobile Communications

CHAPTER 09 LTE 시스템

유럽의 2세대 이동통신인 GSM, 3세대 WCDMA 시스템을 거쳐 LTE 및 LTE-A 시스템의 표준을 재정한 3GPP 이동통신 표준의 발전 및 전송 방식을 보면, [그림 9-1]과 같다. 유럽 및 일부 북미의 2세대 이동통신시스템이었던 TDMA 방식의 GSM이 있고, 이를 바탕으로 전송 방식을 WCDMA 방식으로 변경하여 3세대 이동통신시스템 규격을 만들었다. 유럽의 W-CDMA, 북미의 CDMA 2000으로 대표되는 3세대 IMT-2000은 음성 서비스뿐만 아니라 인터넷을 포함한 고속 데이터 서비스, 영상 서비스 등의 멀티미디어 서비스를 제공하고 있다. 하지만, 스마트폰 및 태블릿 PC 등의 모바일 멀티미디어 기기들이 속속 등장하면서 3세대 이동통신의 한계가 드러나기 시작하였고, 이를 대비한 4세대 이동통신 기술은 적은 비용으로 보다 편리한 고품질의 서비스를 제공하는 방향으로 LTE 기술을 발전시켰다. 이를 위해서 기존 WCDMA 방식에서 OFDMA 방식으로 전송 방식도 완전히 바뀌게 되었다.

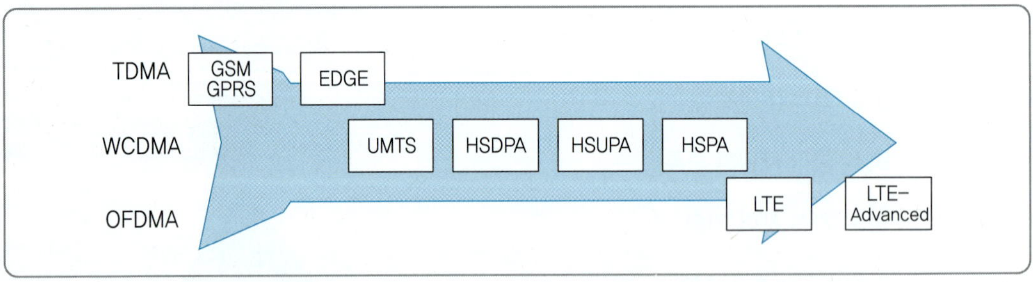

[그림 9-1] 3GPP의 시대별 표준 및 그 전송 방식

이 장에서는 4세대 이동통신 LTE의 기술적 진화 내용을 다루고, LTE의 업그레이드 시스템이라 할 수 있는 LTE-A에서 성능 향상 기술들에 대해서 알아보도록 한다.

9.1 LTE 시스템 개요

LTE 시스템의 표준 재정에 앞서 2005년에 LTE 시스템에 대한 요구사항을 먼저 확정하고, 이를 실현하기 위한 기술 표준 개발이 시작되었다.

- 사용자의 데이터 전송률 증가
- 셀 경계 지역에서의 전송률 증가
- 주파수 효율(대역폭당 전송률) 증대
- 주파수의 유연한 활용
- 단말기의 소모전력 감소
- 네트워크 구조 단순화
- 호 설정 시 지연 최소화
- 상이한 무선 접속 기술 간의 끊김 없는 이동성 지원

이와 같은 정성적 목표를 바탕으로 구체적인 정량적 목표를 정하기도 하였다. 예를 들어 기지국에서 전송하는 하향링크의 최대 전송률을 100Mbps 이상으로 하고, 단말에서 기지국으로 전송하는 상향링크의 최대 전송속도는 50Mbps는 되어야 한다는 것이다. 그리고 이는 20MHz의 주파수 대역폭을 사용하는 상황이라서 주파수 효율로는 각각 5bps/Hz와 2.5bps/Hz가 된다. 통상적으로 무선통신 기술을 비교할 때, 최대 데이터 전송속도가 통신 시스템의 성능을 판단하는 주요한 기준이 된다. 단말이 기지국 근처에 있을 때는 이웃 셀로부터의 간섭량이 작고 MIMO와 같은 기술을 효율적으로 사용할 수 있기 때문에 최대 전송속도를 구현하는 것이 용이하다. 하지만, 단말이 셀 경계면에 있거나, 이동하는 경우에도 최대 전송속도를 구현하는 것은 쉽지 않다.

LTE 시스템 요구사항은 단말이 350km/h의 속도로 이동하는 경우에도 서비스가 가능하여야 하며, 주파수 대역에 따라서 최대 500km/h까지도 지원되어야 한다. 이동성을 만족하기 위하여 셀 간 핸드오버에서 단말이 지연과 패킷 손실 없이 음성 통화가 가능하여야 한다.

VoIP와 같은 실시간 트래픽은 지연에 민감하므로, LTE와 같은 패킷 기반 시스템에서는 지연을 일정 범위 이내로 하는 것이 매우 중요하다. 시스템 용량 요

구사항은 특정 트래픽 모델에서 시스템 요구에 만족되는 VoIP 사용자의 수로 정의된다. 이 때, VoIP 패킷 중 2% 이상이 50ms 이내에 단말기에 성공적으로 도착하지 않는 경우 시스템 요구에 만족되지 못한 것으로 본다.

이외에도 사용자 플래인 지연 및 제어 플래인 지연에 대한 요구사항도 각각 10ms와 100ms로 정의하여 시스템 지연에 대해 정의하고 있다.

9.2 LTE의 주요 기술

4세대 이동통신 LTE에는 8장에서 소개된 다중 반송파 전송 기술, 다중 안테나 MIMO 기술, 패킷 스위칭과 같은 세 가지 주요한 기술이 적용되어 있다.

9.2.1 다중 반송파 기술

LTE에서는 하향링크에서 OFDMA가 적용되고, 상향링크에서는 SC-FDMA가 적용된다. OFDM 신호전송 대역폭을 직교성을 가진 다수의 협대역 부반송파로 구분한 후 부반송파 각각 혹은 부반송파 그룹에 각 사용자의 독립적인 데이터를 실어서 전송하는 기술이다. OFDM은 광대역 전송신호를 다수의 협대역 부반송파로 구분함으로써 ISI(Inter Symbol Interference)를 줄일 수 있고 주파수 영역 채널 등화기를 사용하여 수신기가 간단한 장점이 있는 반면, OFDM 신호의 PAPR(Peak-to-Average Power Ratio)가 상대적으로 높기 때문에 선형성이 좋은 RF 전력증폭기를 사용하여야 하므로, OFDM 송신기 설계에 비용이 많이 드는 문제점이 있다. 그러나 다운링크에서 기지국을 설계하는 경우 시스템 성능이 주요한 고려사항이고 비용에 대해서는 크게 고려하지 않으므로, OFDM 방식을 사용한다.

하지만, 상향링크에서 OFDM 방식을 사용한다면, 모든 단말에 대하여 선형성이 좋은 전력증폭기를 사용하여야 하므로 비용 측면에서 문제가 된다. 따라서 상향링크에서는 OFDMA의 구조와 유사하면서 PAPR이 낮은 SC-FDMA를 사용함으로써 단말기 송신기 구현에 드는 비용을 줄일 수 있다. SC-FDMA에서 다중 사용자가 주파수를 나누어 쓰는 방식은 두 가지를 정의하고 블록 단위로 사용자별 부반송파를 할당하는 지역적 모드(localized mode)와 분산시켜 부반송파를 할당하는 분산 모드(distributed mode)가 그것이다. 각 방식을 송신단 모양과 전송되는 신호의 주파수 스펙트럼을 보면 각각 [그림 9-2]와 [그림 9-3]과 같다. 각각의 모드에 따른 성능 및 PAPR 특성이 달라진다. 따라서 LTE에서는 두 가지 방식을 모두 수용하고 있다.

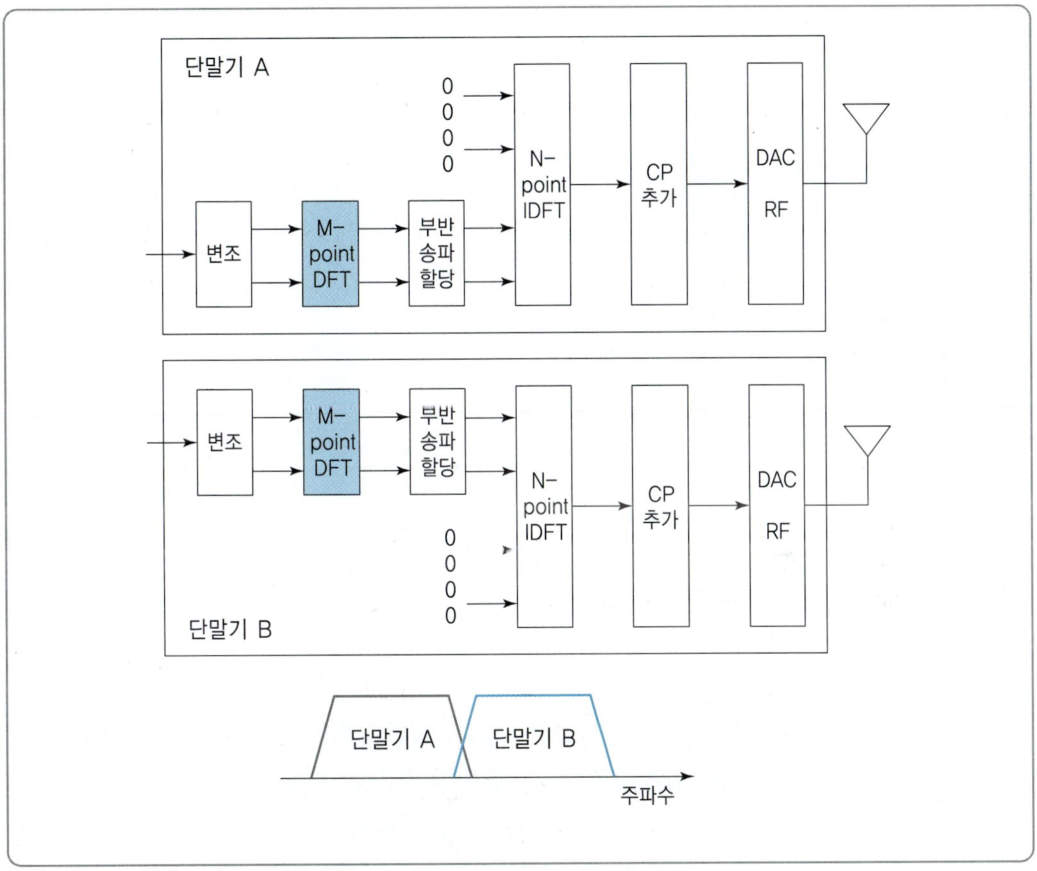

[그림 9-2] SC-FDMA 지역적 주파수 할당 예

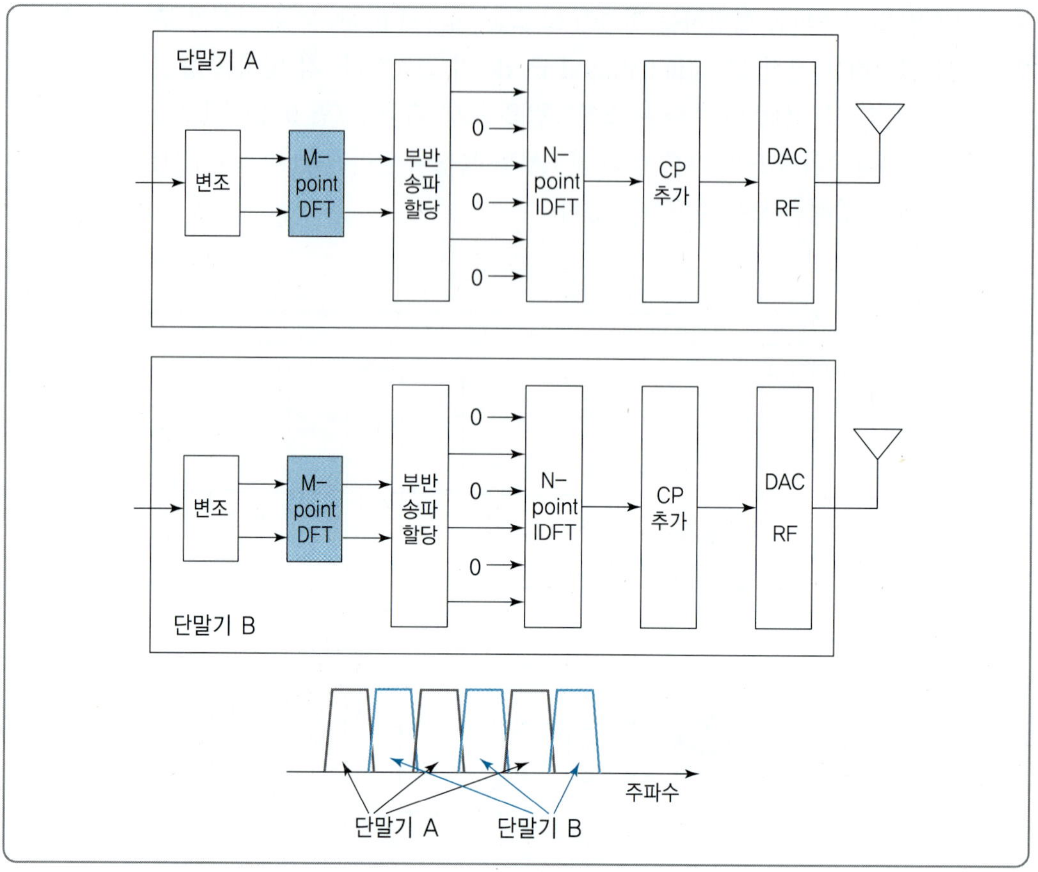

[그림 9-3] SC-FDMA 분산적 주파수 할당 예

SC-FDMA를 OFDMA와 비교하여 장단점을 알아보자. 우선 SC-FDMA의 경우 PAPR이 OFDMA에 비하여 낮다. 일반적으로 LTE 환경에서 약 2~3dB 정도 낮은 것으로 알려져 있다. 그래서 전력 소모가 OFDMA 대비 낮다고 할 수 있다. 하지만 DFT 추가 및 수신단 쪽 넓은 대역의 주파수 영역 등화가 필요하여 복잡도가 OFDMA에 비하여 높다는 단점이 있다. 성능면에서는 OFDMA 대비 주파수 선택적 페이딩에 더 민감하여 약 2~3dB 정도 낮다.

LTE에서는 다양한 채널 대역폭을 지원하는데, 최소 1.4MHz에서 최대 20MHz까지 지원한다. 그리고 이들 각 대역폭 사이의 호환성이 있어야 하기 때문에, 부반송파 간격은 모든 대역폭 모드에 대해서 15kHz로 유지하고 전체 사용 부반송파의 수를 조절하여 다양한 대역폭을 지원하고 있다. 채널 대역폭에 따른 다중 반송파 시스템의 주요 파라미터들은 [표 9-1]과 같다.

[표 9-1] 채널 대역폭에 따른 다중 반송파 시스템의 파라미터들

채널 대역폭(MHz)	1.4	3	5	10	15	20
자원 블록(RB)의 수	6	15	25	50	75	100
사용 부반송파의 수	72	180	300	600	900	1200
(I)FFT의 크기	128	256	512	1024	1536	2048
샘플링 주파수(MHz)	1.92 (0.5×3.84)	3.84	7.68 (2×3.84)	15.36 (4×3.84)	23.04 (6×3.84)	30.72 (8×3.84)
Slot 당 샘플 수	960	1920	3840	7680	11520	15360

9.2.2 다중 안테나 기술

LTE에서는 다이버시티 이득, 어레이 이득, 공간 다중화 이득을 얻을 수 있도록 다양한 다중 안테나 기술을 채택하고 있다. 다이버시티 이득은 상관도가 낮은 다수의 안테나로 신호를 수신하면서 다중경로 페이딩을 감소시킬 수 있는 것을 말한다.

어레이 이득은 프리코딩이나 빔포밍에 의하여 공간상의 특정 방향으로 에너지를 집중해서 신호를 송수신하는 것을 말한다.

공간 다중화 이득은 다수의 안테나 각각에 대하여 서로 상이한 데이터 스트림을 전송하여 동시에 복수 개의 신호를 전송하는 것을 말한다.

9.2.2.1 다이버시티 이득을 위한 기법

LTE의 송신 다이버시티는 송신안테나가 2개와 4개인 경우에 대하여 정의되어 있다. 다이버시티 이득을 최대로 하기 위하여 안테나 간에 상관이 작아야 하므로, 안테나 간격에 파장에 비하여 충분히 떨어져 있거나 편파가 서로 달라야 한다. LTE에서 MIMO기술은 제어 채널과 데이터 채널에 대하여 독립적으로 적용되며, 데이터 채널(PDSCH)의 경우에는 UE(User Equipment, 단말기)마다 독립적으로 적용된다.

LTE에서의 송신 다이버시티 기술은 Alamuti 부호를 시간이 아닌 주파수인 부반송파에 걸쳐 적용한 SFBC(Space-Frequency Block Codes) 방식, FSTD(Frequency Switched Transmit Diversity) 방식, SFBC와 FSTD 방식을 결합한 방식이 있다. 일반적인 FSTD 기술은 각 안테나의 심볼이 다른 부반

송파에서 전송된다. 예를 들어, 4개의 송신안테나로부터 4개의 서브캐리어에 FSTD 전송을 하는 경우는 다음과 같다.

$$\text{안테나(공간)}\uparrow\begin{bmatrix} x_1 & 0 & 0 & 0 \\ 0 & x_2 & 0 & 0 \\ 0 & 0 & x_3 & 0 \\ 0 & 0 & 0 & x_4 \end{bmatrix} \qquad (9\text{-}1)$$

$$\xrightarrow{\text{부반송파(주파수)}}$$

즉, 첫 번째 안테나는 첫 부반송파를 이용하여 전송하고, 두 번째 안테나는 둘째 부반송파를 이용하여 전송하는 형태이다. 실제로, LTE 시스템에서 FSTD는 4개의 송신 안테나의 경우에 대하여 SFBC와 결합되어 사용되며, 2개의 2×2 SFBC 기술의 결합이 독립적인 부반송파에 할당된 것이다. 그래서 다음과 같은 안테나 부반송파 할당이 이루어진다.

$$\text{안테나(공간)}\uparrow\begin{bmatrix} x_1 & x_2 & 0 & 0 \\ 0 & 0 & x_3 & x_4 \\ -x_2^* & x_1^* & 0 & 0 \\ 0 & 0 & -x_4^* & x_3^* \end{bmatrix} \qquad (9\text{-}2)$$

$$\xrightarrow{\text{부반송파(주파수)}}$$

그래서 두 심벌이 한 쌍이 되어 SFBC가 적용되고, x_1과 x_2로 구성된 첫 SFBC 블록이 첫째와 셋째 안테나를 통하여 전송되고, x_3과 x_4로 구성된 둘째 SFBC 블록은 둘째와 넷째 안테나를 통하여 전송되는 형태이다.

그리고 또 다른 다이버시티 기법으로 순환 지연 다이버시티(CDD; cyclic delay diversity)기법이 LTE에서는 사용된다. 여러 개의 전송 안테나에서 같은 OFDM 심볼을 전송할 때, 각각의 안테나에 시간지연을 상이하도록 하는 것이다. 안테나 간의 시간지연은 CP가 추가되기 전에 적용된다. 시간지연을 추가하는 것은 주파수 영역에서 위상변환을 하는 것과 같다. 즉, 시간지연을 추가하면 부반송파 주파수가 증가하면서 위상변환도 부반송파에 대하여 선형으로 증가하게 된다. 이는 프리에 변화의 특성에 의한 것이라 쉽게 알 수 있다. 하나의 안테나에서 지연이 있지 않은 OFDM 심벌은 다른 안테나의 지연이 된 OFDM 심볼과 합해져 수신되게 된다. 그러면 부반송파마다 다른 위상변화가 생기게 된다. 따라서 다른 안테나의 부반송파들이 서로 간섭을 일으켜 신호가 증가하거나 소멸되므로, 부반송파 별로 빔성형 패턴이 서로 상이하게 된다. CDD의 다이버시티 효과는 다른 부반송파가 전송 채널에서 다른 공간 경로를 갖게 되어 채널의 주파수 선택도를 높일 수 있다는 것이다. 그 결과, 페이딩으로 인한 신호의 왜곡이 전체 OFDM 전송 블록에 영향을 주는 것이 아니고, 개개의 부반송파에 한정되도록 할 수 있다. 따라서 단말이 고속으로 이동하는 등의 이유로 송신측의 채널 정보를 신뢰할 수 없을 때, CDD는 특히 유용하다.

9.2.2.2 어레이 이득을 위한 빔포밍 기법

공간 상에서 상관도가 높은 복수의 안테나 각각에서 전송되는 신호의 위상을 적절히 조정하면 특정 방향에서 각 안테나의 신호가 더해지게 되어 빔포밍되는 효과가 나타나게 된다.

기지국(LTE에서는 기지국을 흔히 eNodeB라고 한다)은 단말이 전송하는 상향링크 신호로부터 단말의 방향을 추정한 후, 배열 안테나의 위상을 적절히 조정하여 해당 방향으로 하향링크 신호를 빔포밍하여 전송한다. 하향링크는 빔포밍에 의하여 어레이 이득만큼 수신단에서의 신호 대 잡음 비를 높일 수 있다.

9.2.2.3 공간 다중화 이득을 위한 기법

위에서 언급한 다이버시티 이득이나 어레이 이득은 수신신호의 질을 높이는 것이라서 직접적으로 데이터 전송률을 높이는 것은 아니라고 할 수 있다. 그래서 LTE에서 전송률을 높이는데 가장 기여한 기술은 바로 이 공간 다중화 기법이라 할 수 있다.

LTE의 공간 다중화 기술에서는 계층(layer), 랭크(rank), 부호어(codeword)를 정의하고 있다. 공간 계층은 공간 다중화에 의하여 생성된 각각 다른 스트림을 가리킨다. 계층은 심볼을 송신안테나 포트에 매핑하는 것을 의미하여, 각각의 계층은 송신안테나 포트의 개수와 같은 크기의 프리코딩 벡터를 갖고 전송되며, 방사 패턴과 관련이 있다. 전송 랭크는 전송되는 계층의 개수이다. 부호어는 독립적으로 부호화된 데이터 블록이며, MAC 계층에서 전달되고 물리 계층에 전달되는 단일 전송블록(Transport Block)에 대응된다. 랭크가 1보다 큰 값을 갖는 경우, 두 개의 부호어가 전송될 수 있다. 부호어의 개수는 계층의 개수보다 작거나 같으며, 안테나의 개수보다 작거나 같게 된다.

LTE에서는 부호어 단위로 CQI(Channel Quality Indication) 보고를 하게 되고, 기지국은 CQI를 참조하여 부호어 별로 변조 및 부호화 방식인 MCS(Modulation and Coding Scheme)를 결정한다.

개루프 공간 다중화와 폐루프 공간 다중화를 하기 위한 전송 모드는 정의된 코드북을 이용하는 프리코딩에 의하여 송신 계층을 형성하게 된다. 각 코드북은 미리 정의된 프리코딩 행렬의 집합이다. 개루프 공간 다중화의 경우에는 별도로 단말이 프리코더 정보를 기지국에 피드백하지 않으나, 폐루프 공간 다중화의 경우에, 단말은 미리 정의된 코드북으로부터 가장 바람직한 프리코더의 정보를 기지국에 피드백한다. 바람직한 프리코더는 수신기의 성능에 기초하여 용량을 최대화할 수 있는 행렬이다.

9.2.3 패킷 스위칭 무선 인터페이스

3세대 이동통신까지는 음성은 회선 스위칭(circuit switching) 방식이고, 데이터만 패킷 스위칭 방식이었다. 하지만, 4세대 LTE에서는 프로토콜 스택의 모든 계층에서 패킷 기반으로 구현되어 있다. 시스템 지연을 줄이기 위하여 패킷의 길이는 1ms로 짧다. 이와 함께 주파수 및 공간 영역에서 적응 스케줄링, MIMO 적용, 변조 및 코딩 방식의 적응적 제어와 같은 기술을 적용하고 있다.

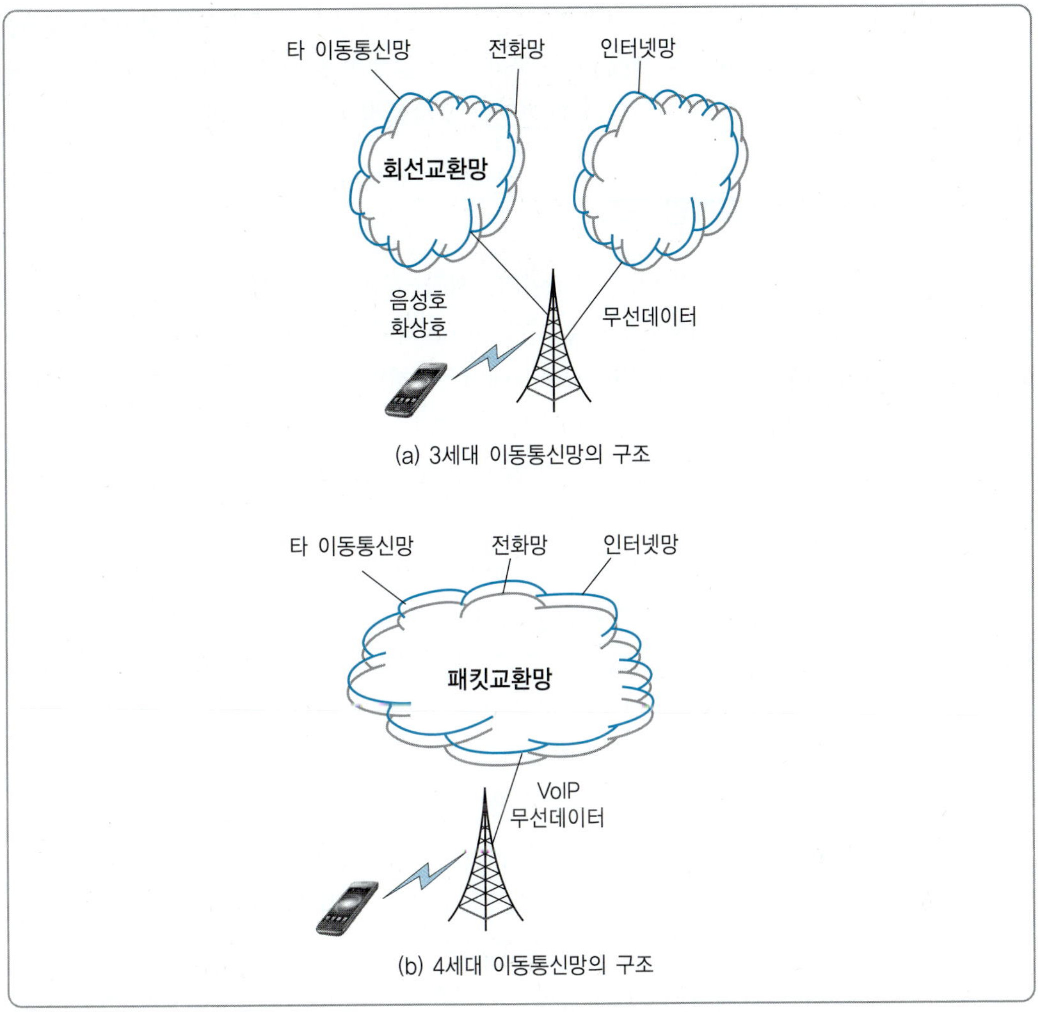

[그림 9-4] 3세대 이동통신망의 구조와 4세대 이동통신망의 구조

9.3 프레임 구조

LTE의 프레임 구조는 타입1과 타입2로 구분된다.

타입1은 FDD(Frequency Division Duplexing) 방식에서의 구조이고, 타입2는 TDD(Time Division Duplexing) 방식에서의 구조이다.

FDD 방식이란, 무선프레임의 상향링크와 하향링크 주파수를 달리하여 전송하는 방식을 말하고, TDD 방식이란, 무선프레임을 시간축 상에서 상향링크 서브프레임과 하향링크 서브프레임으로 구분하여 전송하는 것을 말한다.

9.3.1 FDD 프레임 구조

타입1은 FDD 방식의 구조이며, 시간-주파수 자원은 [그림 9-5]와 같이 10ms의 무선프레임으로 구분된다. 10ms의 무선프레임은 10개의 1ms 길이의 서브프레임으로 구분되고, 서브프레임은 2개의 0.5ms 길이의 슬롯으로 구분된다. 하나의 슬롯은 시간축 상에서 7개 혹은 6개의 OFDM 심볼로 구성되는데, 정상적인 CP의 경우에는 7개의 심볼을 포함하고, 확장된 CP 길이를 갖는 경우에는 6개의 OFDM 심볼을 포함한다.

8장에서 언급한 바와 같이, OFDM 심볼의 전송은 심볼 단위로 이루어지나 OFDM 심볼이 다중경로 채널을 통해 전송되는 동안 이전 심볼에 의한 영향을 받게 된다. 이러한 OFDM 심볼간 간섭을 방지하기 위해 각각의 심볼의 앞부분에 채널의 최대지연확산보다 긴 보호구간(guard interval)을 삽입한다. OFDM 심볼 주기는 실제 데이터가 전송되는 유효심볼 구간과 보호 구간의 합이 되며, 수신단에서는 보호구간을 제거한 후 유효심볼 구간 동안의 데이터를 취하여 복조를 수행한다. 보호구간에는 부반송파의 지연에 의해 발생할 수 있는 직교성의 파괴를 방지하기 위해 유효심볼 구간에서 마지막 구간의 신호를 복사하여 삽입하게 되며 이를 cyclic prefix(CP)라 한다. LTE의 정상적인 CP의 길이는 약 5ms이고, 확장된 CP의 길이는 약 17ms이다. 확장된 CP는 교외 지역과 같이 셀의 반경이 커서 지연확산이 긴 경우에 사용될 수 있다. 확장된 CP는 정상

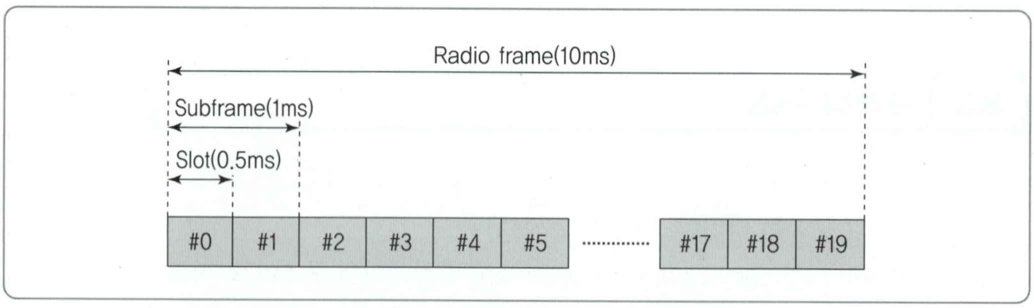

[그림 9-5] LTE FDD 방식 무선 프레임 구조

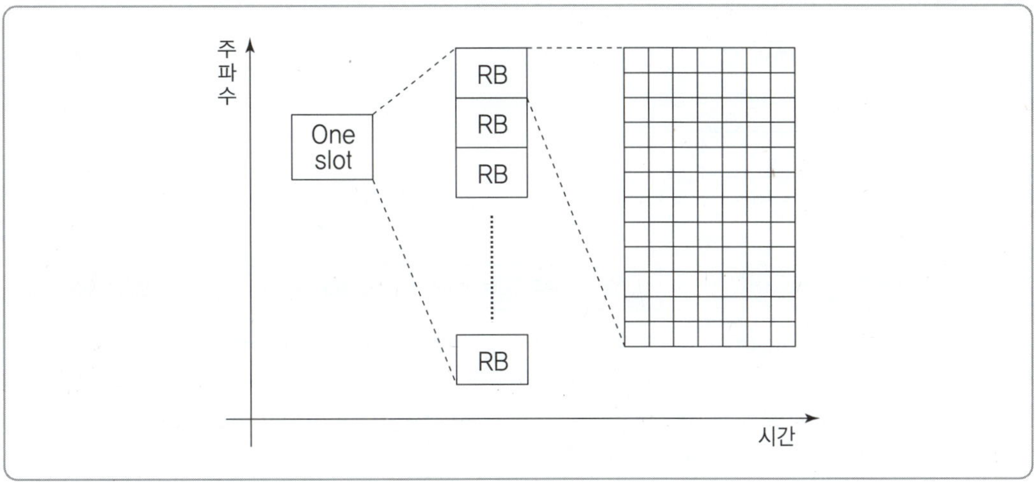

[그림 9-6] LTE의 시간-주파수(부반송파) 자원 구조(정상적 CP인 경우)

적인 CP에 비하여 CP의 길이가 길어지게 되고, 그에 따라 심볼 개수가 7개에서 6개로 줄어든다.

하나의 슬롯은 주파수 영역에서 다수의 자원 블록(RB; resource block)으로 구성되며, 하나의 슬롯은 최소 6개에서 최대 110개의 자원 블록을 포함할 수 있다. 하나의 RB은 주파수상에서 12개의 부반송파를 포함하고, 시간상에서는 정상적 CP인지 혹은 확장된 CP인지에 따라 7개 혹은 6개의 심볼을 포함한다. 하나의 부반송파는 15kHz를 점유하기 때문에, 하나의 RB를 전송하기 위해서는 총 180kHz가 필요하게 된다. 자원의 가장 작은 단위는 자원 원소(RE; resource element)이다. RE는 하나의 OFDM 심볼 동안 지속되는 하나의 반송파를 의미한다. 따라서 하나의 RB는 정상적 CP의 경우 7개의 심볼에 12개의 부반송파를 곱한 값인 84개의 RE로 구성되고([그림 9-6] 참조), 확장된 CP의 경우에는 6개의 심볼에 12개의 부반송파를 곱한 값인 72개의 RE로 구성된다. 슬롯의 구조는 상향링크와 하향링크 모두 동일하다. 다만, 상향링크에서는 자원 할당이 연속적이어야 하지만, 하향링크의 경우 비연속적으로 자원을 할당하는 것이 허용된다.

9.3.2 TDD 프레임 구조

타입2는 TDD 방식의 구조이며, 기본 구조가 RB, RE로 구성된 점은 역시 타

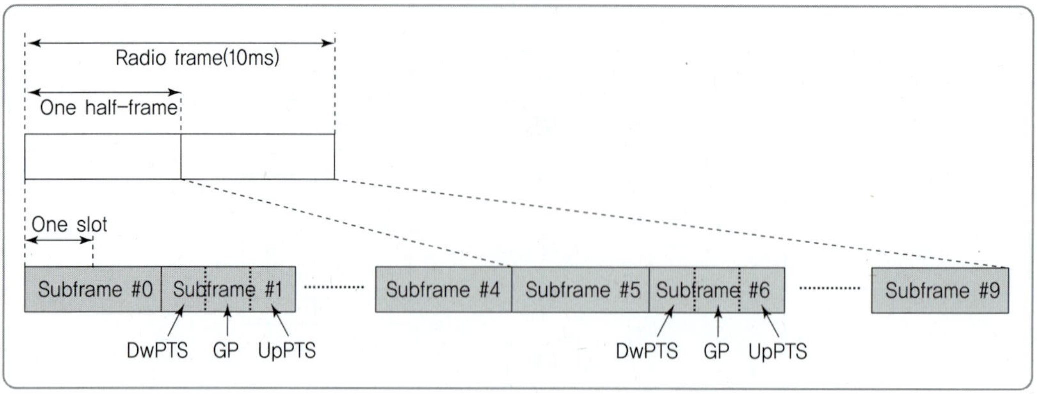

[그림 9-7] LTE TDD 방식 무선 프레임 구조(GP가 두 개인 경우) (DsPTS: downlink pilot time slot, GP: guard period, UpPTS: uplink pilot time slot)

입1과 동일하다. 다만, [그림 9-7]과 같이 서브프레임 별로, 상향링크 서브프레임과 하향링크 서브프레임으로 구분되고, 하향링크에서 상향링크로 전환 시에는 보호 구간(GP; guard period)이 필요하다는 점이 차이가 있다. GP가 추가된 것은 상향링크 전송 시의 timing advance를 구현하기 위한 것이다. 여기서 말하는 timing advance란 셀 내의 기지국과 각 단말 간에 거리가 서로 상이하기 때문에, 기지국과 단말간의 거리에 따라 단말이 전송하는 신호가 기지국에 수신되는 시점은 서로 상이하게 된다. 상향링크 서브프레임이 기지국에 도달하는 시점이 서로 일치하지 않는 경우, 각 신호 간의 직교성이 깨지게 된다. 따라서 각 단말의 상향링크 서브프레임이 동일한 시점에 기지국에 도달하도록 각 단말이 전송하는 시점을 조정하여야 하는데(기지국에서 멀리 떨어져 있는 단말은 기지국 근처에 있는 단말보다 상향링크 서브프레임을 상대적으로 늦게 전송하면 됨) 이와 같이 각 단말의 전송 시점을 조정하는 것을 timing advance라고 한다. 그래서 만일 하향링크에서 상향링크로 전환 시 GP가 존재하지 않는다면, 상향링크 서브프레임 timing advance에 의하여 전송 시점이 빨라질 때, 하향링크 서브프레임과 겹치는 현상이 발생할 것이다.

타입2에서는 서브프레임이 상향링크 혹은 하향링크로 설정되는 형태에 따라 0~6까지 총 7개의 설정이 존재하는데, 설정이 0, 1, 2, 6인 경우에는 하나의 무선프레임에서 GP가 두 개이므로 하향링크에서 상향링크로의 전환이 두 번 발생하고, 설정이 3, 4, 5인 경우에는 하나의 무선프레임에서 GP가 하나이므로 하향링크에서 상향링크로의 전환이 한 번 발생한다.

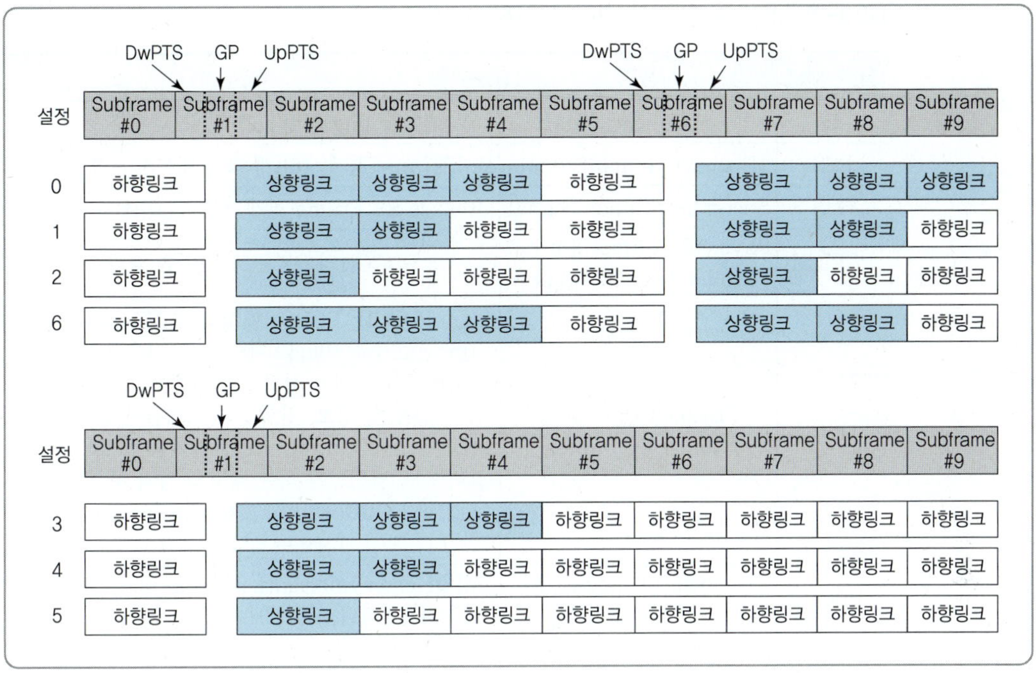

[그림 9-8] LTE TDD 방식 무선 프레임 설정에 따른 상하향 링크 구분

9.4 물리 채널의 종류

LTE 역시 3세대 WCDMA에 기반하여 설계되어 WCDMA에서와 같이 다양한 물리 채널들은 상향링크와 하향링크에 대해서 정의하고 각각의 역할을 부여하고 있다. 하지만, WCDMA에 비교하여 지정 채널(dedicated channel)을 삭제하고, 다양한 오버해드 채널을 단순화 하였다. 여기서는 LTE의 상향링크와 하향링크 물리 채널에 대해서 알아보고, 이들을 이용한 호 설정 과정 등을 살펴본다.

9.4.1 하향링크 물리 채널 및 물리 신호

우선 하향링크 채널의 물리 채널 및 물리 신호의 종류 및 각각의 역할은 [표 9-2]와 같다.

[표 9-2] 하향링크 물리 채널 및 물리 신호와 그 역할

물리 채널	용어	역할
RS	Reference Signal	기지국 physical cell ID, 504개로 구성
PSS	Primary Synch Signal	Half frame 경계, 168개 그룹 내에서 cell ID 추출
SSS	Secondary Synch Signal	10msec RF Frame 경계, CP, cell ID 그룹 추출
PCFICH	Physical Control Format Indication Channel	PDCCH의 RE 구조(CFI)를 알려줌
PDCCH	Physical Downlink Control Channel	PDSCH, PUSCH에서의 SIB(System Information Block) 제어신호, 사용자 신호)의 RB 구조와 위치 정보를 알려줌, DL-SCH의 HARQ 정보, 상향링크 스케줄링 정보 (UL Scheduling grant)를 알려줌, 호출여부를 알려줌, 전달하고자 하는 정보의 양과 종류에 따라 다양한 DCI(Downlink Control Information) format으로 구성됨
PBCH	Physical Broadcasting Channel	MIB(Master Information Block) 정보 전송(BW, SFN, 다중안테나, PDCCH 수신을 위한 HARQ 정보)
PDSCH	Physical Downlink Shared Channel	SIB 제어신호, 호출신호, 사용자 신호 전송
PHICH	Physical Hybrid ARQ Indication Channel	상향링크 신호에 대한 HARQ 응답 신호
PMCH	Physical Multicast Channel	방송 신호 전송

하향링크 RS(reference signal)은 일반적인 통신 시스템의 파일럿 신호와 같은 역할을 한다. 그리고 그 역할에 따라서 3개의 RS로 구분된다.

- Cell specific RS: 기지국의 공통 파일럿 신호로 기지국 간의 신호를 구분하기 위해서 504개로 구성되어 있으며, 매 subframe마다 전송 대역 전체에 걸쳐서 전송된다. 모든 하향링크 신호의 coherent 복조에 사용되고, 다중 안테나의 경우, 안테나 포트 별로 각각 다른 RS가 사용되어 다중 안테나에 대한 채널 추정을 가능하게 한다. 인접 셀에서 사용하는 RS와의 간섭을 최소화 하기 위해서 RS는 6단계의 부반송파 이격을 설정한다.
- UE(단말) specific RS: 빔포밍 등을 위한 특정 단말 대상의 파일럿 신호이다. 빔포밍하여 전송되는 신호의 coherent 복조에 사용된다.
- MBSFN RS: MBSFN 서비스를 위한 파일럿 신호

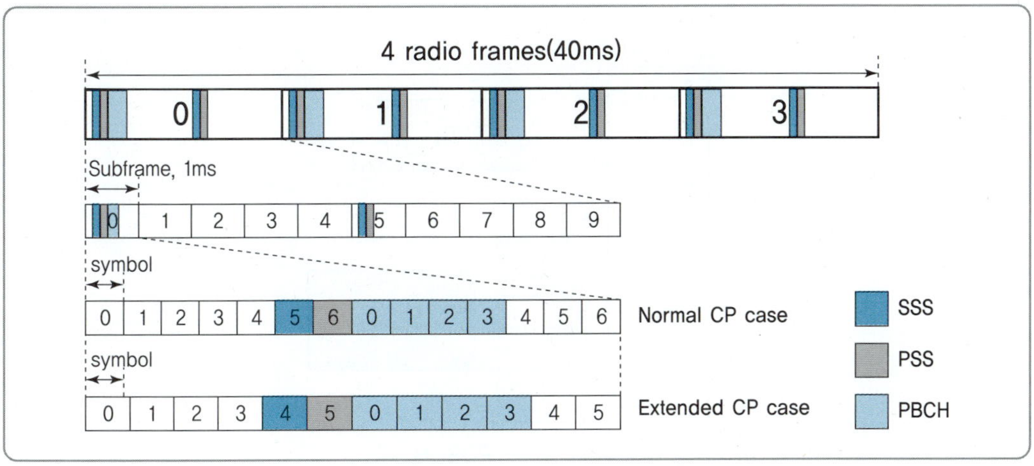

[그림 9-9] PSS, SSS, PBCH의 구성

그리고 PSS와 SSS는 [그림 9-9]에서 보는 바와 같이, 하나의 프레임 안에서 첫 번째와 여섯 번째 subframe의 중간, 즉 첫 번째와 열한 번째 슬롯에의 마지막 두 OFDM 심벌에서 중긴 72개 부반송파에 위치한다. 단말은 PSS를 이용하여 504개의 cell ID를 3개씩 묶은 168개의 그룹 내에서의 cell ID 정보를 얻는다. 그리고 SSS를 이용하여 168개의 그룹 중에서 어느 그룹에 속하는지를 알아낸다. 그 외에도 프레임의 경계, CP의 길이 등의 정도도 부가적으로 얻을 수 있다.

RF의 대역폭, 안테나 개수, 시스템 프레임 넘버 등의 시스템 개요 정보를 MIB(Master Information Block)라고 하고, 이는 PBCH를 통하여 전달되며, 그 위치는 [그림 9-9]에서 보는 바와 같고, PSS와 SSS와 같이 중앙 72개의 부반송파에 위치하면 정보의 신뢰도를 위해서 4번 반복하여 전송한다.

셀 접속 관련 정보, 셀 선택 관련 정보, 무선 자원의 구성 정보, 핸드오버 관련 정보 등이 포함된 SIB(System Information Block)은 PDSCH를 통하여 전송되며, SIB 정보의 변경이 있을 때는 변경 발생에 대한 알림은 PDCCH를 통하여 이루어진다. PDCCH의 해당 DCI(Downlink Control Information)을 통하여 PDSCH에서의 SIB 전송위치를 알려준다.

매 subframe의 앞부분에서 다양한 종류의 DCI를 전송하다. 이는 DCI가 지칭하는 PDSCH의 RB가 어떤 역할을 하는지와 어떻게(MIMO, STC, MCS 등) 전송되고 상향링크에서 어떻게 전송되어야 하는지를 알려준다. 그 구조는 [그림 9-10]과 같다.

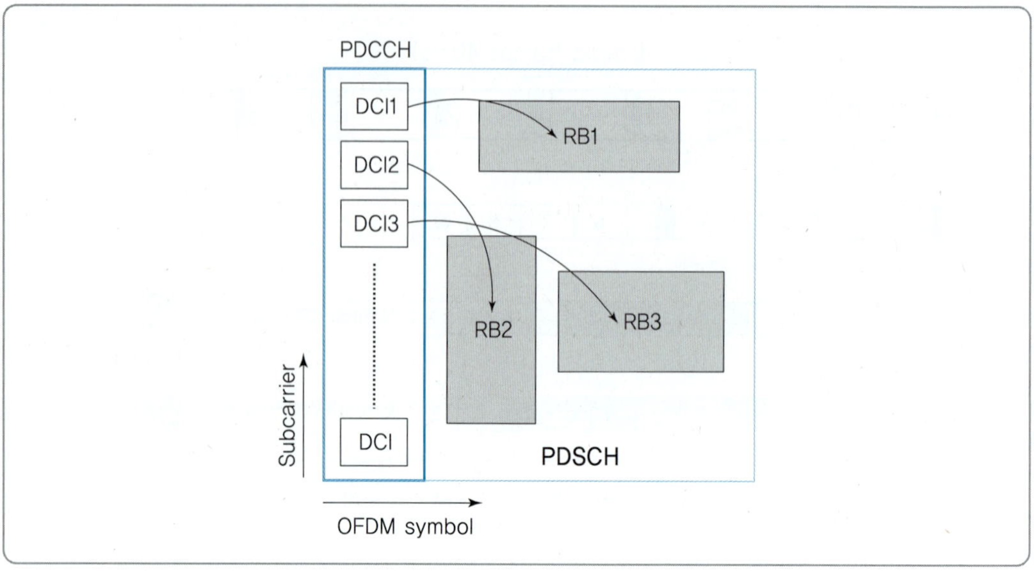

[그림 9-10] PDCCH의 DCI 정보와 PDSCH의 RB 구조

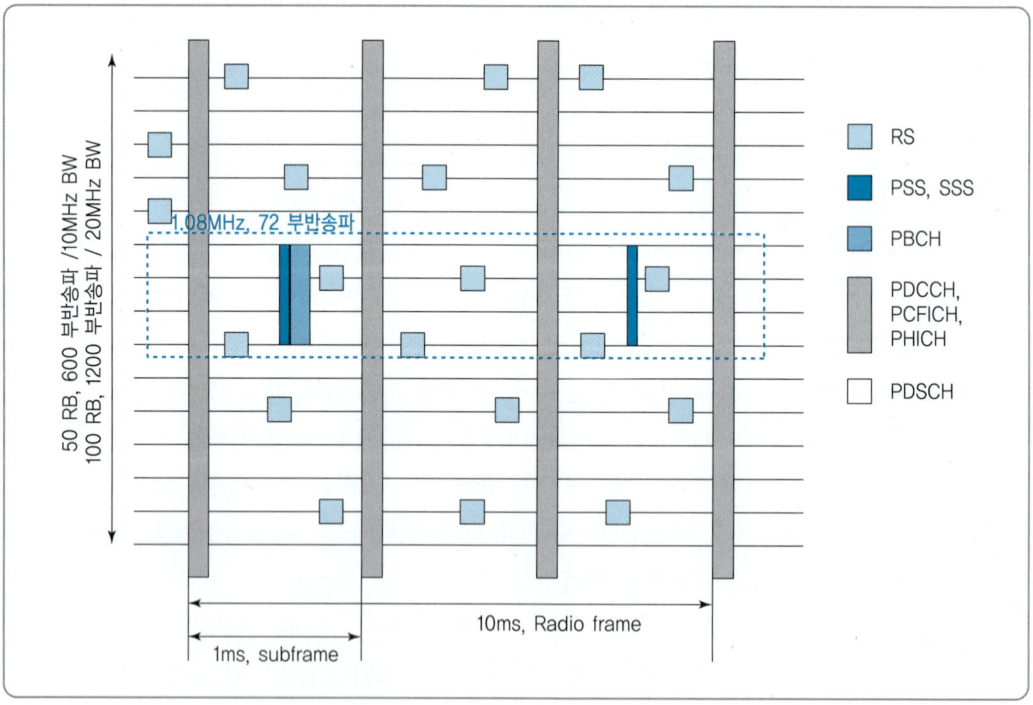

[그림 9-11] 하향링크 프레임에서 각 물리 채널의 구조

그리고 PHICH는 상향링크 신호에 대한 HARQ 응답 신호를 포함한다. 이와 같은 다양한 채널 및 RS를 포함한 전체 프레임의 시간 주파수 구조는 [그림 9-11]과 같다.

이와 같은 다양한 하향링크 채널을 이용하여 단말이 처음 전원은 킨 이후에 기지국에 접속하고 대기 상태로 진입하는 과정은 [그림 9-12]와 같다. 즉, 이를 통하여 각 채널의 역할을 파악할 수 있다.

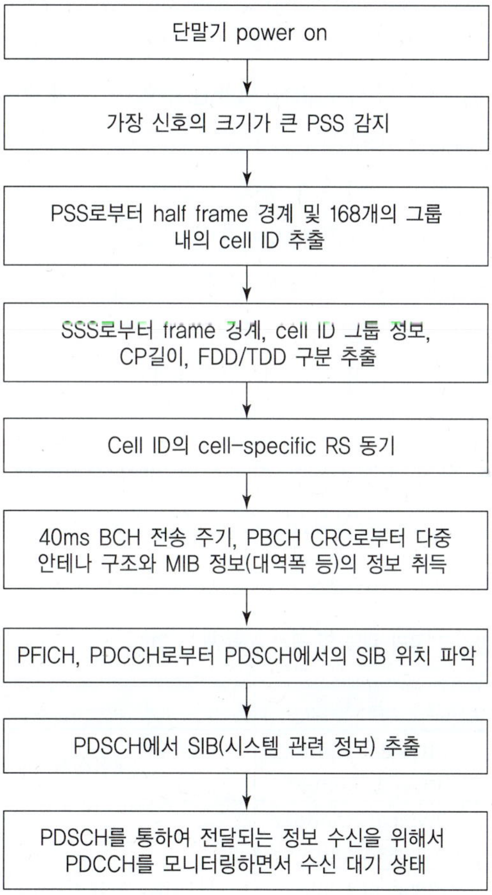

[그림 9-12] 초기 동기에서 수신 대기 상태까지의 절차

9.4.2 상향링크 물리 채널

상향링크의 물리 채널 및 신호의 종류와 기본적인 역할을 정리하면, [표 9-3]과 같다. 우선 상향링크 RS에는 DRS와 SRS가 존재하는데, DRS는 PUSCH와 PUCCH 신호의 복조를 위한 기준 신호로 쓰인다. 하나의 Zadoff-Chu 수열의 각기 다른 순환 이동(cyclic shift) 형태로 할당하여 단말을 구분할 수 있도록 하였다. 그리고 SRS는 무 통화 상태 단말의 상향링크 채널 정보를 추정할 수 있도록 기지국의 요청에 의하여 단말에서 전송한다. 그래서 SRS는 주파수 조절, 시간 조절, 링크 적응, 전력 제어, MIMO 전송 등을 위한 정보이다. subframe에서 마지막 한 개의 심볼을 이용하고, 10개 또는 20개의 subframe의 주기를 갖고 전송하고, 이 역시 Zadoff-Chu 수열을 순환 이동시켜 사용한다. 그리고 상향링크 프레임에서의 DRS, SRS의 위치 및 구조는 [그림 9-13]과 같다.

PUCCH는 전송 대역폭의 양쪽 가장자리에 위치한 RB를 통하여 전송한다. 상향링크의 경우는 SC-FDMA이기에 연속된 RB만을 사용하며, 그렇기 때문에 PUSCH가 PUCCH로 둘러싸인 RB들을 통하여 전송하는 구조를 갖게 된다. 구조에서 특이한 점은 PUCCH의 위치가 양쪽 가장자리에서 그 위치를 바꾼다는 것이다. 이는 PUCCH를 복조하는 과정에서 주파수 다이버시티 효과를 얻기 위한 것이다.

PUCCH에 의해서 전송되는 상향링크 제어 정보에는 스케줄링 요청, 하향링크 PDSCH에 대한 ACK/NACK, CQI, RI, PMI 등의 정보가 전송된다. 그리고

[표 9-3] 상향링크 물리 채널 및 물리 신호와 그 역할

물리 채널	용어	역할
PUSCH	Physical Uplink Shared Channel	제어신호, 사용자 신호의 전송
PRACH	Physical Random Access Channel	Random Access preamble 신호 전송
PUCCH	Physical Uplink Control Channel	HARQ ACK/NACK, scheduling request, CQI, RI, PMI 정보 전송
DRS	Demodulation Reference Signal	PUSCH, PUCCH 에 대한 시간 동기와 채널추정용 Reference Signal
SRS	Sounding Reference Signal	PUSCH, PUCCH 전송이 없을 때 UL 채널추정을 위하여 기지국에서 전송을 요청하는 Reference Signal

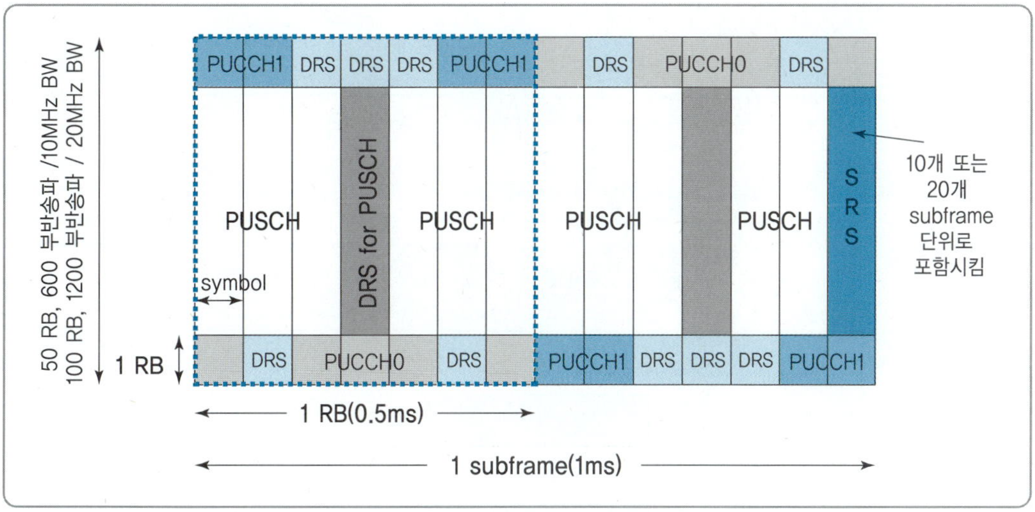

[그림 9-13] 상향링크 DRS, SRS의 전송 구조

PRACH는 단말들이 기지국으로 접속하기 위한 신호이다. 하향링크에서 SIB로 통하여 알려준 PRB(Physical Random Access RB)에서 여러 단말이 경쟁적으로 random access preamble을 전송하는 경쟁 기반의 random access에서는 한 개의 839칩의 Zadoff-Chu 수열을 순환 이동시켜 단말을 식별할 수 있도록 한다.

9.5 간섭 제어 기술

이동통신 네트워크에서는 셀 간의 간섭에 의하여 시스템 스루풋 성능이 나빠진다. 특히 셀 경계면에 있는 사용자에 의한 간섭은 시스템 성능에 큰 영향을 줄 수 있다. LTE에서는 주파수 재사용계수가 1이므로, 셀 간 간섭을 효율적으로 제어할 필요가 있다. 여기서 주파수 재사용계수라는 몇 개의 다른 주파수 채널을 이용하여 서비스 지역의 기지국에 주파수를 할당하는가를 가리키는 숫자이다. 즉, 주파수 재사용계수가 높은 경우에는 바로 옆에 있는 기지국이 다른 주파수를 사용할 수 있어서 바로 옆 기지국의 신호가 자신의 기지국에 간섭 영향을 미치지 않는다는 것을 의미하고, 따라서 별다른 간섭 제어 기술이 필요 없을 수도 있다. 그리고 기지국에서 섹터 안테나를 사용하여 간섭을 완화시키기도 하지만,

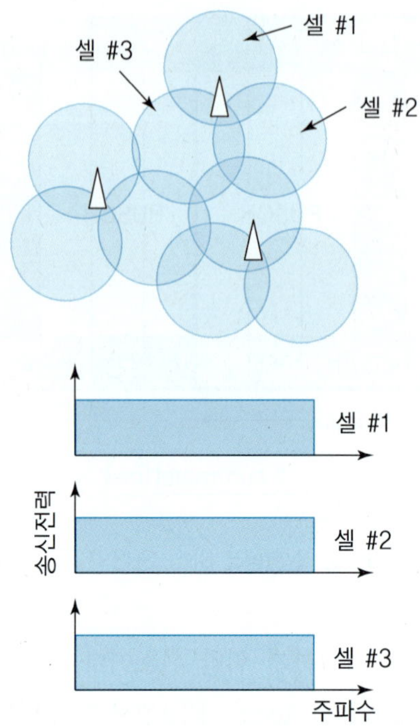

[그림 9-14] 3섹터 안테나를 사용하고 주파수 재사용계수가 1인 경우

주파수 재사용계수가 1인 경우에는 [그림 9-14]와 같은 환경이 된다. 따라서 셀 경계에 있는 사용자들은 자신이 해당된 기지국에서 오는 신호와 주변 타 기지국에서 오는 신호의 크기가 비슷한 레벨이 될 것이다. 따라서 간섭 제어 기술이 시스템적으로 구현되어야 통신이 가능하다.

기지국에서 스케줄링을 할 때 인접 셀에 의한 간섭 혹은 인접 셀로부터의 간섭을 고려한다면, 셀 경계면에 있는 사용자가 충분한 데이터 전송속도를 얻을 수 있다. 예를 들어, [그림 9-15]와 같이 가용 대역폭을 3개로 나누어서 각 셀에 할당할 경우, 셀 경계에 있는 단말들도 자신이 속한 셀에 해당하는 주파수 대역만을 받아서 복조한다면, 인접 셀에서 오는 간섭을 피할 수 있다. 하지만 이렇게 할 경우, 셀 중앙에 있는 사용자는 대역폭을 전체를 써도 되는데, 셀 경계 사용자 때문에 희생하는 것이라 여겨질 수 있다. 이에 대한 대안으로 각각의 셀은 안쪽 부분과 바깥쪽 부분으로 나눌 수 있다. 그리고 안쪽 부분에 있는 사용자는 자신의 기지국과 통신하는 데 있어서 상대적으로 낮은 전력이 필요하며 타 셀에 주는 간

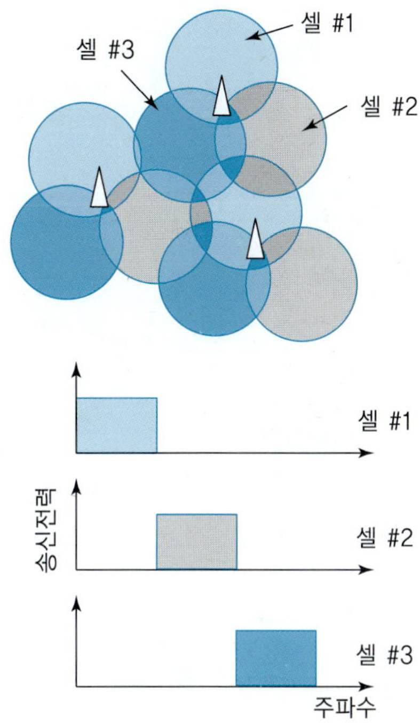

[그림 9-15] 가용 주파수를 나누어서 각 셀에 할당한 경우

십도 적다. 바깥쪽 셀의 경우에는 자신의 해당 기지국과 통신하는 데 있어서 상대적으로 높은 전력이 필요하며, 이는 타 셀에 더 많은 간섭을 유발한다. 따라서 셀 경계면에 있는 사용자가 부분적으로만 주파수를 사용하여 타 셀에 대한 간섭을 줄일 수 있다. 이와 같이 셀 중심 영역에서는 주파수 재사용 계수(FRF; frequency reuse factor) 1을 사용하고, 셀 경계 영역에서는 1보다 큰 FRF를 사용함으로써 인접 셀 간 경계 영역에서의 간섭을 줄이는 기술을 FFR(Flexible Frequency Reuse) 기법이라고 한다. [그림 9-16]은 이와 같은 FFR 기법을 도식적으로 나타낸 것이다. 그림에서는 주파수를 3등분하여 사용하는 것처럼 그렸지만, 실제는 각 RB별로 사용 여부를 결정하는 것이다. FFR 기법에서 이웃 셀은 서로 통신을 하여 어떻게 주파수를 나누어 사용할지를 결정해야 한다. 이와 같은 기본 개념을 LTE에서는 다음과 같은 방식으로 상하향링크에서 사용하고 있다.

하향링크 전송과 관련하여 기지국은 RNTP(Relative Narrowband Transmit Power) 지시자에 관련된 비트맵을 서로 교환하는데, RNTP 지시자

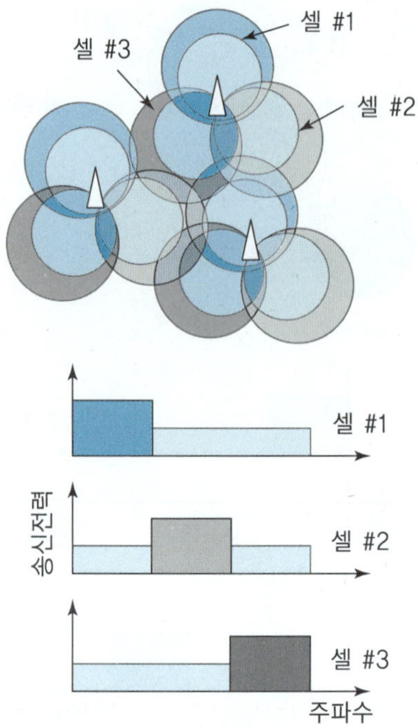

[그림 9-16] LTE의 FFR 간섭 관리 기법

의 각 비트는 주파수 영역에서 하나의 RB에 대응되고, 셀에서 RB의 전송 전력이 상한값을 초과하지 않도록 설계되어 있는지의 여부를 인접 기지국에게 알려주는 역할을 한다. 전송 전력의 상한값과 지시자가 유효한 기간은 설정 가능한 값이며, 이웃 셀은 이를 토대로 하여 각 RB에서의 예상되는 간섭량을 고려하여 단말을 스케줄링한다. 이웃 셀에서 RB의 전송 전력이 상한값을 초과하는 경우에 기지국이 어떻게 스케줄링하는지에 대해서는 표준 규격이 정해지지는 않았지만, 통상적으로 해당 RB에 대하여 셀 경계면의 단말에 할당을 하지 않음으로써 간섭을 줄일 수 있을 것이다.

상향링크 전송과 관련해서는 전송 전력의 조정과 스케줄링을 위하여 기지국 사이OI(Overload Indicator)와 HII(High Interference Indicator)를 교환한다. OI는 각 RB에 대하여 평균 상향링크 간섭과 열잡음을 물리 계층에서 측정한 값이다. OI는 low, medium, high의 세 개의 값을 가질 수 있으며, 업데이트 주기는 최소 20ms이다. HII는 특정한 일부 대역폭에서 셀 경계면의 단말에게 상향링크 전송을 수행하게 되어 해당 대역폭에서 간섭량이 증가하리라고 예상되는 경우 이 정보를 알려주는 역할을 한다. 이웃 셀에서는 HII 정보를 고려하여 스케줄링을 수행하는데, 셀 경계면에 있는 단말에는 해당 대역폭을 할당하지 않고 셀 중앙에 있는 단말에만 할당하거나, 셀에 있는 모든 단말에 해당 대역폭을 할당하지 않는 방법에 의하여 간섭을 줄일 수 있다. HII는 RB 당 하나의 비트가 할당된 비트맵으로 구성되며, OI와 마찬가지로 업데이트 주기는 최소 20ms이다.

9.6 LTE-A 시스템

LTE 시스템의 성능 향상을 위해서 반송파 결합(CA; carrier aggregation), 기지국간 협력 전송(CoMP; Coordinated Multi-Point), 중계(relay) 전송, 향상된 간섭 관리 기술 등을 추가하여 구성한 시스템이 LTE-A 시스템이다. 이 절에서는 각 기술들의 내용을 다루도록 하겠다.

9.6.1 CA(Carrier Aggregation)

LTE-A를 포함한 4세대 이동통신의 주파수는 400MHz 대역부터 4GHz의

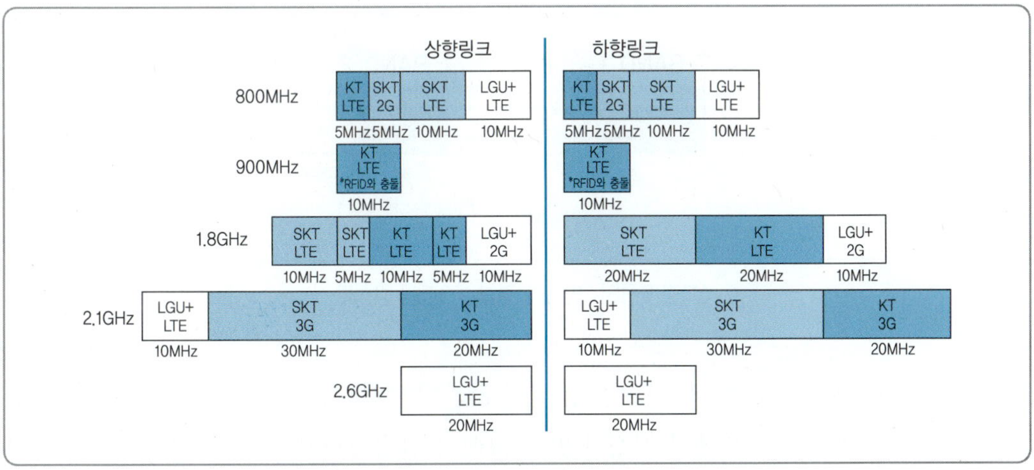

[그림 9-17] 2014년 이동통신 사업자별 주파수 배분 현황

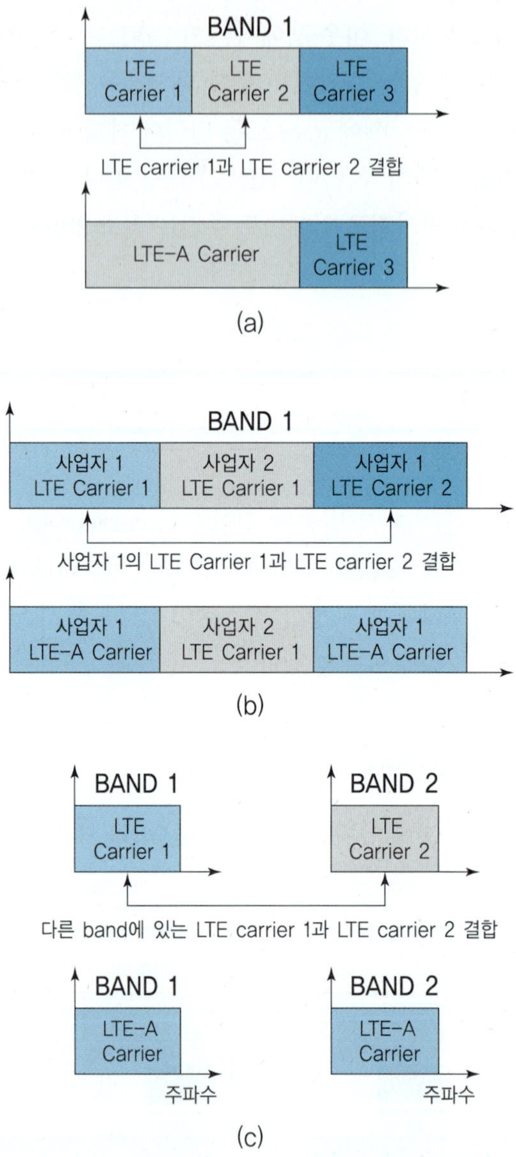

[그림 9-18] 반송파 결합의 3가지 방식들

대역까지 다양한 대역으로 사용하는 것으로 ITU-R 세계무선통신회의 2007(WRC'07)에서 결정하였다. 그래서 현재 한국에서도 [그림 9-17]과 같이 사업자 별로 주파수를 할당하여 4세대 이동통신 서비스를 제공하고 있다.

LTE-A는 최대 100MHz의 대역폭을 지원할 수 있지만, 넓은 대역폭을 사용하는 것은 사업자의 사용 가능한 스펙트럼으로 제한된다. 또한 LTE-A는 단말기가 20MHz 이하의 대역폭을 사용하여 통신할 수 있어야 기존 LTE등과 호환성을 유지할 수 있다. CA는 여러 20MHz 또는 좁은 캐리어를 결합한 대역폭 확장 모두 허용한다.

밴드 내의 인접한 반송파 경합, 비연속적인 반송파 경합 및 대역 간의 비연속적인 반송파 경합의 3종류가 있다. 각각을 대한 개념은 [그림 9-18]과 같다. 우선 가장 기본적이고 간단한 방식이 동일한 사업자가 사용하고 있는 인접한 두 개의 LTE 반송파 대역을 결합하여 사용하는 방식으로 [그림 9-18]의 (a)와 같은 방식이다. 그리고 두 개의 반송파 대역 사이에 타 사업자의 대역이 끼어 있더라도, [그림 9-18]의 (b)와 같이 두 개의 비인접 반송파를 결합하여 사용할 수도 있다. 마지막으로, KT의 900MHz 대역과 1.8GHz 대역과 같이 완전히 떨어진 두 밴드에 존재하는 비인접 반송파 대역을 결합하여 사용하는 [그림 9-18]의 (c)와 같은 방식이 존재한다. 각각의 방식은 사업자의 반송파 대역 확보 상황 및 타 사업자와의 관계를 고려하여 사업자가 적절이 정할 수 있다.

사업자가 넓은 사용 가능한 주파수 대역을 소유하고 있을 때, 첫 번째 시나리오가 적용된다. 일부 사용할 수 없는 대역이 LTE-A의 대역폭 내에 존재하는 경우 두 번째 시나리오가 유용할 것이다. 그리고 가용 주파수 대역이 다른 밴드에 분산되어 있을 경우에 이들을 결합할 수 있기 때문에, 세 번째 시나리오는 대부분의 국내 사업자에게 가장 매력적이다.

반송파 결합의 개념은 어떤 LTE-A의 스펙트럼이 이미 다른 무선 접속 기술(RAT; Radio Access Technology)들에 할당된 다른 주파수 대역과 결합할 수 있도록 일반화될 수 있다. 이것은 서비스 공급자가 주파수의 라이선스를 갖고 있다는 것을 근거로 하기 때문에, 가장 효율적인 방법으로 그 자원을 사용하기 위한 모든 권한을 가지고 있을 때 가능하다. 서비스 공급자는 유연한 스펙트럼 이용을 확대하기 위해 특정 단말에 가장 적합한 것으로 일부 무선 접속 기술들 사이에서 주파수 대역을 선택할 수 있다. 다른 네트워크 사업자 간의 주파수 공유도 가능하다. 이 시나리오에서는 여러 공급자는 일반적인 스펙트럼 및 네트워크 구성 요소를 공유한다. 하지만, 이것은 사업자들 사이의 이해 관계가 맞아 떨어져야 하기 때문에 현실적으로 많은 문제를 갖고 있다.

9.6.2 향상된 MIMO 기술

다중 입력 다중 출력은 송신 측과 수신 측 모두에서 여러 안테나가 장착된 통신 시스템을 말한다. MIMO는 IEEE802.11n의 무선랜 및 기존 LTE에서 전송률을 향상하는데 성공적인 기여를 하였고, 지금 MIMO는 LTE-A에서 더욱 향상된 형태로 계속해서 포함되고 발전하고 있다. LTE-A의 요구 사항에 따라 최대 스펙트럼 효율은 8×8 MIMO 공간 다중화를 사용해서 하향링크에서 30bps/Hz만큼 높아야 한다. 하향링크 MIMO는 이미 송신 다이버시티 형태와 4계층의 폐루프 공간 다중화까지 LTE는 지원했다. 여기에 더불어 8×8 MIMO를 지원하기 위한 하나의 중요한 문제는 효율적인 파일럿 신호(LTE-A에서는 RS(reference signal)이라는 용어를 사용함)를 설계하는 것이다.

일반적으로 RS는 데이터 전송에 활용할 수 있는 부반송파를 RS를 위한 부반송파로 할당하는 것이기 때문에 데이터 전송률 관점에서는 오버헤드이다. 그래서 가능하면 이를 줄이는 것이 좋다. 하지만, 수신단에서 데이터 부반송파를 복조하기 위해서 채널 추정을 통하여 해당 부반송파를 등화시켜야 한다. 그리고 그 성능은 채널 추정 오차가 작을수록 좋아진다. 따라서 RS를 많이 할당하면 채널 추정 성능은 향상된다. 따라서 오버헤드를 줄이면서 채널 추정 오류에 의한 성능 저하를 최소화하는 방향으로 RS를 설계해야 한다. LTE는 일반적으로 모든 단말에서 공통으로 사용할 수 있는 각 안테나 포트의 셀 고유 RS(CRS; cell-specific-reference signal)를 사용한다. 그러나 LTE-A에서는8×8 MIMO를 위해 CRS를 사용하는 것은 오버헤드가 너무 많이 발생한다. 따라서 LTE-A는 해당 단말의 데이터를 복조하기 위해 사용되는 DM-RS(Demodulation-RS)라는 단말 고유의 RS를 사용한다. DM-RS는 데이터 부반송파에 사용했던 프리코딩 행렬(빔포밍 행렬)과 같은 것을 사용하여 전하기 때문에 DM-RS는 CQI(Channel Quality Indicator) 정보를 계산하고 생성하는데 사용할 수 없다. 따라서 LTE-A에서는 각 단말에서 CQI 정보 계산이 가능하도록 하기 위한 CSI-RS(channel state information-reference signal)라는 셀 고유의 RS를 정의하고 있다. 그래서 각 단말에서는 이 CSI-RS를 이용하여 CQI와 RI(Rank Indicator)를 생성한다. CSI-RS는 CRS와 유사하지만, 그 전송 빈도가 CRS에 비하여 아주 낮다.

MIMO 기술은 상향링크 전송에도 사용된다. 상향링크에서 단일 사용자

MIMO 전송을 지원하지 않았던 LTE 와 달리 LTE-A에서는 2 또는 4계층을 갖는 MIMO 전송을 지원하고 있다. 이를 통하여 상향링크의 최대 주파수 효율 15bps/Hz을 4개 계층 공간 다중화를 통하여 달성하고 있다. 이를 위한 RS의 전송 방식은 LTE와 유사하다.

9.6.3 중계(relay) 전송 기술

LTE-A 시스템에서 eNB, 즉 기지국은 여러 가지의 강력한 기능 등이 포함되어 시스템의 성능 향상에서 중요한 역할을 하고 있다. 그런 과정에서 기지국이 비용 증가는 어쩔 수 없이 희생해야 하는 부분이다. 그래서 가능하면 기지국의 커버리지를 확장하는 사업자 관점에서 중요한 문제가 될 것이다. 이를 위한 방안으로 LTE-A 시스템에서는 중계 전송을 도입하고 있다. 중계 전송을 통하여 얻을 수 있는 효과 두 가지를 고려할 수 있다. 하나는 앞에서 언급한 셀, 즉 기지국의 커버리지를 넓히는 것이다. 이렇게 할 경우, 동일한 면적에 이동통신 서비스를 제공할 때, 적은 수의 기지국만 갖고도 모든 영역에 서비스를 제공할 수

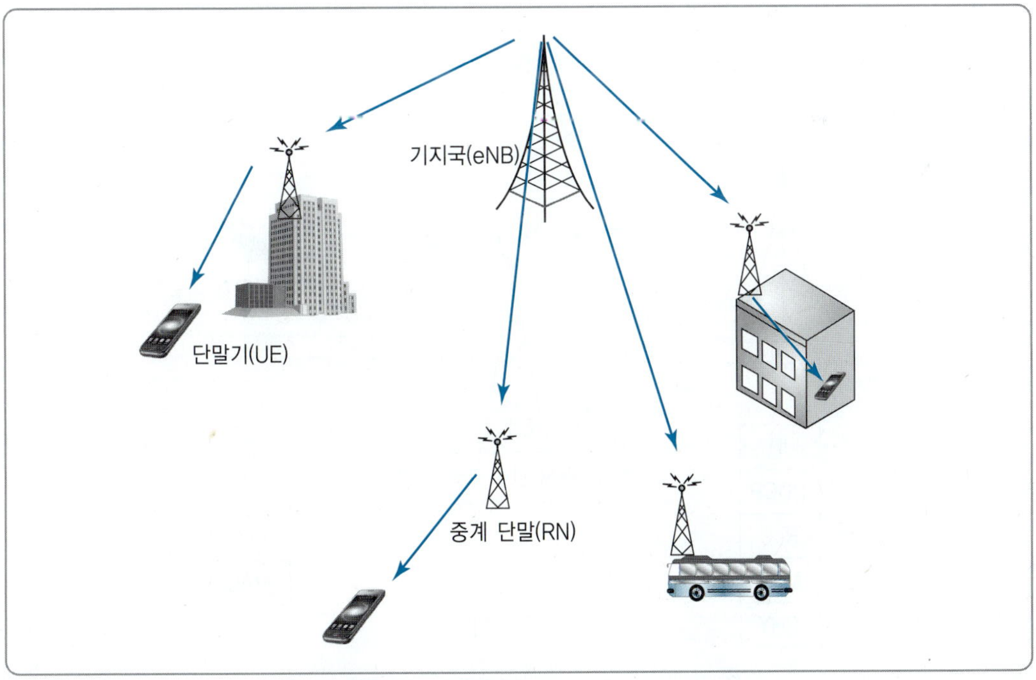

[그림 9-19] 중계 전송을 이용한 네트워크 구성도

있어 사업자 관점에서 비용을 절감할 수 있다. 나머지 효과는 셀 가장자리에서의 성능을 향상할 수 있다는 것이다. 그래서 실질적으로는 지하실과 같은 음영지역 해소, 스루풋 증대, 버스와 같은 그룹 이동체를 지원하는 목적으로 활용될 수 있다. [그림 9-19]는 중계 전송의 다양한 상황에 따른 네트워크의 구성을 보여주고 있다.

중계 노드(RN)는 도너(donor) 셀을 통하여 무선 엑세스네트워크와 무선 연결을 설정한다. 이때, 이 도너 셀과 연결된 기지국(eNB)을 중계 노드를 위한 도너 기지국(DeNB; donor eNB)이라고 부른다.

이와 같은 중계 전송 역시 무선 주파수 자원을 활용하는 것이다. 주파수 자원활용 방식에 따라서 대역 내 중계와 대역 외 중계로 나뉜다. 대역 내 중계(inband relay)의 경우, 기지국-중계기 링크는 기지국-단말 링크가 같은 대역을 공유한다. 따라서 대역 내 중계를 위해서 중계기는 반이중 모드(half-duplex mode)로 동작해야 한다. 그렇지 않으면 중계기에서 전송한 신호가 바로 수신단으로 들어오는 자기 간섭(self-interference) 문제가 생긴다. 만약 중계기의 송신안테나와 수신안테나 사이에 물리적으로 충분한 이격 및 차폐가 가능하거나, 간섭 제거 방식을 중계기에 구현한다면, 간섭 문제를 해결할 수는 있

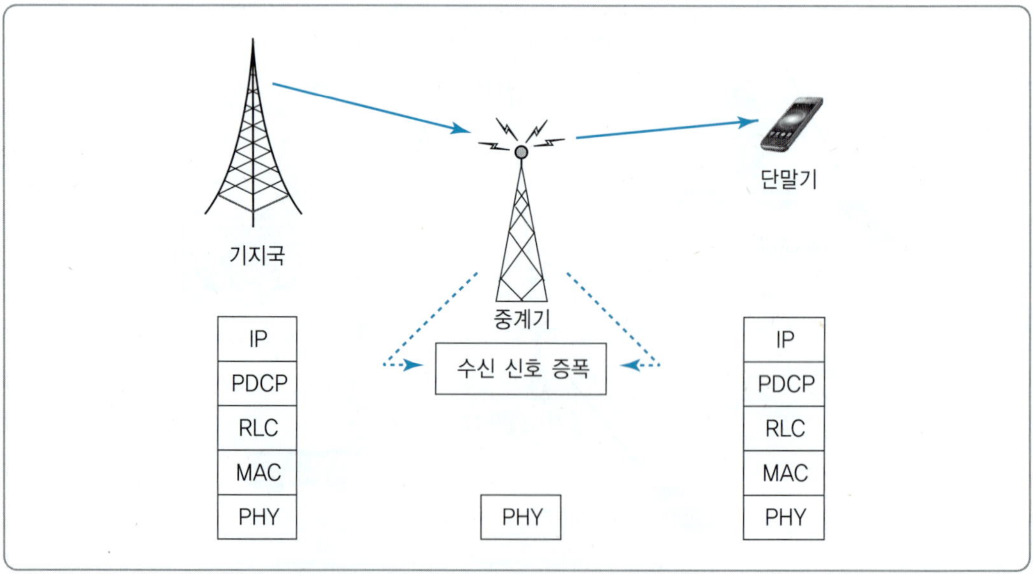

[그림 9-20] L1 중계 방식의 구조 및 프로토콜 계층 구조

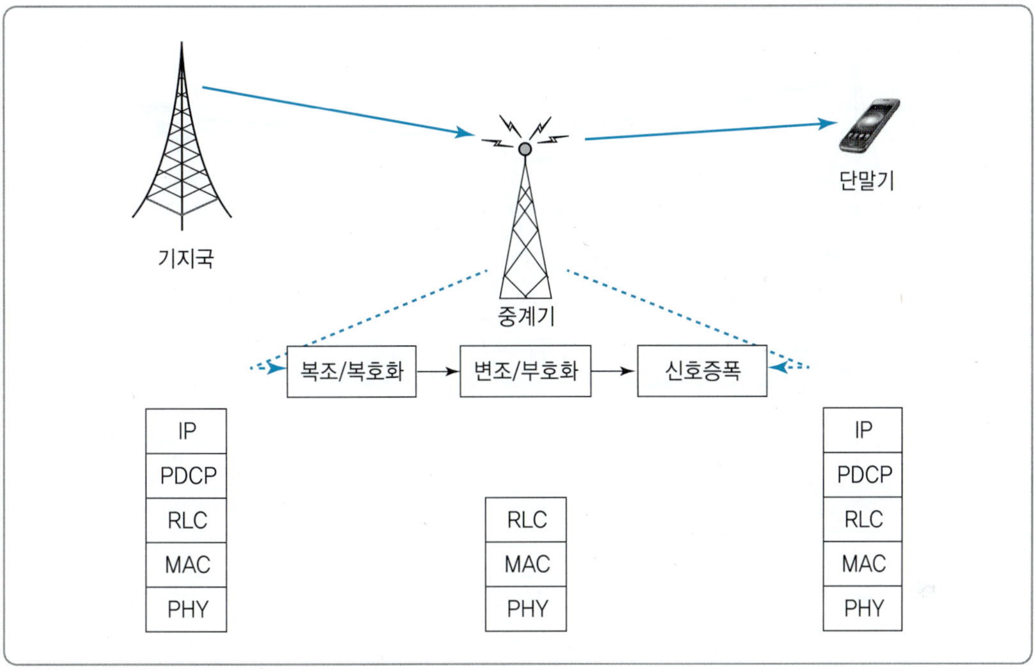

[그림 9-21] L2 중계 방식의 구조 및 프로토콜 계층 구조

으나 현실적으로나 기술적으로 한계가 있다. 그리고 기존 LTE 단말들이 중계기와 연결이 가능해야 한다. 반면, 대역 외 중계(outband relay)는 두 링크 사이의 주파수를 다르게 하여 간섭 문제를 사전에 제거하는 방식이다. 하지만 추가적인 주파수 대역이 필요하다는 단점을 갖고 있다.

그리고 중계기에서 스케줄링 기능에 따른 중계 방식 분류도 있다. 중계기가 자체 스케줄링 기능이 있을 분산 스케줄링 방식과 그렇지 않고, 기지국에서 전달된 스케줄링 정보를 활용하여 중앙 스케줄링 방식이 있다. 중앙 스케줄링 방식의 경우, 기지국이 중계기와 단말 사이 링크의 스케줄링을 기지국에서 정해 주어야 하기 때문에 중계기-단말 링크의 정보가 전달되어야 한다는 단점이 있다.

그리고 중계 방식 또는 중계기에서의 데이터 처리 과정에 따라서 L1, L2, L3 중계 방식이 존재한다. L1 중계의 경우 중계기는 기지국에서 수신한 신호를 별다른 처리 없이 증폭하여 전송하는 구조이다. 그래서 중계기 관점에서는 단말에게 전송할 신호를 L1 계층에서만 처리한다는 개념에서 L1 중계라고 한다. 그 구조 및 프로토콜 계층은 [그림 9-20]과 같다. L1 중계는 구현이 간단하고, 기

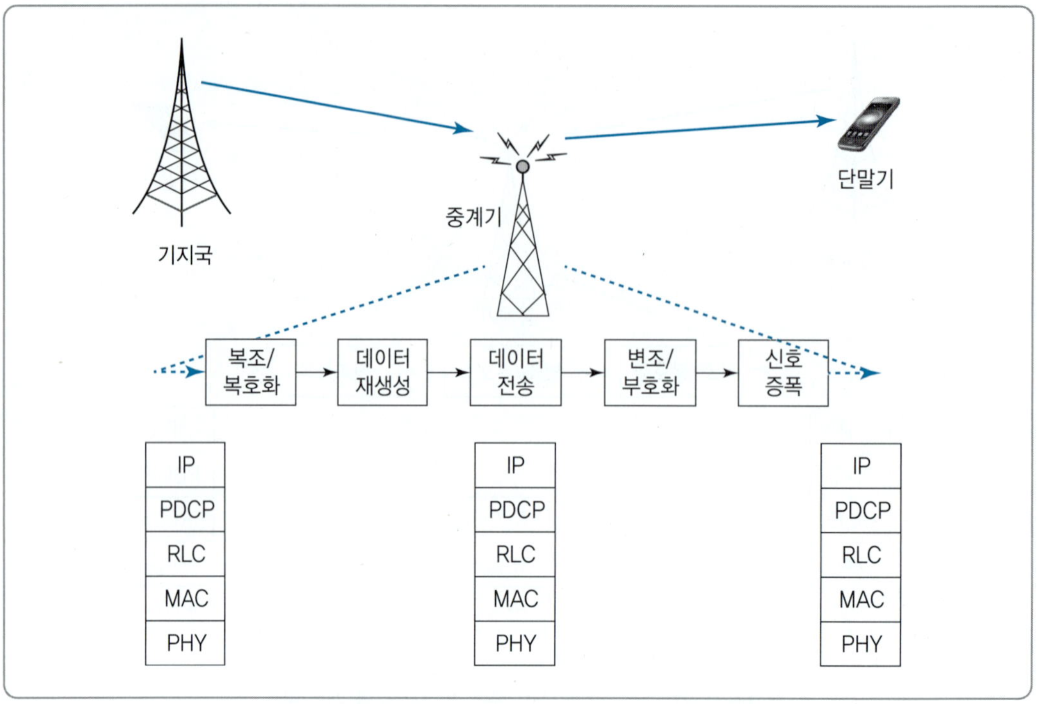

[그림 9-22] L3 중계 방식의 구조 및 프로토콜 계층 구조

존 시스템의 규격을 최소한으로 변경하면서 중계 전송을 지원할 수 있다는 장점이 있다. 하지만, 중계기의 수신 잡음 역시 수신신호와 같이 증폭되어 단말로 전송된다는 단점이 존재한다.

[그림 9-21]과 같은 L2 중계의 경우는 중계기에서 기지국의 신호를 수신한 후 이를 복조 및 복호화 과정을 거쳐 데이터를 복원한 후에 다시 변조 및 채널 부호화 과정을 거쳐 프레임을 구성한 후에 전송하는 방식이다. 그래서 L1 중계의 단점인 잡음 증폭 문제를 해결할 수 있다. 하지만, 신호의 변복조 및 부호/복호 과정에서 생기는 처리 지연이 있다는 단점이 있다.

L3 중계의 경우는 기지국과 다른 셀 ID, 동기 신호, 기준 신호 및 제어 채널까지 갖는 중계 기능을 가리킨다. 즉, 기지국과 같은 프로토콜 계층을 모두 갖고 있어, 고유한 스케줄링 등 기지국이 갖고 있는 대부분을 기능을 갖고 있다. 그래서 단말 입장에서는 중계기도 독립적인 기지국처럼 보인다. 그래서 기존 LTE 단말들과 호환성을 유지하는 것이 간편하고, 잡음 증폭 문제가 전혀 없다는 장점을 갖고 있다. 하지만, 중계기의 기능이 많아서 그 복잡도가 높고 구축

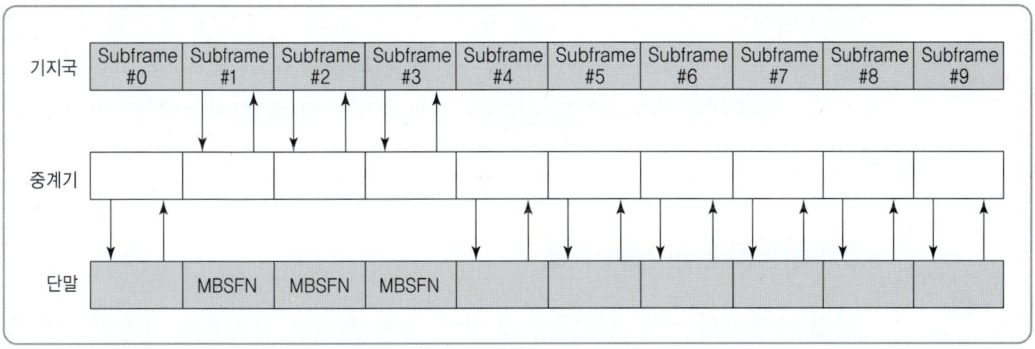

[그림 9-23] 대역 내 중계기에서 상하향링크 송수신을 위한 1번에서 3번까지 MBSFN 서브프레임을 활용하는 예

비용이 많이 든다는 단점을 갖고 있다.

그리고 자기 간섭 문제를 해결하지 못하는 경우에는 서브프레임을 시분할 하여 기지국-중계기 링크와 중계기-단말 링크를 분리해야 한다. 이 경우 추가적으로 고려해야 하는 사항은 LTE 단말과의 상호 호환성이다. LTE 단말의 경우, 특정 프레임 동안 RS(reference signal)을 포함한 어떤 신호도 수신하지 못하면 오동작할 가능성이 있다. 그래서 이와 같은 상황을 방지하기 위해서 MBMS(Multimedia Broadcast Multicast Service)를 위한 서브프레임을 의미하는 MBSFN(Multicast Broadcast Single Frequency Network) 서브프레임을 이용하는 것이 한 가지 해결책이 될 수 있다. MBSFN으로 지정되고 알려진 서브프레임 동안에는 LTE 단말들이 복조 및 복호를 수행하지 않기 때문에, 이 구간을 기지국에서 중계기로 보내는 링크용으로 활용할 수 있다. [그림 9-23]은 서브프레임 1번에서 3번까지를 MBSFN으로 활용하여 중계 전송을 하는 예를 나타내고 있다. 즉, 서브프레임 #1에서 서브프레임 #3을 이용하여 기지국과 중계기 링크을 구성하고, 나머지 서브프레임들을 이용하여 중계기와 단말기 사이의 링크에 활용하는 것이다. 이와 같은 형태로 중계기의 송신 시간과 수신 시간을 구분하여 자기 간섭 문제를 해결할 수 있다.

즉, 현재까지는 중계기에서 송신 시간과 수신 시간을 구분한 반이중 중계(half duplex relay)가 활용되고 있다. 그래서 기지국의 데이터가 단말까지 전송되기 위해서는 2번의 전송 시간이 필요하게 된다. 그래서 자기 간섭 문제를 해소하여 전이중 중계(full duplex relay)를 실현하기 위한 기술들이 현재까지 계속 연구되고 있다. 자기 간섭 완화를 위해서 안테나 배치 등 RF 과점에서는 연구와 디지털 기저 대역의 간섭 제거 수신 기법 등이 동시에 활용될 경우, 전이중 중계도 현실적으로 가능하다는 실험 결과들이 발표되고 있는 현실이다. 따라서 5세대 이동통신에서는 전이중 중계도 하나의 대표 기술이 될 것으로 기대된다.

9.6.4 향상된 간섭 제어 기술

무선 트래픽의 폭발적인 증가에 따라 소형 저전력 기지국을 활용한 다양한 핫스팟존, 사무실, 가정 등에 서비스를 제공하는 경우가 많아지고 있다. 이들은 기존 기지국과 공존하면서 서로의 통신에 계속 간섭 영향을 미치고 있다. 그래서 이들 사이의 간섭을 관리하는 기술이 LTE-A에서는 중요한 기술로 대두되었다. 이렇게 두 가지 다른 유형의 네트워크가 겹치는 오버레이(overlay) 유형의 아키텍처를 이기종 네트워크(HetNet; heterogeneous network)라고 한다. HetNet에 존재 가능한 다양한 유형의 기지국들은 송신 전력이나 전송 거리를 바탕으로 [표 9-4]와 같이 구분된다. 여기서 RRH는 데이터 처리장치는 없이 중앙처리장치에서 광(optical)신호 또는 아날로그 신호 형태로 백본(backbone)을 통해서 전달되는 신호를 단순히 변화하여 전송하는 장치를 의미한다. 즉, 외부의 원격 안테나와 같은 개념으로 이해하면 된다.

[표 9-4] 여러 유형의 셀의 특성

셀 종류	송신 전력(dBm)	전송 거리
매크로셀(Macrocell)	46	수 km
피코셀(Picocell)	23~30	<1300m
펨토셀(Femtocell)	<23	<50m
중계기(Relay)	30	300m
RRH(Remote Radio Head)	46	수 km

특정 지역에 이와 같은 다양한 셀들이 구성되는 HetNet에서는 [그림 9-24]와 같이 간섭이 존재한다. 즉, 상향링크에서는 매크로 단말이 매트로 기지국을 향하여 송신한 신호가 펨토 단말과 펨토 기지국 사이의 상향링크에 간섭으로

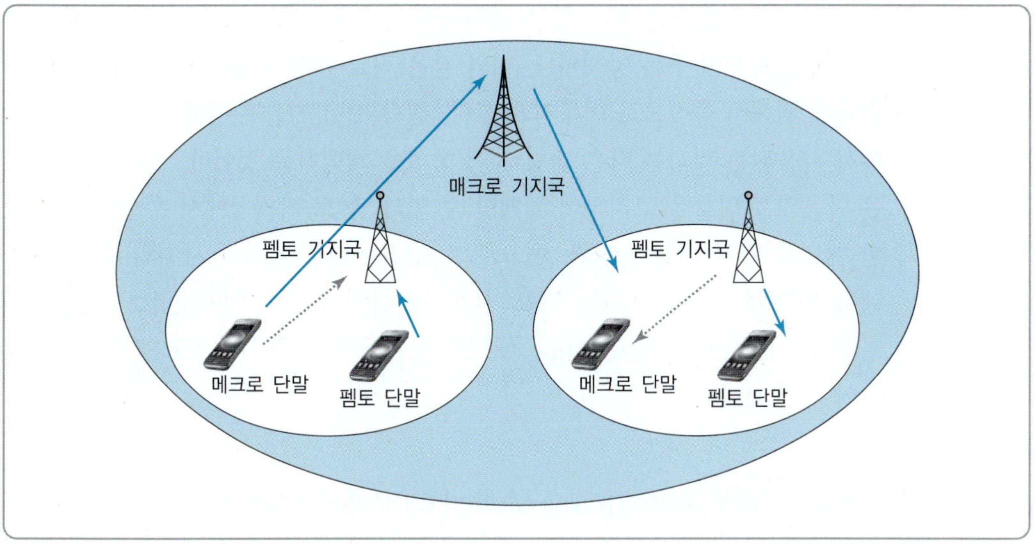

[그림 9-24] 매크로셀과 펨토셀이 공존하는 HetNet 환경에서의 간섭 문제

영향을 미친다. 펨토 단말의 신호도 매트로 기지국에 간섭으로 작용할 수 있지만, 그 수신 전력이 아주 작을 가능성이 높기 때문에 그림에서는 전자의 간섭만을 표시하였다. 그리고 하향링크의 경우 역시 매크로 기지국이 매트로 단말로 전송한 신호가 펨토 기지국과 팸토 단말 사이의 하향링크에 큰 간섭을 작용한다. 이와 같은 간섭 문제는 기존 LTE의 간섭 관리 기술로 해결하는데 한계가 있기 때문에 LTE-A에서는 향상된 간섭 관리 기술을 채용하고 있다. LTE-A 시스템의 향상된 간섭 관리 기술은 3가지로 분류할 수 있는데, 시간 영역 기술, 주파수 영역 기술, 그리고 전력 제어 기술이 그것들이다.

시간 영역 기술은 간섭으로 인한 피해가 예상되는 사용자들을 다른 노드로부터의 간섭이 억제된 시간 영역에 할당하는 방식이다. 시간 영역 기술은 서브프레임 정렬 및 OFDM 심볼 이동을 통하여 이루어진다. 구체적으로, 서브프레임 정렬은 협조적 침묵(cooperative silencing)에 의해 실현될 수 있다. 간섭을 유발할 수 있는 기지국은 최소한의 제어 신호가 전송하는 ABS(Almost Blank Subframe) 서브프레임을 전송하고, 이를 기지국 간의 인터페이스를 통하여 간섭 피해가 예상되는 기지국에 알려줘서, 간섭 피해가 예상되는 단말이 ABS 패턴에 따라서 채널을 활용하게 하는 것이다. 이런 방식으로 간섭의 영향을 최소화 할 수 있다. 주파수 영역 방식은 제어 신호 및 RS를 좁은 대역폭으로 전송하고, 다른 셀의 신호들 역시 좁은 대역폭을 사용하는데, 서로 겹치지 않게 하여 직교성을 보장해 주는 방식이다. 이와 같은 직교 대역 활용은 간섭 피해 단말의 감지에 의해서 동적으로 이루지게 한다. 전력 제어 기술은 펨토 셀이 매크로 셀에서 사용되는 것과는 다른 전력 제어 방식을 채택하는 것이다. 전력 제어 방식은 다음의 요인들을 고려하여 설계할 수 있다. 펨토 기지국에서 수신한 가장 강한 매크로 기지국 신호 전력, 매크로 기지국과 펨토 기지국 사이의 경로 손실, 펨토 단말에서의 요구되는 목표 신호 대 간섭과 잡음 비(SINR; signal to interference plus noise ratio), 매트로 단말에서 요구되는 목표 SINR 등이 그 요인이 될 것이다.

9.6.5 CoMP(Coordinated Multi-Point) 송수신 기술

캐리어 어그리게이션과 더불어 기지국 협력 전송을 일컫는 CoMP (Coordinated Multi-Point) 기술은 LTE-A 시스템의 데이터 전송 속도를 향상을 위해 채용된 새로운 두 가지 가장 중요한 기술들이다. 기존의 통신 시스템에서는 각 단말은 기본적으로 현재 소속되어 있는 한 개의 기지국에 의해 서비스된다. 다른 기지국에서 오는 신호는 단말 관점에서 항상 간섭 신호가 되는 것이다. 단말이 셀 가장자리로 이동하면 핸드오버 준비를 하기 위해 여러 기지국과 연대하여 통신한다. 그러나 여전히 원래 기지국에 의해 서비스되고 있다.

CoMP 기술은 분산된 MIMO 시스템이라 할 수 있다. 즉, 지리적으로 분산된 노드들이 여러 개의 안테나를 형성하고 그들을 통하여 단말기로 데이터를 보내거나 받는 것이다. CoMP는 고질적으로 셀간 간섭 문제가 심각한 셀 가장자리 영역에서 시스템의 스루풋을 증가시키기 위한 기술로 연구되어 왔다. 이와 같은 잠재적 이득 때문에 LTE-A 시스템에서는 CoMP 기술은 표준화 개시 단계에서 많은 주목을 받았고, 표준에도 포함시켰다. 그러나 실제로는 과도한 오버헤드로 인한 백홀 지연 및 부담과 더불어 간섭 채널 추정 등의 심각한 문제점들 또한 존재한다.

CoMP 기술은 상향링크뿐만 아니라 하향링크에서 적용할 수 있다. 하향링크 CoMP 기술은 셀 간에 공유되는 정보의 종류 및 양에 따라 분류할 수 있다. 인접 셀의 전송 데이터뿐만 아니라 채널 상태 정보까지 모두 공유 가능할 때는 결합 처리(JP; joint processing)가 가능하다. 결합 처리는 공동 전송(joint transmission) 또는 동적 셀 선택(dynamic cell selection) 행태로 구현될 수 있다. 공동 전송에서는 협력 기지국들이 공동으로 하나 또는 그 이상의 단말에게 데이터를 전송한다. 동적 셀 선택은 고속 셀 선택의 일종이며, 단말 관점에서 간섭 상황을 고려하여 최적의 셀로 핸드오버하는 것이다. 그러나 JP는 일반적으로 공유할 데이터들을 기지국들 사이에서 주고 받을 대용량 백홀 인터페이스를 필요로 한다. 따라서 과도한 백홀 오버헤드와 지연을 일으킬 수 있다.

한편, 협조 스케줄링/협조 빔포밍(CS/CB; coordinated scheduling/coordinated beamforming)은 채널 상태 정보 및 예약 정보만 공유하고, 전송 데이터는 공유하지 않아도 된다. 협조 스케줄링/협조 빔포밍에서는 빔포밍이나 스케줄링을 통하여 간섭을 줄이고 스루풋을 향상시키는 방향으로 기지국 사이에 협력이 이루어지지만, 각 단말은 자신이 속하는 하나의 기지국에서만 데이터를 수신한다.

[그림 9-25]는 결합 처리 및 협조 스케줄링/협조 빔포밍을 통하여 셀 가장자리에 있는 단말에 데이터를 전송하는 과정을 보여주고 있다. 결합 처리에서는 두 기지국이 모두 단말 하나를 향하여 신호를 전송하는 것이다. 반면에, 협조 스케줄링이나 협조 빔포밍의 경우에는 기지국들의 스케줄링을 조정하거나 빔포밍을 통하여 다른 기지국에 속한 단말에게 간섭 영향이 가지 않도록 하는 것이다.

결합 처리 기술은 virtual MIMO라는 용어로 표현되기도 한다. 전송할 데이터와 채널 정보가 모두 공유된다면, 안테나만 각각 다른 기지국으로 분리된 것

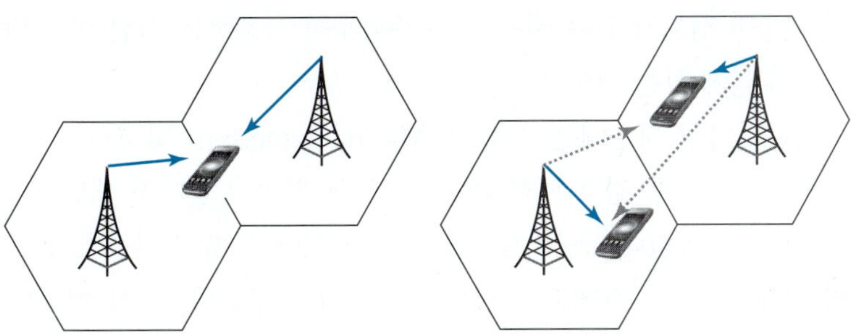

(a) 결합 처리 (b) 협조 스케줄링/협조 빔포밍

[그림 9-25] CoMP 전송의 두 가지 종류

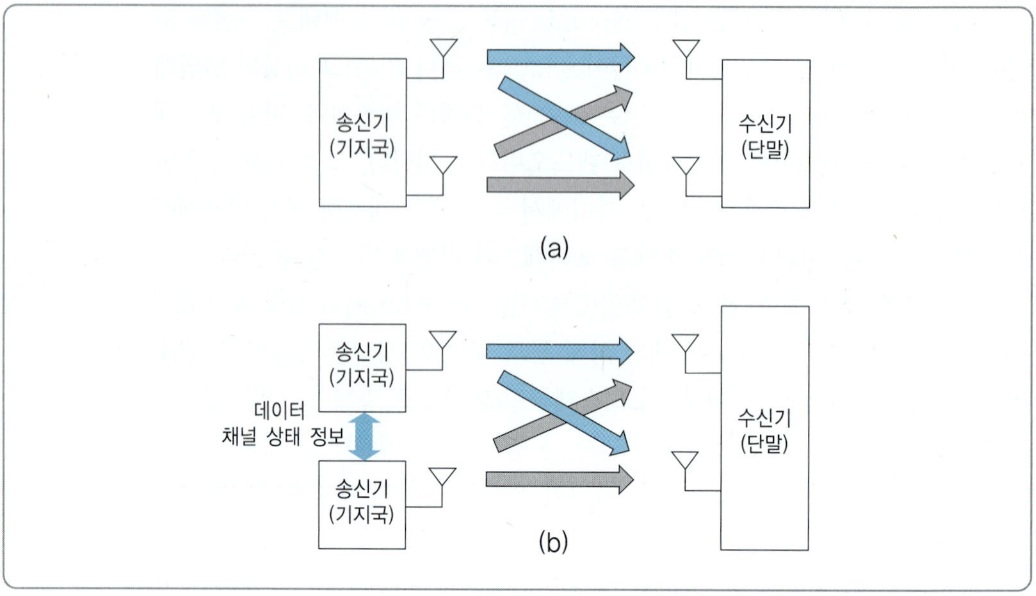

[그림 9-26] 기존 MIMO와 CoMP의 비교(결합 처리 방식 하향링크의 예)

이고 실질적으로 하나의 기지국이라 생각할 수 있다. 그래서 하향링크의 경우에는 협력하는 기지국들의 종합 정보를 바탕으로 빔을 설계하고 각 안테나에 해당하는 신호만 전송하는 형태로 구현하면 된다. 이런 과정을 하나의 기지국에서 전송하는 기존 MIMO 전송과 비교하여 설명하면, [그림 9-26]과 같다. 상향링크의 경우 역시 각 기지국에서 수신한 신호와 채널 정보를 공유하여 공동으로 검파가 가능하다. 협조 빔포밍의 경우는 데이터가 공유되지 않고 채널 정보만 공유하기 때문에 이런 상황에서 가장 잘 할 수 있는 것이 자신의 기지국에서 전송한 신호가 같은 시간 같은 주파수를 사용하는 인접 셀 단말에 간섭을 유발하지 않게 하는 것이다.

상향링크의 경우에는 공동 검출(joint detection) 및 간섭 예측이 고려된다. 상향링크의 공동 검출은 하향링크의 공동 전송의 상대적 개념에 해당하는 것이라 간주할 수 있다. 공동 검출을 위해 기지국 간에 수신신호 샘플과 더불어 채널 상태 정보 및 스케줄링 정보의 공유가 요구된다. 간섭 예측의 기본 원리는 예측된 신호 대 간섭 잡음비 값에 따른 링크 적응(link adaptation)을 실행하기 위한 것이다. 간섭 예측은 셀 간의 자원 할당 정보를 교환하는 방식으로 가능하다. 중요한 또 다른 상향링크 CoMP 방식은 기지국들 사이에도 채널 상태 정보

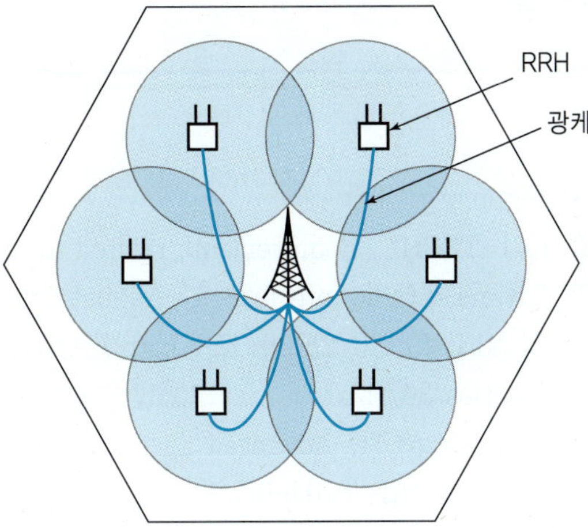

[그림 9-27] RRH를 통한 분산 안테나 시스템

를 공유하지 않고 완전히 분산으로 실현될 수 있는 분산형 간섭 탐지 프리코딩 이다.

그리고 특히 흥미로운 시나리오로 대용량/저지연 백홀이 보장되는 경우, 원격 무선 헤드(RRH; remote radio head)를 통한 분산 다중 안테나 시스템도 소개되고 있다([그림 9-27]). 여기서 RRH는 기지국의 안테나를 지리적으로 떨어뜨려서 설치한 것이라 해석할 수 있다. 그래서 기지국에서 RRH로 전송한 아날로그 신호를 모두 구성한 후에 이를 광신호로 변환한 후에 RRH로 보내면, RRH에는 이를 RF(Radio Frequency) 신호로 전환하여 안테나를 통해서 전송하는 것이다. 그래서 RRH가 기지국의 안테나 역할을 수행하는 것이다.

참 고 문 헌

[1] http://www.3gpp.org/LTE

[2] ITU-R M [IMT-TECH], "Requirements related to technical performance for IMT-Advanced radio interface(s)," August 2008.

[3] 3GPP TR 36.913 V9.0.0 (2009-12): http://www.3gpp.org/ftp/Specs/archive/36_series/36.913.

[4] http://www.3gpp.org/LTE-Advanced

[5] 3GPP TSG RAN Tdoc RP-070466

[6] 3GPP TR 36.913 V9.0.0 (2009-12), "Requirements for Further Advancements of E-UTRA (LTE-Advanced)."

[7] ITU-R M.[IMT-TECH] "Requirements related to technical performance for IMT-Advanced radio interface(s)," August 2008.

[8] 3GPP TR 36.814, www.3gpp.org/ftp/Specs/archive/36_series/36.814/

[9] 3GPP TS 36.211 V10.0.0

[10] 3GPP press release, "3GPP Partners propose IMT-Advanced radio," Geneva, October 8, 2009.

[11] Thien-Toan Tran, Yoan Shin and Oh-Soon Shin, "Overview of enabling technologies for 3GPP LTE-advanced," EURASIP Journal on Wireless Communications and Networking,

[12] Erik Dahlman, Stefan Parkvall, Johan Skold, 4G: LTE/LTE-Advanced for Mobile Broadband, Elsevier Science, 2011.

[13] D. Lee, H. Seo, B. Clerckx, E. Hardouin, D. Mazzarese, S. Nagata, and K. Sayana, "Coordinated multipoint transmission and reception in LTE-Advanced systems," IEEE Communications Magazine, 2012.

[14] J. Lee, Y. Kim, H. Lee, B. L. Ng, D. Mazzarese, J. Liu, W. Xiao, and Y. Zhou, "Coordinated multipoint transmission and reception in LTE-Advanced systems," IEEE Communications Magazine, 2012.

[15] 이현우, 〈LTE 및 LTE-Advanced 표준화 동향〉 TTA Journal, 2009.

연 습 문 제
EXERCISE

01 2G와 3G에서 4G LTE로 오면서 전송 기술 및 네트워크 관점에서 가장 큰 변화는 무엇인가?

02 LTE의 경우, FDD와 TDD를 모두 지원하고 있다. 하지만, 국내에서는 현재 FDD 서비스만을 제공하고 있다. 두 방식에는 장단점이 있는데, 이는 무엇인가?

03 LTE 시스템의 상향링크와 하향링크의 전송 방식으로 각각 다른 방식을 사용하고 있다. 이는 무엇이며, 그 이유는 무엇인가?

04 LTE-A에서 기지국들이 서로 협력하여 셀간 간섭 문제를 해결하는 방식을 그 협력 정도에 따라 구분하여 설명하시오.

10

CHAPTER

근거리 통신시스템

Fundamentals of Mobile Communications

CHAPTER 10 근거리 통신시스템

10.1 근거리 통신시스템의 개요

애플의 아이폰 등장으로 스마트폰이 활성화되기 전에는 WLAN(Wireless Local Area Network)이나 WPAN(Wireless Personal Area Network)을 포함하는 근거리 통신시스템은 노트북, PC 등에서 활용되는 단순한 데이터 통신 기능이 대부분이고 그 활용도가 제한적이었다. 하지만, 스마트폰이 등장하면서 휴대 단말에서 인터넷을 연결하여 정보를 검색하고, 페이스북과 트위터와 같은 소셜 네트워크가 보편화되고, 유튜브 등을 통하여 동영상을 감상하는 것이 일상이 되었다. 그러면서 3세대에서 LTE, LTE-A로 발전하면서 이를 통한 데이터 서비스도 가능하지만 그 전송속도의 한계 및 서비스 비용 문제로 WLAN이 이동통신의 데이터 오프로딩을 위한 용도와 그 효용성이 계속 증대되고 있다.

이동통신시스템에서는 단말들이 기지국과 통신하기 위해서 기지국과 동기를 유지하면서 기지국의 제어에 따라서 단말들이 동작하는 중앙 제어 방식으로 동작한다. 그래서 이동통신시스템은 통신 서비스 회사에서 일괄적으로 기지국을 설치하고 단말을 판매하는 형태로 서비스가 이루어진다. 그리고 사용되는 주파수 역시 서비스 회사에서 정부로부터 할당을 받아 사용한다. 따라서 이동통신의 경우는 주파수에 대한 비용이 들어가고 기지국 역시 복잡한 기능을 수행한다. 따라서 이런 특성상 개인이 직접 설치하고 유지하는 것이 불가능하다.

하지만 WLAN의 태생부터 유선 LAN인 IEEE 802.3의 CSMA(Carrier Sense Multiple Access) 방식을 기반으로 설계되었다. 즉, CSMA/CD(CSMA/Collision Detection) 방식을 CSMA/CA(CSMA/Collision Avoidance)로 약간의 변화를 주었다. 전송매체가 유선에서 무선을 바뀌면서 생

기는 변화에 대처하는 방향으로 초기 WLAN이 설계되었다고 보면 된다. CSMA/CD와 CSMA/CA의 가장 큰 차이점은 충돌을 탐지하느냐, 회피하느냐이다. CSMA/CD에서는 기기가 데이터를 보내면서 동시에 다른 기기들이 데이터를 보내는지 탐지할 수 있기 때문에, 자신이 데이터를 보내는 도중 다른 기기가 데이터를 보내게 되면 보내던 데이터를 중지할 수 있다. CSMA/CA에서는 다른 기기들이 데이터를 보내는지 탐지하지 않고, 대신 데이터를 보내기 전에 각각의 기기들이 랜덤한 시간을 기다렸다가 데이터를 보내는 방식으로 충돌을 회피하는 방식을 택한다.

CSMA/CD에서는 collision detection이라고 해서 송신기가 데이터를 보내면서 동시에 채널을 센싱한다. 채널 센싱은 단순하게 말하면 다른 기기들이 데이터를 보내는지 안 보내는지를 체크하는 것을 의미한다. 내가 데이터를 보내고 있는데 다른 기기가 데이터를 보내면 감지기의 전압값이 올라가기 때문에 이것으로 다른 기기들이 데이터를 보내는지 안 보내는지를 알 수 있다. 그리고 만약 내가 데이터를 보내는 도중에 다른 기기가 데이터를 보내는 것을 감지하게 되면, 데이터를 보내던 것을 중지하고 랜덤 시간 동안 기다렸다가 다음 기회를 이용하여 전송한다.

CSMA/CD에서는 collision detection임에 반해, CSMA/CA에서는 collision avoidence이다. 즉, 충돌을 회피하는 방식이다. WLAN에서 무선 채널의 특성상 CSMA/CD를 쓰는데 문제가 많아서 CSMA/CA로 변화를 주었다. 유선 이더넷과 달리 WLAN은 무선 환경이기 때문에 충돌을 감지하는 것이 어렵다. 무선 채널에서는 데이터를 보내는 도중 다른 기기들이 데이터를 보내는지를 감지할 수 없기 때문에 데이터가 망가지든 충돌하든 계속 보내게 된다는 점이다. 이러한 점을 보완하기 위해서 CSMA/CD에서와 마찬가지로 랜덤 시간 동안을 기다리는 과정을 데이터 전송 전에 적용하는 것이다. 랜덤 값을 발생시켜 데이터를 보내기 전에 채널을 센싱해서 다른 기기의 채널 사용 여부를 확인한다. 채널이 비어 있으면 랜덤 시간 동안 기다리면서 채널 상태가 유지되면 전송하는 것이다. 각 기기들마다 이렇게 서로 기다리고 보내는 시간이 달라지기 때문에 충돌을 어느 정도 회피할 수 있다. 하지만 이것만으로 확실하게 충돌을 피할 수 있는 것은 아니다.

이와 같은 WLAN은 1990년대부터 활성화되어 최근에는 유선 랜만큼이나 큰 시장을 차지하는 중요한 통신기술로 큰 역할을 수행하고 있다. 그리고 최근에는 WLAN의 저렴한 장비 비용 및 간단한 동작을 장점으로 하여 보다 넓은 지역을 커버할 수 있는 통신기술로의 발전을 꾀하고 있다. 그 예가 TVWS(TV White Spece) 대역을 활용하는 IEEE 802.11af이다. 이는 슈퍼 와이파이라는 이름으로 불리기도 한다. TVWS란 아날로그 방송에서 디지털 방송으로 전환되면서 생긴 여유 주파수 대역 또는 지역에 따라 전체 TV 대역 중에서 사용되지 않는 TV 대역을 의미한다.

WLAN가 더불어 최근 10m 내외의 단거리에서 사용하는 개인 무선 네트워킹 기술인 WPAN(Wireless Personal Area Networking) 기술이 주목을 받고 있다. WPAN 기술이 기존의 유선 네트워킹 기술보다 주목을 받고 있는 이유는 여러 기기들을 케이블로 일일이 연결하는 번거로움을 피할 수 있는 편리함을 가지고 있기 때문이다.

WPAN이란 0~5m 거리에서 무선으로 데이터 통신을 하는 것을 말하며 이와 같은 기술의 종류에는 블루투스(bluetooth), 지그비(zigbee), UWB(Ultra Wideband) 등이 있다. WPAN은 비교적 단거리 내에서 기기 간에 정보를 전송하는데 사용된다. WPAN은 기지국 또는 AP와 같은 기반 구조(Infrastructure)을 필요로 하지 않는데, 이는 다양한 종류의 디바이스에 구현될 수 있는 소형, 저전력, 저가의 무선 통신 수단이 될 수 있도록 한다. WPAN에서 무선 채널을 사용하는 방법은 WLAN의 CSMA/CA와 아주 유사하다. 하지만 최근에는 WLAN에서도 기지국 역할을 하는 AP를 거치지 않고, 두 단말이 서로 데이터를 주고 받는 와이파이 다이렉트(WiFi direct) 기술을 이용하여 블루투스의 역할을 대신하려는 흐름도 있지만, WPAN은 아직까지도 주변기기들의 연결에 많이 활용되고 있다.

10.2 WLAN

WLAN은 90년대 초반부터 제품이 출시되었으나 유선랜에 비해 느린 전송속도와 높은 가격 등의 이유로 인해 널리 이용되지 못하였다. 그러나 1999년 9월 미국의 IEEE 802.11 WG(Working Group)이 11Mbps의 전송률을 제공할 수 있는 IEEE 802.11b의 표준화를 완료함에 따라 상황이 크게 달라지기 시작하였다. 표준 규격이 완성되자 이 규격을 만족하는 칩셋 및 NIC(Network Interface Card)/AP(Access Point)의 출시가 이어졌고, 그 결과 NIC의 가격이 100달러 정도로 저렴해지게 되었다. 이와 같이 IEEE 802.11b의 등장은 그때까지 무선랜의 성장을 가로막던 전송률과 가격 문제의 동시 해결을 가져왔으며, 이에 따라 무선랜 시장은 빠른 성장을 보이기 시작하였다.

IEEE 802.11b 규격의 제품 외에도 5GHz 대역을 이용하여 최대 54Mbps의 전송률을 제공하는 IEEE 802.11a 규격의 칩셋과 NIC/AP가 2000년대 초반부터 출시되고 있으며, 또한 2.4GHz 대역을 이용해 역시 최대 54Mbps의 전송률을 제공하는 IEEE 802.11g도 많이 활성화되었다. IEEE 802.11 WG에는 이외에도 QoS 강화를 위한 MAC 계층 규격 개선한 802.11e, 5GHz 대역에서의 송신전력제어 및 동적 주파수 선택에 대한 표준인 802.11h, 그리고 보안 강화를 위해 MAC 규격 개선한 802.11i 등의 지속적인 기술 개선 작업을 계속하였다. 그리고 2000년대 후반과 2010년대 초반에는 최대 600Mbps까지 전송이 가능한 IEEE802.11n 표준과 최대 약 7Gbps까지 전송이 가능한 IEEE 802.11ac 표준을 각각 완성되어 유선에 비하여 낮은 전송속도 문제를 거의 불식시키고 있다. 그리고 최근에서는 AP들이 좁은 공간에 너무 많이 설치되면서 발생하는 AP 간의 간섭 문제를 해결하기 위한 다양한 기술들을 바탕으로 HEW(high-efficiency WLNA)을 정하는 움직임이 2013년 말부터 시작되고, 이를 IEEE 802.11ax라고 한다.

이와 같이 WLAN의 전송속도를 높이는 방향과 더불어 다른 발전 방향도 고려되고 있다. 기존 2.4GHz 대역과 5GHz 대역이 아닌 1GHz 이하의 전파 특성이 좋은 주파수를 활용한 WLAN에 대한 관심도 높아지고 있다. 1GHz 이하 대역은 기존 이동통신 및 방송 등에서 사용되는 대역으로 전파 특성이 뛰어나 장거리 전송이 가능하다. 그래서 이 대역을 이용하여 WLAN의 커버리지를 확장하여 다양한 응용 서비스에 활용하고자 하는 움직임이 시작되고 있다. 기존의 WLAN을 이용한 셀룰러 데이터 오프로딩의 경우, 용량으로 인한 제약보다는 짧은 통신 커버리지로 인한 제약이 많았다. 그래서 용량보다는 통신 커버리지 확장에 대한 요구가 계속 있었다. 그리고 요즘 이슈가 되고 있는 스마트그리드를 포함한 무선 센서 네트워크를 위한 솔루션으로 WLAN을 고려할 경우에도 전송률 증대보다는 커버리지 확장이 중요한 문제가 된다. 그래서 IEEE 802.11 워킹그룹에서는 스마트그리드를 위한 WLAN을 고려하면서 대부분의 국가에 존재하는 1GHz 이하의 비면허 대역을 활용하여 통신 거리를 최대 1km까지 확장하기 위한 목표로 IEEE 802.11ah 표준화를 2010년 11월부터 시작하여 현재까지도 활발하게 진행되고 있다. IEEE 802.11ah의 경우는 기존 WLAN들이 사용하지 않던 주파수 대역에서 시스템을 정의하고 있어서, IEEE 802.11n 및 11ac 시스템 설계에 있어서 가장 큰 어려움이었던 기존 시스템과의 호환성을 고려하지 않아도 된다. 그래서 표준화 과정에서 많은 새로운 기술들이 채용되고 있다.

더불어, 또 다른 가용 주파수 대역으로 TVWS도 IEEE 802.11af에서 고려하고 있다. 2008년 11월에 미국 FCC가 TVWS에서의 비면허 통신을 승인하고, 이를 위한 동작 및 전파 규제에 대한 논의를 시작하였다. 처음에는 기존 방송신호를 보호하기 위해서 주기적인 스펙트럼 센싱을 통하여 유휴 대역을 찾는 형태의 연구가 주로 진행되었으나, 2010년 9월에 FCC는 스펙트럼 센싱의 여러 문제점들을 고려하여 자신의 위치에서 사용 가능한 유휴 대역에 대한 정보를 인증된 데이터베이스(DB; database)로부터 얻고, 그 대역을 사용함으로써 기존 TV 신호를 보호하는 접근 방식을 사용하도록 결정하였다. 이와 같은 요구조건에 맞추어 IEEE 802.11af에서는 기존 IEEE 802.11에 부가적 기능을 추가하여 규격을 완성하였다.

10.2.1 WLAN 표준의 체계

WLAN 표준은 IEEE 산하의 802.11 WG에서 표준화를 진행하고 있다. WLAN의 기본 규격 골격인 IEEE 802.11 규격이 1997년에 최초의 WLAN 표준으로 완성되었다. IEEE 802.11 규격은 CSMA/CA 방식을 기반으로 한 공통의 MAC 계층이 존재하고 그 밑에 3개의 다른 물리 계층이 존재하는 구조로 되어 있다. 3개의 물리 계층은 2.4GHz 대역에서 1, 2Mbps의 전송속도를 지원하는 DSSS(Direct Sequence Spread Spectrum) 방식과 FHSS(Frequency Hopping Spread Spectrum) 방식, 그리고 적외선 통신 방식이다. 하지만 현재는 DSSS 방식만 사용되고 나머지 방식들은 사용되고 있지 않다. 그 이후 저속 전송률의 문제를 해결하기 위해서 CCK(Complementary Code Keying) 방식에 기반한 IEEE 802.11b가 2.4GHz 대역에서 추가로 정의되었고, 이는 현재까지도 사용되고 있다. 이와 더불어 5GHz 대역에서는 OFDM 방식을 이용하여 전송속도를 54Mbps까지 향상시킨 IEEE 802.11a 규격이 존재한다. IEEE

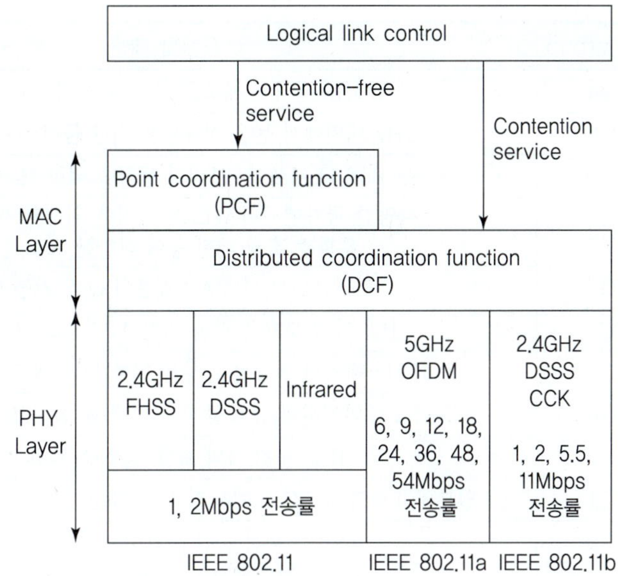

[그림 10-1] IEEE 802.11 및 IEEE 802.11a/b의 계층화 구조

802.11a와 IEEE 802.11b 규격에서는 모두 물리 계층 규격만을 정의하고 MAC은 기존 IEEE 802.11에서 방식을 사용하는 것이다. 그래서 IEEE 802.11과 IEEE 802.11a, IEEE 802.11b의 구조는 [그림 10-1]과 같다.

2000년대로 접어들면서, IEEE 802.11에 대한 다양한 확장들이 이루어졌다. 그들 중에서 대표적인 것들에 대하여 알아보자. 우선, 2.4GHz 대역에서의 전송속도 향상을 위해서 IEEE 802.11a의 OFDM 물리 계층 규격을 수용하고, 기존 IEEE 802.11b와의 공존 방법을 정의한 IEEE 802.11g가 있다. 서로 완전히 성격이 다른 두 물리 계층 사이의 공존을 위해서 사용한 방식은 기존 IEEE 802.11b의 프레임을 전송하여 새로운 OFDM 전송 기간 동안 채널을 예약해 놓는 방식이다. 즉, IEEE 802.11b 형태의 RTS(Request To Send)/CTS(Clear To Send)의 제어 프레임을 주고 받으면서, 주변 IEEE 802.11b 기기들이 그 시간 동안은 전송을 하지 못하게 한 후에 OFDM 방식의 IEEE 802.11g 프레임들을 주고 받는 형태이다. 그리고 MAC 계층과 관련하여 QoS를 강화하는 목적으로 MAC 규격을 개선한 규격으로 IEEE 802.11e가 있다. 그리고 WLAN을 위한 보안 기능 강화를 정의한 IEEE 802.11i와 5GHz WLAN에 대한 동적 주파

[표 10-1] IEEE 802.11의 다양한 task group 및 표준화 내용

Task group	표준화 내용
TGa	5GHz 대역의 새로운 물리 계층 정의(OFDM)
TGb	2.4GHz 대역에서 높은 전송률을 위한 물리 계층 정의(CCK)
TGc	IEEE 802.11 MAC의 브리지 동작을 위한 MAC 동작 정의
TGd	다양한 국가에서의 WLAN 동작을 위해서 채널 할당, 주파수 홉핑 패턴 등이 다양한 요소 정의
TGe	IEEE 802.11 MAC 계층의 QoS 기능 향상
TGf	AP들 간의 상호 동작을 위한 AP간의 프로토콜 정의
TGg	2.4GHz 대역의 전송률 향상을 위한 물리 계층 정의(OFDM)
TGh	5GHz 대역에서의 동적 주파수 선택 및 송신 전력 제어 정의
TGi	IEEE 802.11의 보안 및 인증 과정 향상
TGj	일본의 4.9GHz, 5GHz에서 동작을 위한 IEEE 802.11 규격 수정
TGk	무선 자원 관리 기능 향상
TGn	100Mbps 이상의 스루풋 제공을 위한 물리 계층, MAC 개선(MIMO-OFDM, 대역폭 증대, 프레임 융합)
TGp	미국 5.8GHz을 활용한 자동차 간 또는 자동차와 노변 장치 사이의 통신을 위한 IEEE 802.11a의 규격 변경
TGr	효율적 AP 핸드오버 정의
TGs	WLAN을 이용한 매쉬 네트워크 정의
TGt	WLAN 성능 측정 및 예측을 위한 성능 측정 방법 정의
TGu	외부 네트워크와의 상호 동작 정의
TGv	IEEE 802.11을 위한 무선 네트워크 관리 기능 향상
TGw	IEEE 802.11 관리 프레임 보안성 향상
TGy	미국의 3.7GHz 대역에서의 동작을 위한 IEEE 802.11 개선
TGz	AP없이 STA, 즉 단말들 사이의 직접 통신 정의
TGaa	강인한 오디오 비디오 스트리밍을 위한 MAC 향상
TGac	5GHz 대역에서 100~500Mbps 스루풋을 위한 물리 계층 및 MAC 기술 향상(다중 사용자 MIMO-OFDM, 빔포밍)
TGad	60GHz 대역에서의 1Gbps 스루풋 제공을 위한 물리 계층 및 MAC 정의
TGae	IEEE 802.11 관리 프레임에 대한 우선권 보장
TGaf	TVWS에서의 동작을 위한 물리계층 및 MAC 수정
TGah	1GHz 이하 대역에서 커버리지 확장 및 센서 네트워크 응용을 위한 WLAN 정의
TGai	초기 접속 시간 감축 기술 정의
TGaj	중국의 밀리미터 대역 지원을 위한 WLAN 정의

수 선택과 전력 제어 기술을 정의한 IEEE 802.11h 등이 있다. 이와 같은 다양한 표준 내용을 들은 다양한 작업 그룹에서 이루어졌다. IEEE 802.11 working group 산하의 다양한 task group을 통하여 완료되었거나 진행 중인 표준 및 그 내용을 정리하면 [표 10-1]과 같다.

위 다양한 표준들을 바탕으로 무선랜의 진화 과정을 알 수 있다. 이는 사용하는 주파수 대역에 따라 나뉘기도 하고, 전송속도의 발전 방향으로 구분하기도 한다. 그래서 초기 1, 2Mbps의 IEEE 802.11을 시작으로, 11Mbps의 IEEE 802.11b, 54Mbps의 IEEE 802.11a와 IEEE 802.11g, 600Mbps의 IEEE 802.11n, 그리고 약 7Gbps의 IEEE 802.11ac까지 발전하였다. 이와 더불어 IEEE 802.11ac의 후속 표준으로 HEW(high efficient WLAN)이라는 별칭을 갖고 밀집 WLAN 환경에서의 성능 향상을 목표로 표준화를 준비하고 있다.

10.2.2 WLAN 기술

IEEE 802.11은 AP를 중심으로 한 infrastructure 구조와 ad-hoc 구조를 모두 지원한다. 동일한 AP에 연결된 STA의 집합을 BSS(Basic Service Set)라고 한다. DS(Distribution System)는 BSS간 프레임 전송을 위한 백본으로서 어떤 STA이 다른 BSS에 있는 STA으로 프레임을 전달할 때, 두 BSS를 연결하여 거쳐가는 전송 경로의 역할을 제공한다. AP는 자신과 연결된(associated) STA과 DS을 연결하는 하나의 STA로서 STA이 DS로 프레임을 전송하기 위해서는 반드시 어떤 하나의 AP와 association을 설정해야 한다. 이와 같이 AP를 반드시 통하는 구조를 infrastructure 구조라고 한다.

하지만 이와 같은 infrastructure 구조만 존재하는 것이 아니라, DS에 연결된 AP가 없이 두 개의 STA만으로 구성된 IBSS(Independent Basic Service Set)도 정의하고 있다. IBSS는 ad-hoc만으로서 필요할 때 잠시 형성되었다가 해제할 수 있는 임시 망이다.

그리고 IEEE 802.11 MAC에서도 [그림 10-1]에서 보는 바와 같이 경쟁 기반의 MAC 방식과 비경쟁 기반의 MAC으로 나뉘어진다. 하지만 현실에서는 경쟁 기반의 MAC 기술만 활용되고 있고, 비경쟁 기반의 기술은 규격에만 존재하고 AP의 복잡도 등의 이유로 실제 WLAN에서는 사용되고 있지 않다. 그래서 IEEE 802.11 MAC의 기본적인 접속 방식은 앞에서 설명한 CSMA/CA라고 알려진 DCF(Distributed Coordination Function)이며, AP가 전송할 STA을 지정하는 폴링 기반의 비경쟁 접속 방식인 PCF(Point Coordination Function)은 선택 사항이다. DCF는 infrastructure와 ad-hoc 구조에서 모두 사용 가능하지만, PCF는 AP가 STA를 지정하는 방식이라 infrastructure 구조에서만 이용된다.

[그림 10-2]는 물리적인 채널 센싱에 기반한 기본적인 DCF 접속 방식을 나타내고 있다. 그림에서 보는 바와 같이 각 STA은 DIFS(DCF Inter-Frame Space) 시간 이상 동안 채널에 신호가 검출되지 않으면(idle 상태라고 함) 즉시 프레임을 송신할 수 있다. 그러나 송신을 기다리는 동안 신호가 검출되면(busy 상태라고 함) STA은 채널이 다시 idle 상태가 되기를 기다린다. 다시 채널이 idle 상태가 되면 그 시점부터 다시 DIFS만큼을 기다린 후 랜덤한 backoff 시간을 선택하여 그 값을 backoff 타이머에 입력하고 타이머 값을 감소시키면서 backoff 시간이 경과하기를 기다린다. Backoff 시간이 경고한 후에도 채널이 idle 상태에 있으면 그때 비로소 STA은 프레임을 송신한다. 그러나 backoff 시간이 경과하기를 기다리는 동안 채널이 busy 상태가 되면, 즉 다른 STA의 랜덤 시간이 그 STA의 랜덤 시간보다 짧아서 다른 STA이 먼저 송신을 시작하는 경우 해당 STA은 채널이 다시 idle 상태가 될 때까지 기다려 이전 backoff 타이머에 있는 값을 그대로 이용해 송신을 시도하게 된다. 여기서 backoff 타이머가 랜덤하게 취할 수 있는 값의 범위가 있는데, 이것의 최소값은 경쟁 윈도우 최소값(CWmin)이라고 하고, 최대값을 경쟁 윈도우 최대값(CWmax)이라고 한다. 그리고 충돌 등으로 인한 패킷 전송 실패 이후 재전송할 때에는 경쟁 윈도

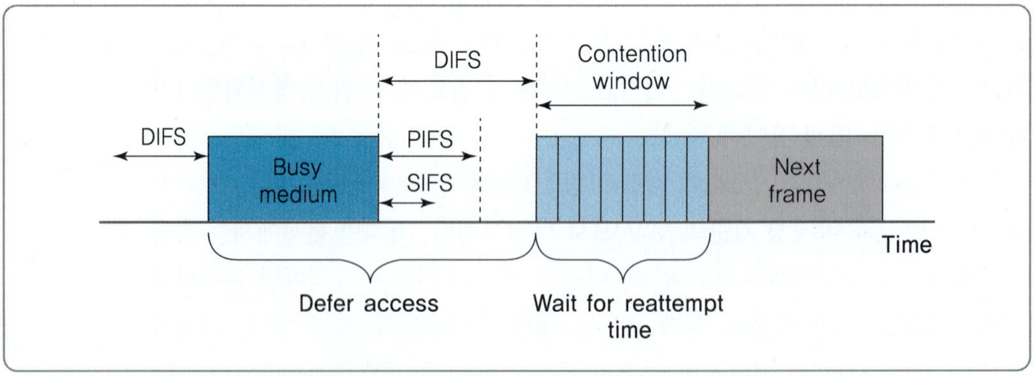

[그림 10-2] DCF를 이용한 채널 접속 방식

우의 값을 2의 지수승으로 증가하는데, 이를 이진 지수 backoff(binary exponential backoff) 알고리즘이라고 한다. [그림 10-2]에 채널이 busy 상태에서 idle 상태로 바뀐 이후에 DIFS와 더불어, SIFS(Short Inter-Frame Space)와 PIFS(PCF Inter-Frame Space)인 더 짧은 시간 간격이 정의되어 있다. 이들은 DIFS와 같이 신호 전송에 앞서서 채널 상태를 체크하는 시간인데, SIFS는 특정 프레임 이후에 응답 형태로 따라오는 프레임에 해당하는 프레임 간격이고, PIFS는 PCF로 동작하는 상황에서 폴링 이후에 사용되는 프레임 간격이다.

위와 같은 물리적 채널 센싱 방식 외에 채널의 상태를 결정하기 위한 또 하나의 방식은 가상 채널 센싱 방식이다. 가상 채널 센싱 방식은 MAC 동작 과정에서 논리적으로 채널 상태를 파악하는 방식이다. 임박한 채널 사용 사실을 알리는 예약 정보의 전송에 기반한 방식이다. 송신 전에 채널 점유를 예약하는 RTS 프레임과 이에 대한 응답으로 수신단에서 전송을 허락하는 CTS 프레임을 이용한 가상 채널 센싱 방식을 [그림 10-3]에서 보여주고 있다. 그림과 같이 데이터 프레임을 송신하는 STA은 먼저 RTS 프레임을 송신하고, 이를 수신한 STA은 CTS를 다시 보낸다. 이때 RTS와 CTS 프레임의 헤더에는 그 뒤에 따라오는 데

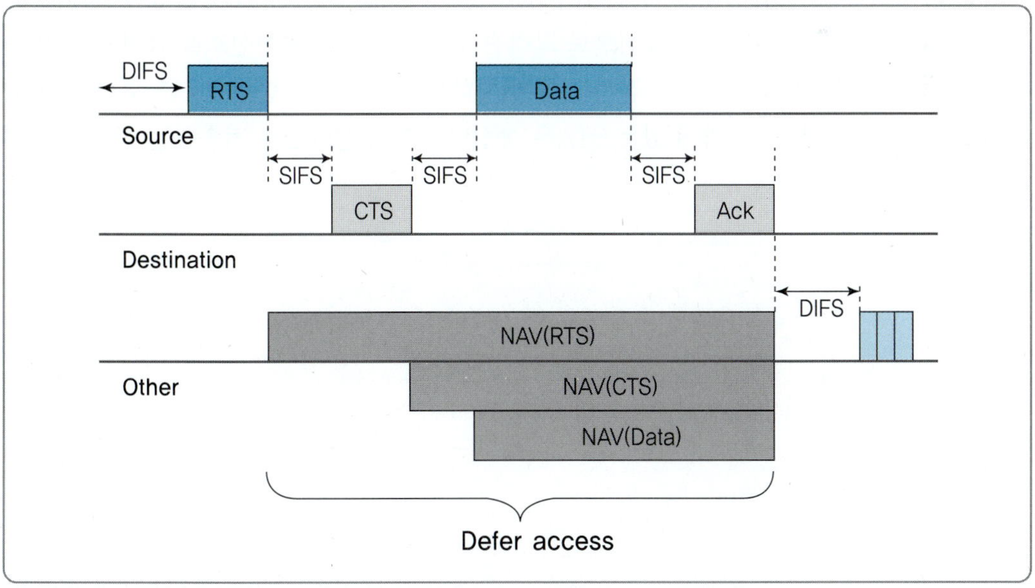

[그림 10-3] RTS/CTS/data/ACK 및 NAV 설정

이터, 이 데이터 프레임을 정상적으로 수신하였음을 알려주는 ACK(Acknowledge) 프레임 교환까지 모두 완료할 수 있는 시간 정보가 들어 있고, RTS와 CTS 중 하나의 프레임이라도 수신한 다른 STA들은 자신의 NAV(Network Allocation Vector)를 해당 정보로 갱신하여 이에 해당하는 시간 동안 송신 시도를 중단한다. 이는 다른 STA들이 가상으로 채널 센싱을 수행하여 충돌을 회피하고 있음을 의미한다. RTS/CTS 프레임 외에도 대부분의 프레임들은 이러한 목적을 위해 헤더에 채널 예약 정보를 가지고 있다. [그림 10-3]은 Source와 Destination 사이에 RTS, CTS, data, ACK 프레임들을 주고받는 동안에 각 프레임을 받은 제 3의 다른 STA들이 내부적으로 설정하는 NAV 값을 범위를 그린 것이다. 여기서 RTS와 CTS, CTS와 data, data와 ACK 프레임들 사이의 시간 간격은 SIFS로 DIFS보다 짧은 시간으로 설정되어 있다. 따라서 각 프레임 이후에 채널이 DIFS 동안 idle 상태가 되어 전송을 시도하는 것을 방지하였다.

그러면, 왜 WLAN에서는 유선랜에는 없었던 RTS/CTS 프레임을 정의했을까? 이것은 무선 채널의 특성상 물리적 채널 센싱이 불완전하기 때문이다. 그 대표적인 시나리오가 hidden node 문제와 exposed node 문제를 들 수 있다. 우선 hidden node 문제는 [그림 10-4]와 같은 상황이다. A가 송신단이고 B가 수신단이다. 그리고 주변에서 X가 송신 기회를 노리고 있는 상황이라고 하자. 그리고 송신단 A를 중심으로 그려진 점선 원은 A의 송신신호를 감지할 수 있는 경계를 나타낸다. 즉, 점선 안에 위치하는 STA은 A가 송신신호를 수신할 수 있고, 반면에 그 밖에 있는 STA은 송신단 A가 수신단 B로 전송하는 신호를 감지

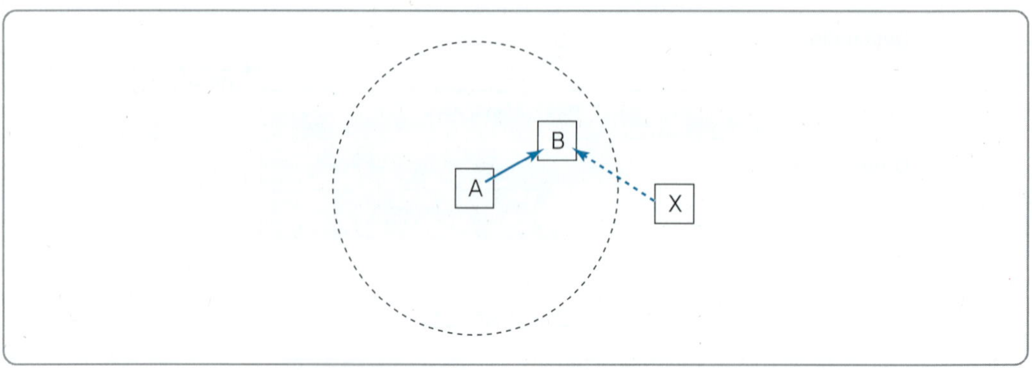

[그림 10-4] hidden node 문제가 발생하는 상황

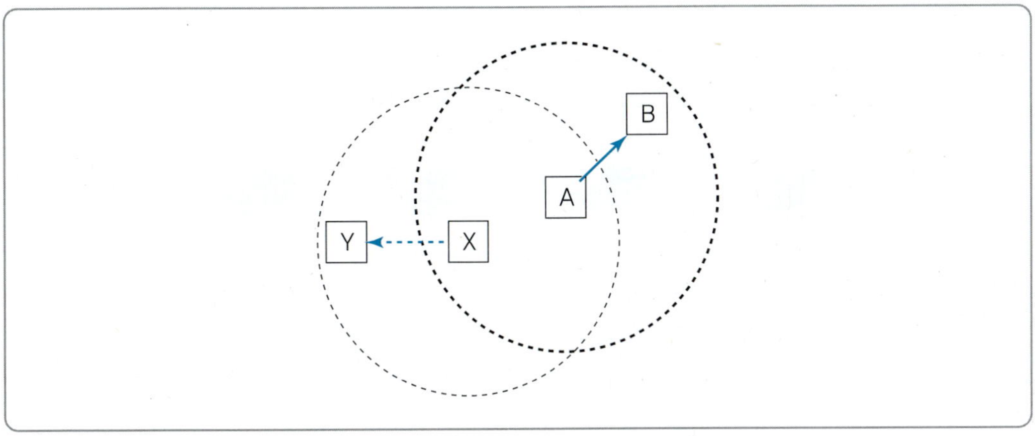

[그림 10-5] exposed node 문제가 발생하는 상황

하지 못한다. 따라서 X는 채널이 idle 상황인 것으로 판단하여 자신의 신호를 전송하게 된다. 이 경우, 수신단 B에서는 송신단 A의 신호와 X의 송신신호가 같이 수신되어 수신해야 하는 A의 신호를 정확히 복원할 수 없게 된다. 즉, 무선 신호의 전파 특성에 의해서 이와 같은 문제가 발생하는 것이다.

그리고 exposed node 문제는 [그림 10-5]와 같이 시나리오에서 발생하는 문제이다. 두 송수신 STA 쌍, A와 B 그리고 X와 Y가 서로 인접하여 존재한다. 여기서 A가 B에서 신호를 전송하고 있다고 하자. 그리고 A의 송신신호를 X가 감지할 수 있기 때문에 X는 Y에게 데이터를 보내지 못하고 다음 기회를 기다릴 것이다. 하지만, X의 데이터를 받을 Y와 A의 신호를 받을 B가 각각 상대방 송신단의 신호 도달 범위의 밖에 있다. 그래서 A와 X가 모두 B와 Y로 신호를 전송하여도 A의 송신신호는 Y에 도달하지 않고, X의 송신신호는 B에 도달하지 않기 때문에 전혀 문제가 없다. 하지만, CSMA/CA의 동작 특성상 두 STA은 서로 같은 시간에 전송하지 못한다. 이와 같은 현상을 exposed node 문제라 한다.

Hidden node 문제와 exposed node 문제는 CSMA/CA 동작과 무선 채널의 특성에서 비롯되는 문제이다. 그래서 이에 대해서 해결할 경우, 시스템의 성능을 향상할 수 있다. Hidden node 문제는 위에서 설명한 RTS 프레임과 CTS 프레임의 교환으로 해결할 수 있지만, exposed node 문제는 해결이 불가능하다. 그러면 RTS/CTS 교환을 통하여 hidden node 문제를 해결하는 과정을 [그림 10-6]을 통하여 구체적으로 살펴보자.

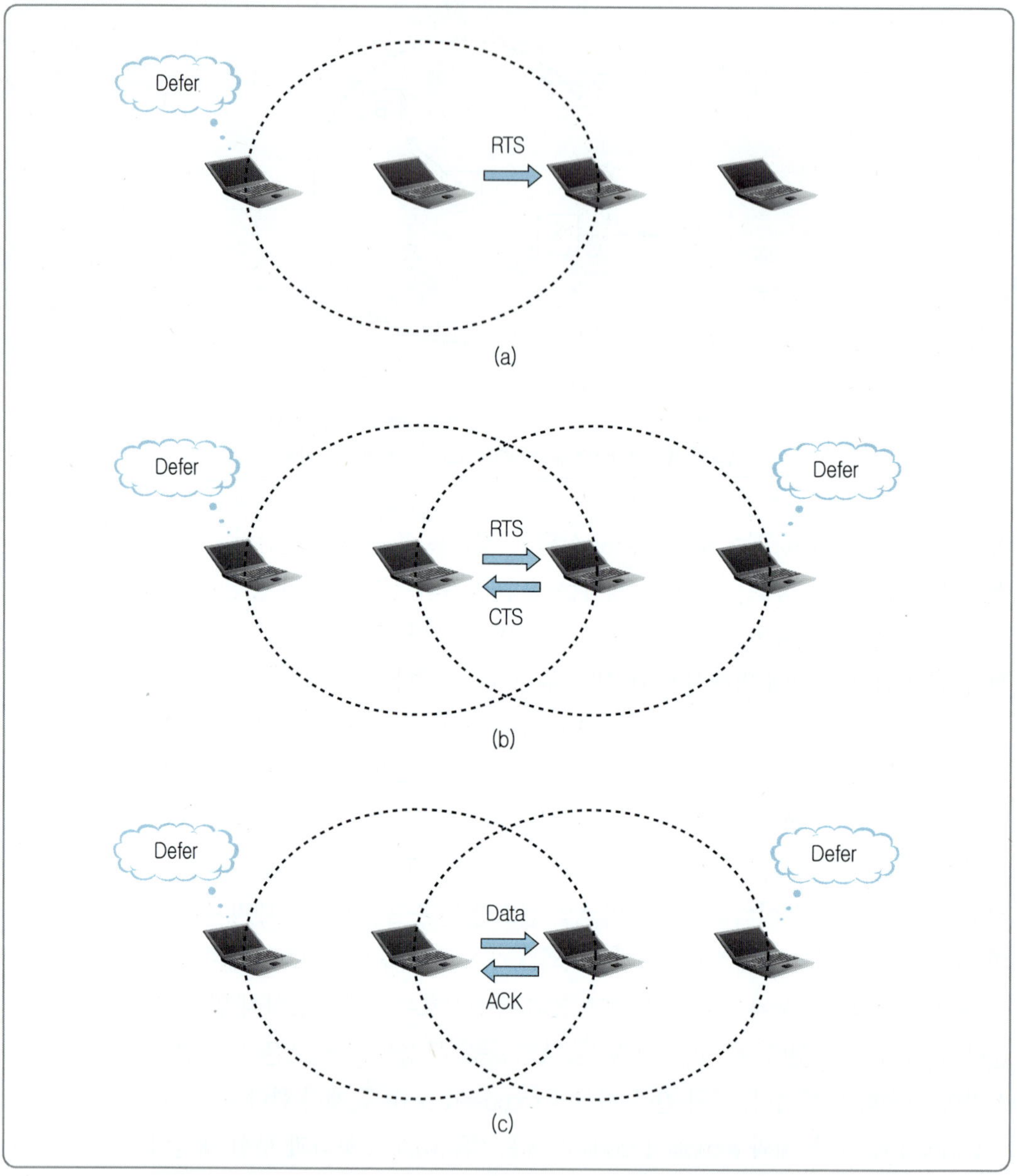

[그림 10-6] RTS/CTS를 통한 hidden node 문제 해결

(a)와 같이, 우선 송신단이 채널을 센싱한 후에 채널이 idle 상태에 있음을 확인하고, RTS 프레임을 전송한다. 그러면 전송 구간을 나타내는 원 내부에 있는 STA들은 모두 RTS를 수신하고, NAV 설정을 통하여 이후 이어질 프레임의 전

송까지 채널 접속을 제한한다.

(b)에서는 수신단이 RTS에 대한 응답으로 CTS 프레임을 수신 STA가 전송하게 된다. 이를 송신단에게 RTS를 제대로 수신하였으니, data 프레임을 전송해도 좋다는 응답 신호 역할도 한다. 하지만 수신단 주변에 있는 다른 STA들에게 자신이 조금 후에 data 프레임을 수신할 예정이니 당분간 신호 전송을 자제해 달라는 의도를 NAV 값 설정을 할 수 있도록 한다.

(c)에서는 (a)와 (b) 과정을 통하여 송신단과 수신단 주변 STA들이 전송을 못하도록 NAV를 설정하게 한 후에 data 프레임과 ACK 프레임을 전송하는 것이다. 데이터 프레임이 hidden node에 의해 전송되는 다른 신호와 충돌하는 것을 방지한다.

하지만 이런 RTS/CTS 교환은 data 프레임 전송에 앞서서 항상 일어나는 것은 아니다. 이는 송신단 내부에 설정되어 있는 RTS 임계치(threshold)보다 긴 data 프레임에 대해서만 교환하고, 임계치보다 짧은 프레임은 RTS/CTS 교환 없이 바로 data 프레임을 전송한다. RTS/CTS는 실제 통신 데이터가 아닌 제어 정보의 일종이기 때문에 스루풋 관점에서는 오버헤드이다. 그래서 전송할 data 프레임이 짧은 경우에는 충돌 확률을 감수하더라도 RTS/CTS 교환없이 data 프레임을 바로 전송하는 것이 오히려 이득이 될 것이다.

PCF 접속 방식은 BSS의 AP에 위치하는 PC(Point Coordinator)를 이용한다. PC는 폴링 마스터로 동작하며, 각 STA는 PC의 폴링 프레임을 수신하였을 때에만 프레임을 전송할 수 있다. 앞에서 언급한 바와 같이, PCF 접속에서 각 STA은 DIFS 대신에 PIFS를 이용하여 프레임을 송신한다. PIFS는 DIFS보다 하나의 slot time만큼 작은데 이러한 이유로 PCF에 의한 접속은 시도하는 STA은 DCF를 사용하여 접속을 시도하는 STA보다 송신 우선권을 갖는다.

DCF 접속 방식과 PCF 접속은 하나의 superframe 내에서 시간을 나누어 할

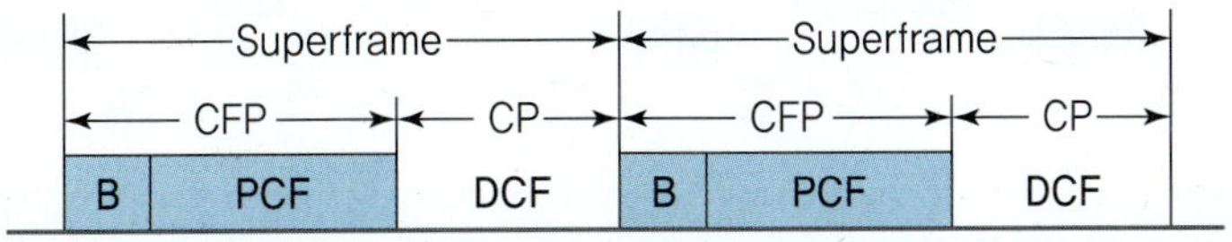

[그림 10-7] IEEE 802.11의 superframe 구조

당된다. Superframe은 AP에서 자신에 대한 정보를 BSS 내의 STA들에게 주기적으로 전송하는 beacon 프레임을 시작으로 다음 beacon 프레임이 전송되지 전까지로 정의한다. PCF가 동작하는 CFP(Contention Free Period)와 DCF가 동작하는 CP(Contention Period)가 한 superframe 안에 같이 있을 수도 있고, PCF가 선택 사항이기 때문에 대부분의 경우에는 CP가 존재한다. 그래서 일반적인 superframe의 구조는 [그림 10-7]과 같이 주어진다. 그리고 PCF의 시작에는 beacon 프레임이 있고, 끝에는 CF-end 프레임이 있어 CFP의 시작과 끝을 나타낸다. 여기서 한 가지 유의할 것이, beacon 프레임도 AP가 채널을 점유하고 프레임 전송 기회를 잡아야 보낼 수 있기 때문에 beacon frame의 주기, 즉 superframe의 길이는 정해져 있지만 그 길이가 항상 보장되는 것은 아니다. 그래서 만약 이번 beacon이 좀 늦게 전송되었으면, 다음 beacon 프레임을 주기보다 일찍 전송하여 전체적으로 주기가 어느 정도 유지되도록 한다.

그리고 CFP 내에서 PC와 STA들 사이에서 데이터를 보내는 과정의 예를 [그림 10-8]에서 보여주고 있다. 그림에서 보듯이, beacon 프레임 이후에 PC가 D1 데이터와 다음에 전송할 STA을 지정하는 Poll을 포함하는 프레임을 전송한다. 그러면, STA은 이를 수신한 후에 수신 데이터에 대한 ACK와 PC로 보내는 데이터 U1를 포함한 프레임을 전송한다. 그 후에 PC가 STA의 U1에 대한 ACK와 다음 전송 기회를 STA에게 준다는 Poll 그리고 새로운 데이터 D2까지 포함한 프레임을 전송한다. 이런 형태로 data와 ACK를 계속 주고 받는 경우에는 SIFS의 시간 간격을 갖고 프레임을 주고 받는다. 하지만, 중간에 D4+Poll과 같이 ACK을 포함하지 않을 경우에는 PIFS의 간격으로 새로운 Poll을 시작한다.

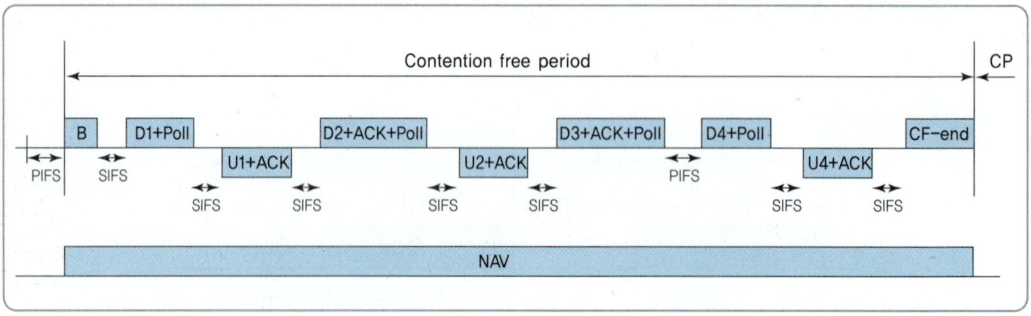

[그림 10-8] PCF 접속 방식의 전송 예

그리고 CF-end 프레임으로 CFP의 끝을 알려주게 된다. 그 동안 poll을 받지 못한 BSS 내의 다른 STA들은 DIFS보다 짧은 시간 간격을 갖은 프레임들이 연속되어 전송되기 때문에 NAV 값으로 인해서 항상 전송을 유보하게 된다.

이제까지는 IEEE 802.11의 MAC 계층 기술에 대하여 살펴 보았다. 이와 같은 주요 구조는 현재까지도 계속 유지되고 있는 골격이라 자세히 설명하였다. 하지만, IEEE 802.11의 물리 계층 기술은 현재는 새로운 WLAN에서는 사용하지 않는 방식들이라 간단히 살펴보도록 하겠다.

FHSS는 대역폭이 1MHz인 79개 또는 23개의 주파수 채널을 호핑 코드에 따라 호핑한다. 변조 방식으로는 1Mbps 전송을 위해서는 2GFSK(Gaussian frequency shift keying)를, 2Mbps를 위해서는 4GFSK를 사용한다.

DSSS 방식은 각각의 데이터 심볼을 Barker 시퀀스(+1 −1 +1 +1 −1 +1 +1 +1 −1 −1 −1)을 이용해 확산하여 11Mbps로 전송한다. 1Mbps는 DBPSK(Differential BPSK), 2Mbps의 경우는 DQPSK(Differential QPSK)로 변조하여 송신한다.

IEEE 802.11b는 2.4GHz 대역에서 전송률 향상을 위해서 정의되는데, 위에서 설명한 IEEE 802.11의 물리 계층 두 방식 중에서 DSSS 방식이 FHSS에 비하여 다중 경로 채널 환경에서 강하기 때문에 IEEE 802.11b에서도 그대로 사용된다. 이와 더불어 5.5Mbps와 11Mbps의 전송속도를 얻기 위해서 CCK라는 전송 방식을 사용한다. CCK는 4개의 데이터 심벌의 위상값을 $\theta 1$, $\theta 2$, $\theta 3$, $\theta 4$라고 했을 때, 4개의 심벌을 다음과 같은 조합으로 구성하여 8심벌로 전송하는 것을 가리킨다.

$$e^{j(\theta 1+\theta 2+\theta 3+\theta 4)},\ e^{j(\theta 1+\theta 3+\theta 4)},\ e^{j(\theta 1+\theta 2+\theta 4)},\ -e^{j(\theta 1+\theta 4)},\ e^{j(\theta 1+\theta 2+\theta 3)},\ e^{j(\theta 1+\theta 3)},\ -e^{j(\theta 1+\theta 2)},\ e^{j(\theta 1)}$$

그리고 IEEE 802.11a와 IEEE 802.11g 이후에는 모든 WLAN의 물리계층 기술은 OFDM 방식으로 변경되었다. 여기서 활용된 OFDM의 각종 파라미터들은 [표 10-2]와 같다. 즉, 전체 대역폭인 20MHz를 64개의 312.5kHz 간격을 갖는 부반송파로 나누어 사용한다. 그 중에서 48개는 데이터 부반송파, 4개는 파일럿 부반송파로 활용하고, 중앙에 있는 DC 부반송파와 양쪽 가장자리에 있는 11개의 부반송파는 사용하지 않는다. 따라서 전체 OFDM 심벌의 길이는 800ns의 CP를 포함하여 4μs가 되도록 하였다. 그리고 부반송파의 할당은 [그

[표 10-2] IEEE 802.11a/g의 OFDM 파라미터들

Parameter	Value
N_{SD} : # of data subcarriers	48
N_{SP} : # of pilot subcarriers	4
N_{ST} : # of subcarriers, total	52 (N_{SD} + N_{SP})
Δ_F : subcarrier frequency spacing	0.3125MHz (=20MHz/64)
T_{FFT} : IFFT/FFT period	3.2μs (1/Δ_F)
T_{GI} : guard Interval duration	0.8μs (T_{FFT}/4)
T_{SYM} : symbol interval	4μs (T_{GI} + T_{FFT})

림 10-9]와 같이 구성되어 있다.

IEEE 802.11a/g에서 사용되는 프레임의 구조는 [그림 10-10]과 같은 형태를 갖는다. 하나의 프레임은 PLCP(Physical Layer Convergence Procedure) 프리엠블, SIGNAL, DATA로 구성된다. PLCP 프리엠블은 가장 앞에 800ns의 정해진 파형이 10번 반복되는 STF(Short Training Field)가 오고, 그 뒤를 8μs의 길이를 갖고 2배의 CP와 두 FFT 출력이 반복되는 LTF(Long Training Field)로 구성된다. 앞에 위치한 STF는 신호의 검출, 자동이득조절(AGC; automatic gain control), 다이버시티를 위한 안테나 선택, 주파수 오차 추정, 타이밍 동기 등에 활용되고, LTF는 정교한 주파수 오차 추정 및 채널 추정에 활용된다.

[그림 10-10]에서 SIGNAL 필드는 하나의 OFDM 심볼로 구성되어 있고, 뒤

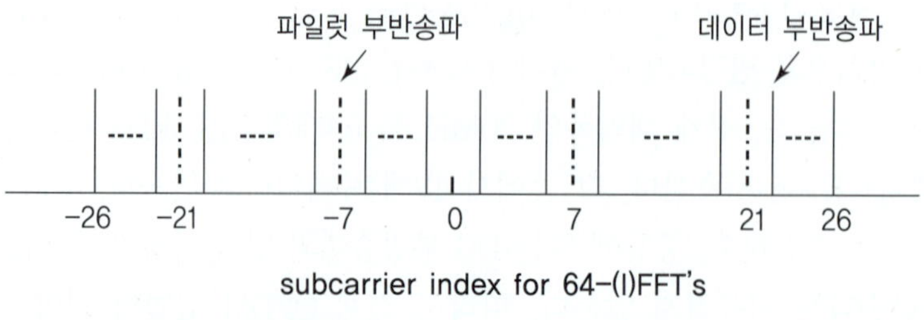

[그림 10-9] IEEE 802.11a/g의 부반송파 할당

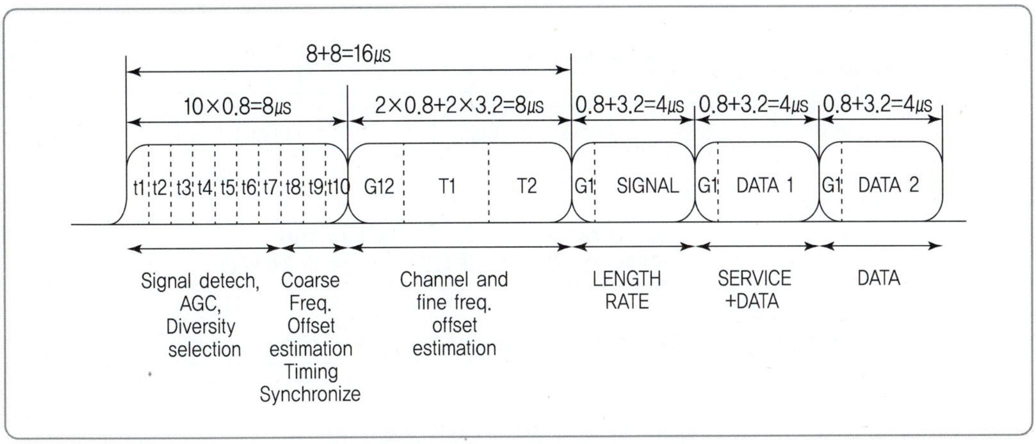

[그림 10-10] IEEE 802.11a/g의 프레임 구조

에 따라오는 DATA OFDM 심볼들의 변조 및 부호와 방식 및 전체 길이 등에 대한 정보를 담고 있다.

구체적으로 SIGNAL 필드와 DATA 필드에 담겨 있는 내용 및 비트 할당은 [그림 10-11]과 같다. 8가지의 변조 및 부호률을 나타내는 4개의 RATE 비트가 있고, 데이터에 들어가는 전체 PSDU(Physical Service Data Unit)의 길이를 바이트 단위로 나타내는 LENGTH가 12비트를 차지한다. 그리고 하나의 예약 비트와 패리티(parity) 비트로 구성되고, 가장 뒤에 있는 6개의 tail 비트는 부호화를 위해 사용하는 6개의 메모리를 갖고 있는 convolutional 부호화기의 초기 상태를 "0"으로 돌려 놓기 위한 것이다. 그리고 이렇게 할 경우, 복호 과정에서도 이점이 있다. DATA 필드의 가장 앞에 있는 SERVICE 비트는 스크램블로의 초기 시드(seed) 역할을 한다. 그리고 프레임의 끝에 있는 pad 비트들은 PSDU, SERVICE, tail을 포함한 전체 데이터가 크기가 OFDM 심볼 단위로 떨어지지 않을 경우, 끝에 "0"을 추가하여 한 OFDM 심볼을 구성하도록 한 것이다.

더불어, IEEE 802.11a/g의 가능한 전송률 조합 및 각 전송률에 해당하는 변조 방식, 부호율 등을 [표 10-3]에 나타내었다. 여기서 가장 끝 열인 N_{DBPS}는 전체 48개의 데이터 부반송파에 들어가는 실제 데이터의 비트수를 나타낸다. 그래서 그만큼의 데이터 비트들이 4μs 길이의 OFDM 심볼마다 전송되기 때문에 이를 통하여 전송률을 계산할 수 있다.

마지막으로, IEEE 802.11a/g의 물리계층 송수신단 구조는 [그림 10-12]와

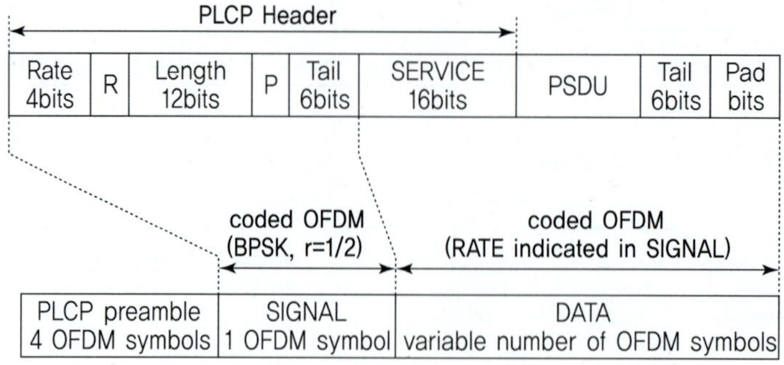

[그림 10-11] IEEE 802.11a/g의 프레임 구성

같다. 데이터가 전달되면, 우선 스크램블링 과정을 거쳐 랜덤하게 만들고, 이를 부호율에 맞게 convolutional 부호화를 수행하여 인터리버를 통하여 비트열의 순서를 바꿔어 놓는다. 그리고 이를 다양한 변조 방식에 따라 변조하고, 데이터 부반송파에 할당하여 IFFT를 거쳐 OFDM 심벌을 구성한다. 여기에 CP를 추가하고, 주파수 마스트(spectral mask)를 만족시키기 위해서, 디지털 필터를 통과한 후 ADC 및 RF 단을 거쳐 안테나로 송신된다. 수신단은 위 송신 과정의 역과정을 수행한다.

[표 10-3] IEEE 802.11a/g의 전송률에 따른 변조 및 부호률

Data Rate	Modulation	Code Rate (R)	coded bits per subcarrier (N_{BPSC})	coded bits per OFDM symbol (N_{CBPS})	data bits per OFDM symbol (N_{DBPS})
6Mbps	BPSK	1/2	1	48	24
9Mbps	BPSK	3/4	1	48	36
12Mbps	QPSK	1/2	2	96	48
18Mbps	QPSK	3/4	2	96	72
24Mbps	16 QAM	1/2	4	192	92
36Mbps	16 QAM	3/4	4	192	144
48Mbps	64 QAM	2/3	6	288	192
54Mbps	64 QAM	3/4	6	288	216

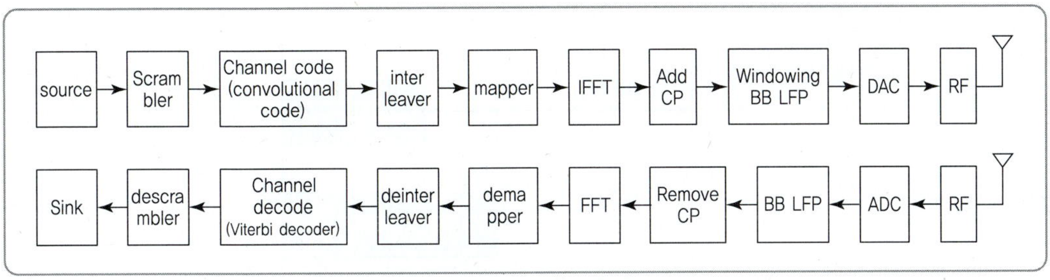

[그림 10-12] IEEE 802.11a/g의 송수신단 구조

10.2.3 WLAN 성능 향상 기술

IEEE 802.11, 11b, 11a, 11g 등으로 기본적인 틀을 갖춘 갖춘 WLAN을 계속 진화하면서 다양한 요구에 따라 새로운 규격들을 계속 만들어냈다. 물리 계층 관점에서는 MIMO 기술, 대역폭 확장 기술을 통하여 전송률을 계속 올렸고, MAC에서도 역시 기존 MAC을 바탕으로 기능을 추가하면서 성능 향상을 도모하였다.

IEEE 802.11e가 대표적인 MAC 성능, 특히 QoS 성능 개선을 위한 규격이다. QoS 향상을 목적으로 제안된 채널 접속 방식인 EDCA(Enhanced Distributed Channel Access) 방식이다. 이것은 기존 DCF를 보완하는 것으로 트래픽 종류(traffic category) 별로 IFS와 초기 경쟁 윈도우(CWmin)값을 다르게 함으로써 트래픽 종류에 따라서 서비스 우선권을 차별화 하는 방식이다. 그래서 EDCA에서 STA은 IFS의 값이 작을수록, 그리고 backoff 알고리즘에서 사용하는 초기 접속 지연 시간인 CWmin이 작은 값을 가질수록 채널 사용에 대

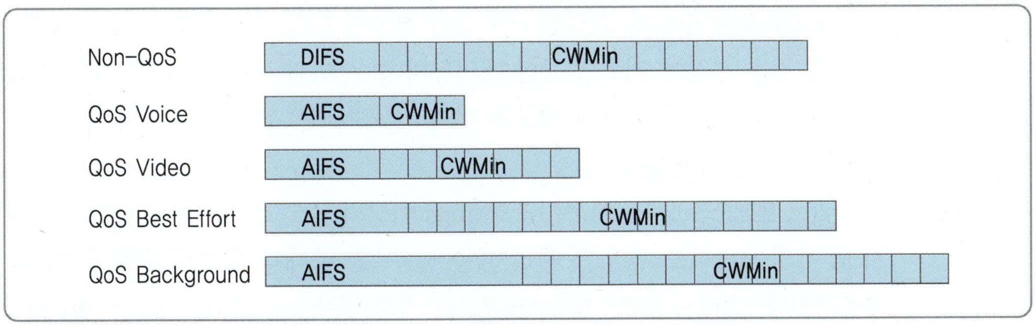

[그림 10-13] 트래픽 종류에 따른 EDCA 파라미터들

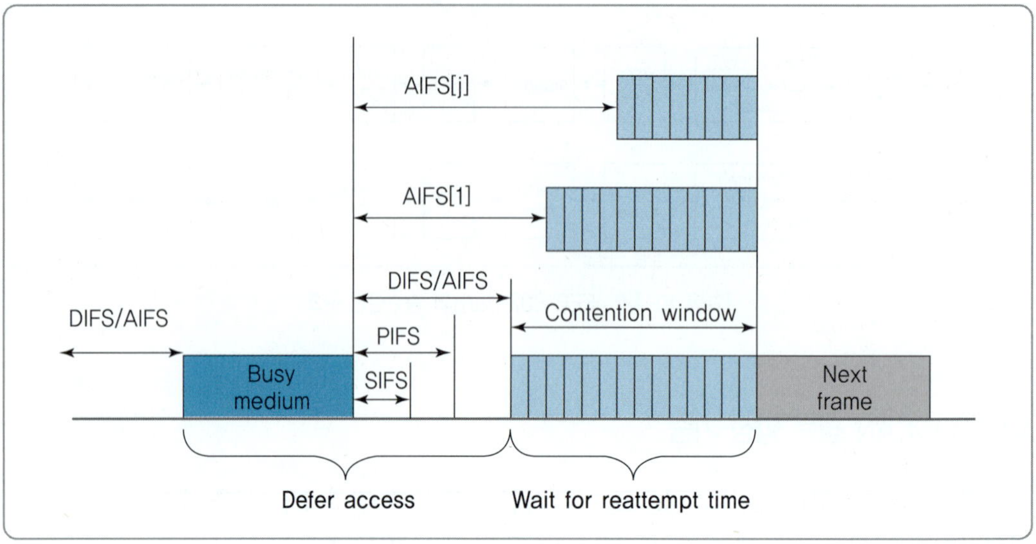

[그림 10-14] EDCA의 기본 접속 방식

한 우선권을 가지게 된다. 그래서 기존 DCF에서 사용하던 DIFS와 CWmin을 비교하여 음성, 비디오, best effort, background 4개의 트래픽 종류의 AIFS와 CWmin 값을 [그림 10-13]에 나타내었다. 그리고 그 접속 방식은 [그림 10-14]와 같다.

그 외에도 IEEE 802.11e에서는 Block ACK(Block Acknowledgments)를 지원한다. 즉, 전체 전송 기회(TXOP; transmission opportunity)에 대해서 한 개의 ACK 프레임만으로 전송 확인을 하는 것이다. TXOP가 길게 설정되어 있는 경우 여러 번의 ACK 전송으로 인한 불필요한 자원 낭비를 막아준다. 그리고 IEEE 802.11e에서 전송 프레임은 QoSAck 또는 QoSNoAck 값을 가질 수 있다. QoSNoAck 값으로 설정된 프레임은 전송에 대한 수신 확인(ACK)을 받지 않는다. 전송 시간에 매우 민감한 데이터의 경우 이미 지나간 데이터를 재전송을 하는 것보다 시간에 맞는 새로운 데이터를 보내는 것이 더 유리하기 때문에 이러한 방식을 사용한다.

그리고 IEEE 802.11n에서는 100Mbps 이상의 높은 스루풋을 달성하기 위해서 MAC의 오버헤드 경감 및 물리 계층 전송속도 증대를 위해서 다양한 기술을 채용하였다. 그래서 IEEE 802.11n은 HT-WLAN(High Throughput-WLAN)

[표 10-4] IEEE 802.11n의 물리 계층 주요 특징

규격	IEEE 802.11a/g	IEEE 802.11n	
		필수사항	선택사항
최대 전송속도(Mbps)	54	65	600
대역폭(MHz)	20	20	40
부반송파 수 (data+pilot)	52 (48+4)	56 (52+4)	114 (108+6)
다중 안테나 기법	단일 안테나	단일 안테나	1~4 Tx MIMO, 빔포밍, STBC
채널 부호화	Convolutional code 1/2, 2/3, 3/4	Convolutional code 1/2, 2/3, 3/4, 5/6	LDPC 1/2, 2/3, 3/4, 5/6
변조 방식	BPSK, QPSK, 16-QAM, 64-QAM		
공간 다중화를 이용한 동시 전송 스트림 수	1	1	1~4
CP 길이(ns)	800	800	400

이라는 별칭으로 불리기도 한다. 물리 계층에서는 MIMO와 40MHz 채널 대역폭을 갖는 것을 특징으로 하고, MAC에서는 대표적으로 프레임 집적(frame aggregation) 기술을 추가하였다. 그리고 이와 같은 성능 향상 기술을 도입하면서 가장 먼저 고려해야 하는 것이 기존 IEEE 802.11a/g OFDM 시스템과의 상호 호환성이다. 그러면, 우선 IEEE 802.11n의 물리 계층 관점에서의 변화를 한 번 살펴보자. [표 10-4]에서는 IEEE 802.11n의 물리 계층 주요 특징을 필수와 선택 사항으로 구분하여 나타내었다.

우선 전송속도가 약 10배 정도 증가한 것을 확인할 수 있다. 이를 위해서 다중 안테나를 통하여 동시에 전송 가능한 데이터 스트림의 개수를 4개까지 정의하여 변조 방식, 부호율, 데이터 스트림 수의 조합에 따라 총 32개의 MCS(Modulation Coding Schme)를 정의하였다. 그리고 대역폭을 20MHz에서 40MHz로 확장하여 한 OFDM 심볼 내에 들어가는 데이터 부반송파의 개수를 증가시켰다. 그리고 20MHz인 경우도 기존 IEEE 802.11a/g에서 보다 양쪽

[표 10-5] IEEE 802.11n의 MCS index에 따른 변조, 부호 및 전송률

MCS index	공간 다중화 스트림수	변조방식	부호율	데이터 전송률(Mbit/s)			
				20MHz 대역폭		40MHz 대역폭	
				800ns CP	400ns CP	800ns CP	400ns CP
0	1	BPSK	1/2	6.50	7.20	13.50	15.00
1	1	QPSK	1/2	13.00	14.40	27.00	30.00
2	1	QPSK	3/4	19.50	21.70	40.50	45.00
3	1	16-QAM	1/2	26.00	28.90	54.00	60.00
4	1	16-QAM	3/4	39.00	43.30	81.00	90.00
5	1	64-QAM	2/3	52.00	57.80	108.00	120.00
6	1	64-QAM	3/4	58.50	65.00	121.50	135.00
7	1	64-QAM	5/6	65.00	72.20	135.00	150.00
8	2	BPSK	1/2	13.00	14.40	27.00	30.00
9	2	QPSK	1/2	26.00	28.90	54.00	60.00
10	2	QPSK	3/4	39.00	43.30	81.00	90.00
11	2	16-QAM	1/2	52.00	57.80	108.00	120.00
12	2	16-QAM	3/4	78.00	86.70	162.00	180.00
13	2	64-QAM	2/3	104.00	115.60	216.00	240.00
14	2	64-QAM	3/4	117.00	130.00	243.00	270.00
15	2	64-QAM	5/6	130.00	144.40	270.00	300.00
16	3	BPSK	1/2	19.50	21.70	40.50	45.00
17	3	QPSK	1/2	39.00	43.30	81.00	90.00
18	3	QPSK	3/4	58.50	65.00	121.50	135.00
19	3	16-QAM	1/2	78.00	86.70	162.00	180.00
20	3	16-QAM	3/4	117.00	130.00	243.00	270.00
21	3	64-QAM	2/3	156.00	173.30	324.00	360.00
22	3	64-QAM	3/4	175.50	195.00	364.50	405.00
23	3	64-QAM	5/6	195.00	216.70	405.00	450.00
24	4	BPSK	1/2	26.00	28.80	54.00	60.00
25	4	QPSK	1/2	52.00	57.60	108.00	120.00
26	4	QPSK	3/4	78.00	86.80	162.00	180.00
27	4	16-QAM	1/2	104.00	115.60	216.00	240.00

28	4	16-QAM	3/4	156.00	173.20	324.00	360.00
29	4	64-QAM	2/3	208.00	231.20	432.00	480.00
30	4	64-QAM	3/4	234.00	260.00	486.00	540.00
31	4	64-QAM	5/6	260.00	288.80	540.00	600.00
32	1	BPSK	1/2	N/A	N/A	6.50	7.20

끝에 2개씩을 추가하여 4개의 데이터 부반송파를 추가하였다. 그리고 40MHz 대역폭을 지원하기 위해서는 DC 부반송파를 포함한 3개의 중앙 부반송파와 가장자리 11개의 부반송파를 제외한 114개의 부반송파를 사용하며, 그 중에서 6개는 파일럿으로, 108개는 데이터로 활용하고 있다. 따라서 20MHz 대역폭 대비 2배가 조금 넘는 전송률을 달성할 수 있다. 그리고 부호율을 5/6까지 추가하였다. 뿐만 아니라, 800ns로 고정되어 있던 CP의 길이는 400ns까지 줄여서 전송률을 향상할 수 있는 선택사항도 추가하였다. 이에 따라 각 MCS에 따른 전송률을 전송 대역폭 및 CP의 길이에 따라 정리하면 [표 10-5]와 같다. 여기서 MCS 32는 기존반복모드(legacy duplicated mode)라고 하여 40MHz 대역 모드이면서 각 20MHz에서 동작하는 기존 IEEE 802.11a/g 기기들이 수신할 수 있도록 같은 신호를 두 20MHz 대역에서 동시에 전송하는 구조이다. 이와 같은 구조는 40MHz에서 동작하는 IEEE 802.11n 기기와 기존 IEEE 802.11a/g 기기가 모두 수신이 가능하기 때문에 두 기기들이 모두 수신해야 하는 제어 프레

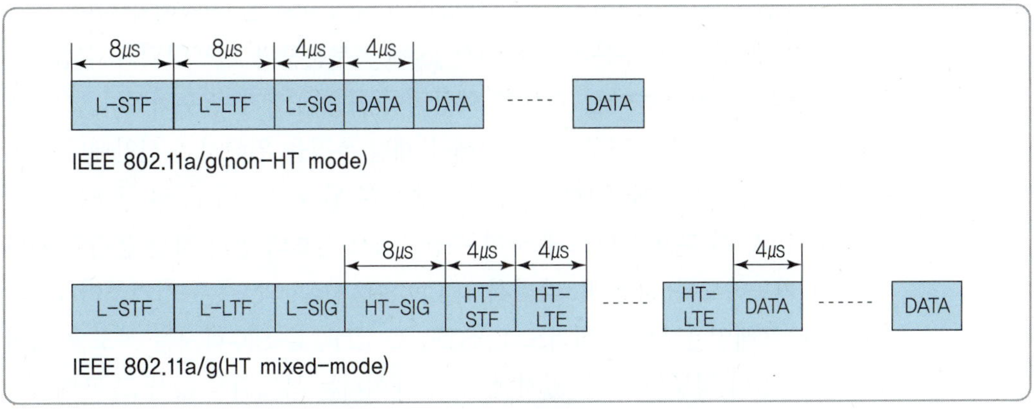

[그림 10-15] IEEE 802.11n 프레임 구조

임을 전송하는데 활용된다.

여기서, 기존 IEEE 802.11a/g의 프레임(non-HT 프레임이라고 함)을 바탕으로 IEEE 802.11n에서의 호환성을 지원하는 HT mixed mode의 프레임 구조에 대하여 알아보자. 이름에서 알 수 있듯이, 프레임의 앞부분은 IEEE 802.11a/g의 non-HT 부분과 같고, 그 뒤에 새롭게 정의된 부분이 추가되는 구조이다. 그래서 [그림 10-15]와 같은 구조를 갖는다.

프레임 구조에서 각 신호 블록의 약자는 다음과 같다.

- L-STF(Legacy Short Training Field): IEEE 820.11a/g의 기존 STF
- L-LTF(Legacy Long Training Field): IEEE 802.11a/b의 기존 LTF
- L-SIG(Legacy SIGNAL Field): IEEE 802.11a/g의 기존 SIGNAL field
- DATA: 데이터 OFDM 심볼
- HT-SIG(High Throughput SIGNAL field): IEEE 802.11n의 새로운 SIGNAL field
- HT-STF(High Throughput Short Training Field): IEEE 802.11n의 새로운 STF
- HT-LTF(High Throughput Long Training Field): IEEE 802.11n의 새로운 LTF

IEEE 802.11n에서 새롭게 추가되는 HT-STF는 해당 프레임에 대한 AGC를 다시 수행하기 위해서 추가되었다. 기존 legacy 부분은 전력과 새롭게 추가된 HT 부분의 수신 전력 차이로 인하여 L-STF로 설정한 AGC가 HT 부분에는 적합하지 않을 수 있어 HT-STF를 이용하여 다시 AGC를 수행해야 하다. 빔포임이 적용될 경우, 대부분의 상황에서 legacy 부분보다 빔포밍되어 수신되는 HT 부분의 전력이 높아질 것으로 예상되어 HT-STF가 필수적이다. 그리고 MIMO 기술이 적용될 경우, 다중 안테나 채널 추정을 위해서 송신안테나 수에 따라 증가하는 다수 개의 HT-LTF를 전송하게 된다. HT-LTF의 구조는 기존 신호가 있고, 이 부호를 다르게 하여 수신단에서 신호의 합과 차를 통하여 채널 추정이 가능하도록 하였다. 따라서 IEEE 802.11a/g의 기존 기기들이 IEEE 802.11n 프레임을 수신하더라도 L-STF, L-LTF, L-SIG까지는 복조를 하여 프레임의 길이 정도는 알 수 있지만, 실제 데이터는 복조되지 않아 그 프레임을 무시하는 형태로 동작한다. 그리고 IEEE 802.11n 기기에서는 non-HT 프레임 구조와 HT 프레임 구조를 구분하여 수신해야 하는데, 이를 위해서 두 프레임의

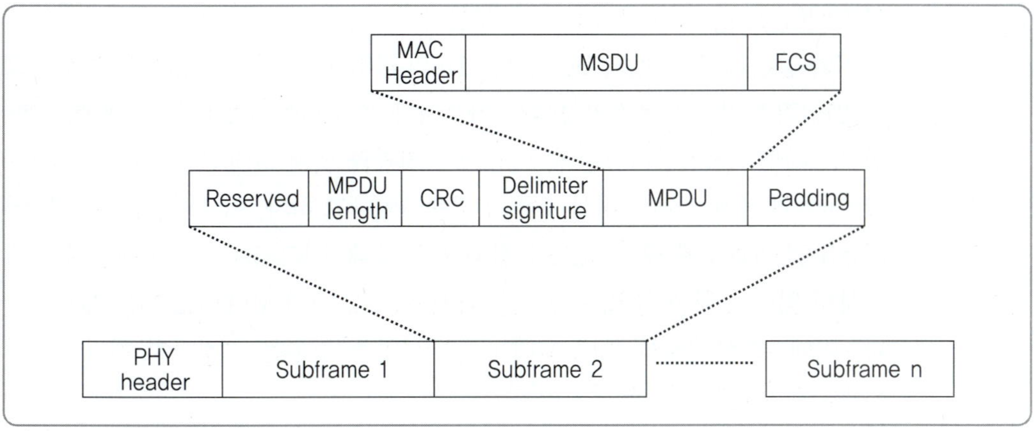

[그림 10-16] A-MPDU 프레임의 구조

구조가 달라지는 부분인 HT-SIG를 BPSK의 90도 위상 변화시킨 QBPSK를 사용하여 전송한다. 그래서 수신단에서 자동으로 검출할 수 있도록 하였다.

프레임 직접(frame aggregation)은 여러 데이터 패킷을 모아서 한번에 전송할 수 있도록 함으로써 패킷 구성에 있어서 오버헤드가 많은 상황에서 스루풋 효율을 개선시킨다. 각각 물리 계층 header, MAC header, CRC, ACK 등과 같은 오버헤드와 함께 여러 개의 개별적인 데이터 프레임을 전송하는 대신에, IEEE 802.11n은 여러 개의 데이터를 하나의 프레임으로 전송할 수 있도록 해줌으로써 오버헤드를 상당히 줄여준다. [그림 10-16]에서 보는 바와 같이, 여러 개의 MPDU(MAC protocol data unit)를 하나의 물리 계층 프레임으로 구성하는 것이다. 이와 같이 프레임 집적을 통해서 구성된 프레임을 A-

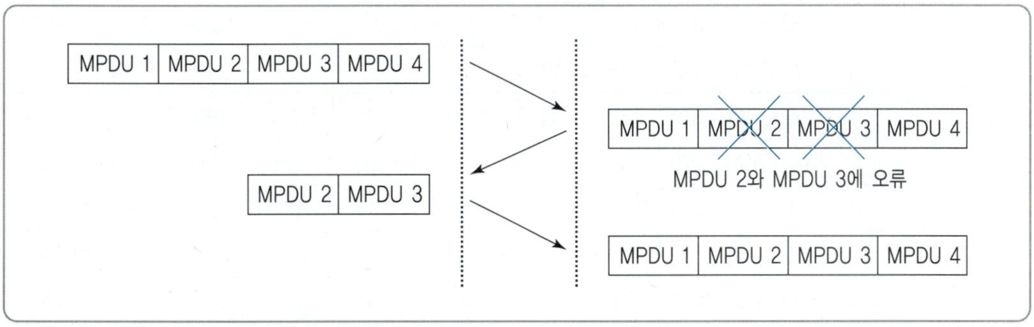

[그림 10-17] A-MPDU와 블록 ACK의 동작 예

MPDU(aggregated-MPDU)라고 부른다.

이와 같은 A-MPDU와 IEEE 802.11e의 블록 ACK 방식을 결합할 경우, [그림 10-17]과 같이 효율적인 전송이 가능하다. 송신단에서 4개의 MPDU를 결합한 A-MPDU를 전송하였는데, 이중에서 첫째와 넷째 MDPU를 제대로 수신하고, 둘째와 셋째 MPDU에서 오류가 검출되었다고 하자. 이 경우, 블록 ACK에서 MPDU 1과 4에 대한 ACK만 전송한다. 그래서 MPDU 2, 3에 대한 수신에 이상이 있다는 것을 알고, 송신단은 다시 오류가 생긴 MPDU 2, 3을 재전송한다. 이때, 수신단에게 보낼 MPDU가 더 있을 경우는 그것까지 하나의 A-MPDU로 만들어 전송할 수도 있다.

[표 10-6] IEEE 802.11ac의 대역폭 별 부반송파 할당

대역폭	20MHz	40MHz	80MHz	160MHz
데이터 부반송파 수	52	108	234	468
파일럿 부반송파 수	4	6	8	16
총 부반송파 수	56	114	242	484

[표 10-7] IEEE 802.11ac의 MCS별 데이터 전송률(데이터 스트림이 한 개인 경우)

MCS index	변조방식	부호률	20MHz		40MHz		80MHz		160MHz	
			800ns CP	400ns CP	800ns CP	400ns CP	800ns CP	400ns CP	800ns CP	400ns CP
0	BPSK	1/2	6.5	7.2	13.5	15	29.3	32.5	58.5	65
1	QPSK	1/2	13	14.4	27	30	58.5	65	117	130
2	QPSK	3/4	19.5	21.7	40.5	45	87.8	97.5	175.5	195
3	16-QAM	1/2	26	28.9	54	60	117	130	234	260
4	16-QAM	3/4	39	43.3	81	90	175.5	195	351	390
5	64-QAM	2/3	52	57.8	108	120	234	260	468	520
6	64-QAM	3/4	58.5	65	121.5	135	263.3	292.5	526.5	585
7	64-QAM	5/6	65	72.2	135	150	292.5	325	585	650
8	256-QAM	3/4	78	86.7	162	180	351	390	702	780
9	256-QAM	5/6	N/A	N/A	180	200	390	433.3	780	866.7

2014년에는 차세대 무선랜인 IEEE 802.11ac의 기술 표준이 마련되었다. IEEE 802.11ac의 경우는 5GHz 대역에서만 정의되고 있다는 것이 하나의 큰 특징이다. 1GHz의 이상의 전송률을 보장하기 위한 기술로 5GHz를 활용하는 것이 IEEE 802.11ac이고, 60GHz 대역을 사용하는 IEEE 802.11ad와 같이 차세대 무선랜 기술로 분류되고 있다. 하지만, 시장에서 IEEE 802.11ad는 거의 사용되지 않은 상황이고, IEEE 802.11ac는 그 보급이 본격화되고 있다. IEEE 802.11ac에서는 MIMO 기술을 이용하여 최대 8개의 데이터 스트림을 전송할 수 있고, 최대 대역폭도 160MHz까지 확대하였고, 256-QAM 변조까지 사용하여 최대 약 7Gbps까지 달성하고 있다. IEEE 802.11ac의 경우는 VHT(very high throughput)이라는 별칭으로 불리기도 한다. 20MHz에서 160MHz의 경우, 전체 부반송파의 할당은 [표 10-6]과 같다. 그리고 각 대역폭에서 변조 방식 및 부호률에 따른 데이터 전송률은 [표 10-7]과 같다.

IEEE 802.11ac VHT WLAN의 프레임 구조는 [그림 10-18]과 같이 주어진다. IEEE 802.11n과 비슷한 형태로 앞부분은 기존 IEEE 802.11a/g의 구조를 따르고, 그 이후에는 새로운 VHT 형태를 취합으로써 기존 IEEE 802.11a/g/n과의 호환성을 유지하고 있다. 그리고 IEEE 802.11n의 HT 모드와 다른 특징은 VHT-SIGNAL 필드가 A 부분과 B 부분 둘로 나누어지는 것이다. 특히 VHT-SIG-B에는 다중 사용자 MIMO를 위한 정보가 포함되어 있다.

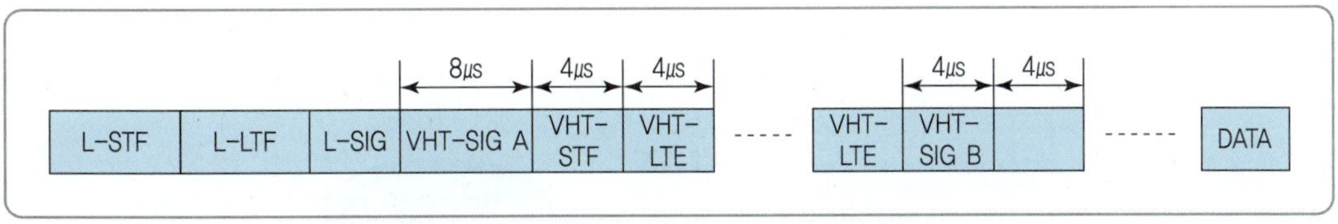

[그림 10-18] IEEE 802.11ac VHT 프레임 구조

IEEE 802.11n에도 빔포밍이 표준에 포함되어 있었지만, 실제 제품에서는 채용되지 않고 있었다. 하지만, IEEE 802.11ac에서는 빔포밍이 대표적인 기술이라고 할 수 있다. 빔포밍 전송은 단일 STA만 지원하는 SU-MIMO 방식과 한번에 여러 STA에게 데이터를 전송하는 MU-MIMO 방식으로 구분된다.

이와 더불어 2013년 하반기부터는 IEEE 802.11ac의 후속인 HEW(High

Efficient WLAN)에 대한 논의가 본격적으로 시작되었다. 여기서는 다수의 AP와 STA이 좁은 공간에 밀집되어 있는 환경에서 WLAN의 성능을 향상시키는 방식에 대해서 논의하고 있다.

10.3 WPAN

최근 10m 내외의 단거리에서 사용하는 개인 무선네트워킹 기술인 WPAN(Wireless Personal Area Networking)이 주목을 받고 있다. WPAN 기술이 기존의 유선네트워킹 기술보다 주목을 받고 있는 이유는 여러 기기들을 케이블로 일일이 연결하는 번거로움을 피할 수 있는 편리함을 가지고 있기 때문이다.

WPAN이란 0~5m 거리에서 무선으로 데이터통신을 하는 것을 말하며 이와 같은 기술의 종류에는 블루투스(bluetooth), 지그비(zigbee), UWB(Ultra Wideband) 등이 있다. WPAN은 비교적 단거리 내에서 기기들 간에 정보를 전송하는 데 사용된다. WPAN은 무선랜과는 달리 기반 구조(Infrastructure)를 필요로 하지 않는데, 이는 다양한 종류의 디바이스에 구현될 수 있는 소형, 저전력, 저가의 무선통신 수단이 될 수 있도록 한다.

WPAN의 표준 작업은 IEEE 802.15 작업 그룹에서 하고 있다. 이 작업 그룹

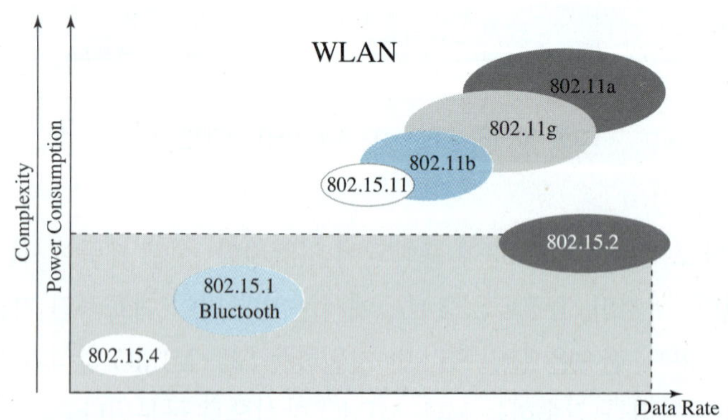

[그림 10-19] 다양한 WLAN과 WPAN 표준의 데이터 속도와 비용 비교

[표 10-8] WPAN 관련 표준화 주요 업무

구분	위원회	주요 업무
IEEE 802.15	WPAN/블루투스(TG1)	- 근거리(10m)에서의 무선통신 기술에 대한 표준 - 블루투스 규격을 100% 채용
	Coexistence(TG2)	- WPAN과 WLAN 간의 전파 간섭 축소 방법 연구
	High Rate(TG3)	- 20Mbps 이상의 전송속도에 대한 MAC&PHY 연구 - 2.4GHz PHY, 64-QAM에서 최대 55Mbps 전송
	Low Rate(TG4)	- 최대 전송속도 20~250kbps의 MAC&PHY 연구 - 저전력, 저비용 개발 목적, 2.4GHz, 868/915MHz
	Mesh networking(TG5)	- WPAN을 이용한 메쉬 네트워크 정의
	Body area networks(TG6)	- 의료, 엔터테인먼트, 가전 등의 인간의 몸 주변의 통신 정의
	Visible light communication(TG7)	- 가시광 통신의 MAC, PHY 정의
	Peer aware communications(TG8)	- 분산적 방식으로 P2P 통신을 구성

은 1998년 3월에 IEEE 802.11 WLAN 작업 그룹에서 저전력소모의 복잡도가 낮은 WPAN 영역에서 무선접속을 제공할 수 있는 표준의 필요성이 제기되면서 만들어졌다. IEEE 802.15 작업 그룹은 PC, PDA, 주변기기, 가전제품 등이 무선으로 서로 통신하고 상호 작동할 수 있게 해줄 수 있는 WPAN 기술에 대한 표준을 담당한다.

[표 10-8]에서와 같이 IEEE 802.15 작업 그룹은 고속 WPAN 표준 관련 TG(Task Group)3, 저속 WPAN 표준 관련 TG4, Mesh 네트워크 표준 관련 TG5 등 3개의 TG가 구성되어 현재 WPAN에 대한 표준 작업을 진행하고 있다.

IEEE 802.15의 작업 그룹 중 IEEE 802.15.1은 블루투스 표준화 그룹으로 2002년 초에 이미 표준으로 채택되었고 IEEE 802.15.2는 동일 주파수대역을 공유해서 사용하는 기기들끼리의 간섭 및 충돌을 해결하기 위한 그룹이다. 이러한 간섭 문제에는 WLAN과 이기종 기기의 간섭 문제 등이 있다. 또한 IEEE 802.15.3은 고화질 정지화상, 동영상 등 중대역 멀티미디어 무선전송을 위한 고속전송 기술 표준 그룹이며, 2002년 12월에 구성된 IEEE 802.15.3a는 IEEE 802.15.3의 PHY 부분에 초광대역 무선통신(UWB) 기술을 적용하기 위한 작업 그룹이다. 마지막으로 무선 통합 리모컨, 가전기기 컨트롤러, 센서 네트워크 등에 사용하기 위한 저속, 저가격, 저소비 전력의 특징을 가지고 있는 지그비에 대한 표준 제정은 IEEE 802.15.4 작업 그룹에서 진행 중이다.

10.3.1 블루투스

블루투스는 근거리에서 데이터통신을 무선으로 가능하게 해주는 기술이다. 블루투스는 말 그대로 '파란 이'란 뜻인데 10세기에 덴마크와 노르웨이를 통일했던 바이킹 지도자인 Harald Blaatan의 별명이다. 또한 젤링의 거석(The great stone of Jelling)을 세웠던 주인공이기도 하다. 이 블루투스에는 서로 다른 기기들을 선 없이 연결하겠다는 뜻과 경쟁 관계에 있는 통신 표준을 제치고 세계 시장을 장악하겠다는 뜻이 담겨 있다.

블루투스 기술의 시작은 1994년으로 거슬러 올라간다. 에릭슨에서는 휴대용단말기와 주변기기 사이에 쓰일 수 있는 파워의 소모량이 작고 값이 저렴한 무선 인터페이스를 연구하기 시작했다. 이 연구의 목적은 휴대용단말기와 PC카드, 헤드셋, 컴퓨터 주변기기에 있어서의 선을 없애는 것이었다. 그 후 1998년 2월에 에릭슨, 노키아, IBM, 도시바, 인텔 등이 모여서 SIG(Special Interest

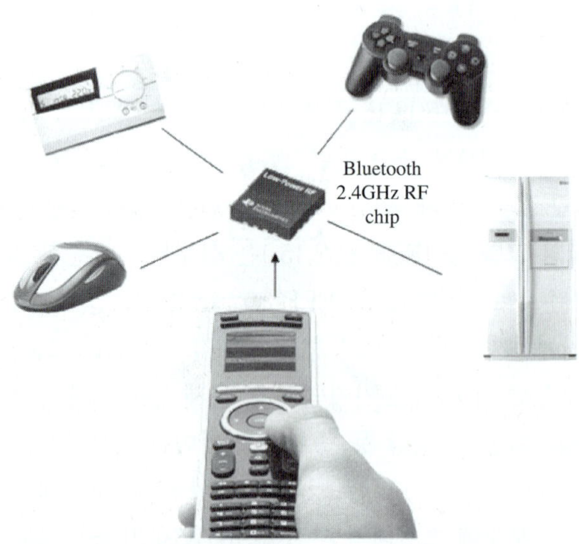

[그림 10-20] 블루투스를 이용한 기기들

Group)을 결성하였다. 이 중 에릭슨과 노키아는 세계의 이동통신 시장을, IBM과 도시바는 컴퓨터 시장을, 인텔은 CPU 시장을 장악하고 있는데, 그 시작에서 컴퓨터, 휴대용단말기, 그리고 각각의 주변기기에 대한 무선통신을 위하여 구성되었음을 알 수 있다. SIG는 근거리통신, 일대 다 통신, 저파워 소모, 저가격을 특징으로 하는 블루투스 표준을 제정하였다.

현재 가입해 있는 주요 업체는 5개 업체 이외에도 3com, Lucent, 마이크로소프트, 모토로라 등이 있으며 국내에서는 삼성전자, LG이노텍, SK텔레콤을 비롯한 50여 업체가 가입해 있다. 특히 마이크로소프트는 ME를 바탕으로 하여 무선인터넷 시장에 뛰어든 것처럼 블루투스에서도 독자의 블루투스 기술을 표준으로 하기 위한 노력을 기울이고 있다. 각종 전자기기 간의 통신에 물리적인 케이블 없이 무선주파수를 이용해 10m 내외의 거리에 있는 휴대폰, 유선전화, 노트북 PC, PDA, 프린터 등의 주변기기 간에 약 1Mbps의 속도로 데이터를 전송할 수 있는 기술로서 에릭슨, IBM, 인텔, 노키아, 도시바 5개사가 주축이 되어 1998년 5월 Bluetooth SIG 컨소시엄이 구성된 무선데이터 통신 규격의 개

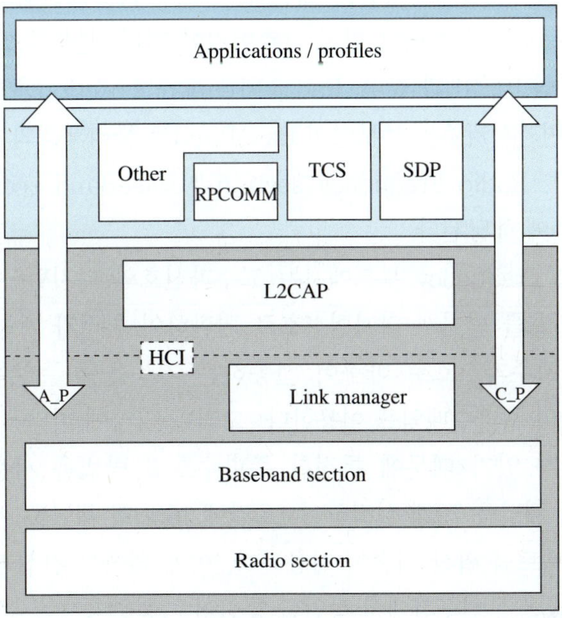

[그림 10-21] 블루투스 프로토콜 스택 구조

[표 10-9] 블루투스 표준 사양

구분	Bluetooth(802.15.1)			
	Ver 1.2	Ver 2.0	Ver 2.1	Ver 3.0
전송률	723kbps	2.1Mbps	3Mbps	24Mbps
주파수대역	2.4GHz			
변조 방식	FHSS			
다원 접속	TDMA			
노드 수	8			
전송 전력	0~20dBm			
통신 범위	10m 이내			
통신 방식	주파수호핑(Frequency hopping)			

발 코드 이름이다. 블루투스의 특징은 2.4GHz의 무선주파수를 이용하므로 방해물이 있는 경우에도 통신이 가능하다는 것이다. 그리고 최대 8대의 기기로 'Piconet' 구성이 가능하다는 장점을 가지고 있다.

블루투스 애플리케이션을 개발하기 위해서는 블루투스 하드웨어가 구현된 칩셋과 프로토콜 스택이 먼저 갖추어져야 한다. 블루투스 하드웨어의 기본 구조는 [그림 10-21]과 같다. Radio Frequency section은 고주파신호와 디지털 신호를 변환시켜주는 부분이며 BaseBand는 물리계층의 프로토콜을 처리하는 부분이다. Radio Frequency section과 BaseBand section은 OSI 7계층의 물리계층에 해당된다.

Radio Frequency 부분에서는 고주파신호와 디지털신호를 변환시켜 준다. 고주파신호를 받아서 디지털신호로 변환하여 처리가 가능하게 하거나 디지털 신호를 고주파신호로 바꾸어 전송하는 기능을 하는 부분이다. 블루투스는 2.4GHz의 주파수대역을 이용한다. 그러나 나라에 따라서 주파수의 제한이 있는 경우가 있기 때문에 특정한 주파수호핑 방법을 사용한다. 또한 대역폭 1MHz의 채널을 79개 설정하여 1초간에 1600회 채널을 바꾸는 주파수호핑 방식의 스펙트럼 확산 기술이 사용된다. 이에 의하여 간섭과 페이딩을 막아주고 잡음이 많은 무선구간에서 강인한 통신이 가능하다.

블루투스의 특징은 SIG 가입 회원사에 대해서는 블루투스의 기술에 대한 로

열티를 받지 않는 개방 라이선스 정책을 보이고 있다는 것이다. 이에 따라 가입 회사 수가 급증하고 있으며, 그 기술 개발의 발전 속도가 매우 빠르고, 시장 형성 속도도 매우 빠르다. 이는 사용자의 현재 욕구인 양방향 근거리 무선통신을 단시간에, 가장 저렴하게 제공할 수 있다는 블루투스의 장점에 기인한다. 즉, 블루투스의 사용자의 현재 욕구를 사실상 표준에 근거하여 저렴하게 만족시킬 수 있을 뿐만 아니라, 가까운 미래의 사용자 요구에 비추어 성능 및 가격 측면에서도 큰 장점을 가진다.

현재의 블루투스의 단점은 미래의 사용자 욕구를 만족시키기에는 사양이 낮다는 점이다. 최대 1Mbps의 전송속도로는 CD 수준의 고품질 음악이나 비디오 전송에도 적합하다고 볼 수 없고, 고화질 정지화상 등에 응용하기에도 아직 부족하다. 또한 Piconet의 망 구성으로 7개의 기기들 간 Ad-Hoc 통신망을 구성하게 되지만, 그 이상의 기기들을 연결하기 위한 Piconet 간의 망 구성 부분에서는 약점을 보이고 있다. 반면 HomeRF Working Group에서 제정한 SWAP(Shared Wireless Access Protocol)의 경우를 볼 때, 적어도 1MHz의 같은 주파수대역 폭에서는 전송속도가 2배까지 빠르고, 5MHz 대역폭에서는 최대 10Mbps까지도 가능하다.

10.3.2 지그비

과학적으로도 꿀벌의 지그재그춤은 상당히 정확하고 경제적인 통신 수단으로 인정받고 있다. 이런 혁신적인 통신 기술을 표방하여 'Zig' 와 'Bee' 의 합성어로 만들어진 차세대 무선네트워크 기술이 '지그비' 이다. 지그비는 몇 해 전부터 블루투스와 더불어 새로운 근거리통신 핵심 기술로 떠올랐다.

지그비는 근거리 무선통신 규격의 하나로 흔히 '블루투스의 저속 버전' 이라고도 불린다. 저속이면서 전송거리도 짧지만 지그비가 각광받는 주된 이유는 저소비전력과 저비용을 꼽을 수 있다. AA건전지 2개로 수개월에서 길게는 2년까지 구동이 가능하고, 부품 비용도 1~2달러 정도로 상당히 저렴하다.

지그비는 저속의 전송속도를 갖는 홈오토메이션 및 데이터 네트워크를 위한 표준 기술로서 버튼 하나로 하나의 동작을 잡아 집 안 어느 곳에서나 전등제어 및 홈 보안시스템 VCR 전원을 제어할 수 있으며, 인터넷을 통한 전화 접속으로 홈오토메이션을 더욱 편리하게 이용하려는 욕구에서부터 출발한 기술이다.

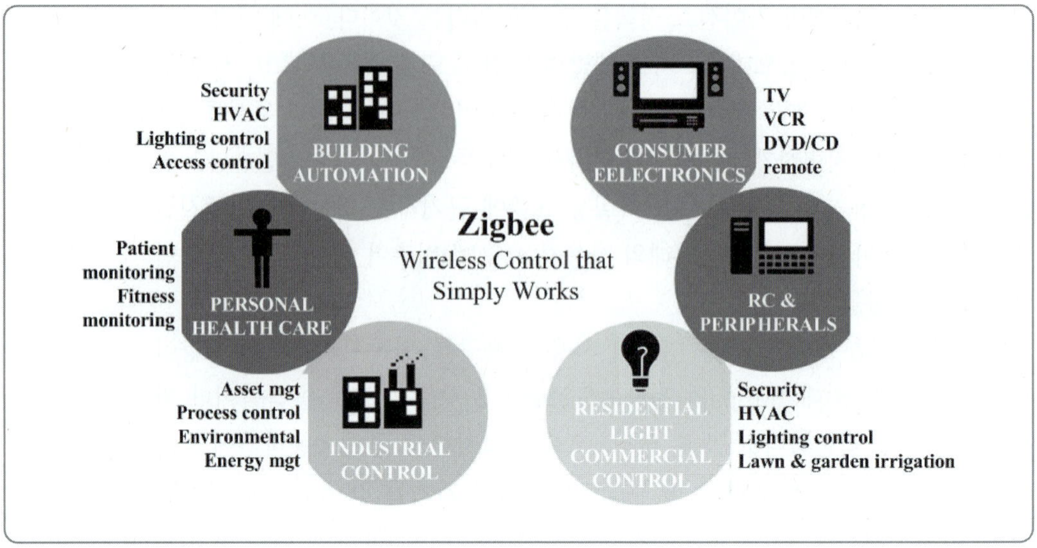

[그림 10-22] Zigbee의 응용 분야

지그비는 듀얼 PHY 형태로 주파수대역은 [그림 10-23]과 같이 2.4 GHz(world wide), 868MHz(유럽), 915MHz(북미)를 사용한다. 또한 모뎀 방식은 직접 시퀀스 확산 스펙트럼 기술을 사용한다.

지그비는 홈네트워크(home network)의 무선 기술로 각광받았던 HomeRF의 저전송 버전으로 1998년에 시작되었으며, Firefly, RF-Lite로 이름이 변경된 후 최종적으로 Zigbee로 불려지게 되었다.

저전력 · 초소형 · 저비용의 장점과 함께 10~20m 내에서 사용 주파수대역별로 20~250kbps의 속도로 데이터를 전송하고 6만5000개 이상의 노드를

Frequency	Band	Coverage	Data	# of Channels	Rx Sensitivity	Modulation
2.4 GHz	ISM	Worldwide	250 kbps	16	-85 dBm	O-QPSK
868 MHz		Europe	20 kbps	1	-92 dBm	BPSK
915 MHz	ISM	Americas	40 kbps	10	-92 dBm	BPSK

[그림 10-23] 나라별 Zigbee 사용 주파수대역

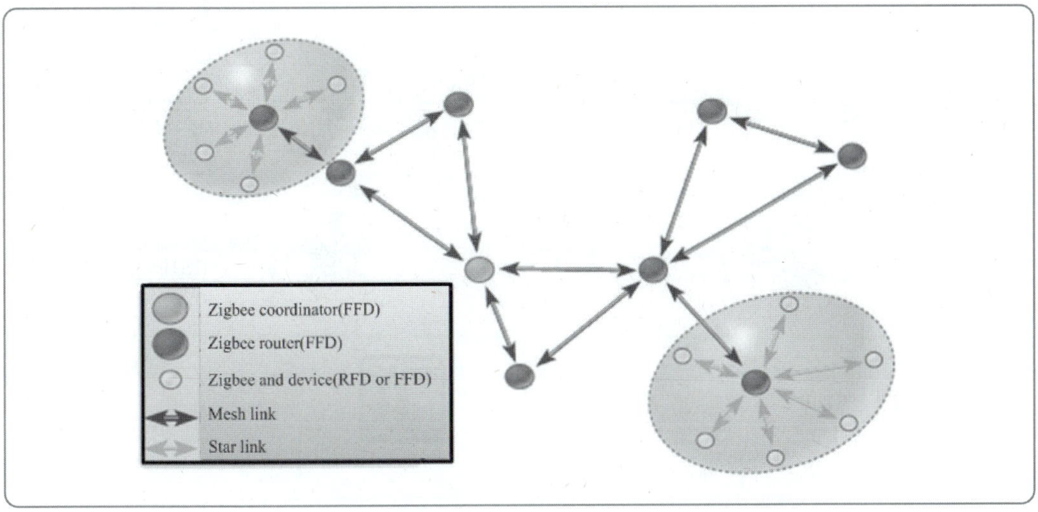

[그림 10-24] 다양한 지그비 네트워크 구성 방식

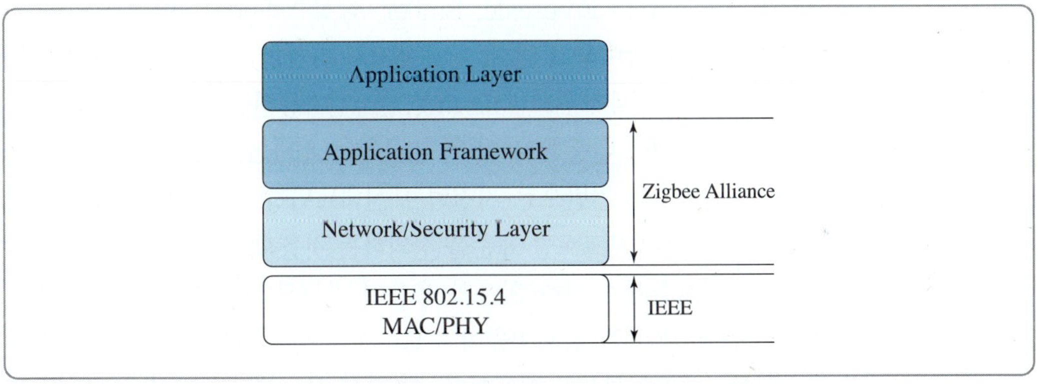

[그림 10-25] Zigbee Layer 구조

연결할 수 있는 지그비는 이미 상용화 단계에 접어들었으며, 최근 유비쿼터스 센서 네트워크(USN; Ubiquitous Sensor Network)를 구현하는 최적의 기술로 주목받고 있다. 지그비의 토폴로지(Topology)는 [그림 10-24]와 같이 Star, Mesh, Cluster tree로 분류할 수 있으며 하나의 시스템에서 여러 토폴로지를 혼합하여 구성이 가능하다.

지그비의 표준화는 Zigbee Alliance에서 진행하고 있는데, Zigbee Alliance의 프로모터는 Chipcon, 필립스(Philips), 미쓰비시(Mitsubishi), 모토로라

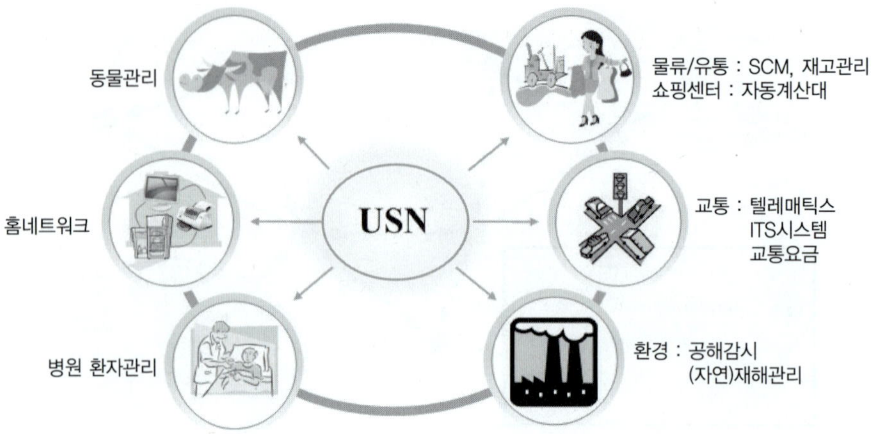

[그림 10-26] Zigbee Layer 구조

(Motorola), Honeywell, Freescale, Ember, 삼성으로 구성되어 있으며, 100여 개 이상의 기업이 참여하고 있다. 국내에서도 다양한 기업이 참여하고 있는데 LG, TTA, 한국무선네트워크(Korwin), 한국전자통신연구원(ETRI) 등 다수의 기업 및 연구단체가 활동하고 있다. Zigbee Alliance는 2003년에 완성된 IEEE 802.15.4 표준을 기반으로 저전력 무선네트워킹이 가능한 모니터링 및 제어 제품을 위해 상위 프로토콜 표준을 정의하는 것을 목표로 한다.

지그비는 일상생활에 다양한 활용과 응용이 가능하다. 예를 들어 지그비를 적용해 만든 원격검침기는 검침원들이 수도 · 전기 등의 사용량을 집 밖에서 무선으로 확인할 수 있게 설계한 제품이다. 이 검침기는 기존 계량기에 간단히 부착해 사용할 수 있고, 사용량을 정확하게 무선으로 측정할 수 있게 되어 있다. 기존 계량 검침 방식은 사람이 직접 눈으로 확인해야 하기 때문에 집 안에 사람이 없을 경우 검침이 불가능하지만, 이 제품을 사용하면 집에 사람이 없어도 검침이 가능하다. 또한 지그비단말기는 휴대전화이지만 TV · 전등 등 집 안의 가전제품들을 끄고 켤 수 있다. 저녁에 침대에 누워 책을 읽다가 졸릴 때 일어설 필요 없이 휴대전화로 천장에 달린 전등을 끌 수 있는 것이다. 지그비가 '언제 어디서나 원하는 정보에 접근할 수 있는' 유비쿼터스 시대의 새로운 기술로 주목받는 것은 저렴한 비용으로 쉽게 홈네트워킹을 구성할 수 있기 때문이다.

지금까지 블루투스, 적외선(IrDA) 등 다양한 방식의 무선통신 기술이 나왔지만 전력을 너무 많이 소모하거나 통신거리가 짧은 등 여러 단점으로 인하여 널리 사용되진 못하였다. 그러나 지그비는 이러한 문제를 해결한 기술로 평가받고 있다. 이에 따라 전자업체와 휴대전화업체들은 지그비를 이용한 홈 네트워킹 제품 개발 경쟁을 벌이고 있으며, 특히 가전제품 제어 · 검침 등 지금까지 나온 분야 이외에 다양한 응용 분야가 개발되고 있다. 또한 전자부품 업계에서도 지그비를 새로운 표준으로 받아들여 다양한 부품의 개발 및 생산에 집중하고 있다.

미래에는 유비쿼터스 네트워킹 환경의 지원이 필수적일 것으로 전망되며 이와 같은 환경을 위해서는 센서 네트워킹 기술의 구현이 가장 중요한 일이 될 것이다. 지그비 기술은 낮은 데이터전송률을 가지고 있지만, 무선센서를 고려할 때 가장 큰 문제로 지적되고 있는 전력소모에 있어서 현재까지 여타 기술보다도 우수한 저전력 특성을 가지고 있고, 감시와 제어 및 기타 센서 네트워크의 구현을 위해 많은 노드를 연결할 수 있기 때문에 저전력 소모 WPAN 시장, 특히 자동화(제어) 분야에서 영역을 넓혀 갈 것으로 예상된다. 이러한 다양한 장점을 바탕으로 하여 지그비는 유비쿼터스 환경에 가장 적합한 기술로서 부각되고 있다.

[표 10-10] 지그비의 표준 사양

구분	Zigbee(802.15.4)
전송률	20/40/250kbps
주파수대역	868/915MHz, 2.4GHz
변조 방식	DSSS
노드 수	254
전송 전력	-4~20dBm
통신 범위	30m
다원 접속	CSMA-CA

10.3.3 초광대역 무선통신

초광대역 무선통신(UWB; Ultra Wide Band)은 100년 전 Guglielmo Marconi가 영국의 Weight 섬에서 Cornwell 섬까지의 최초의 무선통신의 성

공에서부터 시작되었다. 그 후 무선통신은 아날로그 기술에서 현재의 디지털까지 발전되어 왔다.

현재 무선통신 분야에서는 한정된 주파수 자원에 비해 주파수에 대한 수요는 급증하고 있다. 이러한 문제를 해결하는 한 방법인 UWB 기술은 무선반송파(RF carrier)를 사용하지 않고 기저대역에서 수GHz 이상의 매우 넓은 주파수 대역을 사용하여 통신이나 레이더 등에 응용되고 있는 새로운 무선 기술이다. UWB 기술은 WPAN을 위한 기반 기술로서, 기존 협대역시스템이나 CDMA시스템에 비해 넓은 주파수대역에 걸쳐 상대적으로 매우 낮은 스펙트럼 전력밀도를 가지고 있다. UWB라는 용어는 이 기술의 이러한 스펙트럼 특성에서 인용되었으며, 기본적인 신호처리 원리는 임펄스(impulse)라고 불리는 짧은 펄스를 발생한 것을 수신하여 처리하는 것이다.

UWB 기술은 기존의 무선시스템의 잡음과 같은 매우 낮은 스펙트럼 전력밀도를 사용함으로써 이동통신, 방송, 위성 등의 기존 통신시스템과 상호 간섭 영향 없이 주파수를 공유할 수 있어 차세대 무선 기술로 급부상하고 있다.

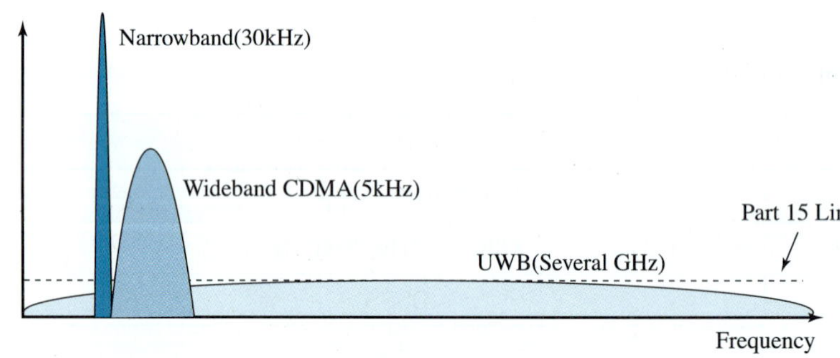

[그림 10-27] 협대역, 광대역 CDMA, UWB 스펙트럼 비교

UWB 기술은 기존의 협대역시스템 및 3G 셀룰러 기술로 설명되는 광대역시스템과 구분을 위해서 중심 주파수의 25% 이상의 점유 대역폭을 차지하는 시스템이나 1.5GHz 이상의 주파수 점유 대역폭을 차지하는 무선 기술로 정의하고 있다. [그림 10-27]과 같이 동일 출력을 갖는 세 가지 시스템을 주파수 스펙트럼상에서 비교하면 UWB시스템의 경우 기존의 협대역시스템이나 광대역

CDMA시스템에 비해 매우 넓은 주파수대역에 걸쳐 상대적으로 낮은 스펙트럼 전력밀도가 존재한다. 이로 인해 UWB 기술은 기존의 다른 무선시스템에 간섭을 주지 않고 주파수를 공유하여 사용할 수 있는 장점이 있다.

또한 매우 낮은 스펙트럼 전력밀도로 인하여 높은 보안성, 높은 데이터전송 특성 및 정확한 거리 및 위치 측정이 가능한 높은 해상도를 제공하며 다중경로에 의한 영향에 강인한 특성을 나타낸다. 특히 기존의 무선시스템과는 달리 반송파를 사용하지 않고 기저대역에서 통신이 이루어지므로 송수신기의 구조가 간단해지면서 낮은 비용으로 송수신기를 제작할 수 있는 장점이 있다.

최근 유비쿼터스 및 홈네트워크가 새로운 통신 기술 용어로 떠오르면서 블루투스, 저속 WLAN, 초고속 UWB 기술이 홈네트워크 등의 유사한 환경을 목표로 제안되면서 비록 응용 분야는 명확히 구분되지만 응용을 지원하는 시스템 관점에서 다양한 기술이 선택될 수 있는 가능성이 존재한다. 따라서 각 기술별 규격에서는 용도가 구분되어 상호 보완 기술로 인식되지만 홈네트워크에 적용되는 시스템 개발에 있어서는 특정한 기술을 선택할 수 있다. 이러한 경우 각

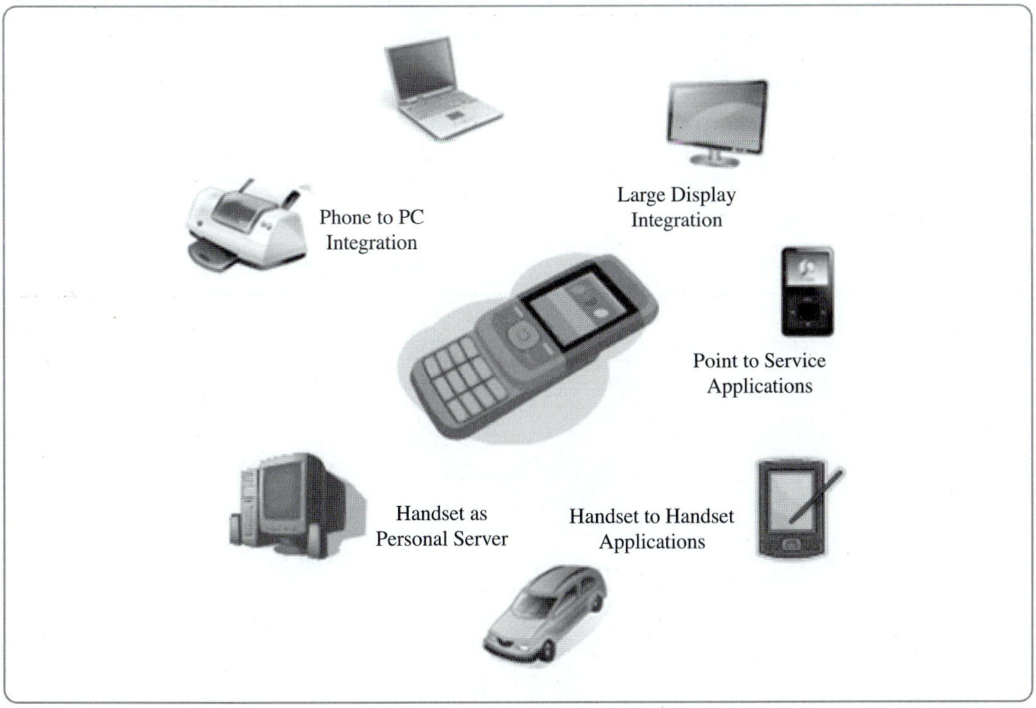

[그림 10-28] UWB 기술 응용 기기

기술 간의 상호 경쟁 작용으로 인해 기능적인 측면에서는 서로 통합하는 형태를 보인다.

UWB 기술 시장 및 응용 서비스에 대한 시장 전망은 매우 밝으나 아직 다양한 서비스가 나타나지 않고 있다. 이러한 현상의 원인은 주변장치의 문제로, UWB 기술이 활성화되기 위해서는 무선 USB 등의 상용 서비스가 먼저 이루어져서 주변장치로 기술이 확대되어야 한다. 최근 많은 서비스가 IP 기반으로 제공되고 있다. 따라서 무선 USB에 이어 WLP(WiMedia Link layer Protocol)에 의한 무선 홈네트워크에 변화가 발생할 것으로 예상된다. 또한 UWB 기술은 다양한 장점으로 인해 유비쿼터스 홈네트워크, 위치 인식, 각종 장비의 제어, 여러 분야의 원격모니터링 등과 관련된 WPAN이나 WBAN(Wireless Body Area Network) 기술에 활발하게 응용될 것으로 전망된다.

[표 10-11] UWB의 표준 사양

구분	UWB	
	802.15.3a(고속)	802.15.4a(저속)
전송률	1~480Mbps	1Mbps
주파수대역	3.1~10.6GHz	
사용 전력	-41.3dBm 이하	
접속 대수	최대 256대(네트워크당)	
통신 범위	2~10m	30~50m
다원 접속	MB-OFDM, DS-UWB	

참 고 문 헌

[1] Wireless LAN Medium Access Control(MAC) and Physical Layer(PHY) Specifications, IEEE P802.11 Std., 1999.

[2] Wireless LAN Medium Access Control(MAC) and Physical Layer(PHY) Specifications: Enhancements for Very High Throughput Operation in Bands below 6GHz, IEEE P802.11ac/D3.0 Std., 2012.

[3] Wireless LAN Medium Access Control(MAC) and Physical Layer(PHY) Specifications: High-Speed Physical Layer in the 5 GHz Band, IEEE P802.11a Std., 1999.

[4] Wireless LAN Medium Access Control(MAC) and Physical Layer(PHY) Specifications: Enhancements for Higher Throughput, IEEE P802.11n Std., 2009.

[5] Wireless LAN Medium Access Control(MAC) and Physical Layer(PHY) Specifications- Amendment: TV White Spaces Operation, IEEE P802.11af/D4.0 Std., May 2013.

[6] 안재영, 오덕길, 김재명, 〈무선 LAN 기술 동향〉, 한국통신학회지, 2002.

[7] Zigbee Alliance Home page, http://zigbee.org

[8] Ed Callaway, "Home Networking with IEEE 802.15.4: a Developing Standard for Low-rate Wireless Personal Area Networks," IEEE Communications Magazine, 2002.

[9] Chatschik Bisdikian, "An Overview of the Bluetooth Wireless Technology," IEEE, 2001.

[10] G. Roberto Aiello, "Ultra-wideband wireless systems," IEEE microwave magazine, 2003.

[11] Liuqing Yang, "Ultra-Wideband Communications," IEEE signal processing magazine, 2004.

연 습 문 제

EXERCISE

01 무선랜에서 사용하는 다중 접속 방식을 설명하고, 장단점을 나열하시오.

02 무선랜과 LTE와 같은 이동통신의 차이점은 무엇인가?

03 기존 비면허 대역인 2.4GHz, 5GHz 이외에 IEEE 802.11에서 표준을 정하고 있는 주파수 대역은 어느 대역이며, 그 표준은 무엇인가?

04 WPAN 기술은 무엇이며 최근에 주목을 받고 있는 이유는 무엇인가?

05 블루투스 통신의 특징에 대해서 설명하시오.

06 지그비(Zigbee)가 센서 네트워크에 적합한 이유에 대해서 설명하시오.

11

CHAPTER

5G 이동통신시스템

Fundamentals of Mobile Communications

CHAPTER 11 5G 이동통신시스템

4장에서 이동통신시스템의 발전 과정을 [표 4-1]에서 정리하였다. 우리나라는 2019년 4월 세계 최초로 5G 이동통신 서비스 상용화에 성공하면서 전 세계적인 관심과 4차 산업혁명 시대를 주도할 수 있는 기술력을 인증받았다. 전 세계적인 관심과 기술에 대한 기대가 큰 만큼 5G 서비스 상용화에 따른 경쟁이 치열하고, 이러한 의미에서 우리나라가 세계 최초의 상용화 국가라는 것은 매우 큰 성과이다.

1980년대부터 개발되고 진화되어 온 정보통신 기술과 그에 따른 여러 응용 서비스들은 인간이 경험해보지 못한 새로운 환경과 편리함을 제공하고 있으며, 일상생활뿐만 아니라 사회와 경제 발전에도 대단한 영향력을 지니며 우리의 삶

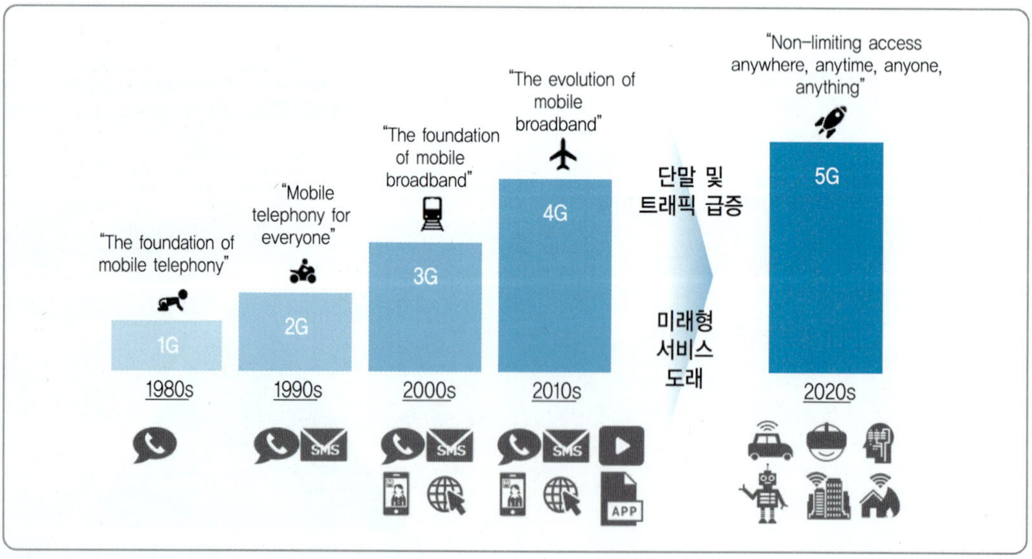

[그림 11-1] 이동통신 기술의 발전

을 이끌어 가고 있다. 이와 같은 정보통신 기술은 마치 태초에 인간이 도구를 발견하며 새 시대를 열고, 증기기관의 발명으로 산업혁명이 일어난 것과 같이 우리의 미래를 위한 새로운 물결임이 틀림없다.

이동통신 기술이 통신기술 및 서비스 자체에만 주로 활용되고 기술이 발전되어 온 것에 비해, 5G 이동통신 기술은 새로운 산업혁명을 이끌 주요 핵심기술이며, 전 산업에 걸친 디지털 전환(Digital Transformation)의 패러다임을 기반으로 미디어, 공공안전, 교육, 제조업 등의 산업 생산성 향상과 혁신을 촉진시키고 있다.

11.1 ITU 요구사항

1900년 12월, 마르코니가 무선전신의 역사적인 대서양 횡단에 성공한 이후 약 120년 동안 무선통신, 이동통신의 발전은 그 누구도 예측하기 어려울 정도로 급속히 빠르게 진행되고 있으며, 스마트폰이라는 새로운 단말기의 대중화는 우리가 상상하는 것 이상으로 세상을 변화시키면서 새로운 패러다임을 만들고 있다. 현재 지구상 인류 중 약 67%가 모바일 기기를 이용해서 이동통신 서비스를 받고 있으며, 사람들 간의 통신 서비스뿐만 아니라 모든 사물들 간의 통신이 가능하도록 네트워크화되어 완벽한 디지털 전환 기반의 삶을 누릴 수 있을 것이다.

2013년 4G LTE 기술의 도입으로 이동통신 기술은 진화를 거듭하게 되었다. 800MB 용량의 영화를 한 편 내려받기 위해서는 3G는 7분 24초, 4G의 LTE는 1분 25초, LTE-A는 43초, 3밴드 LTE-A는 22초가 걸린다. 이처럼 4G 기술의 발전에 따라 데이터의 전송속도가 빨라지고 광대역 무선인터넷 망을 이용한 서비스가 확대되면서 산업들 간의 융합기술 발전과 수용의 변화 등이 나타나고 있다. 그리고 5G 시대는 4G 대비 초고속, 저지연, 초연결을 지원하며 이를 기반으로 스마트시티, 스마트팩토리, 자율주행차, 실감 미디어 콘텐츠, 지능형 CCTV 등 다양한 융합 서비스 제공이 가능해진다.

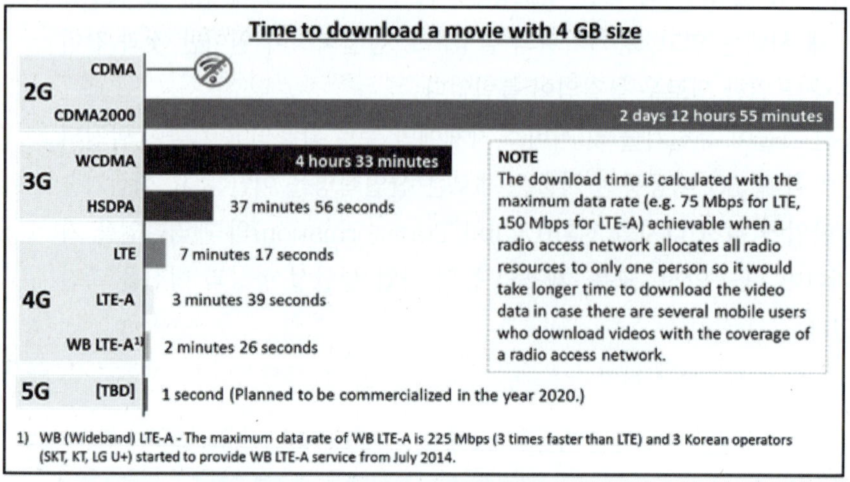

[그림 11-2] 통신기술별 데이터통신 속도 비교

4G 기반의 통신기술은 도입되어 적용되기까지 여러 단계를 거치기는 했으나 급변하는 이동통신 환경의 영향으로 더 빠른 전송속도, 더 많은 단말기 간의 통신, 더 적은 전력 소모, 더 사용이 용이한 단말기의 요구를 충족시키기 위한 이동통신 진화가 필요하다. UN 산하 국제기구인 ITU(International Telecommunication Union, 국제전기통신연합)에서는 이러한 세대 구분 용어를 사용하지 않고, IMT-2000(3세대), IMT-Advanced(4세대), IMT-2020(5세대)라 칭하고 5G의 개념 및 비전을 제시하고 있으며 2015년 IMT-2020에 대한 비전을 발표하였다(ITU, 2015). ITU 5G 비전에 따라 5G는 최고 전송속도 20Gbps, 주파수 이용 효율이 4G의 3배, 최대 이동속도 500km/h까지 지원하며, 초고용량 실감형 데이터 서비스, 초실시간 양방향 서비스, AR, VR 등 실감환경 서비스, IoT, 자율주행차 등 실시간 통신 · 제어 통신 서비스가 가능할 것으로 예상하고 있다.

ITU의 5G 비전에 따라 3GPP1에서 5G 이동통신 기술 표준화에 대한 논의가 시작되었으며 5G 상용화를 위한 1차 표준화 릴리즈 15(Release2 15)가 2018년 6월에 완료되었다. 자율주행, 스마트팩토리, 스마트시티 등 다양한 융합 서비스를 지원하는 V2X(Vehicle to Everything), 초고신뢰 저지연통신 표준이 추가된 5G 2차 표준화 '릴리즈16'은 2020년 7월에 승인된 바 있다, 향후 5G 표준 작업은 '릴리즈 17'과 '18'까지 계획되어 있으며(3GPP, 2020), 올해 표준화 작업이 시작된 '릴리즈 17'에서는 가상현실(VR), 증강현실(AR) 및 확장현실(XR) 등을 구현하기 위해 전반적인 네트워크 용량, 커버리지, 지연시간, 기기 전력 성능 및 이동성 개선을 위한 기본적인 기술 향상에 중점을 두면서 주파수 효율성을 높이는 MIMO(Multi Input & Multi Output) 안테나 기술 등이 적용되며, 광대역 전송을 위한 밀리미터파(mmWave) 대역3 활용 등이 포함될 예정이다. 특히 5G의 사물인터넷(IoT) 지원 범위를 확대하고 최적화할 수 있는 기술들이 고려되고 있다. 한편 '릴리즈 18'은 2021년 하반기부터 시작이 예정되어 있으며 5G 이동통신 4단계 표준으로 6G 기초 기술로 예상되는 지능형 네트워크와 위성통신 등이 핵심 개발 분야로 예상된다.

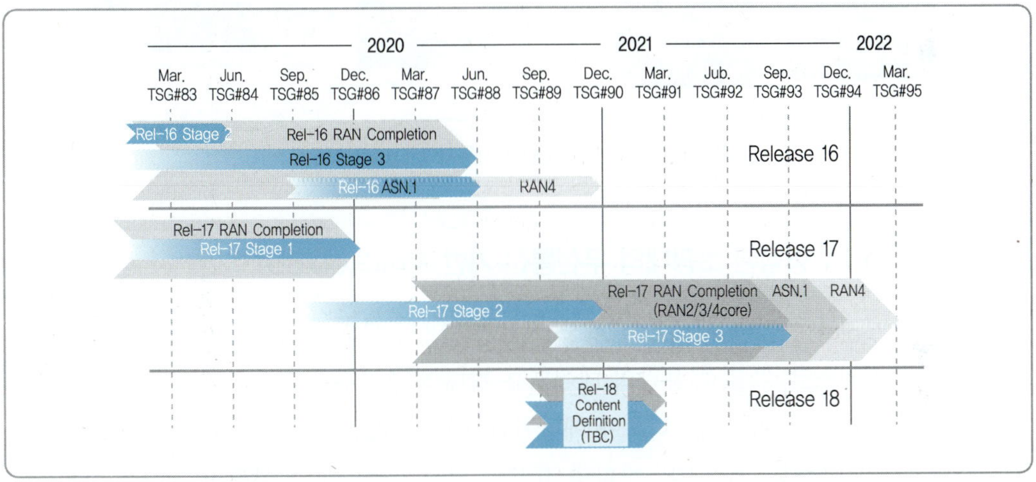

[그림 11-3] 3GPP 5G 이동통신 기술표준 개발 일정[1)]

2015년 ITU가 제시한 IMT-2020 비전(ITU, 2015)에 따르면, 5G 이동통신 기술은 크게 세 가지 기술 진화 방향을 목표로 삼고 있다. 이는 초광대역 무선통신 서비스(eMBB: enhanced Mobile Broadband), 고신뢰/초저지연 통신 서비스(URLLC: Ultra Reliable & Low Latency Communications), 대규모 기기 연결 기반 서비스(mMTC: Machine-Type Communications) 등으로 대표된다.

1) 3GPP, ISG SA#87e, 17-20 march 2020, 2-meeting document SP-200222

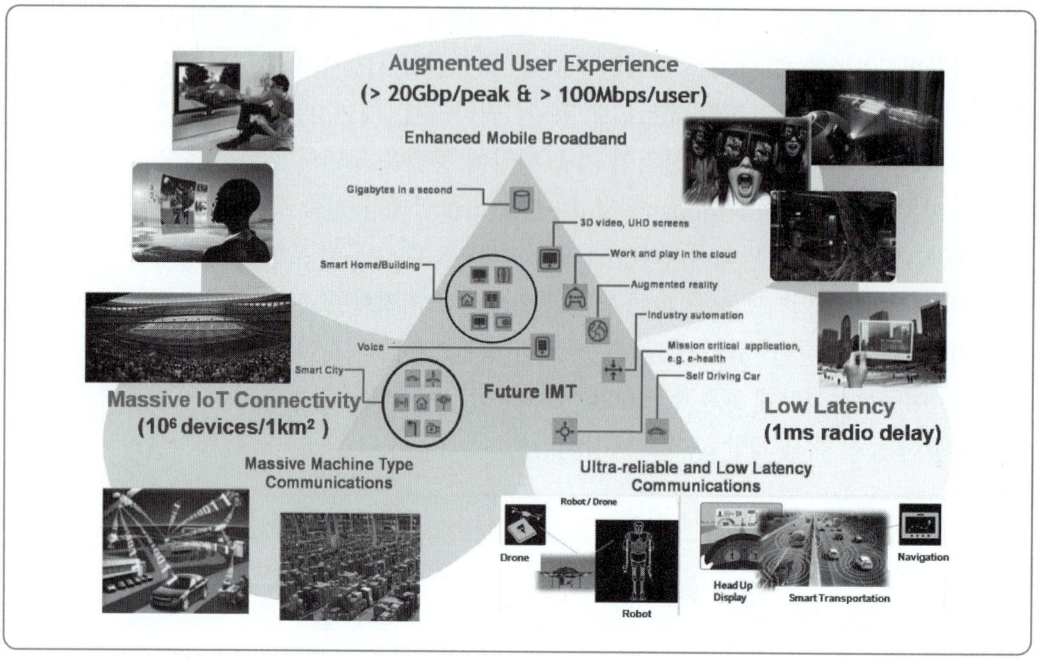

[그림 11-4] ITU의 2020년 사용자 시나리오 개요도

11.1.1 향상된 초광대역 무선통신 기반 서비스(eMBB)

eMBB 기반 서비스는 향상된 초광대역 무선통신 기술을 기반으로 구현되는 서비스로, 주로 대용량의 데이터를 광대역 주파수를 활용한 초고속 전송속도로 처리하는 사용 시나리오에 해당된다. eMBB 기반 시나리오에는 사용자 체감 속도, 이동성, 에너지와 주파수 효율성 역시 전송속도와 함께 중요하게 고려되는 요인이며 3D, UHD 영상 기반 서비스 외에도 Cloud, 가상현실, 증강현실 기반 서비스 역시 포함된다. 이를 위해 더 넓은 주파수 대역폭을 사용하고 더 많은 안테나를 사용하여 사용자당 100Mbps에서 최대 20Gbps까지 훨씬 빠른 데이터 전송속도의 제공을 목표하는 시나리오이다.

11.1.2 고신뢰/초저지연 통신 서비스(URLLC)

URLLC 기반 서비스는 초저지연의 실시간 서비스 중심의 5G 시나리오를 말하며 지연시간을 최대 1ms까지 보장해 줌으로써 실시간으로 끊김 없는 서비스 제공이 가능해진다. 이는 4G 대비 10배 감소된 지연시간 단축 기술로 사용자의 체감 지연시간을 최소화하는 실시간 Interactive 게임, 촉감 인터넷, 자율주행, 로봇 원격 제어, 원격의료 서비스 등 주로 원거리에서도 실시간 제어가 가능한 원격제어 서비스를 포함한다. 이를 위해서 무선 자원관리 분야나 네트워크 설계 등의 최적화를 목표로 하는 시나리오이다.

11.1.3 대규모 기기 연결 기반 서비스(mMTC)

mMTC 기반 서비스는 IoT 기반의 수많은 기기가 네트워크에 접속되어 수많은 단말기기 간 동시접속을 지원해야 하는 초연결성 중심의 5G 시나리오를 말한다. 스마트시티, 스마트팩토리 등 4차 산업혁명 시대 산업 간 융합을 가능하게 하는 서비스들이 mMTC 시나리오에 포함된다고 볼 수 있다. 특히 도시 단위의 대규모 초고속 네트워크가 적용되어 많은 데이터의 수집과 처리가 동시에 일어나는 스마트시티의 경우 네트워크에 연결되는 단말기의 밀도가 높기 때문에 해당 mMTC 5G 시나리오에서는 1km² 반경에서 최대 100만 대의 5G 단말장치의 동시접속을 보장해 줄 것을 기대하고 있다.

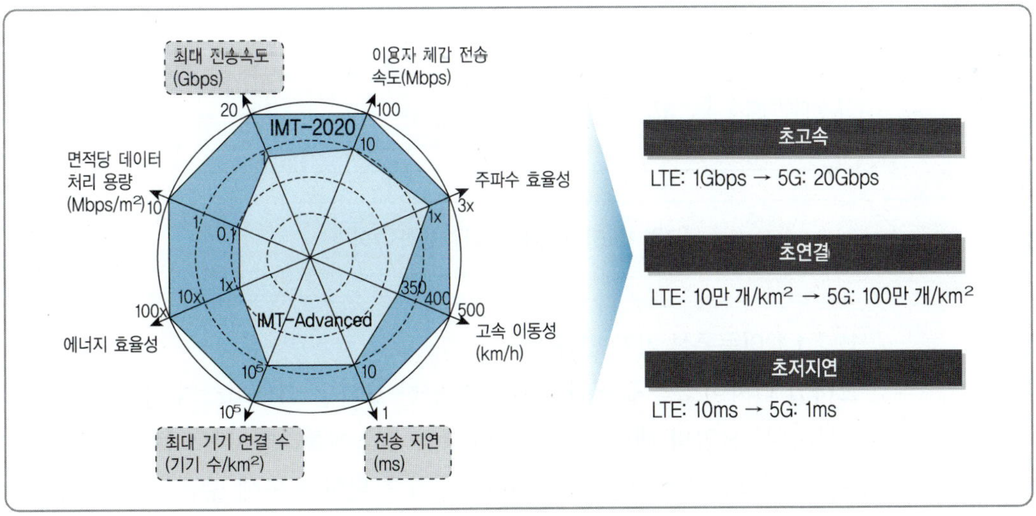

[그림 11-5] 5G 시나리오별 주요 성능 비교[2)]

2) ITU-R Report

11.2 5G 서비스

11.2.1 이동통신 환경의 변화

1세대부터 4세대까지 이동통신 환경은 모바일 디바이스, 서비스 콘텐츠, 네트워크 트래픽을 중심으로 변화되고 있다. 모바일 디바이스의 소형화, 경량화 그리고 빠른 시스템화를 바탕으로 다양한 서비스 콘텐츠가 활성화되었으며, 데이터의 고속 전송을 위한 네트워크의 효율적 운영과 관리를 통해 이동통신 환경이 이루어지고 있다. 그러나 개인의 맞춤형 서비스, 고령화와 핵가족화 그리고 사회구조의 변화에 모바일 디바이스의 스마트화가 더해지면서 네트워크의 트래픽이 가속화됨에 따라 새로운 통신시스템의 등장이 필요하다.

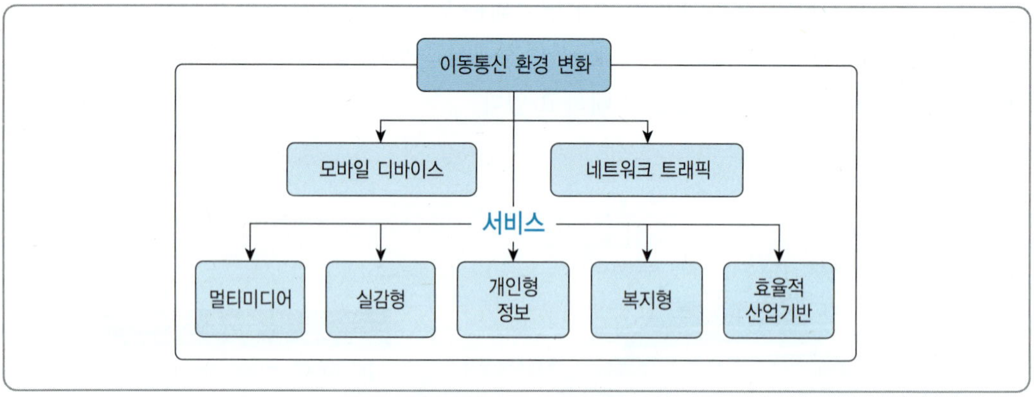

[그림 11-6] 이동통신 환경 변화 추이

11.2.1.1 이동통신 기기 변화

모바일 디바이스를 둘러싼 환경은 다양한 모바일 디바이스의 급속한 확산으로 이동통신 산업의 패러다임이 음성 통화에서 애플리케이션으로 전환되고 있으며, 사용자의 정보에 대한 인식이 개인화를 위한 용도에 많은 관심을 가지기 시작했다. 최근에는 사물인터넷의 부각으로 모바일 디바이스와 연동을 통한 주변의 센서로부터 수집된 정보를 직접 제어하여 새로운 정보를 생산해내는 시도가 이루어지고 있다.

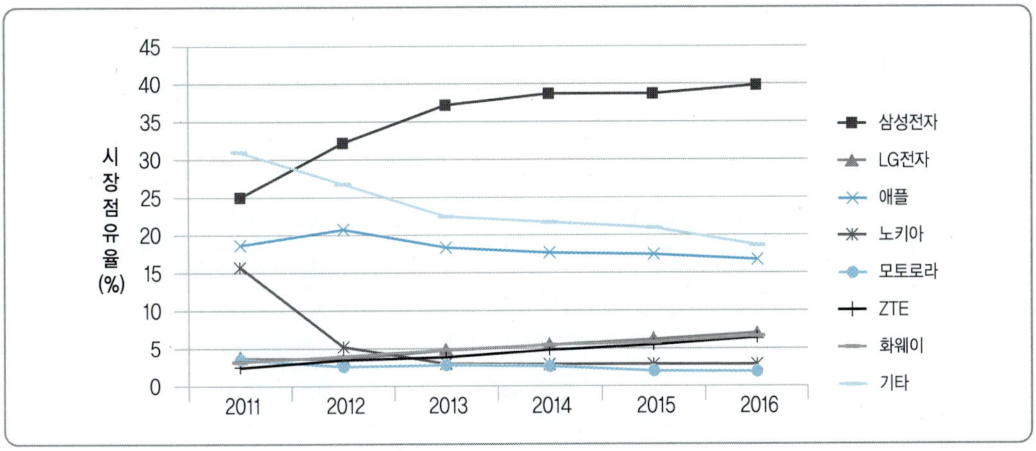

[그림 11-7] 스마트폰 시장점유율[3)]

가장 대표적인 모바일 디바이스인 스마트폰은 기존 휴대 단말기에서 자유로운 인터넷 접속을 통한 정보 공유의 다양성과 개인의 기호에 맞는 애플리케이션을 앱스도어로부터 내려받아 사용할 수 있기 때문에 차세대 모바일 디바이스의 선두 주자이다. 이러한 스마트폰의 사용은 개인 사용자뿐만 아니라 산업의 물류 유통 관리를 가능하게 하며, 인터넷 접속의 원활한 기능으로 시공간적인 제약이 없이 디바이스를 사용할 수 있는 사용자의 요구사항을 충족하고 있다.

차세대 디스플레이 디바이스의 변화는 아직 시작 단계에 있지만 향후 5세대 모바일 디바이스에 혁신적인 변화를 가져올 것이다. 현재 개발 추세는 초고해상도의 3D 디스플레이 화면이지만, 휘어지는 화면과 홀로그램 기술의 진화로 여러 서비스와 융합될 경우 이동통신 디스플레이 환경을 변화시킬 중요한 요소가 될 것이다.

스마트폰과 차세대 디스플레이를 결합한 모바일 디바이스의 가장 큰 변화는 웨어러블 디바이스의 탄생이다. 구글의 안경, 삼성의 시계 등이 현재 개발되고 있는 웨어러블 디바이스의 한 종류이다. 웨어러블 디바이스는 새로운 라이프 스타일을 제시하면서 스마트폰에서의 손을 해방시킴과 동시에 새로운 형태의 정보전달 방법으로 사용자의 생활을 변화시키는 중요한 요소로 자리매김하고 있다.

3) 스트래티지 애널리스틱

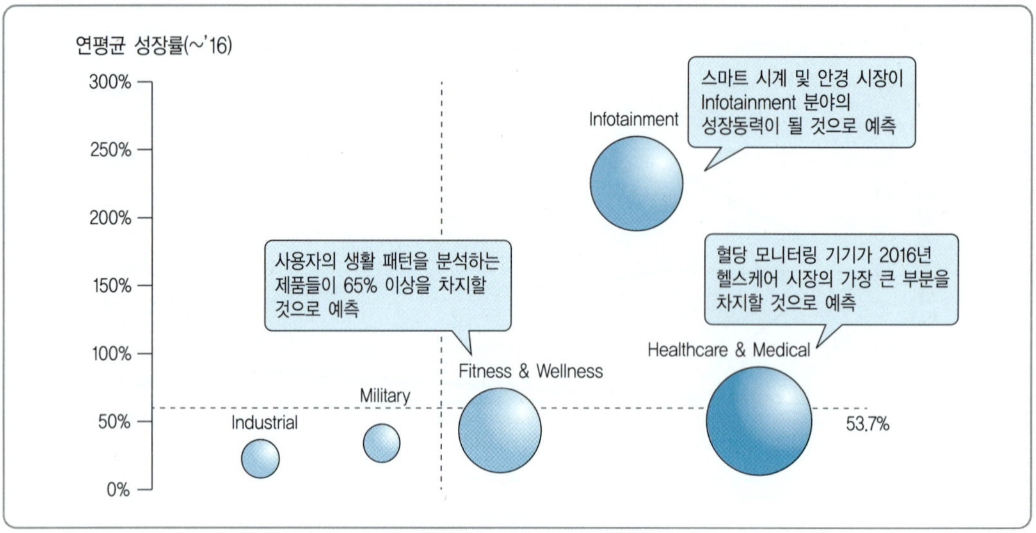

[그림 11-8] 웨어러블 성장률[4)]

아직은 디스플레이의 제약과 소형화/경량화의 해결해야 할 숙제들이 더 많지만 앞으로 5G 서비스 환경 변화를 변화시킬 수 있다

11.2.1.2 이동통신 네트워크 환경 변화

이동통신 환경이 변화하면서 더 선명한 화질에 다양한 서비스를 빠른 전송속도로 원하는 사용자가 많아지면서 한정된 네트워크 자원에 대한 트래픽의 변화가 시작되었다.

2013년을 기준으로 2020년에는 전 세계 모바일 네트워크 트래픽이 1,000배가량 증가할 전망이다. 이같은 급격한 네트워크 트래픽의 증가는 개인 단말기, M2M/D2D 애플리케이션 등의 모바일 인터넷 연결 수가 지속적으로 늘면서 2017년에는 76억 명의 전 세계 인구수를 능가할 것이기 때문이다. 2017년에는 월별 11.2엑사바이트씩, 2017년까지 연간 134엑사바이트의 모바일 데이터 트래픽을 생성하게 될 것이라는 전망이다.

4) IMS Research, 2012

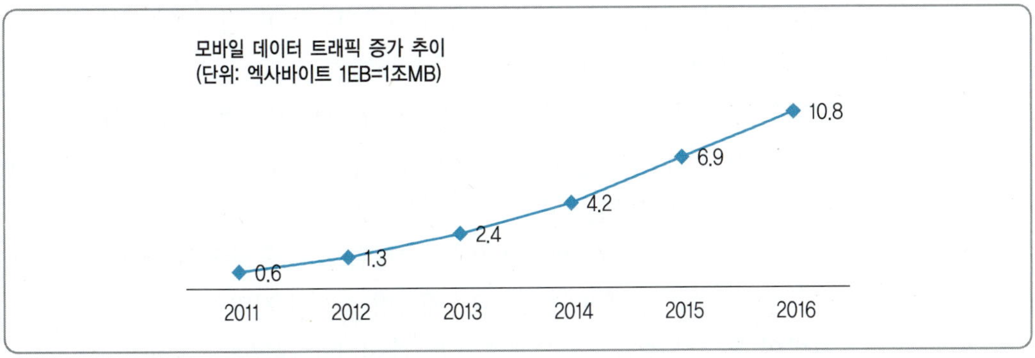

[그림 11-9] 월평균 세계 모바일 데이터 트래픽 증가 추이[5]

이는 지난 2000년과 비교하면 전체 유무선 트래픽의 134배의 해당하는 분량일 뿐 아니라 전 세계인이 매일 10개씩 1년 동안 30조 개의 MMS 또는 유튜브의 동영상을 모바일로 감상한 결과와 같은 수준이다.

모바일 데이터 트래픽 증가를 주도하는 주요 트랜드는 다음과 같다.

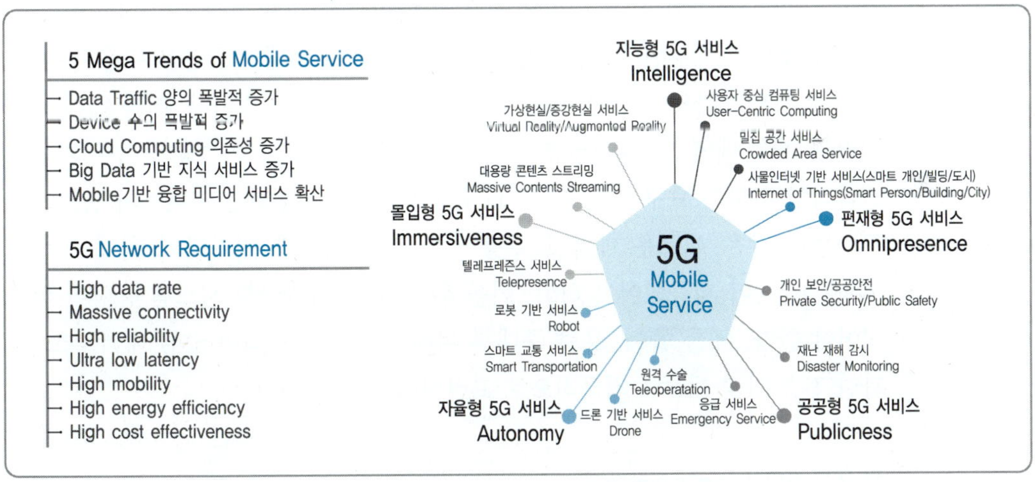

[그림 11-10] 5G 트랜드 변화

5) 시스코

- 모바일 사용자 증가: 전 세계 모바일 사용자는 2012년 43억 명에서 2017년 52억 명으로 증가할 전망임.
- 모바일 연결 증가: 2013년에는 M2M 포함 전체 모바일 접속 가능 기기 및 연결 수가 70억 개에 불과했다면 2017년에는 M2M/D2D 연결만 7000억 개에 달하고 전체 모바일 접속 기기, 연결 수는 70,000억 개에 이를 전망임.
- 모바일 속도 증가: 전 세계 모바일 네트워크 평균 속도는 2012년에 0.5 Mbps에서 2017년에 3.9Mbps로 7배가량 증가할 전망임.
- 모바일 동영상 증가: 전 세계 모바일 데이터 트래픽에서 모바일 동영상이 차지하는 비중은 2012년 51%에서 2017년 66%로 증가할 전망임.

이와 같은 추세이면 현재의 4세대 네트워크 트래픽 환경에서는 증가하는 모바일 디바이스의 데이터 송수신량과 M2M/D2D 서비스 진화에 따른 네트워크 트래픽을 해결할 수 있는 방안이 필요하다.

스마트 기기의 급증과 고품질의 새로운 매체 출현으로 2025년까지 1000배 이상의 트래픽이 증가할 것으로 예상된다. 특히, 동영상 스트리밍과 UHD급 동영상 다운로드 등과 같이 비디오 중심의 서비스가 전체 트래픽의 60% 이상을 차지할 것으로 예상된다. 따라서, 이러한 폭발적인 트래픽 급증을 수용할 수 있는 유무선 인프라의 용량이 1000배 이상 증대되어야 할 것이다. 이를 위해 추가적인 주파수 대역 발굴과 용량 증대에도 불구하고 경제적인 망 구축이 가능한 변혁적인 기술이 요구된다. 특히, UHD급의 초고속 동영상 서비스와 홀로그램 TV 등과 같은 새로운 매체를 수용하기 위해 개인당 기가급의 최대 전송률(peak rate)이 제공되어야 하고, 이를 위해 수십 기가급의 시스템 용량이 확보되어야 한다. 예를 들어, 용량 증대를 위해 초고주파(밀리미터파) 대역 확보 및 관련 전송 기술 개발이 적극적으로 고려되어야 할 것이다.

11.2.2 5G Use cases

11.2.2.1 스마트 자동차

스마트 자동차는 운전자의 개입 없이 주변 환경을 인지하고, 주행 상황을 판단하여, 차량을 제어함으로써 스스로 주어진 목적지까지 주행하는 자동차를 말한다. 스마트 자동차는 [그림 11-11]과 같이 GPS(Global Positioning Sys

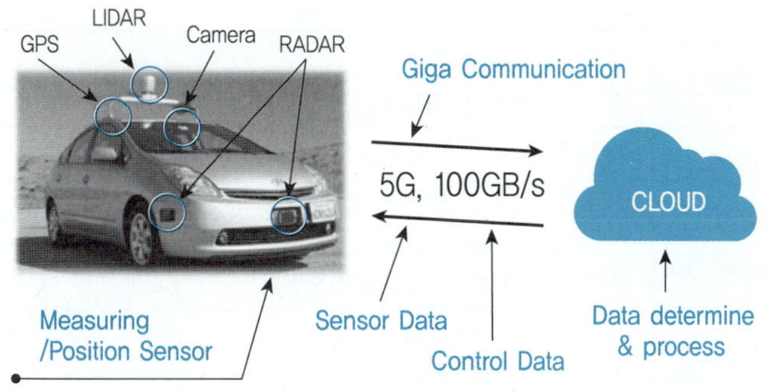

[그림 11-11] 스마트 자동차

tem), Camera, RADAR(Radio Detecting Ranging) 그리고 LIDAR(Light Detecting and Ranging)와 같은 측정/위치 센서들을 탑재하고 있다. GPS의 위치 정보, Camera의 색상 정보, RADAR 및 LIDAR의 거리 정보를 이용하여 주변의 환경을 인식하고 이를 기반으로 주행 경로를 생성하고 핸들, 브레이크, 엑셀, 기어를 제어함으로써 차량을 주행하게 된다.

스마트 자동차의 경우 차량 내 센서 간 데이터 통신인 V2N(Vehicle to Nomadic devices)뿐만 아니라 주변 차량과의 통신하는 V2V(Vehicle to Vehicle) 그리고 주변 인프라와 교통 상황을 주고받는 V2I(Vehicle to Infrastructure)의 기반이 되는 Giga급 통신이 필요하다. 또한 방대한 센서 데이터를 실시간으로 처리하기 위한 클라우드 서비스 또한 필요하다.

이러한 Giga급 통신, 클라우드와 같은 서비스를 제공하기 위해서는 초연결성, 초반응성, 초신뢰성, 초저가형과 같은 5G 서비스 기술 요구사항을 만족하여야 한다. 초연결성은 네트워크의 통합 연결로써 망 연결 시간이 10msec 미만이어야 하고, 초반응성은 차량의 주행 속도를 350Km까지 고려하였을 경우 반응 속도가 20msec 미만이어야 한다. 또한 초신뢰성은 데이터의 오류율이 10~9 미만이어야 하고, 초저가형은 센서의 단가가 최소 수준으로 인프라가 구축되어야 한다.

[표 11-1] 스마트 자동차 서비스 기술 요구사항

초연결성	네트워크 통합 연결 망 연결 시간: ~10msec
초반응성	이동체 속도: ~350Km 반응 시간: ~20msec
초신뢰성	데이터 오류율: ~109 위치 오차범위: ~0.1M(초정밀)
초저가형	센서 단가 최소 수준 저가형 인프라 구축

11.2.2.2 의료 인프라 서비스

의료 인프라 서비스는 5G 시스템을 이용하여 응급차와 같이 응급환자를 수송하기 위한 장비들을 새로운 의료 인프라 형태로 발전시키는 서비스이다. 기존의 응급차는 단순히 부상자 · 환자 등을 병원으로 긴급 수송하기 위해 장비된 자동차로써 기본적인 응급 조취만을 취하고 있다. 하지만 의료 인프라 서비스는 5G 시스템을 이용하여 응급차 안에서 환자의 수송과 동시에 의사의 모니터링을 통해 실시간으로 환자를 검사 및 치료하는 서비스이다.

의료 인프라 서비스는 그림과 같이 응급의료 요청, 클라우드 서버, 원격진료로 구성된다. 응급의료 요청이 있을 경우 구급차에서 환자의 상태와 과거 병력과 같은 데이터를 UHD 의료 영상 데이터 형태로 클라우드 서버로 전송하고, 클라우드 서버의 데이터를 의사와 같은 의료 전문가가 수신하여 원격진료를 하게 된다. 전문가의 원격진료는 검사장비 및 의료기기와 실시간으로 호환하여 환자를 검사 및 치료하게 된다. 응급환자 수송 상황을 고려하였을 경우 차량의 속도가 100km/s 정도이며 실시간으로 검사 및 치료를 하기 위하여서는 Giga급 통신이 필요하다.

이러한 실시간 검사 및 치료를 위한 Giga급 통신을 제공하기 위해서 초연결성, 초반응성, 초신뢰성, 초실감형과 같은 5G 서비스 기술 요구사항을 만족하여야 한다. 초연결성은 검사 및 치료 장비, 의료 전문가, 클라우드 서버들이 연결되어 있어야 하며, 망 연결 시간이 25msec 미만이어야 한다. 초반응성은 응급차 속도를 350km/s까지 고려하였을 경우 반응 속도가 30msec 미만이어야 하며 응급 상황의 경우 10sec 이내에 의료 조치 시스템이 작동하여야 한다. 초

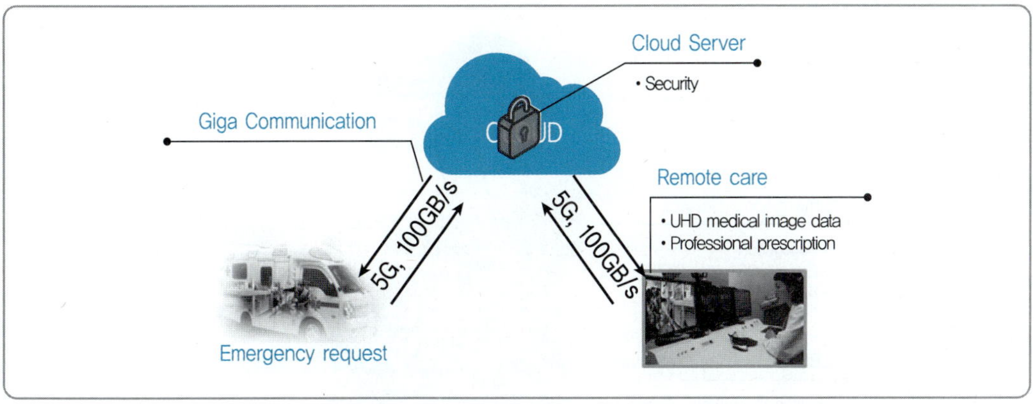

[그림 11-12] 의료 인프라 서비스

신뢰성의 경우 데이터의 오차율은 환자의 생명과도 연관되기 때문에 10~9 미만이어야 하고, 초실감형은 고화질 영상전송을 위하여 50Gbps의 속도를 만족하여야 한다.

[표 11-2] 의료 인프라 서비스 기술 요구사항

초연결성	기계, 장치, 사람, DB 통합 연결 망 연결 시간: ~25msec
초반응성	이동체 속도: ~350Km 반응시간: ~30msec 응급 상황 시 시스템 반응: ~10sec
초신뢰성	데이터 오류율: ~10-9
초실감형	고화질 영상전송: ~50Gbps

11.2.2.3 공공안전 재난 서비스

공공안전 재난 서비스는 재난 상황 및 위치를 인지하고, 응급 상황의 위험도를 판단하고, 해당 범위에 응급조치를 하는 서비스이다.

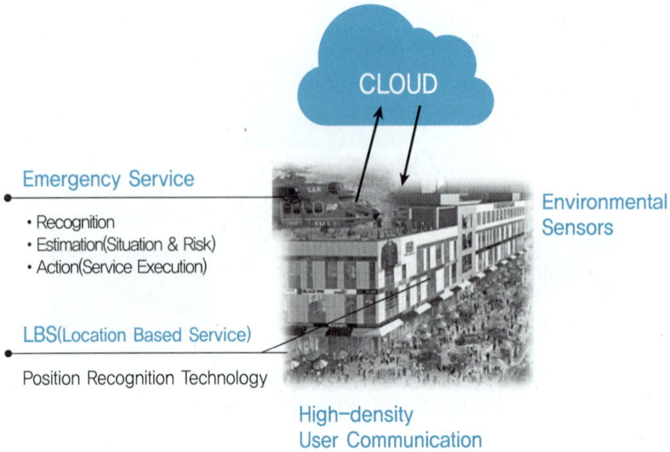

[그림 11-13] 공공안전 재난 서비스

기존의 재난 서비스의 경우 재난 발생에 대한 신고가 접수되었을 경우 이에 대하여 처리하는 방식이였지만, 5G 시스템을 이용하여 해당 지역을 모니터링 하여 재난 발생 즉시 피해 범위를 예측하고 인근 지역에 재난에 대한 정보를 알려서 피해를 최소화하는 서비스이다.

공공안전 재난 서비스는 환경 감지 센서를 이용하여 건물의 붕괴, 화재, 하수도 침수를 인지하거나 HD-CCTV를 이용하여 재난을 모니터링하여 피해를 예측한다. 그리고 위치기반서비스를 이용하여 실내 또는 실외의 재난 방지 위치를 인식하여 재난 범위 및 피해 확산을 예측한다. 그리고 통합 연계 시스템에서는 GIS(Geographic Information System) 상황판을 이용하여 재난 발생 지역에 알리고, 인근 지역에 재난 지역 위치를 알리며 개인별 모바일 통신을 이용하여 재난 발생 지역에 대한 알림 서비스를 한다.

이러한 서비스를 하기 위하여 초연결성, 초반응성, 초신뢰성, 초저가형과 같은 5G 서비스 기술 요구사항을 만족하여야 한다. 초연결성은 통합 연계 시스템에서 재난 발생 지역을 알려주기 위하여 네트워크들이 통합 연결되어야 하며 망 연결 시간이 30msec 미만이어야 한다. 그리고 초반응성은 재난 발생에 대하여 실시간으로 인지하기 위하여 재난 인지 및 모니터링의 반응 속도가 20msec 미만이어야 한다. 또한 초신뢰성은 재난 발생 지역의 실내외 위치 오차가 1m 미만이어야 하고, 초저가형은 감지 센서를 전국적으로 설치하기 위하

[표 11-3] 공공안전 재난 서비스 기술 요구사항

초연결성	네트워크 통합 연결 망 연결 시간: ~30msec
초반응성	이동체 속도: ~350Km 반응시간: ~20msec
초신뢰성	응급 데이터 오류율: ~10-6 실내외 위치 오차범위: ~1M
초저가형	감지 센서: ~$1 범용 서비스용 인프라 구축

여 1$ 이하여야 한다.

11.2.2.4 실감형 멀티미디어

5G 서비스는 그동안 이용자들이 경험하지 못했던 몰입감과 실재감을 제공하는 데 있어 핵심 기반이 된다. AR(Augmented Reality, 증강현실), VR(Virtual Reality, 가상현실), MR(Mixed Reality, 혼합현실)은 영상, 입체 사운드, 모션 인식 등이 수반되는 매우 큰 용량의 콘텐츠이다. 실시간으로 대용량 데이터의 전송이 가능해진 만큼 AR · VR 기술을 접목한 콘텐츠, 홀로그램 기반의 실감형 멀티미디어 콘텐츠 제작이 증가하며 이용자들의 관심도 증가하고 있으며, 우리나라는 이미 과학기술정보통신부가 평창 동계올림픽 개최 당시 '평창 ICT 체험관' 개관을 통해 5G 환경에서 구축된 가상현실 서비스를 홍보한 바 있다. 또한 최근 반자동 및 완전 자율주행 자동차가 등장하면서 AR 및 VR 콘텐츠의 소비가 더욱 증가하고 있는 추세이다.

주요 이동통신사들은 5G 킬러 콘텐츠로 스포츠, 아이돌 그리고 가상 저장공간 클라우드 기반 게임 분야에 집중하고 있으며 증강현실, 가상현실 기반의 콘텐츠 제작을 확대하여 전 세계에 수출하고 협력관계를 구축하면서 4G 서비스와의 차별점을 확보하기 위한 노력을 하고 있다.

현재 가상현실의 가장 큰 약점 중 하나는 해상도인데, 5G는 이를 해소해줄 수 있다. 시간당 몇 기가바이트(GB)씩 되는 데이터를 안정적으로 주고받을 수 있는 통신 성능이 필요하기 때문이다. 가상현실에 필요한 통신의 또 다른 조건은 응답 속도를 꼽을 수 있다. 가상현실이 게임이나 체험 영상 등 대체로 혼자

[표 11-4] 실감형 멀티미디어 서비스 기술 요구사항

구분	내용
초연결성	네트워크 통합 연결 이종 망통신 핸드오버
초반응성	반응시간: ~20msec
초실감형	고화질 영상전송: 59Gbps
초저가성	멀티미디어 전용 디바이스 범용 인프라 구축

이용하는 콘텐츠에 쓰이는 이유는 한 공간 안에서 다른 사람과 실시간으로 상호작용이 지연 없이 이루어져야 자연스러운데, 5G는 이러한 응답 속도 역시 해결해줄 수 있기 때문이다. 스포츠 대회는 5G와 가상현실의 조합으로 가장 기대되고 있는 분야 중 하나로 평창 동계올림픽에서도 5G 이동통신과 가상현실 기술의 결합이 전 세계적으로 주목받은 바 있다.

증강현실 콘텐츠는 5G 이동통신과 결합이 되어 단말기 기반의 영상 콘텐츠를 기반으로 현실과 가상을 결합할 수 있어서 향후 콘텐츠 시장에서 관심이 주목되고 있다. 실제 영상 획득과 정합, 그리고 현장감 있는 정보의 검색과 생성이 5G망이 제공하는 초저지연 네트워크 및 고대역 폭의 제공으로 클라우드 환경에서 가능해져 많은 데이터의 활용과 분석을 통하여 높은 수준의 정확도가 달성될 수 있다.

11.2.3 5G 서비스 기술 요구사항

5G 서비스 기술 요구사항은 언제 어디서나 무선통신 환경에 접속될 수 있어야 하며 최저 에너지를 소비하여 디바이스를 구동시킬 수 있어야 한다. 어디에서나 실제 환경과 같은 실감형 서비스를 받을 수 있어야 하며 실시간 반응성은 약 20ms 이내로 사용자가 불편함이 없어야 한다. 개인 및 정보의 공개가 빈번히 일어남으로 정보의 안정성과 신뢰도는 99.999% 이상으로 제공되어야 한다. 이 모든 서비스 기술을 사용하더라도 사용자가 지불하는 요금은 언제나 합리적인 선에서 책정되어야 한다. 이와 같이 5G는 다양한 응용 서비스 및 편리성 증대, 실감형, 정보 공유화, 개인화 응용 서비스, 강력 보안 관리, 저가 요금제 지원, 자원 효율성 극대화 서비스를 지원할 수 있도록 구축되어야 한다.

새롭게 정의되는 5G 서비스의 경우 사회 환경과 사용자의 요구가 정확히 정

의되어야 한다. 현재 서비스되고 있는 4G와 유사한 사항들이 5G 서비스 요구 사항이겠지만 5G에서는 보다 다양한 이동형 기기와 멀티미디어 기기, 그리고 네트워크의 통합에 따른 사용자 서비스가 있을 것이다.

5G 서비스 고려 사항들을 기반으로 5G 서비스 기술과 비전을 다음과 같이 제시한다. D2D/M2M 등의 통신기기의 급증과 모바일 서비스의 새로운 패러다임 진화에 따른 대용량 데이터전송이 가능한 초전송, 고속 데이터 처리의 초반응성, 네트워크의 초연결성, 사용자 사용감 극대화의 초실감형, 기기의 초저가형, 기기의 전력 사용 최소화의 초절전형, 데이터 전송 오류 없는 초신뢰성을 갖춘 5G 서비스 기술의 준비를 목표로 연구개발 중이다.

11.2.3.1 초고속(eMBB)

4G 환경에서 우리는 2D에 맞추어진 서비스를 스마트폰과 같은 스마트 단말기에서 제공받고 있다. 이러한 서비스 중 가장 많은 수요자가 급증한 것이 바로 모바일 게임 서비스이다. 게임 서비스는 계속적인 진화를 거듭하며 사용자들의 실감적인 게임 환경을 구축하고자 고해상도의 실시간 서비스를 제공하고 있다. 많은 모바일 게임 제작 사업자는 실감형 서비스를 위해 현재 연구개발 중인 가상현실 및 홀로그램 기술과 연계를 통해 현재보다 더욱 풍부한 그래픽과 생동감, 그리고 다른 사용자와의 실시간 연결을 필요로 한다. 게임뿐만 아니라 원격 진료, 화상 전화, CCTV와 같은 영상 기반의 서비스는 향후 가상현실 시스템과 홀로그램으로 기술이 진화되고 있다. 영상 데이터와 같이 대용량의 정보는 현재의 스마트 단말기 간의 통신을 넘어 사물인터넷과 연결로 대용량 데이터 전송이 필요하며 이를 지원할 수 있는 기술이 반드시 필요하다. 5G 환경에서의 고품질 영상전송과 같은 서비스를 위한 기술 요건으로 초전송이 필요한 이유이다. 2GB 영화 한 편을 다운로드하는 시간을 16초(4G)에서 8초(5G)로 단축시킬 수 있는데, 이렇게 단편적인 영화의 예시에서는 5G의 초고속 기술의 필요성이 의미가 없을지도 모른다. 그러나 360도 영상, 홀로그램, 가상현실 기반의 실시간 서비스를 위해서는 반드시 초고속 데이터 전송이 필요하며, 5G의 주요 서비스이기도 하다.

초전송 기술은 단일 단말 간의 초용량 데이터 전송이 가능하게 하는 기술이며, 셀룰러 방송 서비스와 같이 단일 단말 대 다수 단말의 데이터 전송 시 폭발적인 데이터 트래픽을 수용해야 하는 요구사항을 정의한다.

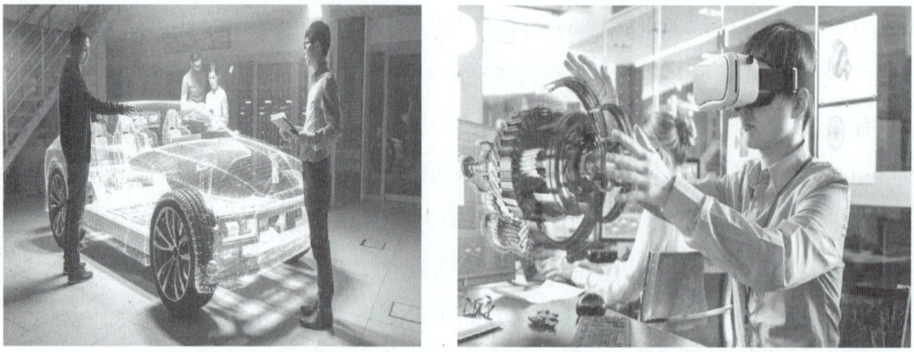

[그림 11-14] 홀로그램 서비스 사례

11.2.3.2 초연결(mMTC)

2020년 단말기의 폭증으로 단말기 간의 네트워크 지원과 확장이 요구된다. 이러한 요구는 이동통신 네트워크와 이종 네트워크 간의 원활한 연결로 기존의 단일 네트워크를 지원하던 한계를 극복하고 빠른 연결과 효율적인 네트워크 구성이 필요하기 때문이다. 5G 핵심 시나리오 중 Social Knowledge의 경우 모든 사물들이 5G 네트워크를 기반으로 연결되기 때문에 속도와 이동성, 접속 성능 개선과 커버리지의 확대가 중요하다. 휴대 단말기 및 사물 통신용 단말기들의 폭발적인 증가가 4G 기반의 경우 이종 간의 네트워크 사용으로 인한 단말

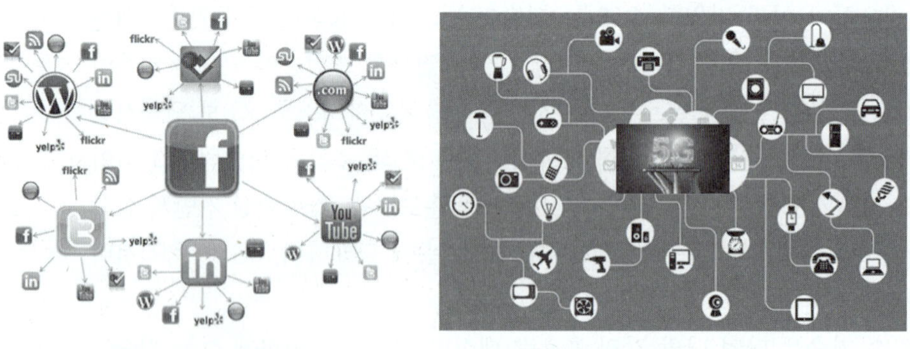

사람과 사람을 연결(SNS)　　사물과 사물을 연결(IoT)

[그림 11-15] 초연결 개요도

간 통신 호환성이 결여되어 있는 문제를 해결하고, 네트워크 통합을 통한 언제 어디서나 가장 안정적이고 빠른 네트워크를 제공함으로써 전체적인 네트워크 흐름을 원활하고 효율적으로 구성할 수 있다. 현재의 4G 네트워크, 유선 네트워크 등을 통합하여 서비스를 제공할 수 있는 5G 네트워크는 기존 통신망을 기반으로 가상의 셀을 구축하거나, 셀 간의 핸드오버 기능을 강화하여 4G 네트워크보다 신속하고 정확한 네트워크를 연결할 수 있다.

11.2.3.3 초저지연(URLLC)

5G 유무선 통신을 기반으로 사용자들은 각종 홀로그램 콘텐츠나 가상현실/증강현실 기술을 통한 고품질 멀티미디어 서비스를 이용할 수 있을 것으로 예상하고 있다. 하지만, 이동통신 서비스의 전송률 증대와는 다른 관점에서 사용자들이 다양한 인터랙티브 실시간 멀티미디어 서비스와의 자연스러운 상호작용을 경험하기 위해서는 저지연 통신 서비스의 제공이 꼭 필요하다. 인간이 미디어를 통해 시청각 정보를 받아들일 때 청각 정보는 약 100ms, 시각 정보는 약 10ms의 허용 지연시간을 가지며, 그 이상의 지연은 부자연스러움을 느낀다고 알려져 있다. 또한, 5세대 이동통신의 핵심적인 기능 중 하나로 주목받고 있는 Tactile Internet은 "촉감 정보가 전달될 만큼 저지연을 특성으로 하는 인터넷"으로 사용자의 요청에 대해 극단적으로 짧은 반응 지연시간을 요구하고 있다. Tactile Internet에서는 인간의 오감 중 지연시간에 가장 민감한 촉감 정보를 인터넷으로 제공할 때 사용자가 어색함을 느끼지 않도록 하기 위해서 허용 지연시간을 1ms로 설정하고 있다. 통신 시스템 간의 지연시간을 수 ms 이내로 최소화하는 것은 사용자가 느끼게 될 체감상의 통신 품질을 향상시키도록 할 것이며 이를 바탕으로 사용자의 의도와 생각을 즉시 반영할 수 있는 각종 서비스의 등장을 예상할 수 있을 뿐만 아니라 현대사회 속에서 우리가 처한 각종 이슈들 역시 해결 가능할 것임을 예측할 수 있다. 예를 들어, 현재 우리는 차량 이용 시 도로 상황에 따라 종종 교통체증을 경험하곤 하지만 가까운 미래에는 저지연을 기반으로 하는 차량 간 통신을 통해 선두 차량과 후미 차량이 신호등에 의한 즉각적인 반응을 보임으로써 차량이 순차적으로 출발하거나 정지하는 것에서 비롯되는 교통체증을 어느 정도 완화할 수 있을 것이라 예상할 수 있다.

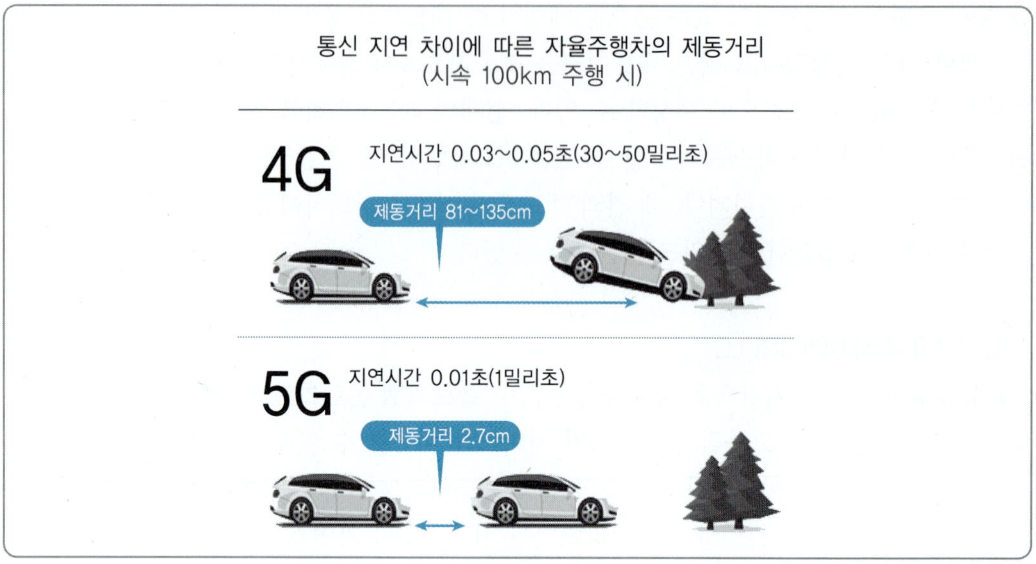

[그림 11-16] 초저지연에 기반한 자율주행차 제동거리

11.2.4 6G 이동통신

과학기술정보통신부는 2020년 8월, 2030년 사이에 상용화가 예상되는 6세대 이동통신(6G) 관련 산업과 시장에서 주도적인 위치를 선점하기 위한 '6G 이동통신 R&D 추진전략'을 발표했다. 미국과 중국, 일본, 유럽 등 해외 주요국 역시 불확실한 향후 기술환경 변화에 따른 6G 기술과 글로벌 시장 선도를 위해 국가 주도의 6G R&D를 이미 착수하였으며, 미국은 특히 THz 고주파수 대역 기술 확보를 위한 프로젝트 착수 등 본격적인 6G R&D에 돌입하였다. 미국 방위고등연구계획국(Defense Advanced Research Projects Agency, DARPA)은 5G가 상용화도 되기 이전인 2018년 7월 6G 연구개발에 착수하였고 FCC는 5G 이후의 기술개발을 위해 95GHz~3THz 대역을 연구용으로 개방하였다.

중국의 경우 중국공업정보화부 IMT-2020(5G) 추진팀은 2020년부터 6G 연구개발을 본격적으로 시작하여 2030년 상용화를 목표로 제시하였고, 2019년 11월 국가 6G 기술 연구개발 추진 업무팀을 출범해 국가 주도의 6G R&D를 공식화하였다. 유럽의 경우 유럽연합집행위원회(EC)는 포괄적인 산업 전략을 위한 기본 구상에 6G 관련 내용을 포함하여 스마트 네트워크 및 서비스 분야의 연구와 혁신을 포함하는 전략적 유럽 파트너십 구축을 목표로 하고 있으며 6G

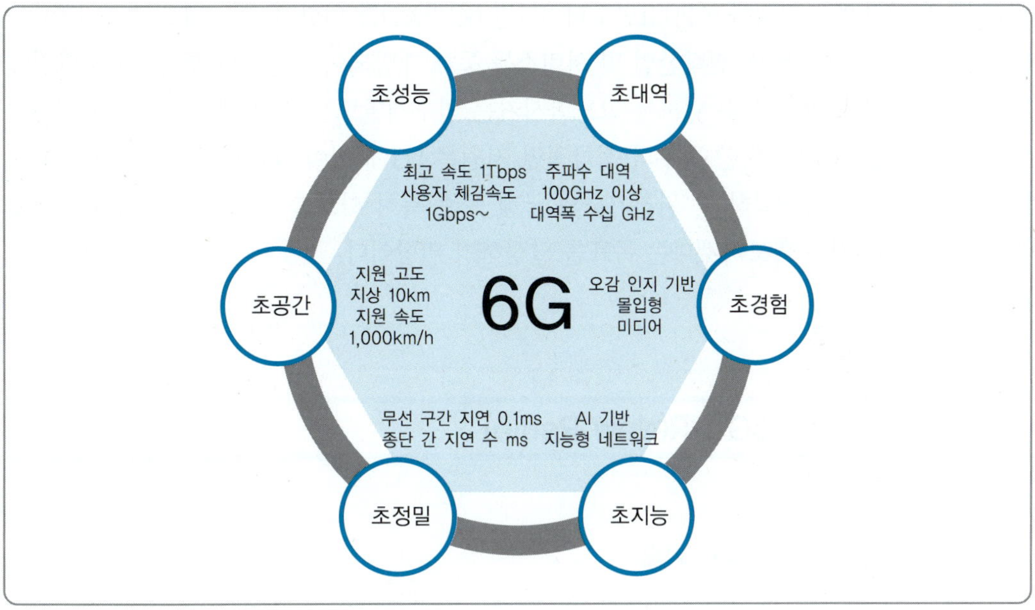

[그림 11-17] 6G 기술 성능 목표[6)]

에 새롭게 포함될 인공지능, 양자 컴퓨팅 등 새로운 표준을 도입하기 위한 논의를 시작하였다. 특히 핀란드 오울루 대학(University of Oulu) 등 민간 연구기관의 연구도 활발하게 이루어지고 있는데, 오울루 대학은 이미 2018년 6G 관련 R&D를 위한 6G 개발 생태계인 6G Flagship15을 설립하고 핀란드의 주요 연구기관과 기업을 참여시켜 유럽의 6G R&D를 선도하고 있다.

우리나라도 2019년 6G R&D 예비 타당성 조사가 통과하면서, 본격적인 6G 연구개발 전략이 수립되었다. 과학기술정보통신부가 발표한 6G 기술은 초고속(Tbps급), 초저지연(최소 5ms급) 및 인공지능 기술이 결합된 초지능, 초정밀, 초대역, 초성능 등 6대 중점 기술을 포함하고 있으며, 2030년 상용화가 예상되는 6G 기술 및 시장 선점과 핵심 부품의 국산화를 위해 6G 핵심기술 개발, 국제표준 선도, 부품 및 장비 개발에 집중할 것으로 보인다(과학기술정보 통신부, 2020b).

이를 위해 과학기술정보통신부는 6개 중점 기술 성능 목표 달성을 위한 전략

6) 과학기술정보통신부

과제를 선정하고 2021년부터 8년간 6G R&D를 위한 투자 계획을 수립하였다.

또한, 5G+ 전략산업 및 서비스를 통해 개발되어진 장비나 부품을 6G 환경에서도 활용할 수 있도록 고도화시키는 연구개발도 지원될 예정이다. 6G 원천기술 개발을 위한 정부의 적극적인 지원은 5G에 이어 6G에서도 조기 상용화 효과를 극대화하고, 원천기술의 국제 표준 특허 확보를 통해 ICT 글로벌 리더십을 지속 확보하겠다는 목표를 달성하기 위함이다.

11.3 5G NR(New Radio)

11.3.1 Access 기술

5G 이동통신시스템은 5G NR(New Radio)이라는 이름으로 불리고 있다. Access 기술에 있어서 가장 큰 특징들은 5G의 동작 주파수 및 기술적 요구사항에 따라 나타난다고 할 수 있다. 대표적은 4G까지만 하더라도 6GHz 이하 대역(below 6GHz)만을 이용하여 이동통신 네트워크를 구성하였으나, 가용 주파수 고갈 등의 문제로 28GHz와 같은 6GHz 이상 대역(above 6GHz 또는 밀리미터파(mmWave)이 도입되었다.

이런 mmWave 대역은 상대적으로 이용 빈도가 낮아 신규 주파수 확보가 용이하며, 보다 넓은 대역의 주파수를 사용할 수 있다. 주파수의 대역이 낮을수록 회절률이 좋아서 장애물이 있더라도 피할 수 있지만, mmWave 대역을 사용하

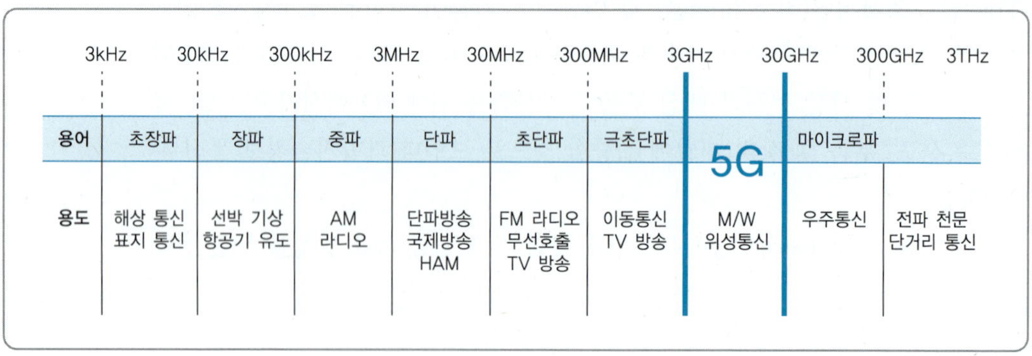

[그림 11-18] 용도별 주파수 현황

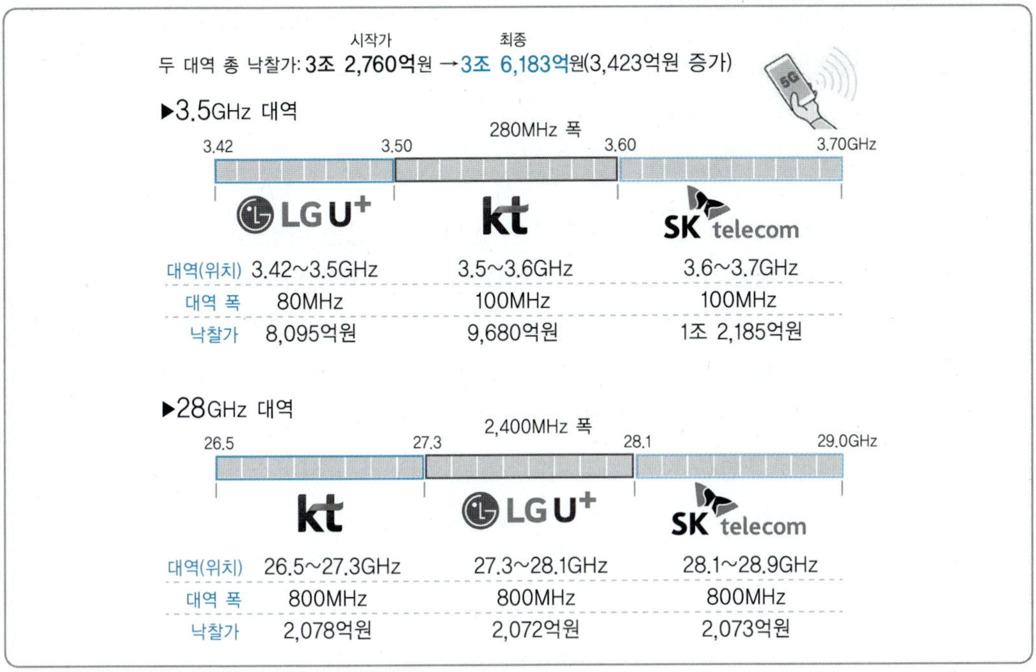

[그림 11-19] 5G 주파수 경매 결과

면 신호가 빛의 성질에 가까워져 벽, 건물, 사물 등의 장애물이 존재할 경우 음영 지역이 되면서 통신이 어려워지고, 전파 도달 거리 역시 짧다는 난점이 있다. 즉, 특정한 방향으로 방향성을 갖고 집중하여 보내지 않는다면 송신 전력의 경로 손실이 심하여 수신 신호의 전력이 낮아질 수밖에 없다. 이와 같은 문제들을 극복하기 위해 빔포밍(Beamforming) 기술이 도입되었으며, 5G는 빔포밍을 활용해 단말기와 기지국의 안테나의 신호를 집중적으로 주고받을 수 있다. mmWave는 안테나의 크기를 작게 할 수 있어 수십~수백 개의 안테나로 다수 안테나를 구성할 수 있으며, 빔포밍은 배열 안테나에서 안테나의 출력 신호를 세밀하게 제어하여 전파 에너지가 특정 방향에 집중될 수 있도록 한다. 이에 따라 전파 도달 거리를 길어지고 인접한 빔 간의 간섭을 최소화하여 최대 전송속도를 향상시킬 수 있다.

그리고 공간적으로 밀집된 트래픽 수요를 수용하기 위해서 스몰셀 기술에 대한 수요가 점점 늘어가고 있다. 특히, C-RAN(Centralized/Cloud-Radio Access Network)과 같은 기지국의 구조가 제안되고, 이를 위한 프론트홀

(Fronthaul)에 대한 표준화도 이루어지고 있다. C-RAN 구조를 또한 엣지 컴퓨팅 기술과도 연관되어 각광을 받고 있다.

11.3.2 5G NR 물리 계층 특징

5G NR에서는 eMBB, URLLC, mMTC와 같은 다양한 시나리오 지원이 있고, 요구사항으로는 초고속, 초저지연, 고신뢰성 등의 4G LTE보다 대폭 강화된 요구 사항들이 있다. 이와 같은 요구 사항들을 만족시키고, 또한 below 6GHz와 above 6GHz의 다양한 주파수 대역을 효율적으로 지원하기 위해서 다양한 OFDM 파라미터를 정의하여 사용하고 있다. 즉, NR의 가장 큰 설계 방향 중 하나는 유연한 자원 관리이다. 이는 여러 가지 서비스를 하나의 주파수대역에서 제공할 수 있는 기능, 향후 도입될 수 있는 서비스가 현재 설계에 기반한 통신에 영향을 주지 않도록 하는 호환성(compatibility) 확보, 그리고 단말의 다양한 주파수 대역폭 지원을 포함한다. 이런 다양한 OFDM 파라미터의 조합을 Numerology라고 한다. 5G의 waveform은 LTE와 같이 OFDM을 기본으로 사용하며, DL과 UL의 waveform이 상이한 LTE와 달리 DL과 UL에서 모두 동일한 CP-OFDM를 사용한다. Numerology는 OFDM의 부반송파 간격(SCS, Subcarrier Spacing) 및 CP(Cyclic Prefix)의 크기를 의미하고, 5G는 다양한 확장 가능한 numerology를 채택하고 있다. 5G의 SCS(Δf)는 다음과 같이 가진다.

$$\Delta f = 2^{\mu} \times 15\,(\text{kHz}) \tag{11-1}$$

여기서, μ는 0과 4 사이의 정수이며, 동작 주파수 대역에 따라 적용하는 범위가 다르다. [표 11-5]는 μ에 따른 SCS 및 CP 크기와 최대 요소 반송파(CC, Component Carrier) 대역폭을 나타낸다. 동작 주파수 대역에서 FR (Frequency Range) 1은 반송파 주파수가 400MHz~6GHz인 below 6GHz 대역을 나타내고, FR 2는 반송파 주파수가 24.25GHz~52.6GHZ인 above 6GHz 대역을 의미한다.

[표 11-5] 5G NR의 Numerology

μ	SCS(Δf)	CP 형태 및 길이	동작 주파수 대역	최대 대역폭
0	15kHz	4.69 μsec(기본)	FR 1	50MHz
1	30kHz	2.34 μsec(기본)	FR 1	100MHz
2	60kHz	1.17 μsec(기본) 4.17 μsec(확장)	FR 1과 FR 2	200MHz
3	120kHz	0.59 μsec(기본)	FR 2	400MHz
4	240kHz	0.29 μsec(기본)	FR 2	400MHz

SCS와 같은 numerology 변화에 따라서 서브프레임(subframe)의 길이 역시 변하게 된다. 다양한 부반송파 간격을 사용하면, 부반송파 간격에 따라 OFDM 심볼 길이가 달라진다. NR에서는 부반송파 간격과는 관계없이 14 OFDM 심볼을 하나의 슬롯으로 정의하였다. 따라서 [그림 11-20]에서 보이는

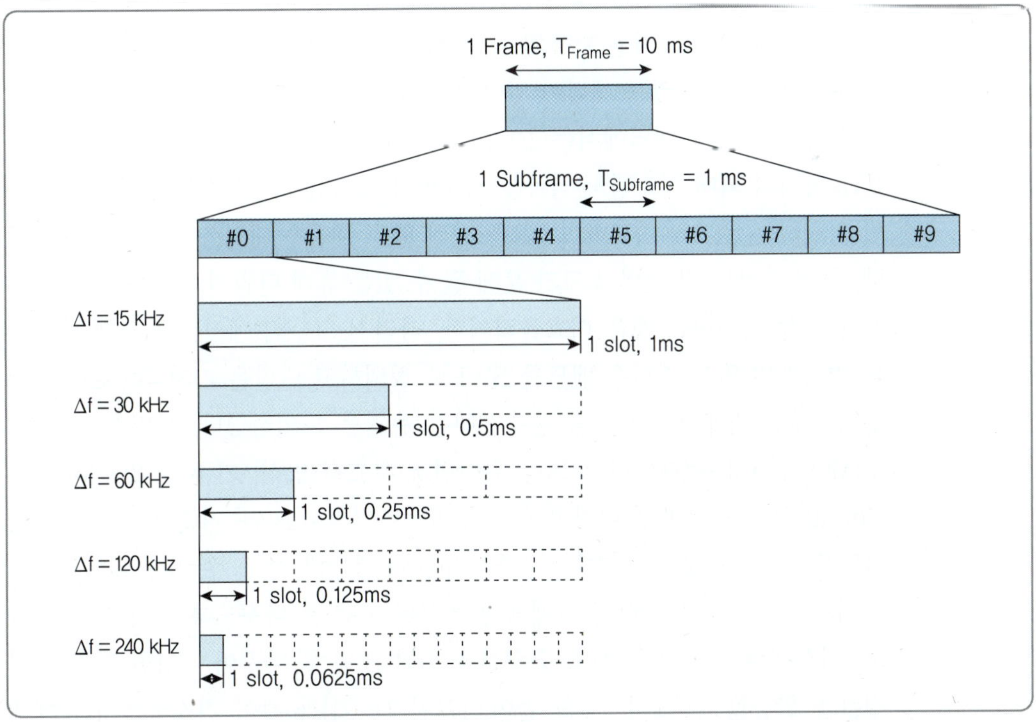

[그림 11-20] 5G NR의 프레임, 서브프레임과 슬롯 구조

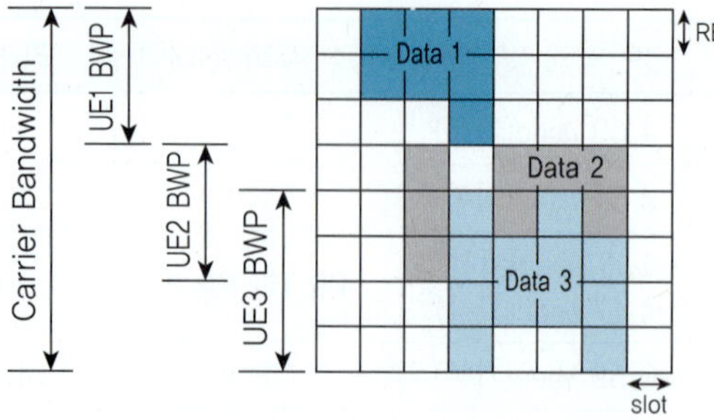

[그림 11-21] BWP의 설정 예

바와 같이 NR에서는 15kHz의 부반송파 간격 기준으로는 한 슬롯이 1ms의 길이를 갖고, 30kHz과 60kHz 부반송파 간격 기준으로는 한 슬롯이 각각 0.5ms와 0.25ms의 길이를 갖는다. 참고로 15kHz 부반송파 간격을 사용하는 LTE에서는 14 OFDM 심볼인 1ms를 서브프레임(subframe)으로 정의하고, 서브프레임의 절반인 7 심볼 0.5ms를 슬롯(slot)으로 정의하였다.

그리고 5G NR의 자원 활용의 유연성을 위해서 도입된 새로 개념으로 BWP(Bandwidth Part)라는 개념이 있다. [표 11-5]에서 언급한 바와 같이, 5G NR은 below 6GHz 대역에서는 100MHz까지, above 6GHz 대역에서는 400MHz까지의 최대 시스템 대역폭을 지원한다. 20MHz의 시스템 주파수 대역폭만 지원하는 LTE와 비교하여 NR은 훨씬 넓은 주파수 대역폭을 지원하기 때문에, 구현 복잡도 및 전력 소모가 문제 될 수 있는 휴대 단말의 경우는 전체 대역폭을 항상 지원하는 것은 비효율적이다. 따라서 5G NR에서는 시스템 대역폭의 연속적인 일부 주파수 밴드를 BWP로 정의하고 단말은 기지국으로부터 설정된 BWP 내에서만 신호를 송수신하는 동작을 도입하였다. 부반송파 간격, MIMO 레이어 수(데이터 스트림 수), 변조/부호화 방식, 기준 신호(reference signal) 전송 등에 관한 다양한 시스템 파라미터들이 BWP 기준으로 설정되며, 단말은 기지국으로부터 최대 4개까지의 BWP를 설정 받을 수 있게 된다.

기지국은 필요에 따라 단말에게 활성화된 BWP를 바꾸도록 지시할 수도 있고, 지시에 따라 단말은 신호 송수신을 위한 BWP를 바꾸어 다양한 시스템 설정값을 활용할 수 있다. 예를 들어, [그림 11-21]과 같이 기지국은 단말에게

UE1 BWP, UE2 BWP, 그리고 UE3 BWP을 미리 설정하고, 각 BWP마다 다른 주파수 대역폭과 다른 시스템 파라미터들을 정해 놓을 수 있다.

11.3.3 빔포밍(Beamforming)

5G NR의 빔포밍 기술은 mmWave를 활용하기 위한 5G 표준 기술 중 하나다. 많은 수의 안테나에서 방사된 에너지가 위상 제어를 통하여 특정한 방향으로 집중시키거나 어떤 방향으로는 신호가 전송되지 않도록 하는 신호처리 기술이다. 즉, 전파의 에너지를 집중시켜서 전송 거리를 늘리고 빔(Beam) 간의 간섭을 최소화할 수 있다. 그리고 안테나의 수가 많을수록 좀 더 정교한 제어가 가능하며, 높은 에레이 이득을 얻을 수 있어서 전송 거리도 더 확장할 수 있다. 즉, 수십 개 이상의 많은 안테나를 사용하는 빔포밍 기술의 도입은 mmWave 사용에 따른 높은 경로 손실 문제를 해결할 수 있다. 이렇게 다수의 안테나를 사용하는 시스템을 massive MIMO(multiple input multiple output)라고도 한다.

또한 2차원 안테나 배열을 이용한 3D 빔포밍은 단말과 기지국 사이에서 세밀한 빔을 형성해 단말 관점에서 신호 대 잡음 비(SNR, Signal-to-Noise Ratio)를 극대화하는 기술로, mmWave 대역의 짧은 전파 거리를 극복하기 위한 핵심 기술이다. [그림 11-22]는 빔포밍 시스템의 예를 보여준다.

빔포밍 시스템에서는 안테나의 개수가 늘어날수록 빔폭이 점점 좁아져 더 많은 에너지를 원하는 방향으로 집중시킬 수 있다. 반면에 좁은 빔폭으로 인하여

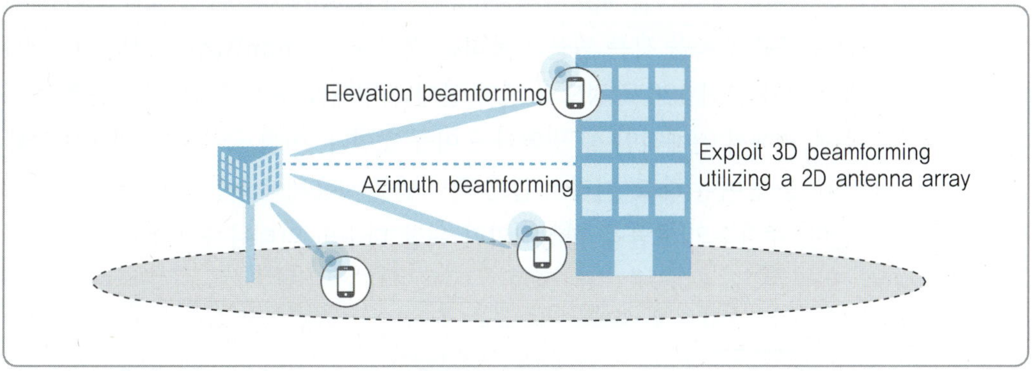

[그림 11-22] 빔포밍 시스템의 개요

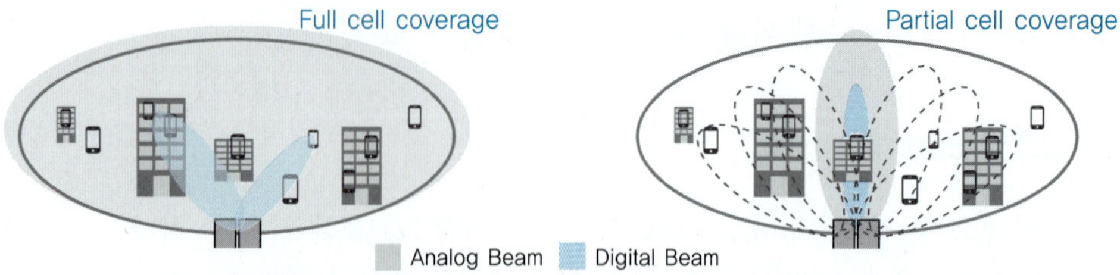

[그림 11-23] 4G LTE 및 5G NR의 analog beamforming 비교[7]

단말이 이동하는 경우에는 빔을 계속해서 추적할 수 있는 빔 트래킹 기술이 필수적이다. 4G LTE 시스템에서는 셀 하나당 고정된 아날로그 빔(Analog Beam)을 사용한다는 가정하에 설계되었으며, 아날로그 빔은 [그림 11-23]의 왼쪽 그림과 같이 셀 하나에 대한 커버리지를 제공한다. 반면, 5G 시스템은 [그림 11-23]의 오른쪽 그림과 같이 셀당 조정이 가능한 다수의 빔을 사용할 수 있도록 설계되어 각 빔을 셀의 특정한 부분에 집중적으로 신호를 전송해 경로 손실을 극복하였다. 즉, 4G LTE에서는 섹터 안테나가 고정 아날로그 빔포밍(analog beamforming)이라고 할 수 있지만, 5G NR에서는 다수의 array 안테나를 이용하여 다수 개의 아날로그 빔(analog beam)을 구성하고 이를 다이나믹하게 조절하는 것을 가정하고 있다.

mmWave의 높은 경로 손실을 고려하여 좁은 빔의 높은 에러이 이득을 활용한 셀 커버리지 확장을 도모하기 위하여, mmWave에서 4G LTE의 섹터 안테나보다 좁은 빔폭을 갖는 빔을 사용하는 것이다. 즉, mmWave에서도 기존 4G LTE에서와 같이 120도 정도의 섹터 안테나 형태를 사용하게 되면, 높은 경로 손실에 의해서 전체적인 셀 영역이 줄어들 것이다. 이를 극복하기 위해서 안테나 이득을 높여야 하고, 따라서 좁은 폭의 빔을 사용해야 하는 것이다.

한편, 주파수의 효율을 향상시키기 위한 다수의 안테나를 사용하여 동시에

7) NR physical Layer Design: NR MIMO, 3GPP RAN Workshop, RWS-180008, Brussels, 24-25 Oct, 2018

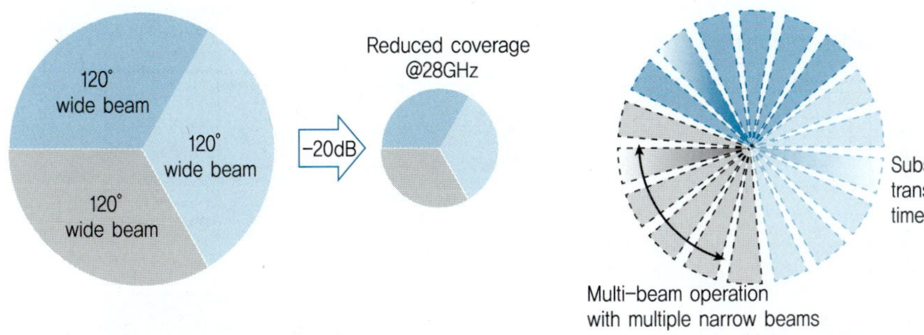

[그림 11-24] 5G NR에 다수의 narrow beam을 사용하는 이유[8)]

다중 데이터 스트림을 보내는 다중 안테나 기술을 빔포밍 기술과 결합하여 사용한다. 이러한 방법은 수많은 안테나 배열을 이용해 전송속도 및 용량을 증가시킬 수 있다. 이전에 4G 시스템에서 적용된 바가 있지만 1차원적인 배치로 사용자를 구분하기에는 한계가 있었다. 하지만, 5G의 경우에는 수십 개의 안테나를 2차원적으로 배치하여 수직과 수평의 사용자를 구분할 수 있다.

더불어 [그림 11-25]와 같이 Massive MIMO와 함께 디지털 방식과 아날로그 방식의 빔포밍을 결합한 하이브리드 빔포밍(Hybrid Beamforming) 기술을 활용하여 구현 복잡도도 감소시킬 수 있으며, 초광대역 주파수를 최대한 활용할 수 있도록 하이브리드 빔을 형성하는 방식을 사용하고 있다.

8) NR physical Layer Design: NR MIMO, 3GPP RAN Workshop, RWS-180008, Brussels, 24-25 Oct, 2018

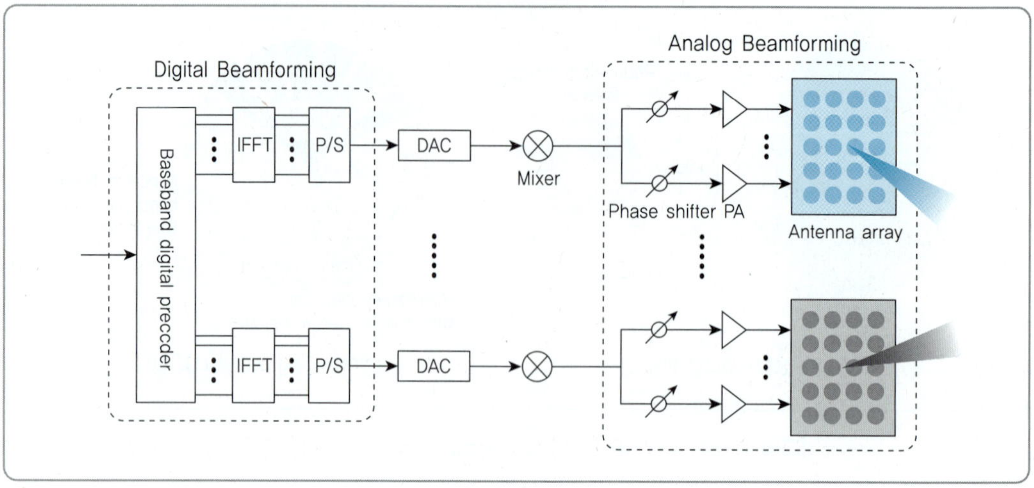

[그림 11-25] 하이브리드 빔포밍의 예[9]

그러면 여기서 아날로그 빔포밍, 디지털 빔포밍의 차이를 바탕으로 이를 결합한 하이브리드 빔포밍의 특성을 알아보자.

아날로그 빔포밍 시스템은 analog-RF 영역의 phase shifter를 이용하여 안

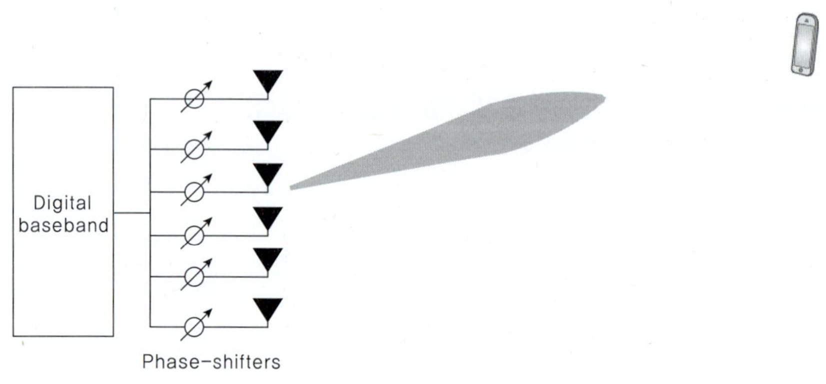

(a) 아날로그 빔포밍 시스템

9) NR physical Layer Design: NR MIMO, 3GPP RAN Workshop, RWS-180008, Brussels, 24-25 Oct, 2018

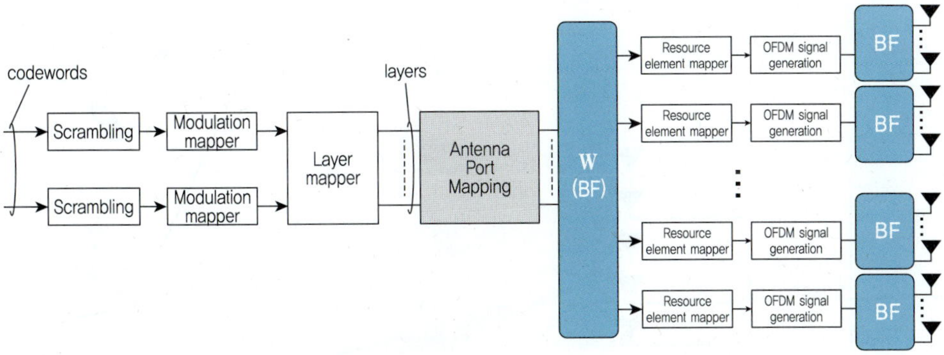

(b) 아날로그 빔포밍을 적용한 OFDM 시스템 블록도

[그림 11-26] 아날로그 빔포밍을 적용한 OFDM 시스템

테나의 방사 패턴을 특정 각도로 집중시키는, 즉, 현 시점에서 통신을 하고자 하는 단말이 있는 방향으로 신호를 송신하고 수신하는 구조이다. 따라서, LOS(Line of Sight) 환경에서 단말과 기지국의 각도를 바탕으로 phase shifter의 위상값을 조정한다. 시스템 블록도를 바탕으로 보면, 디지털 영역에서 OFDM 신호를 구성한 이후에 최종적으로 안테나에서 방사하기 직전에 array 안테나를 이용하여 아날로그 영역에서 빔포밍을 적용하는 것이다.

디지털 빔포밍은 OFDM과 결합하여, 각 부반송파별로 각각 다른 빔포밍이 적용되게 된다. 따라서 NLOS(Non LOS) 환경에서 각각의 채널 반송파별로 다른 빔포밍이 적용되기 때문에 채널의 다양한 반사 경로까지 고려한 빔포밍이라고 해석할 수 있다. 그래서 [그림 11-27] (a)와 같이, LOS 채널이 보장되지 않더라도 단말에 도달할 수 있는 반사 경로를 찾아서 그쪽으로 신호를 빔포밍하는 것처럼 생각할 수 있다. 즉, 아날로그 빔포밍은 모든 부반송파에 동일한 빔포밍이 적용되는 것이라서 LOS 빔포밍이라 할 수 있고, 디지털 빔포밍을 부반송파별로 다른 빔포밍이 적용되는 것이라 다중 경로 효과를 고려한 NLOS 빔포밍(beamforming)이라 할 수 있다.

아날로그 빔포밍의 경우, 단말의 위치, 즉 각도만 알고 있으면, 빔포밍 백터(또는 행렬)를 구할 수 있다. 그리고 빔포밍 과정 역시, 아날로그 영역에서 phase shifter를 통하여 쉽게 적용할 수 있다. 하지만, LOS 환경에서만 성능 이득을 기대할 수 있다는 단점이 있다. 디지털 빔포밍의 경우는 어떤 채널 환경

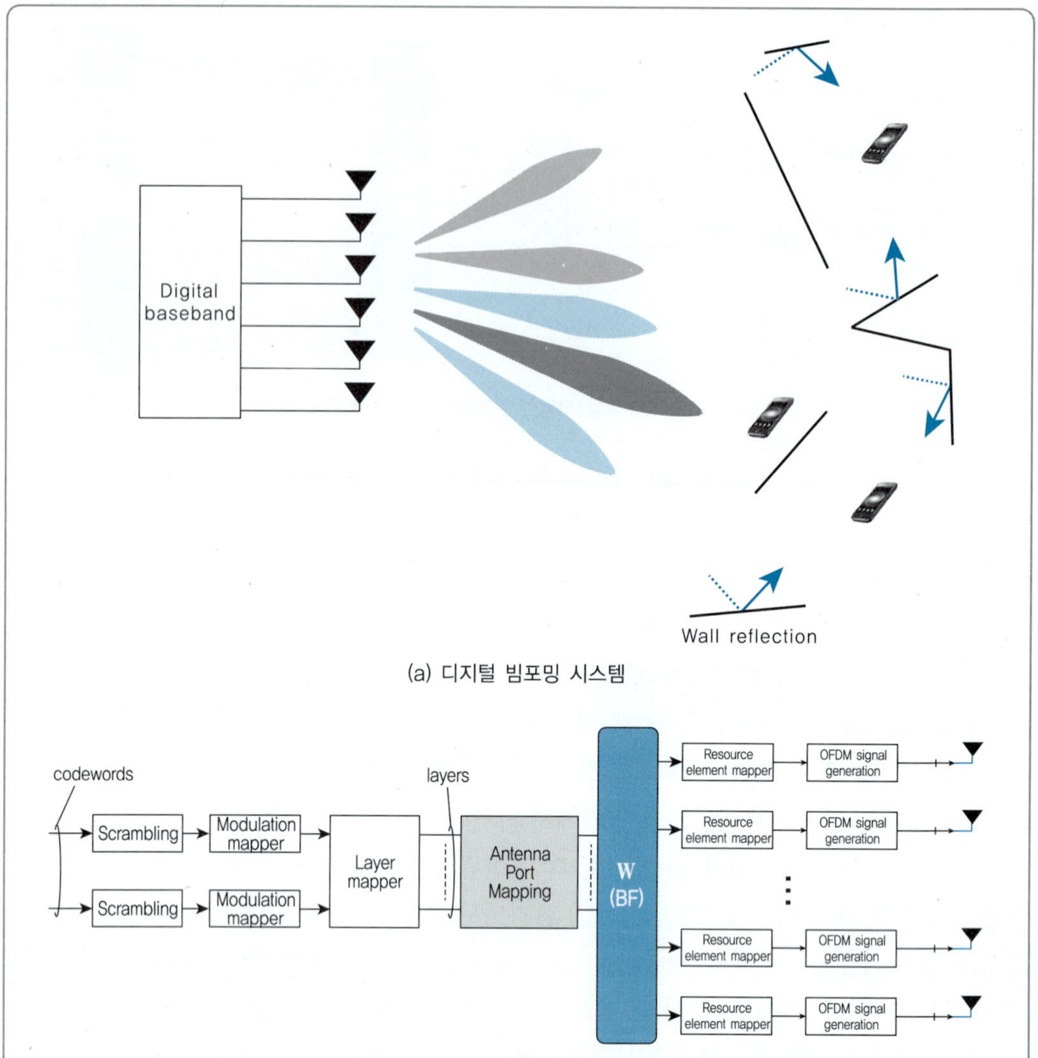

(a) 디지털 빔포밍 시스템

(b) 디지털 빔포밍을 적용한 OFDM 시스템 블록도

[그림 11-27] 디지털 빔포밍을 적용한 OFDM 시스템

에서도 성능 이득을 기대할 수 있지만, 이를 위해서는 각 부반송파별로, MIMO 채널을 알아야 한다는 제약이 따른다. 그리고 이와 같은 제약은 안테나 수가 증가할수록 전체적인 시스템 설계에 있어서 부담으로 작용한다. 그래서 이와 같은 아날로그 빔포밍과 디지털 빔포밍의 장단점을 고려한 하이브리드 빔포밍 기법이 소개되고, 5G NR 시스템을 개발하는 다양한 업체들에서 이와 같은 하이

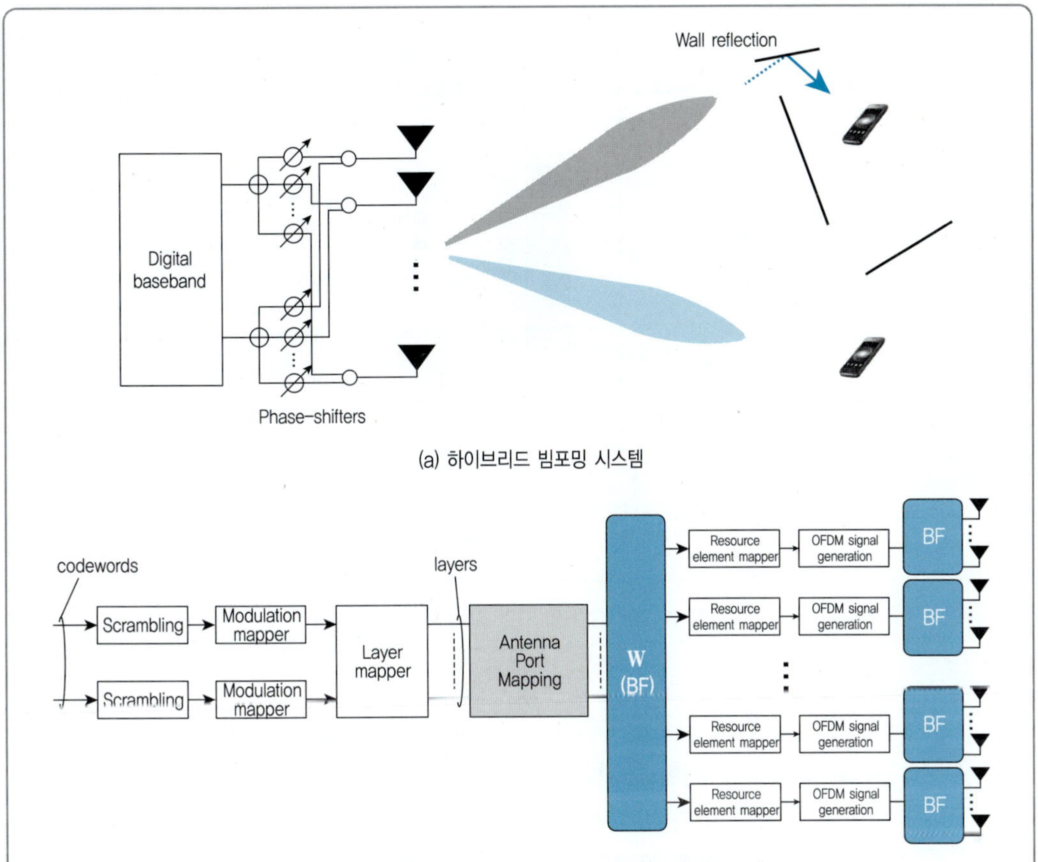

[그림 11-28] 하이브리드 빔포밍을 적용한 OFDM 시스템

브리드 기법을 채용하고 있다고 알려져 있다.

아날로그 빔포밍과 디지털 빔포밍을 결합한 하이브리드 빔포밍 시스템 구성 및 구체적인 블록도는 [그림 11-28]과 같이 주어진다. 즉, 디지털 영역에서 각 부반송파별로 적용하는 디지털 빔포밍과 아날로그 영역에서 안테나 path에 phase shift를 적용하는 아날로그 빔포밍이 모두 포함된 구조이다. 하지만, 아날로그 빔포밍으로 송신 신호의 특정 방향으로 집중시키기 때문에 주파수 영역 채널의 frequency selectivity가 많이 줄어 디지털 빔포밍을 위한 채널 정보 획득 훨씬 간단해지고 디지털 빔포밍 역시 간단해진다는 장점이 있다.

송수신 신호의 방향을 조절하는 아날로그 빔포밍을 적용할 경우, 초기 접속

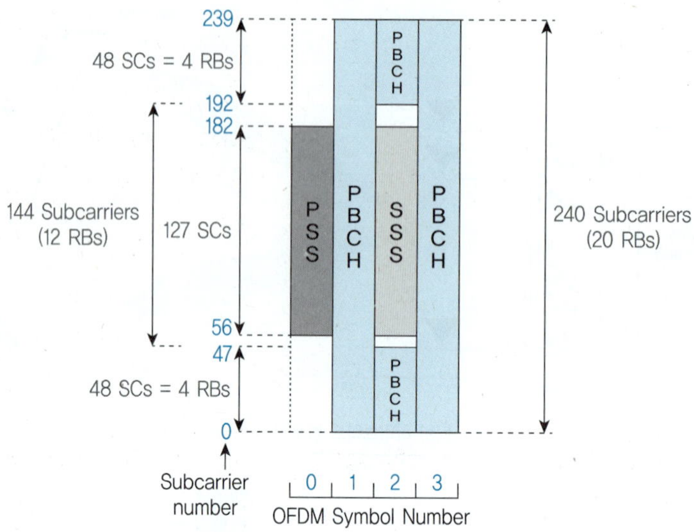

[그림 11-29] SSB의 시간 및 주파수 영역 구조

을 위한 빔 탐색이 필수적이다. 처음 접속하는 단말들의 위치를 파악하기 위해서 초기 접속을 위한 동기 신호를 가능한 모든 방향으로 전송하고, 초기 접속 단말은 다양한 방향으로 전송되는 동기 신호들 중에서 수신 전력이 가장 높은 방향의 동기 신호를 기지국에 알려주는 형태로 초기 빔 탐색을 진행한다. 이와 같은 목적으로 사용되는 동기 신호는 Synchronization Signal Block(SSB)라고 하는데, 그 시간 및 주파수 영역의 구조는 [그림 11-29]와 같이 주어진다. 주파수 영역에서는 20개의 RB 대역폭을 갖고, 시간 영역에서는 4개의 OFDM 심볼에 걸쳐 존재한다. 그리고, Primary Synchronization Signal(PSS)와 Secondary Synchronization Signal(SSS) 그리고 Physical Broadcast Channel(PBCH)로 구성된다. 단말에서는 PSS와 SSS의 정보를 이용하여 하향링크 동기를 획득하고 Physical Cell ID(PCI)를 전달한다.

이와 같은 SSB는 일정한 주기를 갖고 특정 구간 동안 기지국에서 전송된다. 단말에서는 이들의 주기 및 전송 구간에 맞춰서 기지국과 동기를 맞추고, 기지국 관련 정보를 획득하게 된다. 뿐만 아니라 기지국의 빔 정보까지도 획득할 수 있도록 기지국의 빔 방향에 따라서 각각 SSB를 전송하고, 이들 SSB의 수신 전력을 바탕으로 단말들은 자신에게 가장 적합한 빔을 탐색하게 된다. 따라서 하

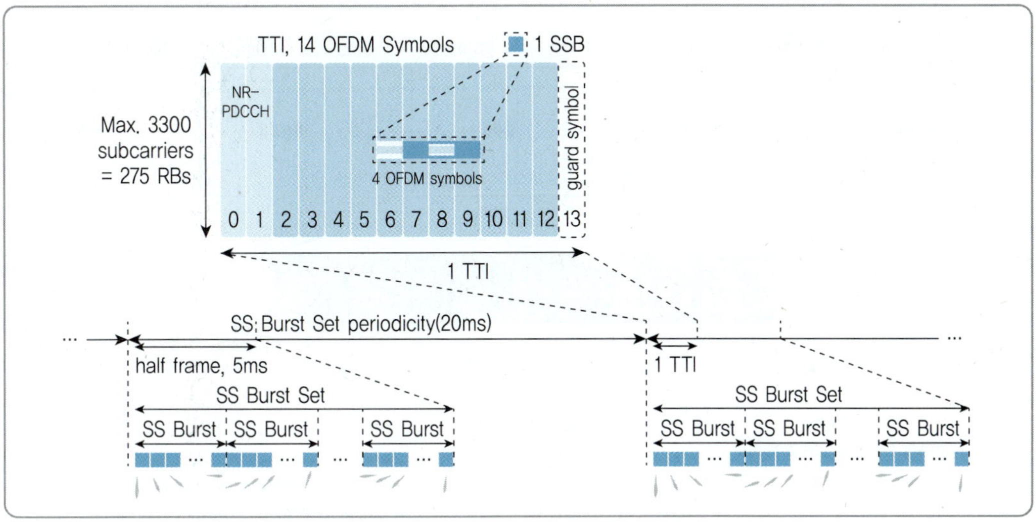

[그림 11-30] SSB의 전송 패턴 및 프레임 내부에서의 구조

나의 버스트 내에 존재하는 SSB의 개수 역시 빔의 개수에 비례하여 증가하여야 한다. 즉, 반송파 주파수가 높을수록 전파의 직진성이 강하고 전파 감쇄가 높기 때문에 빔폭을 줄여야 한다. 따라서, 기지국에서 사용하는 빔의 수가 증가하게 되고, 이를 지원하기 위해서 하나의 SS 버스트 안에 여러 개의 SSB를 전

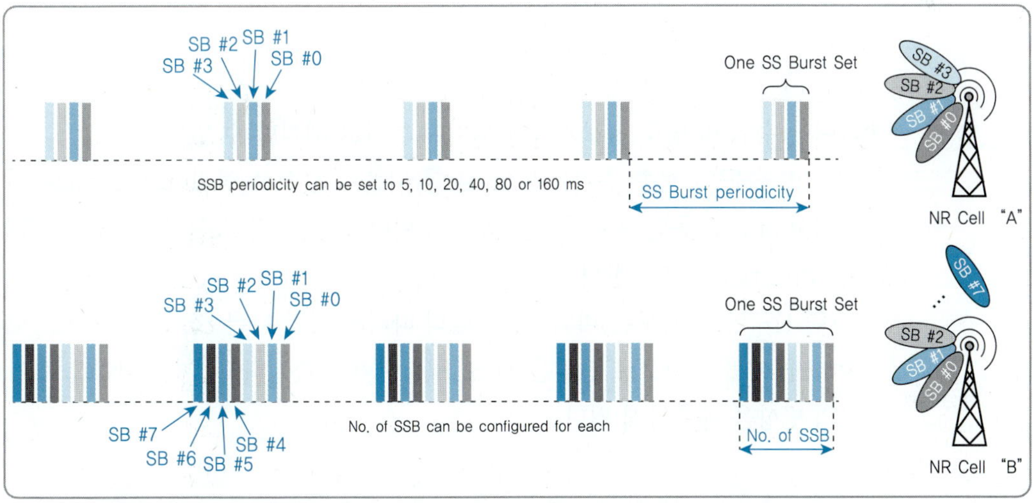

[그림 11-31] 기지국 빔에 따라서 전송되는 SSB의 구조

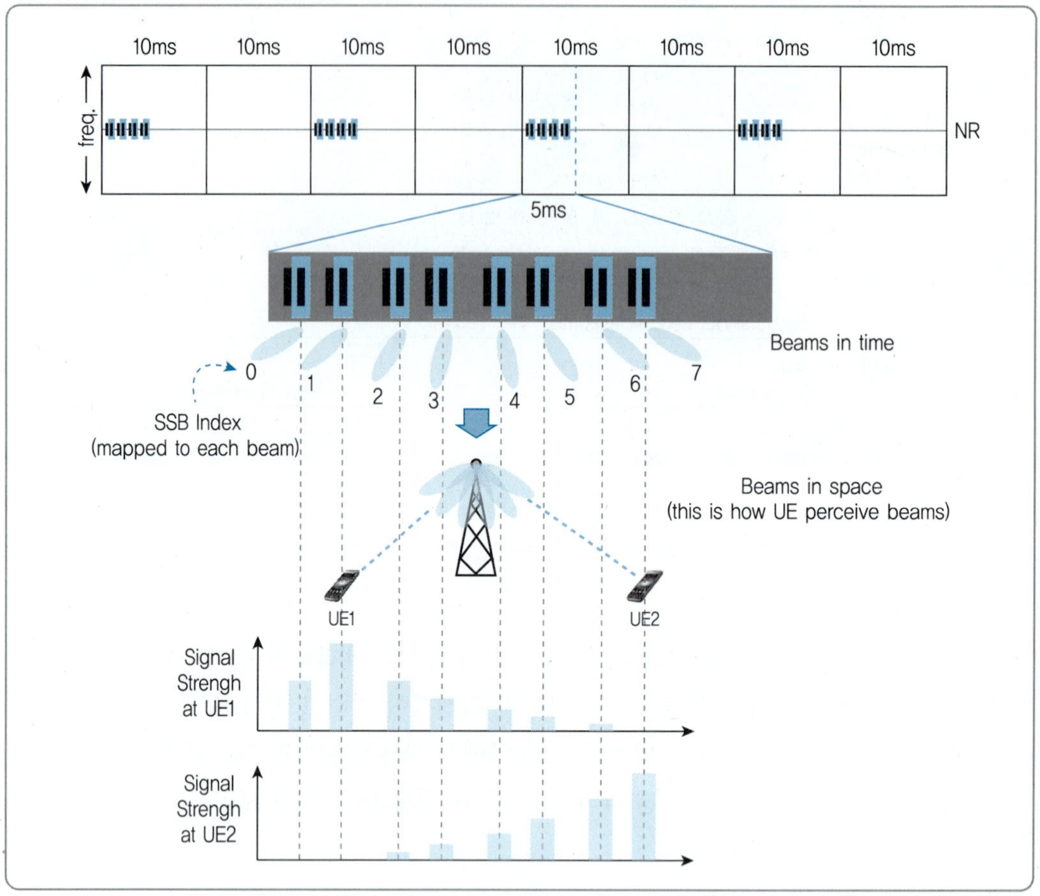

[그림 11-32] 단말의 위치에 따른 빔 선택 과정

송하여 다수의 빔 방향 정보가 전달되어야 한다고 해석할 수 있다.

그리고, SSB의 전송 주기는 20msec를 디폴트 값으로 정의하고, 20msec의 주기에서 5msec 동안 SSB들을 전송하게 된다. 5msec의 SSB 전송 시간을 SS burst duration이라고 한다.

[그림 11-32]에서 보는 바와 같이, 빔의 따라서 각각 다른 SSB를 주기적으로 전송하면, 이를 바탕으로 단말은 각 SSB의 전력을 측정하고, 이를 바탕으로 기지국의 방향을 예측하게 된다.

11.3.4 5G 기지국 구조(C-RAN)

더 빠른 전송속도, 더 넓은 통신 커버리지, 더 향상된 사용자 서비스 품질 제공 및 타 버티컬 산업으로의 서비스 영역 확장을 위한 이동통신 사업자들의 경쟁이 갈수록 심화되고 있는 상황에서 기지국의 중앙 데이터 처리부(CU: central unit, BBU: baseband unit)와 무선 송신부(DU: distributed unit, RRH: remote radio head)를 물리적으로 분리하는 C-RAN(centralized/cloud-RAN) 구조에 대한 관심이 매우 높아지고 있다. [그림 11-33]은 C-RAN의 구성 예를 보여주고 있다. 통신 사업자들은 CAPEX와 OPEX 측면을 고려하여, 수많은 매크로 셀, 소형 셀, 인도어 셀 등을 통한 무선 사이트 확장 및 기지국 설치 및 관리가 용이한 구조를 위해 기존의 일체형 기지국에서 CU와 DU를 분리시킨 C-RAN 구조로의 변경을 선호하고 있다.

C-RAN 구조에서는 CU와 DU 간의 표준화된 통신 인터페이스, 즉 fronthaul에 대한 규격이 필요하다. 4G까지는 CU에 모든 디지털 베이스밴드 블록을 배치하고 DU에 아날로그 RF 블록만 배치하는 네트워크를 구성하여 CU와 DU를 점대점으로 연결하는 구조의 CPRI(Common Public Radio Interface)가 fronthaul로 이용되었다. 그러나 최근 5G로 발전하면서 채널 대역폭 및 안테나 수가 몇 배에서 몇십 배로 증가하고, 다양한 버티컬 산업과의 융합을 통한 사용자의 데이터 전송률 요구의 증가로 기존의 C-RAN 환경에서는 fronthaul에서 최대 수백 Gbps의 전송률이 요구되고 있다. 또한 eNB 사이의 협력을 요구하는 다양한 전송 방식 및 스케쥴링 방식들이 활용되면서 기존

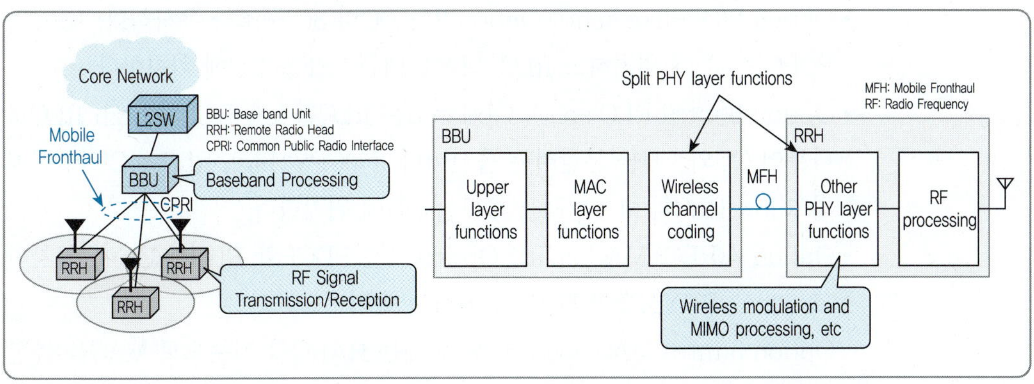

[그림 11-33] C-RAN 구성의 예

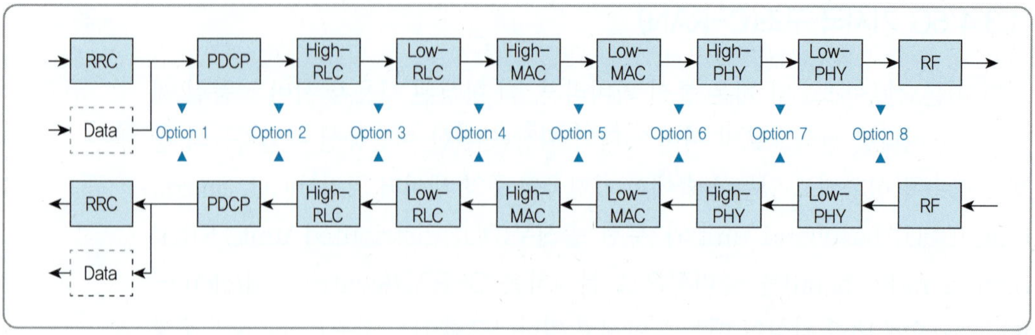

[그림 11-34] 3GPP에서 제안한 CU와 DU 사이의 기능 분리 옵션들

fronthaul 구조에 대한 문제점들이 추가적으로 대두되기 시작하였다. 이와 같은 문제점을 해결하기 위해서 CU와 DU의 경계를 기존 디지털 베이스밴드 블록과 아날로그 RF 블록 사이가 아닌 기존보다 상위 계층에서 나누어 디지털 베이스밴드의 기능을 DU로 전진 배치하는 구조들이 제안되었고, 3GPP 및 IEEE를 통해서 이에 관한 표준화 작업이 매우 활발하게 이루어지고 있다.

[그림 11-34]는 3GPP TR 38.801에서 제시하는 CU와 DU 사이의 split 구조를 보여준다.

각각의 기능 분리 option들은 다음과 같다.

- Option 1(1A-like split): Option 1은 Dual Connectivity(DC)의 1A 구조와 유사하다. RRC는 CU에 위치하고, PDCP, RLC, MAC, PHY, RF는 DU에 위치한다.
- Option 2(3C-like split): Option 2는 DC의 3C 구조와 유사하다. RRC와 PDPC는 CU에 위치하고 RLC, MAC, PHY, RF는 DU에 위치한다.
- Option 3(intra RLC split): Option 3은 RLC를 low RLC와 high RLC로 나누어 CU와 DU를 분할하는 옵션이다. PDCP와 high RLC는 CU에 위치하고 low RLC와 MAC, PHY, RF는 DU에 위치한다.
- Option 4(RLC-MAC split): Option 4는 PDCP와 RLC가 CU에 위치하고, MAC, PHY, RF가 DU에 위치하는 옵션이다.
- Option 5(intra MAC split): Option 5는 HARQ를 기준으로 MAC을 분할하는 옵션이다. PDCP에서 HARQ 전 단계까지는 CU에 위치하고, HARQ

부터 PHY, RF는 DU에 위치한다.

- Option 6(MAC-PHY split): Option 6은 PDCP, RLC, MAC은 CU에 위치하고 PHY와 RF는 DU에 위치하는 옵션이다.
- Option 7(intra PHY layer): Option 7은 PHY 내부를 나누어 PHY 일부와 RF는 DU에 위치하고 나머지 상위계층은 CU에 위치하는 옵션이다.
- Option 8(PHY-RF split): Option 8은 RF만 CU에 위치하고 나머지 상위계층은 DU에 위치하는 옵션이다.

CU와 DU 사이에서 기능을 분할하거나 이동 가능한 배치 구조는 하드웨어를 유연하게 구현할 수 있어 비용적인 측면에서 효과를 볼 수 있다. Split 구조는 coordination for performance features, load management, real-time performance optimization과 NFV/SDN를 가능하도록 지원한다. 또한, function split 구조에 따라 다양한 use case들에 적용될 수 있다. 5G NR function들을 어떻게 분할할 것인가는 무선 네트워크 배치 시나리오, 제약 조건, 예상 서비스 등과 관련된 요소들에 따라 달라질 수 있다. 다음은 split option 선택 시 고려될 수 있는 요소들이다.

- 서비스에 따른 QoS 지원이 가능해야 한다.
- 주어진 지리적 상황에 따른 사용자 밀도와 요구되는 부하에 대한 지원이 가능해야 한다.
- 다른 수준의 성능을 가진 transport network와 함께 동작 가능해야 한다.

11.4 5G 네트워크 특징

4G 네트워크는 주로 스마트폰을 위주로 하는 서비스를 제공하기 위한 단일 구조로 이루어졌다. 즉 모든 서비스를 하나의 네트워크 형태로 수용하는 'one-size-filts-all' 네트워킹 구조가 특징이다. 1, 2세대 이동통신이 주로 음성 통화를 대상으로 하였고, 3, 4세대 이동통신은 동영상, 데이터 전송, SNS 등을 포함하는 멀티미디어 서비스로 서비스 영역이 확대 · 발전하였지만, 4세대 이동통신까지의 대부분 서비스가 요구하는 네트워크 성능은 하나의 시스템으로 모두 수용 가능하였기 때문에 이동통신 장비 제조사가 제공하는 네트워크에 모든 서비스를 수용하는 방식이었다.

[표 11-6]에 과학기술정보통신부에서 제공하는 국내 이동통신 트래픽 분포를 4G LTE(Long Term Evolution)가 도입되어 시장이 안정화 된 초기 시점인 2013년 12월과 5G 시스템 도입 직전인 2019년 3월, 그리고 2019년 4월 5G 시스템이 도입된 후 각각 1년, 2년이 경과한 2020년 3월, 2021년 3월의 이동통신 서비스 유형별 트래픽 현황을 나타내었다.

[표 11-6] 이동통신 서비스 유형별 트래픽 현황[10)]

	동영상	멀티미디어	웹 포털	SNS	마켓 다운로드	기타
2013. 12	45.0%	10.0%	19.0%	13.0%	8.0%	5.0%
2019. 03	55.5%	7.6%	17.4%	14.9%	3.3%	1.4%
2020. 03	58.1%	8.1%	13.9%	14.1%	3.2%	2.6%
2021. 03	56.9%	7.0%	16.1%	12.7%	3.6%	3.9%

- 동영상: VOD와 실시간 스트리밍 형태의 영상 콘텐츠
- 멀티미디어: 동영상 이외의 음악 스트리밍 서비스, 지도 서비스와 같은 정보형 콘텐츠, 교육용 콘텐츠, 게임과 같은 엔터테인먼트 콘텐츠
- 웹 포털: 모바일 웹브라우저를 통해 웹사이트에 접속하여 제공받는 콘텐츠

10) 과학기술정보통신부 무선데이터 트래픽 통계

- SNS: 인스턴트 메시징 서비스(IMS)와 소셜 네트워크 서비스(SNS) 콘텐츠를 의미하며, 마이크로블로그 및 소셜 커머스 콘텐츠 포함
- 마켓 다운로드: 마켓에 접속하여 서비스를 다운로드 받는 경우에 발생되는 트래픽
- 기타: 동영상, 멀티미디어, 웹 포털, SNS, 마켓 다운로드의 5가지 유형에 포함되지 않는 콘텐츠를 통해 발생되는 트래픽

스마트폰이 활성화되고 LTE 네트워크가 트래픽의 많은 상당 부분을 담당하기 시작하던 초창기부터 5G가 도입된 이후의 시점까지 비교해 보면 가장 많은 서비스는 VOD와 실시간 스트리밍 형태의 동영상 서비스가 전체 트래픽의 절반 이상을 차지하고 그 이외의 멀티미디어, 웹 포털, SNS, 마켓 다운로드 서비스 등이 대부분을 차지하고 있다. 이들 서비스들은 수십 ms 이내의 지연시간, 비슷한 컴퓨팅 능력으로 서비스가 가능하고 따라서 하나의 이동통신 네트워크 구조로 모든 서비스를 수용하는 방식으로 전개되어 왔다.

그러나 5G 시스템은 eMBB(enhanced Mobile Broad Band) 서비스는 물론이고 uRLLC(ultra Reliable Low Latency Communications), mMTC (massive Machine Type Communications)와 같은 새로운 서비스를 목표로 제안되었고 따라서 5G 네트워크 구조도 다양한 서비스를 하나의 네트워크로 수용하는 데에 한계가 있어 서비스별 특징에 맞는 네트워크를 구성하는 네트워크 슬라이스 방식이 도입되었다.

이러한 네트워크 슬라이스 방식이 가능하게 하는 기술인 동시에 5G 네트워크의 가장 큰 특징 중의 하나인 이동통신 네트워크 기능들을 가상화하여 구현하는 네트워크 기능 가상화(NFV: Network Function Virtualization)와 소프트웨어를 통하여 네트워크를 정의하는 SDN(Software Defined Network) 기술로 구현되는 SDN/NFV 기술이다. 소프트웨어로 네트워크를 정의하는 SDN 기술에서는 실제 데이터가 전달되는 데이터 평면(data plane)과 이들 데이터 패킷의 경로를 결정하는 routing 프로세스 등을 담당하는 제어 평면(control plane)을 분리하여 구현하기 때문에 간혹 SDN은 데이터 평면과 제어 평면의 분리를 특징으로 이야기되기도 한다.

모바일 엣지 컴퓨팅(mobile edge computing, MEC)은 이동통신 기지국 가까이에 데이터 처리 및 저장을 위한 서버 등의 컴퓨팅 시스템을 구축하는 방식

으로 LTE 방식에서는 모든 데이터가 이동통신 코어에 있는 컴퓨팅에 연결되도록 하는 중앙 집중식(centralized) 네트워크 구조를 기반으로 하였다면, 5G에서는 이러한 컴퓨팅 시스템이 전국 여러 곳에 분포하도록 구축하는 분산형(distributed) 네트워크를 구축하고자 한다. 이렇게 컴퓨팅 시스템이 기지국 인접에 위치하게 함으로써 데이터 전송 거리 단축에 따른 초저지연, 초고속 서비스를 가능하게 할 뿐 아니라 컴퓨팅 시스템이 분산됨으로써 트래픽 분산 효과와 하나의 MEC가 고장 나거나 과부하가 걸리더라도 나머지 MEC에서는 영향을 받지 않고 운영될 수 있는 장점이 있다. MEC 기술은 네트워크 슬라이스와 함께 5G 네트워크의 가장 큰 특징이라고 할 수 있다.

ITU-T에서는 IMT-2020 네트워크 시스템에 관련된 3가지 요구사항에 대한 표준을 제정하였다. 종단 간 유연성(end-to-end flexibility)이 5G 네트워크의 특징을 정의하는 주요 지표가 될 것이고 이러한 유연성은 네트워크 소프트웨어화(network softwarization)와 소프트웨어 정의 네트워크(software-defined network, SDN), 네트워크 기능 가상화(network function virtualization, NFV), 클라우드 연산(cloud computing)으로 구현되는 네트워크 슬라이스로 구현될 것이다. ITU-T에서 5G 네트워크 관련된 4가지 표준은 다음과 같다.

- ITU Y.3101 "IMT-2020 네트워크 요구사항(Requirements of the IMT-2020 network)": 효율적인 5G 네트워크 도입과 높은 네트워크 유연성을 보장하기 위한 5G 네트워크 특징
- ITU Y.3112 "IMT-2020 네트워크에서의 네트워크 슬라이싱 지원을 위한 프레임워크(Framework for the support of network slicing in the IMT-2020 network)": IMT-2020 네트워크에서 UE가 동시에 복수의 슬라이스에 부착되는 경우의 네트워크 슬라이싱과 사용 사례 기술과 네트워크 슬라이싱을 지원하기 위한 높은 수준의 요구사항과 프레임워크 명시
- ITU Y.3150 "IMT-2020을 위한 네트워크 소프트웨어화에 대한 상위 레벨 기술적 특징(High-level technical characteristics of network softwarization for IMT-2020)": 수평, 수직적 응용별 특정 환경에 대한 슬라이싱 값에 대한 기술(describes the value of slicing in both hori zontal and vertical, application-specific environments)

- ITU Y.3130 "IMT-2020 유무선 결합에 관안 요구사항(Requirements of IMT-2020 fixed-mobile convergence)": 단일화된 사용자 인증(unified user identity), 단일화된 과금(unified charging), 서비스 연속성(service continuity), 고품질 서비스에 대한 보장(guaranteed support for high quality of service), 제어 영역 통합(control plane convergence), 그리고 사용자 데이터에 대한 스마트한 관리(smart management of user data)에 대한 요구사항 기술

11.5 네트워크 슬라이싱

11.5.1 네트워크 슬라이싱 개요

5G에서는 사람을 대상으로 하는 B2C 서비스를 포함하여 서로 다른 요구조건을 가지는 다양한 B2B 서비스까지를 수용하여야 한다. 따라서 이동통신망을 이용하여 특성이 매우 다른 서비스들을 통합적으로 제공하기 위한 통신망의 기능이 새롭게 필요하다. 서비스들이 요구하는 속도는 수십 kbps에서 1Gbps까지 다양하고, 통신 지연(latency)은 1ms에서 시간(hours) 단위까지, 단말의 이동속도는 정지상태부터 KTX 등과 같은 고속열차의 속도인 시속 400Km/h까지를 대상으로 하여 여러 가지 조합으로 구성되는 다양한 QoS를 동일 통신망에서 보장하기 위한 가상의 독립된 망을 제공하는 것이 필요하다.

5G에서 네트워크 슬라이싱 기술을 필요로 하는 대표적인 이유로 네트워크 기능(network capabilities), 민첩성(agility), 네트워크 격리(network isolation), 신뢰성(reliability), 조정 및 관리 기능(O&M(Orchestration and Management) capability), 그리고 개방성(openness)을 꼽을 수 있다. 네트워크 기능(network capabilities) 측면에서는 5G는 새로운 서비스 트렌드에 맞춰 초저지연, 초고속, 초연결을 만족시킬 수 있어야 하는데, 이러한 요구사항은 현재 네트워크가 제공할 수 있는 범위를 훨씬 넘어서야 가능하다. 예를 들면 증강현실(AR)이나 Ultra-High-Definition 비디오 등은 10Gbps 이상의 전송속도를 요구하고, 스마트 가정이나 스마트 도시에서 요구되는 IoT 서비스의 경우

1km^{2}당 수백 개의 연결이 가능해야 하며, 자율주행 자동차 등을 위해서는 수 ms 내의 지연을 제공할 수 있어야 한다. 이들 서비스를 지금과 같이 하나의 네트워크 구성으로 제공하기는 불가능하기 때문에 서비스별 적절한 네트워크 슬라이스가 제공되어야 한다. 5G의 수많은 서비스를 충족시키기 위해 네트워크가 더 신속하고, 요건에 따라 차별화된 서비스를 제공하기 위해서는 agility가 보장되어야 한다. LTE 네트워크까지는 모든 서비스를 동일한 서비스 네트워킹으로 제공하였지만, 5G에서는 다양한 서비스를 제공하여야 하기 때문에 서비스에 따라 다양한 요구조건을 충족시킬 수 있는 네트워크 구성이 가능하여야 한다. 네트워크 isolation을 통해 하나의 슬라이스가 다른 슬라이스와 독립적이라는 기능을 활성화하고 보안 성능을 보장해야 한다. 네트워크 상태가 변하거나 서비스 품질의 변화가 모든 서비스에 영향을 미쳐서는 안 되기 때문에 서비스별로 독립적인 슬라이스의 구성이 필요하다. 마찬가지로 5G 시대에서의 핵심 애플리케이션에 대한 네트워크 신뢰성과 보안에 기존보다 더 높은 요구조건이 제시되기 때문에 100%에 가까운 신뢰도(reliability)를 제공할 수 있어야 한다. 원격조정이나 산업 현장에 적용되기 위한 서비스는 99.99999%의 신뢰도를 요구하는데 현재 LTE 네트워크는 이를 지원할 수 없어 5G 네트워크를 필요로 한다. 또한 현재 네트워크 O&M은 수동으로 수행되어 온라인에 접속해 고장 등을 수리하는 데 오랜 시간이 걸려 on-demand, 빠른 반복과 같은 미래의 네트워크 요구사항을 충족시킬 수 없으므로 O&M을 자동으로 관리할 수 있어야 한다. 마지막으로 풍부한 애플리케이션과 서비스들을 제공하기 위해 네트워크 기능들은 더 개방적이고 공유되어야 한다.

5G 통신망은 SDN(Software Defined Network), NFV(Network Function Virtualization), 클라우드 기술을 기반으로 하여 다양한 속도, 지연, 단말 이동 속도, 통신 품질을 독립적으로 보장하는 네트워크 슬라이스 개념을 도입하였다. 단대단의 통신의 속도, 지연, 버퍼링 등을 최선(best effort)으로 제공하는 인터넷망에, SDN/NFV/Cache 기능을 추가하여 마치 서비스별로 전용 회선망을 제공하려는 목적과 유사하다. 기존의 dedicated core network과 같은 QoS 보장 방식에 비하여 네트워크 슬라이싱은 하나의 물리망 위에 여러 개의 논리망을 가상화하여 제공한다. 기존의 QoS를 제공하는 기술 외에 네트워크 슬라이싱을 제공하는 이유는 기술적인 것과 경제적인 면으로 나뉘어진다. 경제적인 이유는 통신망 사업자들이 네트워크 슬라이싱을 통해서 잘려진 마치 별도의 망

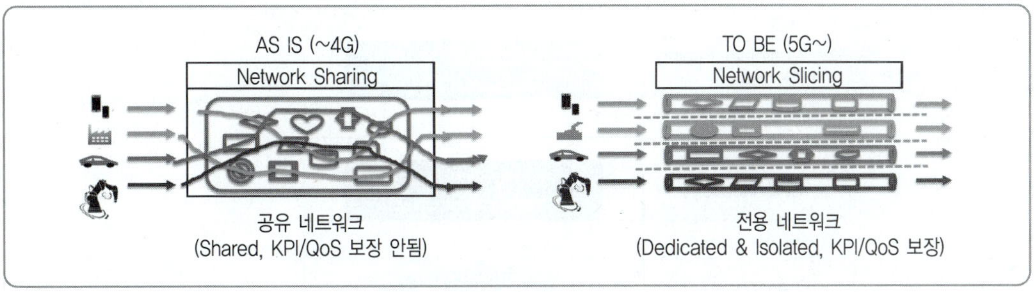

[그림 11-35] 네트워크 슬라이싱 개념

을 계약 가입자 혹은 이용자에게 전용망 형태로 제공할 수 있게 되고 네트워크 슬라이스된 망을 제공받은 가상망 사업자들은 그 망에 부가가치를 덧입혀서 새로운 형태의 서비스를 만들어 재판매하게 할 수도 있다. 현재의 MVNO는 망의 기능에 부가 기능을 추가하는 것이 없이 단순 재판매에 해당이 되나 네트워크 슬라이스된 망은 그 망에 다양한 서비스를 입히고 이를 위한 데이터 분석과 예측 진단 기능을 추가하는 등의 부가가치를 덧입혀 판매하는 것도 가능할 수 있다.

네트워크 슬라이싱은 [그림 11-35]와 같이 하나의 물리망을 다수의 논리적 망으로 분할하여 서비스 그룹에 따라 QoS, KPI에 맞게 동작하도록 가상의 전용망을 제공하는 방식이다. ITU-T에서는 네트워크 슬라이스를 특정 네트워크

[표 11-7] 표준 SST 값[11)]

Slice/Service type	SST value	Characteristics
eMBB	1	Slice suitable for the handling of 5G enhanced Mobile Broadband.
URLLC	2	Slice suitable for the handling of ultra- reliable low latency communications.
MIoT	3	Slice suitable for the handling of massive IoT.
V2X	4	Slice suitable for the handling of V2X services.

11) (3GPP TS 23.501) Technical Specification Group Services and System Aspects; System Architecture for the 5G System(5GS);Stage 2(Release 16)

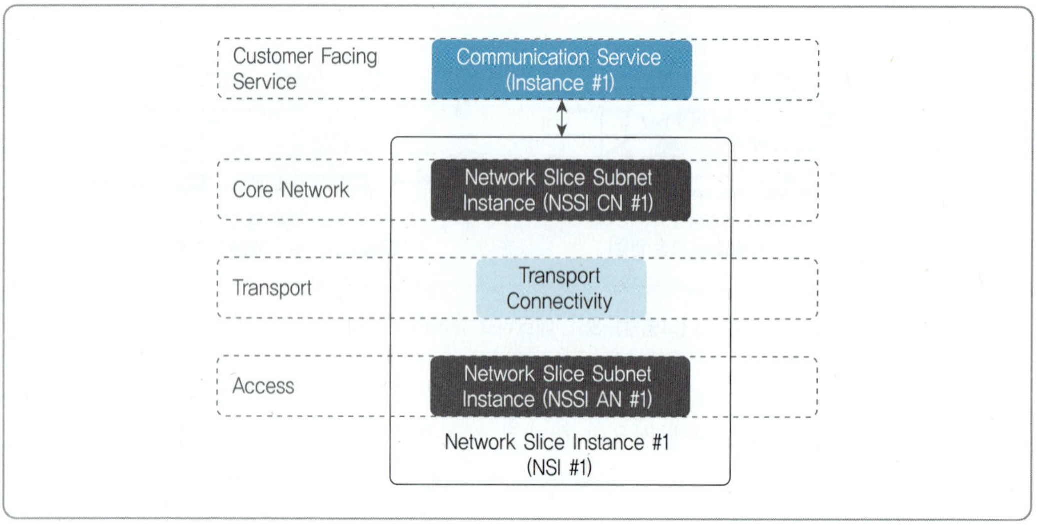

[그림 11-36] NSI 구성

기능들(capabilities)과 네트워크 특징들(characteristics)을 제공하기 위한 논리적 네트워크로 정의하고 있다. 이러한 네트워크 슬라이스는 SDN과 NFV 기술을 바탕으로 하여 이용자가 요구하는 품질 수준으로 서비스의 시작부터 끝날 때까지 보증하게 된다. 하나의 코어망이 각 이용자와 서비스별로 나뉘어져 마치 독립적인 코어망이 존재하듯이 제공되며, 현재 4종류의 표준 슬라이싱 프레임을 만들어 망 간에도 상호 호환성을 보장한다. eMBB, uRLLC, MIoT, V2X가 4종류의 표준 슬라이싱 프레임이고 Slice/Service Type(SST) 값으로 구분된다. [표 11-7]에 4가지 SST 값과 그 특징을 나타내었다.

Network Slice Instance(NSI)는 특정 서비스를 위한 네트워크 기능들의 한 세트이고 컴퓨팅 자원, 저장장치, 네트워크 자원들로써 만들어진다. ITU-T의 NSI의 정의는 네트워크 슬라이스 블루프린트를 바탕으로 생성되는 네트워크 슬라이스의 예(instance)이다. 여기서 네트워크 슬라이스 블루프린트는 네트워크 슬라이스 템플레이트와 동의어로 어떤 서비스가 제공되는 기간(life cycle) 동안 네트워크 슬라이스 인스턴스를 생성하고 조절하기 위한 구조(structure), 구성(configuration) 및 작업 흐름(work flow)에 대한 기술(complete description)이다.

NSI는 [그림 11-36]과 같이 통신 서비스 인스턴스(communication service

instance), 코어망 네트워크 슬라이스 하위네트 인스턴스(Network slice subnet instance NSSI CN #), 액세스 네트워크 슬라이스 하위네트 인스턴스(Network slice subnet instance NSSI AN #)로 구성된다.

11.5.2 네트워크 슬라이싱 구현 기술

11.5.2.1 SDN(Software Defined Network)

SDN 기술은 가상화와 함께 네트워크 장치를 소프트웨어화 할 수 있는 기술로 잘 알려져 있다. 이는 네트워크 성능을 개선하기 위해 동적으로 프로그래밍 할 수 있는 기술로, SDN 기술을 통해 효율적인 네트워크를 구성할 수 있다. SDN 기술의 가장 큰 특징은 CUPS(Control and User Plan Separation)이다. 이는 네트워크 장비의 제어 평면(Control Plane)과 사용자 평면(User Plane)을 분리하여 중앙에서 관리하는 것을 의미한다. 이전에는 각 네트워크 장비(라우터 또는 스위치)가 각각의 Forwarding Table을 내재하고 있어 해당 Table을 참조

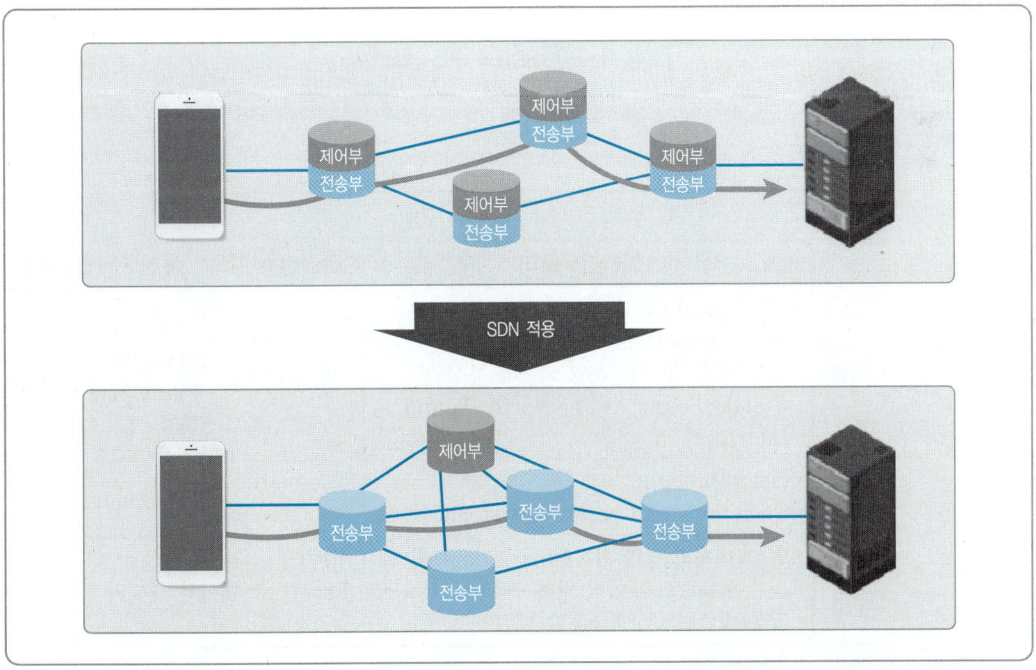

[그림 11-37] SDN이 적용된 네트워크 장비의 예

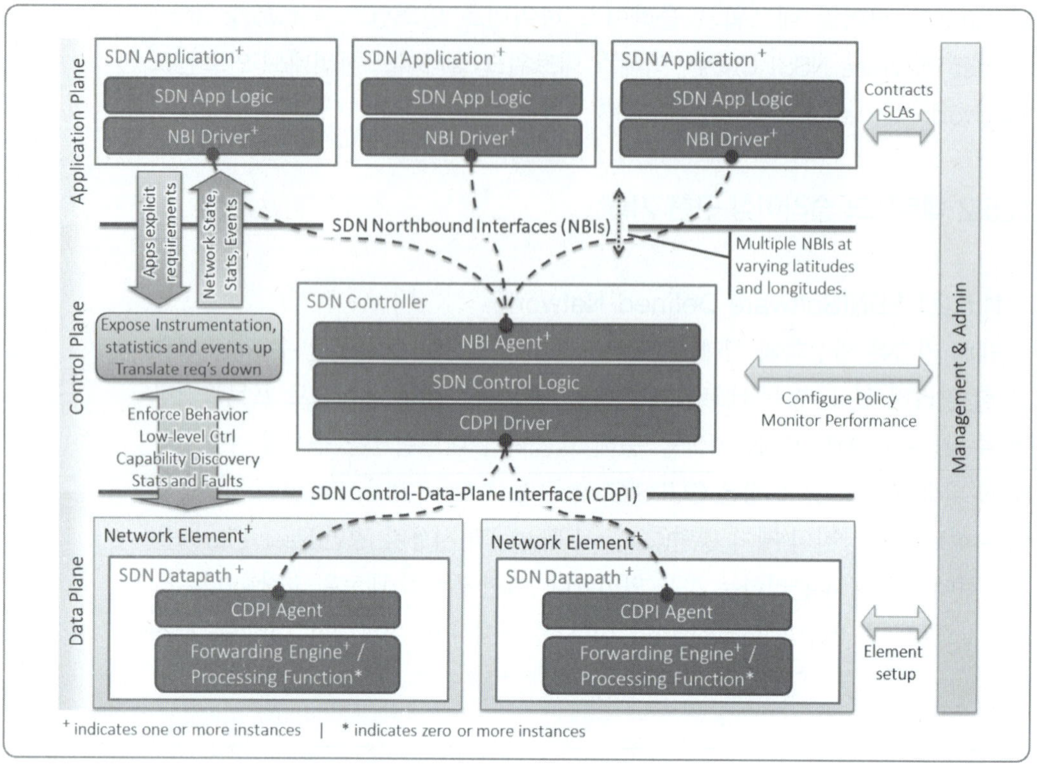

[그림 11-38] SDN의 구조 개요[12]

[표 11-8] SDN 구성 요소

	SDN 구성		
	SDN 컨트롤러	SDN 전송 장비	통신 규약(RPC)
기능	• 네트워크 장비와 통신(South-Bound API or Control-Data Plane Interface) • APP 개발 및 다른 운영 도구와 통신(North-Bound API or North-Bound Interface)	데이터 전송	CP(Control Plane)와 UP(User Plane)의 통신 프로토콜
예	• Open Daylight • Open Network Operating System(ONOS)		OpenFlow
사용 분야	• WAN에서의 경로 최적화(ex. Google의 검색 서비스) • 적은 비용으로 데이터 센터 구축(ex. Google, Facebook 데이터 센터) • 가상 네트워크 구축(NFV, VNF)		

12) https://ko.wikipedia.org/wiki/소프트웨어_정의_네트워킹

한 연산을 통해 트래픽의 경로를 정해 데이터를 전송했다면, SDN이 적용된 새로운 네트워크 구조에서는 'SDN 컨트롤러' 라는 제어부가 네트워크 장비 밖에 따로 존재해 최적의 트래픽 경로를 찾는, 더 효율적인 시스템이 구축될 수 있다.

SDN의 가장 큰 목적은 가상화, 자동화, 간편화를 통한 비용 감소이다. 기존 네트워크에서는 전송 기술이 발달함에 따라 네트워크 장비를 교체해야 하는 비효율적인 방식을 사용했다면, 가상화를 통한 네트워크 기술의 소프트웨어화와 효율적인 제어 방식 및 자원 사용은 네트워크 장비의 교체 또는 유지 보수에 대한 비용을 크게 감소시킬 수 있다. 또한, 효율적인 네트워크 장비 유지 보수뿐 아니라 시장의 요구에 따라 소프트웨어의 변경을 통해 빠르게 새로운 네트워크 구조의 구축 및 배포를 이룰 수 있다.

SDN의 구조는 SDN 컨트롤러, 전송 장비, 통신 규약으로 총 세 부분으로 구성된다. SDN 컨트롤러는 앞서 언급한 바와 같이 네트워크 장비 밖에 따로 존재하는 제어 평면에 상응하는 부분으로써, 네트워크 장비와 통신(South-Bound)하고, 애플리케이션 개발과 운영 도구와 통신(North-Bound)하는 역할을 한다. 주로 ONOS(Open Network Operating System), OpenDaylight와 같은 오픈소스를 기반으로 SDN 구조를 제어한다. 전송 장비 부분은 네트워크 장비의 사용자 평면에 상응하며, 데이터를 전송하는 역할을 한다. SDN의 이러한 구조에서, 제어 평면과 사용자 평면 사이의 통신 규약이 필수적으로 필요한데, 이는 OpenFlow가 대표적으로 사용된다.

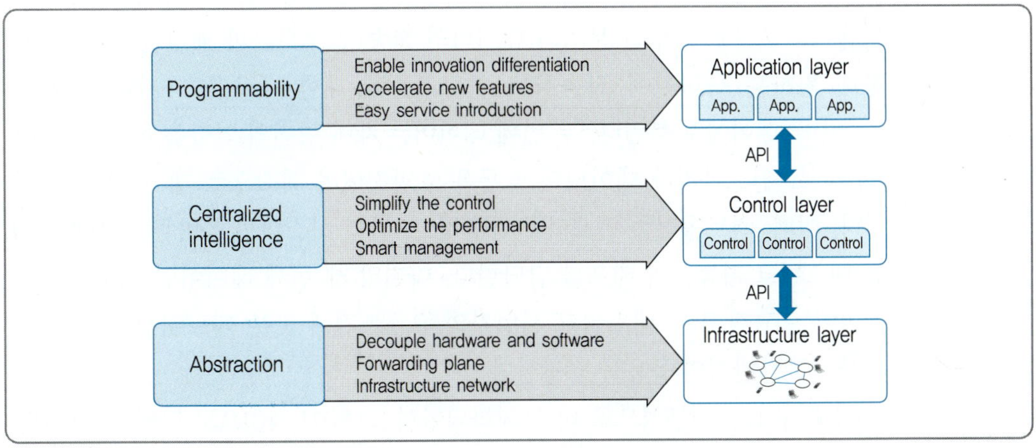

[그림 11-39] ONF의 SDN 구조

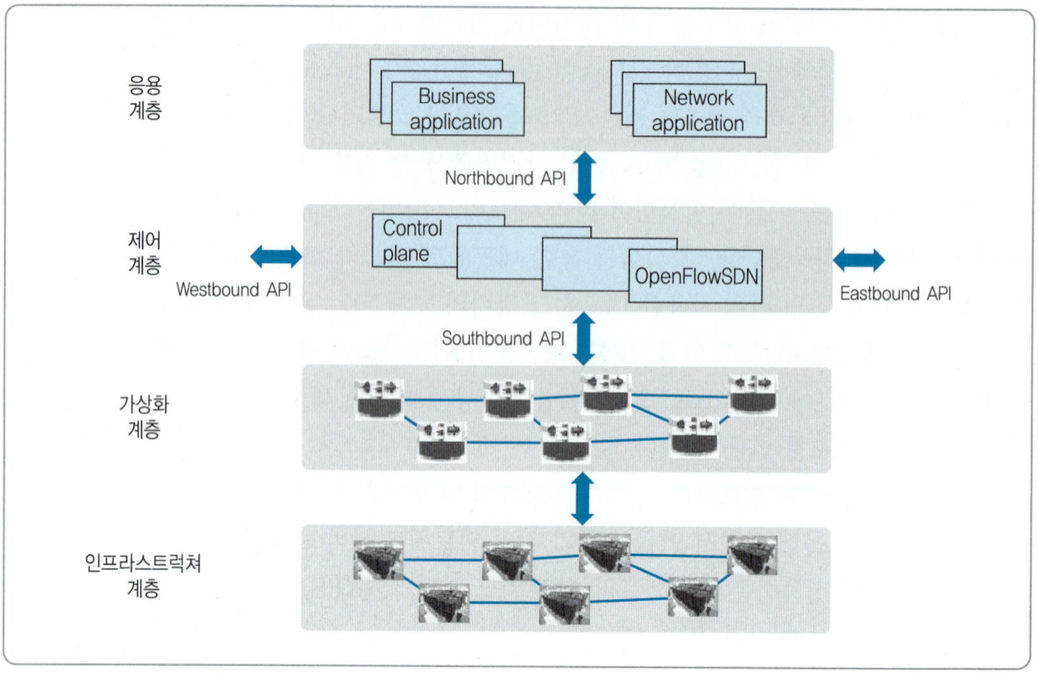

[그림 11-40] SDN 구조

초기의 SDN 표준화는 Nicira 사와 Stanford 대학의 SDN 구조 제안에 따라 캘리포니아의 큰 기업들의 도움을 받아 ONF(Open Network Foundation)가 진행하였다. ONF가 제안한 표준 구조는 [그림 11-39]와 같다.

ONF 구조는 총 세 개의 레이어로 구성되는데, 그중 Abstraction 단계는 하드웨어와 소프트웨어 간 분리와 데이터의 전송, 프로토콜과 패킷을 네트워크를 통해 원하는 목적지에 전송하는 알고리즘에 대한 내용을 가지며, Infras tructure 레이어로 불린다. 두 번째 레이어는 제어 평면의 역할을 하는 Control Layer로, 컨트롤러가 데이터의 흐름을 효과적이며 최적으로 제어하는 역할을 한다. 이때, 컨트롤러는 인프라를 제공하고, 관리 시스템의 올바른 작동에 필요한 네트워크 기능들의 배포를 담당한다. 마지막 세 번째 레이어인 Application 레이어는 고객 또는 네트워크 사업자의 요구조건에 맞는 네트워킹, 스토리지, 연산, 보안, 관리의 응용을 담당한다.

ONF 구조는 세부적으로 더 구체화되어서 [그림 11-40]으로 나타낼 수 있다. 기존 ONF 구조에 추가된 부분은 물리적 장치인 Infrastructure 레이어 위에 가상머신이 적용된 논리적 평면, Virtualization 레이어이다. 이는 Infrastructure 레이어에 해당하는 물리 자원을 공유하는 여러 개의 가상머신들을 기초로 한 소프트웨어 네트워크가 구축되는 것을 의미한다.

앞서 언급한 Northbound, Southbound API에 더해서, ONF는 Eastbound, Westbound API를 정의했다. Eastbound API는 분배된 컨트롤러 간의 정보를 주고 받는 통신에 대한 인터페이스라면, Westbound API는 컨트롤러와 기존 레거시 네트워크 장비들 간의 통신을 가능하게 하는 인터페이스이다.

11.5.2.2 NFV(Network Function Virtualization)

NFV는 전용 하드웨어 장비에서 수행되던 네트워크 기능들을 소프트웨어로 가상화하여 하나의 물리적인 네트워크 기능을 여러 사용자 또는 장치가 나누어 사용하는 기술이다.

NFV는 물리 자원에 해당하는 Infrastructure 위에 가상머신(VM, Virtual Machine)의 형태로 VNF(Virtualized Network Function)를 설치하는 형태이다. 이는 앞서 언급한 바와 같이 하드웨어와 소프트웨어의 분리에 따라 설치 및 유지 보수가 용이한 장점이 있다.

NFV는 위처럼 물리적 자원인 NFVI(NFV Infrastructure)와 논리적 자원인

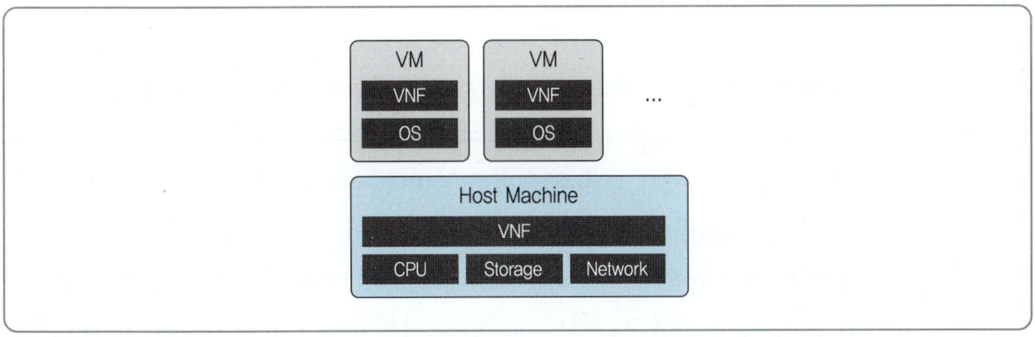

[그림 11-41] NFV의 형태[13]

13) SK텔레콤 인사이트, NETMANIANS TECH-BLOG 5G 시대 SDN/NFV (2) - 다가올 5G 시대의 핵심? SDN 기반 가상 네트워크를 이용한 NFV, March 29, 2018

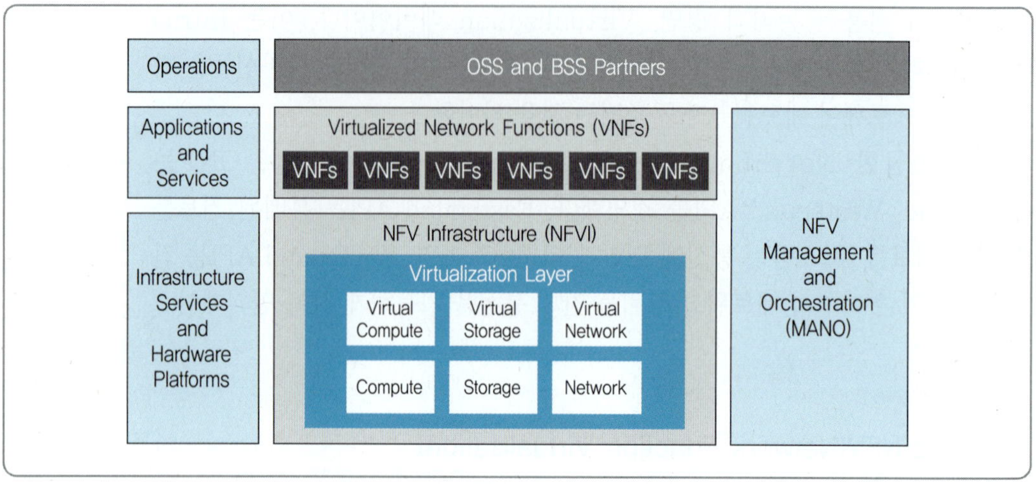

[그림 11-42] NFV의 전체 구조[14)]

VNF가 설치된 가상머신이 존재하며, 또한, NFVI의 연산, 스토리지, 네트워킹을 제어하고 관리하는 VIM(Virtualized Infrastructure Manager), 그리고 [그림 11-42]와 같이 VNF의 할당과 관리, NFVI와 OSS, BSS를 연결하고 워크플로우를 자동화하며 VIM을 관리하는 역할인 MANO(Management and Orchestration)로 이루어져 있다.

NFV의 표준화는 유럽 표준화 기구인 ETSI NFV에서 활발히 진행 중에 있으며, 전 세계의 네트워크 사업자나 제조업체에 공개해 200개가 넘는 단체가 표준화에 참여하고 있다.

ETSI NFV의 산하 WG 구조는 [그림 11-43]과 같다. 먼저 EVE WG에서는 현재의 NFV 기술 확장이 필요한 분야에서의 요구사항 및 Use Case를 발굴하여 차기 표준화 단계를 준비하는 역할을 한다. IFA WG은 기능 블록 간 인터페이스 규격을 개발하며 기능 및 인터페이스 확장에 대한 요구사항, 기능 구조 등 가장 많은 기술 논의가 진행되는 WG이다. SOL WG은 2016년 5월에 새로 구성된 WG으로서, IFA WG에서 개발한 인터페이스에 대한 API 및 데이터 모델을 정의한다. 마지막으로 TST WG은 오픈 소스 커뮤니티 지원 활동을 수행하

14) 네트워크 기능 가상화란?, JUPITER NETWORKS, https://www.juniper.net/kr/ko/research-topics/what-is-network-functions-virtualization-nfv.html

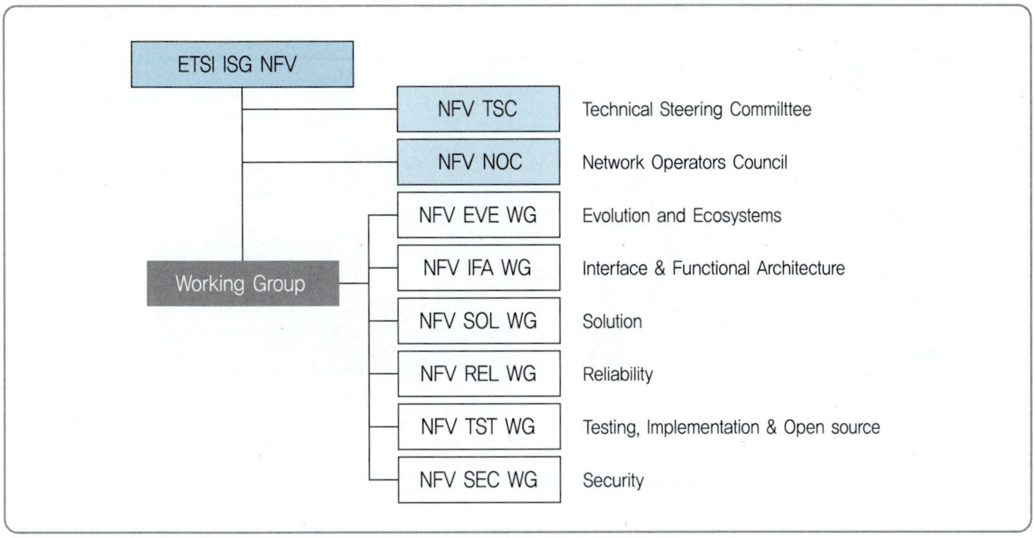

[그림 11-43] ETSI NFV의 산하 WG(Working Group) 구조

며, 다양한 PoC(Proof of Concept)에 이어 다른 NFV 기능 간 Interoperability를 시험하기 위한 기술을 개발 중에 있다.

11.5.2.3 네트워크 슬라이싱

네트워크 슬라이싱 기술이란 SDN(Software Defined Network) 기술과 NFV(Network Function Virtualization) 기술을 이용해 하나의 물리적인 네트워크 위에 여러 개의 논리적으로 분리된 네트워크를 만들어 서로 다른 특성을 지니는 각 5G 네트워크 서비스에 대한 특화된 전용 네트워크를 제공하는 기술이다.

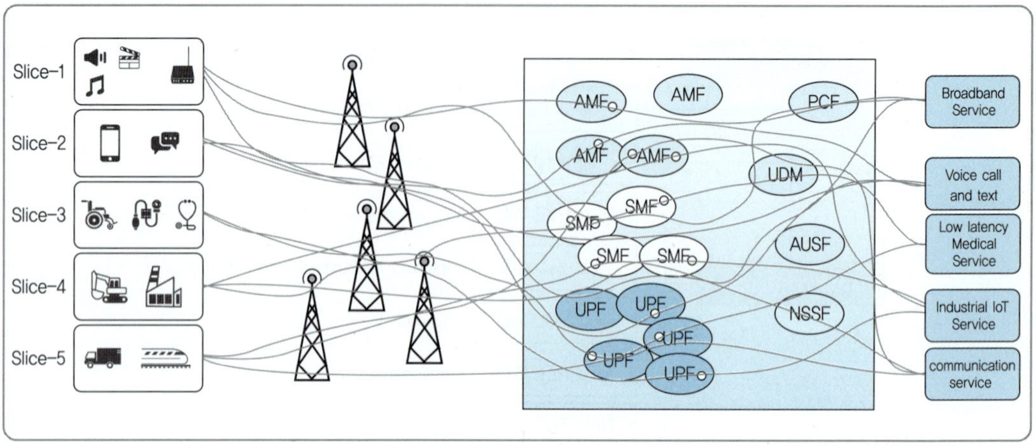

[그림 11-44] Network Slicing의 예[15]

[그림 11-45]와 같이, 네트워크 슬라이싱은 SDN과 NFV의 상호 보완 작용의 결과로서, NFV 기술을 통해 범용 서버 위에 가상머신 형태로 논리적인 네트워크 기능들(VNF)을 구현한다면, SDN 기술은 각 가상 네트워크 기능들 중 필요한 기능들만을 결합하고, 제어하는 역할을 수행할 수 있다.

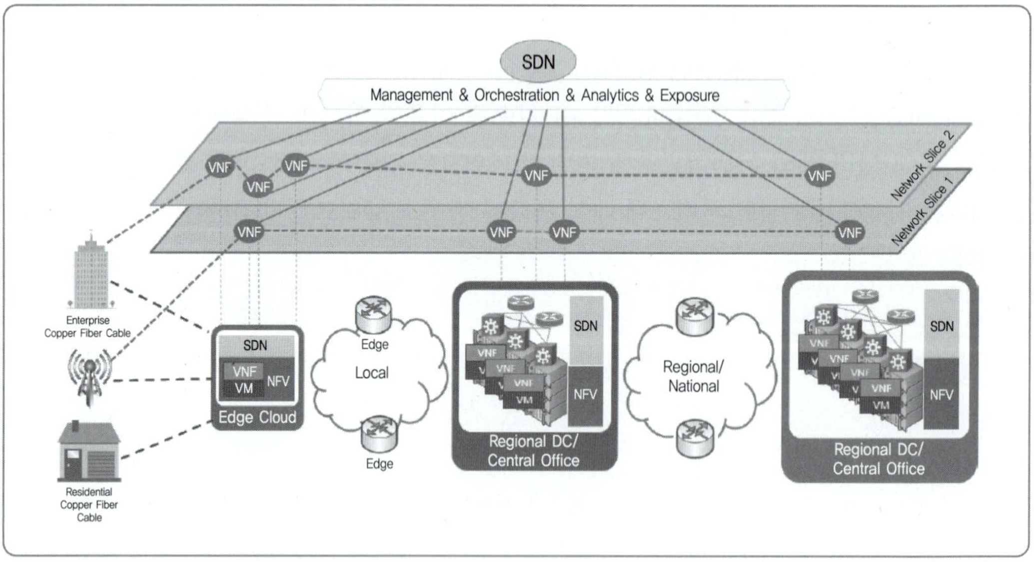

[그림 11-45] SDN과 NFV가 결합된 Network Slicing

15) Prasanna Sahu, 5G RESOURCE CENTER BLOGS, 5G Network Slicing Concepts, April 1, 2019

단대단 네트워크 슬라이싱을 실제로 구축하는 방법은 다음 [그림 11-46]과 같다. 먼저 NFV 기술을 이용해 전용 네트워크 장비가 아닌 가상화된 상용 서버에 가상머신을 탑재하여 네트워크 기능을 가진 소프트웨어(VNF)를 적용한다. 이후 에지 클라우드와 코어 클라우드의 가상 머신들 간의 네트워크 연결은 SDN 컨트롤러가 제어할 수 있는 구조를 갖춘 후 사용자의 서비스에 따라 슬라이스를 생성한다.

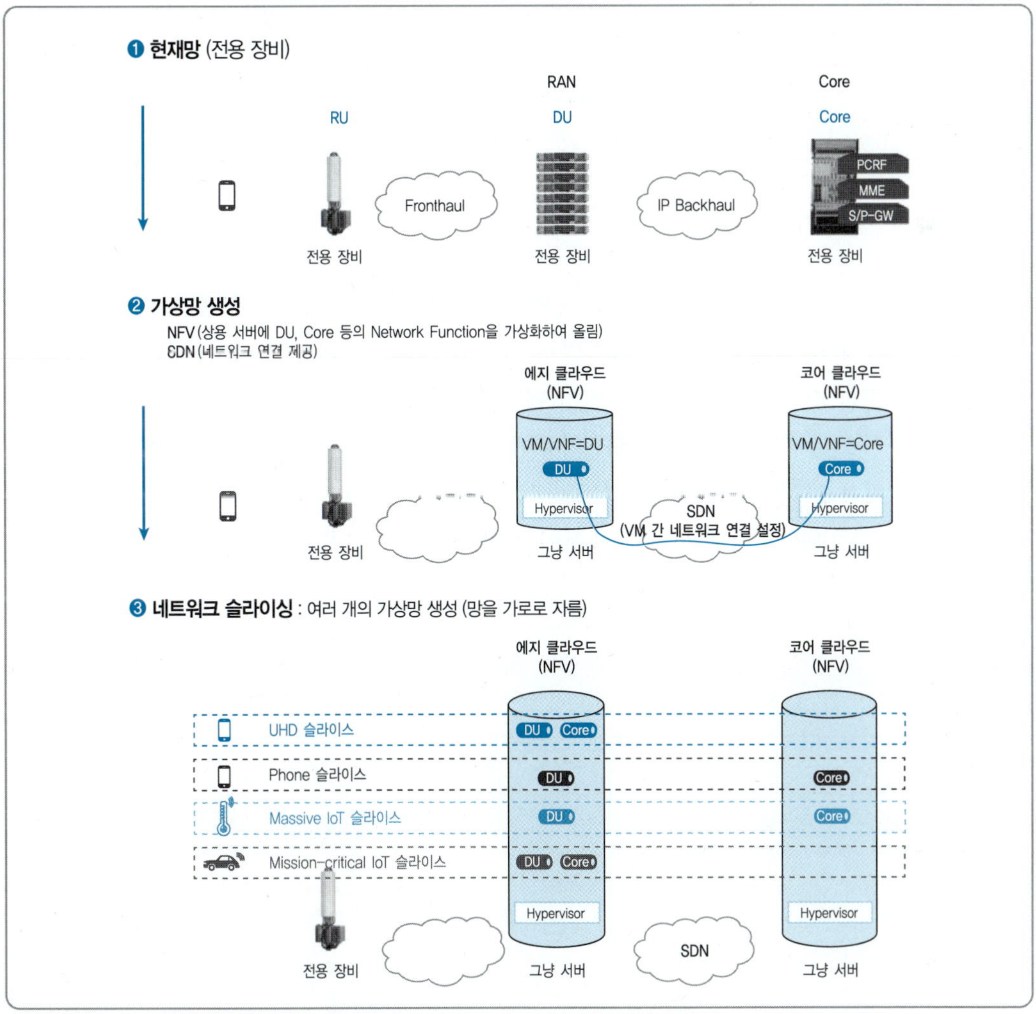

[그림 11-46] Network Slicing 구성[16)]

16) 유창모, 손장우, NETMANIANS TECH-BLOG 5G와 E2E Network Slicing, Nov. 23, 2015

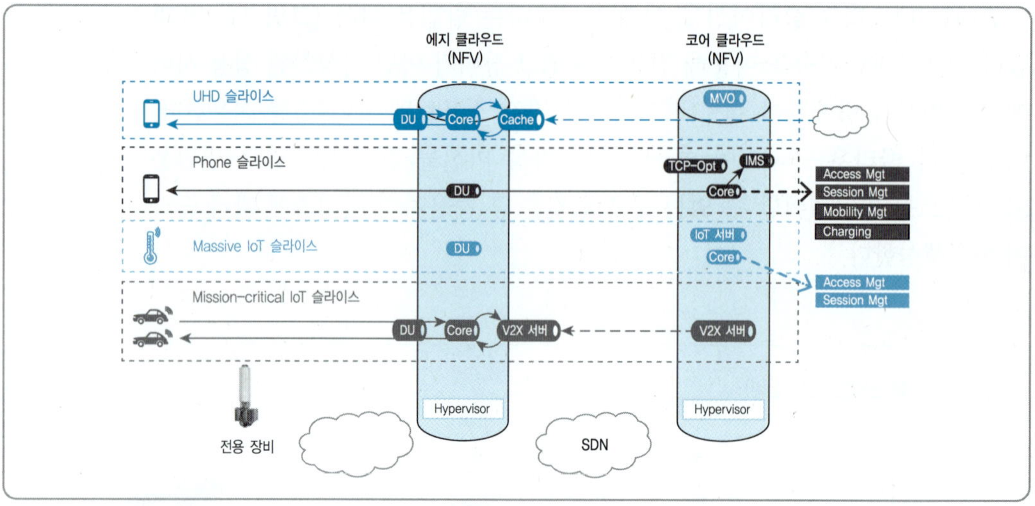

[그림 11-47] Network Slicing 구성 예시[17)]

[그림 11-47]은 네트워크 슬라이싱에서 슬라이스의 구성 예시로써, 서로 다른 요구사항을 갖는 서비스별로 별도의 슬라이스가 만들어지며, 네트워크 기능 또한 슬라이스마다 다른 위치(에지 또는 코어 클라우드)에 존재해 하나의 슬라이스에 존재하는 네트워크 기능이 다른 슬라이스에는 필요하지 않을 수 있다는 것을 보여준다. 따라서 네트워크 슬라이싱을 적용하면 반드시 필요한 네트워크 기능만을 추가해 비용 효율적인 효과를 얻을 수 있다.

17) 유창모, 손장우, NETMANIANS TECH-BLOG 5G와 E2E Network Slicing, Nov. 23, 2015

참 고 문 헌

[1] 〈5G 서비스 로드맵 2022〉, 5G 포럼, 2016.

[2] 〈2018 5G 융합서비스 시나리오 종합보고서〉, 5G 포럼, 2018.

[3] 〈2018 5G 융합서비스 시나리오 기획보고서〉, 5G 포럼, 2018.

[4] Heather Bellini et. al., "Virtual & Augmented Reality: Understanding the race for the next computing platform," Goldman Sachs Global Investment Research, 2016.

[5] Introduction to KDDI's 5G network service. https://mpeg.chiariglione.org/sites/default/files/events/6.%20KDDIs%20immersive%20services%20over%205G%20network_handout.pdf

[6] AT&T Launches 5G Trial with DIRECTV NOW in Austin.

[7] Release 17 [Available online at]. https://www.3gpp.org/release-17 [Accessed] 20/05/2020

[8] L. Lv, L. Yang, H. Jiang, T. Luan and J. Chen, "When NOMAMeets Multiuser Cognitive Radio: Opportunistic Cooperation and UserScheduling," IEEE Transactions on Vehicular Technology, vol. 67, no.7, pp. 6679-6684, 2018.

[9] F. Zhou, Y. Wu, Y.-C. Liang, Z. Li, Y. Wang and K.-K. Wong, "State ofthe Art, Taxonomy, and Open Issues on Cognitive Radio Networks withNOMA," IEEE Wireless Communications, vol. 25, no. 2, pp. 100-108, 2018.

[10] First 5G NR Specs Approved [Available online at]. http://www.3gpp.org/news-events/3gpp-news/1929-nsa nr 5g[Accessed] 04/12/2018.

[11] Nokia, 5G Reference Architecture, Unpublished confidential document, 2018.

[12] Peisa, Janne, et al. "3GPP Releases 16 & 17 Overview - the 5G NREvolution." Ericsson.com, 27 May 2020,

[13] Cerwall, Patrik, et al. "Ericsson Mobility Report June 2020." Ericsson.com, Fredrik Jejdling, 19 June 2020, www.ericsson.com/en/mobility-report/reports/june-2020

[14] Al-Dunainawi, Yousif, et al. "Green Network Costs of 5G and

Beyond,Expectations Vs Reality." IEEE Access, vol. 6, 2018, pp. 60206-60213., doi:10.1109/ access.2018. 2875891.

[15] Network Slicing Use Case Requirements. Available online: https://www.gsma.com/futurenetworks/wp-content/uploads/2018/07/Network-Slicing-Use-Case-Requirements-fixed.pdf (accessed on 12 December 2020)

[16] 3GPP, TR 23.711. Enhancements of Dedicated Core Networks Selection Mechanism (Release 14). 2016. Available online: https://portal.3gpp.org/desktopmodules/Specifications/SpecificationDetails.aspx-specificationId=2962 (accessed on 26 September 2016)

[17] Kaloxylos; Alexandros. A survey and an analysis of network slicing in 5G networks. IEEE Commun. Stand. Mag. 2018, 2, 60-65.

[18] View on 5G Architecture?5G PPP Architecture Working Group. Available online: https://www.trust-itservices.com/sites/default/files/View%20on%205G%20Architecture%20-%205G%20PPP%20Architecture%20Working%20Group.pdf (accessed on 19 June 2019).

연 습 문 제
EXERCISE

01 4G와 5G를 구별하는 기술의 구분은 무엇인가?

02 ITU가 제시한 5G 기술의 세 가지 진화 방향의 목표는 무엇인가?

03 5G NR 규격에서 기존에 없는 BWP의 개념을 도입한 이유는 무엇인가?

04 5G NR에서 부반송파 간격에 따라서 하나의 slot에 해당하는 시간이 달라진다. 즉, slot의 길이가 1msec를 갖는 기본 부방송파 간격인 15kHz의 2배, 4배, 8배, 16배의 부반송파 간격이 정의된다. 이들 확장된 부반송파 간격을 갖는 경우의 slot 길이가 각각 1/2, 1/4, 1/8, 1/16으로 줄어든다. 그 이유를 설명하시오.

05 mmWave를 활용하는 5G NR에서 mmWave의 높은 경로 손실을 극복하기 위해서 채택한 기술은 무엇인가?

06 C-RAN에서 Option 8의 기능 분리 옵션을 사용할 경우, 다음과 같은 상황에서 필요한 CPRI fronthaul의 요구 대역폭을 구하시오.

- 시스템 대역폭 20MHz에서의 샘플링 속도: 30.72 Msps
- CPRI에서의 I/Q 비트수 (bitwidth) = I, Q 각각이 15-bit 데이터 + 1-bit control
- CPRI에서의 line coding rate = 8/10
- 안테나 수: 4개

[부록] 얼랑 B 공식에 의한 통화량표

N : 회선수　　P : 호손율(%)　　Blocked calls cleard(Blocked)

N	1.0%	1.2%	1.5%	2%	3%	5%	7%	10%	15%	20%	30%	40%	50%
1	.0101	0121	.0152	.0204	.0309	.0526	.0753	.111	.176	.250	.429	.677	1.00
2	.153	.168	.190	.223	.282	.381	.470	.595	.796	1.00	1.45	2.00	2.73
3	.455	.489	.535	.602	.715	.899	1.06	1.27	1.60	1.93	2.63	3.48	4.59
4	.869	.922	.992	1.09	1.26	1.52	1.75	2.05	2.50	2.95	3.89	5.02	6.50
5	1.36	1.43	1.52	1.66	1.88	2.22	2.50	2.88	3.45	4.01	5.19	6.60	8.44
6	1.91	2.00	2.11	2.28	2.54	2.96	3.30	3.76	4.44	5.11	6.51	8.19	10.4
7	2.50	2.60	2.74	2.94	3.25	3.74	4.14	4.67	5.46	6.23	7.86	9.80	12.4
8	3.13	3.25	3.40	3.63	3.99	4.54	5.00	5.60	6.50	7.37	9.21	11.4	14.3
9	3.78	3.92	4.09	4.34	4.75	5.37	5.88	6.55	7.55	8.52	10.6	13.0	16.3
10	4.46	4.61	4.81	5.08	5.53	6.22	6.78	7.51	8.62	9.68	12.0	14.7	18.3
11	5.16	5.32	5.54	5.84	6.33	7.08	7.69	8.49	9.69	10.9	13.3	16.3	20.3
12	5.88	6.05	6.29	6.61	7.14	7.95	8.61	9.47	10.8	12.0	14.7	18.0	22.2
13	6.61	6.80	7.05	7.40	7.97	8.83	9.45	10.5	11.9	13.2	16.1	19.6	24.2
14	7.35	7.56	7.82	8.20	8.80	9.73	10.5	11.5	13.0	14.4	17.5	21.2	26.2
15	8.11	8.33	8.61	9.01	9.65	10.6	11.4	12.5	14.1	15.6	18.9	22.9	28.2
16	8.88	9.11	9.41	9.83	10.5	11.5	12.4	13.5	15.2	16.8	20.3	24.5	30.2
17	9.65	9.89	10.2	10.7	11.4	12.5	13.4	14.5	16.3	18.0	21.7	26.2	32.2
18	10.4	10.7	11.0	11.5	12.2	13.4	14.3	15.5	17.4	19.2	23.1	17.8	34.2
19	11.2	11.5	11.8	12.3	13.1	14.3	15.3	16.6	18.5	20.4	14.5	29.5	36.2
20	12.0	12.3	12.7	13.2	14.0	15.2	16.3	17.6	19.6	21.6	25.9	31.2	38.2
21	12.8	13.1	13.5	14.0	14.9	16.2	173	18.7	20.8	22.8	27.3	32.8	40.2
22	13.7	14.0	14.3	14.9	15.8	17.1	18.2	19.7	21.9	24.1	28.7	34.5	42.1
23	14.5	14.8	15.2	15.8	16.7	18.1	19.2	20.7	23.0	25.3	30.1	36.1	44.1
24	15.3	15.6	16.0	16.6	17.6	19.0	20.2	21.8	24.2	26.5	31.6	37.8	46.1
25	16.1	16.5	16.9	17.5	18.5	20.0	21.2	22.8	25.3	27.7	33.0	39.4	48.1
26	17.0	17.3	17.8	18.4	19.4	20.9	22.2	23.9	26.4	28..9	34.4	41.1	50.1
27	17.8	18.2	18.6	19.3	20.3	21.9	23.2	24.9	27.6	30.2	35.8	42.8	52.1
28	18.6	19.0	19.5	20.2	21.2	22.9	24.2	26.0	28.7	31.4	37.2	44.4	54.1
29	19.5	19.9	20.4	21.0	22.1	23.8	25.2	27.1	29.9	32.6	38.6	46.1	56.1
30	19.3	20.7	21.2	21.9	23.1	24.8	26.2	28.1	31.0	33.8	40.0	47.7	58.1

N	1.0%	1.2%	1.5%	2%	3%	5%	7%	10%	15%	20%	30%	40%	50%
31	20.2	21.6	22.1	22.8	24.0	25.8	27.2	29.2	32.1	35.1	41.5	49.4	60.1
32	21.0	22.5	23.0	23.7	24.9	267	28.2	30.2	33.3	36.3	42.9	51.1	62.1
33	21.9	23.3	23.9	24.6	25.8	27.7	29.3	31.3	34.4	37.5	44.3	52.7	64.1
34	22.8	24.2	24.8	25.5	26.8	28.7	30.3	32.4	35.6	38.8	45.7	54.4	66.1
35	24.6	25.1	25.6	26.4	27.7	29.7	31.3	33.4	36.7	40.0	47.1	56.0	68.1
36	25.5	26.0	26.5	27.3	28.6	30.7	32.3	34.5	37.9	41.2	48.6	57.7	70.1
37	26.4	26.8	27.4	28.3	29.6	31.6	33.3	35.6	39.0	42.4	50.0	59.4	72.1
38	27.3	27.7	28.3	29.2	30.5	32.6	34.4	36.6	40.2	43.7	51.4	61.0	74.1
39	28.1	28.6	29.2	30.1	31.5	33.6	35.4	37.7	41.3	44.9	52.8	62.7	76.1
40	29.0	29.5	30.1	31.0	32.4	34.6	36.4	38.8	42.5	46.1	54.2	64.4	78.1
41	29.9	30.4	31.0	31.9	33.4	35.6	37.4	39.9	43.6	47.4	55.7	66.0	80.1
42	30.8	31.3	31.9	32.8	34.3	36.6	38.4	40.9	44.8	48.6	57.1	67.7	82.1
43	31.7	32.2	32.8	33.8	35.3	37.6	39.5	42.0	45.9	49.9	58.5	69.3	84.1
44	32.5	33.1	33.7	34.7	36.2	38.6	40.5	43.1	47.1	51.1	59.9	71.0	86.1
45	33.4	34.0	34.6	35.6	37.2	39.6	41.5	44.2	48.2	52.3	61.3	72.7	88.1
46	34.3	34.9	35.6	36.5	38.1	40.5	42.6	45.2	49.4	53.6	62.8	74.3	90.1
47	35.2	35.8	36.5	37.5	39.1	41.5	43.6	46.3	50.6	54.8	64.2	76.0	92.1
48	36.1	36.7	37.4	38.4	40.0	42.5	44.6	47.4	51.7	56.0	65.6	77.7	94.1
49	37.0	37.6	38.3	39.3	41.0	43.5	45.7	48.5	52.9	57.3	67.0	79.3	96.1
50	37.9	38.5	39.2	40.3	41.9	44.5	46.7	49.6	54.0	58.5	68.5	81.0	98.1
51	38.8	39.4	40.1	41.2	42.9	45.5	47.7	50.6	55.2	59.7	69.9	82.7	100.1
52	39.7	40.3	41.0	42.1	43.9	46.5	48.8	51.7	56.3	61.0	71.3	84.3	102.1
53	40.6	41.2	42.0	43.1	44.7	47.5	49.8	52.8	57.5	62.2	72.7	86.0	104.1
54	41.5	42.1	42.9	44.0	45.8	48.5	50.8	53.9	58.7	63.5	74.2	87.6	106.1
55	42.4	43.0	43.8	44.9	46.7	49.5	51.9	55.0	59.8	64.7	75.6	89.3	108.1
56	43.3	43.9	44.7	45.9	47.7	50.5	52.9	56.1	61.0	65.9	77.0	91.0	110.1
57	44.2	44.8	45.7	46.8	48.7	51.5	53.9	57.1	62.1	67.2	78.4	92.6	112.1
58	45.1	45.8	46.6	47.8	49.6	52.6	55.0	58.2	63.3	68.4	79.8	94.3	114.1
59	46.0	46.7	47.5	48.7	50.6	53.6	56.0	59.3	64.5	69.7	81.3	96.0	116.1
60	46.9	47.6	48.4	49.6	51.6	54.6	57.1	60.4	65.6	70.9	82.7	97.6	118.1
61	47.9	48.5	49.4	50.6	52.5	55.6	58.1	61.5	66.8	72.1	84.1	99.3	120.1
62	48.8	49.4	50.3	51.5	53.5	56.6	59.1	62.6	68.0	73.4	85.5	101.0	122.1
63	49.7	50.4	51.2	52.5	54.5	57.6	60.2	63.7	69.1	74.6	87.0	120.6	124.1
64	50.6	51.3	52.2	53.4	55.4	58.6	61.2	64.8	70.3	75.9	88.4	104.3	126.1
65	51.5	52.2	53.1	54.4	56.4	59.6	62.3	65.8	71.4	77.1	89.8	106.0	128.1

N	1.0%	1.2%	1.5%	2%	3%	5%	7%	10%	15%	20%	30%	40%	50%
66	52.4	53.1	54.0	55.3	57.4	60.6	63.3	66.9	72.6	78.3	91.2	107.6	130.1
67	53.4	54.4	55.0	56.3	58.4	61.6	64.4	68.0	73.8	79.6	92.7	109.3	132.1
68	54.3	55.0	55.9	57.2	59.3	62.6	65.4	69.1	74.9	80.8	94.1	111.0	134.1
69	55.2	55.9	56.9	58.2	60.3	63.7	66.4	70.2	76.1	82.1	95.5	112.6	136.1
70	56.1	56.8	57.8	59.1	61.3	64.7	67.5	71.3	77.3	83.3	96.9	114.3	138.1
71	57.0	57.8	58.7	60.1	62.3	65.7	68.5	72.4	78.4	84.6	98.4	115.9	140.1
72	58.0	58.7	59.7	61.0	63.2	66.7	69.6	73.5	79.6	85.8	99.8	117.6	142.1
73	58.9	59.6	60.6	62.0	64.2	67.7	70.6	74.6	80.8	87.0	101.2	119.3	144.1
74	59.8	60.6	61.6	62.9	65.2	68.7	71.7	75.6	81.9	88.3	102.7	120.9	146.1
75	60.7	61.5	62.5	63.9	66.2	69.7	72.7	76.7	83.1	89.5	104.1	122.6	148.0
76	61.7	62.4	63.4	64.9	67.2	70.8	73.8	77.8	84.2	90.8	105.5	124.3	150.0
77	62.6	63.4	64.4	65.8	68.1	71.8	74.8	78.9	85.4	92.0	106.9	125.9	152.0
78	63.5	64.3	65.3	66.8	69.1	72.8	75.9	80.0	86.6	93.3	108.4	127.6	154.0
79	64.4	65.2	66.3	67.7	70.1	73.8	76.9	81.1	87.7	94.5	109.8	129.3	156.0
80	65.4	66.2	67.2	68.7	71.1	74.8	78.0	82.2	88.9	95.7	111.2	130.9	158.0
81	66.3	67.1	68.2	69.6	72.1	75.8	79.0	83.3	90.1	97.0	112.6	132.6	160.0
82	67.2	68.0	69.1	70.6	73.0	76.9	80.1	84.4	91.2	98.2	114.1	134.3	162.0
83	68.2	69.0	70.1	71.6	74.0	77.9	81.1	85.5	92.4	99.5	115.5	135.9	164.0
84	69.1	69.9	71.0	72.5	75.0	78.9	82.2	86.6	93.6	100.7	116.9	137.6	166.0
85	70.0	70.9	71.9	73.5	76.0	79.9	83.2	87.7	94.7	102.0	118.3	139.3	168.0
86	70. 9	71.8	72.9	74.5	77.0	80.9	84.3	88.8	95.9	103.2	119.8	140.9	170.0
87	71.9	72.7	73.8	75.4	78.0	82.0	85.3	89.9	97.1	104.5	121.2	142.6	172.0
88	72.8	73.7	74.8	76.4	78.9	83.0	86.4	91.0	98.2	105.7	122.6	144.3	174.0
89	73.7	74.6	75.7	77.3	79.9	84.0	87.4	92.1	99.4	106.9	124.0	145.9	176.0
90	74.7	75.6	76.7	78.3	80.9	85.0	88.5	93.1	100.6	108.2	125.5	147.6	178.0
91	75.6	76.5	77.6	79.3	81.9	86.0	89.5	94.2	101.7	109.4	126.9	149.3	180.0
92	76.6	77.4	78.6	80.2	82.9	87.1	90.5	95.3	102.9	110.7	128.3	150.9	182.0
93	77.5	78.4	79.6	81.2	83.9	88.1	91.6	96.4	104.1	111.9	129.7	152.6	184.0
94	78.4	79.3	80.5	82.2	84.9	89.1	92.7	97.5	105.3	113.2	131.2	154.3	186.0
95	79.4	80.3	81.5	83.1	85.8	90.1	93.7	98.6	106.4	114.4	132.6	155.9	188.0
96	80.3	81.2	82.4	84.1	96.8	91.1	94.8	99.7	107.6	115.7	134.0	157.6	190.0
97	81.2	82.2	83.4	85.1	87.8	92.2	95.8	100.8	108.8	116.9	135.5	159.3	192.0
98	82.2	83.1	84.3	86.0	88.8	93.2	96.9	101.9	109.9	118.2	136.9	160.9	194.0
99	83.1	84.1	85.3	87.0	89.8	94.2	97.9	103.0	111.1	119.4	138.3	162.6	196.0
100	84.1	85.0	86.2	88.0	90.8	95.2	99.0	104.1	112.3	120.6	139.7	164.3	198.0

N	1.0%	1.2%	1.5%	2%	3%	5%	7%	10%	15%	20%	30%	40%	50%
102	85.9	86.9	88.1	89.9	92.8	97.3	101.1	106.3	114.6	123.1	142.6	167.6	202.0
104	87.8	88.8	90.1	91.9	94.8	99.3	103.2	108.5	116.9	125.6	145.4	170.9	206.0
106	89.7	90.7	92.0	93.8	96.7	101.4	105.3	110.7	119.3	128.1	148.3	174.2	210.0
108	91.6	92.6	93.9	95.7	98.7	103.4	107.4	112.9	121.6	130.6	151.1	177.6	214.0
110	93.5	94.5	95.8	97.7	100.7	105.5	109.5	115.1	124.0	133.1	154.0	180.9	218.0
112	95.4	96.4	97.7	99.6	102.7	107.5	111.7	117.3	126.3	135.6	156.9	184.2	222.0
114	97.3	98.3	99.7	101.6	104.7	109.6	113.8	119.5	128.6	138.1	159.7	187.6	226.0
116	99.2	100.2	101.6	103.5	106.7	111.7	115.9	121.7	131.0	140.6	162.6	190.9	230.0
118	101.1	102.1	103.5	105.5	108.7	113.7	118.0	123.9	133.3	143.1	165.4	194.2	234.0
120	103.0	104.0	105.4	107.4	110.7	115.8	120.1	126.1	135.7	145.6	168.3	197.6	238.0
122	104.9	105.9	107.4	109.4	112.6	117.8	122.2	128.3	138.0	148.1	171.1	200.9	242.0
124	106.8	107.9	109.3	111.3	114.6	119.9	124.4	130.5	140.3	150.6	174.0	204.2	246.0
126	108.7	109.8	111.2	113.3	116.6	121.9	126.5	132.7	142.7	153.0	176.8	207.6	250.0
128	110.6	111.7	113.2	115.2	118.6	124.0	128.6	134.9	145.0	155.5	179.7	210.9	254.0
130	112.5	113.6	115.1	117.2	120.6	126.1	130.7	137.1	147.4	158.0	182.5	214.2	258.0
132	111.4	115.5	117.0	119.1	122.6	128.1	132.8	139.3	149.7	160.5	185.4	217.6	262.0
134	116.3	117.4	119.0	121.1	124.6	130.2	134.9	141.5	152.0	163.0	188.3	220.9	266.0
136	118.2	119.4	120.9	123.1	126.6	132.3	137.1	143.7	154.4	165.5	191.1	224.2	270.0
138	120.1	121.3	122.8	125.0	128.6	134.3	139.2	145.9	156.7	168.0	194.0	227.6	274.0
130	122.0	123.2	124.8	127.0	130.6	136.4	141.3	148.1	159.1	170.5	196.8	230.9	278.0
142	123.9	125.1	126.7	128.9	132.6	138.4	143.4	150.3	161.4	173.0	199.7	234.2	282.0
144	125.8	127.0	128.6	130.9	134.6	140.5	145.6	152.5	163.8	175.5	202.5	237.6	286.0
146	127.7	129.0	130.6	132.9	136.6	142.6	147.7	154.7	166.1	178.0	205.4	240.9	290.0
148	129.7	130.9	132.5	134.8	138.6	144.6	149.8	156.9	168.5	180.5	208.2	244.2	294.0
150	131.6	132.8	134.5	136.8	140.6	146.7	151.9	159.1	170.8	183.0	211.1	247.6	298.0
152	133.5	134.8	136.4	138.8	142.6	148.8	154.0	161.3	173.1	185.5	214.0	250.9	302.0
154	135.4	136.7	138.4	140.7	144.6	150.8	156.2	163.5	175.5	188.0	216.8	254.2	306.0
156	137.3	138.6	140.6	142.7	146.6	152.9	158.3	165.7	177.8	190.5	219.7	257.6	310.0
158	139.2	140.5	142.3	144.7	148.6	155.0	160.4	167.9	180.2	193.0	222.5	260.9	314.0
160	141.2	142.5	144.4	146.6	150.6	157.0	162.5	170.2	182.5	195.5	225.4	264.2	318.0
162	143.1	144.4	146.1	148.6	152.7	159.1	164.7	172.4	184.9	198.0	228.2	267.6	322.0
164	145.0	146.3	148.1	150.6	154.7	161.2	166.8	174.6	187.2	200.4	231.1	270.9	326.0
166	146.9	148.3	150.0	152.6	156.7	163.3	168.9	176.8	189.6	202.9	233.9	274.2	330.0
168	148.9	150.2	152.0	154.5	158.7	165.3	171.0	179.0	191.9	205.4	236.8	277.6	334.0
170	150.8	152.1	153.9	156.5	160.7	167.4	173.2	181.2	194.2	207.9	239.7	280.9	338.0

N	1.0%	1.2%	1.5%	2%	3%	5%	7%	10%	15%	20%	30%	40%	50%
172	152.7	154.1	155.9	158.5	162.7	169.5	175.3	183.4	196.6	210.4	242.5	284.2	342.0
174	154.6	156.0	157.8	160.4	164.7	171.5	177.4	185.6	198.9	212.9	245.4	287.6	346.0
176	156.6	158.0	159.8	162.4	166.7	173.6	179.6	187.8	201.3	215.4	248.2	290.9	350.0
178	158.5	159.9	161.8	164.4	168.7	175.7	181.7	190.0	203.6	217.9	251.1	294.2	354.0
180	160.4	161.8	163.7	166.4	170..7	177.8	183.8	192.2	206.0	220.4	253.9	297.5	358.0
182	162.3	163.8	165.7	168.3	172.8	179.8	185.9	194.4	208.3	222.9	256.8	300.9	362.0
184	164.3	165.7	167.6	170.3	174.8	181.9	188.1	196.6	210.7	225.4	259.6	304.2	366.0
186	166.2	167.7	169.6	172.3	176.8	184.0	190.2	198.9	213.0	227.9	262.5	307.5	370.0
188	168.1	169.6	171.5	174.3	178.8	186.1	192.3	201.1	215.4	230.4	265.4	310.9	374.0
190	170.1	171.5	173.5	176.3	180.8	188.1	194.5	203.3	217.7	232.9	268.2	314.2	378.0
192	172.0	173.5	175.4	178.2	182.8	190.2	196.6	205.5	220.1	235.4	271.1	317.5	382.0
194	173.9	175.4	177.4	180.2	184.8	192.3	198.7	207.7	222.4	237.9	273.9	320.9	386.0
196	175.9	177.4	179.4	182.2	186.9	194.4	200.8	209.9	224.8	240.4	276.8	324.2	390.0
198	177.8	179.3	181.3	184.2	188.9	196.4	203.0	212.1	227.1	242.9	279.6	327.5	394.0
200	179.7	181.3	183.3	186.2	190.9	198.5	205.1	214.3	229.4	245.4	282.5	330.9	398.0

찾 아 보 기

저자 소개

■ 박용완(Yong Wan Park)

1982년 경북대학교 전자공학과 학사
1984년 경북대학교 전자공학과 석사
1989년 뉴욕주립대(Buffalo) 전자공학과 석사
1992년 뉴욕주립대(Buffalo) 전자공학과 박사
California Institute of Technology, Research Fellow
SK Telecom㈜ 기술연구팀장
NTT Mobile Communication Network Inc. (NTT DoCoMo), 초빙교수
UC Irvine, 방문교수
5G 포럼 서비스분과 위원장

현 영남대학교 정보통신공학과 교수
영남대학교 기계 · IT대학 학장
(사)대한임베디드공학회 학회장
5G 포럼 운영위원

■ 최정희(Jeong Hee Choi)

1986년 경북대학교 전자공학과 학사
1989년 뉴욕주립대(Buffalo) 전자공학과 석사
1992년 뉴욕주립대(Buffalo) 전자공학과 박사
SK Telecom㈜ 중앙연구원, 선임연구원
정보통신연구진흥원 파견 전파/방송 기술평가실장
UC Irvine, 방문교수, 한국주파수심의위원회 위원 역임

현 대구대학교 정보통신공학부 통신공학과 교수
대구시 규제개혁위원회 위원
경상북도 정보화촉진협의회 위원

■ 홍인기(Een Kee Hong)

1989년 연세대학교 전기공학과 학사
1991년 연세대학교 전기공학과 석사
1995년 연세대학교 전기공학과 박사
SK Telecom㈜ 중앙연구원, 선임연구원
NTT Mobile Communication Network Inc. (NTT DoCoMo), 연구원
정보통신부 주파수 이용계획, 이동통신분과 위원장
과학기술정보통신부 5G 주파수 정책 자문위원장
국무조정실 주파수 심의위원
5G 포럼 주파수위원회 위원장
한국통신학회 이동통신연구회 위원장
대한전자공학회, 한국항행학회 이사
Oregon State Univ. 방문교수

현 경희대학교 전자정보대학 교수
한국통신학회 부회장
위성통신포럼 주파수위원회 위원장
과학기술정보통신부 전파정책 자문위원

■ 유희정(Heejung Yu)

1999년 고려대학교 전파공학과 학사
2001년 KAIST 전기전자공학과 석사
2011년 KAIST 전기전자공학과 박사
한국전자통신연구원(ETRI) 선임연구원
영남대학교 정보통신공학과 교수

현 고려대학교 전자및정보공학과 교수